全国卫生高等职业教育规划教材

供护理类专业用

正常人体结构

主　编　高晓勤　刘　扬
副主编　纪长伟　曹伟桃　李卫东　马晓萍
编　委（按姓名汉语拼音排序）

薄双玲（山西医科大学汾阳学院）　　　林桂军（哈尔滨医科大学大庆校区）
曹伟桃（惠州卫生职业技术学院）　　　刘　扬（首都医科大学）
高　尚（内蒙古医科大学）　　　　　　马　萍（哈尔滨医科大学大庆校区）
高晓勤（遵义医药高等专科学校）　　　马红梅（哈尔滨医科大学大庆校区）
耿世佳（内蒙古医科大学）　　　　　　马晓萍（遵义医药高等专科学校）
郝　丽（北京卫生职业学院）　　　　　苏　叶（邢台医学高等专科学校）
纪长伟（哈尔滨医科大学大庆校区）　　孙德科（乌兰察布医学高等专科学校）
赖赞区（惠州卫生职业技术学院）　　　杨迎春（山西医科大学汾阳学院）
李卫东（北京卫生职业学院）　　　　　钟　强（惠州卫生职业技术学院）

北京大学医学出版社

ZHENGCHANG RENTI JIEGOU

图书在版编目（CIP）数据

正常人体结构 / 高晓勤，刘扬主编．—北京：
北京大学医学出版社，2015.8（2019.12重印）
ISBN 978-7-5659-1112-5

Ⅰ．①正… Ⅱ．①高… ②刘… Ⅲ．①人体结构-医学院校-教材 Ⅳ．① Q983

中国版本图书馆 CIP 数据核字（2015）第 085626 号

正常人体结构

主　　编：高晓勤　刘扬
出版发行：北京大学医学出版社
地　　址：(100191) 北京市海淀区学院路 38 号　北京大学医学部院内
电　　话：发行部 010-82802230；图书邮购 010-82802495
网　　址：http://www.pumpress.com.cn
E-mail：booksale@bjmu.edu.cn
印　　刷：北京强华印刷厂
经　　销：新华书店
责任编辑：王　霞　　责任校对：金彤文　　责任印制：李　啸
开　　本：787mm × 1092mm　1/16　印张：25.75　字数：665 千字
版　　次：2015 年 8 月第 1 版　2019 年 12 月第 4 次印刷
书　　号：ISBN 978-7-5659-1112-5
定　　价：78.00 元

版权所有，违者必究
（凡属质量问题请与本社发行部联系退换）

全国卫生高等职业教育规划教材修订说明

北京大学医学出版社于1993年和2002年两次组织北京大学医学部和8所开办医学专科教育院校的老师编写了临床医学专业专科教材（第1版和第2版），并于2000年组织编写了护理专业专科教材（第1版）。2007年同时对这些教材进行了修订再版。因这两套教材内容精炼、实用性强，符合基层卫生工作人员的培养需求，受到了广大师生的好评，并被教育部中央广播电视大学选为指定教材。"十一五"期间，这两套教材中有24种被教育部评为**普通高等教育"十一五"国家级规划教材**，其中3种入选**普通高等教育精品教材**。

进入"十二五"以来，专科教育已归入职业教育范畴。为适应新时期我国卫生高等职业教育发展与改革的需要，在广泛调研、总结上版教材质量和使用情况的基础上，北京大学医学出版社启动了临床医学、护理专业高等职业教育规划教材的修订再版工作，并调整、新增了部分教材。本套教材有22种入选**"十二五"职业教育国家规划教材**，修订和编写特点如下：

1. 优化编写队伍 在全国范围内遴选作者，加大教学经验丰富的从事卫生高等职业教育工作的作者比例，力求使教材内容的选择具有全国代表性、贴近基层卫生工作人员培养需求，提高适用性；遴选知名专家担纲主编，对教材的科学性、先进性把关。

2. 完善教材体系 针对不同院校在专业基础课设置方面的差异，对部分专业基础课教材实行双轨制，如既有《人体解剖学》《组织学与胚胎学》，又有《人体解剖学与组织胚胎学》《正常人体结构》教材，便于广大院校灵活选用。

3. 锤炼教材特色 教材内容力求符合高等职业学校专业教学标准，基本理论、基本知识和基本技能并重，紧密结合国家临床执业助理医师、全国护士执业资格考试大纲，以"必需、够用"为度；以职业技能和岗位胜任力培养为根本，以学生为中心，使教材更适合于基层卫生工作人员的培养。

4. 创新编写体例 完善、优化"学习目标"；教材中加入"案例""知识链接"，使内容与实践紧密结合；章后附思考题，引导学生自主学习。力求体现专业特色和职业教育特色。

5. 强化立体建设 为满足教学资源的多样化需求，实现教材立体化、数字化建设，大部分教材配套实用的学习指导和数字教学资源，实现教材的网络增值服务。

本套教材主要供三年制高等职业教育临床医学、护理类及相关专业用，于2014年陆续出版。希望广大师生多提宝贵意见，反馈使用信息，以逐步修改和完善教材内容，提高教材质量。

护理专业教材目录

说明：1. "十二五"："十二五"职业教育国家规划教材（"十二五"含其辅导教材）。
   2. "十一五"：普通高等教育"十一五"国家级规划教材。
   3. " * "：普通高等教育精品教材。
   4. 辅导教材名称：《主教材名称＋学习指导》，如《内科护理学学习指导》。

序号	教材名称	版次	十二五	十一五	辅导教材	适用专业
1	医用基础化学	4		✓	✓	临床医学、护理类及相关专业
2	正常人体结构	1				护理类
3	人体解剖学	4	✓	✓	✓	临床医学、护理类及相关专业
4	组织学与胚胎学 *	4	✓	✓	✓	临床医学、护理类及相关专业
5	生理学	1				护理类
6	生物化学	1				护理类
7	疾病学基础	1				护理类
8	病理学	4	✓		✓	临床医学、护理类及相关专业
9	病理生理学	4	✓	✓	✓	临床医学、护理类及相关专业
10	病原生物与免疫	1				护理类
11	医学免疫学与微生物学	5	✓	✓	✓	临床医学、护理类及相关专业
12	医学寄生虫学 *	4	✓	✓	✓	临床医学、护理类及相关专业
13	护理药理学	4	✓	✓	✓	护理类
14	护理学基础	4	✓		✓	护理类
15	健康评估	2				护理类
16	内科护理学	3	✓	✓	✓	护理类
17	外科护理学	3			✓	护理类
18	妇产科护理学	3		✓	✓	护理类
19	儿科护理学	3		✓	✓	护理类
20	传染病护理学	3		✓	✓	护理类
21	急诊护理学	3		✓	✓	护理类

续表

序号	教材名称	版次	十二五	十一五	辅导教材	适用专业
22	康复护理学	2	√			护理类
23	精神科护理学	1				护理类
24	眼耳鼻喉口腔科护理学	1				护理类
25	中医护理学	1				护理类
26	护理管理学	5	√	√		护理类
27	社区护理学	2				护理类
28	老年护理学	1				护理类
29	医护心理学*	3		√		临床医学、护理类
30	护理礼仪与人际沟通	1				护理类
31	护理伦理学	1				护理类

全国卫生高等职业教育规划教材编审委员会

顾　　　问　王德炳

主 任 委 员　程伯基

副主任委员　（按姓名汉语拼音排序）

　　　　　　曹　凯　付　丽　黄庶亮　孔晓霞　徐江荣

秘 书 长　王凤廷

委　　　员　（按姓名汉语拼音排序）

　　　　　　白　玲　曹　凯　程伯基　付　丽　付达华
　　　　　　高晓勤　黄庶亮　黄惟清　孔晓霞　李　琳
　　　　　　李玉红　刘　扬　刘伟道　刘志跃　马小蕊
　　　　　　任云青　宋印利　王大成　徐江荣　张景春
　　　　　　张卫芳　章晓红

序

近十余年来，随着国家教育改革步伐的加快，我国职业教育如雨后春笋般蓬勃发展，在总量上已与普通教育并驾齐驱，是我国教育体系构成的重要板块。卫生高等职业教育同样取得了可喜的成绩。开办卫生高等职业教育的院校与日俱增，但存在办学、培养不尽规范等问题。相应的教材建设也存在内容与职业标准对接不紧密、职教特色不鲜明、呈现形式单一、配套资源开发不足、不少是本科教材的压缩版或中职教材的加强版、不能很好地适应社会发展对技能型人才培养的要求等问题。

进入"十二五"以来，独立设置的高等职业学校（含高等专科学校）、成人教育学校、本科院校和有关高等教育机构举办的高等职业教育（专科）统称为高等职业教育，由教育部职业教育与成人教育司统筹管理。教育部发布了**《教育部关于"十二五"职业教育教材建设的若干意见》**等重要文件，陆续制定了各专业教学标准，对学制与学历、培养目标与规格、课程体系与核心课程等 10 个方面做出了具体要求。职业教育以培养具有良好职业道德、专业知识素养和职业能力的高素质技能型人才为根本，以学生为中心、以就业为导向。教学内容以"必需、够用"为度，教材须图文并茂，理论密切联系实际，强调实践实训。卫生高等职业教育有很强的特殊性，编好既涵盖卫生实践所要求具备的较完整知识体系又能体现职业教育特点的教材殊为不易。

北京大学医学出版社组织的临床医学、护理专业专科教材，是改革开放以来该专业我国第二套有较完整体系的教材，历经多年的教学应用、修订再版，得到了教育部和广大院校师生的认可与好评。斗转星移，转眼间距离 2008 年上一轮教材修订已 5 年，随着时代的发展，这两套教材中部分科目需要调整、教学内容需要修订。在大量细致调研工作的基础上，北京大学医学出版社审时度势，及时启动了这两套教材的修订再版工作，成立了教材编审委员会，组织活跃在卫生高等职业教育教学和实践一线的专家学者召开教材编写会议，认真学习教育部关于高等职业教育教材建设的精神，结合当前高等职业教育学生的特点，经过充分研讨，确定了教材的编写原则和编写思路，统一了教材的编写体例，强化了与教材配套的数字化教学资源建设，为使这两套教材成为优秀的立体化教材打下了坚实的基础。

相信经过本轮修订，在北京大学医学出版社的精心组织和全体专家学者对教材的精雕细琢下，这两套教材一定能满足新时期我国卫生高等职业教育人才培养的需求，在教材建设"百花齐放、百家争鸣"的局面中脱颖而出，真正成为好学、好教、好用的精品教材。

本轮教材修订工作得到了各参编院校的高度重视和大力支持，众多专家学者投入了极大的热情和精力，在主编带领下克服困难，以严肃、认真、负责的态度出色地完成了编写任务，谨在此一并致以衷心的感谢！诚恳地希望使用本套教材的广大师生不吝提出建议与指正，使本套教材能与时俱进、日臻完善，为我国的卫生高等职业教育事业做出贡献。

感慨系之，欣为之序！

前 言

医学的不断发展和医学教育改革的逐步深入对医学教材的编写提出了更高的要求,因此,我们针对三年制卫生高等职业教育的实际需求,组织常年工作在医学教育一线的老师编写了这部《正常人体结构》教材。高职高专护理专业和非临床专业主要为广大基层培养实用型人才,因此,我们在编写过程中重点突出了必需、实用和够用的原则。

本教材由人体解剖学、组织学和胚胎学三部分内容组成,是一门将宏观形态与微观形态相结合的纵向整合课程。学习这门课程有助于学生更好地认识正常人体的形态结构、发生发展,更深入地理解各系统间的功能关系,为进一步学习护理专业其他课程和从事护理工作打下坚实的基础。

本教材涵盖大量图片,不仅能清晰展示人体器官组织的形态结构,更重要的是可以帮助学习者对正常人体结构的相关知识进行理解和记忆。针对学习要点,我们按记忆、理解和应用三个层次提出学习目标。在内容设置上,本教材充实了章节架构,章内设有知识链接,介绍了一些新进展,特别突出正常人体结构基础知识在临床上的应用,而在部分章节加入的案例可以帮助学生尽早将基础理论和临床实践相结合。另外,本教材列出了部分英文名词,便于学生熟悉正常人体结构的专业英语。

在编写过程中,全体编委倾尽全力,付出了大量心血,北京大学医学出版社对本教材的出版亦给予大力协助,在此一并感谢。由于时间仓促,水平所限,疏漏之处在所难免,敬请各位同道和读者批评指正。

高晓勤　刘　扬

目录

绪论 …………………………… 1

第一篇　基本组织

第一章　上皮组织 …………… 7
第一节　被覆上皮 ………………… 7
第二节　腺上皮和腺 ……………… 11
第三节　上皮细胞表面的特化结构 … 13

第二章　结缔组织 …………… 15
第一节　固有结缔组织 …………… 15
第二节　血液 ……………………… 18
第三节　软骨组织与软骨 ………… 23
第四节　骨组织与骨 ……………… 25

第三章　肌组织 ……………… 29
第一节　骨骼肌 …………………… 29
第二节　心肌 ……………………… 32
第三节　平滑肌 …………………… 32

第四章　神经组织 …………… 34
第一节　神经元 …………………… 34
第二节　突触 ……………………… 36
第三节　神经胶质细胞 …………… 36
第四节　神经纤维和神经 ………… 38
第五节　神经末梢 ………………… 39

第二篇　运动系统

第五章　骨与骨连结 ………… 41
第一节　概述 ……………………… 41
第二节　躯干骨及其连结 ………… 45
第三节　颅骨及其连结 …………… 51
第四节　上肢骨及其连结 ………… 57
第五节　下肢骨及其连结 ………… 62

第六章　骨骼肌 ……………… 71
第一节　概述 ……………………… 71
第二节　头颈肌 …………………… 73
第三节　躯干肌 …………………… 77
第四节　上肢肌 …………………… 83
第五节　下肢肌 …………………… 88

第三篇　内脏系统

第七章　内脏学概述 ………… 95

第八章　消化系统 …………… 98
第一节　消化管 …………………… 99
第二节　消化腺 …………………… 111
第三节　消化管的微细结构 ……… 114

第四节　消化腺的微细结构 …… 120

第九章　呼吸系统 …… 125
第一节　呼吸道 …… 126
第二节　肺 …… 133
第三节　胸膜 …… 135
第四节　纵隔 …… 137
第五节　呼吸系统的微细结构 …… 138

第十章　泌尿系统 …… 143
第一节　肾 …… 143
第二节　输尿管 …… 147
第三节　膀胱 …… 148
第四节　尿道 …… 149
第五节　泌尿系统的微细结构 …… 150

第十一章　男性生殖系统 …… 157
第一节　男性内生殖器 …… 157
第二节　男性外生殖器 …… 160
第三节　男性生殖系统的微细结构 …… 164

第十二章　女性生殖系统 …… 172
第一节　女性内生殖器 …… 172
第二节　女性外生殖器 …… 176
第三节　女性生殖系统的微细结构 …… 181

第十三章　腹膜 …… 191

第四篇　脉管系统

第十四章　心血管系统 …… 199
第一节　概述 …… 200
第二节　心 …… 204
第三节　动脉 …… 213
第四节　静脉 …… 226
第五节　心血管的微细结构 …… 234

第十五章　淋巴系统 …… 239
第一节　概述 …… 239
第二节　淋巴管道 …… 239
第三节　淋巴组织 …… 242
第四节　淋巴器官 …… 243
第五节　全身主要部位的淋巴结 …… 251

第五篇　感觉器官

第十六章　视器 …… 259
第一节　眼球 …… 260
第二节　眼副器 …… 263
第三节　眼的血管和神经 …… 266

第十七章　前庭蜗器 …… 268
第一节　外耳 …… 269
第二节　中耳 …… 269
第三节　内耳 …… 271

第十八章　皮肤 …… 275
第一节　表皮 …… 276
第二节　真皮 …… 278
第三节　皮肤的附属器 …… 278

第六篇　神经系统

第十九章　神经系统总论 ……… 281

第二十章　中枢神经系统 …… 285
第一节　脊髓 …………………… 285
第二节　脑 ……………………… 291

第二十一章　周围神经系统 … 308
第一节　脊神经 ………………… 308
第二节　脑神经 ………………… 318
第三节　内脏神经 ……………… 331

第二十二章　神经系统的传导通路 ………… 340
第一节　感觉传导通路 ………… 340
第二节　运动传导通路 ………… 344

第二十三章　脑与脊髓的被膜、血管和脑脊液循环 ………… 348
第一节　脊髓和脑的被膜 ……… 348
第二节　脑与脊髓的血管 ……… 352
第三节　脑脊液及其循环 ……… 356
第四节　脑屏障 ………………… 357

第二十四章　内分泌系统 …… 359
第一节　甲状腺 ………………… 360
第二节　甲状旁腺 ……………… 362
第三节　肾上腺 ………………… 363
第四节　垂体 …………………… 364
第五节　弥散神经内分泌系统 … 367

第二十五章　人体胚胎发生 … 368
第一节　生殖细胞和受精 ……… 369
第二节　胚泡形成和植入 ……… 370
第三节　胚层的形成和分化 …… 373
第四节　胎膜和胎盘 …………… 377
第五节　胚胎各期外形特征和胚胎龄的推算 ……………… 382
第六节　双胎、多胎和联体双胎 … 383
第七节　先天性畸形 …………… 384

中英文专业词汇索引 ………… 387

主要参考文献 ………………… 398

绪 论

记忆
描述正常人体结构的概念和常用术语。
理解
解释正常人体结构的研究内容、研究方法和常用技术。
应用
能够运用正常人体结构的学习方法。

一、正常人体结构的概念及其在医学教育中的地位

正常人体结构是研究人体正常形态结构、发生发展及功能关系的科学，其目的在于阐明正常人体各器官的形态、结构及其相互关系，属于生命科学中形态学的范畴。正常人体结构的内容包括人体解剖学、组织学与胚胎学等。

正常人体结构是医学教育中重要的基础课程。医学发展史说明，现代医学是在解剖学的基础上发展起来的，医学中 1/3 以上的名词来源于解剖学，通过学习这门课程，让医学生理解和掌握人体各器官的正常形态结构及相互联系，为学习其他基础医学和临床医学课程奠定必要的形态学基础。

（一）人体解剖学

人体解剖学（human anatomy）是研究人体正常形态结构的科学，根据描述方法的不同，可分为**系统解剖学**（systematic anatomy）和**局部解剖学**（topographic anatomy）。前者是按照人体器官功能系统叙述各器官的形态、结构和位置等；后者则是按人体部位由浅及深对各部结构的形态、位置及其相互关系等进行描述。传统意义上的人体解剖学，主要是用刀剖割和肉眼观察研究人体的形态结构，统称为大体解剖学或巨视解剖学。为适应 X 线计算机断层扫描、超声或磁共振成像等应用，研究人体不同层面上各器官的形态结构、毗邻关系的科学，称**断面解剖学**。结合临床需要，以临床各学科应用为目的进行人体形态结构研究的科学，称**临床解剖学**。以研究人体运动器官的形态结构、提高体育运动效果为目的的称**运动解剖学**，为人体绘画打基础，研究人体外形轮廓和结构比例的称**艺术解剖学**等。

（二）组织学与胚胎学

组织学（histology）与**胚胎学**（embryology）是两门相互关联而研究内容不同的学科。

组织学是研究正常机体微细结构及其相关功能的科学，包括细胞、基本组织和器官系统三部分。

胚胎学是研究个体发生、发育及生长变化规律的科学，其研究内容包括生殖细胞形成、受精、胚胎发育、胚胎与母体的关系和先天性畸形等。组织学与胚胎学都是以**细胞学**（cytology）为基础，用显微镜观察细胞、组织和器官为研究方法的科学。

二、人体器官的构成与系统的划分

构成人体的最基本的结构和功能单位是**细胞**（cell），细胞和细胞间质组合在一起构成细胞群体，形成**组织**（tissue）。人体的基本组织有上皮组织、结缔组织、肌组织和神经组织四种。不同的组织构成具有一定形态并执行特定生理功能的结构，称**器官**（organ），如心、肝、肺等。一些器官为完成共同性的生理功能构成**系统**（system）。人体有九大系统，包括运动、消化、呼吸、泌尿、生殖、脉管、感觉、内分泌和神经系统。各系统在神经、体液的调节下，相互协调与影响，构成完整统一的有机体。

三、正常人体结构的常用术语

（一）解剖学姿势

为了学习和叙述人体各系统、器官的形态和位置，解剖学采用如下的标准姿势：人体直立，两眼向正前方平视，两臂自然下垂，手掌向前，两足并立，足尖向前。描述人体结构时，以解剖学姿势为标准。

（二）常用方位术语

按照上述的解剖学姿势，又规定了一些相对的方位术语。

1. **上**（superior）和**下**（inferior）　近头者为上，近足者为下。在胚胎学中，分别为头侧和尾侧。
2. **前**（anterior）和**后**（posterior）　近腹者为前，也称腹侧；近背者为后，也称背侧。
3. **内**（interior）和**外**（exterior）　适用于空腔器官，近内腔者为内，远内腔者为外。
4. **内侧**（medial）和**外侧**（lateral）　距人体正中矢状面近者为内侧；远离正中矢状面者为外侧。前臂的内侧和外侧又称尺侧和桡侧；小腿的内侧和外侧又称胫侧和腓侧。
5. **浅**（superficial）和**深**（profundal）　以体表为准，近体表者为浅；远者为深。
6. **近侧**（proximal）和**远侧**（distal）　在四肢，距肢体根部近者为近侧；反之为远侧。

（三）轴和面

在解剖学研究中，可按解剖学姿势设置人体的三个相互垂直的轴和面（图绪-1）。

1. **轴**　描述某些器官的形态，特别是关节运动时常用的术语。
   (1) **矢状轴**（sagittal axis）：自前向后与身体的长轴垂直的轴。
   (2) **冠状轴**（coronal axis）：为左右方向的水平轴，与矢状轴呈直角交叉。
   (3) **垂直轴**（vertical axis）：自上而下，与地平面相垂直的轴。
2. **面**　按上述三种轴，人体可设以下相互垂直的三个面。
   (1) **矢状面**（sagittal plane）：按矢状轴方向，将人体分成左右两部分的纵切面为矢状面。其中将人体分成左右相等两部分的，称正中矢状面。
   (2) **冠状面**（coronal plane）：按冠状轴方向，将人体分为前后两部分的断面。
   (3) **水平面**（horizontal plane）：与上述两面垂直并与地面平行的断面，将人体横断为上下两部分，又称横切面。

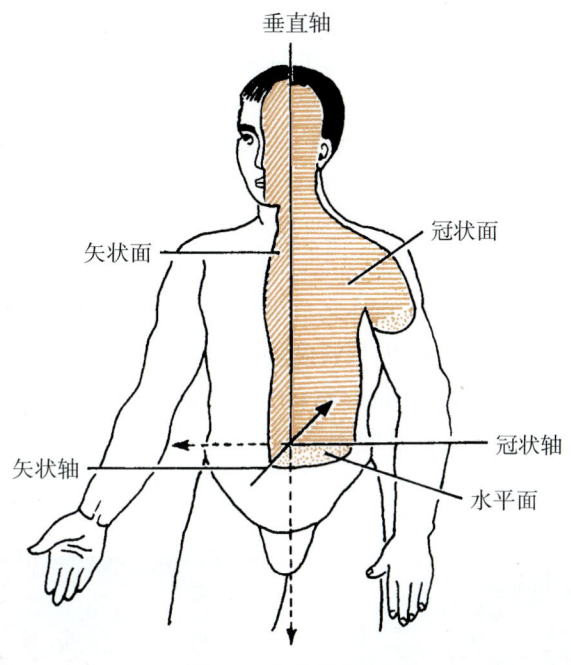

图绪-1 人体的轴和面

四、研究正常人体结构的常用技术

（一）光学显微镜技术

在**光学显微镜**（light microscope）下观察组织切片是组织学最基本的研究方法，它可观察组织、细胞的一般微细结构，称光镜结构。光学显微镜的分辨率最高为 0.2μm。应用光学显微镜观察，需要把组织制备成薄片标本，并经染色或标记才能观察到组织、细胞的结构（图绪-2）。

组织学研究中最常用的组织学标本制备方法是石蜡切片法，最常用的染色方法是**苏木素-伊红染色法**（hematoxylin eosin staining），又称 HE 染色法。苏木素为碱性染料，使细胞核内的染色质和胞质内的核糖体等酸性物质染成蓝紫色；伊红是酸性染料，主要使细胞质和细胞外基质中的碱性蛋白质成分、红细胞和胶原纤维等染成淡红色。易于被碱性或酸性染料着色的性质分别称为嗜碱性和嗜酸性，若与两种染料的亲和力都不强者，称中性。

（二）特殊显微镜技术

1. 荧光显微镜　用于观察标本中的自发荧光物质或以荧光染料染色的组织切片。

2. 激光扫描共聚焦显微镜　在荧光显微镜的基础上，以激光为光源，对样品的不同深度做动态扫描。

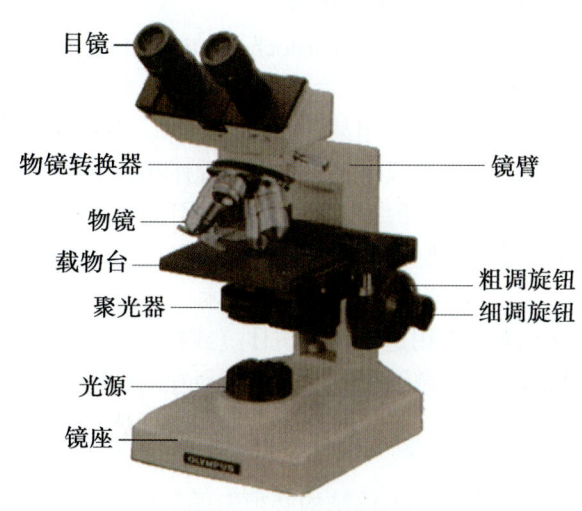

图绪-2 双筒型显微镜

3. 相差显微镜　体外培养的活细胞无色透明，一般光镜下不易分辨细胞轮廓及其结构。须用相差显微镜转换为光密度差异（明暗差）才能观察。

（三）电子显微镜技术

电子显微镜（electron microscope，EM）基本原理与光镜相似，所不同的是电镜以电子束发射器代替光源，常用的电子显微镜分为透射电镜和扫描电镜。电镜下所观察到的结构称超微结构。

1. 透射电镜（transmission electron microscope，TEM）　是以电子束穿透标本，分辨率最高约 0.2nm，用于观察细胞内部和细胞外基质的超微结构。电镜照片上呈黑色或深灰色者为高电子密度的结构，呈浅灰色者称低电子密度的结构（图绪 -3）。

2. 扫描电镜（scanning electron microscope，SEM）　是电子束在组织细胞表面进行扫描，观察表面的立体细微结构。如细胞表面的突起、微绒毛、纤毛及细胞的分泌和吞噬行为等（图绪 -4）。

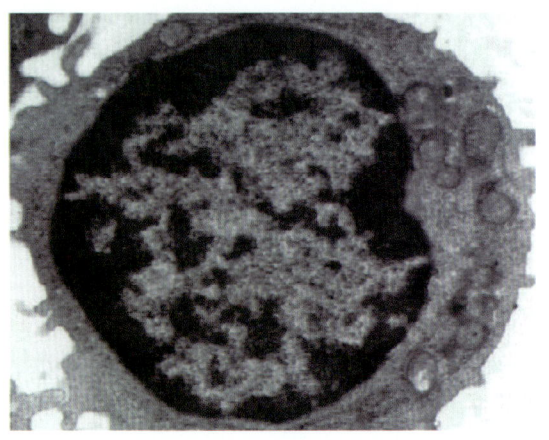

图绪 -3　透射电镜观察细胞

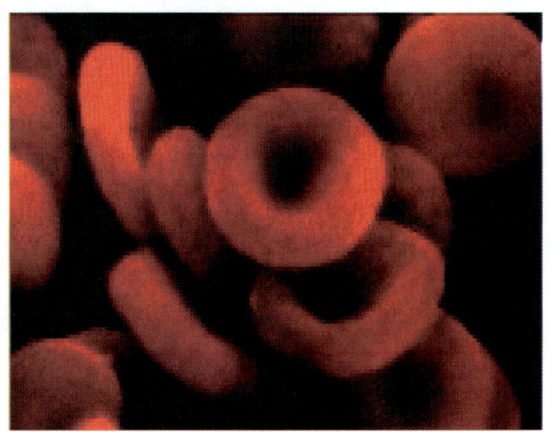

图绪 -4　扫描电镜观察细胞

（四）组织化学技术

组织化学技术（histochemistry technique）可分为如下类型：

1. 一般组织化学技术　组织化学和细胞化学技术是应用化学、物理学、免疫学及生物化学等方法，利用某些试剂与组织、细胞样品中的某些物质发生化学反应，形成有色的终末产物，在光镜或电镜下观察，显示组织和细胞内某些化学成分，如 PAS 反应。

2. 免疫组织化学技术　应用抗原与抗体结合的免疫学原理，在光学或荧光显微镜下观察，检测细胞内的多肽、蛋白质及膜表面抗原和受体等大分子物质的存在与分布。

3. 免疫荧光组织化学技术　根据抗原抗体反应的原理，先将已知的抗原或抗体标记上荧光素，再用这种荧光抗体（或抗原）作为探针，检查细胞或组织内的相应抗原（或抗体）。利用荧光显微镜可以看见荧光所在的细胞或组织。

五、正常人体结构的学习方法

学习正常人体结构必须遵循下列观点和方法，并运用科学的逻辑思维，在分析的基础上进行归纳综合，以达到全面正确地认识人体的目的。

（一）形态与功能相互联系的观点

人体每个器官都有其特定的功能，器官的形态结构是功能的物质基础，功能的变化影响器官形态结构的改变，形态结构的变化也将导致功能的改变，这就是形态和功能相互联系的观点。如四足动物的前肢和后肢，功能相似，形态结构也相仿。人类的手在劳动过程中从支持体重中解放出来，逐渐成为灵活地把握工具等适于劳动的器官；而人的下肢在维持直立行走中逐渐发育得比较粗壮。加强锻炼可使肌肉发达，长期卧床可使肌肉萎缩、骨质疏松。

（二）局部与整体统一的观点

人体是由许多器官、系统或众多局部组成的有机体。任何一个器官或局部都是整体不可分割的部分。器官或局部与整体之间、局部之间或器官之间，在结构和功能上是互相联系又互相影响的。例如，肌肉的附着可使骨面形成突起，肌肉经常活动可促进心、肺等器官的发育，局部的损伤不仅可影响邻近的局部，而且可影响到整体。组织学借助光镜观察的组织切片及透射电镜照片所显示的是细胞、组织和器官的平面结构，这就要求观察者从局部结构的观察，建立整体结构的概念，将所看到的平面图形还原为事物本身的立体图像。

（三）进化发展的观点

人类是由灵长类的古猿进化而来的。虽然现代人与动物有本质的差异，如语言、思维等，但在形态结构上保留着灵长类的基本特征，从器官到组织，再到微视的细胞和分子结构，都与脊椎动物有许多共同之处。学习正常人体结构应联系种系发生和个体发生的知识，在研究人体形态结构基础上，进一步了解人体的由来及其发生、发展规律，从而将分散的、静止的、孤立的形态描述成为有规律的知识，以便加深对人体形态结构的理解。

（四）理论联系实际的观点

学习的目的是为了应用，学习正常人体结构就是为了更好地认识人体，为学习医学理论与实践奠定基础，因此，学习时必须重视人体形态结构的基本特征，必须注意与生命活动密切相关的形态结构特点，必须掌握与诊治疾病有关的器官形态结构特征，以便为学习其他基础医学和临床医学课程打好必要的基础。

正常人体结构属形态学范畴，形态描述多，名词多，偏重于记忆是其特点。因此，必须重视实验，把书本知识与标本、模型等观察结合起来，学会运用图谱和现代信息技术，并联系活体和临床应用，更好地理解、消化学习内容。

（高晓勤　刘　扬）

第一篇　基本组织

第一章　上皮组织

记忆
描述上皮组织的一般特点、分类及特殊结构。
理解
解释各种上皮组织的结构特点、主要分布与功能。
应用
辨认腺上皮及腺的结构。

上皮组织（epithelial tissue）由大量密集排列的上皮细胞和少量细胞间质构成。根据功能，上皮组织可分为被覆上皮、腺上皮和特殊上皮等，本章主要介绍被覆上皮和腺上皮。被覆上皮被覆于人体表面和体内管、腔及囊的内表面，主要具有保护和吸收的功能；腺上皮构成腺，以分泌功能为主。

第一节　被覆上皮

一、被覆上皮的一般特征

被覆上皮（covering epithelium）细胞呈现明显的极性，即细胞的两端在结构和功能上有明显差异，朝向体表或有腔器官腔面的一侧，称游离面；另一侧朝向深部的结缔组织，称基底面。上皮细胞基底面附着于基膜，基膜是一层薄膜，上皮细胞借此膜与结缔组织相连。上皮组织中一般无血管，细胞所需的营养依靠结缔组织内的血管透过基膜供给。上皮组织中分布着丰富的神经末梢，可感受各种刺激。

二、被覆上皮的类型和结构

被覆上皮可按照上皮细胞层数和表层细胞垂直切面上的形态结构进行分类（表1-1）。

表 1-1　被覆上皮的类型和主要分布

上皮类型			主要分布
单层上皮	单层扁平上皮	内皮	心脏、血管和淋巴管的腔面
		间皮	胸膜、腹膜和心包膜的表面
		其他	肺泡腔面、肾小囊壁层等处
	单层立方上皮		甲状腺滤泡、肾小管等处
	单层柱状上皮		胃、肠、子宫等腔面
	假复层纤毛柱状上皮		呼吸道腔面
复层上皮	复层扁平上皮	未角化	口腔、食管、阴道等腔面
		角化	皮肤的表皮
	复层柱状上皮		睑结膜、男性尿道等腔面
	变移上皮		肾盂、肾盏、输尿管和膀胱等腔面

（一）单层上皮

单层上皮由一层上皮细胞组成，所有细胞的基底面都附着于基膜，游离面可伸到上皮表面。

1．单层扁平上皮　由一层扁平形细胞组成（图 1-1，2）。由表面看，细胞呈不规则形或多边形，核椭圆形，位于细胞中央，细胞边缘呈锯齿状或波浪状，相互嵌合。由上皮的垂直切面看，细胞核呈扁圆形，胞质很薄，含核的部分略厚。

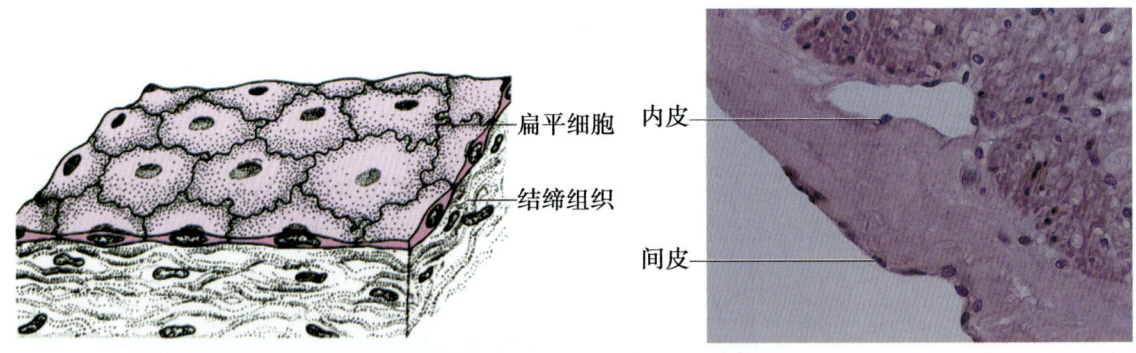

图 1-1　单层扁平上皮光镜结构模式图　　　　图 1-2　内皮和间皮

分布在心、血管和淋巴管腔面的单层扁平上皮称**内皮**（endothelium）。内皮细胞很薄，大多呈梭形，游离面光滑，有利于血液和淋巴液流动及物质通透。分布在胸膜、腹膜和心包膜表面的单层扁平上皮称**间皮**（mesothelium），细胞游离面湿润光滑，可减少器官间的摩擦。

2．单层立方上皮由一层立方形细胞组成（图 1-3，4）。从上皮表面看，细胞呈六角形或多角形；由上皮的垂直切面看，细胞呈立方形。细胞核圆形，位于细胞中央。这种上皮见于甲状腺、肾小管等处，主要具有分泌功能。

3．单层柱状上皮　由一层棱柱状细胞组成（图 1-5，6）。从表面看，细胞呈六角形或多角形；从上皮垂直面看，细胞呈柱状。细胞核长椭圆形，多位于细胞基底部。主要分布于胃、肠和子宫等处，具有吸收或分泌功能。在小肠和大肠的单层柱状上皮中有许多散在的杯状细

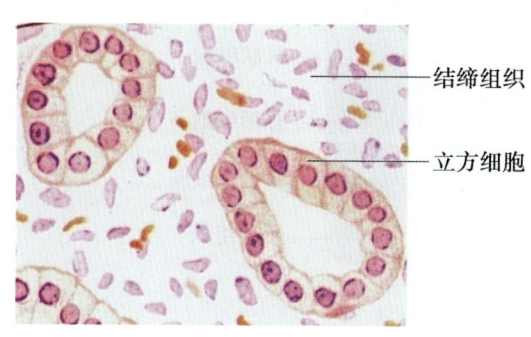

图1-3 单层立方上皮光镜结构模式图

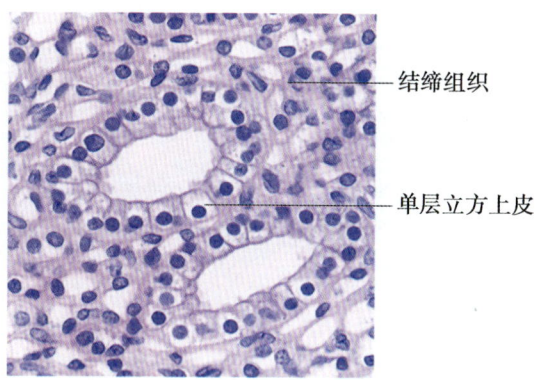

图1-4 单层立方上皮光镜图（肾小管）

胞。杯状细胞形似高脚酒杯，细胞顶部膨大，充满黏液性分泌颗粒，基底部较细窄，细胞核染色较深位于基底部。杯状细胞是一种腺细胞，分泌黏液，有润滑和保护上皮的作用。分布在小肠的柱状上皮细胞游离面有微绒毛，密集排列形成光镜下所见的纹状缘。

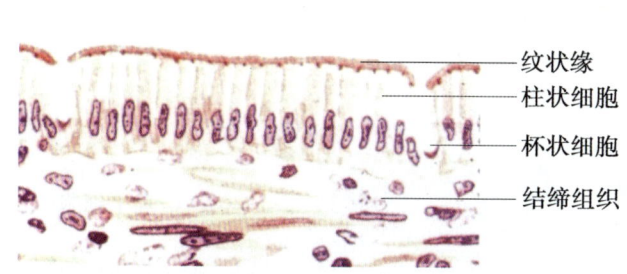

图1-5 单层柱状上皮光镜结构模式图

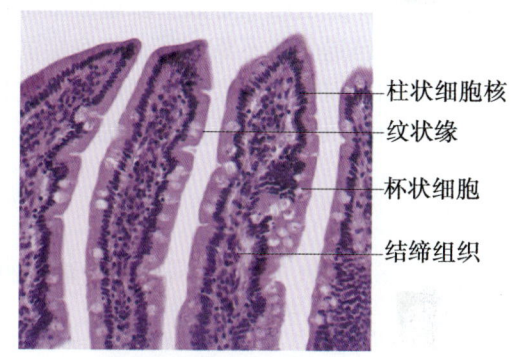

图1-6 单层柱状上皮光镜图（小肠）

4．假复层纤毛柱状上皮　由柱状细胞、杯状细胞、梭形细胞和锥体形细胞组成（图1-7，8）。柱状细胞游离面具有纤毛。由于几种细胞高矮不等，只有柱状细胞和杯状细胞的顶端伸到上皮游离面，细胞核的位置也高矮不一，故从上皮垂直切面看很像复层上皮。但这些细胞的基底面都附在基膜上，故实际仍为单层上皮。主要分布于呼吸道黏膜表面，起保护作用。

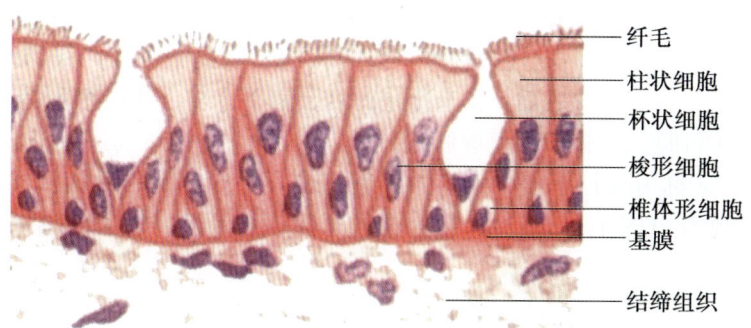

图1-7 假复层纤毛柱状上皮光镜结构模式图

第一篇　基本组织

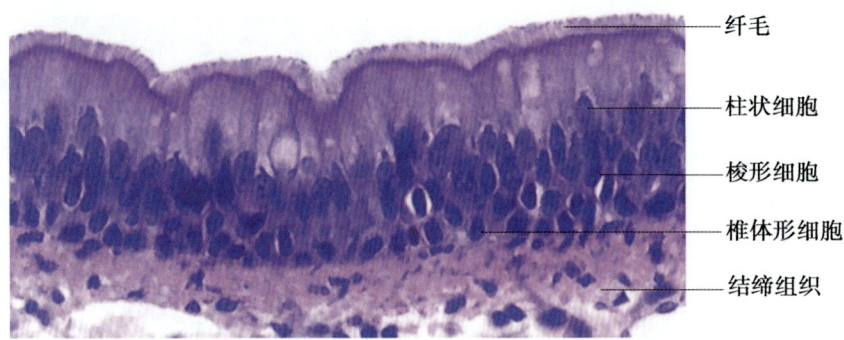

图 1-8　假复层纤毛柱状上皮光镜图（气管）

（二）复层上皮

复层上皮由多层细胞组成，最深层的细胞附着于基膜上。

1. **复层扁平上皮**　由多层细胞组成，因表面细胞呈扁平鳞片状，又称为复层鳞状上皮（图 1-9，10）。由上皮的垂直切面看，细胞的形状、薄厚不一。紧靠基膜的一层细胞为立方形或矮柱状，此层以上是数层多边形细胞，再上为梭形细胞，浅层为几层扁平细胞。最表层的扁平细胞已退化并不断脱落，基底层的细胞较幼稚，具有旺盛的分裂能力，新生的细胞渐向浅层移动，以补充表层脱落的细胞。这种上皮与深部结缔组织的连接面起伏不平，扩大了两者接触的面积，汲取营养更加充分。

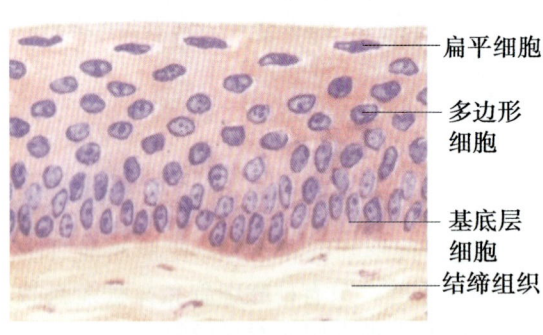

图 1-9　未角化的复层扁平上皮光镜结构模式图

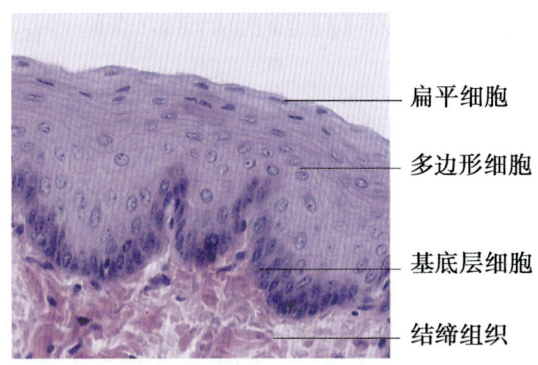

图 1-10　未角化的复层扁平上皮光镜图（食管）

复层扁平上皮具有很强的机械性保护作用，耐摩擦，可阻止异物入侵；受损伤后，上皮有很强的修复能力。复层扁平上皮分为两种：①角化的复层扁平上皮，浅层细胞已无胞核，胞质中充满角蛋白，分布于皮肤表面；②未角化的复层扁平上皮，浅层细胞是有核的活细胞，含角蛋白少，贴衬在口腔、食管和阴道等腔面。

2. **变移上皮**　又称为移行上皮，由多层细胞组成，上皮细胞的形状和层数可随器官的收缩与扩张而发生变化（图 1-11，12），贴衬在排尿管道（肾盏、肾盂、输尿管和膀胱）的腔面。

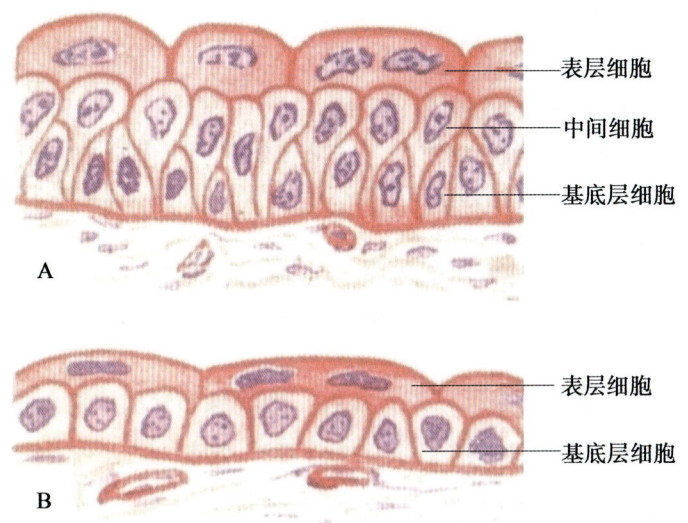

图 1-11　变移上皮光镜结构模式图
A．膀胱空虚时；B．膀胱充盈时

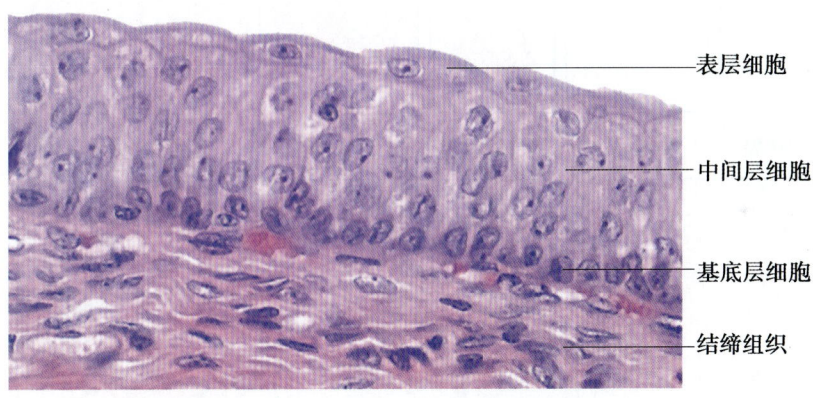

图 1-12　变移上皮光镜图（膀胱）

第二节　腺上皮和腺

以分泌功能为主的上皮称为**腺上皮**（glandular epithelium），以腺上皮为主要成分的器官称为**腺**（gland）。有些腺位于不同器官的结缔组织中，如胃腺、肠腺等；有些腺则是独立的器官，如甲状腺、胰等。

人体的腺体分为外分泌腺和内分泌腺两大类。

一、外分泌腺和内分泌腺

腺体有导管通到器官腔面或身体表面，分泌物经导管排出者，称外分泌腺，如汗腺、胃腺等；腺体没有导管，分泌物经血液和淋巴输送，称内分泌腺，如甲状腺、肾上腺等。内分泌腺分泌的物质称为激素。

二、外分泌腺的结构和分类

（一）一般结构

大部分外分泌腺由分泌部和导管两部分组成。

1. 分泌部　外分泌腺的分泌部一般由一层细胞组成，中央有腺腔，腺细胞合成的分泌物先排入腺腔中，再由导管排出。分泌部的形状可呈管状、泡状或管泡状，后两种形态的分泌部又称为腺泡。

2. 导管　外分泌腺的导管与分泌部相连，由单层或复层上皮构成。导管主要作用是排出分泌物，但有些腺的导管还有吸收水、电解质及分泌的作用。

（二）分类

根据分泌部的形状，外分泌腺可分为管状腺、泡状腺和管泡状腺。根据分泌物的性质，一些外分泌腺又可分为浆液性腺、黏液性腺和混合性腺（图 1-13）。

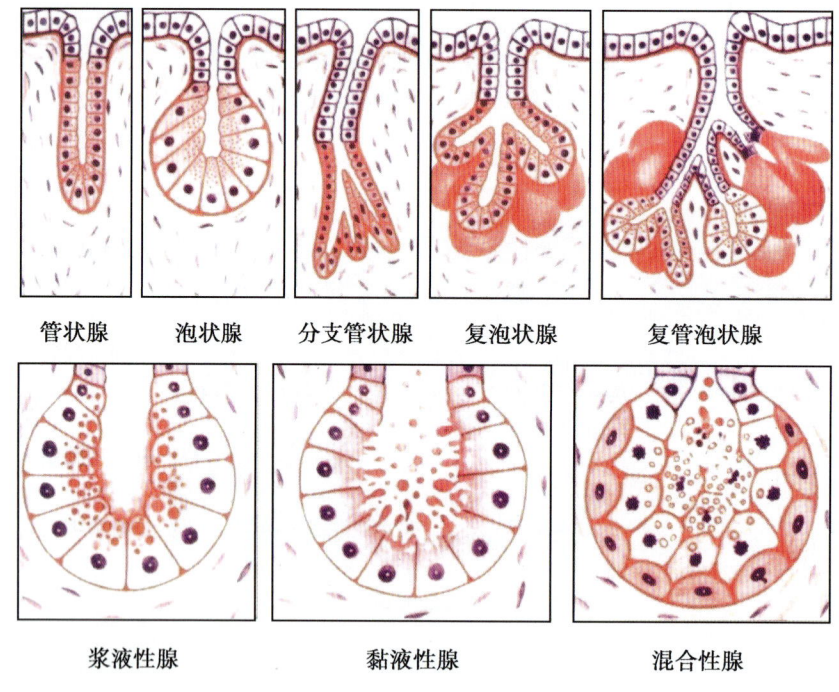

图 1-13　几种外分泌腺结构模式图

1. 浆液性腺　由浆液性腺细胞组成，如腮腺和胰腺。这种腺细胞呈锥体形，核呈圆形，近细胞基底部。基底部细胞质呈强嗜碱性，顶部胞质充满嗜酸性酶原颗粒。电镜下，细胞基底部有密集的粗面内质网，核上区有发达的高尔基复合体和分泌颗粒，分泌物的性质为蛋白质。

2. 黏液性腺　由黏液性腺细胞组成，如十二指肠腺。这种腺细胞呈锥体形，核扁，位于细胞基底部，胞质着色浅，呈泡沫状或空泡状。电镜下，基底部的胞质中可见较丰富的粗面内质网和游离核糖体，核上区可见发达的高尔基复合体和黏原颗粒，分泌物的性质为糖蛋白。

3. 混合性腺　由黏液性腺细胞和浆液性腺细胞共同组成的腺称混合性腺，如下颌下腺和舌下腺。其分泌物兼有黏液和浆液。

第三节　上皮细胞表面的特化结构

一、上皮细胞的游离面

（一）微绒毛

微绒毛（microvillus）是上皮细胞游离面伸出的细小指状突起，电镜下可清晰辨认（图1-14）。微绒毛表面为细胞膜，内为细胞质。胞质中含有许多纵行的微丝。微绒毛扩大了细胞游离面的表面积，利于细胞的吸收。具有活跃吸收功能的上皮细胞有许多较长的微绒毛，且排列整齐，可构成光镜下的纹状缘或刷状缘。

（二）纤毛

纤毛（cilium）是细胞游离面伸出的能摆动的较长的突起，比微绒毛粗且长，在光镜下可分辨。电镜下可见纤毛表面有细胞膜，内为细胞质，其中有纵向排列的微管。纤毛具有一定方向节律性摆动的能力。如呼吸道大部分的腔面为有纤毛的上皮，由于纤毛的定向摆动，可将被吸入的灰尘和细菌等排出。

二、上皮细胞的侧面

细胞排列密集，细胞间隙很窄，在细胞相邻面形成特殊构造的细胞连接。

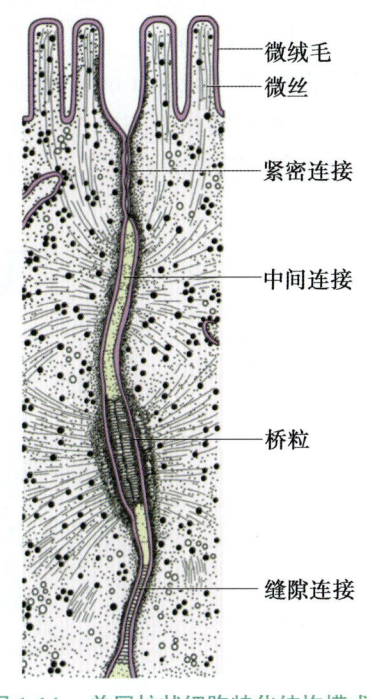

图1-14　单层柱状细胞特化结构模式图

（一）紧密连接

紧密连接（tight junction）呈点状、斑状或带状，位于相邻细胞间隙的顶端侧面，呈箍状环绕细胞。紧密连接除有机械连接作用外，更重要的是封闭细胞顶部的细胞间隙，阻挡细胞外的大分子物质经细胞间隙进入组织内，维持内环境的稳定。

（二）中间连接

中间连接（intermediate junction）位于紧密连接下方，相邻细胞间有间隙，间隙中有较致密的丝状物连接相邻细胞的膜。胞质面附着有薄层致密物质和细丝，有牢固的连接作用。

（三）桥粒

桥粒（desmosome）呈斑状，大小不等，位于中间连接深部，连接区有细胞间隙，间隙中央有一条致密的中间线。细胞膜的胞质面有较厚的致密物质构成的附着板，板上有许多张力丝附着。桥粒是一种很牢固的细胞连接，在易受机械性刺激和摩擦的复层扁平上皮中多见。

在某些上皮细胞的基底面，即与深层结缔组织的相邻面，还可见半桥粒。半桥粒为上皮细胞一侧形成桥粒一半的结构，将上皮细胞固着在基膜上。

（四）缝隙连接

缝隙连接（gap junction）又称通讯连接。细胞间隙很窄，相邻细胞中有许多相连通的小管，借此传递化学信息和电信息。

以上四种连接，只要有两种或两种以上的连接相邻存在，即可称连接复合体。

三、上皮细胞的基底面

（一）基膜

基膜（basement membrane）又称基底膜。是上皮基底面与深部结缔组织间的薄膜。基膜由上皮和其下方的结缔组织共同产生。电镜下可分为基板和网板两层。基膜除有支持和连接作用外，还是半透膜，有利于上皮细胞与深部结缔组织进行物质交换。

（二）质膜内褶

质膜内褶（plasma membrane infolding）是上皮细胞基底面的细胞膜折向胞质所形成的许多内褶。质膜内褶的主要作用是扩大细胞基底部的表面积，有利于水和电解质的迅速转运。由于转运过程中需要消耗能量，故在质膜内褶附近的胞质内，含有许多纵行排列的线粒体。

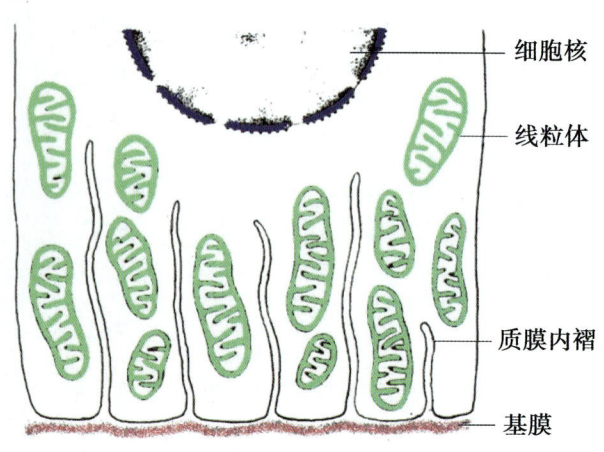

图 1-15　质膜内褶电镜结构模式图

患者，男性，70岁，反复胸骨后疼痛两个月，疼痛为阵发性，多于活动后或弯腰坐起时出现，餐后及夜间明显。持续数分钟至1h不等，常伴有胃灼热，偶尔有反酸，有时进食、饮水能缓解。平常无其他不适及症状。入院诊断为胃食管反流病。

结合所学上皮组织知识，思考该患者为何会出现反酸等症状。

（耿世佳）

第二章 结缔组织

学习目标

记忆
1. 描述疏松结缔组织中主要细胞成分（成纤维细胞、巨噬细胞、浆细胞、肥大细胞）的结构特点和功能。
2. 熟记红细胞、白细胞的形态结构特点、正常值和功能，以及血小板的正常值及功能。
3. 描述骨组织及其各种细胞成分的光镜及电镜结构。

理解
1. 说出结缔组织中三种纤维在光镜下的形态特点。
2. 描述长骨的结构特点及骨膜的结构与功能。
3. 知道致密结缔组织、脂肪组织、网状组织。
4. 说出软骨组织的结构特点及分类。

结缔组织（connective tissue）由细胞和大量细胞间质构成。细胞的种类较多，散居于细胞间质内，分布无极性。细胞间质包括基质、纤维和组织液，其中基质呈均质状，纤维为细丝状，组织液是不断更新循环的液体。广义的结缔组织包括松软的固有结缔组织、较坚固的软骨，以及骨和液态的血液，一般所称的结缔组织，即指固有结缔组织。结缔组织在体内分布广泛，具有连接、支持、营养、保护和修复等多种功能。

第一节 固有结缔组织

固有结缔组织按其结构和功能的不同可分为疏松结缔组织、致密结缔组织、脂肪组织和网状组织。

一、疏松结缔组织

疏松结缔组织（loose connective tissue）又称**蜂窝组织**（areolar tissue），由多种细胞和大量细胞间质构成，排列稀松，广泛分布于机体各种细胞、组织和器官之间（图 2-1, 2）。

（一）细胞

疏松结缔组织的细胞种类较多，分别具有不同的功能。

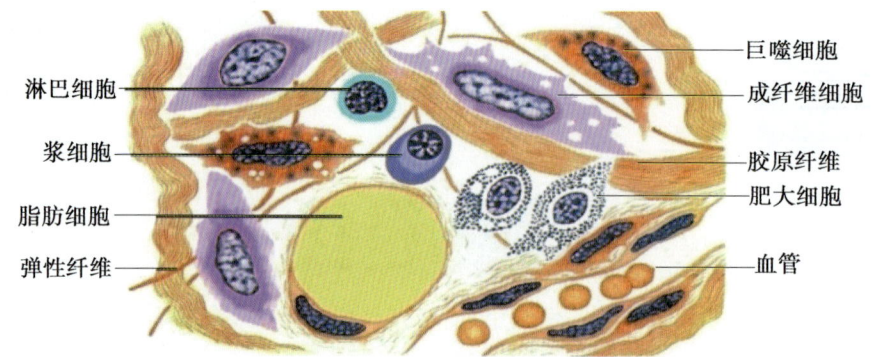

图 2-1　疏松结缔组织光镜结构模式图

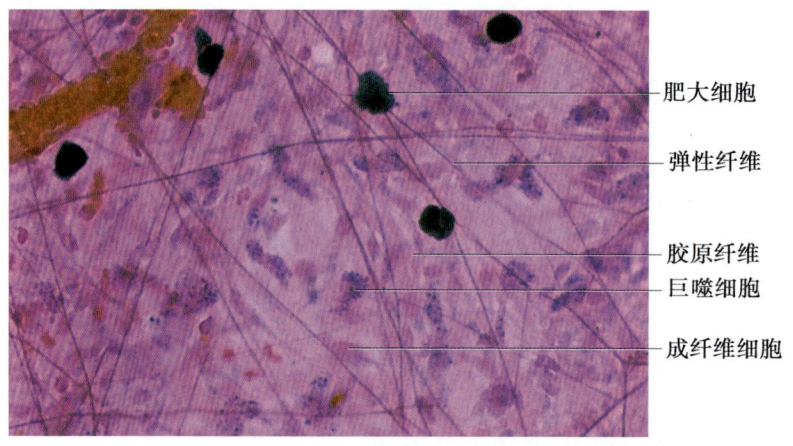

图 2-2　疏松结缔组织光镜图

1. 成纤维细胞（fibroblast）　疏松结缔组织的主要细胞，可产生纤维和基质。细胞扁平多突，呈星状，胞质较丰富呈弱嗜碱性。胞核较大，扁卵圆形，染色质疏松着色浅，核仁明显。电镜下，胞质内富含粗面内质网、游离核糖体和发达的高尔基复合体。成纤维细胞处于功能静止状态时，细胞变小，呈长梭形，胞核小，着色深，胞质嗜酸性，称为纤维细胞（fibrocyte）。

2. 巨噬细胞（macrophage）　又称为组织细胞。细胞形态多样，一般呈圆形或椭圆形，通常有钝圆形突起，功能活跃者，常伸出较长的伪足而形态不规则。胞核较小，卵圆形或椭圆形，着色深，胞质丰富，多呈嗜酸性，含空泡和异物颗粒。电镜下，胞质内含大量溶酶体、高尔基复合体、吞噬体和吞饮小泡等。巨噬细胞具有变形运动和强烈的吞噬功能，能吞噬和清除异物及衰老的细胞，分泌多种生物活性物质以及参与和调节人体免疫应答等。

3. 浆细胞（plasma cell）　呈卵圆形或圆形，核圆形，多偏居细胞一侧，染色质成粗块状沿核膜内面呈辐射状排列，形似车轮。胞质丰富，嗜碱性，核旁有一浅染区。电镜下，胞质内含有大量平行排列的粗面内质网和发达的高尔基复合体。浆细胞源于 B 淋巴细胞，在抗原的反复刺激下，B 淋巴细胞增殖、分化，转变为浆细胞，具有合成、贮存与分泌免疫球蛋白即抗体的功能，参与体液免疫应答。

4. 肥大细胞（mast cell）　较大，呈圆形或卵圆形，胞核小而圆，多位于中央。胞质中充满粗大的具有异染性的嗜碱性颗粒，内含组胺、肝素和嗜酸性粒细胞趋化因子等，细胞质中含白三烯。它们在过敏反应中分别与抗凝血、扩张毛细血管、增强毛细血管通透性及使支气管平滑肌收缩或痉挛有关。

5. **脂肪细胞**（fat cell） 胞体较大，呈圆球形。胞质含大小不等的脂滴，胞质常被脂滴推挤到细胞周缘，核被压成扁圆形，连同部分胞质呈新月形，位于细胞一侧。在 HE 染色标本中，脂滴被溶解，细胞呈空泡状。脂肪细胞有合成和贮存脂肪、参与脂质代谢的功能。

6. **未分化的间充质细胞**（undifferentiated mesenchymal cell） 是结缔组织内一些较原始的细胞，具有分化潜能，其形态结构与纤维细胞相似，主要分布于毛细血管周围，但较小，在切片标本上不易区分。在一定条件下可增殖分化为成纤维细胞等多种细胞。

7. **白细胞** 血液中的白细胞如淋巴细胞和嗜酸性细胞等，可从毛细血管和微静脉游出，进入结缔组织中行使免疫防御功能。在炎症部位，白细胞的含量会明显增加。

（二）细胞间质

疏松结缔组织细胞间质多，由纤维、基质和组织液组成。

1. **纤维** 包埋在基质内，分为三种。

（1）**胶原纤维**（collagenous fiber）：数量最多，新鲜时呈白色，有光泽，又名白纤维。HE 染色切片中嗜酸性，呈浅红色。纤维粗细不等，呈波浪形，并互相交织。胶原纤维是由更细的胶原原纤维集合而成。电镜下，胶原原纤维呈现出明暗交替的周期性横纹，横纹周期为 64nm。胶原纤维的特点是韧性大，抗拉力强。

（2）**弹性纤维**（elastic fiber）：新鲜状态下呈黄色，又名黄纤维，有分支互相交织成网。在 HE 标本中，着色轻微呈红色。弹性纤维较细，具有很强的弹性，与胶原纤维交织在一起，使疏松结缔组织既有弹性又有韧性。

（3）**网状纤维**（reticular fiber）：较细、分支多，交织成网。HE 染色标本上不易着色，用银染法，网状纤维呈黑色，故又称嗜银纤维。网状纤维多分布在结缔组织与其他组织交界处，如基膜的网板、毛细血管、平滑肌细胞的周围。

2. **基质**（ground substance） 一种透明的胶状物质，具有一定的黏性。构成基质的主要成分为蛋白多糖，是由蛋白质与大量多糖结合成的大分子复合物，其中多糖主要是透明质酸，其次是硫酸软骨素等。蛋白多糖复合物的立体结构形成有许多微孔隙的分子筛，便于血液与细胞之间进行物质交换；同时有限制细菌扩散的防御作用。

3. **组织液**（tissue fluid） 是从毛细血管动脉端渗入基质内的液体，经毛细血管静脉端和毛细淋巴管回流入血液或淋巴，组织液不断更新，有利于血液与细胞进行物质交换，成为组织和细胞赖以生存的内环境。

二、致密结缔组织

致密结缔组织（dense connective tissue）是一种以纤维为主要成分的固有结缔组织，纤维粗大，排列致密，以支持和连接为主要功能。大多数致密结缔组织以大量胶原纤维为主，包括规则致密结缔组织，主要构成肌腱和腱膜；不规则致密结缔组织见于真皮、硬脑膜、巩膜等处；极少数以弹性纤维为主，称为弹性组织，如项韧带等。

三、脂肪组织

脂肪组织（adipose tissue）主要由大量群集的脂肪细胞构成，由疏松结缔组织分割成许多脂肪小叶，主要分布在皮下、网膜和系膜等处，约占成人体重的 10%，是体内最大的贮能库（图2-3）。参与能量代谢，并具有产生热量、维持体温、缓冲保护和支持填充等作用。

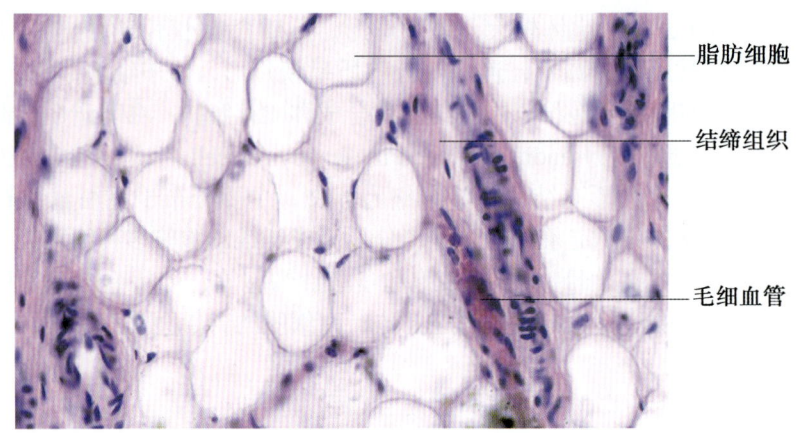

图2-3 脂肪组织光镜图

四、网状组织

网状组织（reticular tissue）是造血器官和淋巴器官的基本组织成分，由网状细胞、网状纤维和基质构成（图2-4）。网状细胞为星形多突起细胞，其突起彼此相连成网，胞质弱嗜碱性，核较大，椭圆形，染色浅，核仁清楚，网状细胞产生网状纤维。网状纤维分支连接成网，与网状细胞共同构成支架，为淋巴细胞发育和血细胞发生提供适宜的微环境，主要分布于淋巴结、脾、扁桃体及红骨髓中。

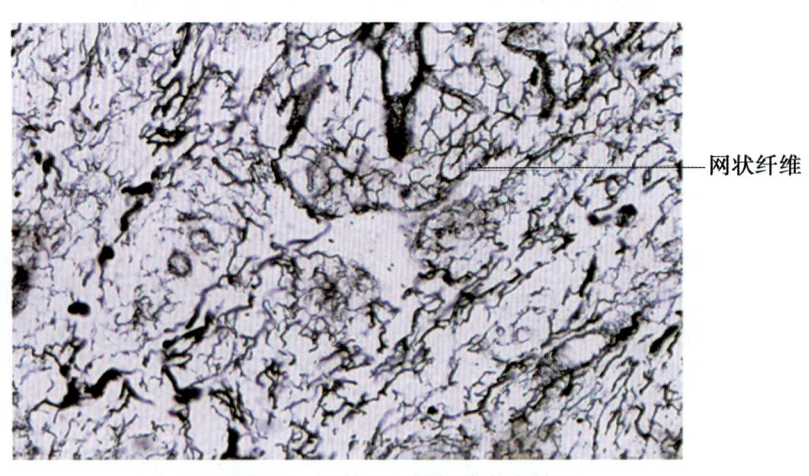

图2-4 网状组织镀银染色光镜图

第二节 血 液

血液（blood）是一种特殊的液态结缔组织，由红细胞、白细胞、血小板和血浆组成。

一、血浆

血浆（plasma）是流动的液体，相当于结缔组织的细胞间质，约占血液容积的55%，其中90%是水，其余为血浆蛋白质（白蛋白、球蛋白、纤维蛋白原）、脂蛋白、脂滴、无机盐、酶、激素、维生素和各种代谢产物。血液凝固后析出淡黄色透明的液体，称血清（serum），成分与血浆类似，但其中不含纤维蛋白原。

二、血细胞和血小板

血细胞（blood cell）和血小板约占血液容积的45%，其中血细胞又包括红细胞和白细胞。正常人血细胞有一定的形态结构，并有相对稳定的数量。通常采用**瑞特染色**（Wright's staining）或**吉姆萨染色**（Giemsa staining）的血涂片标本，可在光镜下对血细胞的形态结构进行观察。血细胞形态、数量、比例和血红蛋白含量的测定结果称为血象。血细胞的分类和计数正常值见表2-1。

表2-1　血细胞分类和计数的正常值

血细胞	正常值
红细胞	成年男性（4.0～5.5）×10^{12}/L
	成年女性（3.5～5.0）×10^{12}/L
白细胞	成人（4.0～10）×10^9/L
中性粒细胞	50%～70%
嗜酸性粒细胞	0.5%～3%
嗜碱性粒细胞	0%～1%
单核细胞	3%～8%
淋巴细胞	25%～30%
血小板	（100～300）×10^9/L

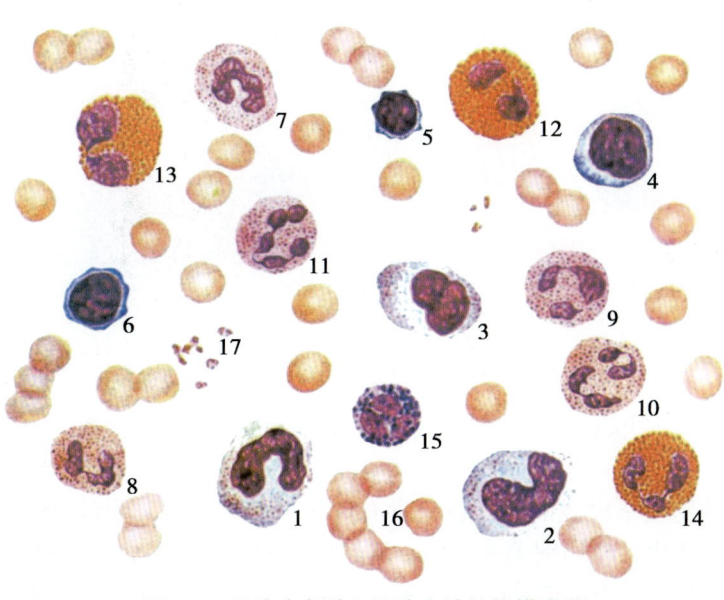

图2-5　血液中各种血细胞光镜结构模式图

1～3．单核细胞；4～6．淋巴细胞；7～11．中性粒细胞；12～14．嗜酸性粒细胞；15．嗜碱性粒细胞；16．红细胞；17．血小板

（一）红细胞

在血涂片中，**红细胞**（erythrocyte，red blood cell）呈双凹圆盘状，中央较薄，周边较厚，直径为 7～8μm。成熟红细胞无细胞核，也无细胞器，胞质内充满**血红蛋白**（hemoglobin，Hb）。血红蛋白是含铁的蛋白质，约占红细胞重量的 33%。正常成人血液中血红蛋白的含量，男性为 120～150g/L，女性为 110～140g/L。血红蛋白具有结合与运输 O_2 和 CO_2 的功能。红细胞膜上具有一类嵌入蛋白质，包括 A 血型抗原和 B 血型抗原，它决定个体的 ABO 血型，并且相应血型的血液中存在抗 ABO 血型抗原的天然抗体。

外周血中除大量成熟红细胞以外，还有少量未完全成熟的红细胞，称为网织红细胞，在成人为红细胞总数的 0.5%～1.5%，新生儿较多，可达 3%～6%。网织红细胞的直径略大于成熟红细胞，在常规染色的血涂片中不能与成熟红细胞区分，用煌焦油蓝作体外活体染色，可见细胞质内有染成蓝色的细网或颗粒，电镜下是细胞内残留的核糖体。网织红细胞仍有合成血红蛋白的功能，一般经 1～3 天后充分成熟为红细胞。网织红细胞的计数，对血液病的诊断和预后的判定具有一定的临床意义。红细胞的平均寿命约 120 天。

（二）白细胞

白细胞（white blood cell，WBC）是有核的球形细胞，它们从骨髓进入血液后一般均于 24h 内以变形运动方式穿过微血管管壁，进入周围组织，发挥其防御和免疫功能。白细胞可根据细胞质内有无特殊颗粒，分为有粒白细胞和无粒白细胞两类。有粒白细胞又根据颗粒的嗜色性，分为中性粒细胞、嗜酸性粒细胞和嗜碱性粒细胞。无粒白细胞分为单核细胞和淋巴细胞两种。

1. 中性粒细胞　占白细胞总数的 50%～70%，直径 10～12μm。核的形态多样，有的呈杆状，称杆状核；有的呈分叶状，叶间有细丝连接，称分叶核（图 2-6）。细胞核一般为 2～5 叶，正常人以 2～3 叶者居多。当机体受严重细菌感染时，大量新生细胞从骨髓进入血液，杆状核与 2 叶核的细胞百分率增多，称为核左移；若 4～5 叶核的细胞增多，称核右移，表明骨髓造血功能发生障碍。

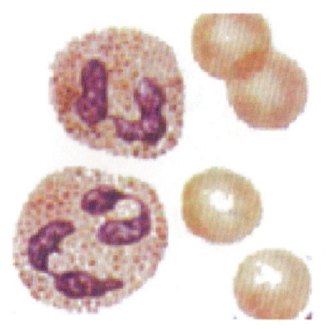 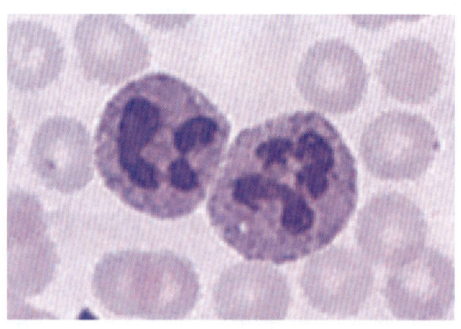

图 2-6　中性粒细胞光镜结构（左图为模式图）

中性粒细胞的胞质呈极浅的粉红色，含有许多细小颗粒，其中浅紫色的为嗜天青颗粒，是一种溶酶体，能消化吞噬的细菌和异物；浅红色的为特殊颗粒，是一种分泌颗粒，具有杀菌作用。中性粒细胞具有很强的趋化作用和吞噬细菌及异物的功能，在吞噬和处理了大量细菌后，自身也死亡，成为脓细胞。

2. 嗜酸性粒细胞　占白细胞总数的 0.5%～3%，直径为 10～15μm，核多为 2 叶，胞质中充满粗大的橘红色嗜酸性颗粒（图2-7）。电镜下，颗粒多呈椭圆形，内含晶状小体。在患有过敏性疾病或寄生虫病时，血液中嗜酸性粒细胞增多。

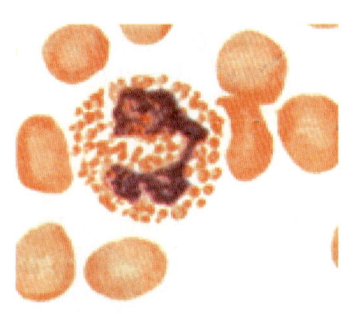 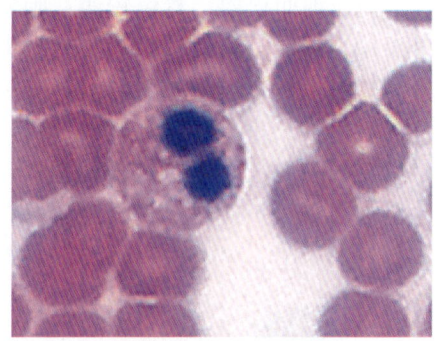

图2-7　嗜酸性粒细胞光镜结构（左图为模式图）

3. 嗜碱性粒细胞　数量最少，占白细胞总数的0%～1%。细胞直径10～12μm，核呈S形或不规则形，着色较浅。胞质内含有嗜碱性颗粒，染成紫蓝色，具有异染性，数量较多，可将核掩盖（图2-8）。嗜碱性颗粒属于分泌颗粒，内含有肝素、组胺、嗜酸性粒细胞趋化因子等，胞质中还含有白三烯。嗜碱性粒细胞与肥大细胞的结构及分泌物相似，肝素具有抗凝血作用，组胺和白三烯参与过敏反应。

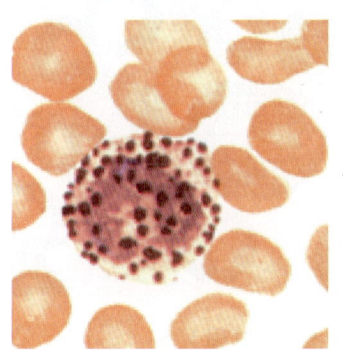 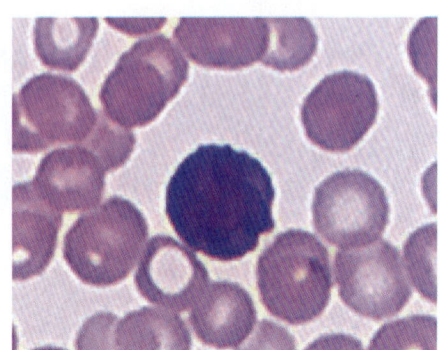

图2-8　嗜碱性粒细胞光镜结构（左图为模式图）

4. 淋巴细胞　占白细胞总数的20%～30%，圆形或椭圆形，大小不等。直径6～8μm的为小淋巴细胞，9～12μm的为中淋巴细胞，13～20μm的为大淋巴细胞。小淋巴细胞数量最多，细胞核圆形，一侧常有小凹陷，染色质致密呈块状，着色深，核占细胞的大部，胞质很少，在核周成一窄缘，嗜碱性，染成深蓝色，含少量嗜天青颗粒。中淋巴细胞和大淋巴细胞的核椭圆形，染色质较疏松，故着色较浅，胞质较多，胞质内也可见少量嗜天青颗粒（图2-9）。电镜下，胞质内主要是大量的游离核糖体，其他细胞器均不发达。

根据淋巴细胞的发生部位、表面特征、寿命长短和免疫功能的不同，至少可分为T细胞、B细胞、杀伤（K）细胞和自然杀伤（NK）细胞等四类。T细胞约占淋巴细胞总数的75%，参与机体细胞免疫。B细胞占血中淋巴细胞总数的10%～15%，B细胞受抗原刺激后增殖分化为浆细胞，产生抗体，参与体液免疫。

5. 单核细胞　占白细胞总数的3%～8%，是白细胞中体积最大的细胞，直径14～20μm，呈圆形或椭圆形。胞核形态多样，呈卵圆形、肾形、马蹄形或不规则形等，核常偏位，染色质颗粒细而松散，着色较浅；胞质丰富，呈弱嗜碱性，染成浅灰蓝色，内含嗜天青颗粒（图2-10）。电镜下，细胞表面有皱褶和微绒毛，胞质内有许多吞噬泡、线粒体和粗面内质网。单核细胞具有活跃的变形运动和一定的吞噬功能，属于单核吞噬细胞系统成员之一。

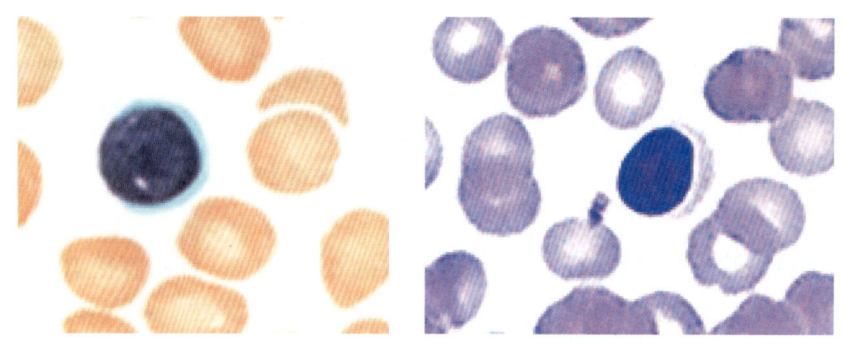

图2-9　淋巴细胞光镜结构（左图为模式图）

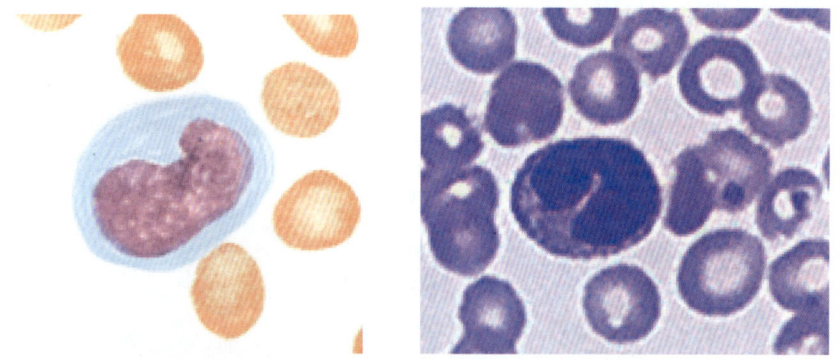

图2-10　单核细胞光镜结构（左图为模式图）

（三）血小板

血小板（blood platelet）是骨髓中巨核细胞胞质脱落下来的碎块，体积小，直径2～4μm，呈双凸扁盘状；当受到刺激时，则伸出突起，呈不规则形。在血涂片中，血小板常呈多角形，无细胞核，中央部有紫蓝色颗粒，称为颗粒区；周边部呈均质浅蓝色，称为透明区，聚集成群。血小板在止血和凝血过程中起重要作用。血液中的血小板正常值为 $(100～400)×10^9/L$，低于 $100×10^9/L$ 为血小板减少，低于 $50×10^9/L$ 则有出血危险。血小板寿命为7～14天。

三、血细胞的发生

人的血细胞最早是在胚胎卵黄囊壁的血岛生成，胚胎第6周，从卵黄囊迁入肝的造血干细胞开始造血，第 4～5 个月脾内造血干细胞增殖分化产生各种血细胞。从胚胎后期至生后终身，骨髓成为主要的造血器官。

血细胞发生是造血干细胞经增殖、分化直至成为各种成熟血细胞的过程。**造血干细胞**（hemopoietic stem cell）是生成各种血细胞的原始细胞，又称多能干细胞。造血干细胞可增殖分化为造血祖细胞，它也是一种相当原始的具有增殖能力的细胞，能向一个或几个血细胞系定向增殖分化，也称定向干细胞。造血干细胞还能通过自我复制来保持造血干细胞的特性和恒定的数量。

血细胞的发生是一连续发展过程，各种血细胞的发育大致可分为三个阶段：原始阶段、幼稚阶段（又分早、中、晚三期）和成熟阶段。血细胞发生过程中形态变化的一般规律如下：①胞体由大变小；②胞核由大变小，红细胞的核最后消失，粒细胞的核由圆形逐渐变成杆状乃至分叶，染色质由细疏逐渐变粗密，核仁由有到无；③胞质的量由少逐渐增多，胞质嗜碱性逐渐变弱，胞质内的特殊结构如红细胞中的血红蛋白、粒细胞中的特殊颗粒均由无到有，再到多；④细胞分裂能力从有到无。

知识链接

运动性贫血

早在 1881 年，Fleischer 作为一名军医，对一名士兵的暂时性血尿进行研究，进而揭开了运动性贫血研究的序幕。从此，运动与血液变化的关系开始被人们关注。"运动性贫血"这一定义最初被提出时指未锻炼者集中训练数日后发生的轻度贫血，以血红蛋白降低为主要特征。后来人们发现，有些优秀运动员在训练后也会发生上述现象，并且有些为长期现象。因此，有人把前者称为"运动性贫血"，把后者称为"运动员贫血"。运动性贫血通常以血红蛋白判断，按照世界卫生组织（World Health Organization, WHO）的诊断标准，有运动史，男性 Hb < 130g/L，女性 Hb < 120g/L 时即可诊断。女性发生率明显高于男性。发生原因目前尚无定论，各种研究结果众说纷纭，大致认为与血管内溶血、缺铁及稀释性假性贫血等相关。未锻炼者进行长跑及耐力训练时，可能会出现运动性贫血。

第三节 软骨组织与软骨

软骨（cartilage）是由软骨组织为主构成的器官。软骨组织是特殊的结缔组织，其细胞外基质为固态，略有弹性。软骨参与构成身体支架，具有支持和保护等作用。

一、软骨组织

软骨组织（cartilage tissue）由软骨基质和软骨细胞构成（图 2-11，12）。

（一）软骨基质

软骨基质由基质及纤维构成。软骨基质呈凝胶状，具韧性，主要由水和蛋白多糖组成，其蛋白多糖与疏松结缔组织中的类似。基质中含有胶原原纤维、胶原纤维或弹性纤维，根据

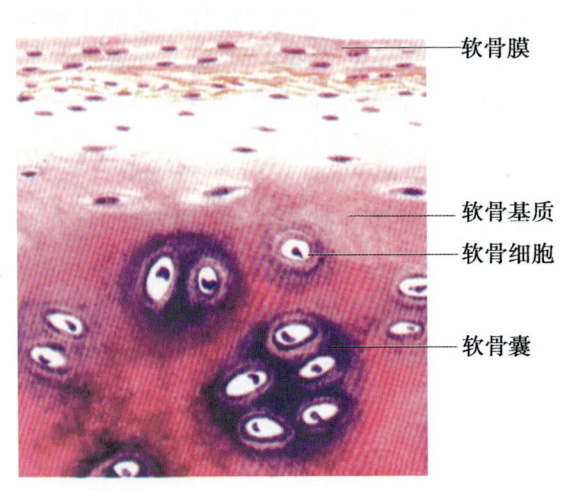
图2-11 透明软骨光镜结构模式图

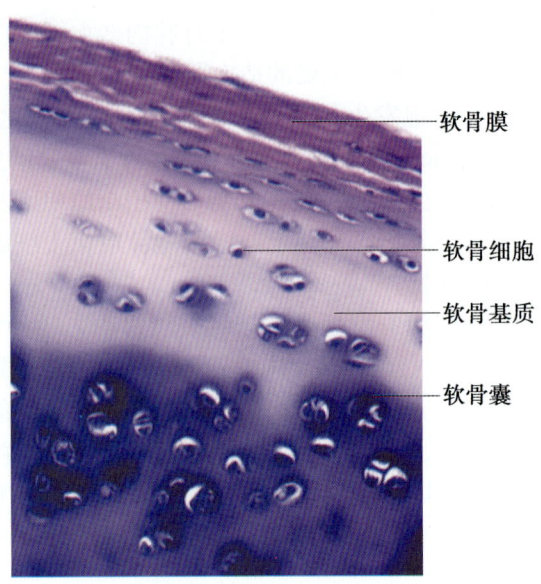
图2-12 透明软骨光镜图（气管）

基质中所含纤维的不同可将软骨进行分类。

（二）软骨细胞

软骨细胞（chondrocyte）位于软骨基质内，其所占据的空间称软骨陷窝，陷窝周围有一层含硫酸软骨素较多的基质，称软骨囊。靠近软骨膜的软骨细胞较幼稚，细胞扁而小，单个分布；位于软骨中部的软骨细胞大而圆，较成熟，成群分布，每群有2～8个细胞，又称同源细胞群。

二、软骨的分类和各类软骨的结构特点

软骨由软骨组织及其周围的软骨膜构成。软骨膜由致密结缔组织构成，被覆在软骨的表面，主要起保护和营养作用。根据软骨组织中所含纤维的不同，可将软骨分为透明软骨、纤维软骨和弹性软骨三种。

1. 透明软骨（hyaline cartilage） 分布于关节软骨、肋软骨及呼吸道等处。新鲜时呈淡蓝色透明状，较脆易折。透明软骨基质较丰富，电镜下可见胶原原纤维交织排列，并与基质的折光率一致。

2. 纤维软骨（fibrous cartilage） 分布于椎间盘、关节盘及耻骨联合等处。特点是基质很少，其中含有大量的胶原纤维束，平行或交叉排列。软骨细胞单个、成对或成单行排列，分布于纤维束间。软骨陷窝周围也可见软骨囊。

3. 弹性软骨（elastic cartilage） 分布于耳郭及会厌等处。其构造与透明软骨相似，但间质中有大量交织分布的弹性纤维。弹性软骨具有较强的弹性（图2-13）。

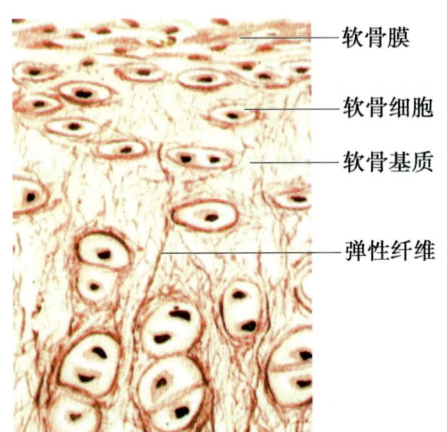
图2-13 弹性软骨光镜结构模式图

第四节　骨组织与骨

骨由骨组织、骨膜及骨髓等构成。骨组织是坚硬而有一定韧性的结缔组织，构成身体支架，具有支持和保护等作用。此外，骨组织是人体重要的钙、磷贮存库，体内 99% 的钙和 85% 的磷贮存于骨内。

一、骨组织的一般结构

骨组织（osseous tissue）由大量钙化的细胞间质及多种细胞组成。

（一）细胞间质

骨组织的细胞间质又称骨基质，由有机成分和无机成分构成。有机成分由成骨细胞分泌而成，包括大量胶原纤维及少量无定形凝胶基质，又称为**类骨质**（osteoid）。无机成分又称骨盐，主要为羟磷灰石结晶。骨盐有序的沉积于类骨质的过程，称为钙化，是有机成分与无机成分的紧密结合的过程，使骨坚硬。骨基质结构呈板层状，称为骨板。同一骨板内的纤维相互平行，相邻骨板的纤维则相互垂直，如同多层木质胶合板，这种结构形式有效地增强了骨的支持力。

（二）骨组织的细胞

骨组织的细胞包括骨祖细胞、成骨细胞、骨细胞及破骨细胞四种。骨细胞最多，位于骨基质内，其余三种细胞均位于骨组织的边缘。

1. **骨祖细胞**（osteogenic cell）　骨组织中的干细胞，位于骨外膜及骨内膜贴近骨质处。细胞较小，呈梭形，核椭圆形，细胞质少，弱嗜碱性。当骨组织生长或改建时，骨祖细胞能分裂分化为成骨细胞。

2. **成骨细胞**（osteoblast）　分布在骨组织表面。胞体大，呈矮柱状或椭圆形，并带有小突起，相邻成骨细胞的突起之间有缝隙连接。细胞核大而圆、核仁清楚，胞质嗜碱性，电镜下可见大量粗面内质网和发达的高尔基复合体。当骨生长和再生时，成骨细胞分泌类骨质，并将自身包埋于其中，有骨盐沉积后则变为骨基质，成骨细胞则成熟为骨细胞。

3. **骨细胞**（osteocyte）　有许多细长突起的细胞，胞体较小，呈扁椭圆形，其所在空隙称骨陷窝，突起所在的空隙称骨小管。相邻骨细胞的突起以缝隙连接相连，骨小管则彼此连通。

4. **破骨细胞**（osteoclast）　主要分布在骨组织表面，数目较少。破骨细胞是一种多核的大细胞，一般含有 2～50 个核，光镜下，破骨细胞贴近骨质的一侧有纹状缘，胞质呈泡沫状，嗜酸性。电镜下，纹状缘由许多不规则的微绒毛组成，又称皱褶缘，其基部的胞质内含有大量的溶酶体和吞饮小泡。破骨细胞有溶解和吸收骨基质的作用。

二、长骨的结构

长骨由骨松质、骨密质、骨膜、关节软骨及血管、神经等构成（图 2-14）。

（一）骨松质

骨松质（spongy bone）分布于长骨的骨骺，是大量针状或片状骨小梁相互连接而成的多孔隙网架结构，网孔即骨髓腔，其中充满红骨髓。骨小梁由数层平行排列的骨板和骨细胞构成。

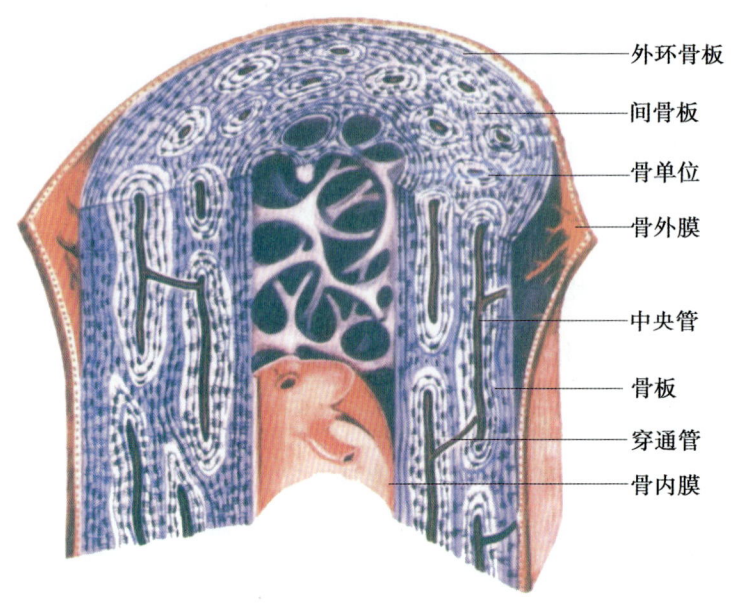

图 2-14　长骨结构模式图

（二）骨密质

骨密质（compact bone）多分布于长骨骨干。骨密质内的骨板排列十分致密而规则，按骨板排列方式可分为环骨板、骨单位和间骨板。

1. **环骨板**（circumferential lamella）　分布于长骨干的外侧面及近骨髓腔的内侧面，分别称为外环骨板和内环骨板。外环骨板较厚，有 10～20 层，较整齐地环绕骨干排列。内环骨板较薄，仅由数层骨板组成，排列不甚规则。外环骨板及内环骨板均有横向穿越的小管，称穿通管，又称福克曼管。穿通管与纵行排列的骨单位中央管相连通，它们都是小血管、神经及骨膜成分的通道，并含有组织液。

2. **骨单位**（osteon）　又称哈弗斯系统（Haversian system），是长骨干起支持作用的主要结构单位。骨单位位于内、外环骨板之间，数量较多。沿着长骨的纵轴平行排列，呈筒状，由 10～20 层呈同心圆排列的骨板即哈弗斯骨板围成，其中央有一条纵行小管，称中央管，也称哈弗斯管（Haversian canal）。各层骨板之间有骨细胞，各层骨细胞的突起经骨小管穿越骨板相互连接（图 2-15）。

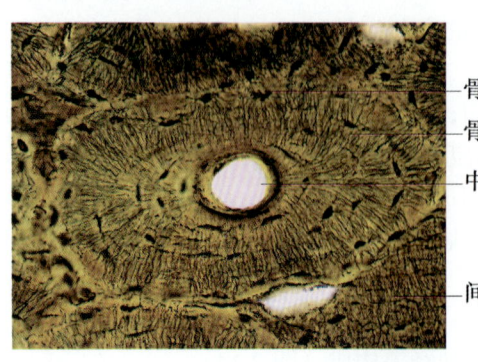

图 2-15　骨单位光镜图

3. **间骨板**（interstitial lamella）　填充在骨单位之间的一些不规则的平行骨板，它们是原有的骨单位或内、外环骨板未被吸收的残留部分，内有骨陷窝和骨小管。

（三）骨膜

除关节面外，骨的内、外表面分别覆以骨内膜和骨外膜。骨外膜分为两层：外层较厚，为致密结缔组织，纤维粗大而密集，有的纤维横向穿入外环骨板，称穿通纤维，起固定骨膜和韧带的作用；内层较薄，为疏松结缔组织，含骨祖细胞和成骨细胞及小血管和神经。在骨髓腔面、骨小梁的表面、中央管及穿通管的内表面均衬有薄层疏松结缔组织，即骨内膜。骨内膜的纤维细而少，细胞常排列成一层，形似单层扁平上皮，细胞间有缝隙连接。

三、骨的发生

骨起源于骨祖细胞，骨的发生有两种方式，即膜内成骨与软骨内成骨。

（一）膜内成骨

膜内成骨由含骨祖细胞的结缔组织膜直接骨化而成。人体的顶骨、额骨和锁骨等以此种方式发生。首先，在将要形成骨的部位出现血管增生，间充质细胞渐密集并分化为骨祖细胞，其中部分骨祖细胞增大，分化为成骨细胞，成骨细胞分泌类骨质，并被包埋其中，成为骨细胞，类骨质再钙化形成骨组织。最早形成骨组织的部位称为骨化中心。新形成的骨组织表面始终保留着成骨细胞或骨祖细胞，它们向周围逐渐形成初级骨小梁，进而形成初级骨松质。骨化过程由中心向周围不断扩展，骨松质不断增厚，骨化中心外周的间充质分化为骨膜。骨膜内的成骨细胞在骨松质表面成骨，形成骨密质，称为内板和外板，两板之间的骨松质为板障。此后即进入生长与改建阶段。

（二）软骨内成骨

由间充质先形成软骨雏形，然后软骨组织不断被骨组织取代。四肢骨、躯干骨及颅底骨等主要以此方式发生。现以长骨的发生为例叙述如下。

1. 软骨雏形形成　在长骨将要发生的部位，间充质细胞密集并分化出骨祖细胞，后者继而分化为软骨细胞。软骨细胞分泌软骨基质，细胞也被包埋其中，称为软骨组织。周围的间充质分化为软骨膜，于是形成一块外形与长骨相似的透明软骨，称为软骨雏形。

2. 骨领形成　在软骨雏形中段软骨膜深层的骨祖细胞分化为成骨细胞，成骨细胞在软骨表面产生类骨质，随后钙化为骨基质，于是形成一圈包绕软骨中段的薄层原始骨组织，形如领圈，称为骨领。骨领表面的软骨膜称骨外膜。

3. 初级骨化中心形成　在骨领形成同时，软骨雏形中央的软骨细胞肥大并分泌碱性磷酸酶，使软骨基质迅速钙化，随之软骨细胞退化、死亡。该区是软骨内首先成骨的区域，称初级骨化中心。骨外膜的血管与间充质及破骨细胞等穿过骨领，进入初级骨化中心，溶解吸收钙化的软骨基质，形成许多不规则的初级骨髓腔，成骨细胞附于残存的钙化骨基质表面成骨，形成过渡型骨小梁。

4. 骨髓腔形成与骨的增长　初级骨化中心的过渡型骨小梁不久又被破骨细胞溶解吸收，使许多初级骨髓腔融合成一个大的次级骨髓腔。骨领外不断成骨，骨领内表面不断被破骨细胞吸收，使骨干保留适当厚度的同时又不断增粗。初级骨化中心两端的软骨组织也不断生长，紧邻骨髓腔的软骨又不断退化，使初级骨化中心的骨化过程得以从骨干中段持续向两端进行，使骨不断加长，骨髓腔也随之增宽、扩大。

5. 次级骨化中心出现及骨骺形成　初级骨化中心出现在长骨两端，出现的时间有所不同，一般在出生前后。初级骨化中心的骨化是从中央向周围辐射，最后大部分软骨被初级骨松质取代，使骨干两端变成骨骺。骨骺和骨干之间也保留一层软骨，称骺板，此处的软骨细胞不断分裂增殖，是长骨继续增长的基础。到17～20岁，骺板终止生长，被骨组织取代，留下一骨化痕迹，称骺线，长骨因而不再加长。

患者，女性，22岁，学生，因面色苍白、头晕、乏力1年余，加重伴心慌1个月来诊。查血常规示 Hb 60g/L，RBC 3.0×10^{12}/L，WBC 6.5×10^9/L。查体一般状态好，心肺无异常，肝脾不大。请思考：
1. 结合血常规提示，考虑可能的诊断是什么。
2. 结合所学的组织学知识，分析为何会出现这些症状。

患者，男性，60岁，右背部皮肤肿块伴畏寒、发热5天。查体右背部可见直径约3cm皮肤红肿硬块，表面有脓点，疼痛明显。体温39℃，无其他不适。请思考：
结合所学知识，分析炎症发生时结缔组织及血液中的细胞如何变化。

（耿世佳）

第三章 肌组织

记忆
识别骨骼肌、心肌的光镜及电镜结构特点。
理解
说出平滑肌的形态结构特点。

肌组织（muscle tissue）主要由肌细胞组成，肌细胞之间有少量结缔组织、血管和神经，肌细胞细长，又称肌纤维。肌纤维的细胞膜称肌膜，细胞质称肌质，肌质中有许多与细胞长轴平行排列的肌丝，它是肌纤维舒缩功能的物质基础。根据其结构和功能特点，可将肌组织分为三类：骨骼肌、心肌和平滑肌。其中骨骼肌和心肌在光镜下观察时，纵断面上可见明暗相间的横纹，又称为横纹肌。

第一节 骨骼肌

骨骼肌（skeletal muscle）借肌腱附着在骨骼上。整块肌外面包有结缔组织形成的肌外膜；肌外膜深入肌内分割和包围大小不等的肌束形成肌束膜；每条肌纤维周围包有少量结缔组织称为肌内膜。骨骼肌受躯体运动神经支配，收缩迅速有力，又称随意肌。

一、骨骼肌纤维的光镜结构

骨骼肌纤维呈细长圆柱形，长 1~40mm，直径 10~100μm。细胞核数量多，一条肌纤维内含有几十个甚至几百个核，核呈扁椭圆形，染色较浅，位于肌膜下方。肌质中含有丰富的肌原纤维，呈细丝状，沿肌纤维长轴平行排列。每条肌原纤维上都有明暗相间的横纹。由于每条肌原纤维的明暗带都相应的排列在同一平面上，故骨骼肌纤维呈现出明暗相间的横纹（图 3-1，2）。明带又称 I 带，暗带又称 A 带，暗带中央有一条浅色窄带称 H 带，H 带中央有一条深色的 M 线，明带中央有一条深色的 Z 线。相邻两条 Z 线之间的一段肌原纤维称肌节，每个肌节由 1/2 I 带 + A 带 +1/2 I 带构成。肌节是肌原纤维结构和功能的基本单位。

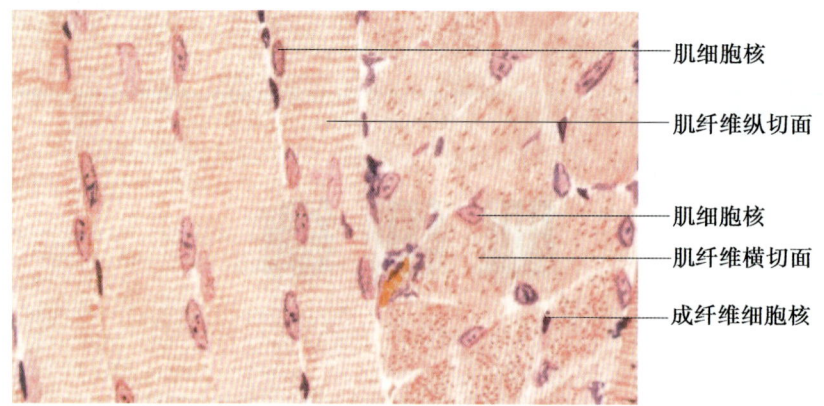

图 3-1　骨骼肌纵切及横切面

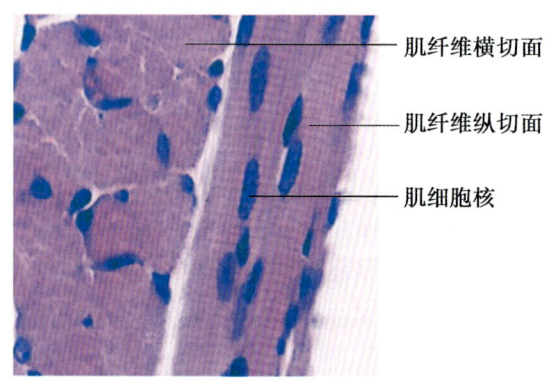

图 3-2　骨骼肌纤维光镜图

二、骨骼肌纤维的电镜结构

（一）肌原纤维

肌原纤维由粗、细两种肌丝有规律地平行排列组成。粗肌丝位于 A 带，中央固定于 M 线，两端游离；细肌丝一段固定于 Z 线，另一端伸至粗肌丝之间，止于 H 带外侧。I 带内仅有细肌丝，H 带内仅有粗肌丝，H 带两侧的 A 带内既有粗肌丝，又有细肌丝。

粗肌丝由肌球蛋白组成。肌球蛋白呈豆芽状，分头和杆两部分，在头和杆连接点及杆上有两处类似关节结构，可以屈动。M 线两侧的肌球蛋白对称排列，杆部朝向 M 线，头端朝向 Z 线并突出于粗肌丝表面形成横桥。肌球蛋白分子的头端是 ATP 酶，能与 ATP 结合。当肌球蛋白头端与肌动蛋白接触时，ATP 酶被激活，分解 ATP 释放能量，使横桥发生屈伸运动。细肌丝由肌动蛋白、原肌球蛋白和肌钙蛋白组成。肌动蛋白单体呈球形，许多单体相互串联成串珠状双股螺旋链，每个单体上都有与肌球蛋白头部结合的位点。原肌球蛋白由较短的双股螺旋多肽链组成，首尾相连，嵌于肌动蛋白双股螺旋链的浅沟内。肌钙蛋白附着于原肌球蛋白分子上（图 3-3）。

（二）横小管

横小管是肌膜向肌质内凹陷形成的小管，与肌纤维长轴垂直，又称 T 小管。骨骼肌的横小管位于 A 带和 I 带交界处。横小管可将肌膜的兴奋迅速传至每个肌节（图 3-4）。

（三）肌质网

肌质网是肌纤维内特化的滑面内质网，沿肌纤维长轴纵行排列并环绕肌原纤维，位于横小管之间，又称纵小管。横小管两侧的肌质网扩大呈扁囊状，称终池，每条横小管与其两侧的终池组成三联体。肌质网有调节肌质内钙离子浓度的作用。

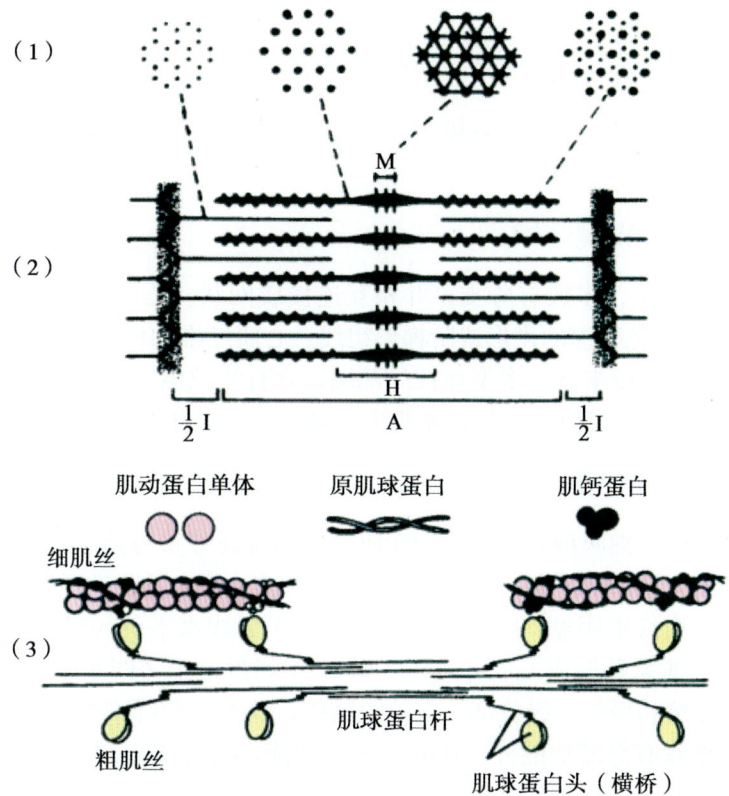

图 3-3 肌原纤维电镜结构及分子结构模式图

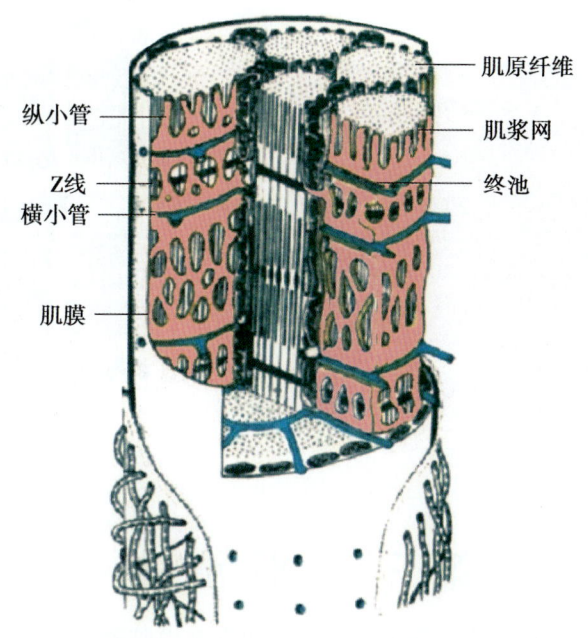

图 3-4 骨骼肌纤维电镜结构模式图

第二节 心 肌

心肌（cardiac muscle）分布于心和邻近心的大血管近段。心肌收缩具有自动节律性，不易疲劳，属不随意肌。

一、心肌纤维的光镜结构

心肌纤维呈短柱状，多数有分支，并相互连接成网状。心肌纤维的连接处称闰盘，在HE染色的标本中呈着色较深的横形或阶梯形粗线。心肌纤维的核呈卵圆形，1～2个，位居中央。心肌纤维的肌质较丰富，多聚在核的两端，含有线粒体、脂滴和脂褐素等。心肌纤维的横纹没有骨骼肌明显，肌原纤维较骨骼肌少，多分布在肌纤维的周边（图3-5）。

二、心肌纤维的电镜结构

心肌纤维也含粗、细两种肌丝，它们在肌节内的排列分布与骨骼肌纤维相同，也具有肌质网和横小管等结构。心肌纤维的电镜结构有下列特点：①大量肌丝形成粗细不等的肌丝束，肌原纤维不明显，横纹不明显；②横小管较粗，位于Z线水平；③肌质网稀疏，终池扁小，横小管与一侧的终池紧贴形成二联体（图3-6）；④闰盘位于Z线水平，呈阶梯状，闰盘的横位部分有中间连接和桥粒，纵位部分有缝隙连接，这对心肌纤维整体活动的同步化十分重要；⑤心房肌纤维除有舒缩功能外，还有内分泌功能，可分泌心房利钠尿多肽或称心钠素，具有排钠、利尿和扩张血管、降低血压的作用。

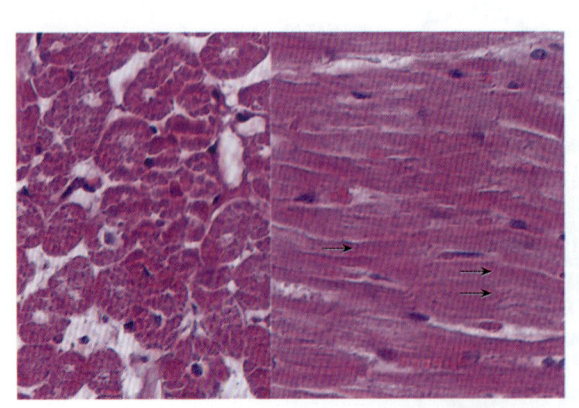

图3-5 心肌纤维光镜图

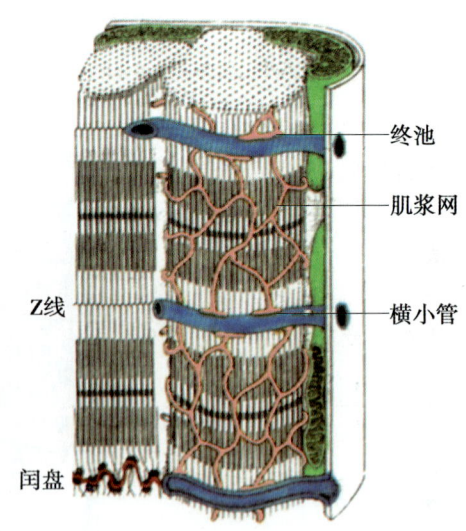

图3-6 心肌纤维电镜结构模式图

第三节 平 滑 肌

平滑肌（smooth muscle）广泛分布于血管壁和许多内脏器官，又称内脏肌。平滑肌的收缩较为缓慢和持久，属不随意肌。

一、平滑肌纤维的光镜结构

平滑肌纤维呈长梭形，无横纹。细胞核一个，呈长椭圆形或杆状，位于中央，核两端的肌质较丰富。平滑肌纤维长短不一，一般长 200μm，小血管壁平滑肌短至 20μm，而妊娠子宫平滑肌可长达 500μm（图 3-7）。

二、平滑肌纤维的电镜结构

平滑肌的肌膜向下凹陷形成众多小凹，相当于横纹肌的横小管。肌质网稀疏，呈小管状，平滑肌细胞内无肌原纤维及明显的肌节结构。平滑肌的细胞骨架系统比较发达，主要由密斑、密体和中间丝组成。密斑位于肌膜下，为细肌丝附着点，密体位于胞质中，是细肌丝和中间丝的附着点，密体相当于横纹肌的Z线。中间丝连于相邻密体之间。粗、细肌丝主要位于细胞周边部的肌质中，若干条粗、细肌丝聚集形成肌丝单位，又称收缩单位。相邻平滑肌纤维之间有缝隙连接，利于化学信息和神经冲动的传导，使众多平滑肌同步收缩。

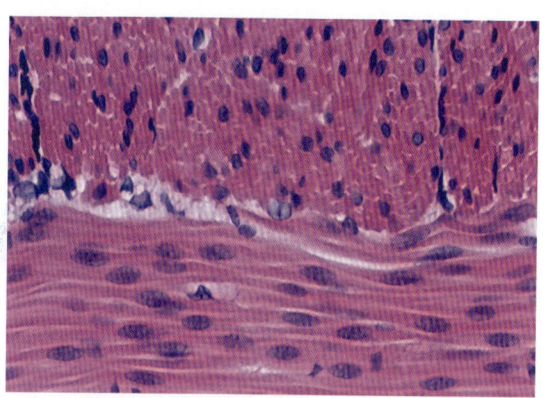

图 3-7　平滑肌光镜结构

知识链接

Z 型肌内注射

肌内注射是一种常用的药物注射治疗方法，指将药液通过注射器注入肌组织内，达到治病的目的；主要适用于不宜或不能做静脉注射，要求比皮下注射更迅速发生疗效时，以及注射刺激性较强或药量较大的药物时。传统肌内注射法是用拇指和示指对注射区域的皮肤进行绷紧固定，然后进行注射，会在患者皮肤上留下垂直的针道，拔针时皮下组织松弛，不能将针眼封闭，若皮肤松弛者甚至会发生药液回渗。Z 型注射法则是用左手中间的三个手指共同用力将患者注射区的皮肤向一侧牵拉，这样的动作一直维持到注射结束，然后迅速松手，这样皮下组织就会恢复原状并将针眼封闭住，从而有效防止了药液的回渗，有利于肌组织中的毛细血管对药液的迅速吸收。

案例

患者，女，32 岁，婚后四年未孕，月经周期正常，月经量大。妇科检查：宫体拳头大小，前壁稍突出，有直径 5cm 的质硬隆突区。入院诊断为子宫肌瘤。请思考：结合平滑肌的特点，说出子宫肌瘤发生的原因有哪些。

（耿世佳）

第四章

神经组织

学习目标

记忆
识别神经元光镜及电镜下的结构；识别化学性突触的光镜及电镜下的结构。
理解
说出神经元的分类。
应用
知道神经纤维的结构与分类；知道神经末梢的分类和功能。

神经组织（nerve tissue）由**神经细胞**（nerve cell）和**神经胶质细胞**（neuroglial cell）组成。神经细胞又称神经元，是神经系统的结构和功能单位，具有接受刺激、传导冲动和整合信息的能力。神经胶质细胞，对神经元起支持、保护、绝缘、营养等作用。

第一节 神经元

一、神经元的形态结构

神经元（neuron）的形态多样，由细胞体和突起两部分组成（图 4-1）。

（一）细胞体

细胞体的大小、形态差异很大，存在于脑和脊髓的灰质及神经节内。细胞核大而圆，位于细胞中央，着色浅，核仁大而明显；细胞质内除含一般的细胞器和发达的高尔基复合体外，还有丰富的尼氏体和神经原纤维（图 4-2）。

1. 尼氏体（Nissl body） 又称**嗜染质**（chromophil substance），是胞质内的一种嗜碱性物质，光镜下呈嗜碱性颗粒状或斑块状，电镜下尼氏体由许多平行排列的粗面内质网和游离核糖体构成。

2. 神经原纤维 光镜下镀银切片中神经元胞体内有很多

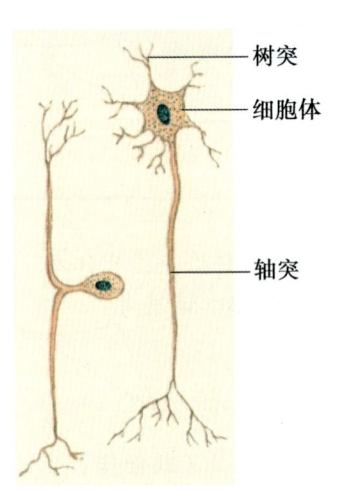

图 4-1 神经元结构模式图

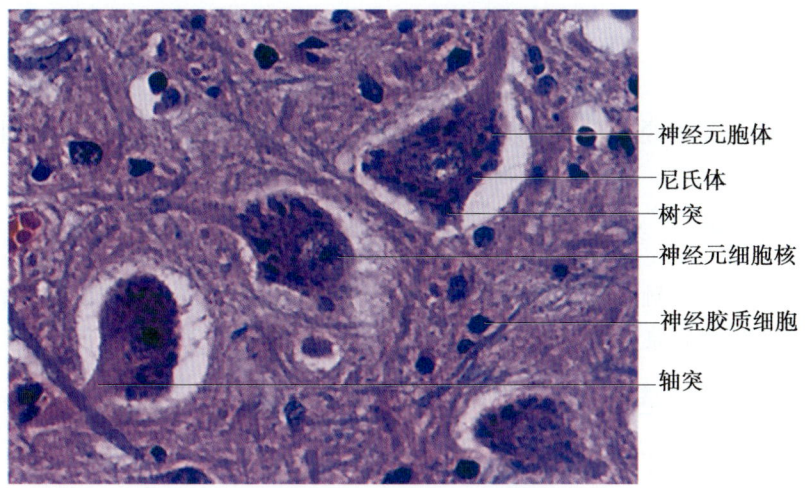

图 4-2　神经元光镜结构

棕黑色的细长原纤维交错成网，并伸入树突和轴突。电镜下神经原纤维由排列成束的神经丝和微管构成，它们构成神经元的细胞骨架，参与物质的运输。

（二）突起

突起的形态、数量和长短不同，又分为**树突**（dendrite）和**轴突**（axon）两种。

1. 树突　多呈树状分支，有一条或多条，其分支表面常见树突棘，它是神经元之间形成突触的主要部位，树突的功能主要是接受刺激，树突棘和树突大大增加了神经元的接受面。

2. 轴突　呈细索状，一个神经元只有一条轴突，表面光滑，细而长，分枝少，可见侧枝呈直角分出，轴突末端的分枝较多，形成轴突终末。胞体发出轴突的部位常呈圆锥形，称轴丘，光环境下无尼氏体，染色淡。轴突的细胞膜称轴膜，细胞质称轴质。轴突内无尼氏体和高尔基复合体，故不能合成蛋白质，轴突成分的更新及神经递质合成所需的酶和蛋白质，是在胞体内合成后输送到轴突及终末的。

二、神经元的分类

1. 根据神经元突起的多少分类
（1）多级神经元：一个轴突和多个树突。
（2）双级神经元：一个树突，一个轴突。
（3）假单级神经元：从胞体发出一个突起，距胞体不远分为两支，一支分布到外周其他组织器官，称周围突；另一支进入中枢神经系统，称中枢突。

2. 根据神经元的功能分类
（1）感觉神经元：或称传入神经元，多为假单极神经元，胞体主要位于脑、脊神经节内，其周围突的末梢分布在皮肤和肌肉等处，接受刺激，将刺激传向中枢。
（2）运动神经元：或称传出神经元，多为多极神经元，胞体主要位于脑、脊髓和自主神经节内，将神经冲动传给肌肉或腺体，产生效应。
（3）中间神经元：或称联络神经元，多为多极神经元，介于前两种神经元之间。

3. 根据神经元释放的神经递质分类　分为胆碱能神经元、肾上腺素能神经元和肽能神经元等。

第二节　突　触

突触（synapse）是神经元与神经元之间，或神经元与非神经细胞之间的一种特化的细胞连接。

一、突触的分类

突触可分为化学性突触和电突触两大类。化学性突触以神经递质作为通讯媒介，是常见的连接方式；电突触即缝隙连接，以电讯号传递信息。

二、化学性突触的结构

电镜下，化学性突触可分为三部分（图4-3）。

1. 突触前成分　神经元轴突终末的膨大部分，该处的轴膜为突触前膜，轴质内含有许多突触小泡和线粒体等，突触小泡内含多种神经递质。
2. 突触后成分　后一个神经元或效应细胞与突触前成分相对应的部分。与突触前膜相接触部位的胞膜为突触后膜。膜上有特异性受体，能与相应的神经递质结合而使突触后膜产生兴奋或抑制。
3. 突触间隙　位于突触前膜和突触后膜之间的狭窄间隙。

当神经冲动传到突触前膜时，突触小泡紧贴突触前膜并释放神经递质，经突出间隙与突触后膜特异性受体结合产生生理效应，并将信息传递给后一个神经元或效应细胞。

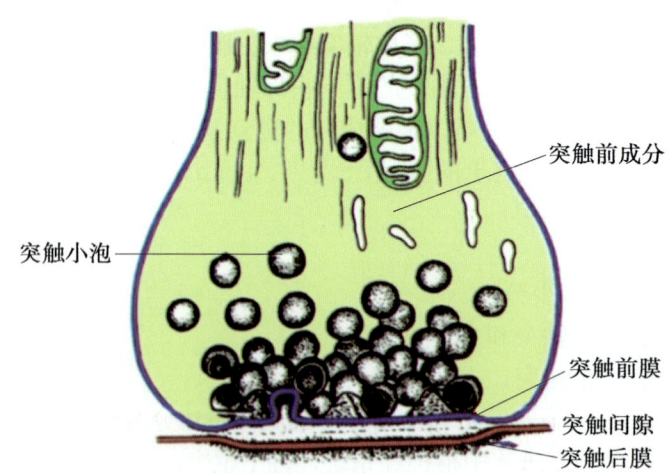

图4-3　化学性突触电镜结构模式图

第三节　神经胶质细胞

神经胶质细胞广泛分布于神经系统，胶质细胞与神经元数目之比为10∶1～50∶1。胶质细胞具有突起，但不分树突和轴突，没有传导神经冲动的功能（图4-4）。

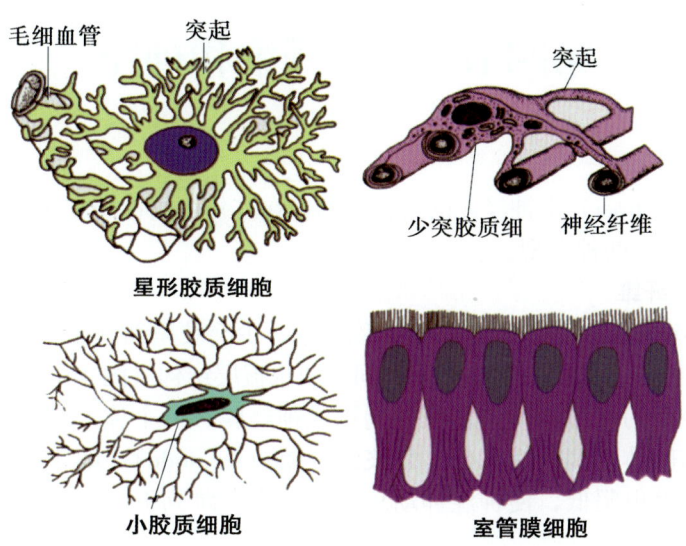

图 4-4　中枢神经系统神经胶质细胞模式图

一、中枢神经系统的神经胶质细胞

1. 星形胶质细胞　最大的一种神经胶质细胞，可分两种，即纤维性星形胶质细胞和原浆性星形胶质细胞。星形胶质细胞从胞体发出的突起充填在神经元细胞体及其突起之间，起支持和绝缘作用，有些突起末端扩大形成脚板，在脑和脊髓表面形成胶质界膜，或贴附在毛细血管壁上构成血-脑屏障的神经胶质膜。

2. 少突胶质细胞　在镀银染色标本中，细胞突起少，突起末端扩展呈扁平薄膜，呈同心圆包卷神经元的轴突形成髓鞘，是中枢神经系统的髓鞘形成细胞。

3. 小胶质细胞　神经组织中最小的胶质细胞，具有吞噬功能，属单核吞噬细胞系统。中枢神经系统损伤时，小胶质细胞可吞噬细胞碎屑及退化变性的髓鞘。

4. 室管膜细胞　立方形或柱形，成单层分布于脑室和脊髓中央管的腔面，形成室管膜，可防止脑脊液进入脑和脊髓组织。

二、周围神经系统的神经胶质细胞

1. 施万细胞（Schwann cell）　又称神经膜细胞。细胞呈薄片状，胞质少，排列成串，一个接一个地包卷周围神经纤维的轴突，形成周围有髓神经纤维的髓鞘。

2. 卫星细胞　包裹在神经细胞的周围，又称被囊细胞。

三、血-脑屏障

血-脑屏障（blood-brain barrier，BBB）是存在于血液与脑组织之间的一种屏障，由脑连续性毛细血管内皮细胞及其基膜和星形胶质细胞形成的神经胶质膜等共同构成，可限制血液中某些物质进入脑组织，保护脑组织（图4-5）。

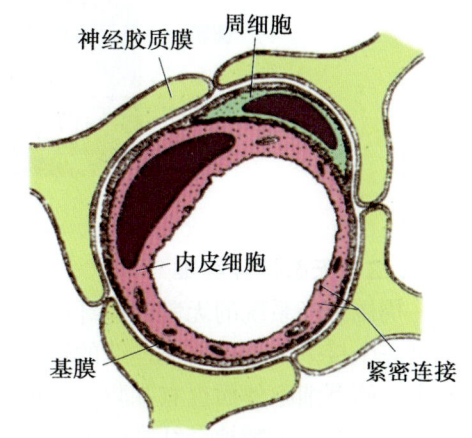

图 4-5　血-脑屏障模式图

第四节　神经纤维和神经

一、神经纤维

神经纤维（nerve fiber）由神经元的长轴突和包在其外面的神经胶质细胞共同构成。根据神经纤维有无髓鞘分为两种类型。

（一）有髓神经纤维

神经元的长轴突构成神经纤维的中轴，称轴索，少突胶质细胞或施万细胞呈同心圆包卷轴索形成髓鞘，电镜下，髓鞘呈明暗相间的同心圆状板层结构（图4-6，7）。

施万细胞最外面的一层胞膜与基膜共同构成神经膜。一个施万细胞包卷一段轴索，构成一个结间体。结间体之间的缩窄部称**郎飞结**（Ranvier node）。郎飞结处轴膜裸露，暴露于细胞外环境，该处电阻低，使神经冲动从一个郎飞结跳到下一个郎飞结，呈快速的跳跃式传导。

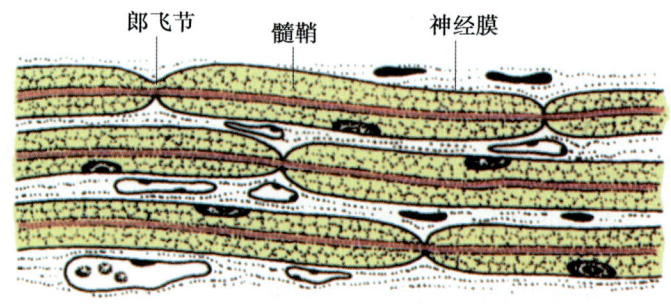

图4-6　有髓神经纤维电镜结构模式图

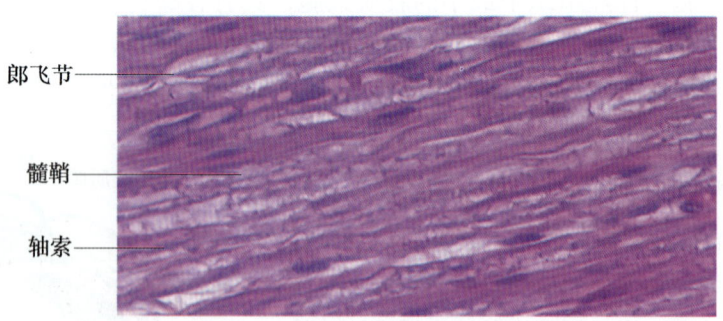

图4-7　有髓神经纤维光镜图

（二）无髓神经纤维

周围神经系统的无髓神经纤维由较细的轴突和包在它外面的施万细胞组成。施万细胞沿轴突一个接一个地连接成连续的鞘，但不形成髓鞘，无郎飞结；一个施万细胞可包裹许多条轴突，施万细胞外面也有基膜。中枢神经系统的无髓神经纤维的轴突外面没有任何鞘膜，为裸露的轴突。无髓神经纤维因无髓鞘和郎飞结，其冲动沿轴突连续传导，故速度比有髓神经纤维慢得多。

二、神经

周围神经系统的许多神经纤维平行排列，外包结缔组织膜，构成**神经**（nerve），分布到全身各器官和组织。大多数神经同时含有感觉、运动和自主神经纤维。每条神经含若干神经束，每条神经束又含许多神经纤维；神经、神经束和神经纤维均有结缔组织包裹，这些结缔组织分别称为神经外膜和神经内膜。

第五节 神经末梢

周围神经纤维的终末部分终止于全身各组织或器官内，形成**神经末梢**（nerve ending），按其功能可分感觉神经末梢和运动神经末梢两类。

一、感觉神经末梢

感觉神经末梢（sensory nerve ending）是感觉神经元周围突的终末部分，与其周围结构共同组成感受器，能接受刺激，并将刺激转化为神经冲动，传向中枢，产生感觉（图4-8）。按其形态结构分为两类。

（一）游离神经末梢

由较细的有髓或无髓神经纤维的终末反复分支而成，分布在表皮、角膜、毛囊上皮及结

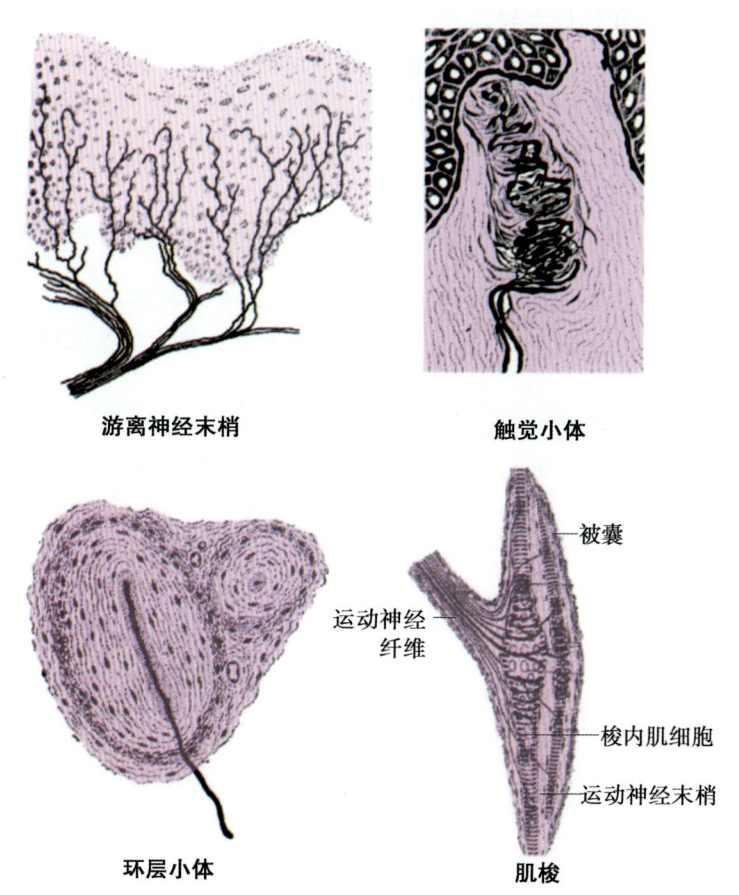

图4-8 感觉神经末梢模式图

缔组织等，感受冷热、轻触、疼痛等刺激。

（二）有被囊神经末梢

神经纤维的终末均包裹有结缔组织被囊，种类很多，常分为三类。

1. 触觉小体　多分布在手指掌侧、足趾跖侧皮肤真皮乳头内，呈卵圆形。长轴与皮肤表面垂直，外包有结缔组织囊，小体内有许多扁平的触觉细胞。有髓神经纤维进入小体时失去髓鞘，轴突分成细支盘绕在扁平细胞间，感受触觉。

2. 环层小体　多分布在皮下组织、肠系膜、韧带和关节囊等处，被囊由数十层呈同心圆排列的扁平细胞组成，小体中央有一条均质状的圆柱体，裸露轴突穿行于小体中央的圆柱体内。感受压觉和振动觉。

3. 肌梭　分布于骨骼肌纤维之间，被囊内含数条细小的骨骼及纤维，称梭内肌纤维，裸露的轴突细支呈环状包绕梭内肌纤维的两端。主要感受肌纤维的伸缩变化，调节骨骼肌纤维的张力。

二、运动神经末梢

运动神经末梢（motor nerve ending）是运动神经元的轴突分布于肌组织和腺体内的终末结构，与周围组织共同组成效应器，支配肌纤维的收缩或腺体的分泌。分为两类。

1. 躯体运动神经末梢　指分布于骨骼肌的运动神经末梢，其轴突反复分支，形成纽扣状膨大与骨骼肌纤维建立突触链接，呈椭圆形板状隆起，又称**运动终板**（motor end plate）或神经-肌连接。电镜下为化学性突触。

2. 内脏运动神经末梢　为内脏运动神经节后纤维的轴突终末部分，呈小结状或串珠状，分布于内脏及血管的平滑肌、心肌和腺上皮等处，并构成突触，引起效应细胞不同的生理效应。

某患者于半月前患感冒、头痛，同时感觉眼花，有复视情况出现。双下肢及左上肢无力，活动不便。5日后，双下肢完全瘫痪，左手不能持物。入院诊断为急性炎症性脱髓鞘性多发性神经病。

结合有髓神经纤维的结构，思考为何会出现以上症状。

（耿世佳）

第二篇 运动系统

运动系统（locomotor system）由骨、骨连结和骨骼肌三部分组成，占成人体重的60%～70%，全身各骨借骨连结相连，形成骨骼，构成了人体的支架，并赋予人体基本形态，对人体起运动、支持和保护作用。在神经系统的调控下，以关节为枢纽，骨骼肌为动力，通过肌的收缩与舒张，牵动骨而产生运动。

第五章 骨与骨连结

学习目标

记忆

1. 复述以下内容：骨的形态分类和构造，关节的基本结构，颅骨、躯干骨和四肢骨的组成，胸廓和脊柱的组成，椎骨一般形态和各部椎骨的主要特征，肋骨的一般形态，颞骨、蝶骨、筛骨、下颌骨的形态特点，颅底内外面的形态和结构，骨盆的组成、形态和区分。
2. 定义胸骨角、椎间盘、肋弓、界线、关节腔的概念。

理解

解释以下内容：骨的化学成分和物理特性；肩关节、肘关节、膝关节和髋关节的组成、特点及运动；脊柱的整体观形态和功能特点；腕骨和跗骨的排列位置；鼻旁窦的名称、位置和开口部位；新生儿颅的特征及变化。

第一节 概　述

一、骨的分类和构造

骨（bone）是一个器官，具有一定的形态、构造和功能，坚硬而有弹性。每块骨都有丰富的血管、淋巴管及神经分布，并不断地进行新陈代谢，在其生长发育过程中，具有修复、

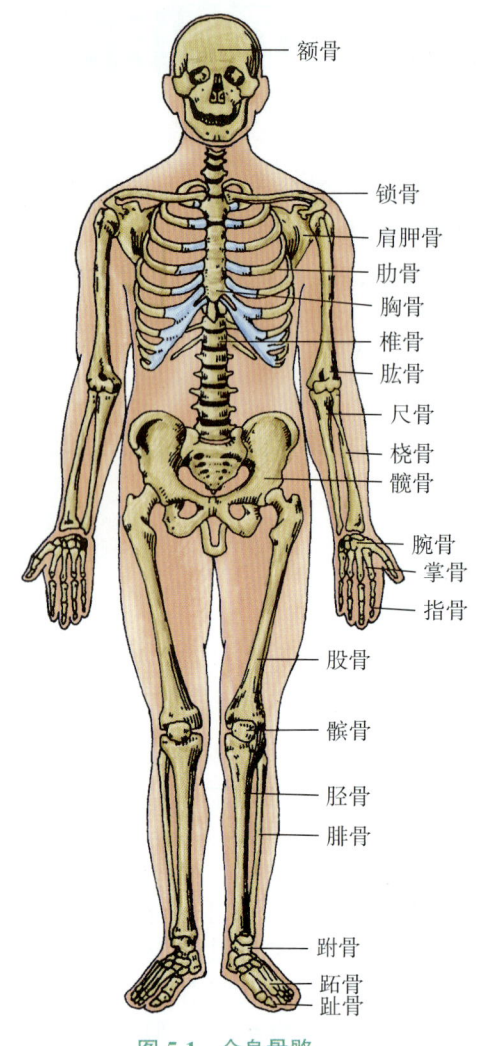

图 5-1　全身骨骼

再生和改建的功能，除上述功能外，骨还具有造血、储备钙磷、参与钙磷代谢的作用。

（一）骨的分类

成人共有 206 块骨（图 5-1），除 6 块听小骨属于感觉器外，按部位分为颅骨、躯干骨和四肢骨三部分。按照形态分为长骨、短骨、扁骨和不规则骨四类。

1. **长骨**　呈长管状，分 1 体 2 端。体称骨干，骨质致密，内有髓腔，容纳骨髓；两端膨大，称**骺**，有光滑的关节面。干与骺相邻的部分称干**骺端**，幼年时有**骺软骨**，其软骨细胞不断分裂繁殖并骨化，使骨加长。成年后，骺软骨骨化，干与骺融为一体，其间留有**骺线**。长骨主要分布于四肢，如肱骨、股骨等。

2. **短骨**　呈立方形，多成群分布于连结牢固且运动灵活的部位，如腕骨和跗骨。

3. **扁骨**　呈板状，主要构成颅腔、胸腔和盆腔的壁，起保护作用，如胸骨等。

4. **不规则骨**　形状不规则，如椎骨。有些骨内有含气的腔，称**含气骨**，如上颌骨。此外，还有发生于某些肌腱内的扁圆形小骨，称**籽骨**，如髌骨等。

（二）骨的构造

骨由骨质、骨膜和骨髓构成，并含有血管和神经等（图 5-2，3）。

1. **骨质**　是骨的主要成分，由骨组织构成，分骨密质和骨松质两种。**骨密质**致密坚硬，耐压性强，是由成层紧密排列的骨板构成，分布于各种骨的外表面及长骨的骨干。**骨松质**由许多片状的**骨小梁**交织排列而成，呈海绵状，弹性较大，位于骨的内部。**骨小梁**的排列与骨所承受的压力和张力的方向是一致的，这两种排列可使力向各方分散，因而能承受较大的压力。骨松质分布于骺及其他类型骨的内部。在颅盖骨，密质构成外板与内板，内、外板之间夹有一层薄的松质称**板障**。

2. **骨膜**　是一层致密的纤维结缔组织膜，薄而坚韧，呈淡红色，包裹除关节面以外的整个骨的外表面及内表面，分别称为骨外膜及骨内膜。骨膜含有丰富的血管、淋巴管、神经，可分为内、外两层，其内层有一些细胞能分化为成骨细胞和破骨细胞。成骨细胞和破骨细胞分别具有产生新骨和破坏骨质的功能，它对骨的营养、生长、改造和修复具有重要作用。幼年时期骨膜内层

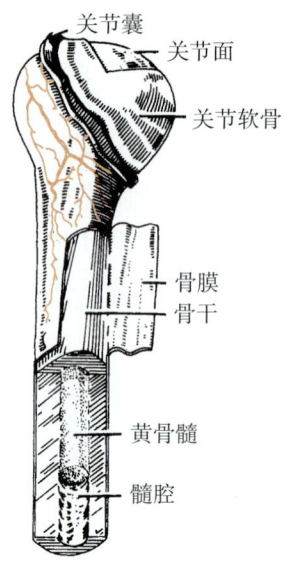

图 5-2　长骨的构造

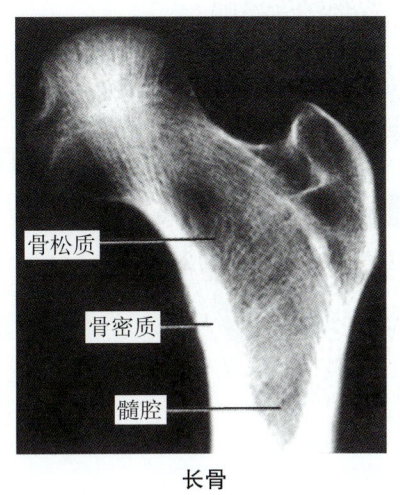
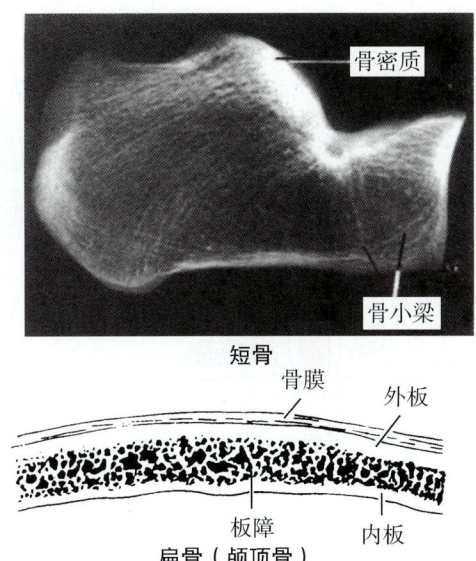

图 5-3 骨的内部构造

的成骨细胞直接参与骨的生长，使骨不断长粗，成年后处于相对静止状态，但它终生保持分化能力，骨损伤后，又可重新分化为成骨细胞，形成骨痂，使骨折愈合。当骨膜剥离后，骨不易修复，甚至可能坏死。

3. 骨髓　骨髓为柔软而富有血液的组织，充填于长骨骨髓腔及骨松质腔隙内，分为红骨髓和黄骨髓。**红骨髓**具有造血功能，胎儿和幼儿的骨髓都是红骨髓，随着年龄的增长，长骨骨髓腔内的红骨髓逐渐演变为含大量脂肪组织的**黄骨髓**，失去造血功能，在严重失血或重度贫血时黄骨髓仍可以转化为红骨髓，重新造血。红骨髓仅保留于各种骨及长骨骺端的骨松质内。因此，临床上常在髂嵴、髂前上嵴等处作骨髓穿刺，检查骨髓像以诊断某些血液系统的疾病。

二、骨连结的概念和分类

骨与骨之间的连结装置，称**骨连结**。按连结方式不同，可分为直接连结和间接连结（图 5-4）。间接连结又称**滑膜关节**，简称**关节**（joint），滑膜关节一般具有较大的活动性，是骨连结的主要形式。

（一）关节的基本结构

1. 关节面（articular surface）　是构成关节的各骨间的相对接触面，常一凸一凹，凸者称关节头，凹者称关节窝。关节面覆盖一薄层透明软骨，称关节软骨。其表面光滑，有弹性，可减少运动时的摩擦和冲击。

2. 关节囊（articular capsule）　为结缔组织构成的囊，附着于关节面周缘及其附近的骨面上，分为内、外两层。外层为纤维层，厚而坚韧，有丰富的血管和神经；某些部位增厚形成韧带，以加强关节的稳固性。纤维层的厚薄与关节的运动功能有关，如上肢关节运动灵活，纤维层薄而松弛；下肢关节稳固性较强，纤维层厚而坚韧。内层为滑膜层，紧贴纤维层内面，薄、光滑而柔软，能分泌滑液，有润滑关节和营养关节软骨等作用。

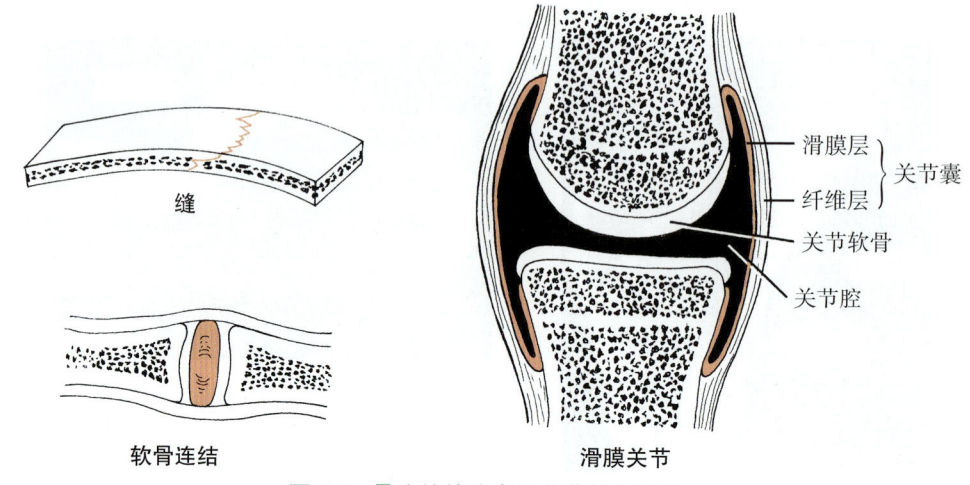

图 5-4 骨连结的分类及关节基本结构

3. 关节腔（articular cavity） 是关节面与关节囊滑膜层围成的密闭腔隙，内含有少量滑液。腔内呈负压，可增加关节的稳固性。

（二）关节的辅助结构

某些关节还有一些辅助结构，以增加关节的稳固性或灵活性（图 5-5）。

1. 韧带（ligament） 是连于两骨间的致密结缔组织束，有加强关节稳固性或限制关节过度运动的作用。按部位不同，分为囊内韧带和囊外韧带，如膝关节内的交叉韧带为囊内韧带，髋关节前方的髂股韧带为囊外韧带。

2. 关节盘（articular disc） 由纤维软骨构成，位于两骨关节面间，周缘附于关节囊的内面，使两骨关节面更加适合，它不仅可增加关节的稳固性，还可增加关节运动的形式和范围。

3. 关节唇（articular labrum） 是附着于关节窝周缘的纤维软骨环，可加深关节窝，增加关节的稳固性。

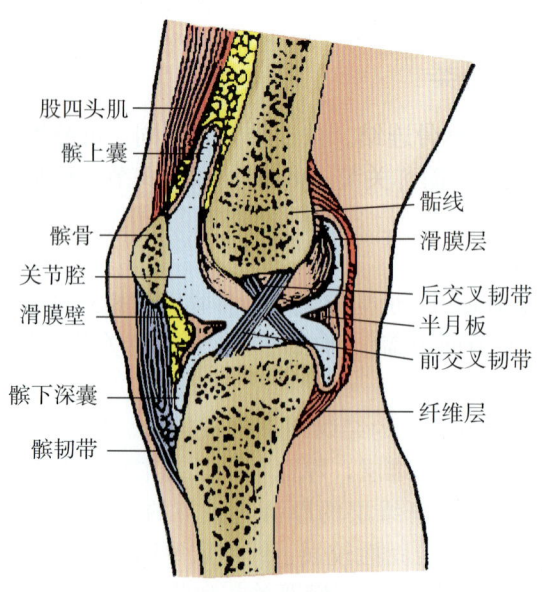

图 5-5 关节的辅助结构

（三）关节的运动形式

关节的运动形式和范围主要取决于关节面的形状和大小。关节是围绕着运动轴而进行各种运动的，其运动形式基本上是沿三个相互垂直的轴所作的运动。

1. 屈和伸　是围绕冠状轴的运动，两骨之间夹角变小为**屈**，反之为**伸**。一般来说，向腹侧的运动为**屈**，向背侧的运动为**伸**，但膝关节相反。

2. 收和展　是围绕矢状轴的运动，骨向正中矢状面靠拢，称**收**，反之为**展**。手指的收、展以中指为准，足趾的收、展以第2趾为准。

3. 旋转　是围绕垂直轴的运动，骨的前面转向内侧的运动，称**旋内**，反之为**旋外**。在前臂，手背转向前面，称**旋前**，反之称**旋后**。

4. 环转　凡具有两轴的关节都可作环转运动，运动时骨的近端在原位转动，远端作圆周运动，即屈、展、伸、收依次连续的复合运动，运动的轨迹呈圆锥形。

一般关节多由两骨构成称单关节；由两块以上骨构成的关节称复关节；两个或两个以上结构完全独立的关节，但在功能上必须同时运动，这种关节称联动关节（也称联合关节）。另有关节运动范围很小，称为微动关节。

第二节　躯干骨及其连结

躯干骨包括椎骨、肋及胸骨，借骨连结构成脊柱和胸廓。

一、脊柱

脊柱（vertebral column）由24块椎骨、1块骶骨和1块尾骨借骨连结而构成，构成人体的中轴，上承头颅，下接髋骨，起支持和负重作用，并参与构成胸腔、腹腔和盆腔的后壁。

（一）椎骨

在幼年期有椎骨32~34块，分为颈椎7块，胸椎12块，腰椎5块，骶椎5块及尾椎3~5块。到成年后，5块骶椎和3~5块尾椎分别融合成一块骶骨和一块尾骨。

1. 椎骨的一般形态　**椎骨**（vertebrae）由椎体和椎弓组成。**椎体**位于前方，呈短圆柱状，是椎骨负重的主要部分。**椎弓**是位于椎体后方的弓形骨板，由椎弓根和椎弓板构成。椎弓根较细，其上、下缘分别称椎上、下切迹。相邻椎骨的椎上、下切迹围成**椎间孔**，有脊神经和血管通过。椎体和椎弓围成**椎孔**，全部椎孔连成**椎管**，容纳脊髓等。由椎弓发出7个突起：向后正中的突起，称**棘突**；向两侧的突起，称**横突**；向上、下各发出1对上关节突和下关节突。

2. 各部椎骨的主要特征

（1）**颈椎**（cervical vertebrae）：椎体较小，椎孔相对较大，呈三角形，横突上有**横突孔**。第2~6颈椎的棘突短，末端分叉（图5-6）。

第1颈椎又称**寰椎**，由前弓、后弓和两个侧块构成。前弓后面正中有**齿突凹**（图5-7）。

第2颈椎又称**枢椎**，椎体向上伸出**齿突**，与齿突凹相关节（图5-8）。

第7颈椎又称**隆椎**，棘突特别长，末端无分叉，易触摸，常作为计数椎骨序数的标志（图5-9）。

（2）**胸椎**（thoracic vertebrae）：椎体呈心形（图5-10），在其两侧面和横突末端前面分别有上、下肋凹和横突肋凹；棘突较长，斜向后下方，呈叠瓦状排列。

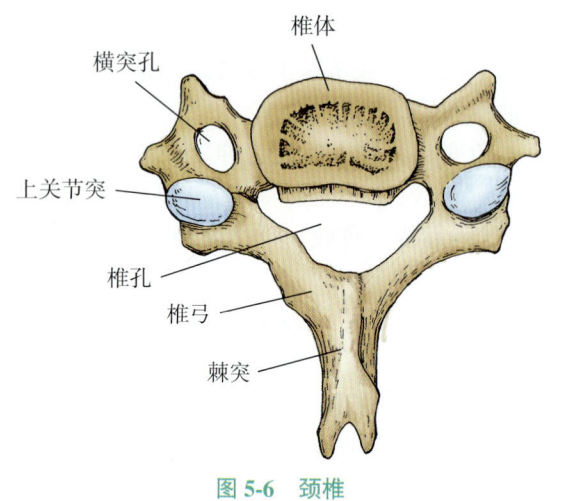

图 5-6　颈椎

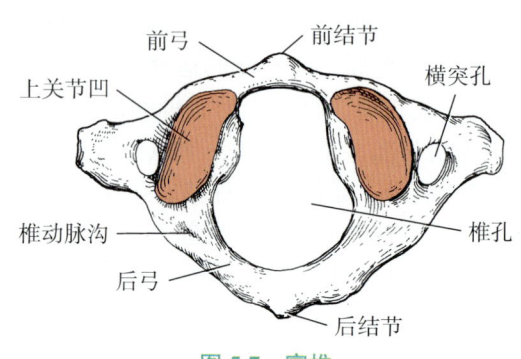

图 5-7　寰椎

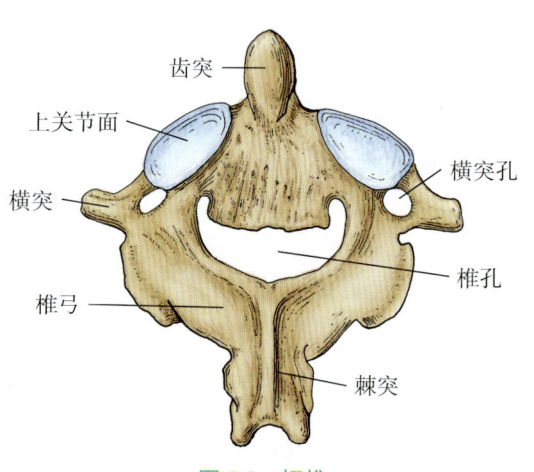

图 5-8　枢椎

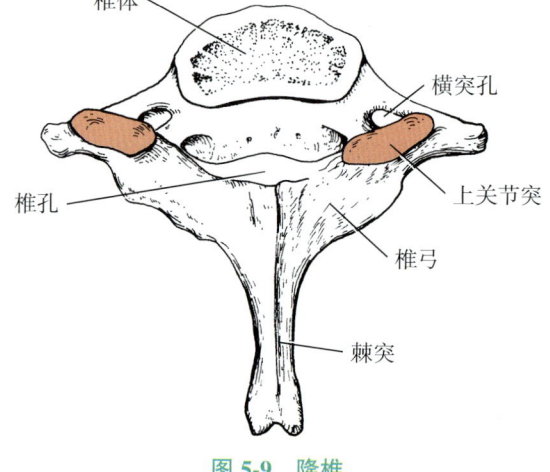

图 5-9　隆椎

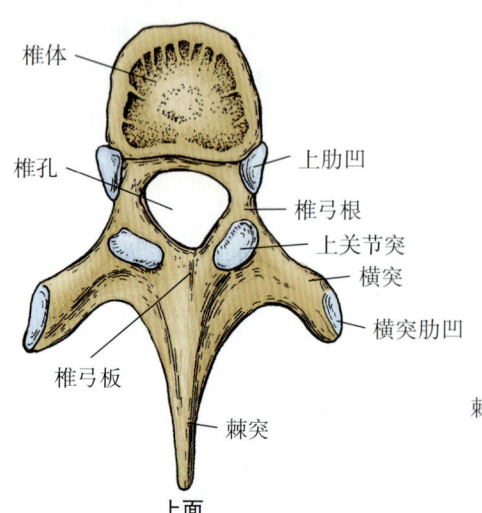

上面

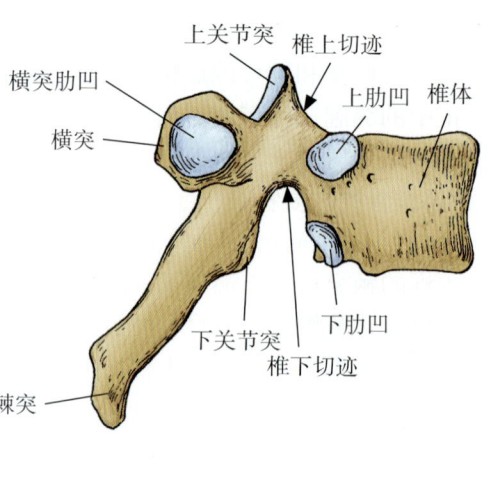

侧面

图 5-10　胸椎

(3) **腰椎**（lumbar vertebrae）：椎体粗壮（图5-11），椎孔呈三角形。棘突宽而短，呈板状，水平伸向后方，间隙较宽，临床上常从此处进行腰椎穿刺。

(4) **骶骨**（sacrum）：由5块骶椎融合而成，呈三角形（图5-12），底向上，与第5腰椎相连，其中份向前隆凸，称**岬**；尖向下，与尾骨相连。两侧部的上份有耳状面。前面光滑，可见4对**骶前孔**；后面粗糙隆起，中线上有棘突融合形成的骶正中嵴，两侧有与骶前孔相通的4对骶后孔。骶骨内有纵行的**骶管**，向上通椎管，向下开口于骶管裂孔。裂孔两侧的突起，称**骶角**，可在体表扪及，是骶管麻醉时确定骶管裂孔的标志。

(5) **尾骨**（coccyx）由3～4块退化的尾椎融合而成。上接骶骨，下端游离，称尾骨尖。

（二）椎骨的连结

1. 椎体间的连结　相邻的各椎体之间借椎间盘、前纵韧带和后纵韧带连结。

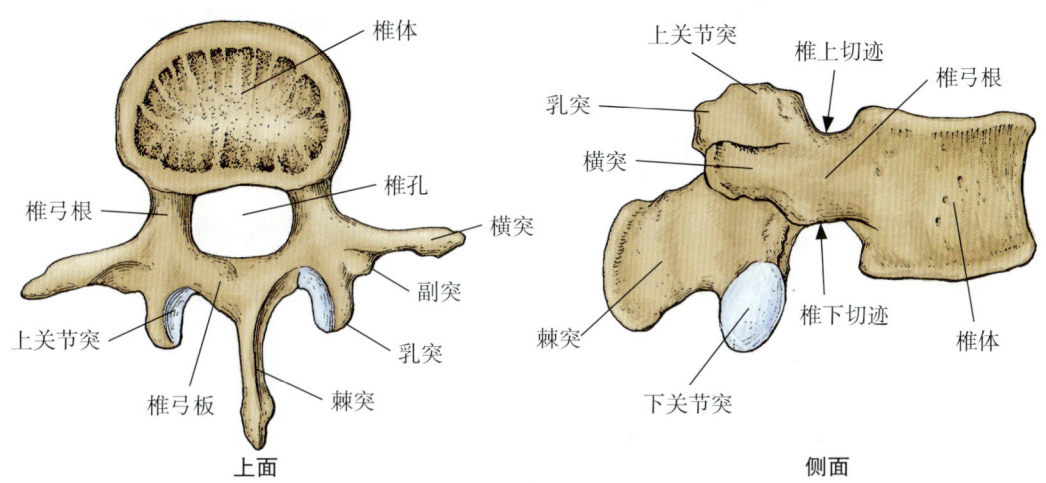

图5-11　腰椎

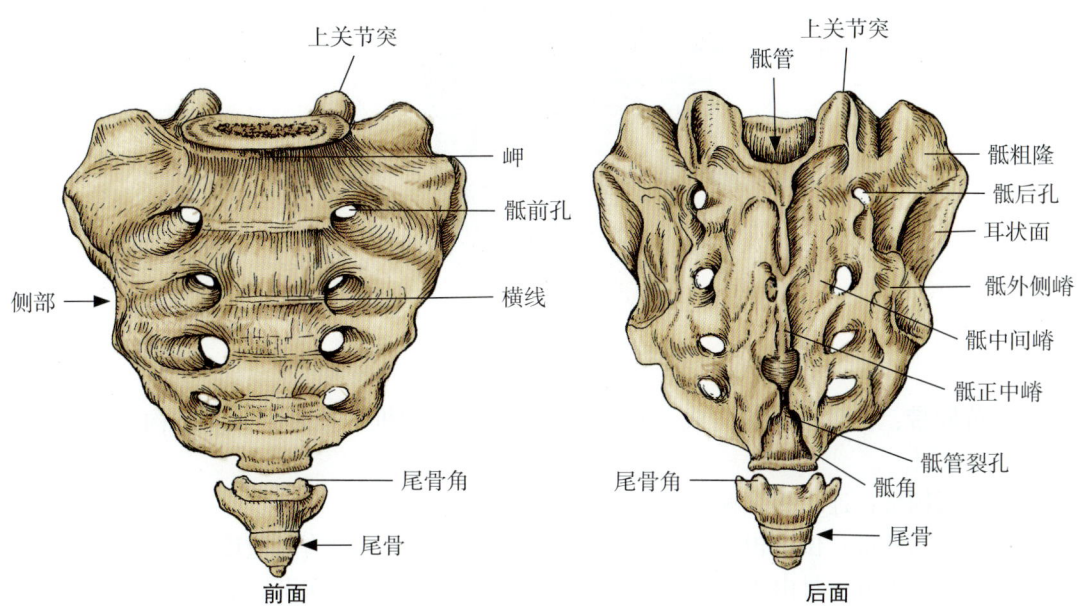

图5-12　骶骨和尾骨

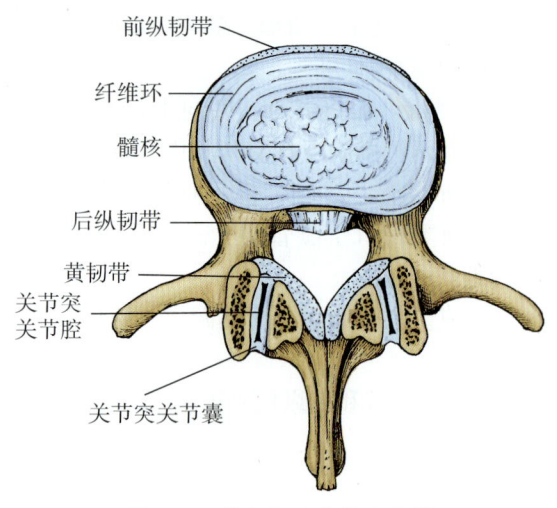

图 5-13　椎间盘和关节突关节

（1）**椎间盘**（intervertebral discs）：位于相邻两个椎体间（图 5-13）。周围部**纤维环**，由多层呈同心圆排列的纤维软骨构成；中央部为胶状物质，称**髓核**，柔软而富有弹性。椎间盘既坚韧又富有弹性，牢固连结着相邻椎体，可缓冲震荡，起"缓冲垫"样保护作用。纤维环后部薄弱，且后外侧缺乏韧带保护，故当猛力弯曲或劳损时易引起纤维环破裂，髓核脱出，压迫脊髓或脊神经根，临床称椎间盘脱出症，多见于腰部，其次为颈部。

（2）**前纵韧带**：附着于椎体和椎间盘前方的纵长韧带，可限制脊柱过度后伸。

（3）**后纵韧带**：附着于椎体和椎间盘的后方，参与构成椎管前壁，可防止脊柱过度前屈。

2. 椎弓间的连结

（1）**棘上韧带**：位于各棘突尖端，细长而坚韧，第 7 颈椎以上则变得薄而宽阔，称**项韧带**（图 5-14）。

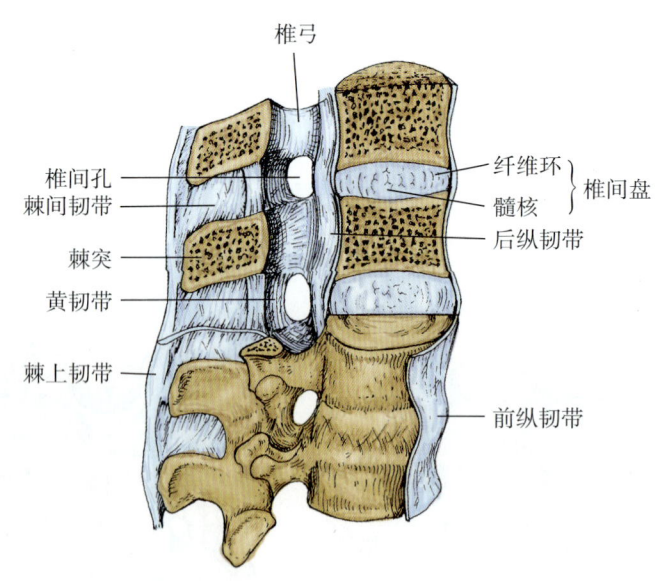

图 5-14　椎骨间的连结

（2）**黄韧带**：由弹性纤维构成，厚而坚韧，位于相邻椎弓板之间，参与构成椎管后壁，可限制脊柱前屈。

（3）**棘间韧带**：连于相邻棘突之间的短韧带，较薄弱。

（4）**横突间韧带**：位于相邻椎骨横突之间的纤维索，可限制脊柱过度侧屈的作用。

（5）**关节突关节**：是由相邻椎骨的上、下关节突构成的滑膜关节，属微动关节。

(三）脊柱的整体观及其运动

24 块椎骨、1 块骶骨和 1 块尾骨借骨连结形成脊柱，构成躯干的中轴。

1. 脊柱的整体观　从前面观，椎体自上而下逐渐增大，从骶骨耳状面以下迅速变小，与负重有关。从后面观，所有椎骨棘突连贯成纵嵴。颈椎棘突短而分叉，近水平位；胸椎棘突长，呈叠瓦状排列，斜向后下；腰椎棘突呈板状，平伸向后。临床作腰椎穿刺常选择第 3、4 腰椎棘突的间隙处进行。从侧面观，可见颈、胸、腰、骶 4 个生理性弯曲（图 5-15）。其中胸曲和骶曲凸向后方，颈曲和腰曲凸向前方，分别在出生前、后形成。脊柱的这些弯曲增大了脊柱的弹性，有利于维持人体重心的平衡和减轻震荡。

2. 脊柱的运动　两相邻椎骨之间连结稳固，运动很小，但整个脊柱运动范围较大，可作屈、伸、侧屈、旋转和环转运动。颈、腰部运动灵活，损伤也较多见。

二、胸廓

胸廓（thorax）由 12 块胸椎、12 对肋、1 块胸骨连结而成（图 5-16）。

（一）肋

肋（rib）由肋骨和肋软骨组成，共 12 对。**肋骨**（costal bone）为弓形的扁骨，分体和前、后两端（图 5-17）。后端由膨大的肋头和缩细的肋颈构成。颈、体交界处外侧的隆起，

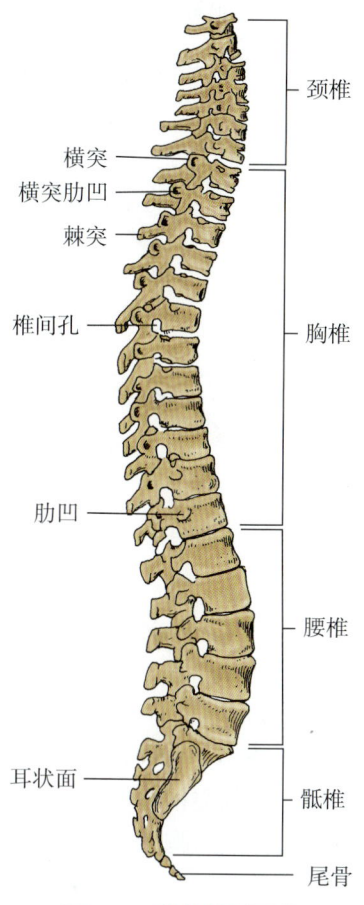

图 5-15　脊柱的侧面观

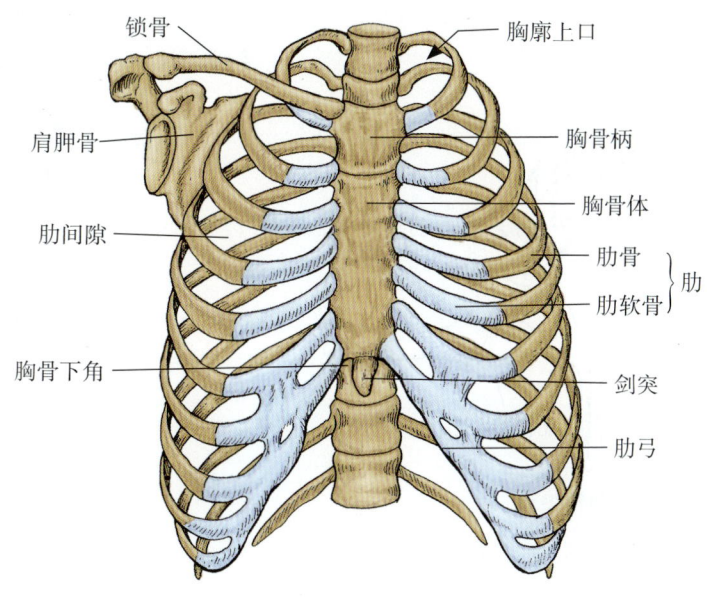

图 5-16　胸廓

称**肋结节**。体介于颈与前端之间，分内、外两面和上、下两缘。内面近下缘处有肋沟，肋间神经和血管走行其中。体后部急转处称**肋角**。肋软骨接续于各肋骨的前端，由透明软骨构成。肋后端与胸椎之间以**肋椎关节**相连，包括由肋头与椎体肋凹构成的肋头关节和由肋结节与横突肋凹构成的肋横突关节（图5-18）。两者为联合关节，运动轴为通过肋颈的长轴，肋颈沿此轴旋转，使肋的前部做升降运动。

上7对肋前端连于胸骨，称**真肋**。第8～12对肋不直接与胸骨相连，称**假肋**。其中第8～10对肋前端借肋软骨依次连于上位肋软骨，形成**肋弓**，常作为确定肝、脾位置的标志；第11～12对肋前端游离于腹壁肌中，称**浮肋**。

（二）胸骨

胸骨（sternum）位于胸前壁正中，长而扁，自上而下分为**胸骨柄**、**胸骨体**和**剑突**3部分（图5-19）。胸骨柄上缘中份凹陷，称**颈静脉切迹**。柄和体连结处微向前凸，称**胸骨角**（sternal angle），其侧方连结第2肋软骨，是计数肋的重要标志。剑突接胸骨体的下端，下端游离，易触及。第1肋与胸骨柄形成软骨结合；第2～7肋软骨分别与胸骨侧缘构成微动的**胸肋关节**（图5-16）。

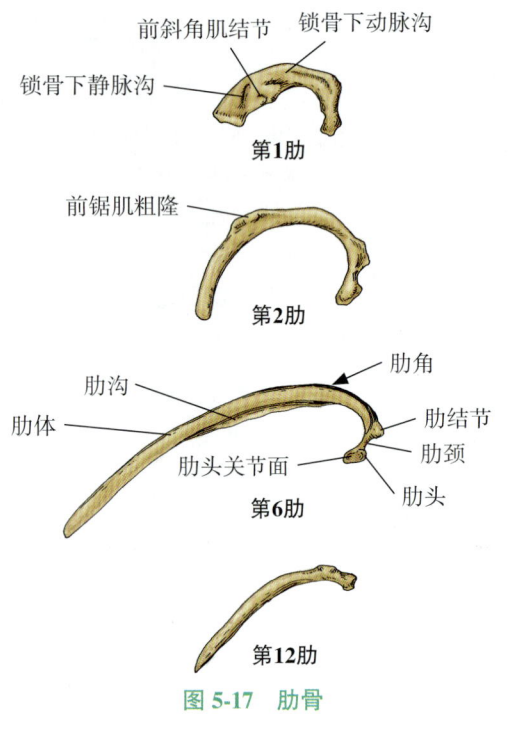

图5-17 肋骨

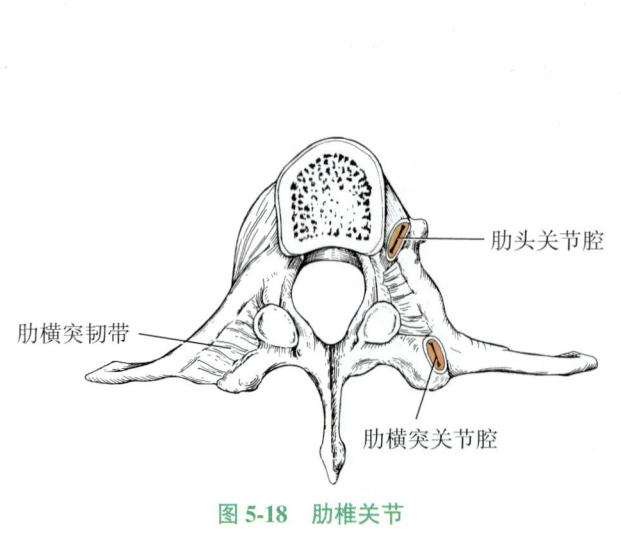

图5-18 肋椎关节

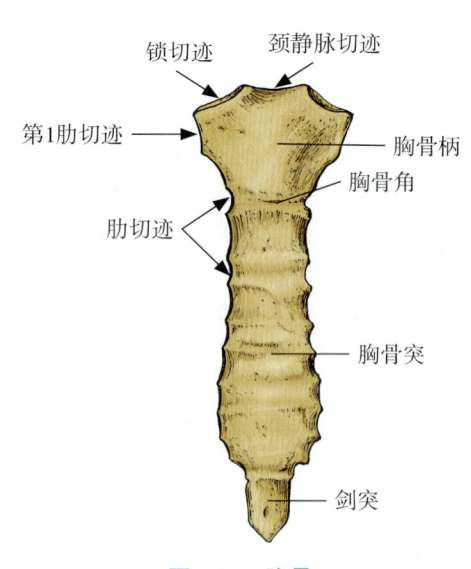

图5-19 胸骨

(三)胸廓的整体观及运动

1. **胸廓的整体观**(图 5-16) 胸廓近似圆锥形,上窄下宽,前后扁平,有上、下两口。胸廓上口小,向前下倾斜,由第 1 胸椎、第 1 对肋及胸骨柄上缘围成;胸廓下口较大,由第 12 胸椎、第 12 对肋、第 11 对肋前端、肋弓和剑突围成。两侧肋弓之间的夹角,称**胸骨下角**。相邻 2 肋间的间隙,称**肋间隙**。

2. **胸廓的运动** 胸廓除保护和支持功能外,主要参与呼吸运动。在肌作用下,肋上提使胸腔容积增大为吸气;相反,肋下降使胸腔容积减小则为呼气。

第三节　颅骨及其连结

成人**颅**(skull)由 23 块**颅骨**(cranial bones)组成(图 5-20),位于脊柱的上方。除舌骨和下颌骨外,其余各骨均借缝或软骨牢固相连。颅主要对脑、视器和前庭蜗器等起支持和保护作用。

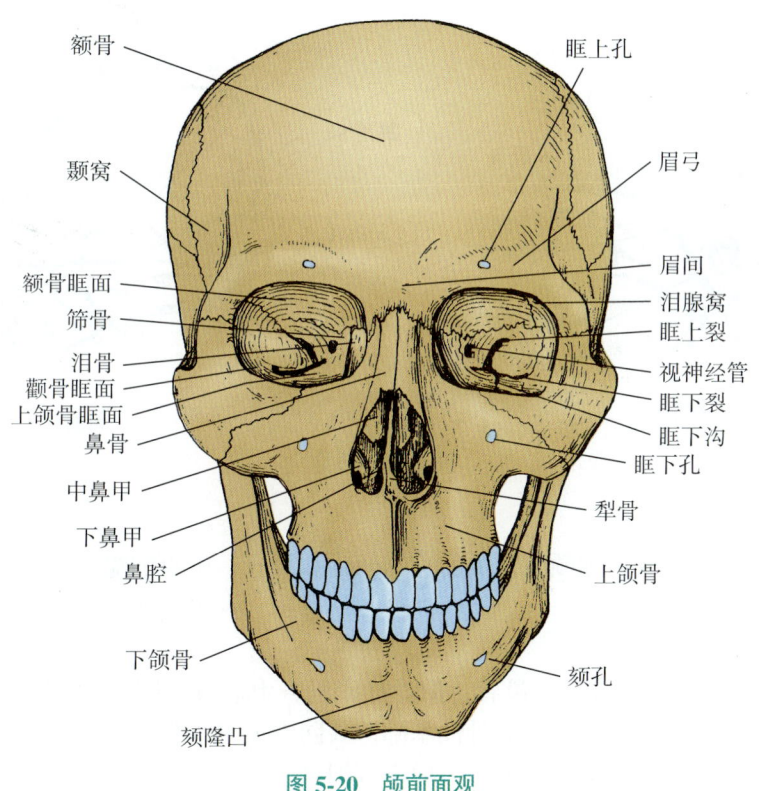

图 5-20　颅前面观

一、颅骨

按所在位置,颅骨分脑颅骨和面颅骨两部分。

(一)脑颅骨

脑颅骨 8 块,包括不成对的额骨、筛骨、蝶骨、枕骨,成对的顶骨和颞骨(图 5-21,22,23)。脑颅骨围成颅腔,容纳脑。颅腔的顶,称**颅盖**,由前方的额骨、中间的顶骨和后

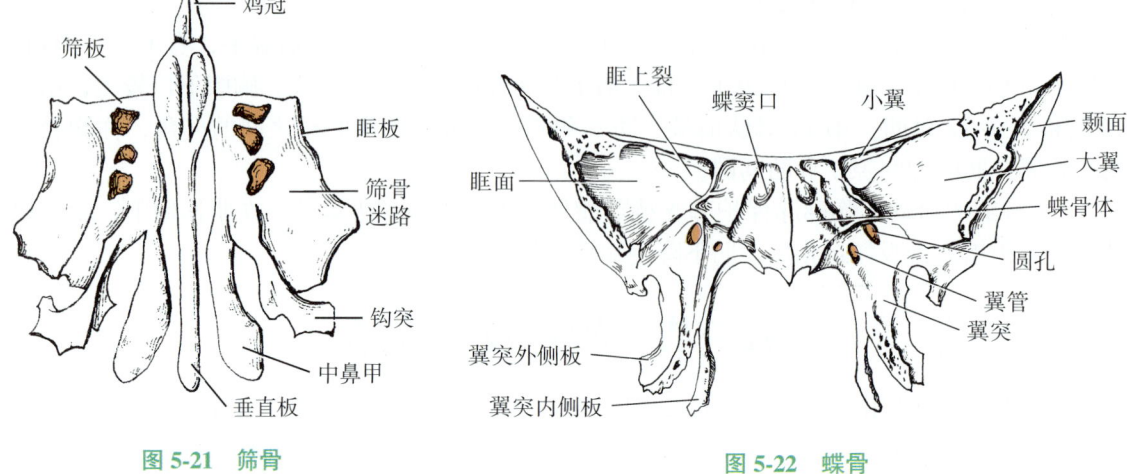

图 5-21 筛骨　　　　　　　图 5-22 蝶骨

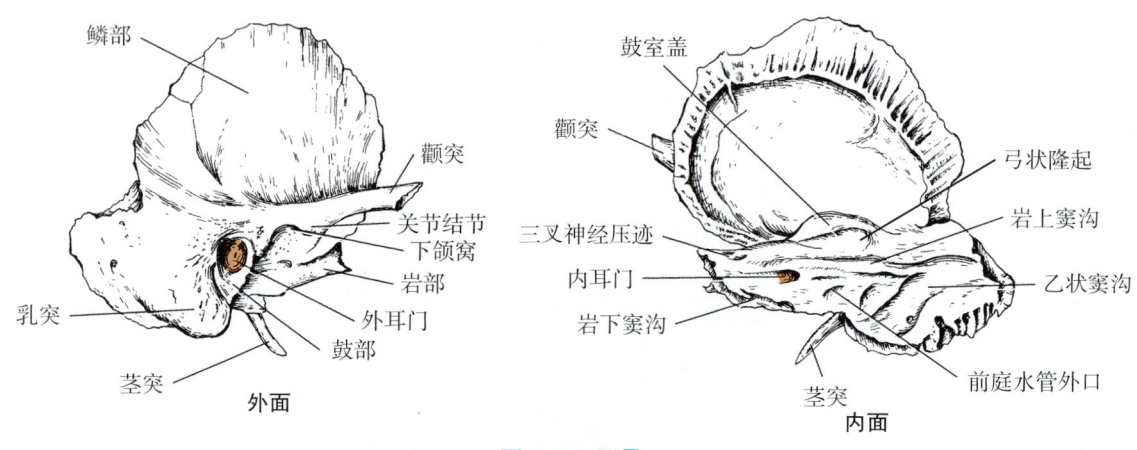

图 5-23 颞骨

方的枕骨构成。颅腔的底，称**颅底**，由前方的额骨和筛骨、中央的蝶骨、后方的枕骨和两侧的颞骨构成。

（二）面颅骨

面颅骨有 15 块，包括成对的鼻骨、泪骨、颧骨、上颌骨、腭骨和下鼻甲，不成对的下颌骨、犁骨和舌骨。它们构成颜面的骨性基础，共同围成眶、骨性鼻腔和骨性口腔。上颌骨位于面颅的中央，其内上方内侧接鼻骨，后方接泪骨；外上方是颧骨，内后方是腭骨；内面附有下鼻甲，鼻腔中央有犁骨；下方是下颌骨，下颌骨后下方是舌骨。

下颌骨（mandible）位于面颅下部，呈马蹄形，分中部的**下颌体**和两侧的**下颌支**（图 5-24）。下颌体的上缘为牙槽弓；下缘圆钝，称**下颌底**。前外侧面有 1 对**颏孔**。下颌支上端有 2 个突起，前方的称**冠突**，后方的称**髁突**；两突之间的凹陷，称**下颌切迹**。髁突上端膨大，称**下颌头**；下方缩细，称**下颌颈**。下颌支内侧面中央有一开口，称**下颌孔**，有下牙槽血管和神经通过，再经下颌管通颏孔。下颌底与下颌支后缘相交处，称**下颌角**。

舌骨位于下颌骨的后下方，呈蹄铁形，中间部为体，有大角和小角。

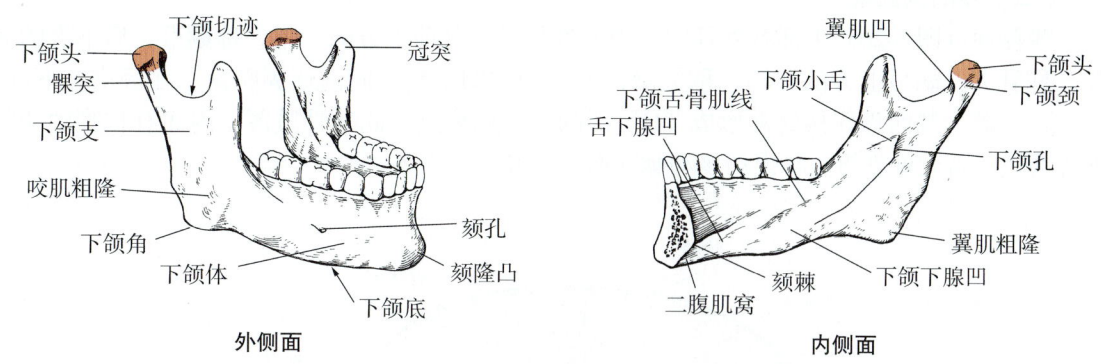

图 5-24　下颌骨

二、颅骨的连结

颅骨间多借缝、软骨或骨相连结，这些连结极为牢固，不能运动，只有下颌骨与颞骨之间形成能活动的颞下颌关节。

颞下颌关节（temporomandibular joint）（图 5-25），由颞骨的下颌窝及关节结节与下颌骨的下颌头构成，属联合关节。关节囊松弛，外侧有韧带加强；腔内有关节盘，将关节腔分隔成上、下 2 部。下颌骨可做上提、下降、前进、后退和侧方运动。如张口过大，下颌头可滑到关节结节前方，造成下颌关节脱位。

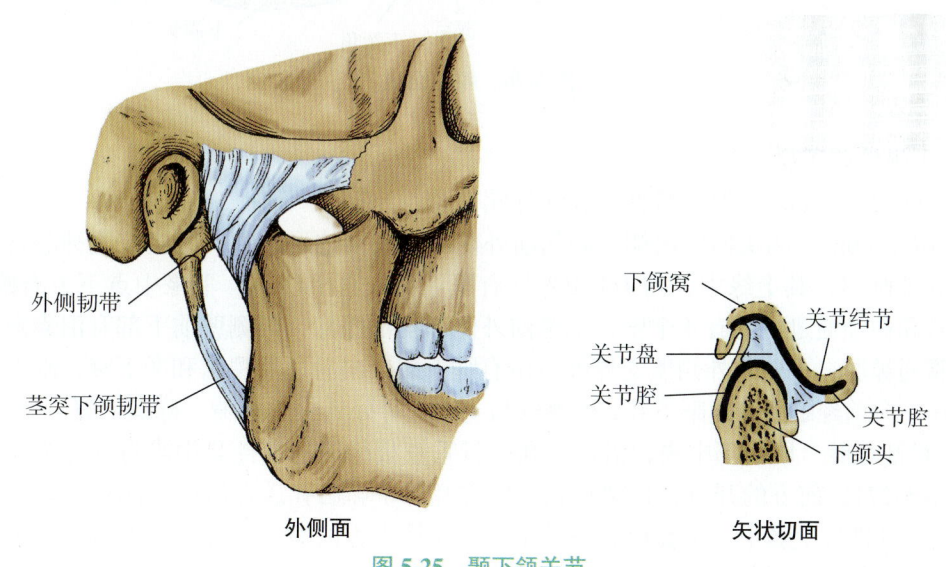

图 5-25　颞下颌关节

三、颅的整体观

（一）颅的顶面观

颅顶有 3 条缝，位于额骨与顶骨之间的缝称**冠状缝**；两顶骨之间的缝称**矢状缝**；顶骨与枕骨之间的缝称人字缝。

(二)颅的侧面观

颅侧面(图 5-26)中部有外耳门,内通外耳道;其前上方的骨梁,称**颧弓**;后下方的突起,称**乳突**。颧弓上方的凹陷,称颞窝,下方的称颞下窝,向内通翼腭窝。在颞窝前下部,额、顶、颞、蝶四骨邻接处常形成"H"形的缝,称**翼点**,此处骨质薄,内面有脑膜中动脉前支通过。若此处骨折,易损伤该动脉支而导致硬膜外血肿。

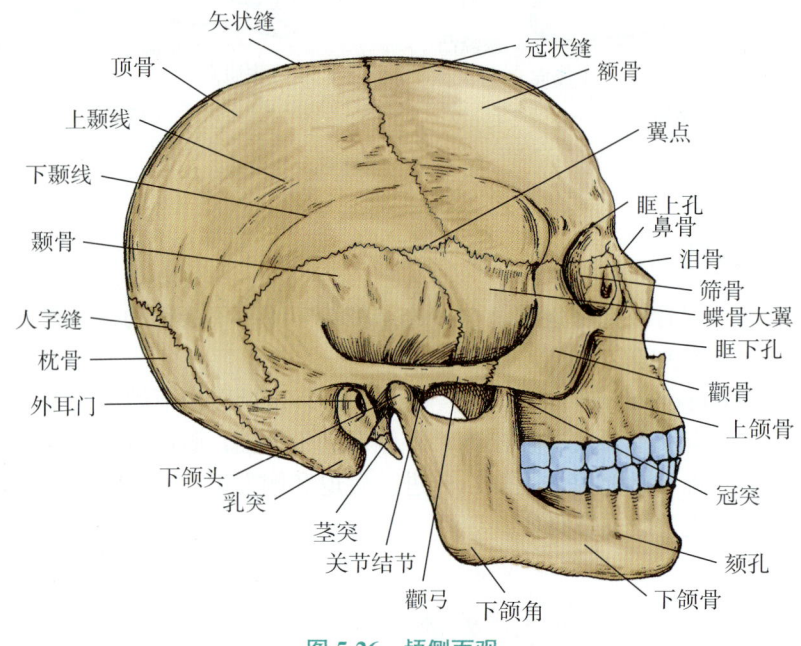

图 5-26 颅侧面观

(三)颅的前面观

颅的前面分为额区、眶、骨性鼻腔和骨性口腔。

1. 眶(orbit) 为尖向后内侧、底朝前外侧的四棱锥体形腔隙。眶尖有视神经管通颅中窝;眶底即眶口,其上缘中、内 1/3 交界处有**眶上孔**或眶上切迹,下缘中点下方有**眶下孔**,均有血管和神经通过。眶有 4 个壁,上壁前外侧部有泪腺窝;内侧壁前下部有泪囊窝,此窝经**鼻泪管**通鼻腔;下壁与外侧壁交界处后份有**眶下裂**,向后通翼腭窝和颞下窝,眶下裂中部有眶下沟,向前经眶下管通眶下孔;外侧壁与上壁交界处后份的裂隙,称**眶上裂**,通颅中窝。

2. 骨性鼻腔 居面部中央,借犁骨和筛骨垂直板构成的骨性鼻中隔将其分为左、右两部分(图 5-27)。前方的开口,称梨状孔,后方开口于鼻后孔。在鼻腔外侧壁,自上而下有 3 个突起,分别称**上鼻甲**、**中鼻甲**和**下鼻甲**。各鼻甲下方的鼻道,分别称**上鼻道**、**中鼻道**和**下鼻道**。上鼻甲和蝶骨体之间的间隙称**蝶筛隐窝**。

3. 鼻旁窦(paranasal sinuses) 是鼻腔周围骨内的含气腔隙,对发音共鸣及减轻颅骨的重量起一定作用(图 5-28)。包括四对,即**上颌窦**、**额窦**、**筛窦**和**蝶窦**,分别位于鼻腔周围的同名颅骨内,并开口于鼻腔。上颌窦、额窦和前、中筛窦开口于中鼻道,后筛窦开口于上鼻道,蝶窦开口于蝶筛隐窝。其中上颌窦最大,由于开口高于窦底,不利引流,感染时易形成慢性炎症。

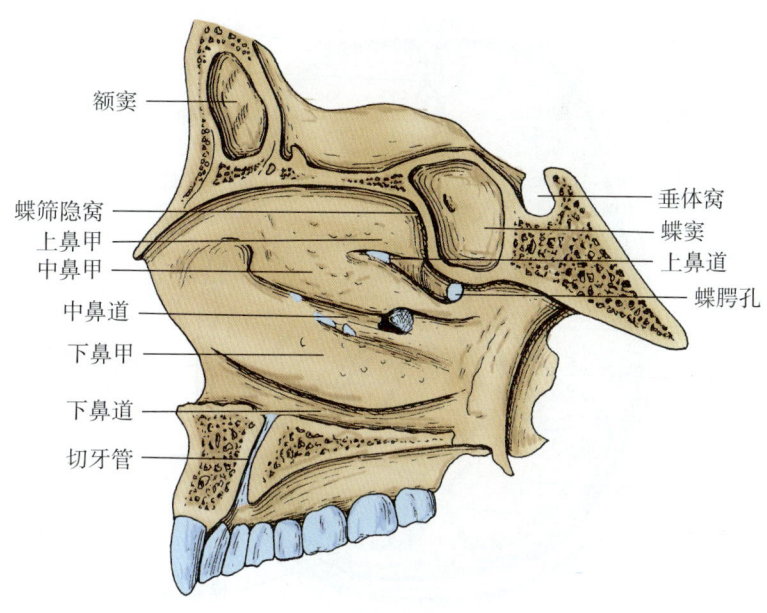

图 5-27 骨性鼻腔外侧壁

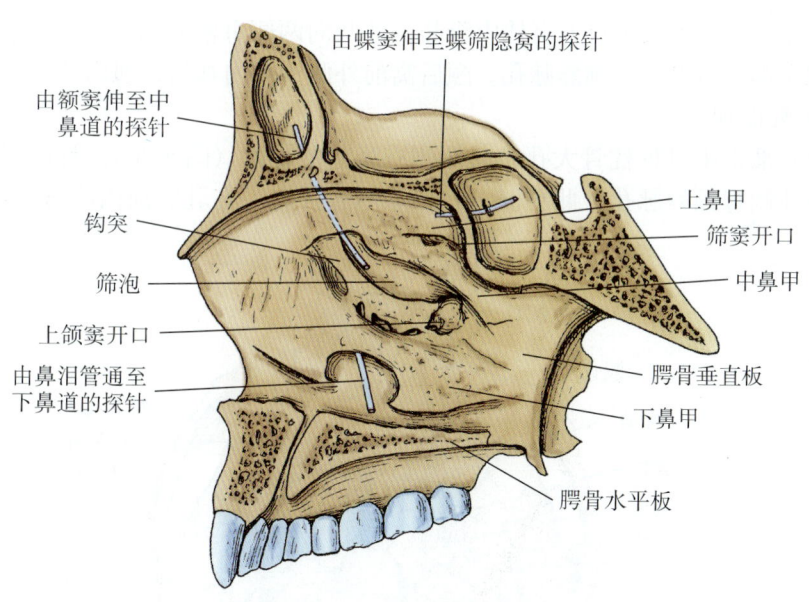

图 5-28 鼻旁窦及开口部位

（四）颅底内面观

颅底内面由前向后分 3 个窝（图 5-29）。

1. 颅前窝　最高，正中有一向上的突起，称鸡冠；两侧的水平骨板，称**筛板**，上有许多筛孔。

2. 颅中窝　中央为蝶骨体，上面有**垂体窝**，窝的前外侧有视神经管，两侧由前向后依次有眶上裂、圆孔、卵圆孔和棘孔。

3. 颅后窝　位置最低，中央有**枕骨大孔**，孔前上方为斜坡。孔的前外侧缘有舌下神经

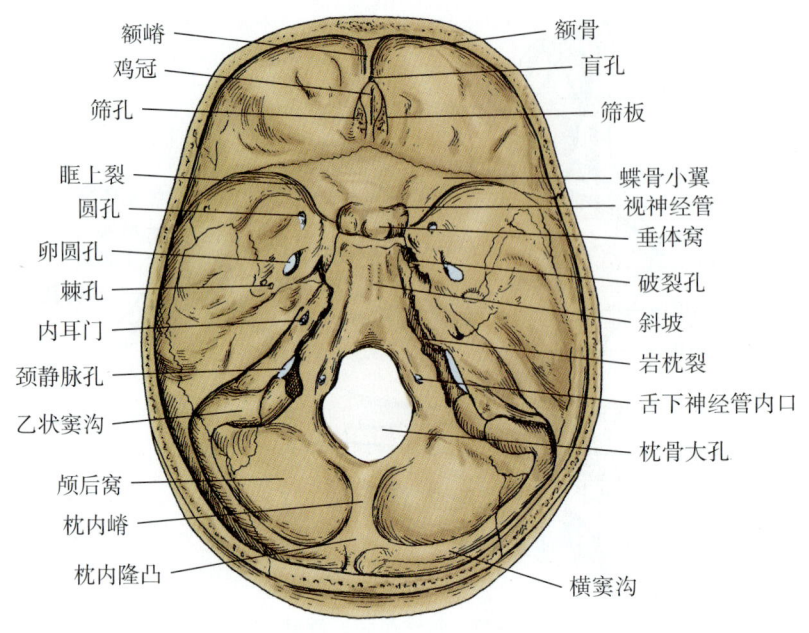

图 5-29　颅底内面观

管内口。窝后方与枕外隆凸相对处有**枕内隆凸**，此凸向两侧有**横窦沟**，此沟弯向前下延续为"S"形的乙状窦沟，后者终于**颈静脉孔**。颅后窝前外侧壁有**内耳门**，通内耳道。

（五）颅底外面观

颅底外面后部正中可见枕骨大孔，其两侧有隆起的**枕髁**（图 5-30）。枕髁根部有舌下神经管外口，前外侧有颈静脉孔，此孔前方有颈动脉管外口。在乳突前内侧有一细长的**茎突**，

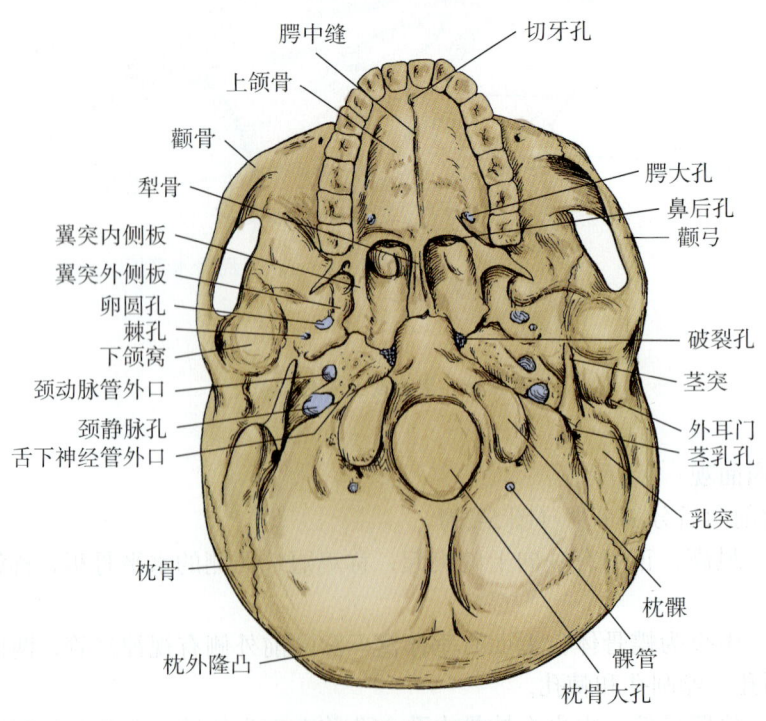

图 5-30　颅底外面观

两者间有茎乳孔。颧弓根部后方有**下颌窝**，窝前的横行突起，称关节结节。枕骨大孔正后方的突起称**枕外隆凸**。前部为骨腭、上颌骨和腭骨的水平板构成；骨腭后缘上方有鼻后孔。

四、新生儿颅的特征

新生儿面颅小，脑颅相对较大（图 5-31）。新生儿面颅占全颅的 1/8，而成人为 1/4。新生儿颅骨尚未完全骨化，颅盖各骨之间尚存在结缔组织膜，多骨交界处，间隙较大，称**颅囟**。其中位于矢状缝与冠状缝交接处的称**前囟**，最大，于出生后 1~2 岁时闭合。位于矢状缝与人字缝汇合处的称**后囟**；顶骨前、后下角处有**蝶囟**和**乳突囟**，均于生后不久即闭合。

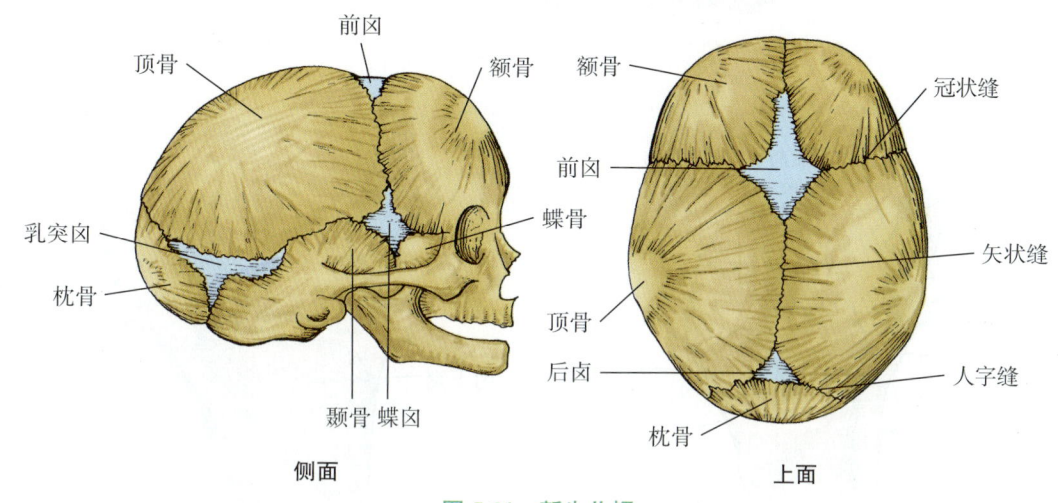

图 5-31　新生儿颅

第四节　上肢骨及其连结

上肢骨和下肢骨统称为附肢骨，主要的功能是支持和运动。上肢骨每侧 32 块，由于人体直立，上肢从支持功能中解放出来，成为灵活运动和使用工具的劳动器官，因而上肢骨纤细轻巧，利于劳动。

一、上肢骨

上肢骨分为上肢带骨（锁骨、肩胛骨）和自由上肢骨（肱骨、桡骨、尺骨和手骨）。

（一）上肢带骨

1. 锁骨（clavicle）　位于胸廓前上方，略呈"～"形（图 5-32）。内侧端圆钝，称**胸骨端**，与胸骨柄相关节；外侧端扁平，称**肩峰端**，与肩胛骨肩峰相关节。锁骨内侧 2/3 凸向前，外侧 1/3 凸向后，两部交界处易发生骨折。

2. 肩胛骨（scapula）　为三角形扁骨，位于胸廓后面的外上方，可分为 2 面、3 缘和 3 个角（图 5-33）。肩胛骨的前面微凹，称**肩胛下窝**；后面有一斜向外上的骨嵴，称**肩胛冈**；其向外侧延伸的扁平突起，称**肩峰**，是肩部最高点。肩胛冈上、下方的凹陷分别称冈上窝和冈下窝。肩胛骨外侧缘肥厚；内侧缘较薄；上缘外侧份有肩胛切迹，切迹外侧有一向前的指状突起，称**喙突**。外侧角肥厚，有梨形浅窝，称**关节盂**，与肱骨头构成肩关节；下角平对第

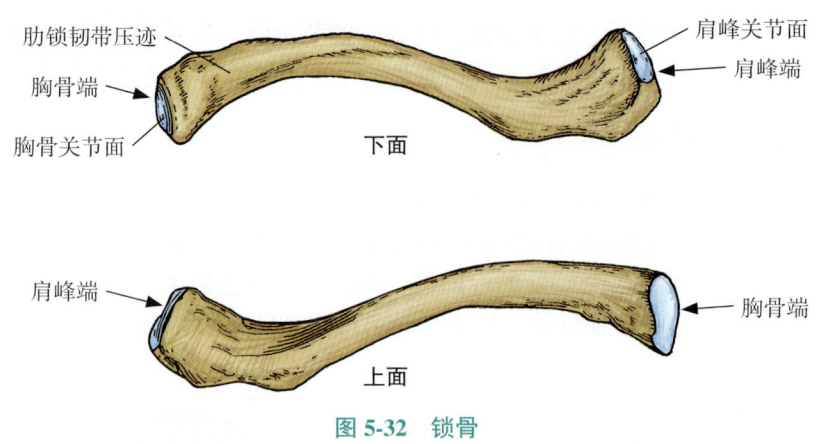

图 5-32 锁骨

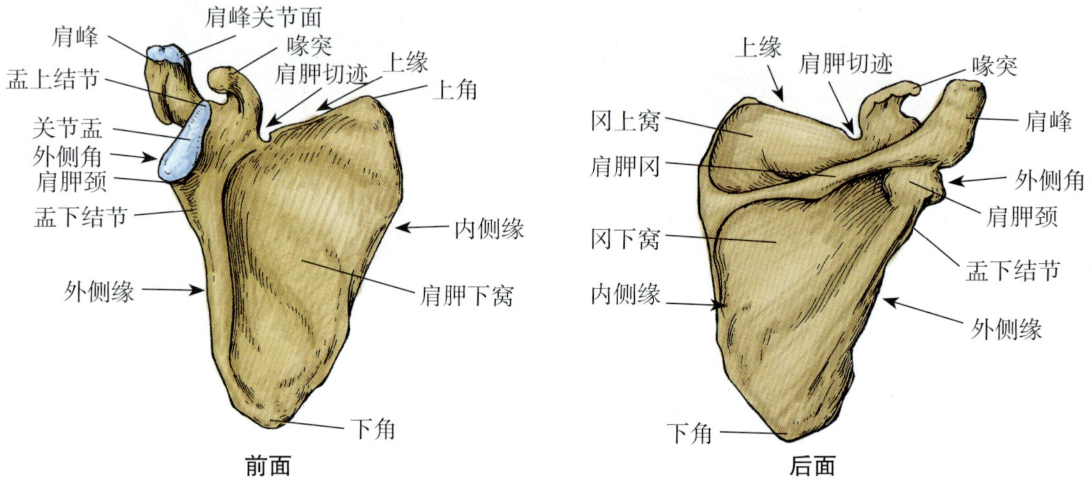

图 5-33 肩胛骨

7 肋或第 7 肋间隙，是背部计数肋的标志。

（二）自由上肢骨

包括臂部的肱骨，前臂部的桡骨、尺骨以及远侧的手骨。

1. **肱骨**（humerus） 是臂部的长骨（图 5-34）。上端有朝向内后方呈半球形的**肱骨头**，头周围的环形浅沟，称**解剖颈**。上端向外侧的突起，称**大结节**，向前的突起，称**小结节**，二者之间的纵沟称**结节间沟**。上端与体交界处稍细，称**外科颈**，易发生骨折。肱骨体中部外侧面有粗糙的**三角肌粗隆**，后面有从内上斜向外下的桡神经沟，内有桡神经走行。下端较宽扁，前面外侧部有半球形的**肱骨小头**，内侧部有**肱骨滑车**。其后面上方的深窝，称**鹰嘴窝**。下端两侧的突起，分别称**外上髁**和**内上髁**。内上髁后下方的浅沟，称**尺神经沟**。

2. **桡骨**（radius） 位于前臂外侧部（图 5-35）。上端称**桡骨头**，头上面有关节凹，与肱骨小头相关节；头周围有环状关节面，与尺骨桡切迹相关节。桡骨头下方缩细，称**桡骨颈**，其内下方的突起，称**桡骨粗隆**。桡骨体内侧缘薄而锐，称骨间缘。下端外侧有**桡骨茎突**，内侧面有尺切迹，下面有腕关节面。

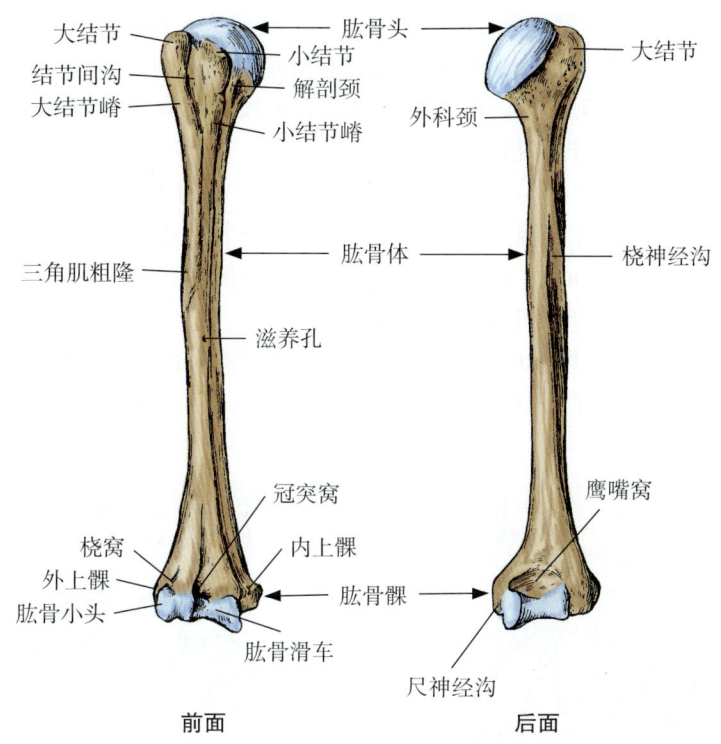

图 5-34 肱骨

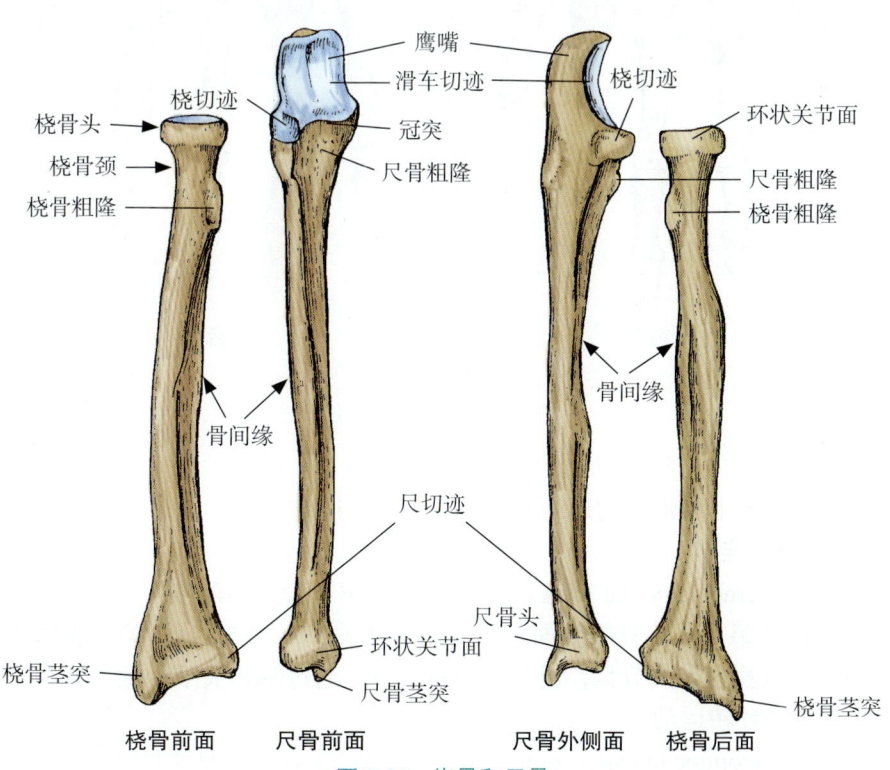

图 5-35 桡骨和尺骨

3. **尺骨**（ulna） 位于前臂内侧部（图 5-35）。上端粗大，前面有半月形的**滑车切迹**。在切迹的前下方和后上方各有一突起，分别称**冠突**和**鹰嘴**。冠突外侧面有桡切迹。尺骨体外侧缘也称骨间缘。下端称**尺骨头**，其内侧向下的突起，称**尺骨茎突**，比桡骨茎突高约 1.0cm。

4. **手骨** 包括腕骨、掌骨和指骨（图 5-36）。

（1）**腕骨**（carpal bones）：为 8 块短骨，排成 2 列，每列 4 块。由桡侧向尺侧，近侧列依次为**手舟骨、月骨、三角骨**和**豌豆骨**，远侧列为**大多角骨、小多角骨、头状骨**和**钩骨**。

（2）**掌骨**（metacarpal bones）：5 块，属长骨，由桡侧向尺侧分别称第 1～5 掌骨。每块掌骨分近侧端的**底**、中间的**体**和远侧端的**头**三部分。

（3）**指骨**（phalanges of fingers）：14 块，属长骨，除拇指有 2 节外，其余各指均 3 节。由近侧至远侧依次为近节指骨、中节指骨和远节指骨。

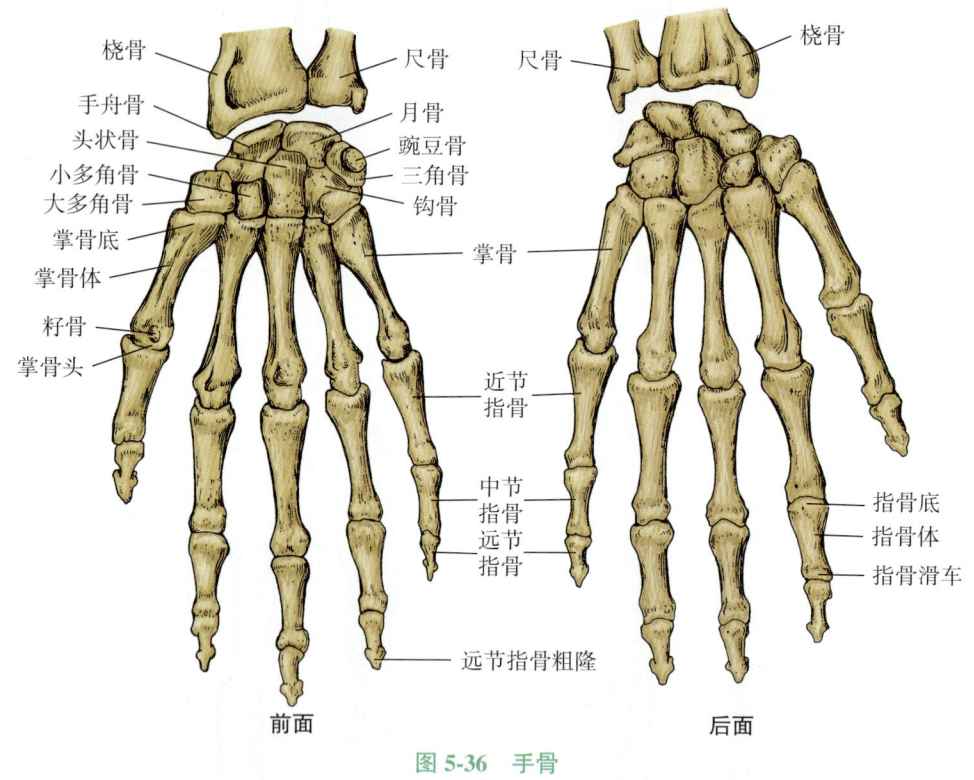

图 5-36 手骨

二、上肢骨的连结

上肢骨的连结包括上肢带骨的连结和自由上肢骨的连结。

（一）上肢带骨的连结

1. **胸锁关节**（sternoclavicular joint） 是上肢骨与躯干骨连结的唯一关节，由锁骨的胸骨端与胸骨的锁切迹及第 1 肋软骨的上面构成，属微动关节（图 5-37）。关节囊紧张坚韧，周围有韧带加强。关节腔内有关节盘，使关节面更适应。通过胸锁关节，锁骨及整个肩部可做上、下、前、后以及环转运动。

2. **肩锁关节**（acromioclavicular joint） 由锁骨的肩峰端与肩胛骨的肩峰构成，上、下有韧带加强，属微动关节。

(二) 自由上肢骨的连结

1. **肩关节**（shoulder joint）由肱骨头和肩胛骨关节盂构成（图5-38）。肱骨头大，关节盂浅而小，关节囊松弛，内有肱二头肌长头腱通过。关节囊的上壁有喙肱韧带加强。肩关节周围有三角肌包围，下方缺少肌保护，成为肩关节的薄弱点，故肩关节易向前下方脱位。肩关节为全身最灵活、运动范围最大的多轴关节，可做屈、伸、收、展、旋转及环转运动。

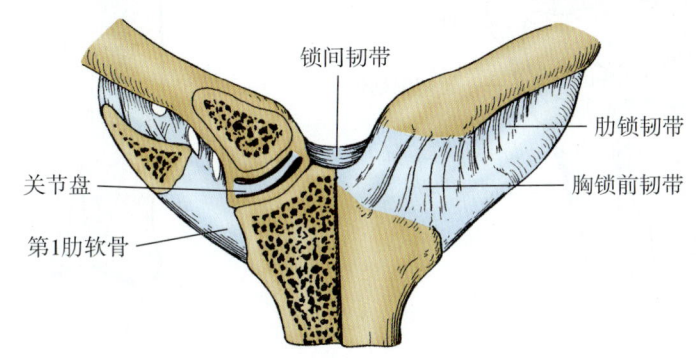

图 5-37　胸锁关节

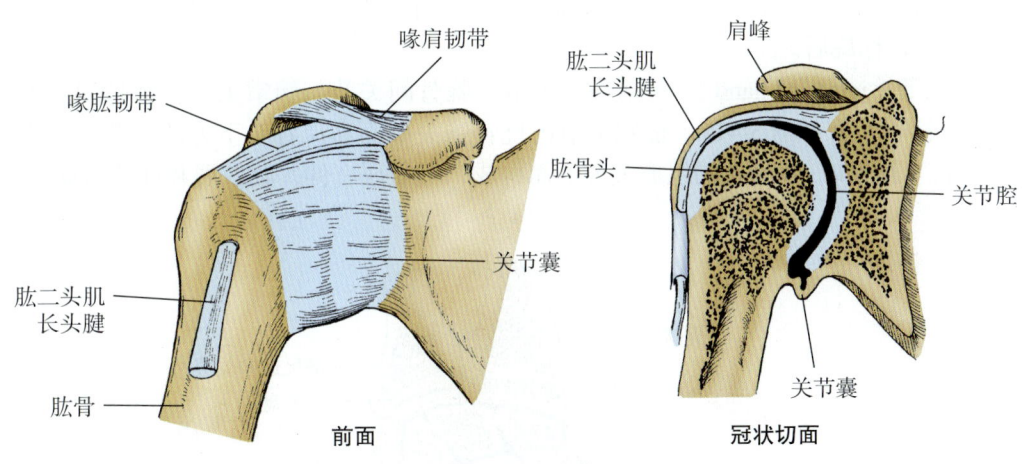

图 5-38　肩关节

2. **肘关节**（elbow joint）为复关节，包括3个关节（图5-39），即肱骨小头与桡骨头关节凹构成的**肱桡关节**，肱骨滑车与尺骨滑车切迹构成的**肱尺关节**，桡骨头环状关节面与尺骨桡切迹构成的**桡尺近侧关节**。3个关节被同一个关节囊所包被。关节囊的前、后壁薄而松弛；内、外侧壁紧张，并有韧带加固。关节囊下部有桡骨环状韧带，从前、后和外侧三面环包桡骨头。上口宽大，下口紧小，可防止桡骨头滑脱。幼儿的桡骨头尚在发育，环状韧带松弛，又缺乏肌保护，当猛力牵拉前臂时，桡骨头可向下脱出，称桡骨头半脱位。肘关节可做屈伸运动。伸肘时，肱骨内、外上髁和尺骨鹰嘴三点在一条直线上；屈肘时，三者呈一等腰三角形。肘关节脱位时，三者关系发生改变。

3. **桡尺连结**（radioulnar syndesmosis）桡骨和尺骨借桡尺近侧关节、前臂骨间膜和桡尺远侧关节相连。前臂骨间膜是连于桡、尺骨的骨间缘的致密结缔组织膜。桡尺远侧关节由桡骨的尺切迹和尺骨头组成（图5-40）。

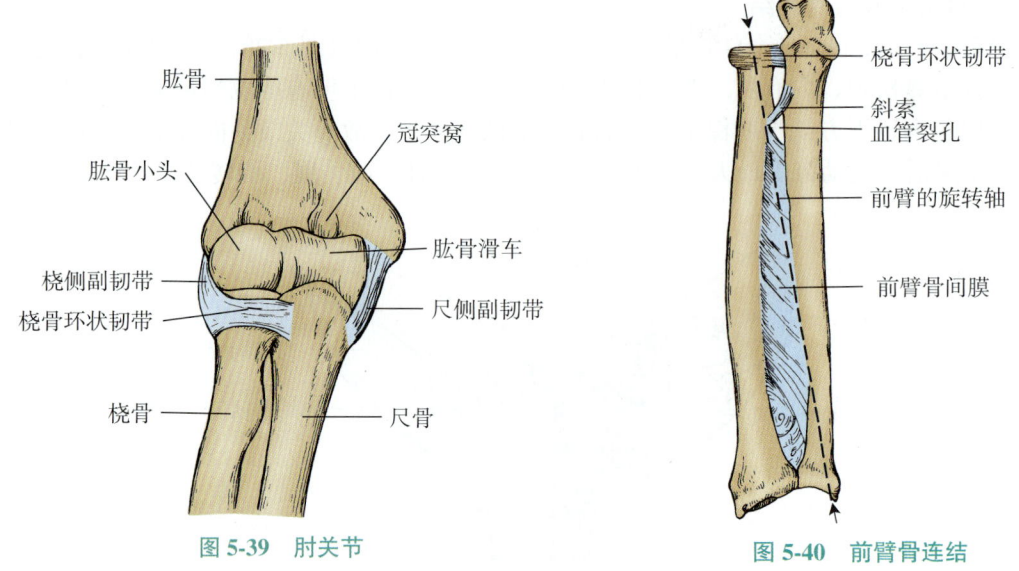

图 5-39 肘关节　　　　图 5-40 前臂骨连结

桡尺近侧和远侧关节同属联合关节，可使前臂做旋转运动。当桡骨下端转到尺骨头前方和内侧时，两骨相互交叉，手背向前，称**旋前**；当桡骨下端转到尺骨头外侧时，两骨平行并列，手背向后，称**旋后**。

4. 手关节（joints of hand） 包括桡腕关节、腕骨间关节、腕掌关节、掌骨间关节、掌指关节和指骨间关节（图 5-41）。**桡腕关节**由桡骨腕关节面和尺骨头下方的关节盘组成关节窝，手舟骨、月骨和三角骨共同组成关节头而构成，可做屈、伸、收、展和环转运动。

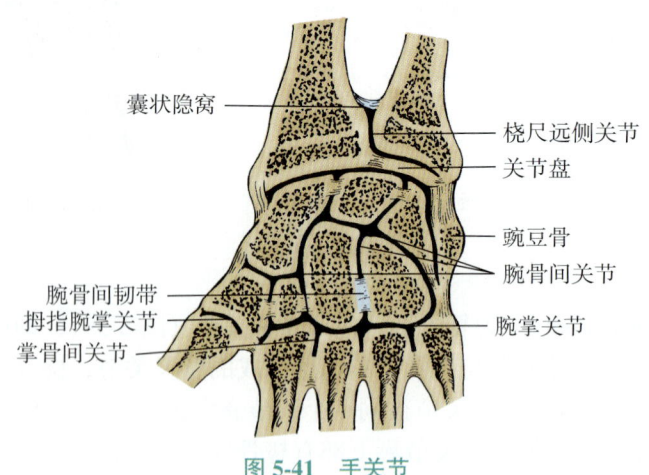

图 5-41 手关节

第五节　下肢骨及其连结

下肢骨每侧 31 块，共 62 块，由于下肢起着支持和运动的作用，因而下肢骨粗大坚固，骨连接牢固。

一、下肢骨

下肢骨包括下肢带骨（髋骨）和自由下肢骨（股骨、髌骨、胫骨、腓骨和足骨）。

（一）下肢带骨

髋骨（hip bone）是不规则骨，上部扁阔，中部窄厚，下部有一大孔，称**闭孔**。左右髋骨与骶、尾骨组成**盆骨**。髋骨由髂骨、耻骨和坐骨组成，三骨会合于**髋臼**（图 5-42）。一般在 15 岁之前三骨之间由软骨结合，15 岁以后软骨逐渐骨化才融合为一骨。三骨的体融合处为一大而深的窝称**髋臼**，髋臼是三块骨的体。髋臼内有一半月形的关节面，与股骨头形成髋关节，髋臼下缘缺损处称髋臼切迹。

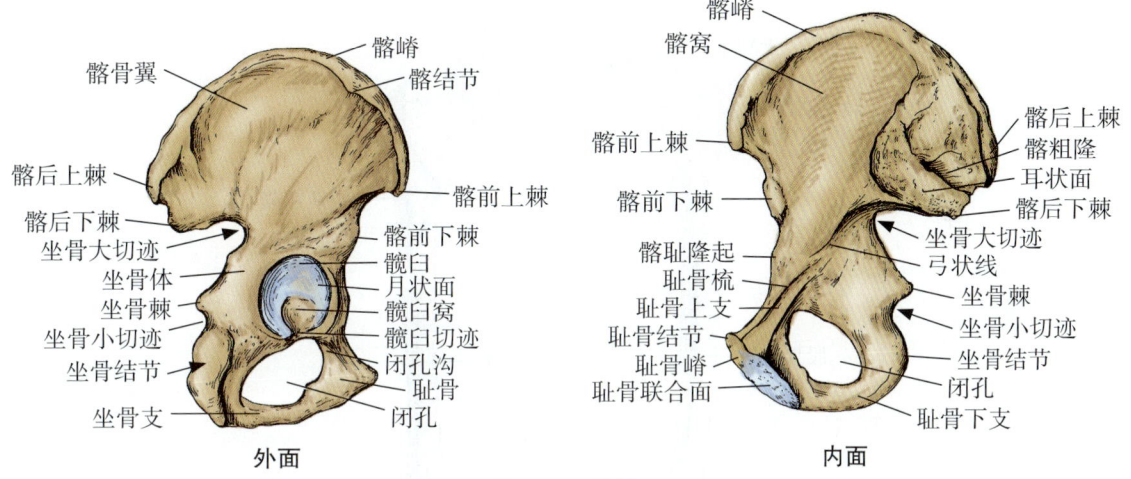

图 5-42　髋骨

1. **髂骨**（ilium）　可分为髂骨体和髂骨翼。体构成髋臼上方的 2/5，翼是从体向后外扩展的扇样骨板。翼的上缘厚，称**髂嵴**。髂嵴的前端突出为**髂前上棘**，其下方的另一突起称**髂前下棘**，在髂前上棘的上后方 5～7cm 处，髂嵴外唇有向外的突起，称为**髂结节**。髂嵴后端亦有两突起，称为**髂后上棘**及**髂后下棘**。髂骨翼内面的凹陷称**髂窝**，窝的下界是钝圆的骨嵴，称**弓状线**。翼后下份是粗糙的**耳状面**，髂前上棘和髂后上棘、髂嵴及髂结节都可在体表扪及。

2. **坐骨**（ischium）　构成髋骨的后下部，分坐骨体和坐骨支。坐骨体组成髋臼的后下 2/5，后缘有三角形的突起称坐骨棘，坐骨棘下方有**坐骨小切迹**。坐骨棘与髂后下棘之间为**坐骨大切迹**。坐骨体下后部向前、上、内延续为较细的**坐骨支**，其末端与耻骨下支结合。坐骨体与坐骨支移行处的后部是粗糙的隆起，称**坐骨结节**，是坐骨最低部，可在体表扪到。

3. **耻骨**（pubis）　位于髋骨前下部，分体和上、下两支。耻骨体构成髋臼的前下 1/5，较肥厚。它与髂骨融合处的上缘骨面形成的粗糙隆起称为**髂耻隆起**。从体向前下延伸为耻骨上支，其末端转折向下形成耻骨下支，两支转弯处内侧有一椭圆形的粗糙面，称**耻骨联合面**。耻骨上支的前端有一突起称**耻骨结节**。自结节向后上延伸到髂耻隆起为一条较锐利的嵴称**耻骨梳**，向后移行于**弓状线**。自结节向内侧延伸到耻骨联合面上缘也有一嵴称**耻骨嵴**。耻骨与坐骨围成的大孔为**闭孔**。

（二）自由下肢骨

1. **股骨**（femur） 是人体最长、最结实的长骨，长度约为身高的1/4，分一体两端。上端有朝向内上的**股骨头**，与髋臼相关节（图5-43）。头中央稍下有小的**股骨头凹**。头下外侧的狭细部称为**股骨颈**。颈与体连接处上外侧的方形隆起，称**大转子**；内下方隆起，称**小转子**，均有肌肉附着。大、小转子之间前面有**转子间线**，后面有**转子间嵴**相连。大转子是重要的体表标志，可在体表扪到。股骨体略弓凸向前，后方有纵行的骨嵴，称**粗线**。向上外延续为粗糙的突起，称**臀肌粗隆**。下端左、右膨大并向后卷曲，形成**内侧髁**和**外侧髁**，两髁之间的深窝为**髁间窝**。两髁的关节面在前方合成一个**髌面**。两髁侧面的上方有粗糙的隆起，分别称为**内上髁**和**外上髁**，是下肢的骨性标志。

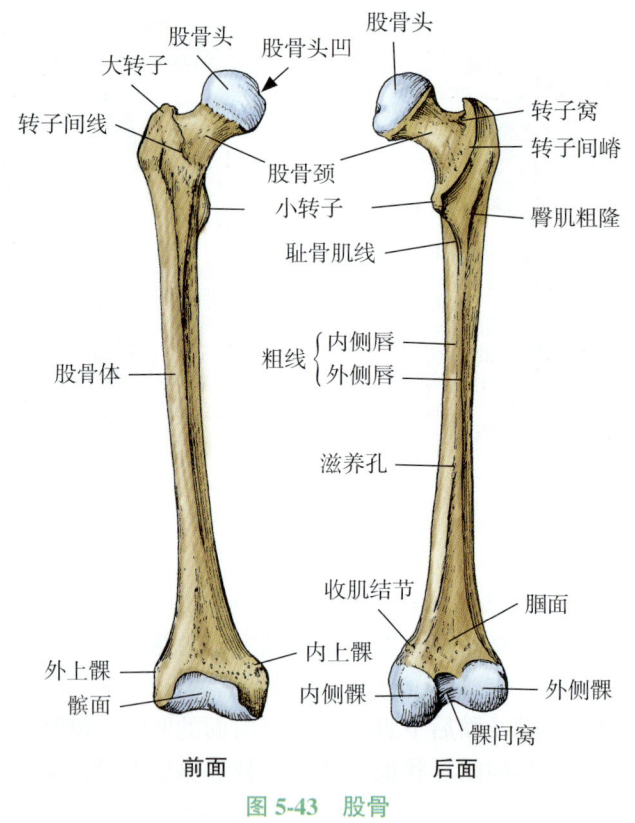

图 5-43 股骨

2. **髌骨**（patella） 是人体最大的籽骨，位于股骨下端前面，在股四头肌腱内，上宽下尖，前面粗糙，后面为关节面，与股骨髌面相关节（图5-44）。髌骨可在体表扪到。

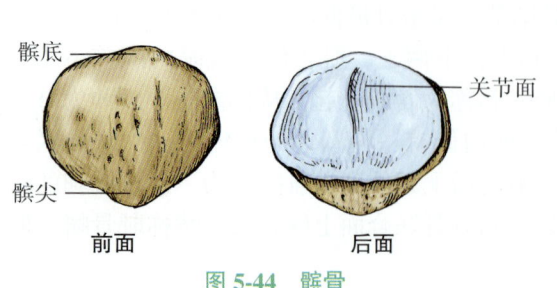

图 5-44 髌骨

3. **胫骨**（tibia） 分一体两端。胫骨上端膨大，向内侧和外侧突出的部分称为**内侧髁**和**外侧髁**，每髁上面有微凹的关节面，与股骨相关节。两髁之间有向上的隆起，称**髁间隆起**（图5-45）。上端前面有一粗糙的隆起称**胫骨粗隆**，外侧髁的后下面有小的**腓关节面**，胫骨体呈三棱柱形。胫骨下端稍膨大，下端下面有下关节面，与距骨相关节，内侧向下有一突起称**内踝**，是重要的体表标志。下端外侧有**腓切迹**，与腓骨相连。胫骨的两髁、胫骨粗隆、胫骨前缘与内侧面以及内踝都可在体表扪到。

4. **腓骨**（fibula） 细长，位于胫骨外后方，分一体两端（图5-45）。上端稍膨大，称**腓骨头**，有腓骨头关节面与胫骨的腓关节面相关节，是下肢的重要骨性标志。头下方缩窄，称**腓骨颈**。下端膨大，形成**外踝**，其内侧面有外踝关节面，与距骨相关节。腓骨头和外踝都可在体表扪到。胫、腓骨下端均参与踝关节组成。

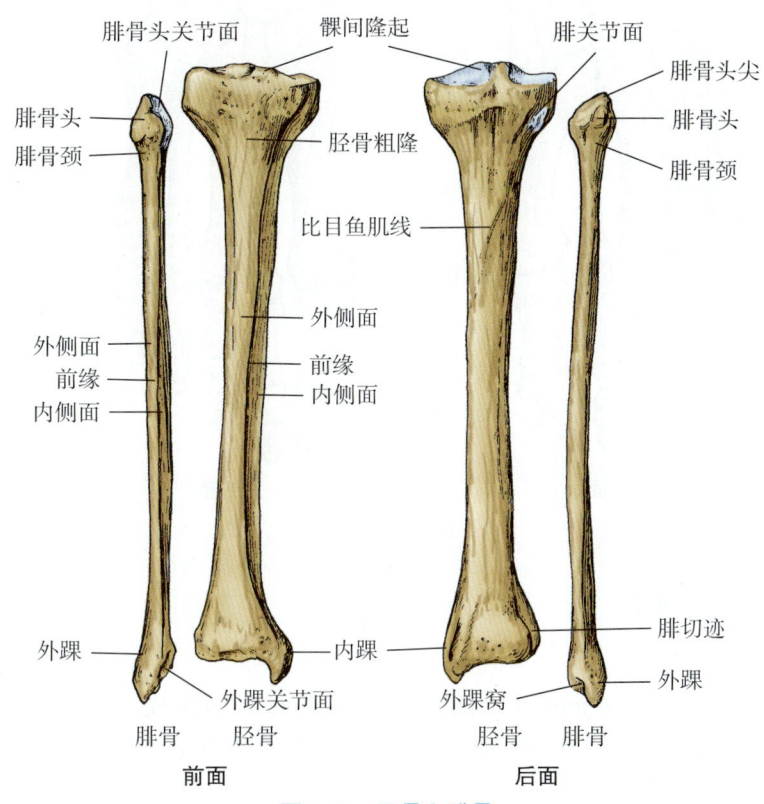

图 5-45 胫骨和腓骨

5. **足骨**（bones of foot） 包括**跗骨**、**跖骨**和**趾骨**（图5-46）。

（1）**跗骨**（tarsal bones）：共7块，近侧列有**距骨**和其下方的**跟骨**。远侧列由内向外依次为**内侧楔骨**、**中间楔骨**、**外侧楔骨**和**骰骨**，在距骨和三块楔骨之间有一块**足舟骨**。距骨与小腿骨下端构成踝关节。

（2）**跖骨**（metatarsal bones）：共5块，由内向外依次为第1～5跖骨。每块跖骨都可以分为底、体、头三部，底与跗骨相关节，头接趾骨，第5跖骨底向后突出，称**第5跖骨粗隆**，在体表可扪及。

（3）**趾骨**（phalanges of toes，bones of toes）：趾骨共14节，除𧿹趾两节外，其余四趾均为三节趾骨，分别称为**近节**、**中节**和**远节趾骨**，形态和命名与指骨相同。

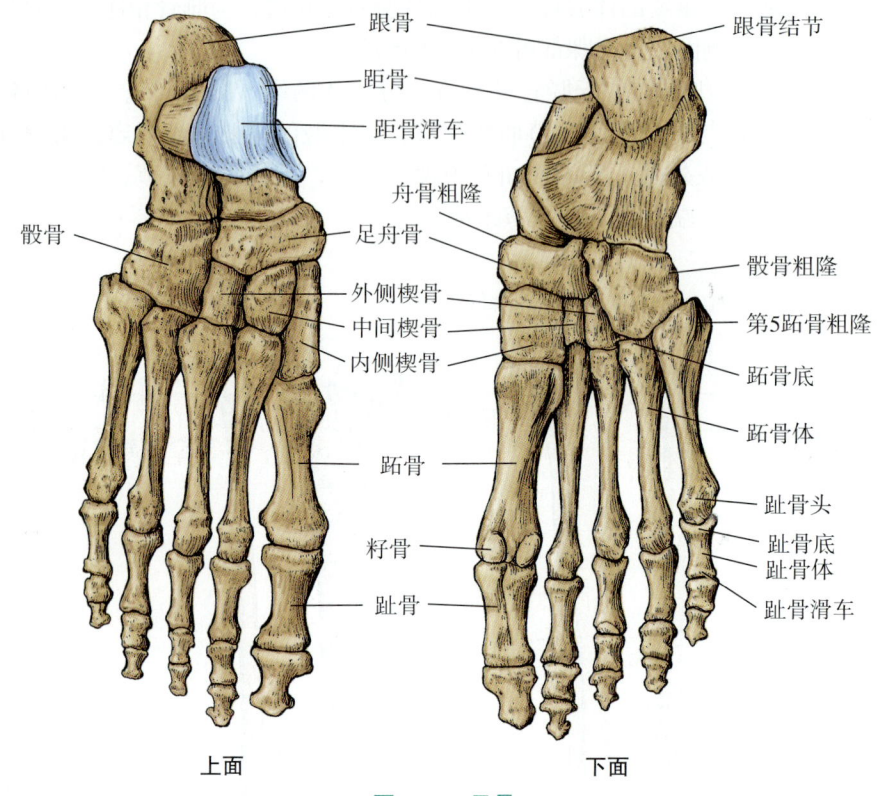

图 5-46　足骨

二、下肢骨的连结

（一）下肢带骨的连结

1. 骶髂关节（sacroiliac joint）　由骶、髂两骨的耳状面构成，属微动关节（图 5-47）。关节囊厚而坚韧，周围有韧带加强。通过骶髂关节，身体的重量由脊柱转传至下肢。

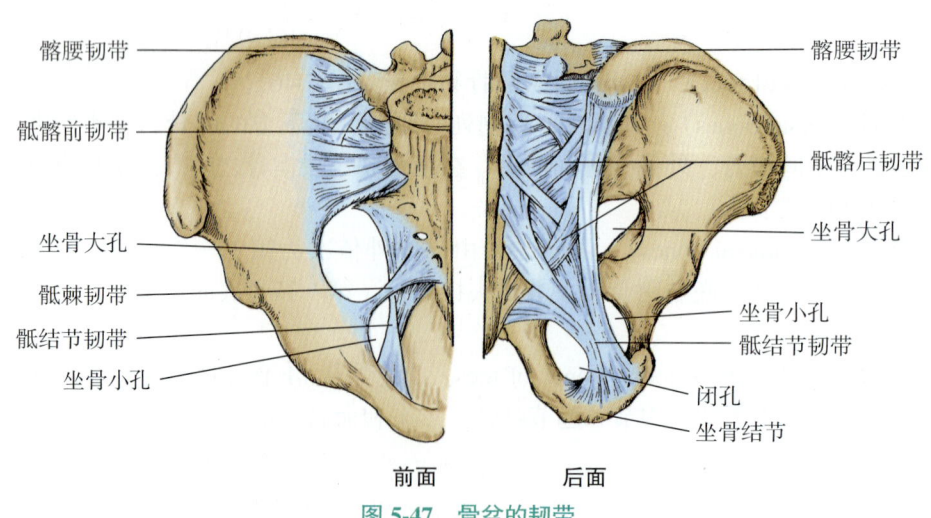

图 5-47　骨盆的韧带

2. 韧带连结 从骶、尾骨侧缘连至坐骨结节的韧带，称**骶结节韧带**（sacrotuberous ligament）；其前方从骶、尾骨侧缘连至坐骨棘的韧带，称**骶棘韧带**（sacrospinous ligament）。2条韧带与坐骨大、小切迹分别围成坐骨大孔和坐骨小孔，均有肌、血管、神经通过（图5-47）。

3. **耻骨联合**（pubic symphysis） 由两侧耻骨联合面借耻骨间盘连结而成。耻骨间盘由纤维软骨构成，内有一纵行裂隙。女性在分娩时，耻骨联合稍有活动，利于胎儿娩出（图5-48）。

4. **骨盆**（pelvis） 由骶骨、尾骨和左、右髋骨连结而成（图5-49），具有容纳、保护盆腔器官和传递重力等功能。

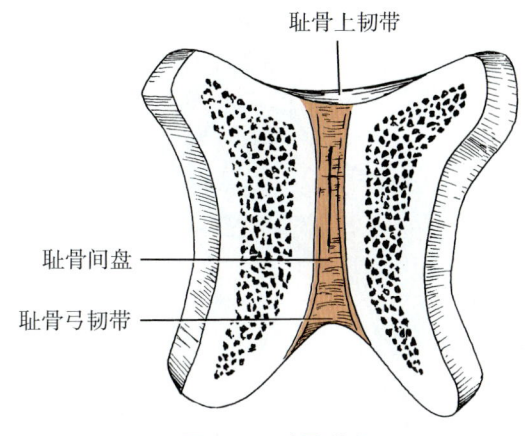

图 5-48 耻骨联合

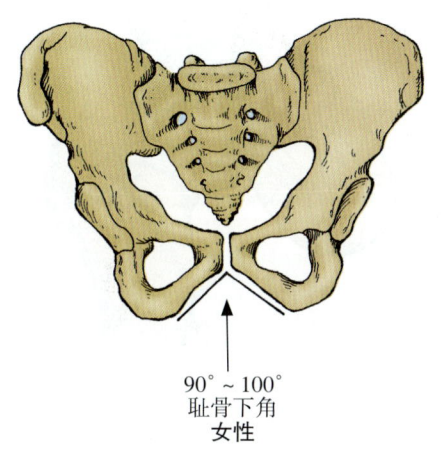 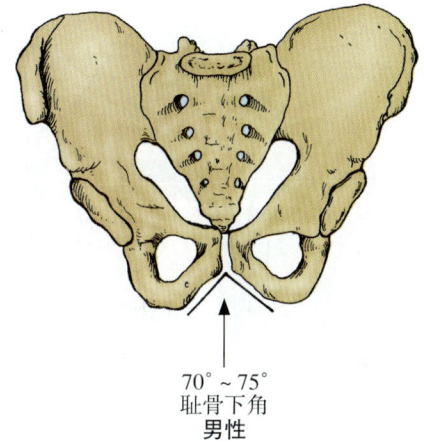

图 5-49 骨盆

（1）骨盆的分部：骨盆借界线为界分为大、小骨盆。界线自后向前依次由骶骨岬、弓状线、耻骨梳、耻骨嵴和耻骨联合上缘围成。界线以上为大骨盆，以下为小骨盆。小骨盆有上、下两口。上口为界线，下口由尾骨尖、骶结节韧带、坐骨结节、坐骨支、耻骨下支和耻骨联合下缘围成。两口之间的内腔，称**骨盆腔**（pelvic cavity）。两侧耻骨下支间的夹角为耻骨下角。

（2）骨盆的性差别：成年女性骨盆的形态特点与分娩有关（表5-1）。

表 5-1 男、女性骨盆的形态差异

	男性	女性
骨盆形状	窄而长	宽而短
骨盆上口	心形	椭圆形
骨盆下口	狭小	宽大
骨盆腔	漏斗形	圆桶形
耻骨下角	70°～75°	90°～100°

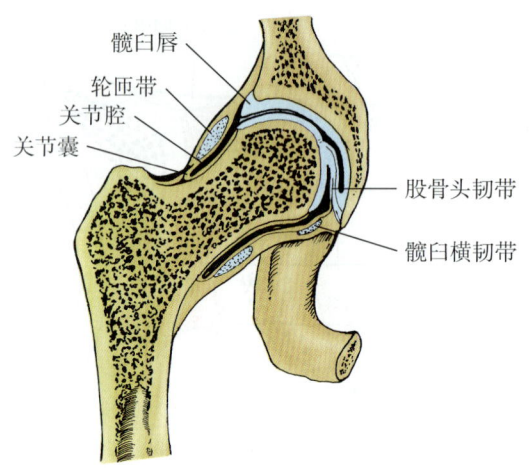

图 5-50 髋关节

（二）自由下肢骨的连结

1. 髋关节（hip joint） 由髋臼和股骨头构成。髋臼深，股骨头全部位于髋臼内（图 5-50）。关节囊厚而坚韧，股骨颈前面全被包绕，而后面外侧 1/3 部无关节囊包绕，故股骨颈骨折有囊内、囊外之分。关节囊内有股骨头韧带，一端连于股骨头凹，另一端连于髋臼横韧带，内有股骨头营养血管通过。关节囊周围有韧带加强，前方有强大的髂股韧带，可限制髋关节过度后伸。关节囊后下部相对薄弱，故髋关节脱位易从后下方脱出（图 5-51）。髋关节可做屈、伸、收、展、旋转和环转运动。

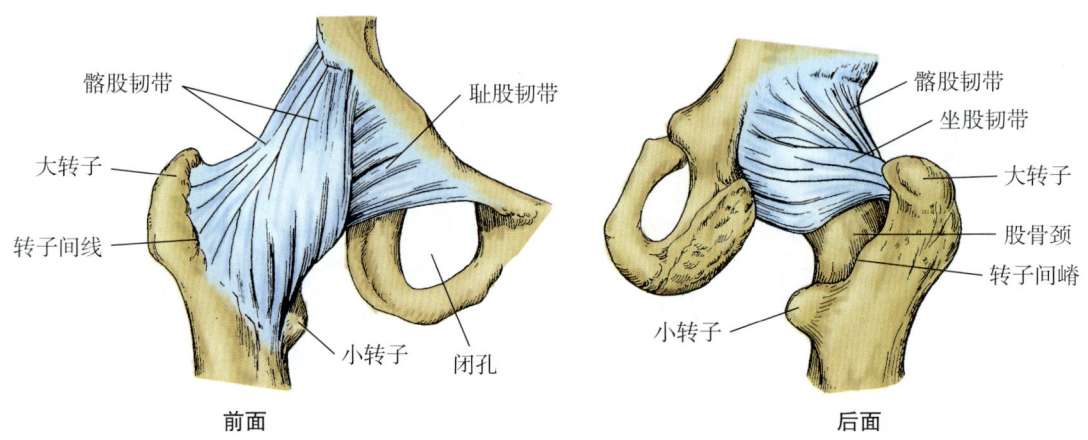

图 5-51 髋关节的韧带

2. 膝关节（knee joint） 由股骨下端、胫骨上端和髌骨构成（图 5-52）。关节囊薄而松弛，周围有韧带加强，前方为股四头肌腱延续而成的髌韧带，向下止于胫骨粗隆；两侧有副韧带加强。关节囊内有前、后交叉韧带连结股骨和胫骨，可限制胫骨前、后移位。关节囊内还有位于股骨和胫骨关节面间的两块半月板（图 5-53），内侧半月板呈"C"形，外侧半月板

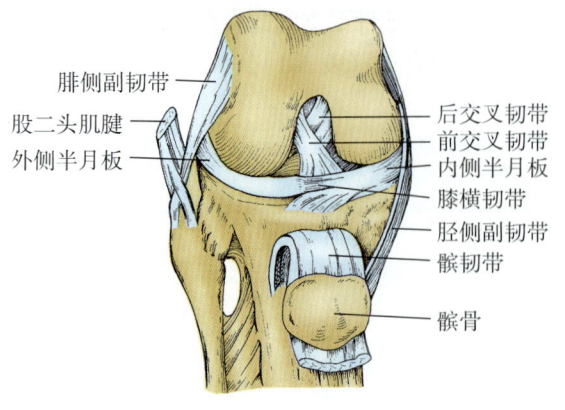

图 5-52 膝关节

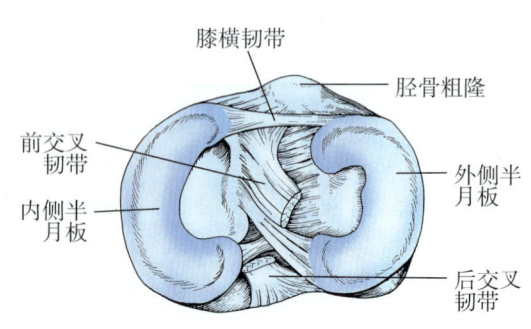

图 5-53 膝关节半月板

呈"O"形。半月板上面微凹，下面平坦，可使两骨的关节面更加适应，从而增加关节的稳固性和灵活性。膝关节可做屈、伸运动。在半屈膝时，还可做轻微的旋转运动。

3. 胫腓连结　腓骨上端与胫骨的腓关节面连结成微动的胫腓关节，胫、腓骨体借骨间膜相连，下端由韧带相连，两骨间活动度极小。

4. 足关节　足关节包括踝关节、跗骨间关节、跗跖关节、跖骨间关节、跖趾关节和趾骨间关节（图5-54）。

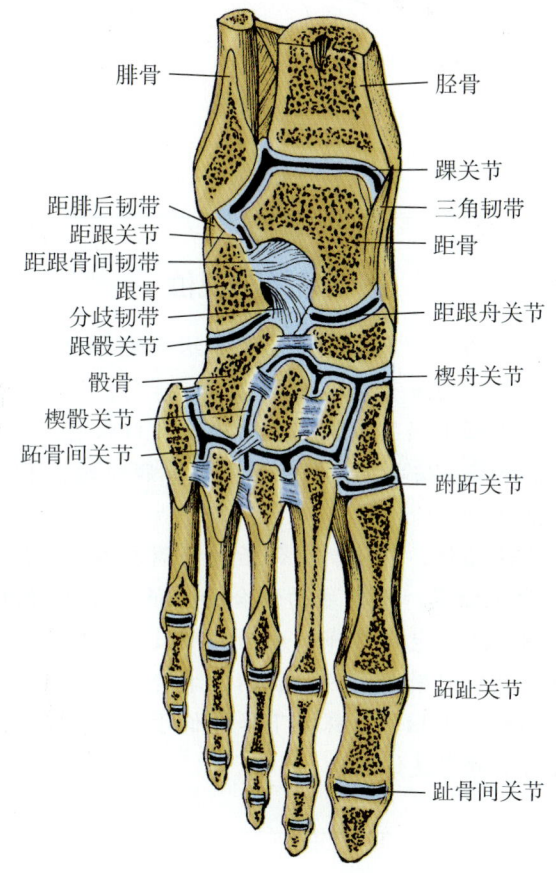

图 5-54　足关节

踝关节（ankle joint）也称**距小腿关节**，由胫、腓骨下端和距骨滑车构成。关节囊前、后壁薄弱而松弛；两侧有韧带加强，其中内侧韧带强大，外侧的韧带较薄弱。踝关节可做背屈（伸）和跖屈（屈）运动。因外踝比内踝低，故踝关节在过度跖屈时，易导致内翻损伤。

5. 足弓　足骨借其连结形成凸向上方的弓，称**足弓**（arch of foot），可分为前、后方向的纵弓和左、右方向的横弓（图5-55）。足弓有弹性，利于行走和跳跃，并有缓冲作用，同时还可保护足底神经、血管免受压迫。当足连结装置发育不良或慢性疲劳引起松弛和损伤时，可致足弓塌陷、足底平坦，压迫足底神经、血管，称扁平足。

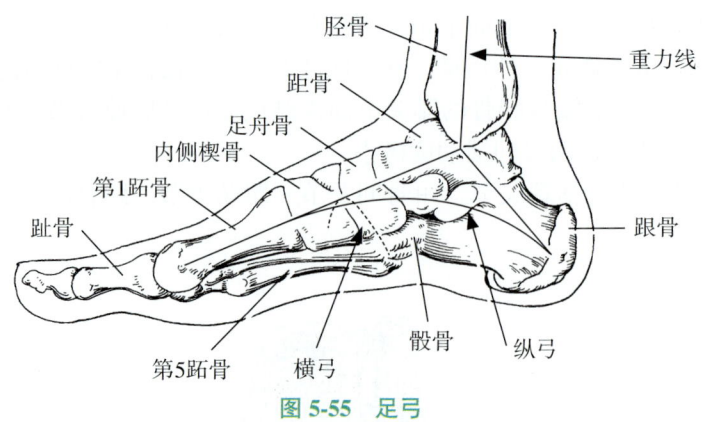

图 5-55　足弓

> **知识链接**
>
> ### 颞下颌关节脱位
>
> 颞下颌关节作张口运动时，下颌头移至关节结节的下方；闭口时，下颌头向后退入下颌窝。由于颞下颌关节的关节囊松弛，前部较薄弱，张口过大时，下颌头易滑至关节结节的前下方，造成颞下颌关节脱位。患者呈开口状态，不能闭口，流涎，进食及说话均困难。耳屏前下陷，按之下颌窝空虚。双侧脱位时，下颌前伸；单侧脱位时，中线偏向健侧，咬合紊乱。
>
> 治疗原则是尽早手法复位，并限制下颌活动两周左右。手法复位的操作方法：患者低位端坐，头靠椅背或墙壁，下颌牙的咬合面应低于手术者两臂下垂时的肘关节。术者站于前方，双手拇指（可包以纱布）向后分别放在两侧下颌磨牙的咬合面上，其余手指握住下颌体部。复位时嘱患者放松肌肉，术者两拇指逐渐用力将下颌骨体后端向下加压，余指将颏部稍向上抬。当髁突下降至低于关节结节平面时，顺势将下颌骨向后推，髁突即可滑回下颌窝复位。

> **案例**
>
> 患者，女，65 岁，在结冰的路面上行走时不慎摔倒，主述髋部疼痛，不敢站立和走路，遂由家属陪同到医院就诊。经查体和 X 线辅助检查，临床诊断为股骨颈骨折。
> 请思考：
>   1. 为什么患者易发生股骨颈骨折？
>   2. 患者会出现哪些临床表现和体征？
>   3. 临床护理过程中的注意事项有哪些？

（纪长伟）

第六章

骨骼肌

记忆
1. 复述全身各部位浅层主要肌的名称；面肌、咀嚼肌、胸锁乳突肌的位置和作用；膈的位置、形态和作用、膈的裂孔及通过的结构；四肢肌的分群和作用；躯干肌的名称、层次和作用。
2. 定义斜角肌间隙、白线、腹直肌鞘、腹股沟管的概念。

理解
解释肌的构造和形态、肌的辅助结构；肌的起止、配布和作用。

人体共有骨骼肌 600 余块，约占体重的 40%，每一块肌都有一定的形态、结构和功能，有丰富的血管，受一定的神经支配，并执行一定的功能。骨骼肌因受意志支配，又称**随意肌**。全身骨骼肌包括头颈肌、躯干肌和四肢肌（上肢肌和下肢肌）。

第一节 概　述

一、肌的形态和构造

肌的外形多种多样，一般可分为四种（图 6-1）。
1. 长肌　呈梭形或带状，多分布于四肢，收缩时可显著缩短而产生大幅度的运动。
2. 短肌　较短小，多分布于躯干深层，有明显的节段性，收缩时运动幅度较小。
3. 扁肌　呈薄片状，多分布于躯干浅部，除运动功能外，还有保护和支持内脏的作用。
4. 轮匝肌　呈环形，多位于孔裂周围，收缩时可关闭孔裂。

骨骼肌由肌腹和肌腱构成。肌腹多位于肌的中部，主要由肌纤维构成，色红柔软，具有收缩和舒张的功能。肌腱位于肌的两端，由胶原纤维束构成，色白强韧，无收缩功能。长肌的腱多呈条索状；扁肌的腱多较宽阔，呈膜状，又称腱膜。

二、肌的起止、配布与作用

肌借两端的腱附着于 2 块及以上的骨，中间跨过 1 个或多个关节。肌收缩时牵引两骨使彼此相对位置发生改变而产生运动。此时，两骨中总有一块骨的位置相对固定，另一骨的位

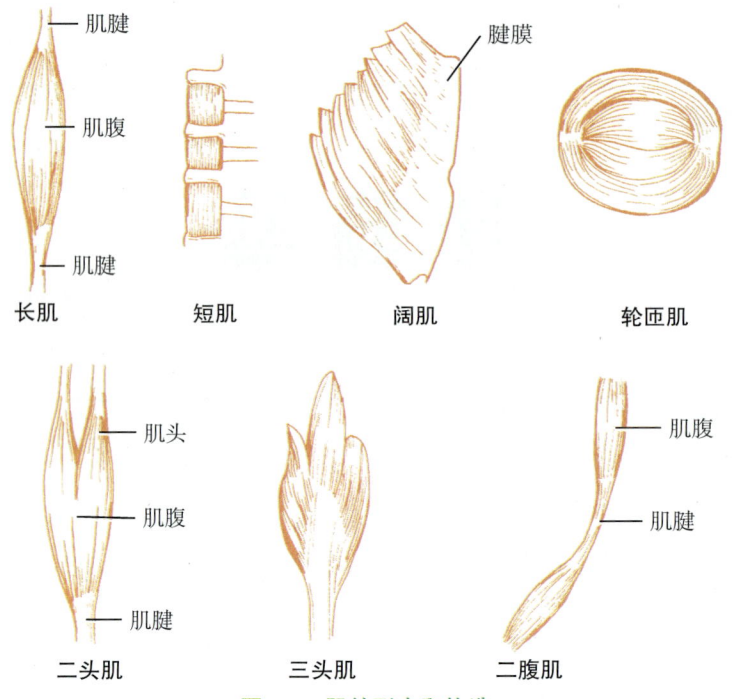

图 6-1 肌的形态和构造

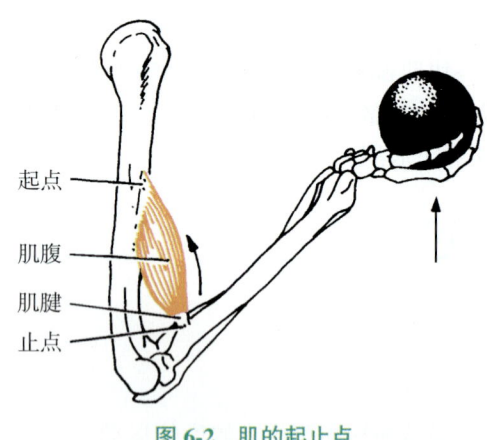

图 6-2 肌的起止点

置相对移动。肌在固定骨上的附着点，称起点或定点；在移动骨上的附着点，称止点或动点（图 6-2）。一般将接近身体正中面或肢体近侧端的肌附着点规定为起点，反之为止点。肌的定点和动点在一定条件下可以互换。

肌大多配布在关节周围，其规律是在一个运动轴的两侧各有一群肌，作用相反，互称拮抗肌；而在运动轴同一侧作用相同或相近的肌，称协同肌。

肌通过收缩与舒张实现其功能，方式有两种：①动力工作，使整个身体或局部产生运动，如行走等；②静力工作，通过少量肌束轮流收缩，保持一定的肌张力，以维持身体的平衡或某种姿势。

三、肌的辅助装置

在肌的周围有辅助装置协助肌的运动，并保护肌、减少运动时的摩擦等，主要有筋膜、滑膜囊和腱鞘。

（一）筋膜

筋膜（fascia）遍布全身，分浅筋膜和深筋膜两种（图 6-3）。

1. 浅筋膜（superficial fascia） 是皮肤深面的疏松结缔组织，也称皮下筋膜或皮下组织，内含脂肪组织、浅血管、淋巴管及神经等。脂肪的多少因人而异，并与性别、部位、营养状况等有关。浅筋膜有维持体温和保护深部结构的作用。

2. **深筋膜**（deep fascia） 位于浅筋膜深面，遍布全身且相互连续，又称固有筋膜，由致密结缔组织构成。深筋膜通常分隔肌群，形成肌间隔；包被血管、神经等形成血管神经鞘；在腕、踝部增厚形成支持带，以约束和支持其深面的肌腱。

（二）滑膜囊

滑膜囊（synovial bursa）为封闭的结缔组织扁囊，壁薄，内含滑液，多位于肌或腱与骨面相接触的部位，起减少摩擦的作用。滑膜囊炎症可影响肢体局部的运动功能。

（三）腱鞘

腱鞘（tendinous sheath）为套在手、足等处长肌腱外面的结缔组织鞘管，分内、外 2 层。外层为纤维层，内层为滑膜层（图 6-4）。滑膜层为双层圆筒形的鞘，内层包在腱的表面，称脏层；外层紧贴于纤维层的内面，称壁层。脏、壁两层相互移行，形成滑膜腔，含有少量滑液。腱鞘有约束肌腱、减少其与骨面摩擦的作用。

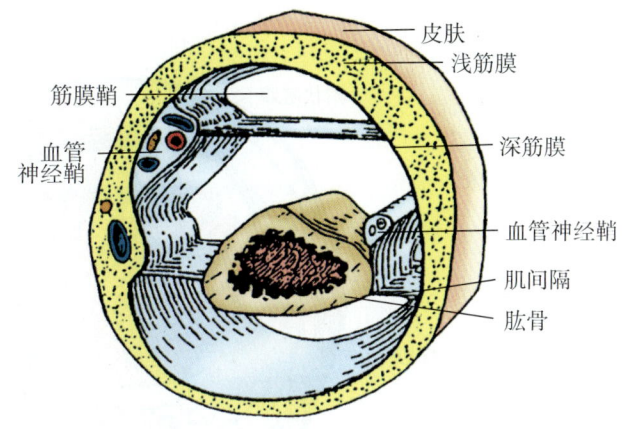

图 6-3 筋膜

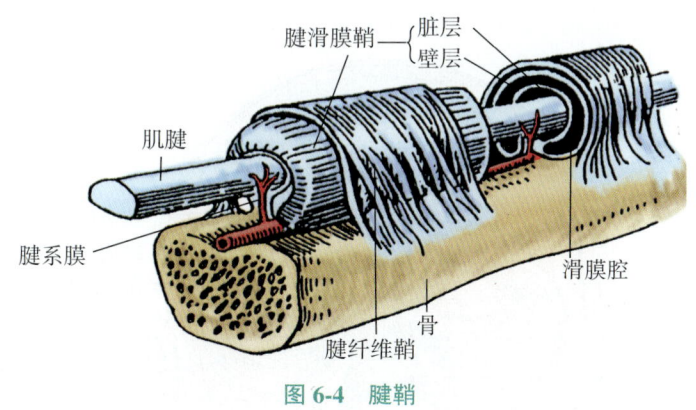

图 6-4 腱鞘

第二节 头 颈 肌

一、头肌

头肌可分为面肌（表情肌）和咀嚼肌两部分（图 6-5，6）。

（一）面肌

面肌位置表浅，为薄层的皮肌，大多起自颅骨，止于面部皮肤。面肌主要分布在颅顶（如枕额肌）、睑裂（如眼轮匝肌）和口裂（如口轮匝肌、颊肌等）周围，呈环形或辐射状排列。作用是开大或闭合相应孔裂，并牵动面部皮肤形成皮纹，从而产生喜、怒、哀、乐等各种表情。

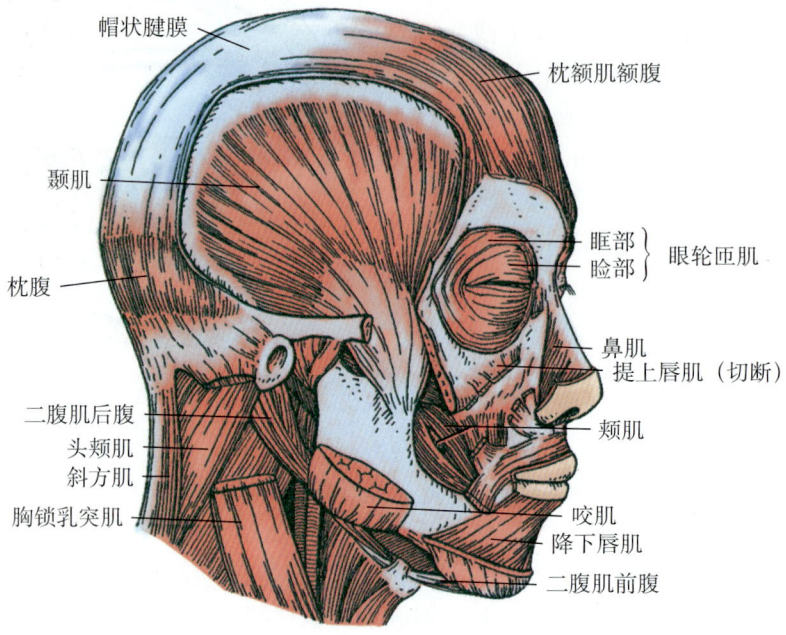

图 6-5　头肌（侧面）

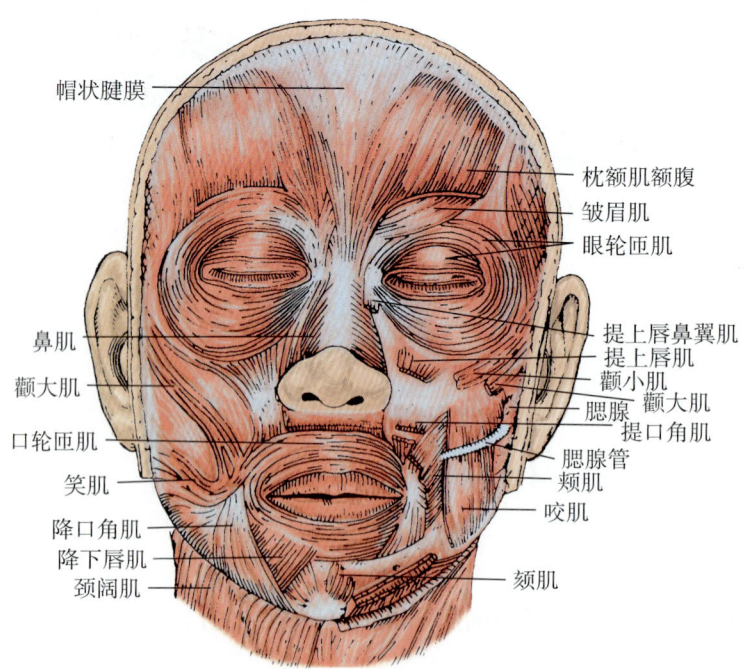

图 6-6　头肌（前面）

（二）咀嚼肌

咀嚼肌配布于颞下颌关节周围，参与咀嚼运动（图6-7）。

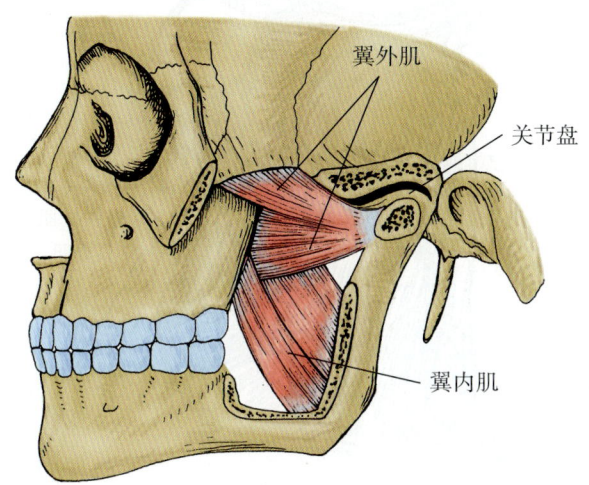

图6-7　翼内肌和翼外肌

1. 咬肌（masseter）　呈长方形，起自颧弓，止于下颌角外侧面。作用是上提下颌骨。
2. 颞肌（temporalis）　呈扇形，起自颞窝，经颧弓深面止于下颌骨冠突。作用是上提下颌骨。
3. 翼外肌（lateral pterygoid）　位于颞下窝，起自蝶骨大翼和翼突，止于下颌颈。双侧收缩时，可牵拉下颌骨向前，协助张口；单侧收缩可使下颌骨向对侧运动。
4. 翼内肌（medial pterygoid）　位于下颌支内侧面，起自蝶骨翼突，止于下颌角内侧面。双侧收缩可上提下颌骨，单侧收缩则使下颌骨向对侧运动。

二、颈肌

颈肌按位置分为颈浅肌和颈外侧肌、颈前肌与颈深肌3群。

（一）颈浅肌和颈外侧肌

1. 颈阔肌（platysma）　位于颈部浅筋膜中，薄而宽阔，亦属表情肌（图6-8）。起自胸大肌和三角肌表面的筋膜，向上止于口角等处。作用是紧张颈部皮肤，并降口角。
2. 胸锁乳突肌（sternocleidomastoid）　斜位于颈部两侧，大部分被颈阔肌覆盖，以两头分别起自胸骨柄前面和锁骨的胸骨端，斜向后上方，止于颞骨乳突（图6-9）。两侧同时收缩可仰头；单侧收缩使头颈向同侧屈，面部转向对侧。

（二）颈前肌

1. 舌骨上肌群　位于舌骨与下颌骨和颅骨之间，参与组成口底。每侧4块，包括二腹肌、茎突舌骨肌、下颌舌骨肌和颏舌骨肌（图6-9，10）。主要作用是上提舌骨，协助吞咽；当舌骨固定时，可下降下颌骨，协助张口。
2. 舌骨下肌群　位于舌骨与胸骨和肩胛骨之间，喉、气管和甲状腺的前方。每侧4块，包括浅层的胸骨舌骨肌和肩胛舌骨肌、深层的胸骨甲状肌和甲状舌骨肌（图6-9）。作用是下降舌骨和喉，参与吞咽运动。

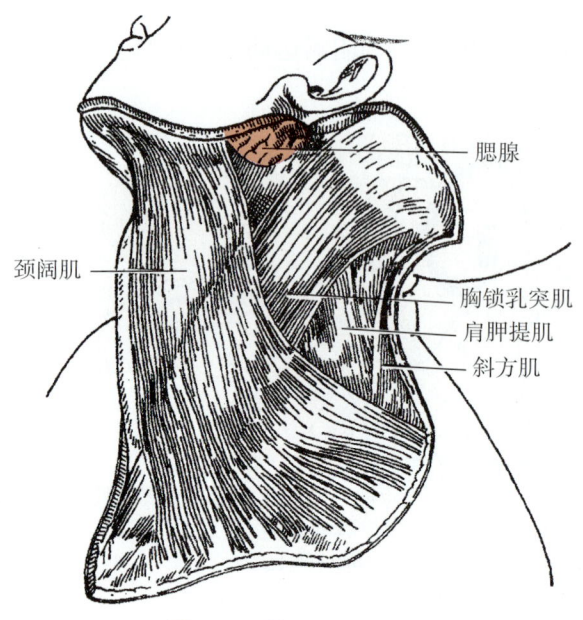

图 6-8 颈阔肌（侧面）

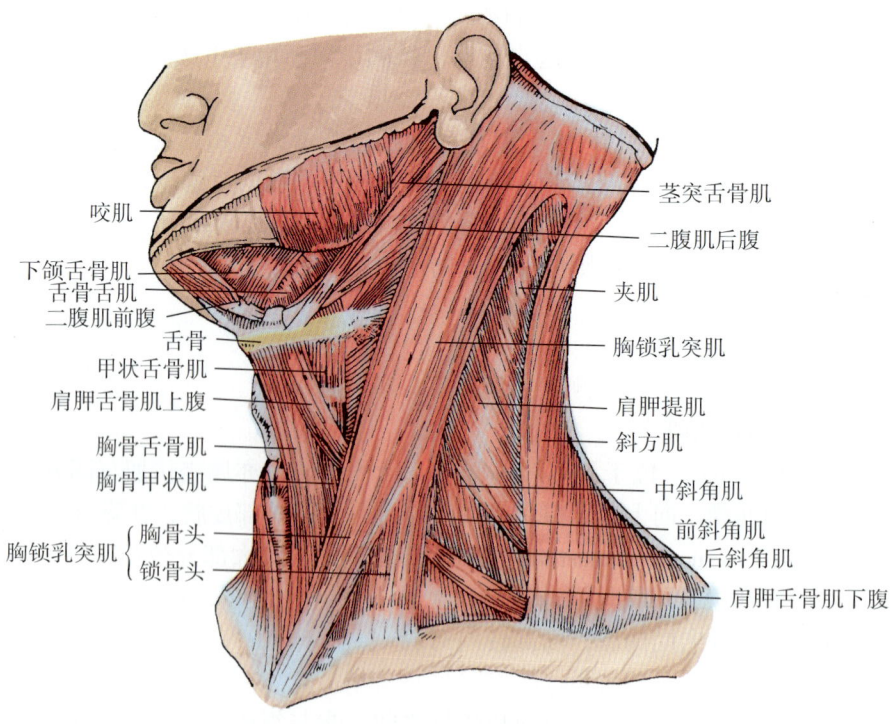

图 6-9 颈肌（侧面）

（三）颈深肌

颈深肌位于脊柱颈部的前方和两侧，分内、外侧两群（图 6-11）。内侧群主要有头长肌和颈长肌，作用是屈头、颈。外侧群由前向后依次有前、中、后斜角肌，均起自颈椎横突，其中前、中斜角肌止于第 1 肋，后斜角肌止于第 2 肋。当胸廓固定时，双侧收缩可使颈前屈；

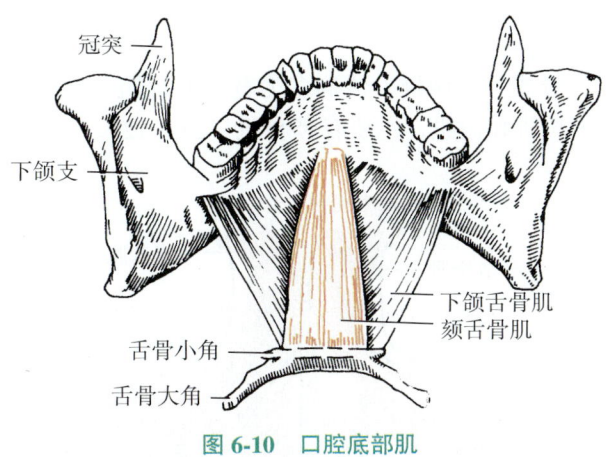

图 6-10　口腔底部肌

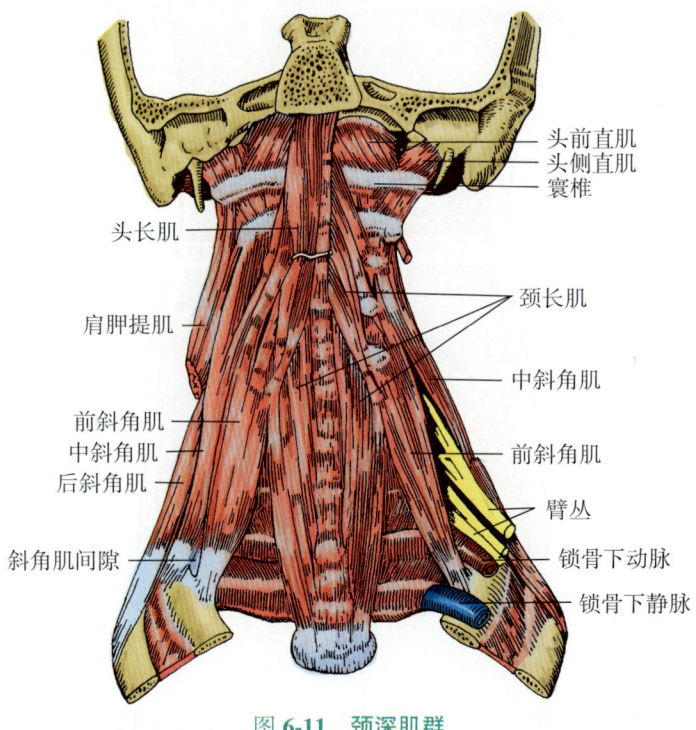

图 6-11　颈深肌群

一侧收缩可使颈向同侧屈；颈椎固定时，可上提肋，助深吸气。

前、中斜角肌与第 1 肋围成一个三角形间隙，称**斜角肌间隙**（scalene fissure），有锁骨下动脉和臂丛通过。

第三节　躯　干　肌

躯干肌按位置可分为背肌、胸肌、膈和腹肌等。

一、背肌

背肌位于躯干后面，分浅、深两群。浅群多为宽大的扁肌，主要有斜方肌、背阔肌、肩胛提肌和菱形肌；深群为长肌和短肌，主要有竖脊肌（图6-12）。

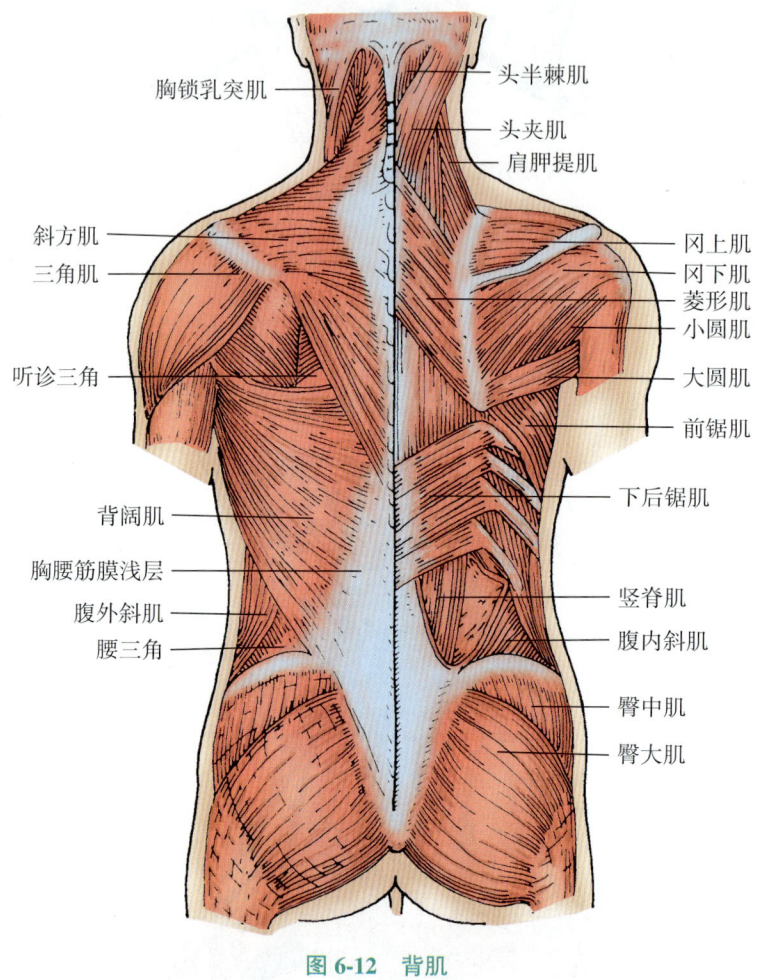

图 6-12　背肌

（一）浅群

1. 斜方肌（trapezius）　位于项、背部浅层，为三角形扁肌，两侧合并呈斜方形。起自上项线、枕外隆凸、项韧带及全部胸椎棘突，止于锁骨外侧 1/3、肩峰和肩胛冈。作用是使肩胛骨向脊柱靠拢；上、下部肌束可分别上提和下降肩胛骨；肩胛骨固定时，双侧收缩可仰头。

2. 背阔肌（latissimus dorsi）　位于背下部和胸的后外侧，为全身最大的扁肌，呈三角形。起自下 6 个胸椎及全部腰椎棘突、骶正中嵴和髂嵴后部，肌束向外上方集中，止于肱骨小结节嵴。作用是使肩关节内收、后伸和旋内；当上肢上举被固定时，可引体向上。

3. 菱形肌　位于斜方肌深面，为菱形扁肌。起自第 6、7 颈椎及上 4 个胸椎棘突，止于肩胛骨内侧缘。作用是牵拉肩胛骨向内上，以靠近脊柱。

4. 肩胛提肌　位于斜方肌深面，呈带状。起自上位颈椎横突，止于肩胛骨上角。作用是上提肩胛骨；如肩胛骨固定，可使颈向同侧屈。

（二）深群

竖脊肌（erector spinae）又称骶棘肌，为背肌中最长、最大的肌，纵列于棘突两侧的沟内。起自骶骨背面与髂嵴后部，向上沿途止于各椎骨棘突、横突和肋骨，最后止于颞骨乳突。作用是使脊柱后伸和仰头，单侧收缩使脊柱侧屈。

二、胸肌

胸肌可分为胸上肢肌和胸固有肌。

（一）胸上肢肌

胸上肢肌均起自胸廓外面，止于上肢骨，包括胸大肌、胸小肌和前锯肌。

1. **胸大肌**（pectoralis major） 位于胸廓前上部，呈宽而厚的扇形。起自锁骨内侧半、胸骨和第1~6肋软骨等处，向外以扁腱止于肱骨大结节嵴。作用是使肩关节内收、旋内和前屈；上肢上举固定时，可上提躯干；也可提肋助吸气（图6-13）。

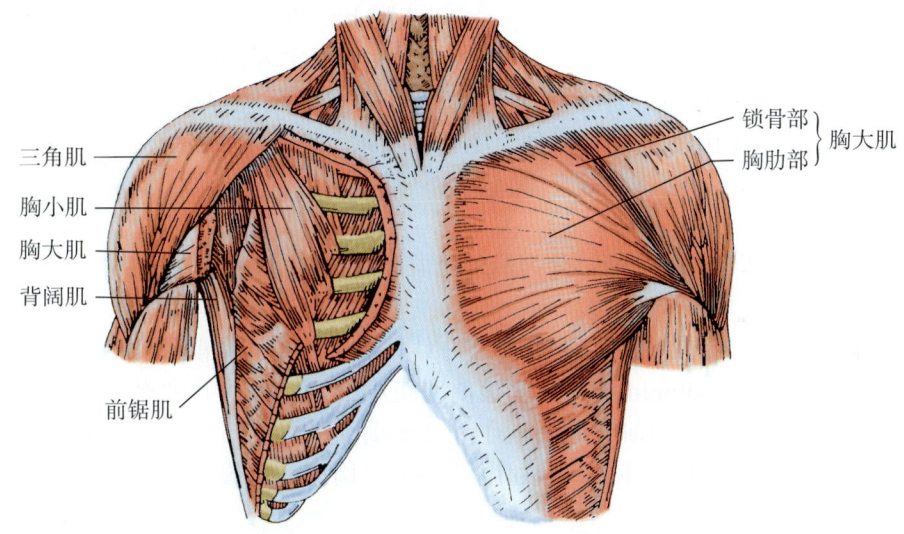

图 6-13　胸肌

2. **胸小肌**　位于胸大肌深面，起自第3~5肋，止于肩胛骨喙突。作用是拉肩胛骨向前下方；肩胛骨固定时，可提肋助吸气（图6-13）。

3. **前锯肌**　位于胸廓侧壁，以肌齿起自上位8~9肋的外面，止于肩胛骨内侧缘和下角。作用是拉肩胛骨向前紧贴胸廓背面；下部肌束可使肩胛骨下角向外，助臂上举；当肩胛骨固定时，可提肋助深吸气（图6-14）。

（二）胸固有肌

胸固有肌参与构成胸壁，包括肋间外肌、肋间内肌和肋间最内肌（图6-14）。

1. **肋间外肌**　起自上位肋的下缘，肌束斜向前下，止于下位肋的上缘。作用是提肋助吸气。

2. **肋间内肌和肋间最内肌**　均起自下位肋的上缘，肌束斜向内上，止于上位肋的下缘。作用是降肋助呼气。

三、膈

膈（diaphragm）为一向上膨隆呈穹隆状的宽阔扁肌，位于胸、腹腔之间，构成胸腔的底和腹腔的顶。其周边为肌性部，起自胸廓下口的周缘和腰椎前面，按附着位置分为胸骨部、肋部和腰部，各部肌束向中央集中移行为腱性部，称**中心腱**（图6-15）。

膈有3个裂孔：①主动脉裂孔，位于第12胸椎前方，有主动脉和胸导管通过；②食管裂孔，位于主动脉裂孔的左前上方，约平第10胸椎，有食管和迷走神经通过；③腔静脉孔，位于食管裂孔右前上方的中心腱上，约平第8胸椎，有下腔静脉通过。

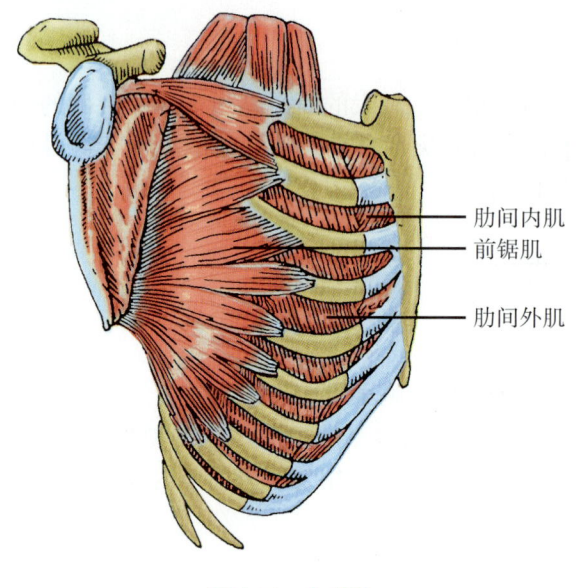

图 6-14　前锯肌

膈为主要的呼吸肌。收缩时，膈穹隆下降，胸腔容积扩大，助吸气；舒张时，膈穹隆上升复位，胸腔容积减小，助呼气。膈与腹肌联合收缩，能增加腹内压，可协助排便、呕吐、咳嗽、喷嚏、分娩等活动。

四、腹肌

腹肌介于胸廓下部与骨盆之间，分为前外侧群和后群（图6-15，16）。

（一）前外侧群

前外侧群构成腹腔的前外侧壁，包括位于中线两侧的腹直肌和前外侧的3层扁肌。

1. 腹直肌（rectus abdominis）　位于腹前壁正中线两侧的腹直肌鞘内，为上宽下窄的带状多腹肌。起自耻骨联合与耻骨嵴，向上止于胸骨剑突及第5～7肋软骨前面，全长被3～4条横行的腱划分成多个肌腹。腱划由结缔组织构成，与腹直肌鞘前层紧密结合（图6-18）。

2. 腹外斜肌（obliquus externus abdominis）　位于最浅层，为宽阔扁肌。以8个肌齿起自下位8个肋的外面，肌束斜向前内下方，小部分止于髂嵴，大部分至腹直肌外侧缘移行为腹外斜肌腱膜，并向内包绕腹直肌构成腹直肌鞘的前层，终于**白线**。腱膜的下缘卷曲增厚，连于髂前上棘和耻骨结节间，形成腹股沟韧带。在耻骨结节外上方，腱膜上有一三角形裂隙，称**腹股沟管皮下环**（浅环）。

3. 腹内斜肌（obliquus internus abdominis）　位于腹外斜肌深面。起自胸腰筋膜、髂嵴和腹股沟韧带外侧1/2，肌束呈扇形展开，至腹直肌外侧缘移行为腹内斜肌腱膜，分前、后两层包绕腹直肌，参与形成腹直肌鞘，终于白线。该肌下部肌束呈弓状跨过精索后延续为腱膜，与深层的腹横肌腱膜共同构成**腹股沟镰**（联合腱），止于耻骨梳。

4. 腹横肌（transverses abdominis）　位于腹内斜肌深面。起自下位6个肋的内面、胸腰筋膜、髂嵴和腹股沟韧带外侧1/3，肌束横行向内，至腹直肌外侧缘移行为腹横肌腱膜，参与构成腹直肌鞘的后层，终于白线。该肌除其腱膜下缘参与构成腹股沟镰外，还与腹内斜肌共同发出少量肌束包绕精索和睾丸，形成提睾肌。

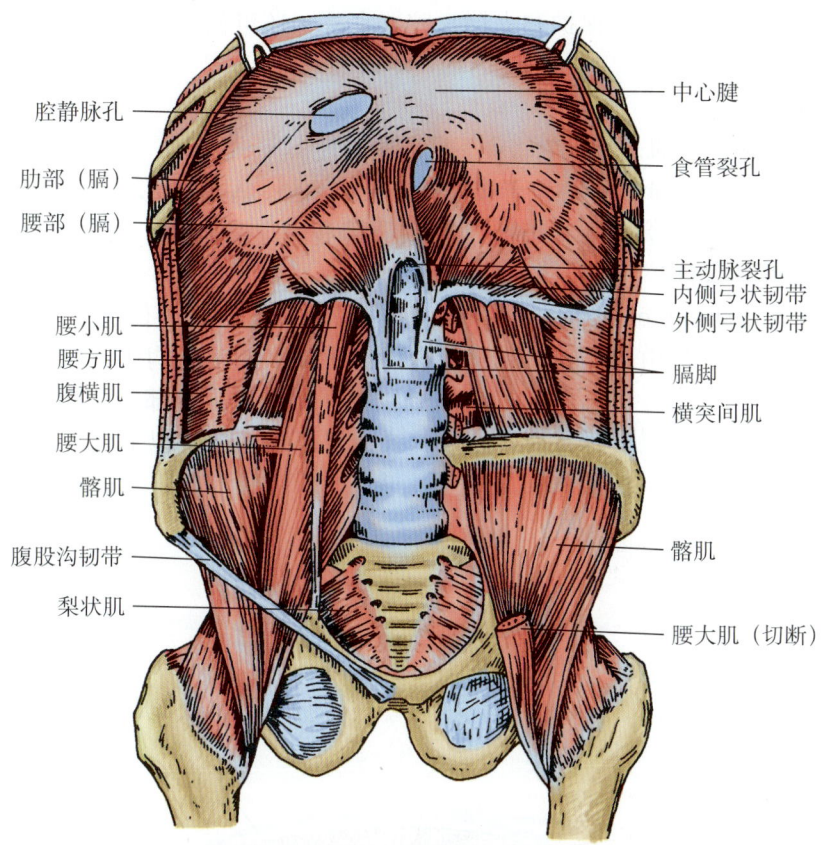

图 6-15 膈及腹后壁肌

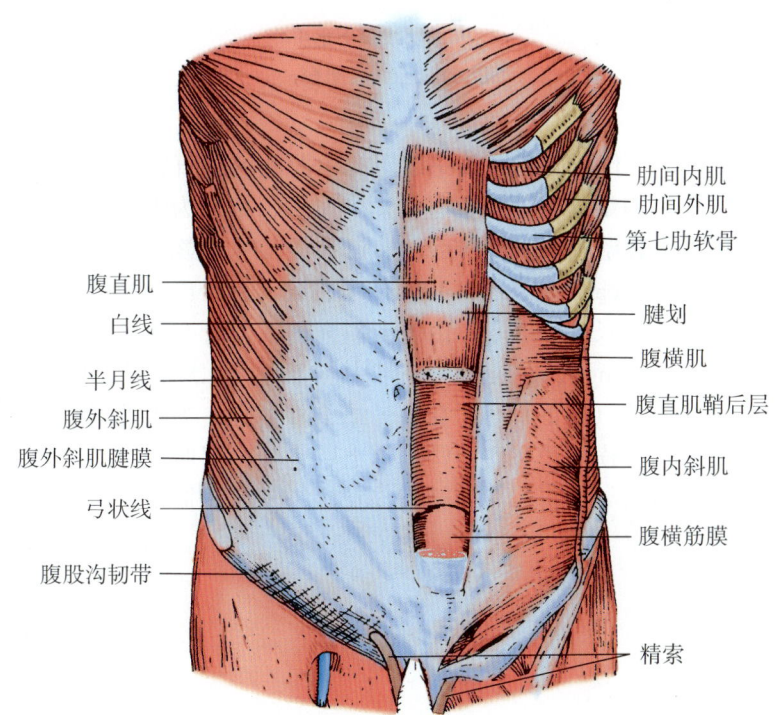

图 6-16 腹前壁肌

前外侧群肌除构成腹壁、保护和支持腹腔器官外，还可使躯干作前屈、侧屈和旋转等运动。

（二）后群

后群有腰大肌和腰方肌。腰大肌将在下肢肌中叙述。

腰方肌（quadratus lumborum）位于腹后壁、腰椎两侧，呈长方形。起自髂嵴后部，止于第12肋和第1~4腰椎横突（图6-15）。作用是下降和固定第12肋，并使脊柱腰部侧屈。

（三）腹壁的肌间结构

1. 腹直肌鞘（sheath of rectus abdominis）（图6-17）由腹外侧壁3层阔肌的腱膜构成，分前、后两层；前层由腹外斜肌腱膜与腹内斜肌腱膜的前层构成；后层由腹内斜肌腱膜后层和腹横肌腱膜构成。在脐下4~5cm处以下，鞘的后层全部转至腹直肌的前面，后层缺如，这样腹直肌鞘后层下缘游离，称弓状线或半环线，此线以下腹直肌后面直接与腹横筋膜相贴。

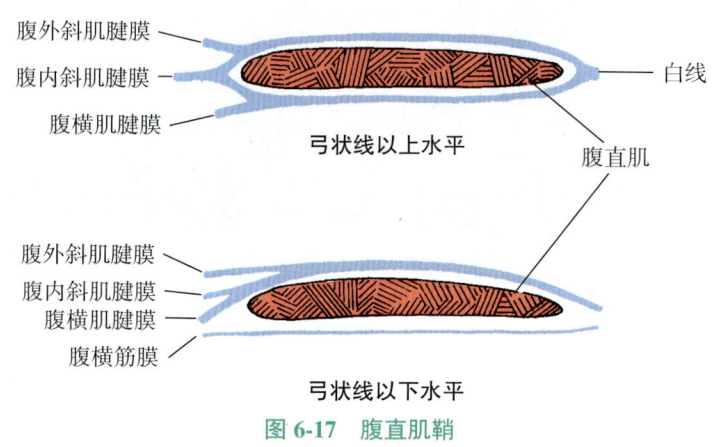

图6-17 腹直肌鞘

2. 白线（linea alba）位于腹前壁正中线上，由两侧的腹直肌鞘纤维相互交织而成，张于剑突与耻骨联合之间。白线上宽下窄，坚韧而少血管，常作为腹部手术入路。白线中部在脐周围形成脐环，此处为腹壁的一个薄弱点，如腹腔器官由此膨出，即形成脐疝。

3. 腹股沟管（inguinal canal）（图6-18）位于腹股沟韧带内侧半的上方，为腹前壁下部肌和腱膜之间的潜在裂隙，长4~5cm，由外上斜向内下。管有两口四壁。内口称**腹股沟管深（腹）环**（deep inguinal ring），在腹股沟韧带中点上方约1.5cm处，由腹横筋膜向外形成的凸口；外口称腹股沟管浅（皮下）环，在耻骨结节外上方，为腹外斜肌腱膜的裂孔；前壁为腹外斜肌腱膜，后壁为腹横筋膜和腹股沟镰，上壁为腹内斜肌和腹横肌的弓状下缘，下壁为腹股沟韧带。管内通过的结构：男性为精索，女性为子宫圆韧带。腹股沟管是腹壁的薄弱区，是疝的好发部位。

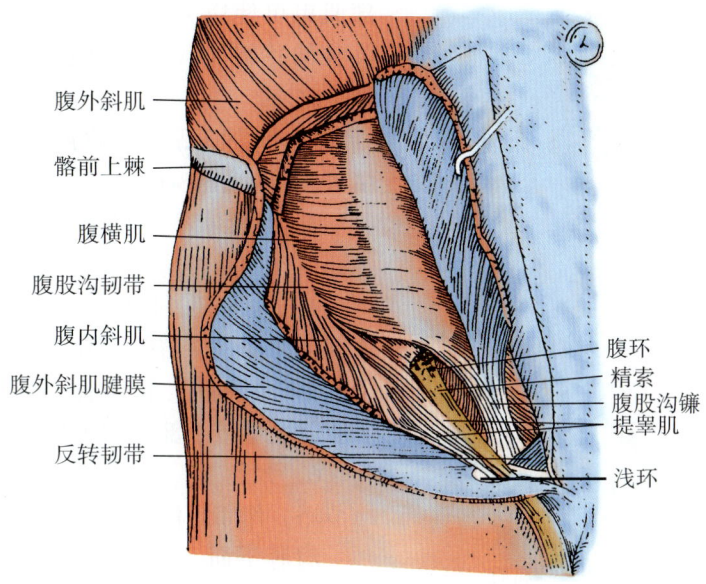

图 6-18 腹股沟管

第四节 上 肢 肌

上肢肌按部位可分为上肢带肌、臂肌、前臂肌和手肌。

一、上肢带肌

肩肌配布于肩关节周围，均起自上肢带骨，越过肩关节，止于肱骨上端，有稳定和运动肩关节的作用，共6块（图6-19）。

1. 三角肌（deltoid） 位于肩部外侧，呈三角形。起自锁骨外侧段、肩峰和肩胛冈，肌束从前、后、外侧3面包围肩关节，向下止于肱骨三角肌粗隆。主要作用是外展肩关节；前

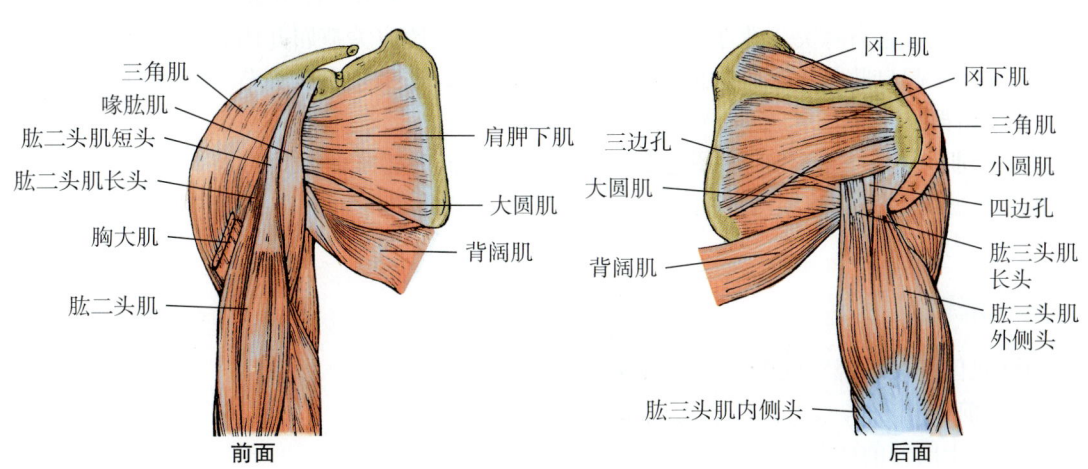

图 6-19 上肢带肌

部肌束可使肩关节屈并旋内，后部肌束则使肩关节伸并旋外。该肌为临床上肌内注射的常用部位之一。

2. 肩胛下肌 起自肩胛下窝，止于肱骨小结节。作用是使肩关节内收和旋内。

3. 冈上肌 起自冈上窝，止于肱骨大结节上部。作用是使肩关节外展。

4. 冈下肌 起自冈下窝，止于肱骨大结节中部。作用是使肩关节旋外。

5. 小圆肌 起自肩胛骨外侧缘上2/3，止于肱骨大结节下部。作用是使肩关节旋外。

6. 大圆肌 起自肩胛骨下角，止于肱骨小结节嵴。作用是使肩关节内收、后伸、旋内。

肩胛下肌、冈上肌、冈下肌和小圆肌在经过肩关节前方、上方和后方时，有许多腱纤维编入关节囊壁（形成"肌腱袖"），对加固肩关节起重要作用。

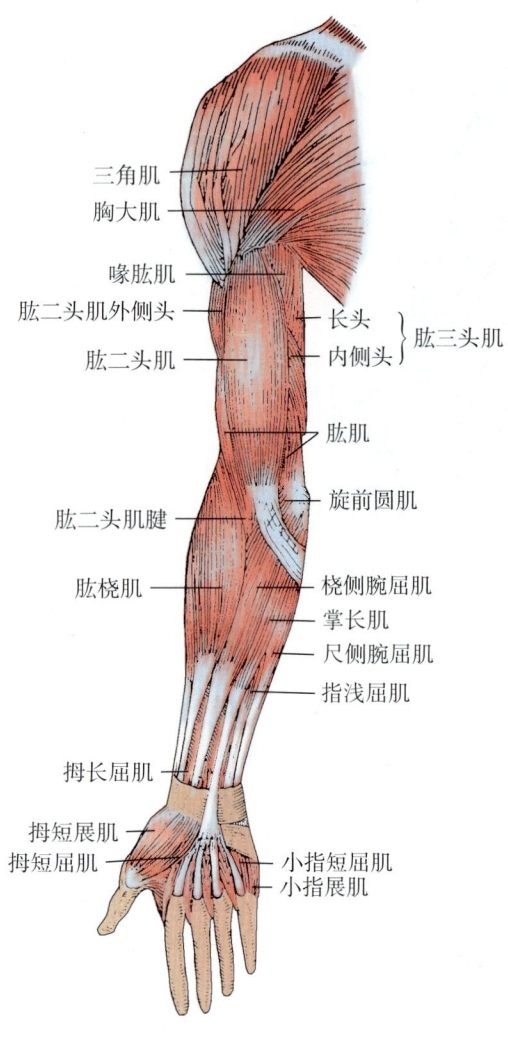

图 6-20 上肢浅层肌（前面）

二、臂肌

臂肌位于肱骨周围，分前、后2群，前群主要为屈肌，后群为伸肌。

（一）前群

前群位于肱骨前方。

1. 肱二头肌（biceps brachii） 以长、短两头分别起自肩胛骨的盂上结节和喙突，向下止于桡骨粗隆，作用是屈肘关节，并使前臂旋后，亦可协助屈肩关节（图6-20）。

2. 喙肱肌 起自喙突，止于肱骨中部内侧，作用是使肩关节屈并内收。

3. 肱肌 起自肱骨体下半的前面，止于尺骨粗隆，作用是屈肘关节（图6-21）。

（二）后群

肱三头肌（triceps brachii）（图6-22）有3个头，长头起自肩胛骨的盂下结节，内、外侧头分别起自肱骨后面桡神经沟的内下方和外上方，止于尺骨鹰嘴。作用是伸肘关节，长头可伸肩关节并内收。

三、前臂肌

前臂肌位于尺、桡骨周围，分前群和后群。

（一）前群

前群位于前臂前面和内侧，共9块，分为浅至深分3层。

1. 浅层（图6-20） 有5块。由桡侧向尺侧依次为肱桡肌、旋前圆肌、桡侧腕屈肌、掌长肌和尺侧腕屈肌。除肱桡肌起于肱骨外上髁上方外，其余均起于肱骨内上髁，多以长腱下

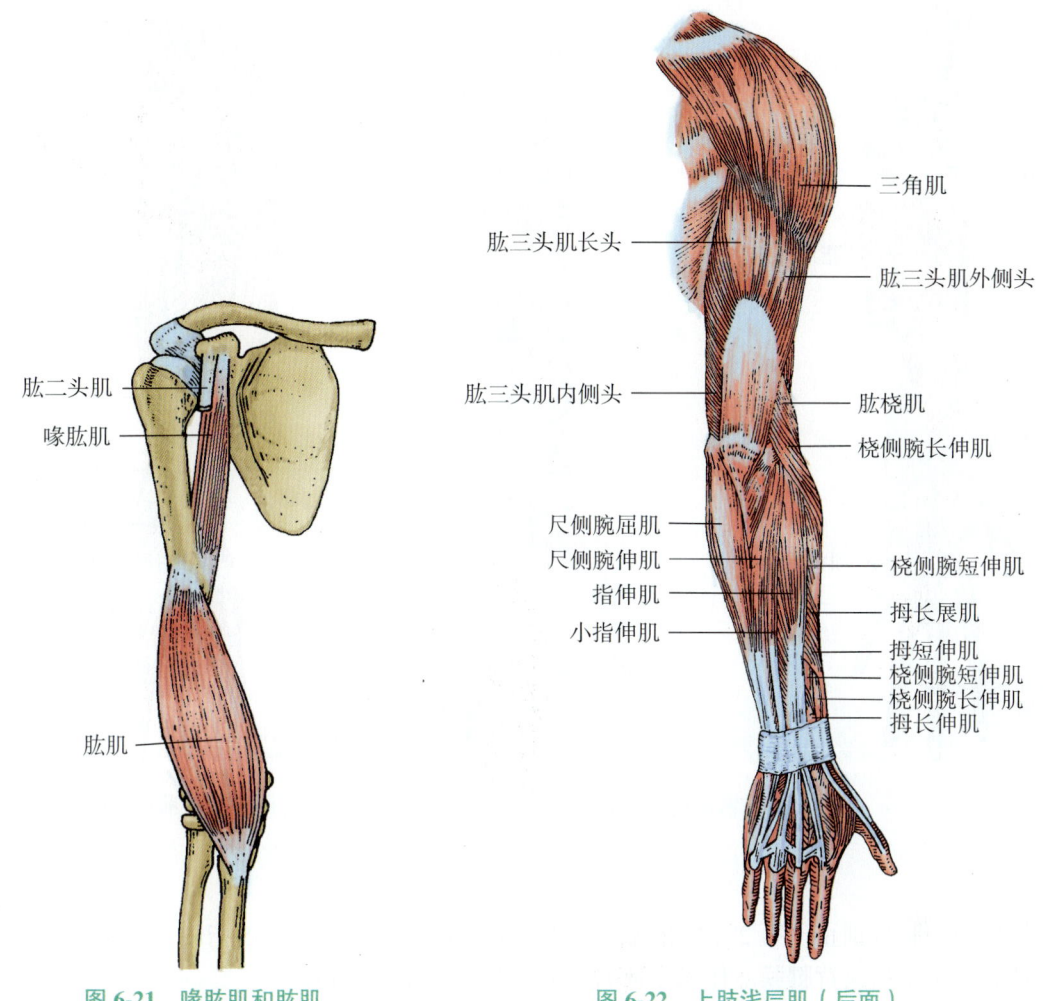

图 6-21　喙肱肌和肱肌　　　　图 6-22　上肢浅层肌（后面）

行，依次分别止于桡骨茎突、桡骨中部外侧面、掌骨、掌腱膜（手掌深筋膜）和腕骨。肱桡肌可屈肘；掌长肌能屈腕；另三块肌作用与名称同。

2. 中层（图 6-23）　只有 1 块肌，即指浅屈肌。起于肱骨内上髁及尺、桡骨前面，肌腹向下移行为 4 条肌腱，经腕管（由腕骨沟及架于其上的韧带构成）至手掌，分别止于第 2～5 指中节指骨体的两侧。作用为屈肘、屈腕、屈第 2～5 指掌指关节及近侧指骨间关节。

3. 深层（图 6-23）　3 块肌，位于尺侧半的是指深屈肌，位于桡侧半的是拇长屈肌，两肌均起于前臂骨前面和骨间膜，通过腕管，后者止于拇指远节指骨，作用为屈拇指；前者向下分为 4 个腱，分别止于第 2～5 指远节指骨，作用为屈第 2～5 指，并兼有屈腕和屈掌指关节的作用。在上述两肌的深面，还有一块薄而方形的旋前方肌，位于尺、桡骨远段前面，起于尺骨止于桡骨，可使前臂旋前。

（二）后群

后群位于前臂后面，共 10 块，也分为浅、深两层。

1. 浅层（图 6-22）　有 5 块，由桡侧向尺侧依次为桡侧腕长伸肌、桡侧腕短伸肌、指伸肌、小指伸肌和尺侧腕伸肌。5 块肌共同起自肱骨外上髁，其中桡侧腕长伸肌、桡侧腕短伸

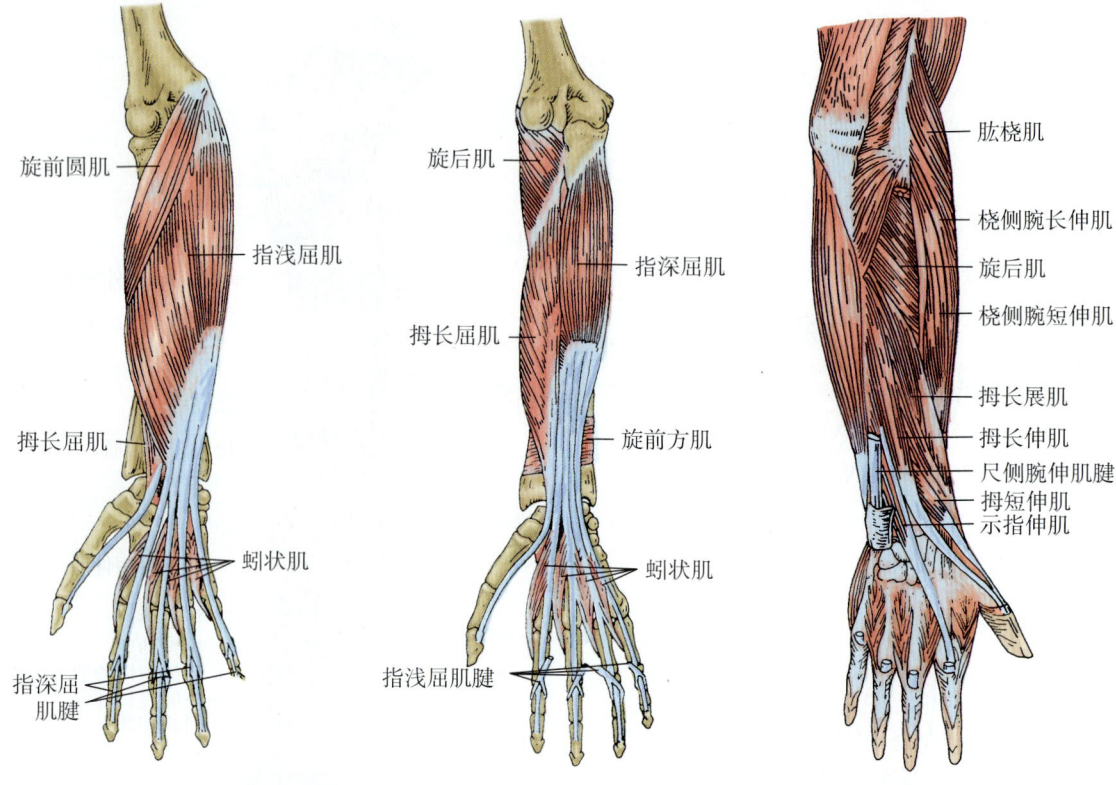

图 6-23 前臂前群深层肌　　　图 6-24 前臂后群深层肌

肌、尺侧腕伸肌分别止于第 2、3、5 掌骨底背面；指伸肌止于第 2～5 指中、远节指骨背面；小指伸肌止于小指指背腱膜。作用是伸肘、伸腕和伸第 2～5 指。

2. 深层（图 6-24） 有 5 块，由近侧向远侧依次为旋后肌、拇长展肌、拇短伸肌、拇长伸肌和示指伸肌。除旋后肌起自肱骨外上髁止于桡骨前面外，其余 4 块肌均起自尺、桡骨后面，分别止于拇指和示指。旋后肌使前臂旋后，其余各肌作用同其名。

四、手肌

手肌是一些短小的肌，集中配布于手的掌面，主要运动手指，分为外侧群、内侧群和中间群（图 6-25，26）。

1. 外侧群　在拇指侧形成一个隆起，称为鱼际，共 4 块肌，浅层外侧为拇短展肌，内侧为拇短屈肌；深层外侧为拇对掌肌，内侧为拇收肌。各肌作用与名称一致。

2. 内侧群　在小指侧也形成一个隆起，叫小鱼际，为 3 块小肌，浅层内侧为小指展肌，外侧为小指短屈肌；深层为小指对掌肌。各肌作用与名称一致。

3. 中间群　位于手掌中间部分，共 11 块小肌。蚓状肌 4 块，可屈第 2～5 掌指关节、伸指间关节；骨间掌侧肌 3 块，可使第 2、4、5 指内收（向中指靠拢）；骨间背侧肌 4 块，可使第 2、4 指外展（远离中指）。

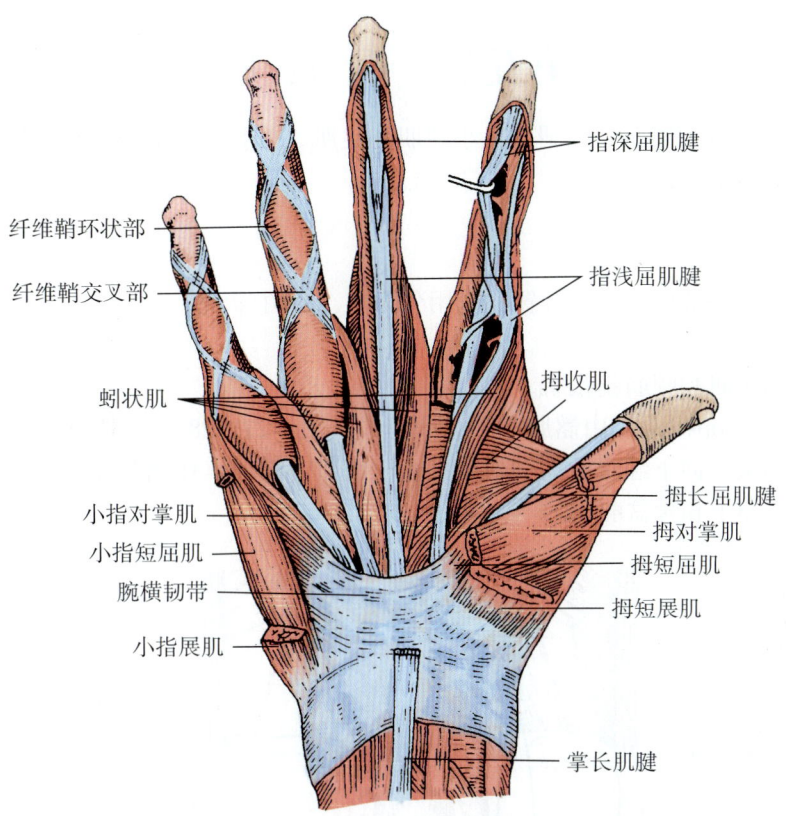

图 6-25 手肌（前面观）

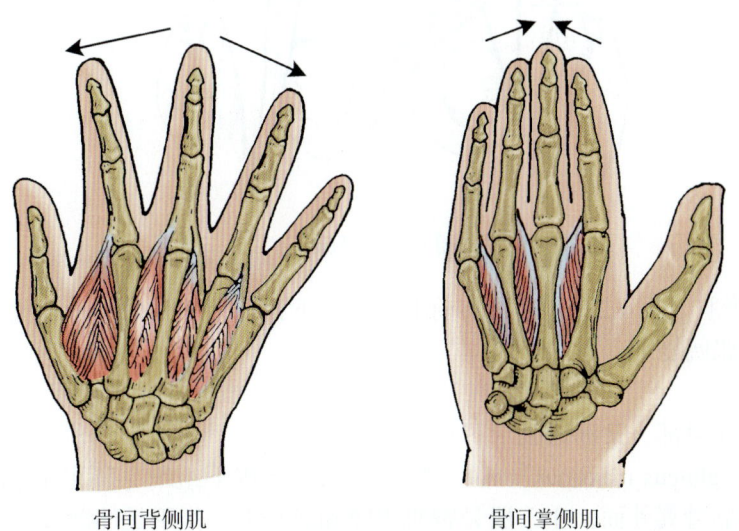

图 6-26 骨间肌及其作用示意图

第五节 下 肢 肌

下肢肌按部位分为髋肌、大腿肌、小腿肌和足肌。下肢肌比上肢肌粗壮强大，这与维持直立姿势、支持体重和行走有关。

一、髋肌

髋肌配布于髋关节周围，按位置和作用分为前、后两群。

（一）前群

前群包括髂腰肌和阔筋膜张肌。

1. 髂腰肌（iliopsoas） 由髂肌和腰大肌组成（图 6-27，28），前者起自髂窝，后者起自腰椎体侧面和横突，向下经腹股沟韧带深面止于股骨小转子。作用是屈髋关节并旋外；当下肢固定时，可使躯干和骨盆前屈。

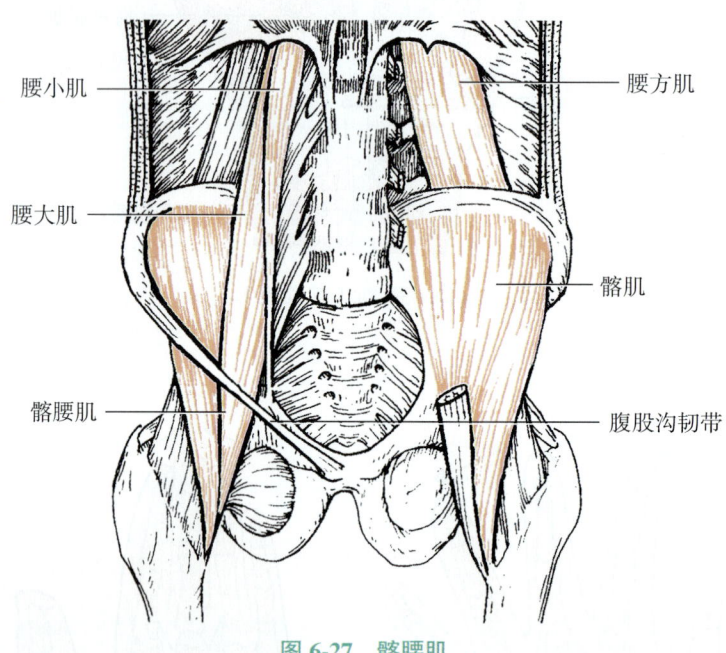

图 6-27 髂腰肌

2. 阔筋膜张肌（图 6-28） 起自髂前上棘，向下移行为髂胫束，止于股骨外上髁。作用是屈髋关节并紧张阔筋膜。

（二）后群

后群主要位于臀部，又称臀肌（图 6-29，30，31）。

1. 臀大肌（gluteus maximus） 位于臀部浅层，与皮下组织共同形成特有的臀部隆起。起自骶骨背面和髂骨翼外面，止于股骨臀肌粗隆和髂胫束。作用是伸髋关节并旋外。此肌外上部为肌内注射的常用部位之一。

2. 臀中肌和臀小肌 均起自髂骨翼外面，止于股骨大转子。作用是外展髋关节。

3. 梨状肌（piriformis） 起自骶骨前面，向外穿坐骨大孔止于股骨大转子。作用是使髋关节旋外。此肌将坐骨大孔分隔成梨状肌上孔和梨状肌下孔，孔内有血管和神经通过。

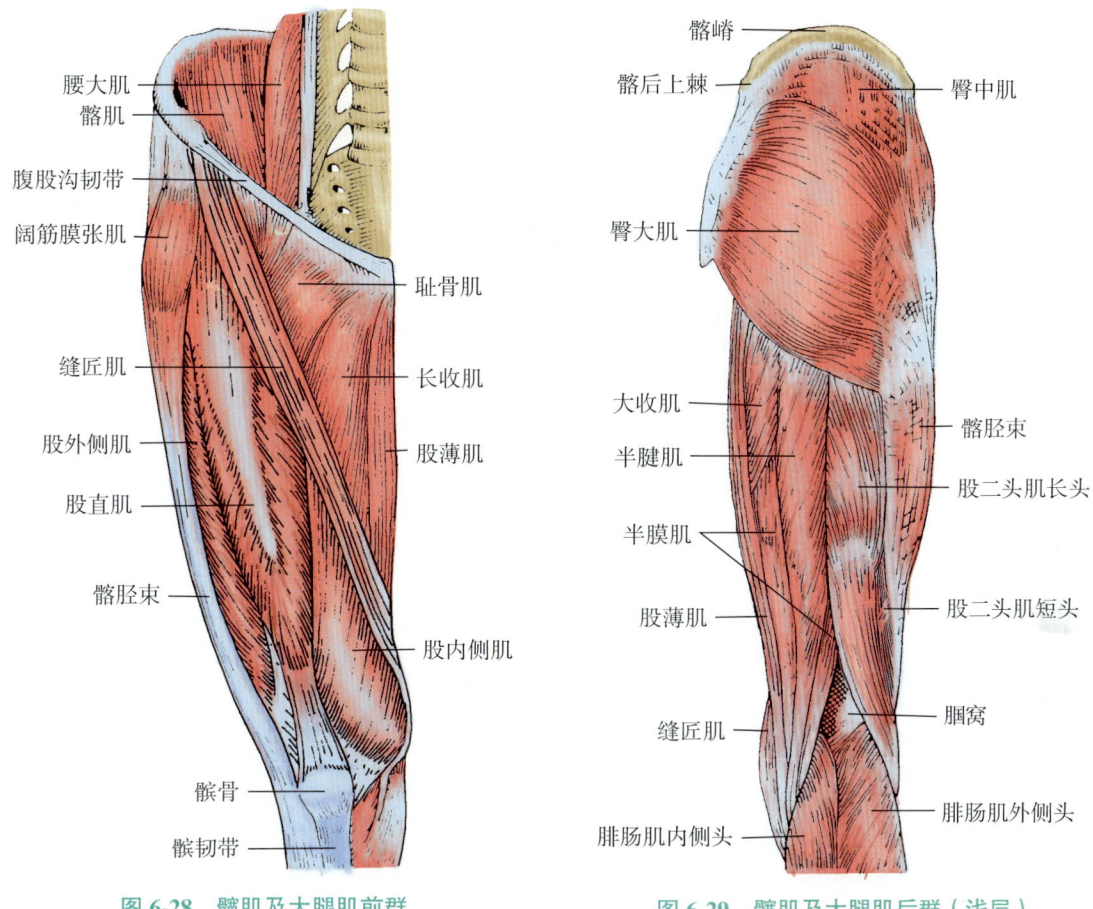

图 6-28　髋肌及大腿肌前群　　　　图 6-29　髋肌及大腿肌后群（浅层）

二、大腿肌

大腿肌位于股骨周围，分为前群、后群和内侧群。

（一）前群

前群位于大腿前面（图 6-28）。

1. 缝匠肌（sartorius）　全身最长的肌，呈扁带状，起自髂前上棘，斜向内下方，止于胫骨上端内侧面。作用是屈髋关节和膝关节。

2. 股四头肌（quadriceps femoris）　全身最强大的骨骼肌，以 4 个头起始，分别称股直肌、股内侧肌、股外侧肌和股中间肌。除股直肌起自髂前下棘外，其余 3 头分别起自股骨粗线和前面，向下移行为股四头肌腱，包绕髌骨后延续为髌韧带，止于胫骨粗隆。主要作用是伸膝关节，股直肌还可屈髋关节。

（二）内侧群

内侧群位于大腿内侧，也称内收肌群，共 5 块（图 6-32）。股薄肌位于最内侧，其余 4 块肌分 3 层排列。浅层的外侧为耻骨肌、内侧为长收肌；中层为短收肌；深层为大收肌。各肌均起自耻骨支和坐骨支，除股薄肌止于胫骨上端内侧面外，其余各肌均止于股骨粗线。主要作用是内收髋关节，并略旋外。

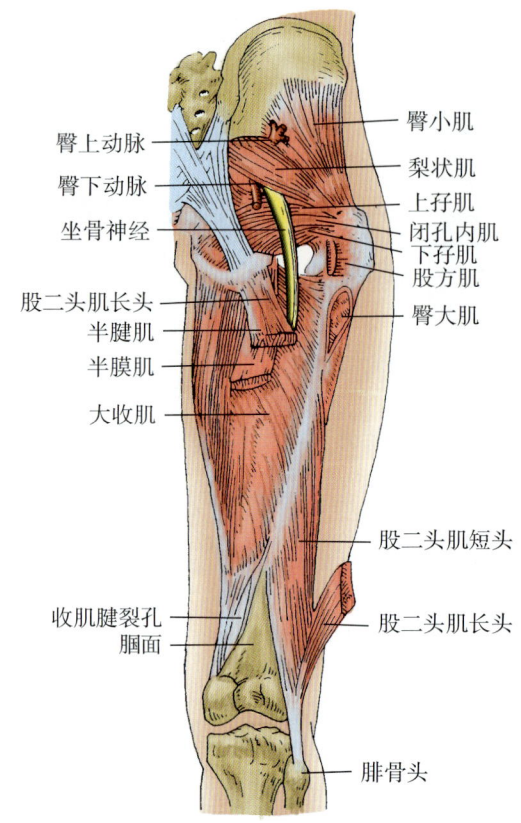

图 6-30　髋肌及大腿肌后群（深层）

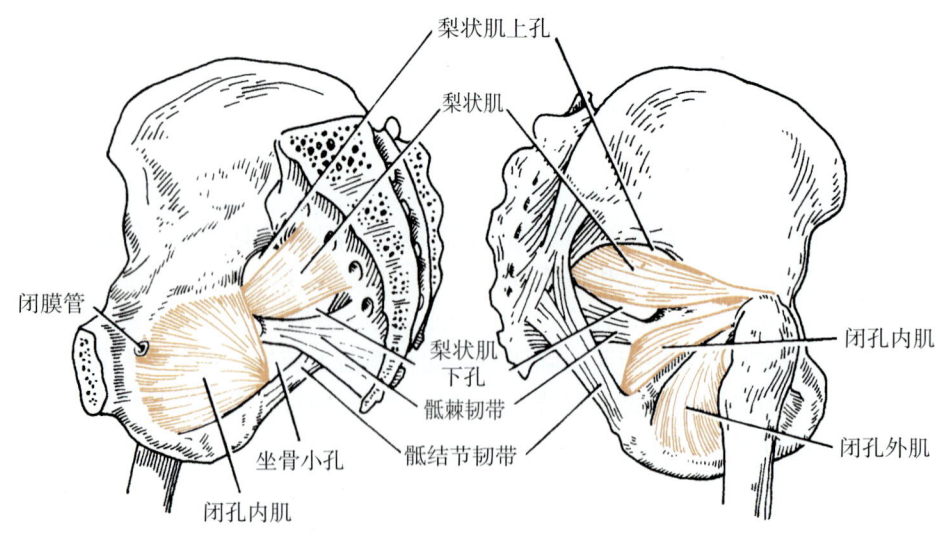

图 6-31　梨状肌和闭孔内、外肌

(三)后群

后群位于大腿后面,包括 3 块肌(图 6-29,30)。

1. 股二头肌(biceps femoris) 长头起自坐骨结节、短头起自股骨粗线,止于腓骨头,作用是伸髋关节、屈膝关节;半屈膝时,可使小腿旋外。

2. 半腱肌和半膜肌 均起自坐骨结节,向下分别止于胫骨上端内侧面和胫骨内侧髁后面。作用是伸髋关节、屈膝关节;半屈膝时,可使小腿旋内。

三、小腿肌

小腿肌位于胫、腓骨周围,分为前群、后群和外侧群。

(一)前群

前群肌 3 块(图 6-33),位于小腿前面,由胫侧向腓侧依次为胫骨前肌、姆长伸肌和趾长伸肌。三肌均起于胫、腓骨上端及骨间膜,下行至足背,胫骨前肌绕足内侧止于内侧楔骨和第 1 跖骨底,使足背屈和内翻;姆长伸肌止于姆指远节趾骨,趾长伸肌分为四条长腱止于第 2~5 趾,此两肌作用与名称同,并可使足背屈。

(二)外侧群

位于腓骨外侧(图 6-33)。有浅层的腓骨长肌和深层的腓骨短肌。两肌均起自腓骨外侧面,向下移行为长腱,经外踝后方至足底,腓骨长肌腱斜向前内,止于内侧楔骨和第 1 跖骨底,腓骨短肌止于第 5 跖骨粗隆。两者均使足跖屈和外翻。

(三)后群

位于小腿后方,分浅、深两层(图 6-34)。

1. 浅层 为小腿三头肌,由表浅的腓肠肌及其深面的比目鱼肌组成。腓肠肌有内、外侧两头,分别起于股骨内、外侧髁;比目鱼肌起于胫、腓骨上端的后面,三头会合,肌腹向下移行为一条粗大的跟腱,止于跟骨结节。作用为屈踝关节(跖屈),并可屈膝关节。小腿三头肌对于稳定踝关节、防止身体前倾、维持直立姿势具有重要作用。

2. 深层 主要有 3 块肌,自胫侧向腓侧依次为趾长屈肌、胫骨后肌和姆长屈肌。上述三肌都起于胫、腓骨后面及骨间膜,向下移行为肌腱,经内踝后方转至足底,胫骨后肌止于足舟骨,可使足跖屈和内翻;趾长屈肌和姆长屈肌分别止于第 2~5 趾和姆趾,此两肌的作用是屈趾,并可使足跖屈。

四、足肌

足肌(图 6-35)可分为足背肌和足底肌。足背肌较弱小,有姆短伸肌和趾短伸肌 2 块,起于足背止于各趾,可协助伸姆和伸趾。足底肌的配布与手肌相似,也分为内侧群、中间群和外侧群,但没有与对掌肌相对应的肌,而在中间群中又多了趾短屈肌和足底方肌两块肌。足底肌的主要作用是协助屈趾和维持足弓。

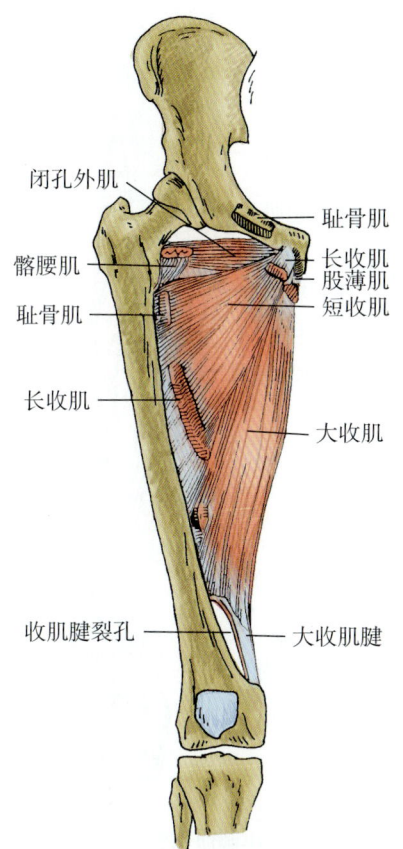

图 6-32 大腿肌内侧群(深层)

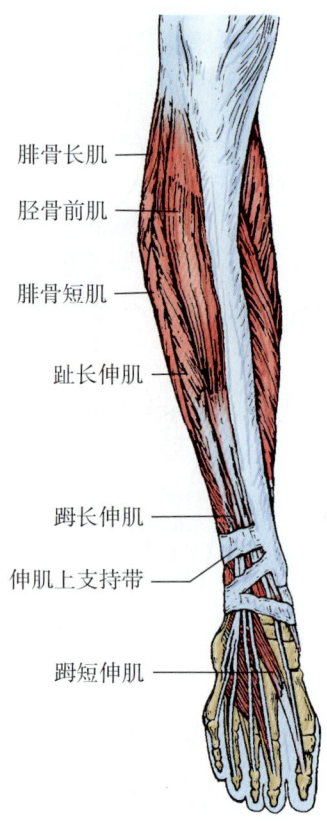

图 6-33 小腿肌前群和外侧群

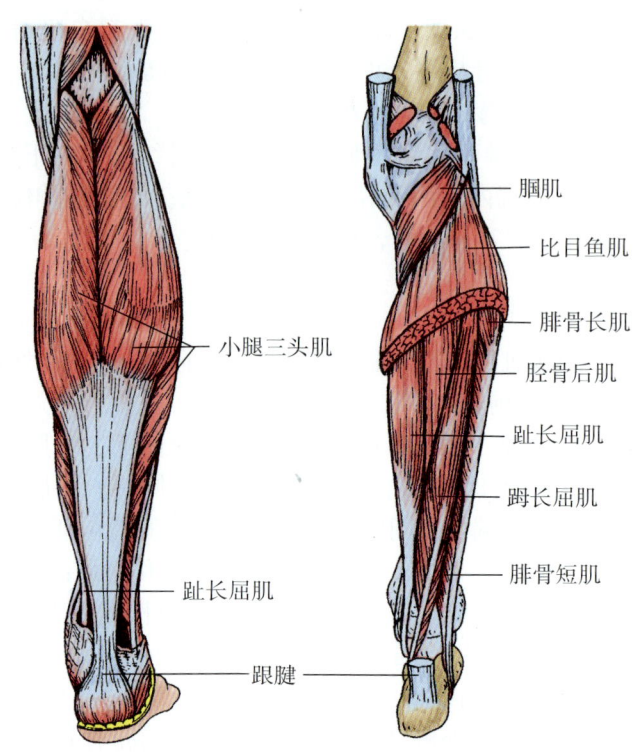

图 6-34 小腿肌后群

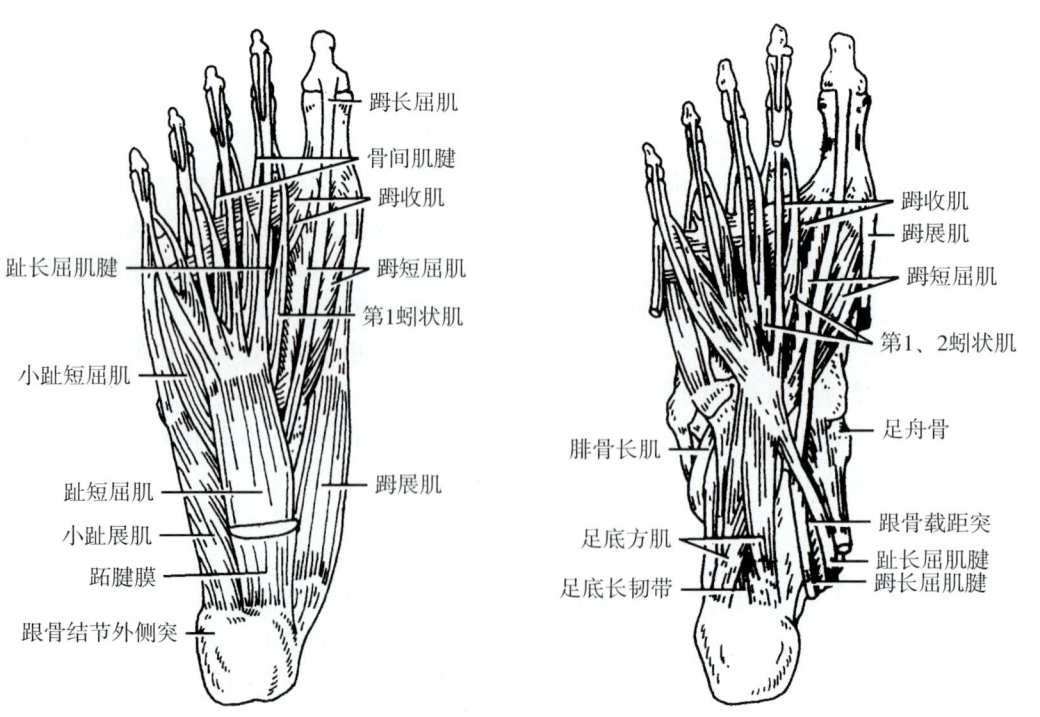

图 6-35 足底肌

知识链接

肌内注射

肌内注射是一种常用的药物注射治疗方法，指将药液通过注射器注入肌肉组织内，达到治病的目的。肌内注射最常用的注射部分为臀大肌，其次为臀中肌、臀小肌、股外侧肌及三角肌。肌内注射中最重要的是对注射部位肌肉的准确定位。

（1）臀大肌注射定位有两种：①十字法，从臀裂顶向左或右划一水平线，从髂嵴最高点向下作一垂直水平线，将臀部分为四个象限，外上象限为注射最佳部位。②上臂三角肌注射定位，取上臂外侧，肩峰下2～3横指处。此处肌肉较臀部肌肉薄，只能做小剂量注射。体位可取坐位或卧位。

案例

患者，男，42岁，搬运重约100kg的货物，上举至卡车后，突感腰背部剧烈疼痛。临床诊断为急性腰肌损伤。请思考：

1. 腰部损伤中哪些肌最易受累？
2. 患者可出现哪些症状和体征？
3. 如何进行临床护理？

（马　萍）

第三篇 内脏系统

第七章

内脏学概述

记忆
描述内脏的概念和组成。
理解
解释中空性器官和实质性器官并举例。
应用
运用胸部的标志性和腹部的分区描述内脏器官的位置。

解剖学上,内脏(viscera)包括**消化、呼吸、泌尿和生殖**四个系统。组成这四个系统的器官绝大部分位于胸腔、腹腔和盆腔内,并借一定的孔道与外界相通,这类器官称为内脏器官。

消化系统的主要功能是消化食物,吸收营养,排出食物残渣;**呼吸系统**的主要功能是吸进氧气,排出机体产生的二氧化碳;**泌尿系统**的主要功能是产生尿液,排泄机体在新陈代谢中产生的含氮废物和多余的水、盐等;**生殖系统**的主要功能是产生性激素和生殖细胞,繁衍后代。

一、内脏器官的一般结构

内脏各器官根据其基本构造,可分为中空性器官和实质性器官两大类。

(一)中空性器官

中空性器官是指内有空腔的器官,如胃、气管、膀胱、子宫等。中空性器官的管壁由数层组织构成,以消化管壁为例,由内向外依次为黏膜、黏膜下层、肌层和外膜(图7-1)。

(二)实质性器官

实质性器官内无特定的空腔,表面包有被膜,如肝、肾、胰等。实质性器官的血管、淋巴管、神经和该器官的导管出入处常有一凹陷,称为该器官的门,如肝门、肾门等。

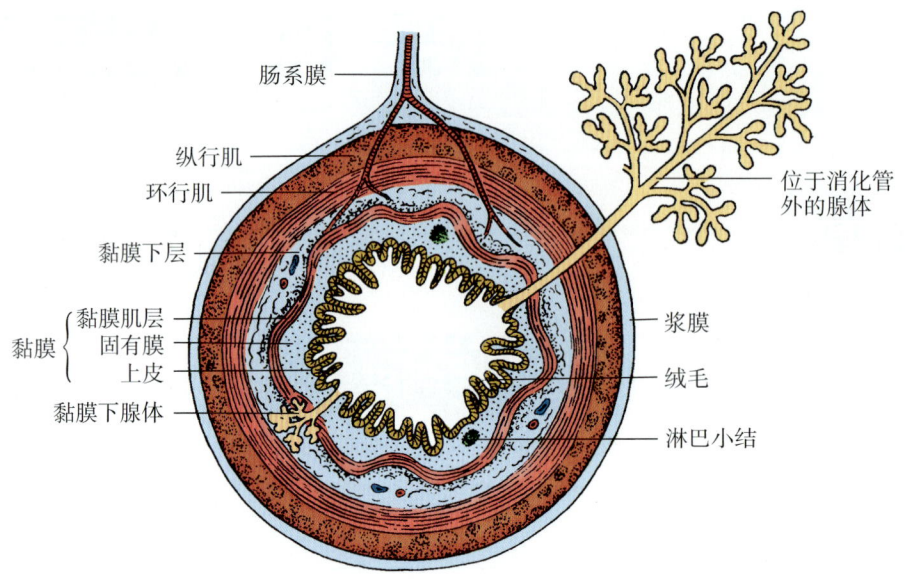

图 7-1 肠壁的一般构造模式图

二、胸部标志性和腹部分区

内脏大部分器官在胸、腹、盆腔内占据相对固定的位置，为了便于描述各器官的位置及其体表投影，常在胸、腹部体表划定若干标志线和分区（图 7-2，3，4）。而掌握内脏器官的正常位置，对于临床检查诊断，具有十分重要的意义。

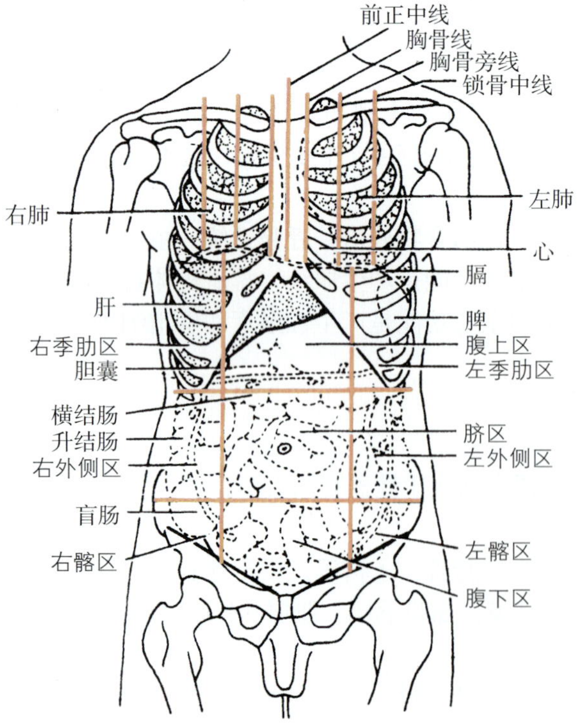

（一）胸部的标志性

1. 前正中线　沿人体前面正中所作的垂直线。
2. 后正中线　沿人体后面正中所作的垂直线。
3. 胸骨线　沿胸骨最宽处外侧缘所作的垂直线。
4. 锁骨中线　通过锁骨中点所作的垂直线。
5. 胸骨旁线　在胸骨线与锁骨中线之间中点所作的垂直线。
6. 腋前线　通过腋前襞所作的垂直线。
7. 腋后线　通过腋后襞所作的垂直线。
8. 腋中线　通过腋前、后线之间中点所作的垂直线。
9. 肩胛线　通过肩胛骨下角所作的垂直线。

图 7-2　胸腹部标志线（前面）

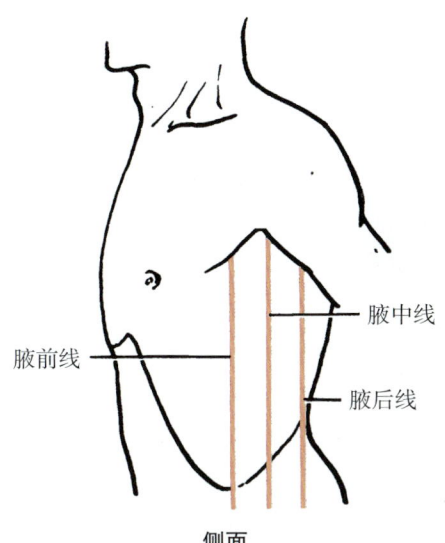

图 7-3 胸部标志线（侧面）

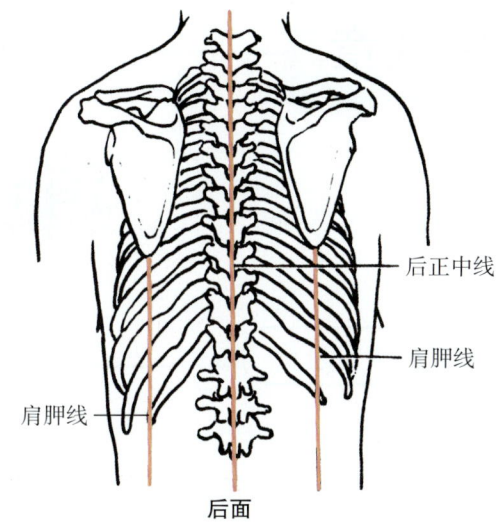

图 7-4 胸部标志线（后面）

（二）腹部的分区

通常采用两个矢状面和两个水平面将腹部划分为九区（图 7-2）。两个矢状面为通过两侧腹股沟韧带中点所做的矢状面。上水平面是通过两侧肋弓（第 10 肋）最低点的平面；下水平面是通过两侧髂结节的平面。上述四个面相交将腹部分划为 9 区：上腹部分为中间的**腹上区**和两侧的**左、右季肋区**；中腹部分为中间的**脐区**和两侧的**左、右外侧区**（腰区）；下腹部分为中间的**耻区**（腹下区）和两侧的**左、右腹股沟区**（髂区）。

在临床上常以通过脐的水平面和矢状面，将腹部分为**左上腹、右上腹、左下腹、右下腹** 4 个区。

思考题

1. 肝、胃分别属于内脏器官的哪一类？
2. 脾在腹部的哪个区？

（曹伟桃）

第八章

消化系统

记忆

1. 描述以下内容：消化系统的组成；牙的形态、构造；口腔的分部及其界限，腭扁桃体的位置；食管的三个狭窄位置及其微细结构；胃的形态；胃及胃底腺的微细结构；十二指肠的形态、位置、分部；阑尾根部的体表投影；肝的形态、位置和主要毗邻；肝小叶的结构及其功能联系；输胆管道的组成及胆汁的排出径路。
2. 定义咽峡、麦氏点（McBurney point）、肝门、齿状线、十二指肠悬韧带的概念。
3. 列举上、下消化道。

理解

1. 解释以下内容：口腔腺（腮腺、下颌下腺和舌下腺）的位置、形态和腺管的开口部位，咽的形态、位置和分部（鼻咽、口咽、喉咽），食管的形态、位置，十二指肠、空肠、回肠黏膜的微细结构特点及其功能关系，盲肠和阑尾的位置、形态结构，结肠的分部，直肠的形态、位置和构造及肛管黏膜的形态、肛门括约肌的配布及作用，胆囊的形态、位置，胰的形态和位置。
2. 分析咽的交通情况，以及食管、胃、胰的主要毗邻结构。

应用

能够运用以下知识点：牙式的表示法，食管的三个狭窄，阑尾根部的体表投影，肝的体表投影，胆囊底的体表投影。

消化系统（alimentary system）由消化管和消化腺两大部分组成（图 8-1）。消化管包括口腔、咽、食管、胃、小肠（十二指肠、空肠、回肠）、大肠（盲肠、阑尾、结肠、直肠、肛管）。临床上常把从口腔到十二指肠的一段消化管称为上消化道，空肠以下的部分称为下消化道。消化腺包括口腔腺（唾液腺）、肝、胰及消化管壁内的小腺体。

第八章 消化系统

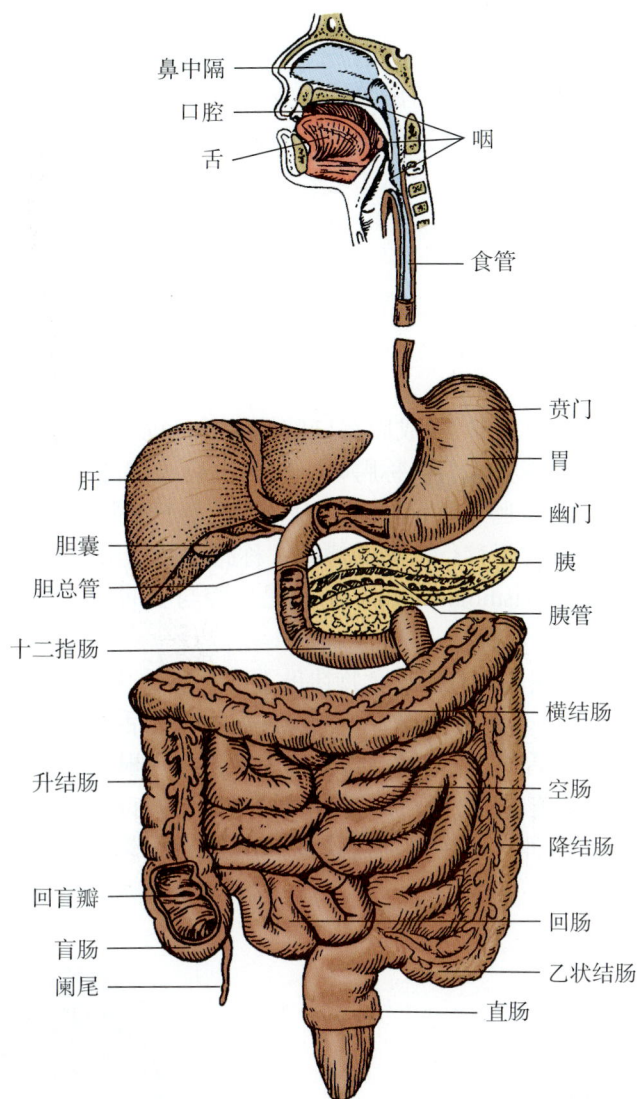

图8-1 消化系统模式图

第一节 消 化 管

一、口腔

口腔（oral cavity）是消化管的起始部，口腔向前借口裂与外界相通，向后借咽峡与咽相通（图8-2）。前壁为上、下唇；两侧壁为颊；上壁为腭；下壁为口腔底。口腔以上、下牙弓为界，分为前外侧部的**口腔前庭**（oral vestibule）和后内侧部的**固有口腔**（oral cavity proper）。上、下牙咬合时，口腔前庭可经磨牙后方的间隙与固有口腔相通。临床上当患者牙关紧闭时，可经此间隙插入导管。

(一) 口唇

口唇（oral lips）分为上唇和下唇，由黏膜、口轮匝肌和皮肤构成。上、下唇之间的裂隙称口裂，左右结合处称口角。上、下唇游离缘上皮较薄，呈红色，当机体缺氧时可变为暗红色，临床称发绀。上唇的两侧与颊交界处，各有弧形的浅沟称鼻唇沟，上唇皮肤正中线上有一纵行浅沟称人中（philtrum），其中、上1/3交界处为人中穴，昏迷患者急救时常在此处进行指压或针刺。

(二) 颊

颊（cheek）构成口腔的两侧壁，由黏膜、颊肌和皮肤构成。在平对上颌第二磨牙的黏膜处有腮腺导管的开口。

(三) 腭

腭（palate）分隔鼻腔与口腔，构成固有口腔的上壁，前2/3为硬腭，后1/3为软腭，软腭前部水平，后部逐渐向后下方倾斜，称腭帆。腭帆的后缘游离，其中部向下的乳头状突起称腭垂（uvula）（或悬雍垂）。腭帆的两侧有两对弓形的黏膜皱襞，前方的皱襞连于舌根的外侧，称腭舌弓；后方的皱襞向下移行于咽的侧壁，称腭咽弓。由腭垂、腭帆游离缘、两侧的腭舌弓及舌根共同围成咽峡（isthmus of fauces），是口腔与咽的分界处（图8-2）。

(四) 舌

舌（tongue）位于口腔底，具有搅拌食物协助吞咽、感受味觉和辅助发音等功能。

1. 舌的形态（图8-3）　舌可分为上、下两面。上面又称舌背，可见倒"V"形界沟，将舌分为舌体和舌根两部分。舌体占前2/3，其前端为舌尖，舌根占后1/3。

2. 舌黏膜　舌黏膜被覆于舌的表面。舌背的黏膜表面有许多小突起，称舌乳头，依其形态及功能的不同，分为四种（图8-3）。丝状乳头，遍布舌体背面，数量最多，呈白色，具

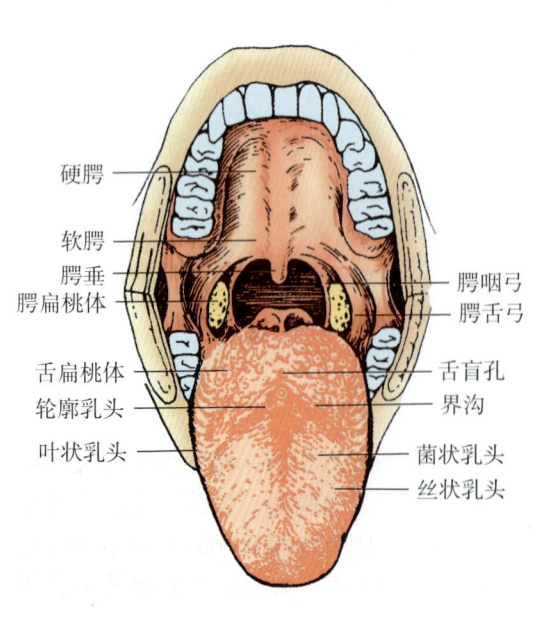

图8-2　口腔与咽峡

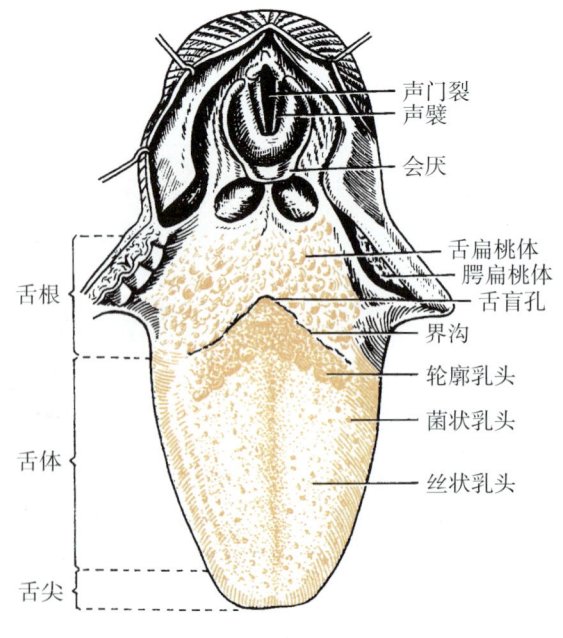

图8-3　舌上面

有一般感觉功能；**菌状乳头**，散在于丝状乳头之间，数目较少，呈红色小点状；**叶状乳头**，位于舌侧缘的后部，呈叶片状，在人类不发达；**轮廓乳头**，排列于界沟的前方 有 7~11 个，体积最大。除丝状乳头外，均含有味觉感受器，称**味蕾**，能感受酸、甜、苦、咸等味觉的刺激。在舌根部的黏膜内有淋巴组织聚集成的大小不等的突起，称**舌扁桃体**。舌下面的黏膜光滑，中线上有一条纵行的黏膜皱襞连于口腔底，称**舌系带**。舌系带根部两侧的圆形隆起，称**舌下阜**，下颌下腺导管和舌下腺大导管开口于此。自舌下阜向后外侧延续的黏膜皱襞，称**舌下襞**，其深面有舌下腺，其小导管直接开口于舌下襞（图 8-4）。

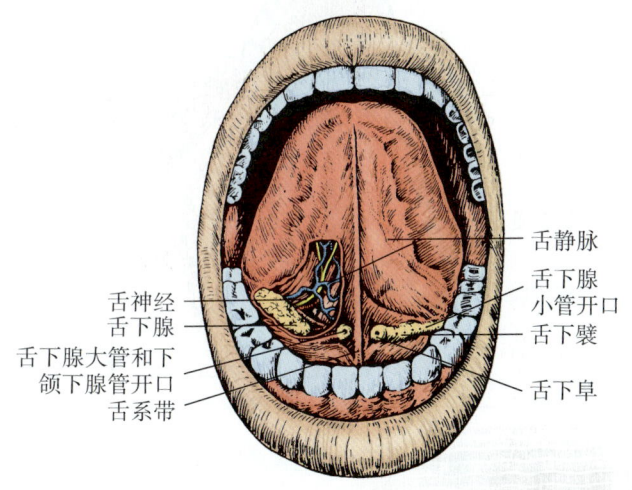

图 8-4 口腔底和舌下面的黏膜

3. **舌肌**（图 8-5）为骨骼肌，分为舌内肌和舌外肌。舌内肌的起、止点均在舌内，收缩时，可使舌缩短、变窄或变薄。舌外肌起于舌周围各骨，止于舌内，有四对，其中以颏舌肌在临床上最为重要。**颏舌肌**（genioglossus）起于下颌骨的颏棘，肌纤维呈扇形向后上方分散，止于舌体中线两侧，两侧颏舌肌同时收缩时，拉舌伸向前下方，即伸舌；一侧收缩时，使舌尖伸向对侧。如一侧颏舌肌瘫痪时，伸舌时舌尖偏向瘫痪侧。

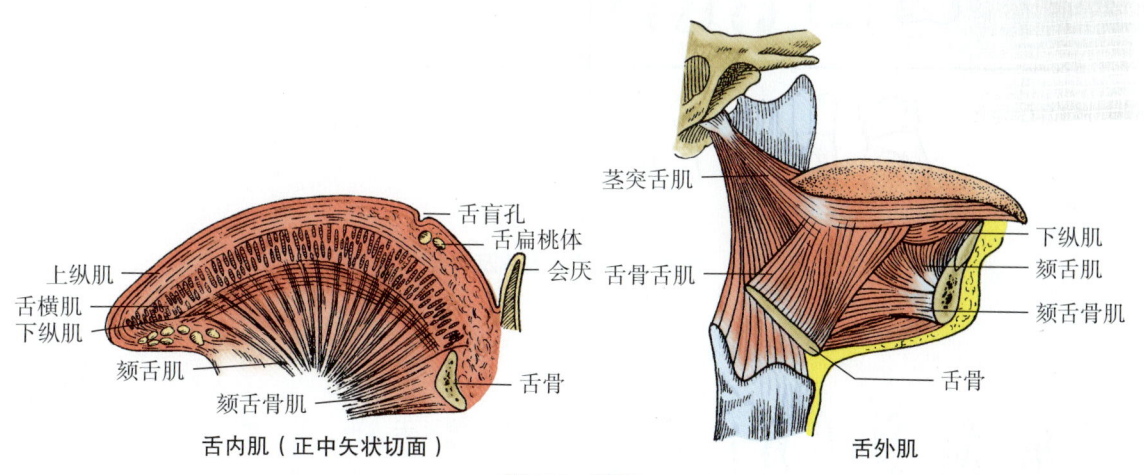

图 8-5 舌肌

（五）牙

牙（teeth）是人体最坚硬的器官，嵌于上、下颌骨的牙槽内，分别排列成上、下牙弓。牙有切断、咀嚼食物和辅助发音的功能。

1. **牙的形态和构造**　牙可分为**牙冠**、**牙颈**、**牙根**三部（图 8-6）。露在口腔内的部分称**牙冠**，色白而有光泽，嵌入牙槽内的部分称**牙根**，介于牙冠和牙根之间的部分称**牙颈**。牙中央的腔称**牙腔**或**髓腔**，牙根内的细管称**牙根管**，此管开口于牙根尖端的**根尖孔**。牙的结构主要由**牙质**、**牙釉质**、**牙骨质**和**牙髓**构成（图 8-6）。牙的大部分是牙质，呈淡黄色。包在牙冠

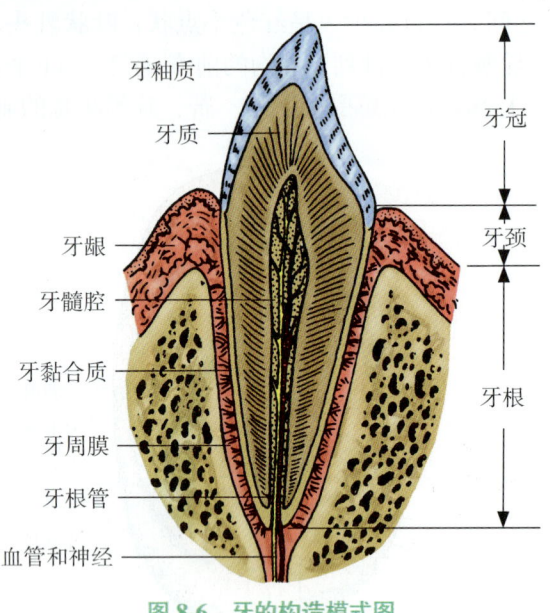

图 8-6　牙的构造模式图

表面的部分坚硬、洁白，称**牙釉质**。包在牙根和牙颈表面的部分，称**牙骨质**。**牙髓**位于牙腔内，由牙的血管、神经和腔内的结缔组织共同构成。

2. 牙的分类　根据牙的形状和功能，乳牙分为切牙、尖牙、磨牙，在上、下颌左右各5个，共计20个（图8-7）。恒牙分为切牙、尖牙、前磨牙和磨牙，第三磨牙萌出最晚，到成年后长出，称**迟牙**或**智牙**，有的人甚至终生不出迟牙，全部恒牙长出在上、下颌左右各8个，共计32个（图8-8）。临床上为了记录牙的位置，常以患者的方位为准，以"十"记号划分为4区，表示上、下颌及左、右侧的牙位。通常用罗马数字Ⅰ～Ⅴ标示乳牙，用阿拉伯数字1～8表示恒牙。

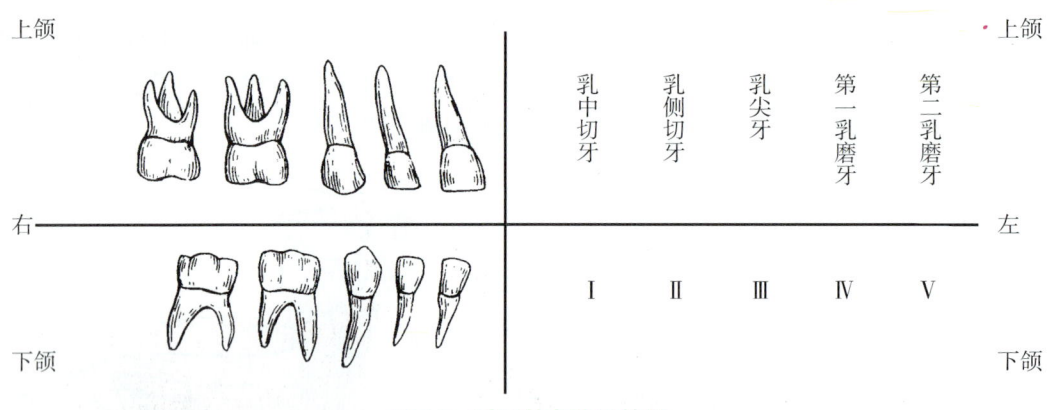

图 8-7　乳牙的名称及符号

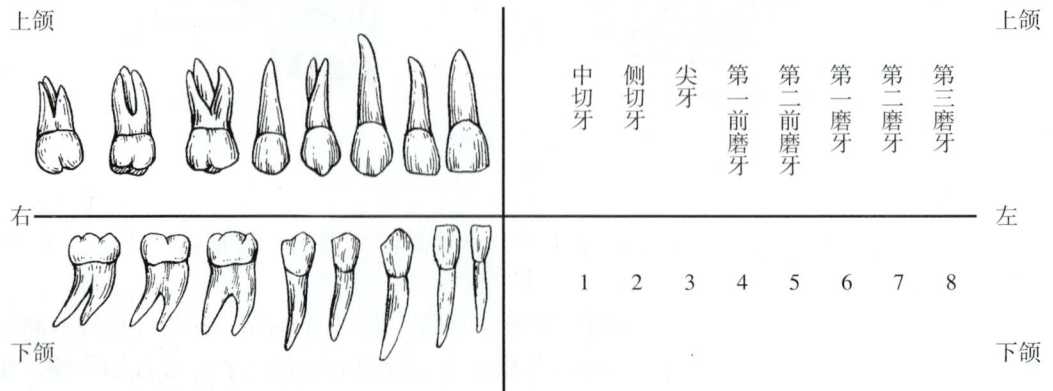

图 8-8　恒牙的名称及符号

（六）唾液腺

唾液腺又称口腔腺，分为大、小两类。口腔内的大唾液腺有 3 对，即**腮腺、下颌下腺和舌下腺**（图 8-9）。

1. 腮腺（parotid gland） 呈不规则的三角楔形，位于耳郭的前下方，其导管自腺体前缘上部发出，约在颧弓下方一横指处经咬肌表面至咬肌前缘处弯向内侧，穿颊肌开口于平对上颌第二磨牙的颊黏膜上。流行性腮腺炎时此腺体常肿大。

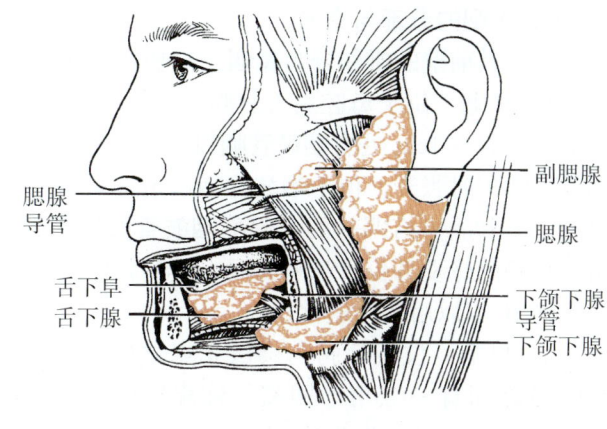

图 8-9　唾液腺

2. 下颌下腺（submandibular gland） 略呈卵圆形，位于下颌体的内面，其导管在舌下腺内侧前行，开口于舌下阜。

3. 舌下腺（sublingual gland） 呈杏仁形，位于口腔底舌下襞深面，其排泄管有两种，舌下腺大管开口于舌下阜，舌下腺小管有数条开口于舌下襞。

二、咽

（一）咽的位置和形态

咽（pharynx）是一个前后略扁的漏斗形的肌性管道（图 8-10）。位于颈椎前方，上端起自颅底，下端在第 6 颈椎下缘与食管相续，其后壁及侧壁完整，前壁不完整，自上而下分别与鼻腔、口腔和喉腔相通。因此，咽是呼吸道和消化道的共同通道。

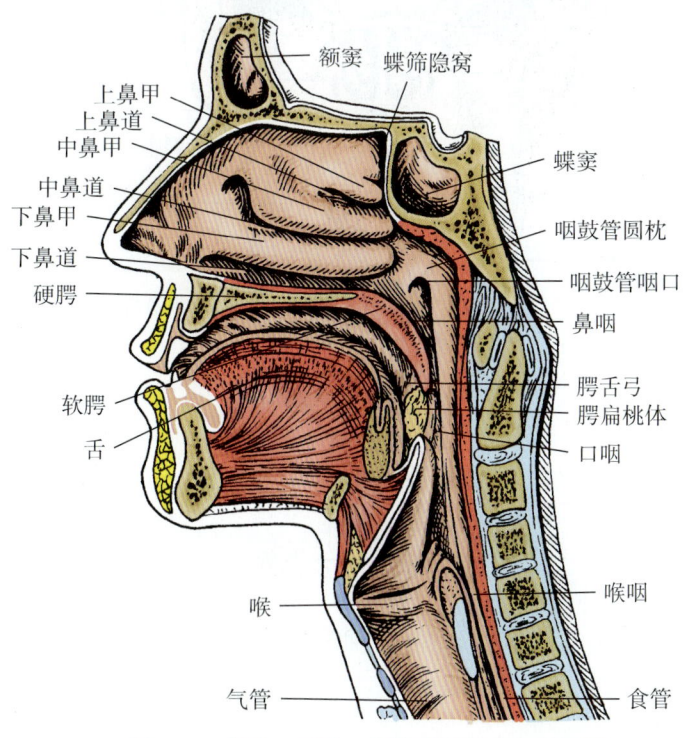

图 8-10　鼻腔、口腔、咽和喉的正中矢状切面

（二）咽的分部与交通

咽按其前壁的毗邻分为**鼻咽**、**口咽**和**喉咽**三部分（图 8-10）。

1. **鼻咽** 位于鼻腔后方软腭平面以上，向前经鼻后孔通鼻腔。在鼻咽的侧壁上，相当于下鼻甲后方 1cm 处有**咽鼓管咽口**，经咽鼓管通向中耳的鼓室，正常时处于闭合状态，当吞咽或打哈欠时张开。位于咽鼓管咽口附近黏膜内的淋巴组织，称**咽鼓管扁桃体**。在咽鼓管咽口的上方和后方有明显的隆起称**咽鼓管圆枕**，其后方与咽侧壁之间有纵行凹陷，称**咽隐窝**，是鼻咽癌的好发部位。鼻咽的后上壁黏膜内有丰富的淋巴组织，称**咽扁桃体**，在幼年期较丰富，到 10 岁以后完全退化。

2. **口咽** 位于软腭与会厌上缘之间，向前经咽峡通口腔。口咽侧壁上，在腭舌弓与腭咽弓之间有一三角形凹窝，称**扁桃体窝**，窝内容纳**腭扁桃体**（图 8-2，11）。腭扁桃体（palatine tonsil）由淋巴组织构成，参与机体的免疫功能，但腭扁桃体也易受病菌的侵袭而发炎。腭扁桃体、舌扁桃体、咽鼓管扁桃体、咽扁桃体、共同围成的结构称**咽淋巴环**，是消化道和呼吸道重要的防御屏障。

3. **喉咽** 位于会厌上缘平面至第 6 颈椎体下缘平面之间，向下移行为食管，向前经喉口通喉腔。喉咽是咽腔最狭窄的部分，在喉口两侧各有一个凹陷，称**梨状隐窝**（图 8-11），是异物易于滞留的部位。

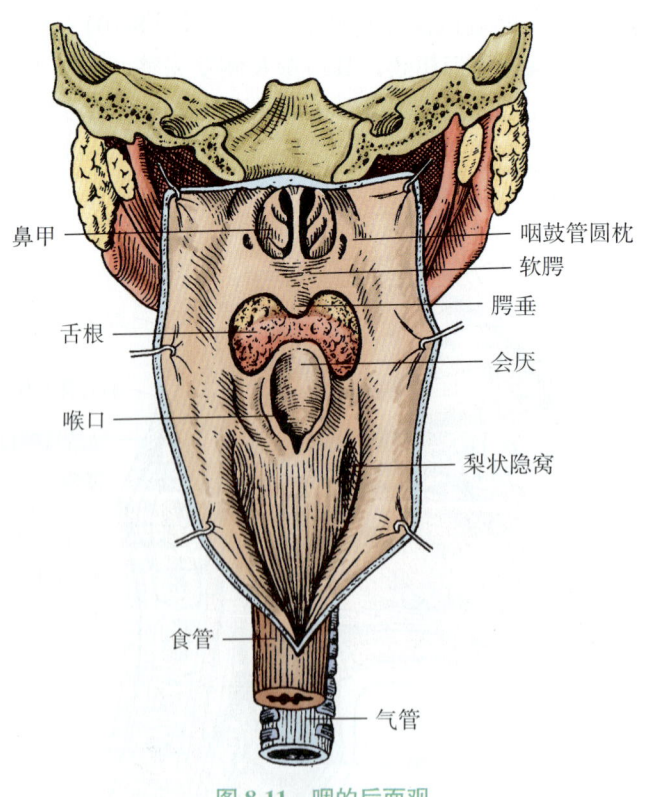

图 8-11 咽的后面观

三、食管

（一）食管的位置和形态

食管（esophagus）（图8-12）为前后略扁的肌性管道，全长约25cm，上端平第六颈椎体下缘与咽相连，下行穿过膈的食管裂孔，末端约于第11胸椎左侧与胃连接。按其行程可分为颈部、胸部和腹部3部分：颈部较短，约5cm，自始端至胸骨颈静脉切迹平面；胸部较长，为18～20cm，自颈静脉切迹平面至膈肌的食管裂孔；腹部最短，长仅1～2cm，食管裂孔至胃的贲门。

（二）食管的狭窄

食管全长有3个生理性狭窄（图8-12），第一处狭窄位于食管起始处，距中切牙约15cm；第二处位于食管与左主支气管交叉处，距中切牙约25cm；第三处狭窄位于穿膈肌食管裂孔处，距中切牙约40cm。这三处狭窄是食管损伤、异物滞留和食管癌的好发部位。在进行食管插管时，要注意这3个狭窄处。

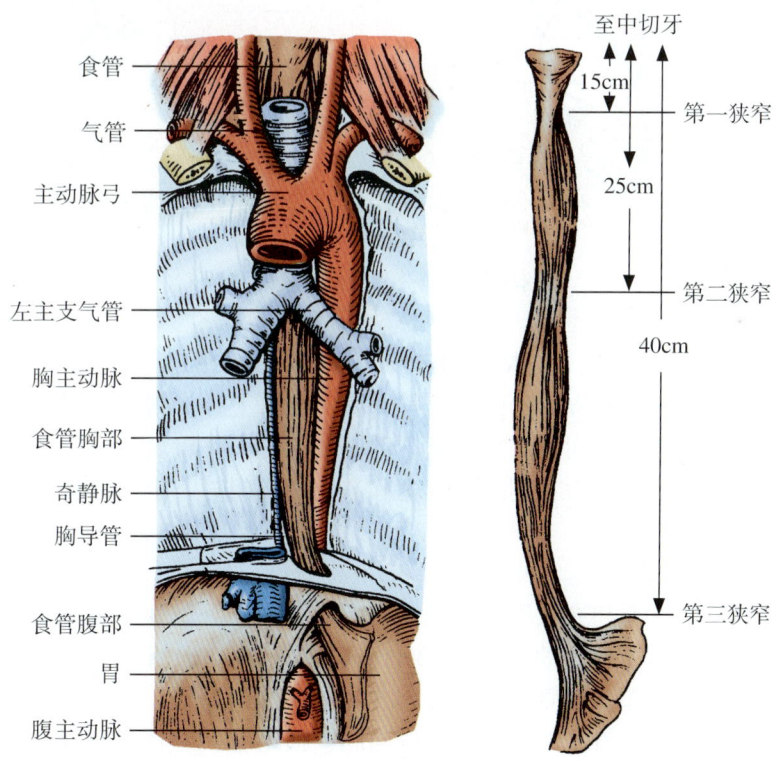

图8-12 食管（前面，示毗邻结构及三个狭窄位置）

四、胃

胃（stomach）上连食管，下接十二指肠，是消化管中最膨大的部分。成人胃的容量约为1500ml，新生儿的胃容量约为30ml。胃具有容纳食物、分泌胃液和初步消化食物等功能。

（一）胃的形态和分部

胃（图8-13）是一个肌性囊袋状器官，有前、后两壁，大、小两弯和上、下两口。两壁即**前壁**和**后壁**。上缘较短，凹向右上方，称**胃小弯**，其最低处称**角切迹**；下缘较长，突向左下方，称**胃大弯**。胃的入口称**贲门**，与食管相续；出口称**幽门**，下续十二指肠。

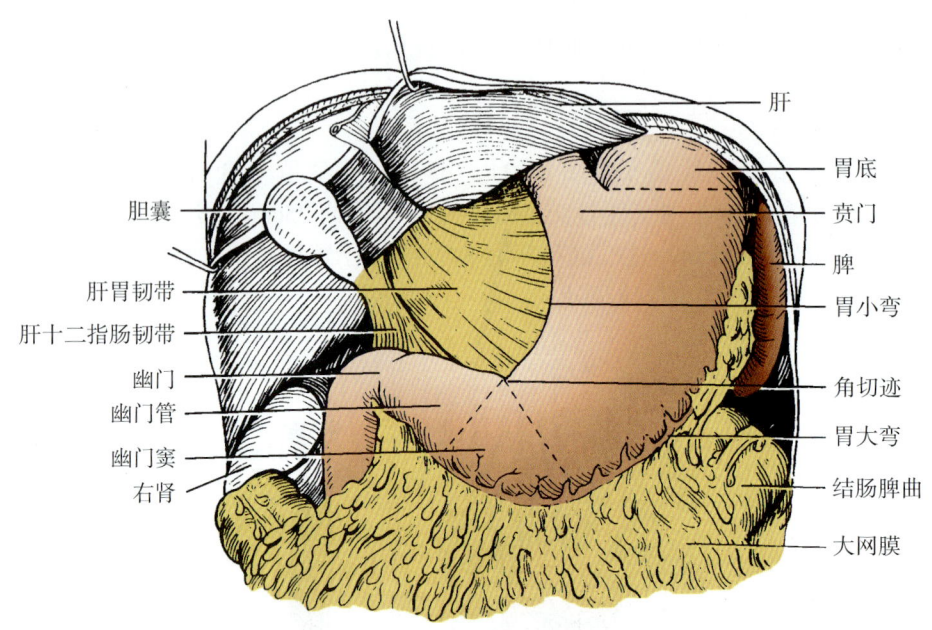

图8-13　胃的分部和位置及毗邻

胃通常分为**贲门部**、**胃底**、**胃体**和**幽门部** 4部分（图8-13）：位于贲门周围的部分称**贲门部**；贲门平面以上，向左上方膨出的部分称**胃底**，临床上称为**胃穹**；胃底与角切迹之间的部分称**胃体**；角切迹与幽门之间的部分称**幽门部**，临床上又称**胃窦**。幽门部的大弯侧有一不太明显的浅沟，可将幽门部分为左侧的**幽门窦**和右侧的**幽门管**。幽门部和胃小弯附近是胃溃疡的好发部位。

（二）胃的位置和毗邻

胃的位置随体位、体型和充盈程度不同而有变化。胃在卧位和中等充盈时，大部分位于左季肋区，小部分位于腹上区。贲门位于第11胸椎体左侧，幽门位于第1腰椎体右侧。胃前壁右侧与肝左叶下面相邻，左侧与膈相邻，并为左肋弓所掩盖，位于剑突下方部分直接与腹前壁相贴，是临床上触诊胃的部位。胃后壁与胰、横结肠、左肾和左肾上腺相邻，胃底与膈和脾相邻。

（三）胃壁的构造

当胃空虚时，胃黏膜形成许多皱襞，充盈时皱襞减少或展平。胃黏膜下层由疏松结缔组织构成。肌层由三层平滑肌构成，外层纵行，中层环行，内层斜行（图8-14）。在幽门处环形肌增厚形成幽门括约肌，其内面覆以黏膜，突入管腔形成皱襞，称**幽门瓣**（pyloric valve），有延缓胃内容物排空和阻止十二指肠内容物逆流至胃的作用。胃的外膜为浆膜。

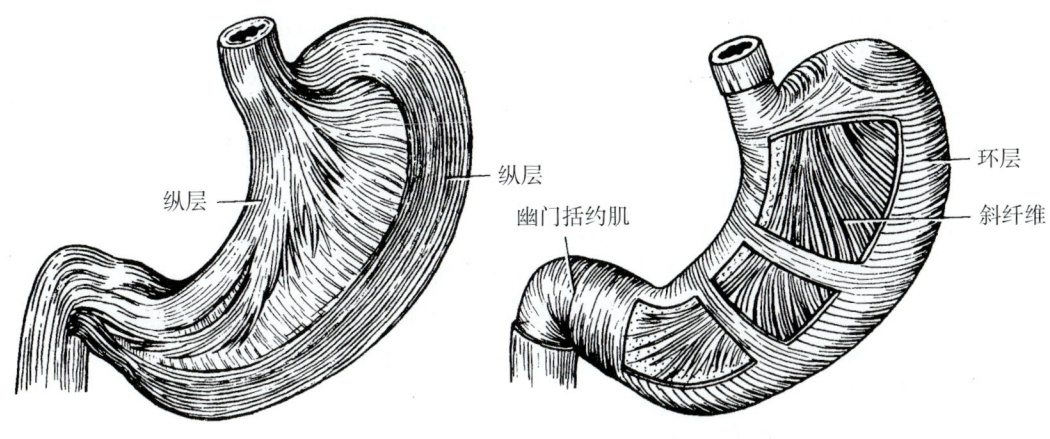

图 8-14 胃的肌层

五、小肠

小肠（small intestine）是消化管中最长的一段，也是消化食物和吸收营养物质的主要场所。上起幽门，下续盲肠，成人长 5～7m，可分十二指肠、空肠和回肠三部分。

（一）十二指肠

十二指肠（duodenum）为小肠的首段，介于胃与空肠之间，长约 25cm，呈 "C" 字形包绕胰头，可分为上部、降部、水平部和升部四部分（图 8-15）。

1. **上部** 起自胃的幽门，行向右后方，至胆囊颈附近转折向下移行为降部，转折处称

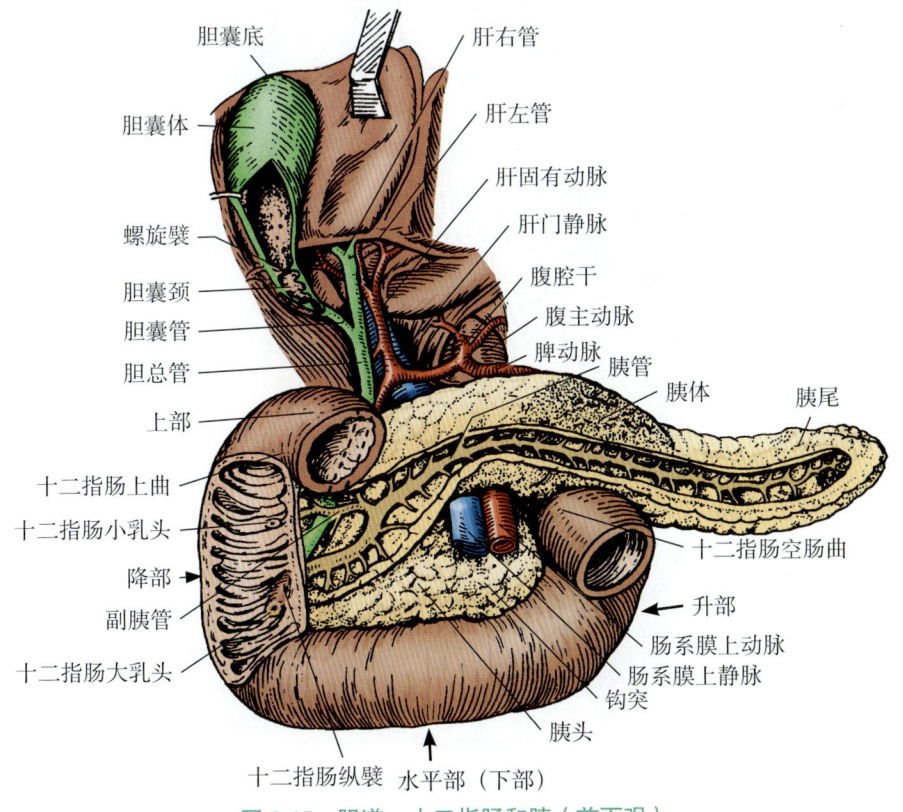

图 8-15 胆道、十二指肠和胰（前面观）

十二指肠上曲。其起始处壁薄内面光滑，称十二指肠球，是十二指肠溃疡的好发部位。

2. 降部 沿第 1～3 腰椎右侧下行，至第 3 腰椎体高度转折向左移行为水平部，转折处称十二指肠下曲。降部内面黏膜环状皱襞发达，在其后内侧壁上有一纵行皱襞，其下端有一突起，称十二指肠大乳头，是胆总管和胰管的共同开口，距中切牙约 75cm。有时在大乳头上方 1～2cm 处可见十二指肠小乳头，为副胰管的开口。

3. 水平部 又称下部，横行向左至第 3 腰椎平面移行于升部。

4. 升部 最短，自下部斜向左上方，至第 2 腰椎体左侧急转向前下，形成**十二指肠空肠曲**，续空肠。十二指肠空肠曲借**十二指肠悬肌**固定于腹后壁，**十二指肠悬肌**和其表面的腹膜皱襞共同称为 **Treitz 韧带**，是手术中识别空肠起始部的重要标志。

（二）空肠和回肠

空肠（jejunum）和**回肠**（ileum）为腹膜内位器官，上端起自十二指肠空肠曲，下端续于盲肠，盘曲在腹腔的中部和下部，全长为 5～6m，借小肠系膜连于腹后壁。空肠和回肠之间无明显的界限，一般空肠占空回肠全长近侧 2/5，位于腹腔的左上部，管径较大，管壁厚，血供丰富，颜色较红，黏膜环状皱襞密而高，绒毛较多，有散在的**孤立淋巴滤泡**（图 8-16）；回肠占空回肠全长远侧 3/5，位于腹腔的右下部，管径较小，管壁较薄，血供较少，颜色较淡，环状皱襞、绒毛疏而低，除有孤立淋巴滤泡外还有**集合淋巴滤泡**（图 8-16），尤其在回肠下部多见，患肠伤寒时，病菌多侵犯集合淋巴滤泡，易形成溃疡，甚至引起肠穿孔（表 8-1）。

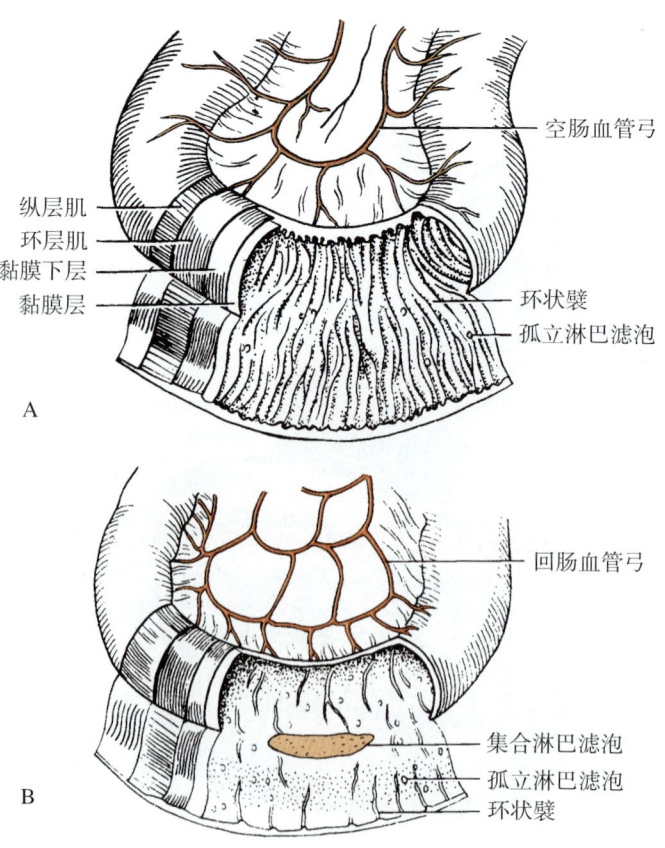

图 8-16　肠黏膜（淋巴滤泡）

A．空肠内面观；B．回肠内面观

表 8-1　空肠和回肠的比较

	空肠	回肠
位置长度	左上 2/5	右下 3/5
肠襻排列	多横位	多纵位
肠壁	厚，皱襞高密	薄，皱襞低疏
管腔	较大	较小
颜色	粉红色	淡红色
血管弓	级数少	级数多
淋巴滤泡	孤立多	集合多

六、大肠

大肠（large intestine）是消化管的末段，全长约 1.5m，起自回肠末端，止于肛门，可分为**盲肠、阑尾、结肠、直肠和肛管**五部分。大肠主要功能是吸收水分，并将食物残渣形成粪便排出体外。盲肠和结肠具有三种特征性的结构：**结肠带、结肠袋和肠脂垂**。这些特征可作为区别大肠和小肠的标志（图 8-17）。

（一）盲肠和阑尾

1. 盲肠（caecum）（图 8-18）是大肠的起始部，长 6～8cm，位于右髂窝内，呈囊

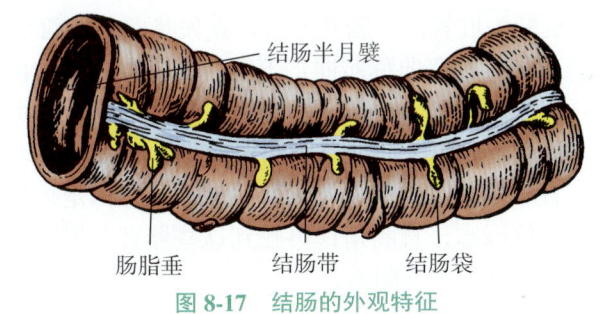

图 8-17　结肠的外观特征

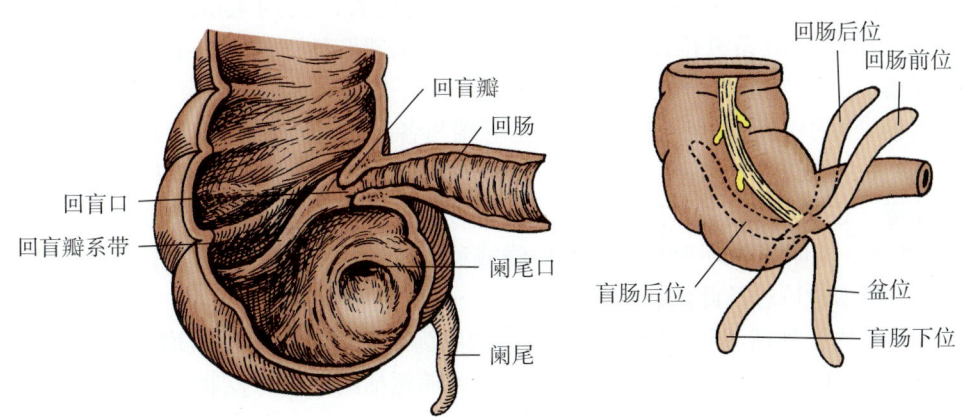

图 8-18　盲肠和阑尾

袋状。在盲肠与回肠相接处，回肠末端突入盲肠，形成上、下两个唇状皱襞，称**回盲瓣**（ileocecal valve），该瓣一方面可以阻止大肠内容物逆流入回肠；另一方面可以控制回肠内容物进入盲肠的速度，使食物在小肠内充分消化、吸收。在回盲瓣下方有阑尾的开口。临床上常把回肠末端、盲肠及阑尾统称为**回盲部**。

2. 阑尾 （vermiform appendix）（图8-18）连于盲肠后内侧壁，为一蚓状盲管，平均长度为6～8cm。阑尾末端的位置多不恒定，但阑尾根部位置比较固定，其体表投影位于脐与右髂前上棘连线的中、外1/3交点处，称**麦氏点**（McBurney point），急性阑尾炎时该处常有压痛。三条结肠带汇集于阑尾根部，是手术时寻找阑尾的标志。

（二）结肠

结肠（colon）始于盲肠，终于直肠，围绕在空肠和回肠周围，分为**升结肠**、**横结肠**、**降结肠**和**乙状结肠**四部。

1. 升结肠　在右髂窝内始于盲肠，沿腹后壁右侧上升至肝右叶下方，弯向左侧形成**结肠右曲**（或称**结肠肝曲**），移行为横结肠。

2. 横结肠　自结肠右曲向左横行，在脾的下方转折向下形成**结肠左曲**（或称**结肠脾曲**），向下移行为降结肠。横结肠借横结肠系膜固定于腹后壁。

3. 降结肠　自结肠左曲沿腹后壁左侧下降至左髂嵴处续于乙状结肠。

4. 乙状结肠　呈"乙"字形弯曲进入骨盆，至第3骶椎水平续接直肠。乙状结肠被乙状结肠系膜固定于左髂窝和小骨盆后壁。乙状结肠是溃疡、憩室、肿瘤的好发部位。

（三）直肠

直肠（rectum）（图8-19）位于小骨盆腔内，长10～14cm，上端于第3骶椎水平接续乙状结肠，向下穿过盆膈，延续为肛管。直肠并不直，在矢状面上有两个弯曲：**骶曲**和**会阴曲**。上段行于骶骨前面，形成凸向后的弯曲称骶曲；下段自尾骨尖前方转向后下方，形成凸向前的弯曲称会阴曲。当进行直肠镜或乙状结肠镜检查时，应注意这些弯曲，以免损伤肠壁。直肠下段的肠腔明显扩大，称**直肠壶腹**。此处黏膜和平滑肌形成2～3条半月形皱襞，称**直肠横襞**，上、下两个多位于直肠左壁，中间一条大而明显，位置恒定，位于直肠右前壁，距肛门7cm，是直肠镜检时的定位标志，直肠指诊可触到这些器官。男性直肠的前方有膀胱、前列腺、精囊；女性直肠的前方有子宫及阴道。

（四）肛管

肛管（anal canal）（图8-19）是指盆膈以下的消化管，长约4cm，下端经肛门与外界相通。其上段有6～10条纵行黏膜皱襞，称**肛柱**，相邻肛柱下端之间有半月形的黏膜皱襞相连，称**肛瓣**，肛瓣与相邻两个肛柱下端共同形成开口向上的小隐窝，称**肛窦**，此处易积存粪屑，如感染可引起肛窦炎。连接各肛柱下端与各肛瓣边缘的锯齿状环行线，称**齿状线**（dentate line）。此线以上为黏膜，以下为皮肤。发生在齿状线以上的痔称**内痔**，齿状线以下的痔称**外痔**。在齿状线下方有宽约1cm的环形区，光滑略有光泽，称**肛梳**。在肛门上方1～1.5cm处有一不明显的环形浅沟，称**白线**或称Hilton线，它相当于肛门内、外括约肌的分界处。肛门指诊时可触及此沟。

肛管周围有内、外括约肌环绕，肛门内括约肌为肛管处环形平滑肌增厚而成。肛门外括约肌由围绕在肛门内括约肌周围的骨骼肌构成，可随意括约肛门，控制排便。

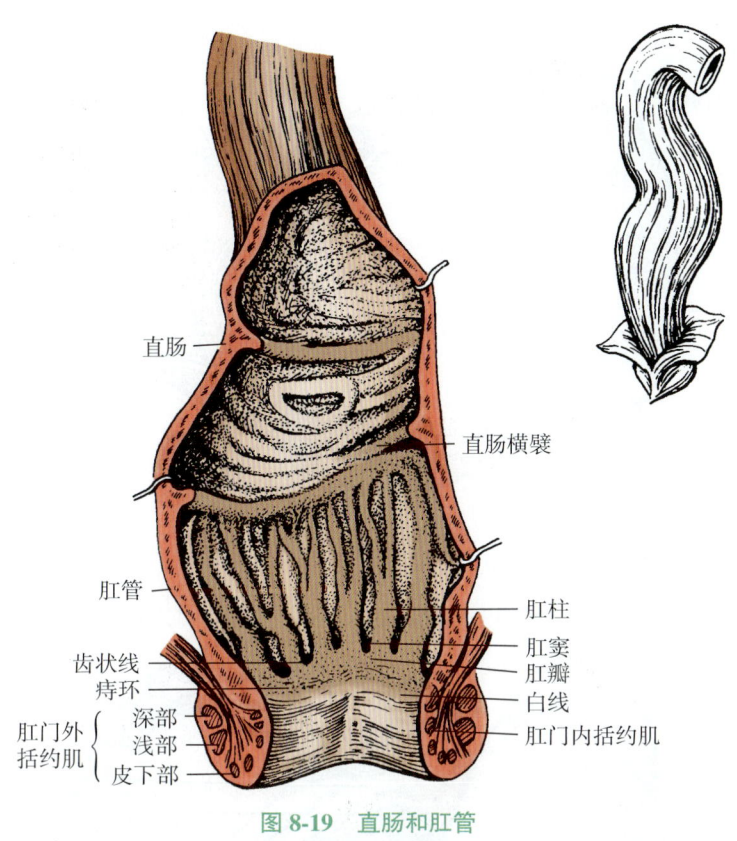

图 8-19　直肠和肛管

（赖赞区）

第二节　消化腺

人体的大消化腺除三对大唾液腺外，还有肝和胰。

一、肝

肝（liver）是人体最大的消化腺，呈红褐色，血管极为丰富，质软而脆。我国成人肝的重量，男性为 1100～1500g，女性为 1000～1400g，占体重的 1/50～1/40。幼儿肝相对较大，约占体重的 1/20。肝有分泌胆汁、消化食物、参与物质代谢、储存糖原、解毒及吞噬防御和造血（胚胎时期）等功能。

（一）肝的形态

肝呈楔形，右端圆钝而厚，左端扁而薄。可分为上、下两面和前、后两缘（图 8-20，21，22）。肝的上面膨隆，与膈相贴称**膈面**。膈面借镰状韧带，将肝分为大而厚的**右叶**和小而薄的**左叶**。肝的下面与腹腔许多重要器官相邻，又称**脏面**，脏面上有一近似"H"形的沟，即**左侧纵沟**、**右侧纵沟**和**横沟**。左侧纵沟前部称**肝圆韧带裂**，有肝圆韧带通过；后部称**静脉韧带裂**，容纳静脉韧带。右侧纵沟前部为胆囊窝，容纳胆囊；后部为腔静脉沟，有下腔静脉通过。横沟称**肝门**（porta hepatis），为肝固有动脉、门静脉、肝管、神经和淋巴管等出入之处。这些结构由结缔组织包绕共同构成**肝蒂**。肝的脏面借"H"形沟分为4叶：左侧纵沟的左侧为**左叶**；右侧纵沟的右侧为**右叶**；横沟的前方为**方叶**，后方为**尾状叶**。

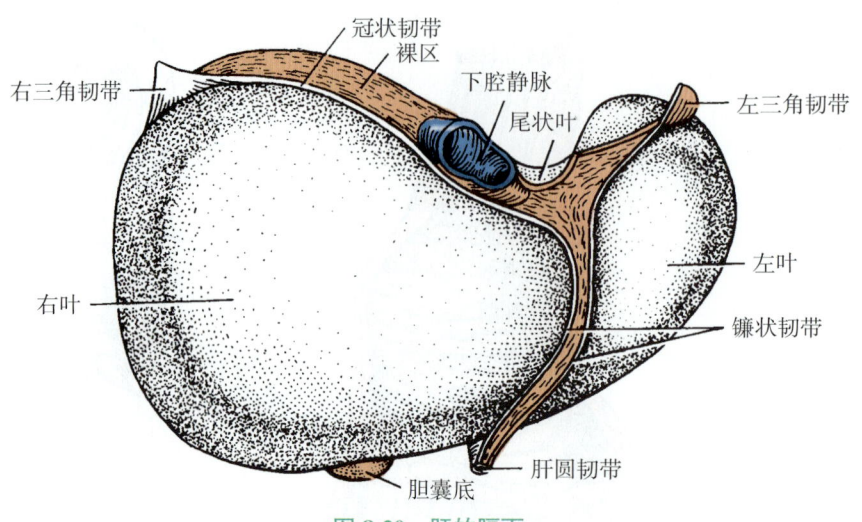

图 8-20　肝的膈面

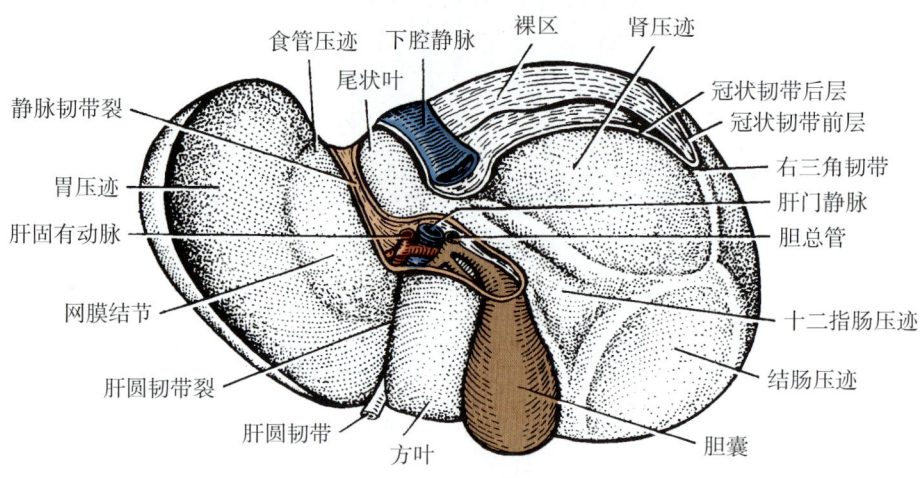

图 8-21　肝的脏面

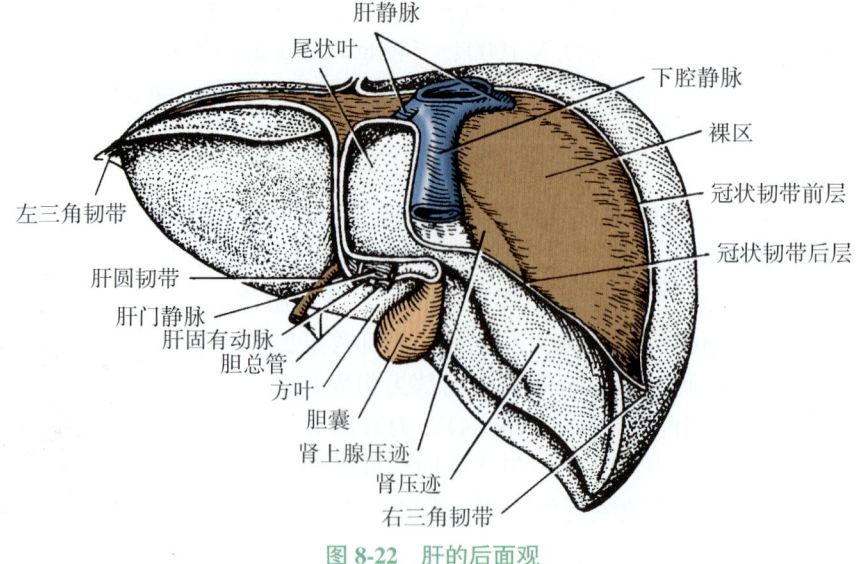

图 8-22　肝的后面观

（二）肝的位置和毗邻

肝主要位于右季肋区和腹上区，小部分位于左季肋区。肝大部分被肋弓所覆盖，仅在腹上部左、右肋弓间（剑突下方）露出，并直接接触腹前壁。当腹上部或右季肋区遭受暴力打击或肋骨骨折时，可导致肝破裂。肝的上面与膈的穹隆一致。肝右叶下面，前部邻近结肠右曲；中部近肝门处邻近十二指肠；后部紧邻右肾和右肾上腺。肝左叶下面大部分与胃前壁接触（图 8-13）。

二、肝外胆道

肝外胆道包括胆囊和输胆管道（肝左管、肝右管、肝总管、胆囊管和胆总管）（图 8-23）。

（一）胆囊

胆囊（gallbladder）呈长梨形，位于肝下面的胆囊窝内，容量 40～60ml，具有储存和浓缩胆汁的功能。胆囊可分为 4 部分：前端钝圆称**胆囊底**，胆囊底的体表投影在右锁骨中线与右肋弓交点的稍下方，胆囊炎时，此处有明显压痛，称 Murphy 征阳性。中间的大部分称**胆囊体**，向后逐渐变细为**胆囊颈**，胆囊颈以直角弯向左下，移行为**胆囊管**。胆囊管长 3～4cm，在肝十二指肠韧带内与肝总管汇合成胆总管。胆囊管、肝总管与肝面所围成的三角形区域称**胆囊三角**，该三角内有胆囊动脉通过，是胆囊手术中寻找胆囊动脉的标志。

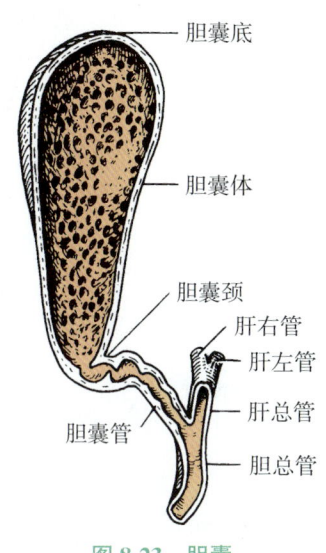

图 8-23 胆囊

（二）输胆管道

输胆管道是将肝分泌的胆汁输送到十二指肠的管道（图 8-24）。肝内的**胆小管**，逐渐汇合为**肝左管**和**肝右管**，两管在肝门附近合成一条**肝总管**。肝总管与胆囊管汇合成**胆总管**（common bile duct），它在肝十二指肠韧带内下降，经十二指肠上部的后方，向右下方斜行，在十二指肠降部和胰头之间与胰管汇合，共同斜穿十二指肠降部的后内侧壁，开口于十二指肠大乳头，胆汁和胰液经此进入十二指肠。胆总管和胰管的汇合处，管腔扩大称**肝胰壶腹**（Vater 壶腹）。在壶腹周围有环行的平滑肌包绕，称**肝胰壶腹括约肌**（Oddi 括约肌），该肌可控制胆汁、胰液的排出。

三、胰

胰（pancreas）（图 8-15，24）是人体内仅次于肝的第二大消化腺，兼有内、外两分泌部。内分泌部主要分泌胰岛素和胰高血糖素，参与糖代谢；外分泌部分泌胰液，有分解蛋白质、糖类和脂肪的作用。

胰呈长棱柱状，质软，色灰红，总量为 82～117g，全长 17～20cm，呈横位，相当于第 1、2 腰椎水平。形态上可分为**头、颈、体、尾**四部分：胰头，为右侧的膨大部，被十二指肠所环抱；胰体，占胰的大部分，横于第一腰椎体的前方；胰尾较细，紧邻脾门。

在胰的实质内有贯穿胰全长的排泄管，称**胰管**，它向右与胆总管汇合后，共同开口于十二指肠大乳头，胰液经此进入十二指肠。有时可见胰头上部有一条较小的副胰管，开口于十二指肠小乳头。

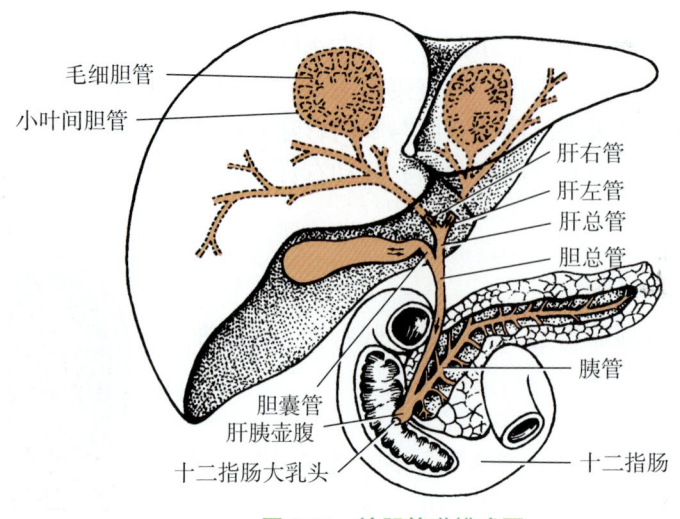

图 8-24　输胆管道模式图

知识链接

1. 吞咽　将食物由口腔运送到胃的一系列反射动作。昏迷、全身麻醉的患者由于吞咽反射消失，口腔、鼻腔和咽的分泌物容易进入气管和肺，产生窒息或引起坠积性肺炎。所以临床上要对这些患者加强护理。

2. 消化性溃疡　是以胃或十二指肠黏膜形成慢性溃疡为特征的一种常见病，其发生与胃液的自体消化作用有关，故称为消化性溃疡。临床上，患者有周期性上腹部疼痛、返酸、嗳气等症状。

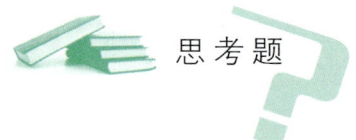

1. 简述食管三个狭窄的位置。
2. 简述胃的位置及分部。
3. 试述胆汁产生和排出途径。

（赖赞区）

第三节　消化管的微细结构

消化管壁由内向外依次由黏膜、黏膜下层、肌层和外膜 4 层组织构成（图 8-25）。
1. 黏膜　由上皮、固有膜和黏膜肌层构成。黏膜向腔内突出，形成环行或纵行皱襞，黏膜内有腺体，分泌消化液和黏液，帮助消化、吸收并保护肠壁。

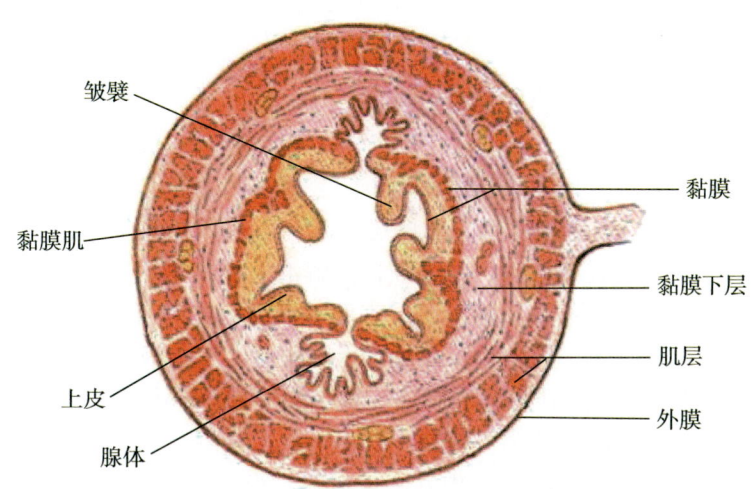

图 8-25　肠壁的一般构造模式图

2. **黏膜下层**　由疏松结缔组织构成，内含血管、淋巴管和神经丛。在食管和十二指肠有食管腺和十二指肠腺。

3. **肌层**　由平滑肌组成，一般排列为内环、外纵两层。

4. **外膜**　有浆膜或纤维膜两种。浆膜为腹膜的脏层，由间皮和结缔组织构成。具有保护和减少摩擦的作用。纤维膜由结缔组织构成，主要起到固定和连接的作用。

食管壁较厚，具有消化管典型的四层结构（图 8-26）。

（一）黏膜

黏膜表面为未角化的复层扁平上皮，在与胃贲门交界处移行转变成单层柱状上皮。固有层为细密的结缔组织，在食管两端常含少量的黏液腺。黏膜肌层由纵行的薄层平滑肌组成。

（二）黏膜下层

黏膜下层由疏松结缔组织构成。含食管腺，属黏液性腺体，导管穿过黏膜开口于食管腔。

（三）肌层

肌层分内环行与外纵行两层。食管上 1/4 段为骨骼肌；中 1/4 段为平滑肌与骨骼肌混杂存在；下 1/2 段为平滑肌。

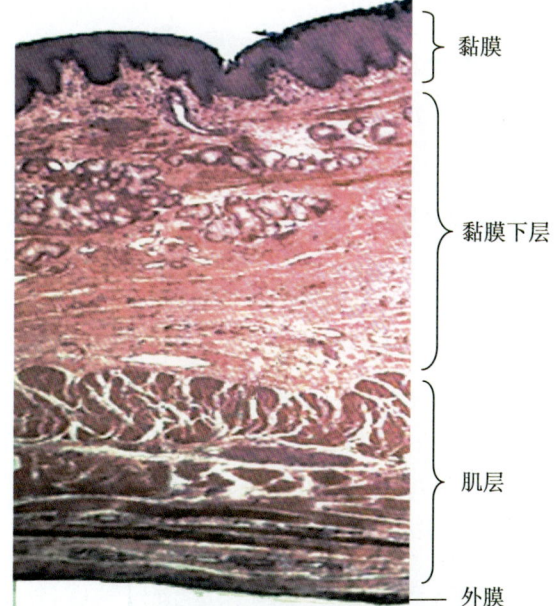

图 8-26　食管光镜结构图

（四）外膜

外膜为纤维膜。

二、胃的微细结构

胃壁由黏膜、黏膜下层、肌层和浆膜组成。

（一）黏膜

胃黏膜较厚，黏膜表面上皮下陷，形成胃小凹。胃小凹的底部有胃腺开口（图8-27）。

1. **上皮**　与胃小凹的上皮相连续，为单层柱状，由表面黏液细胞组成。该细胞顶部细胞质内充满了黏原颗粒，H-E染色时，由于颗粒溶解消失成为透明区。黏原颗粒排出后形成黏液层，覆盖于上皮表面，不易被胃液溶解。表面黏液细胞之间有紧密连接，它与上皮表面的黏液层共同构成胃黏膜屏障，可防止胃酸及胃蛋白酶对上皮细胞的侵蚀。

2. **固有层**　为结缔组织，其内充满腺体。根据腺体所在部位及结构的不同，分为贲门腺、胃底腺和幽门腺。下面重点介绍胃底腺。

胃底腺主要分布于胃底及胃体部，为分支管状腺。每一腺体可分颈、体、底三部分。胃底腺主要由五种细胞构成（图8-28）。

（1）**壁细胞**（parietal cell）：又称**泌酸细胞**（oxyntic cell），数量较少，分布于胃底腺各部，以体部及颈部较多（图8-28）。细胞呈三角形或圆形，细胞核圆形，居中，有的可见双核；细胞质嗜酸性强（图8-29）。电镜下，可见壁细胞胞质内有迂曲分支的细胞内分泌小管。管壁与细胞游离面质膜相连，并形成微绒毛（图8-30）。分泌小管周围有表面光滑的小管和

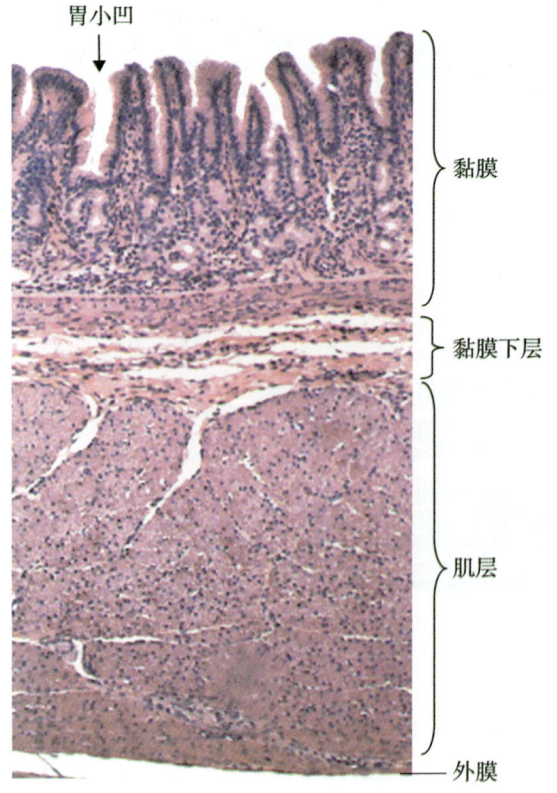

图8-27　胃底部光镜结构图

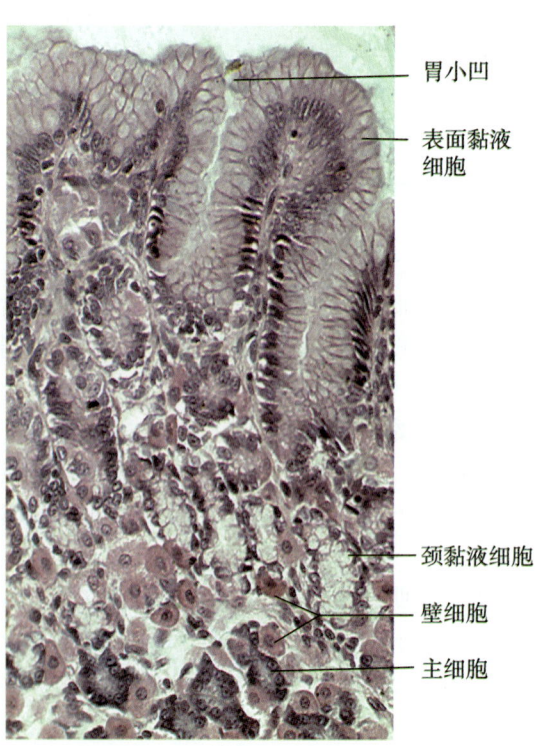

图8-28　胃小凹与胃底腺光镜结构图

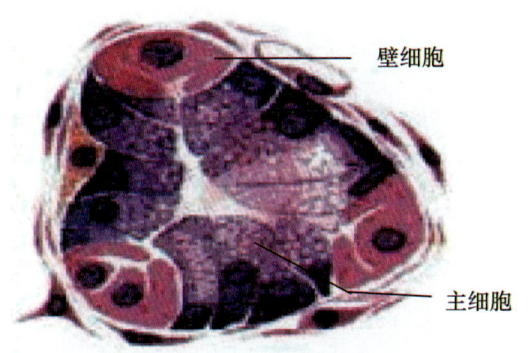
图 8-29　胃底腺结构模式图

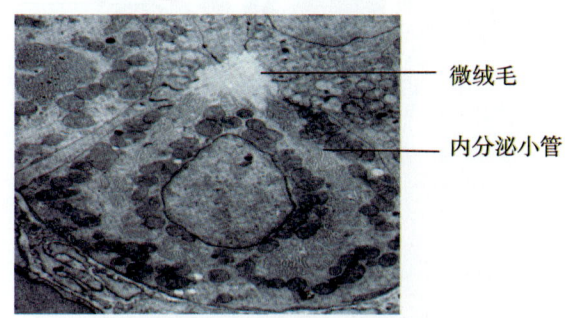
图 8-30　壁细胞电镜结构图

小泡，称微管泡系统。壁细胞还有大量线粒体，其他细胞器少见。壁细胞的功能是分泌盐酸。盐酸能激活胃蛋白酶原，使之成为胃蛋白酶。人的壁细胞还能分泌内因子，从而促进回肠吸收维生素 B_{12} 入血，供应红细胞生成所需。

（2）**主细胞**（chief cell）：又称胃酶细胞，数量最多，主要分布于胃底腺的体部和底部（图 8-28）。细胞呈柱状，细胞质嗜碱性，顶部细胞质含酶原颗粒。由于这种颗粒不易保存，故在切片标本中常呈空泡状。电镜下，可见细胞核周有丰富的粗面内质网，核上方有发达的高尔基复合体，顶部细胞质内有大量的酶原颗粒。主细胞分泌胃蛋白酶原，经盐酸激活成胃蛋白酶，可水解蛋白质。婴儿的主细胞还能分泌凝乳酶，使乳液固化。

（3）**颈黏液细胞**（mucous neck cell）：数量较少，分布于胃底腺的颈部，夹在壁细胞之间。该细胞分泌酸性黏液，参与形成胃上皮表面的黏液层。

（4）**内分泌细胞**。

（5）**干细胞**：分布于胃底腺的颈部与胃小凹的底部，在常规标本不易于辨认。干细胞具有活跃的增殖能力，可增殖分化为表面黏液细胞和胃底腺的其他细胞。

3. 黏膜肌层　由内环行与外纵行两层平滑肌组成。平滑肌的收缩有助于胃腺分泌物的排出。

（二）其他各层的结构

黏膜下层为含血管、淋巴管和神经的疏松结缔组织。肌层较厚，由内斜行、中环行和外纵行三层平滑肌构成。外膜为浆膜。

三、小肠的微细结构

小肠肠壁由黏膜、黏膜下层、肌层和外膜构成。黏膜和黏膜下层共同突入肠腔，形成环状皱襞（图 8-31）。黏膜表面粗糙不平，形成许多的指状突起，称**小肠绒毛**（intestinal villus）。绒毛表面被覆单层柱状上皮，中轴为固有层。上皮下陷形成单管状腺，称**肠腺**（intestinal gland），开口于绒毛根部之间（图 8-33）。空肠的管腔较大，管壁厚，血供丰富，活体颜色较红，黏膜环状皱襞密而高，绒毛较多，有散在的孤立淋巴小结；回肠管腔较小，管壁较薄，血管较少，颜色较淡，环状皱襞及绒毛低而疏，除有孤立淋巴滤泡外，还有集合淋巴小结（图 8-32）。

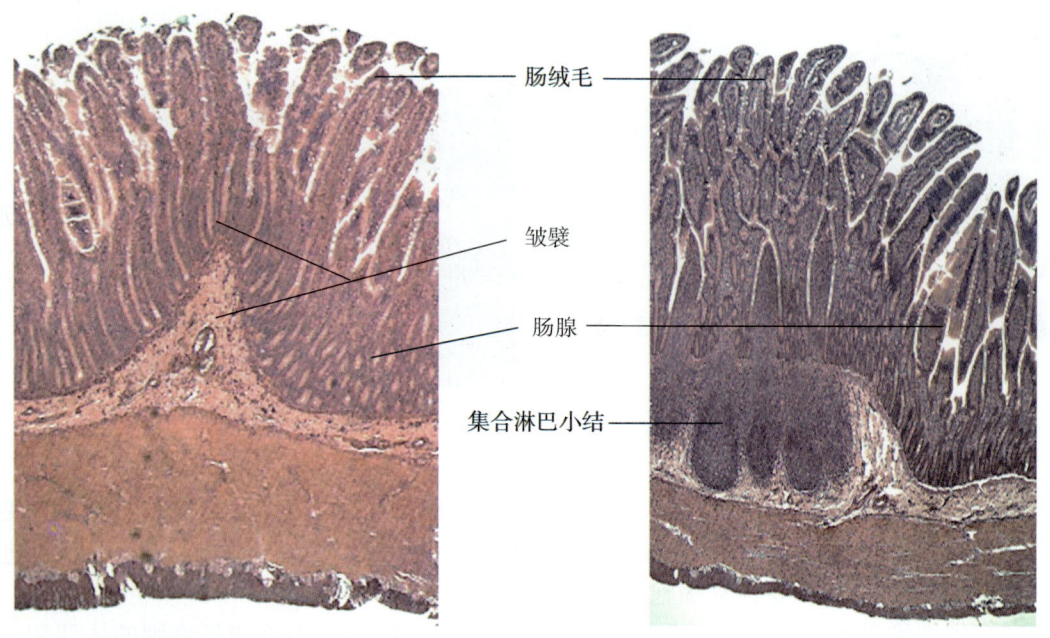

图 8-31　空肠光镜结构图　　　　　图 8-32　回肠光镜结构图

（一）黏膜

1. 上皮　绒毛和肠腺的上皮由五种细胞组成，即吸收细胞、杯状细胞、未分化细胞、帕内特细胞和内分泌细胞（图 8-34）。

（1）**吸收细胞**（absorptive cell）：数量最多，约占 90%。细胞呈高柱状，游离面的纹状缘由细长密集而且规则排列的微绒毛组成。每个吸收细胞约有 3000 根微绒毛。环状皱襞、绒毛和微绒毛三者使小肠表面积扩大约 600 倍。

（2）**杯状细胞**：分散在吸收细胞之间，分泌黏液，有保护和润滑作用。

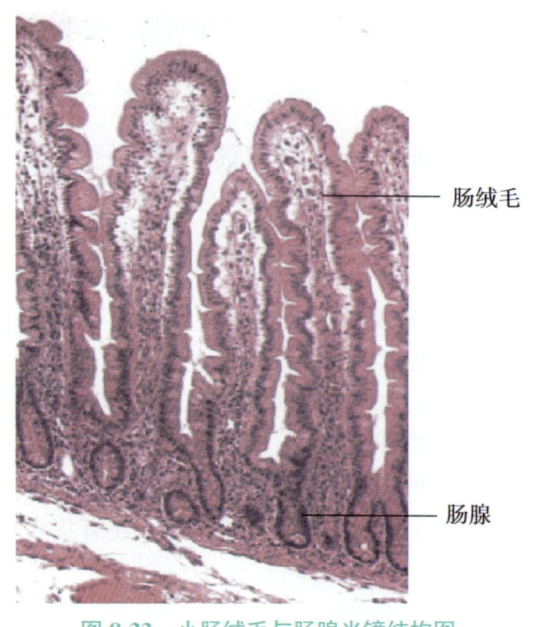
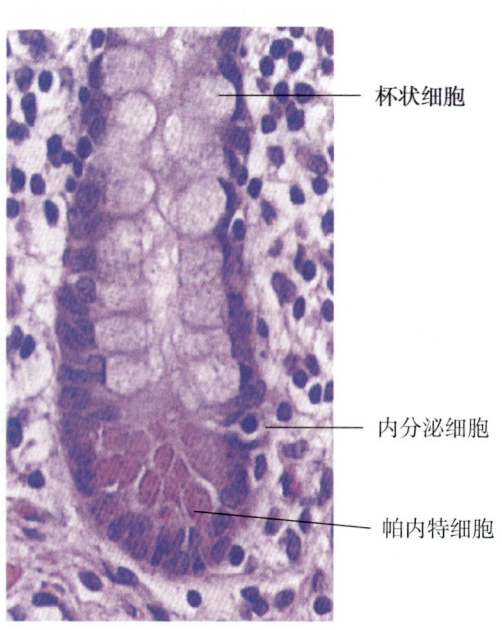

图 8-33　小肠绒毛与肠腺光镜结构图　　　　　图 8-34　肠腺光镜结构图

（3）**帕内特细胞**（Paneth cell）：常三五成群地分布于肠腺底部，细胞呈锥体形，细胞核椭圆形，位于细胞的基部，顶部胞质内含粗大的嗜酸性颗粒，内含锌、肽酶和溶菌酶等，具有一定的杀菌作用（图8-34）。

（4）**未分化细胞**：位于肠腺下半部，分散存在于其他细胞之间。细胞不断地分裂增殖并向上方迁移，以补充绒毛顶部经常脱落的细胞。

（5）**内分泌细胞**：后述。

2. **固有层** 由细密的结缔组织组成，内含丰富的毛细血管、淋巴管、淋巴组织、肠腺、分散的平滑肌纤维和多种细胞成分。绒毛中轴的固有层结缔组织内有1～2条毛细淋巴管，称为中央乳糜管。肠上皮吸收的脂肪主要经中央乳糜管运送。

3. **黏膜肌层** 由内环行、外纵行两层平滑肌组成。

（二）其他各层的结构

黏膜下层为含较多血管和淋巴管的疏松结缔组织。十二指肠的黏膜下层内含有十二指肠腺，其分泌的碱性黏液可保护十二指肠黏膜免受酸性胃液的侵蚀（图8-25）。肌层为内环行、外纵行两层平滑肌。外膜除十二指肠的大部分为纤维膜外，其余各段均为浆膜。

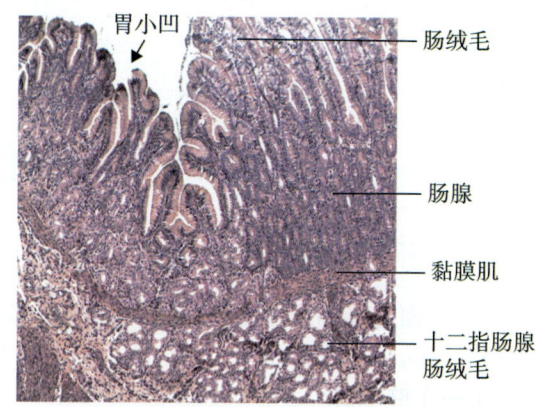

图8-35 胃与十二指肠交界光镜结构图

四、大肠的微细结构

大肠壁也由黏膜、黏膜下层、肌层和外膜组成。大肠黏膜不形成环形皱襞和肠绒毛。黏膜上皮为单层柱状，杯状细胞很多。固有层内有许多直管状的肠腺，腺上皮主要含柱状细胞和大量杯状细胞，还有较多的淋巴小结。内环、外纵两层平滑肌构成黏膜肌。黏膜下层为含较大血管和淋巴管的疏松结缔组织。肌层由内环行和外纵行平滑肌组成。外膜大部为浆膜。

阑尾管壁结构与结肠相似。黏膜表面为单层柱状上皮，有柱状细胞和少量杯状细胞。固有膜内肠腺较少，淋巴组织丰富，淋巴小结多，并侵入黏膜下层。肌层薄，外膜为浆膜。

> **知识链接**
>
> ### 消化道的秘密
>
> 1. 如果将消化系统摊平，其面积可以覆盖一个网球场（约670m²）。
> 2. 大约70%的免疫系统位于消化道。
> 3. 消化道内微生物数量是人体细胞数量的10倍。这些肠道微生物菌群关系到人体健康。
> 4. 消化道菌群的DNA种类是人体细胞DNA的100多倍。消化道微生物菌群DNA与人体细胞DNA相互之间会"对话"交流。

> **知识链接**
>
> 5. 消化道微生物菌群总重量达 3.5～4.5lb（1.6～2kg）。这些菌群有助于产生维生素，防止感染和保持正常代谢。
> 6. 消化系统常被称为"第二大脑"。即使连接大脑和消化系统的迷走神经被切断，消化系统也可完好维持自身系统功能。消化道产生的血清素等神经传导物质明显多于大脑。
> 7. 消化不充分会导致一系列健康问题，其中包括偏头痛、抑郁症、思维混乱、自身免疫疾病、自闭症、纤维肌痛、慢性疲劳、多发性硬化症等。

（马红梅）

第四节　消化腺的微细结构

一、肝的微细结构

肝表面有结缔组织被膜，被膜外面大部有浆膜覆盖。肝门处的结缔组织随门静脉、肝动脉和肝管的分支或属支伸入肝实质，将实质分隔成许多肝小叶。

（一）肝小叶

肝小叶（hepatic lobule）是肝的结构和功能单位，为多角形棱柱体，成人肝约有100万个肝小叶（图8-36）。人肝小叶之间结缔组织较少，小叶分界不明显。有的动物（如猪）小叶分界明显（图8-37）。

肝细胞是构成肝小叶的主要成分，肝细胞以中央静脉为中心向四周呈放射状排列成板状，称为**肝板**（hepatic plate）。肝板凸凹不平互相连接。肝板之间为肝血窦，血窦经肝板上的孔互相连通成网。在切片中，肝板的断面呈索状，称**肝索**。

1. **肝细胞**　呈多面体，至少有两个面与血窦相邻，在其余面肝细胞之间彼此连接。肝细胞之间有胆小管，故肝细胞有三种不同的功能面：血窦面、细胞连接面和胆小管面。血窦面与胆小管面有微绒毛，肝细胞连接面有紧密连接、缝隙连接等。

肝细胞体积大，细胞核圆形，位于细胞中央。电镜下胞质内含丰富的细胞器和包含物，如线粒体、粗面内质网、滑面内质网、高尔基复合体、溶酶体及糖原等（图8-39）。

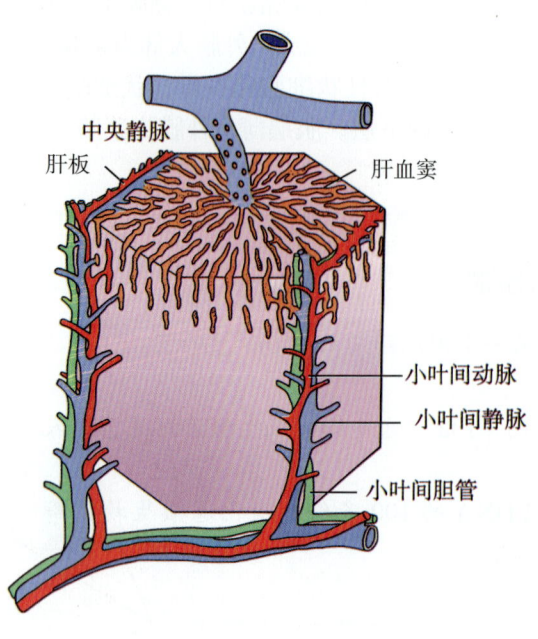

图8-36　肝小叶立体结构模式图

2. **肝血窦**（hepatic sinusoid） 位于肝板之间，互相吻合成网状管道。血窦腔大而不规则（图 8-38），窦壁主要由内皮细胞围成。内皮细胞扁平而薄，含有大小不等的窗孔，孔上无隔膜。细胞质内有较多的吞饮小泡。内皮细胞外无基板，只有少量网状纤维。内皮细胞之间常有较大的间隙。肝血窦的通透性大，有利于肝细胞从血液中摄取物质和排出其分泌物入血窦。在肝血窦内可见肝巨噬细胞，肝巨噬细胞又称**库普否细胞**（Kupffer 细胞），体积较大，其突起附于内皮细胞上，或穿过内皮间隙或窗孔伸至窦周间隙。肝巨噬细胞有很强的吞噬能力和处理抗原、参与免疫应答的功能。

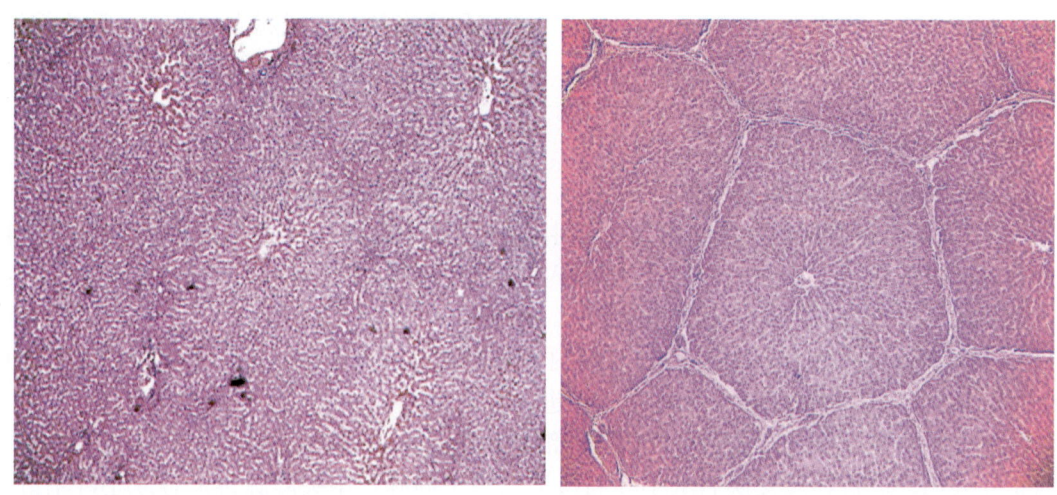

图 8-37　人肝（左）和猪肝（右）光镜结构图

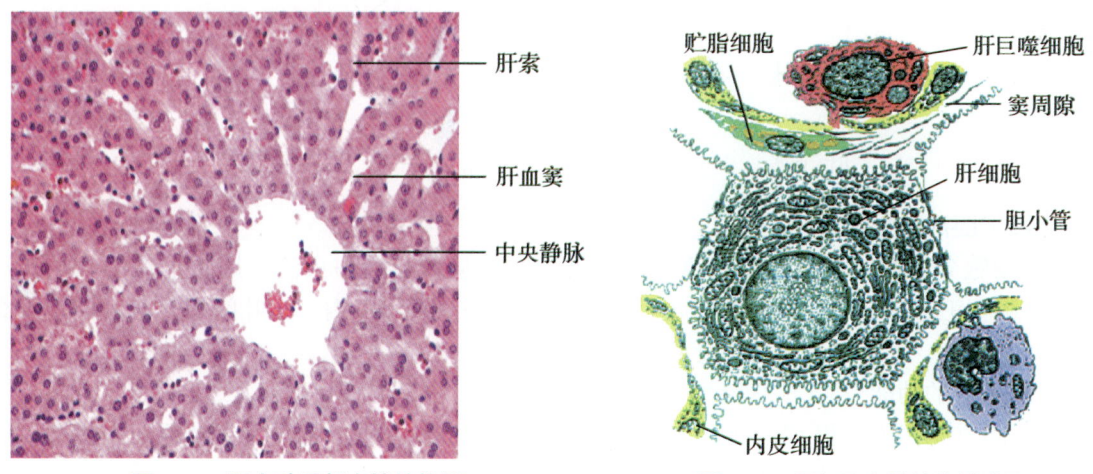

图 8-38　肝小叶局部光镜结构图　　　　　图 8-39　肝细胞电镜结构模式图

3. **窦周间隙**　血窦内皮细胞与肝细胞之间的间隙，又称 Disse 间隙。肝细胞血窦面的微绒毛伸入间隙内。窦周间隙是肝细胞和血液之间进行物质交换的重要场所。在窦周间隙内，有散在的**贮脂细胞**（fat storing cell），又称肝星状细胞，可贮存维生素 A。

4. **胆小管**　相邻肝细胞连接面局部细胞膜凹陷形成的微细管道。以盲端起于肝板，并互相吻合成网。电镜下，肝细胞的胆小管面有许多微绒毛伸入胆小管腔内。胆小管附近有连

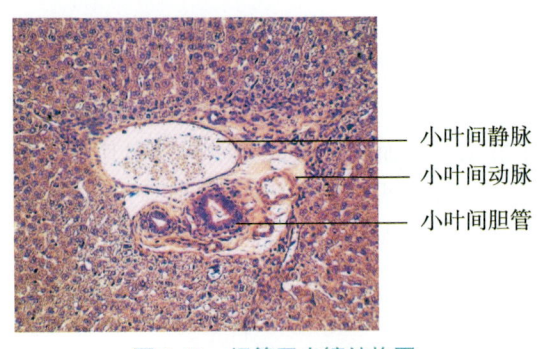

图 8-40 门管区光镜结构图

接复合体封闭管腔侧面，使胆汁不致外溢。当胆道阻塞，胆小管内胆汁淤积，压力增大时，可使胆汁经肝细胞之间的间隙流入血窦内而产生阻塞性黄疸。

（二）门管区

从肝门进入的门静脉、肝动脉和肝管伴行于小叶间结缔组织内，在肝内反复分支。在肝切片中，相邻肝小叶间的结缔组织内，含有上述三种管道的分支或属支的断面，称为门管区（图 8-40）。门管区内主要有小叶间动脉、小叶间静脉和小叶间胆管，还有淋巴管和神经。

（三）肝血循环

肝接受门静脉和肝动脉的双重血液供应，故肝内血液特别丰富。

1. 门静脉　是肝的功能性血管，主要由胃肠等处的静脉汇合而成，含有丰富的营养物质。其血量约占肝内总血量的 3/4。门静脉入肝后，反复分支形成小叶间静脉，终末分支进入肝血窦。

2. 肝动脉　是肝的营养性血管，血液内含氧丰富，其血量约占肝内总血量的 1/4。肝动脉在肝内分支形成小叶间动脉，其终末支也进入肝血窦。

因此，肝血窦内含有门静脉和肝动脉的混合血液，血液穿过血窦壁时入窦周间隙，与肝细胞充分接触，进行物质交换后从小叶周边汇入中央静脉。中央静脉再汇合成小叶下静脉，小叶下静脉单独行于小间结缔组织内，最后汇合成肝静脉出肝。

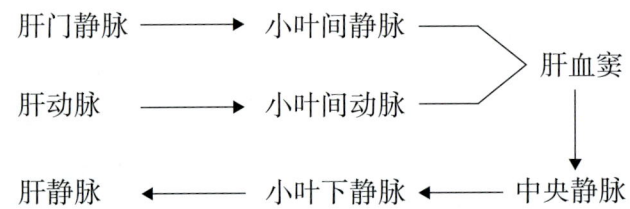

（四）胆汁的排泄途径

肝细胞分泌的胆汁排入胆小管，胆小管内胆汁从肝小叶中央流向周边。在小叶的边缘处，胆小管汇合形成小叶间胆管，走行于小叶之间的结缔组织内。小叶间胆管在肝门处汇合成左、右肝管，最后汇合成胆总管开口于十二指肠。

（五）肝的功能

1. 合成与贮存　肝细胞能合成多种重要物质，如蛋白质、脂蛋白、糖原、胆固醇、胆盐等。同时肝也参与维生素的代谢和贮存。

2. 分泌胆汁　肝细胞分泌的胆汁是一种重要的消化液，与脂肪的消化吸收有关。

3. 解毒功能　肝是人体内重要的解毒器官，对于内源性或外源性的有毒物质，肝细胞可通过转化和结合作用，使其毒性消失或减低，或者使其变为水溶性物质排出体外。

4. 防御功能　肝巨噬细胞属于单核吞噬细胞系统，有很强的吞噬能力。
5. 造血功能　胚胎期肝曾有造血功能，出生后停止。但仍保持有造血的潜能。

知识链接

贮脂细胞的故事

1876年，德国解剖学家Carlvon Kupffer（1829—1902）在研究肝的神经系统实验时使用氯化金染色，无意中发现肝血窦内存在星形细胞，将其命名为星状细胞（sternzellen）；22年后，Kupffer用墨水对兔肝进行染色时，观察到能吞噬墨水颗粒的肝巨噬细胞，因为形态同样为星形，Kupffer误把肝巨噬细胞和星状细胞视为一种细胞。

直到1951年，日本学者Toshio Ito发现肝窦周隙内有一种富含脂质小滴的细胞，并将之命名为贮脂细胞（fat-storing cells）；1966年，Bronfenmajor经过诸多实验研究证实Toshio Ito的发现，又给该细胞起名为脂细胞（lipocytes）；1971年，Kenjiro Wake采用电镜，结合氯化金染色法和苏丹红染色法发现Toshio Ito所描述的贮脂细胞和Kupffer所发现的星状细胞原来是同一类型的细胞。

二、胰的微细结构

胰表面有薄层结缔组织包被，结缔组织伸入实质将其分为许多小叶。腺实质由外分泌部和内分泌部组成。外分泌部分泌胰液，对食物起重要的消化水解作用。内分泌部是散在于外分泌部之间的细胞团，称**胰岛**（pancreas islet）。它分泌的激素直接进入血液或淋巴，调节糖代谢（图8-41）。

（二）外分泌部

此部为纯浆液性腺，由腺泡和导管组成。

1. 腺泡　腺细胞呈锥体形，基部胞质嗜碱性强，顶部胞质含嗜酸性分泌颗粒。电镜下，细胞质内含丰富的粗面内质网和发达的高尔基复合体，顶部胞质含大量的酶原颗粒。

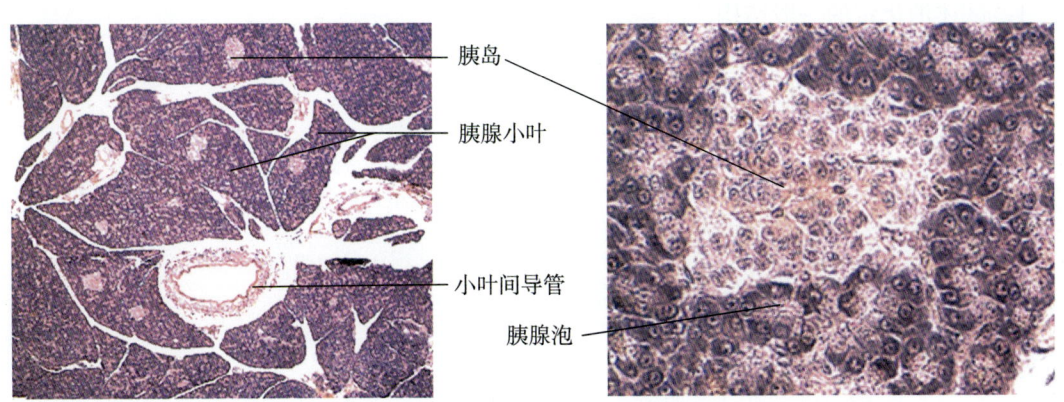

图8-41　胰光镜结构图（右图示胰岛）

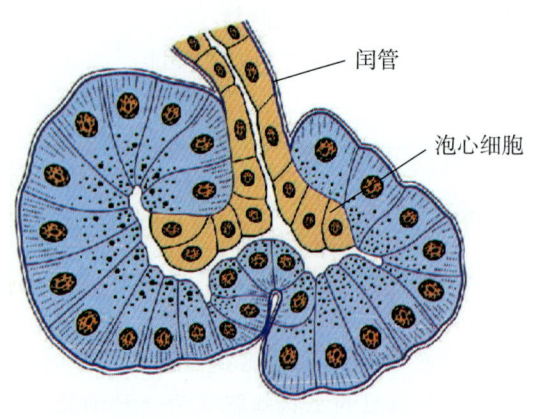

图 8-42　胰腺泡与闰管示意图

颗粒中含有多种消化酶，如胰蛋白酶原、胰淀粉酶、胰脂肪酶等，分别消化食物中的各种营养成分。

2. 导管　与腺泡相连的导管称闰管，其一端插入腺泡腔内，此处的闰管上皮细胞称泡心细胞（图 8-42）。胰的闰管长，其直接通连于较短的小叶内导管再汇入小叶间导管。故胰无分泌管。许多小叶间导管汇合成一条主导管，贯穿胰腺全长。导管上皮细胞分泌水和离子。

（二）内分泌部

胰岛是内分泌细胞组成的细胞团，分布于腺泡之间（图 8-41）。胰岛大小不一，分布不均，胰尾部较多。胰岛细胞排列成索，细胞索间有丰富的有孔型毛细血管。人胰岛的内分泌细胞主要有 A、B、D、PP 四型细胞。H-E 染色标本不易区分各种细胞，近年多用电镜和免疫细胞化学法显示和研究胰岛各类细胞。

1. A 细胞　占胰岛细胞总数的 15%～20%，多位于胰岛周边，以胰体和尾部较多。细胞质内分泌颗粒较大，分泌胰高血糖素，促使血糖升高。

2. B 细胞　占细胞总数的 60%～75%，多分布于胰岛中央。细胞质分泌颗粒大小不等，B 细胞分泌**胰岛素**（insulin），可使血糖降低。它与胰高血糖素共同作用，使血糖浓度保持稳定，若胰岛素分泌不足，血糖升高，可致糖尿病。

3. D 细胞　约占胰岛细胞总数的 5%，位于胰岛周边，散在分布于 A、B 细胞之间。细胞质内也有分泌颗粒。D 细胞分泌生长抑素，调节 A、B 细胞功能。

4. PP 细胞　数量很少，细胞质内有分泌颗粒。PP 细胞分泌胰多肽，抑制胰消化酶分泌和胆汁排出。

思考题

1. 试述消化管的一般结构。
2. 总结各段消化管的结构特点与功能的关系。
3. 说出肝及胰的结构及功能。

（马红梅）

第九章

呼吸系统

学习目标

记忆
1. 描述以下内容：呼吸系统的组成，鼻腔的分部，喉软骨的名称，气管的位置、形态结构特点，肺的形态、位置和分叶，壁胸膜的分部及胸膜隐窝的位置。肺的导气部和呼吸部组成，导气部管壁结构的变化特点，呼吸部形态特点与功能。
2. 定义声门裂、肺门、肺根、胸膜腔、纵隔、胸膜、肋膈隐窝（肋膈窦）的概念。
3. 列举上、下呼吸道。

理解
1. 解释如下内容：鼻腔各部的形态结构，鼻旁窦的位置、开口；喉软骨的位置关系，喉腔的形态结构、分部，肺泡隔的组织结构，气-血屏障。
2. 区分左、右主支气管。

应用
能够运用如下知识点：环甲正中韧带，胸膜和肺的体表投影。

呼吸系统（respiratory system）（图9-1）由呼吸道和肺两部分组成。其主要功能是吸入氧，呼出二氧化碳，与外界进行气体交换。呼吸道包括鼻、咽、喉、气管和各级支气管。临床上将鼻、咽、喉称为**上呼吸道**，把气管、支气管及其肺内各级分支称为**下呼吸道**。肺由肺泡及肺内各级支气管构成。肺泡是进行气体交换的场所。

第三篇 内脏系统

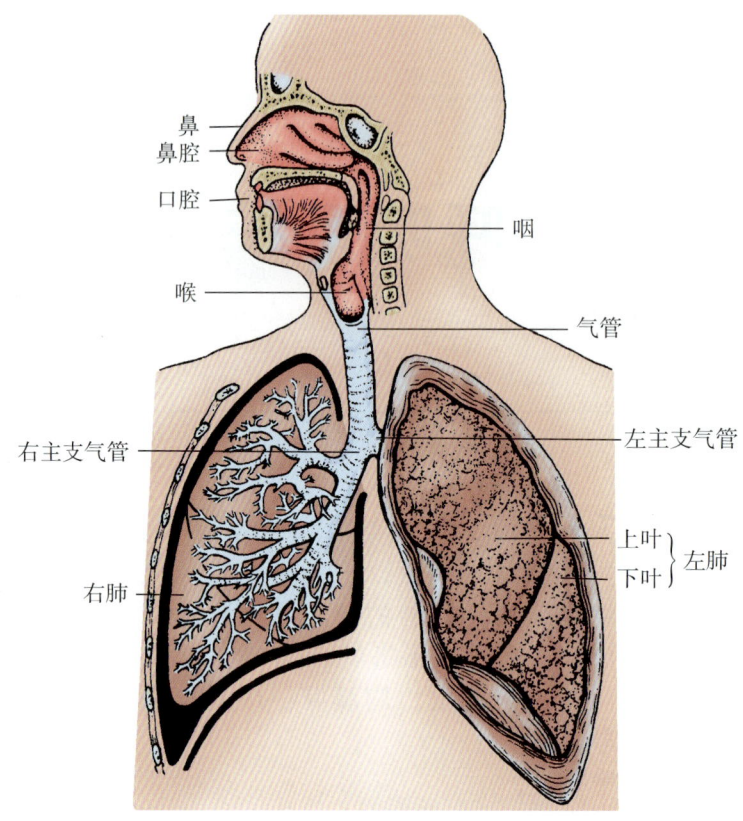

图 9-1 呼吸系统模式图

第一节 呼 吸 道

一、鼻

鼻（nose）是呼吸道的起始部，也是嗅觉器官。由外鼻、鼻腔和鼻旁窦 3 部分组成。

（一）外鼻

外鼻（external nose）位于面部中央，由鼻骨和软骨作支架，外覆皮肤，内衬黏膜。外鼻上端位于两眼之间的部分称**鼻根**，向下延成**鼻背**，下端为**鼻尖**，其两侧弧状隆起称**鼻翼**，当呼吸困难时，可见鼻翼扇动。鼻翼外侧向外下至口角的浅沟称**鼻唇沟**，面肌瘫痪时，瘫痪侧的鼻唇沟变浅或消失。鼻翼和鼻尖处皮肤含丰富的皮脂腺和汗腺，是痤疮及酒糟鼻的好发部位。

（二）鼻腔

鼻腔（nasal cavity）（图 9-2）以骨和软骨为基础，内衬黏膜和皮肤。鼻腔被鼻中隔分为左、右两腔。鼻腔向前经鼻孔通外界，向后经鼻后孔通鼻咽部。鼻腔前下方，鼻尖和鼻翼内面较为扩大的部分称**鼻前庭**，内衬以皮肤，生有鼻毛，它可滤过空气中的尘埃。鼻前庭由于缺少皮下组织，皮肤与软骨膜紧密相连，当发生炎症或疖肿时，疼痛较为剧烈。鼻前庭后上方的弧形嵴称**鼻阈**，鼻阈是皮肤与鼻黏膜的分界标志。

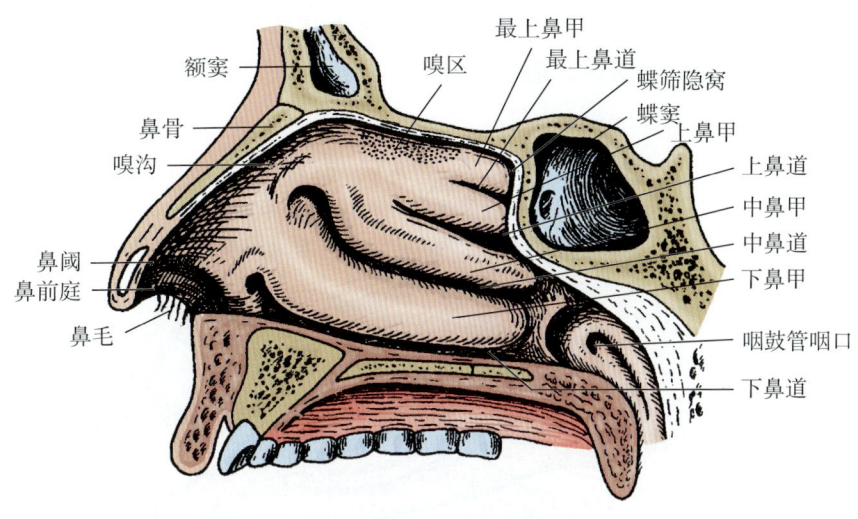

图 9-2　鼻腔外侧壁（右侧）

鼻中隔（nasal septum）（图 9-3）是两侧鼻腔的共同内侧壁，由骨性鼻中隔（筛骨垂直板和犁骨）及鼻中隔软骨覆以黏膜而成，它常偏向一侧，尤以偏向左侧为多见。鼻中隔前下部黏膜较薄，此区血管丰富而位置表浅，受外伤或干燥空气刺激，血管易破裂而出血称为**易出血区**（Little area）。

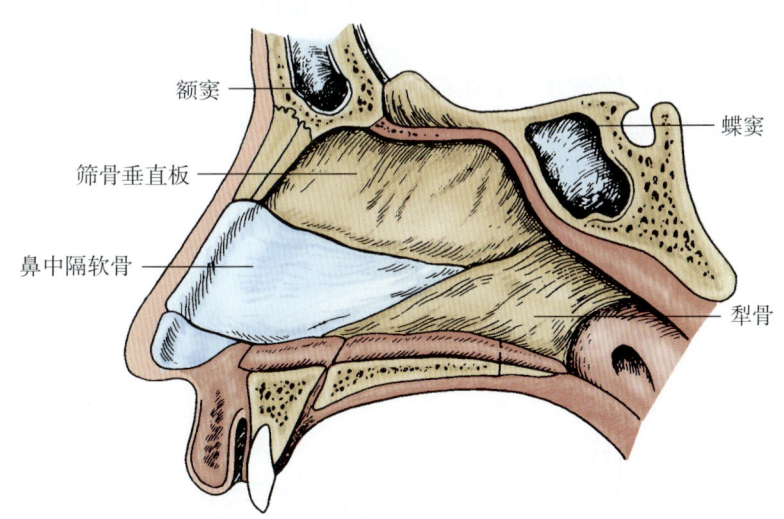

图 9-3　鼻中隔

鼻腔外侧壁结构复杂（图 9-2），自上而下有三个鼻甲凸向鼻腔，分别称为上、中、下鼻甲，各鼻甲下方分别称为上、中、下鼻道。有些人在上鼻甲的后上方有最上鼻甲。在上鼻甲后上方与蝶骨体之间的凹陷称**蝶筛隐窝**。上、中、下鼻道及蝶筛隐窝分别有鼻旁窦的开口。下鼻道前部有鼻泪管的开口，鼻腔顶壁临颅前窝，当颅前窝（筛板）骨折时，脑脊液和血液可经鼻腔流出。

鼻黏膜按其结构和功能不同可分为**嗅区**和**呼吸区**。嗅区位于上鼻甲内侧面以及与其相对的鼻中隔黏膜，活体呈苍白色或浅黄色，含嗅细胞，能感受嗅觉。呼吸区鼻黏膜覆盖除嗅区以外的大部分，活体呈淡红色，表面光滑湿润，上皮有汗毛，含丰富的血管和鼻腺，对吸入的空气起加温、湿润作用。鼻炎时，静脉丛充血，黏膜肿胀，分泌物增多，鼻道变窄，影响通气。

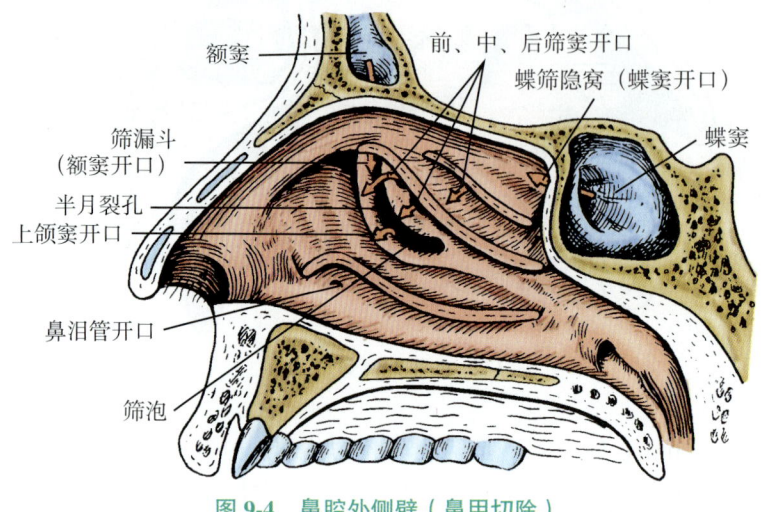

图 9-4　鼻腔外侧壁（鼻甲切除）

（三）鼻旁窦

鼻旁窦（paranasal sinuses）由鼻腔周围含气骨腔覆以黏膜而成，共四对，包括**上颌窦**、**额窦**、**蝶窦**和**筛窦**（图 9-4，5）。上颌窦、额窦和筛窦的前、中群小房开口于中鼻道；筛窦的后群小房开口于上鼻道；蝶窦开口于蝶筛隐窝。鼻旁窦在协助调节吸入空气的温度、湿度上起重要作用，且对发音起共鸣作用。由于鼻旁窦黏膜与鼻黏膜连续，故鼻腔感染时，可蔓延至鼻旁窦引起鼻窦炎。上颌窦是鼻旁窦中最大的一对，因开口位于上颌窦内侧壁最高处，窦口高于窦底，所以上颌窦炎症化脓时，分泌物不易排出。同时窦底邻近上颌磨牙牙根，此

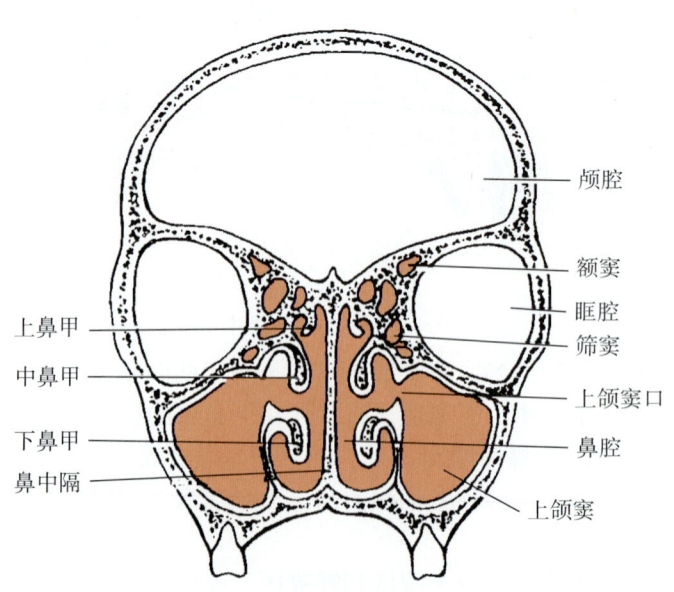

图 9-5　鼻旁窦及鼻腔冠状切面

处骨质较薄，牙根感染常波及上颌窦，引起牙源性上颌窦炎。临床上鼻旁窦的炎症中以上颌窦炎最为多见。

二、喉

喉（larynx）既是呼吸道，又是发音器官。位于颈前部中份，在舌骨下方，上通咽腔喉部，下接气管。喉位于颈前部中份，成年人喉的上界平对第4、5颈椎体之间，下界平第6颈椎体下缘附近，女性和小儿的位置较高。喉上借甲状舌骨膜与舌骨相连；下接气管；喉前方被皮肤、筋膜和舌骨下肌群所覆盖；后方紧邻喉咽部；喉两侧邻颈部大血管、神经和甲状腺侧叶等。喉的活动性较大，当吞咽和发音时，可上下移动。

喉由软骨、软骨间的连结、喉肌和黏膜组成。

（一）喉软骨

喉软骨（laryngeal cartilages）（图9-6）构成喉的支架，包括单块的**甲状软骨**、**环状软骨**、**会厌软骨**和成对的**杓状软骨**。

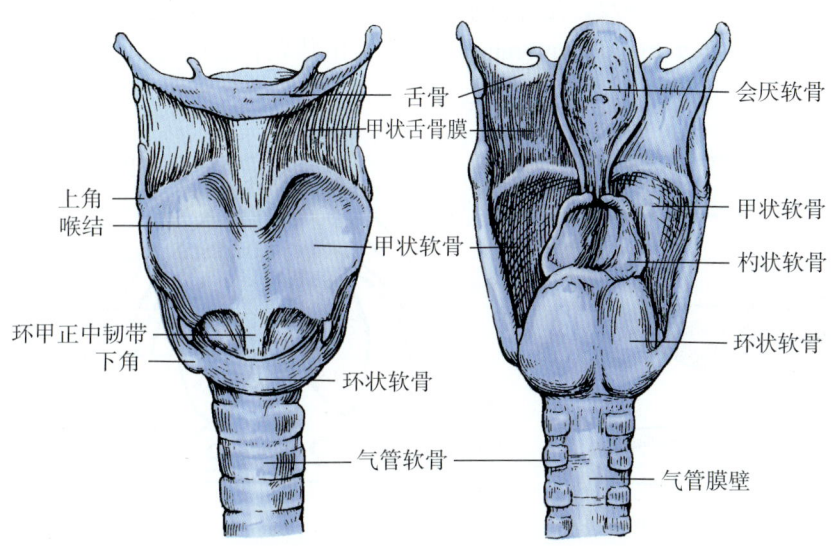

图9-6 喉的软骨及连结

1. 甲状软骨 最大，构成喉的前外侧壁，由两块甲状软骨板构成，两板前缘在中线相互融合构成前角，前角上端向前突出称**喉结**，在成年男性特别明显，是颈部的重要体表标志。两板后缘游离，向上、下各伸出一对突起，上方的一对称**上角**，借韧带与舌骨相连，下方的一对称**下角**，与环状软骨构成关节。

2. 环状软骨 位于甲状软骨下方，构成喉的底座，形似指环，前部低窄称环状软骨弓，后部高宽称**环状软骨板**。环状软骨是呼吸道中唯一完整的软骨环，对维持呼吸道通畅有重要作用。

3. 会厌软骨 形似树叶，下端狭细附于甲状软骨前角的内面。上端宽阔而游离，覆以黏膜称为**会厌**（epiglottis）。吞咽时，喉上提，会厌盖住喉口，防止食物进入喉腔。

4. 杓状软骨 左右各一，位于环状软骨板上方。形似三棱锥体，尖向上，底朝下与环状软骨板上缘构成关节。底有两个突起，向前的称**声带突**，有声韧带附着；向外侧的称**肌突**，有喉肌附着。

（二）喉软骨的连结

喉软骨的连结包括关节和膜性连结两种。关节有环甲关节和环杓关节；膜性连结主要有**弹性圆锥**和**甲状舌骨膜**。

1. 环甲关节（cricothyroid joint） 由甲状软骨下角与环状软骨两侧的关节面构成。甲状软骨通过此关节可在冠状轴上作前倾和复位运动，借以调节声带的紧张程度。前倾时，使声带紧张；复位时，使声带松弛。

2. 环杓关节（cricoarytenoid joint）由杓状软骨底和环状软骨板上缘的关节面连结构成。杓状软骨通过此关节可沿垂直轴作旋转运动，使声带突向内、外侧移动，因而能开大或缩小声门裂。杓状软骨也可作左右滑动。

3. 弹性圆锥（conus elasticus）为弹性纤维组成的膜性结构（图 9-7），自甲状软骨前角的后面，向下向后附着于环状软骨上缘和杓状软骨声带突。整体呈上窄下宽的圆锥状，此膜上缘游离，紧张于甲状软骨前角与杓状软骨声带突之间，称**声韧带**（vocal ligament），是构成声带的基础。弹性圆锥前份较厚，位于甲状软骨下缘和环状软骨弓上缘之间，称**环甲正中韧带**。位置表浅，从体表易于触及，是急性喉阻塞时切开或穿刺的部位。

4. 甲状舌骨膜（thyrohyoid membrane） 是连于甲状软骨上缘与舌骨之间的膜。

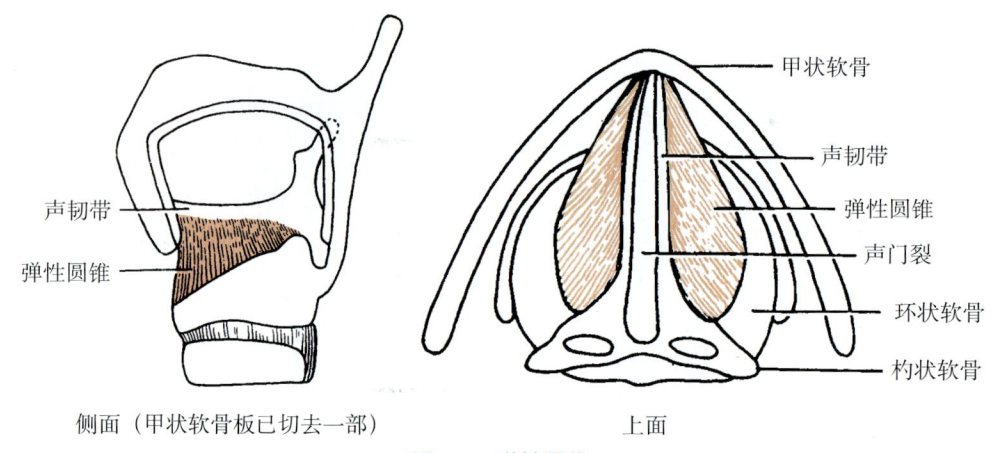

侧面（甲状软骨板已切去一部） 　　上面

图 9-7　弹性圆锥

（三）喉肌

喉肌均为骨骼肌，肌块细小，附着于喉软骨的内面和外面。根据喉肌的功能可分为两群。一群作用于环甲关节，使甲状软骨产生前倾和复位的运动，以紧张或松弛声韧带；另一群作用于环杓关节，使杓状软骨沿垂直轴旋转，从而扩大或缩小声门裂。因此喉肌的运动可控制发音的强弱和调节音调的高低。环甲肌起自环状软骨弓前外侧面，向后上止于甲状软骨下缘和下角，作用是紧张声带。环杓后肌起自环状软骨板后面，向外上止于杓状软骨肌突，有开大声门裂并紧张声带作用（图 9-8，9，10）。

（四）喉腔

喉腔（laryngeal cavity）（图 9-9，11）上借喉口通喉咽，下通气管。喉腔的入口称**喉口**，朝向后上方，由会厌上缘、杓会厌襞和杓间切迹围成。喉腔黏膜与咽和气管的黏膜相延续。喉腔中部有两对自外侧壁突入腔内，呈前后方向的黏膜皱襞，上方的一对称**前庭襞**，活体呈粉红色；下方的一对称**声襞**，活体颜色较白，比前庭襞更为突出。由声襞及其内的声韧带和

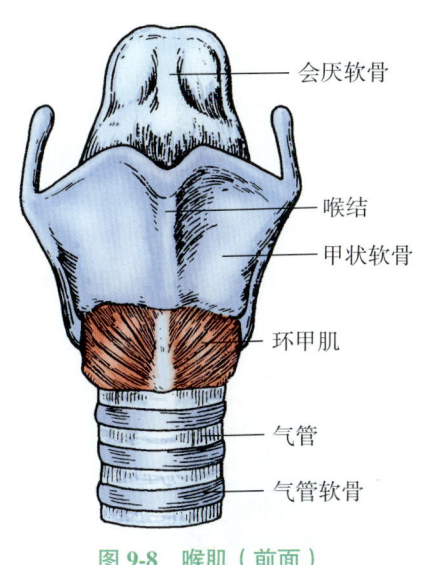

图 9-8 喉肌（前面）　　　　图 9-9 喉肌（后面）

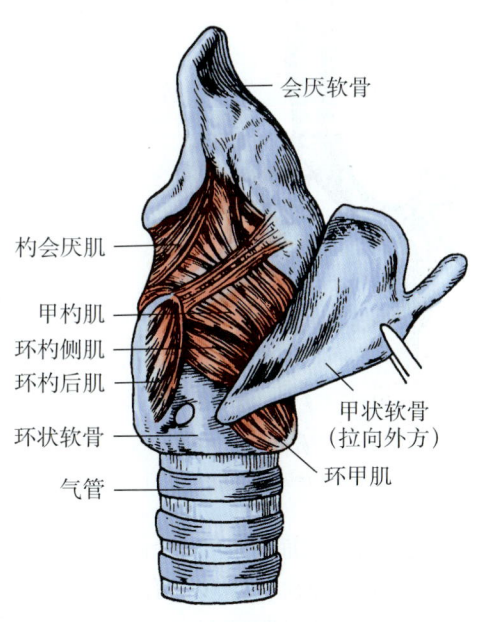

图 9-10 喉肌（侧面）

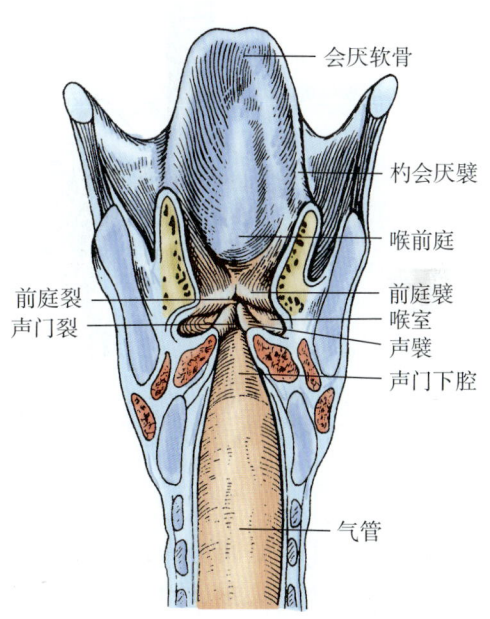

图 9-11 喉腔额状断面

声带肌等构成**声带**，是发音的主要结构。左、右前庭襞之间的裂隙称**前庭裂**；左、右声襞之间的裂隙称**声门裂**，是喉腔最狭窄的部位。

喉腔被前庭裂和声门裂分为 3 部分。前庭裂平面以上的部分称**喉前庭**，前庭裂和声门裂之间的部分，称**喉中间腔**，喉中间腔向两侧突出的间隙，称**喉室**，声门裂平面以下的部分，称**声门下腔**，此区黏膜下组织较疏松，炎症时易引起水肿，婴幼儿喉腔较狭小，常因水肿引起喉阻塞，导致呼吸困难。

三、气管和主支气管

气管和主支气管是连接喉与肺之间的管道，管壁均由软骨、平滑肌和结缔组织构成。气管软骨以"C"形的透明软骨为支架，以保持其开放状态，各软骨间彼此以结缔组织相连，各透明软骨缺口朝向后方，被平滑肌和结缔组织构成的膜壁封闭。所以管的后壁呈扁平状。

（一）气管

气管（trachea）（图 9-12）上起于环状软骨下缘，向下至胸骨角平面分为左、右主支气管。气管由 14～17 个气管软骨构成，分叉处称**气管杈**，在气管杈内面形成向上凸的半月状嵴称**气管隆嵴**，常偏向左侧，是气管镜检查的定位标志。

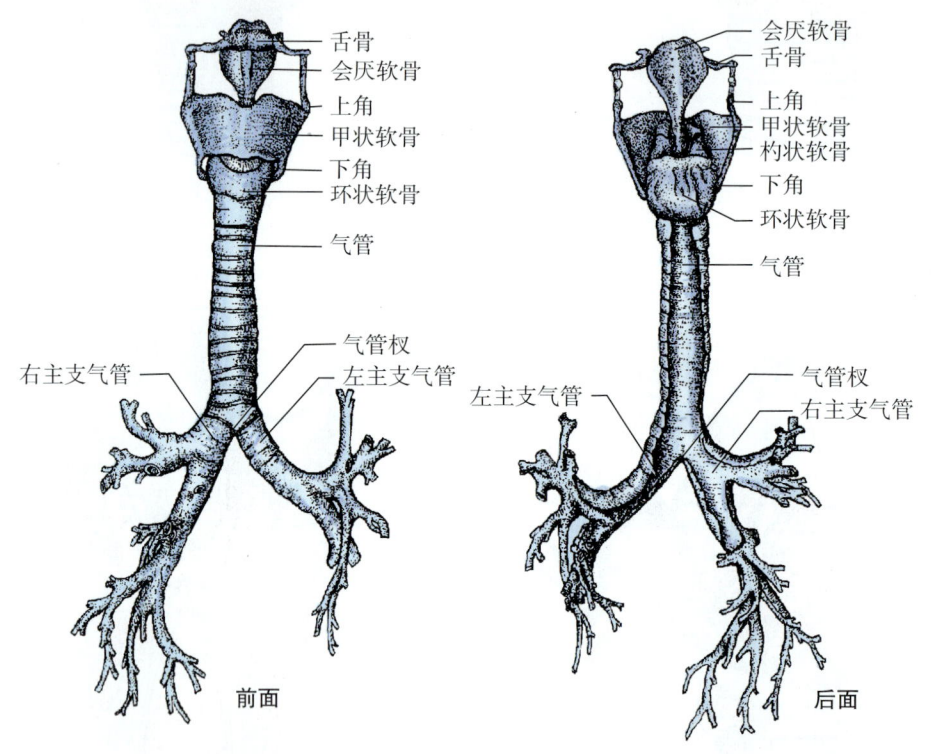

图 9-12　气管及主支气管

根据气管的行程，可分为颈部和胸部，颈部短而表浅，沿颈前正中线下行，在胸骨颈静脉切迹处上方可触及，前面除舌骨下肌群以外，在第 2～4 气管软骨环前方有甲状腺峡；两侧有甲状腺侧叶和颈部大血管；后方与食管相邻。临床上遇急性喉阻塞时，常在第 3～5 气管软骨环处沿正中线作气管切开术。胸部较长，位于上纵隔内，其前方有胸腺、左头臂静脉、主动脉弓等；后方紧邻食管。

（二）主支气管

左、右主支气管由气管分出后，各自斜向外下方走行，分别经左、右肺门进入左、右肺。**左主支气管**（left principal bronchus）细而长，平均长 4～5cm，走行较平缓。**右主支气管**（right principal bronchus）短而粗，平均长 2～3cm，走行较陡直。因此临床上气管内异物多坠入右主支气管。

（赖赞区）

第二节 肺

肺（lung）（图9-13）是气体交换的器官，呈海绵状，富有弹性，表面因有脏胸膜包被，光滑润泽，透过脏胸膜可见许多多边形小区，称肺小叶。幼儿新鲜肺呈淡红色，随年龄增长，由于吸入的灰尘的沉积，颜色逐渐变为灰暗色，并出现许多蓝黑色斑点。健康男性成人两肺的空气容量为5000～6500ml，女性的略小于男性。

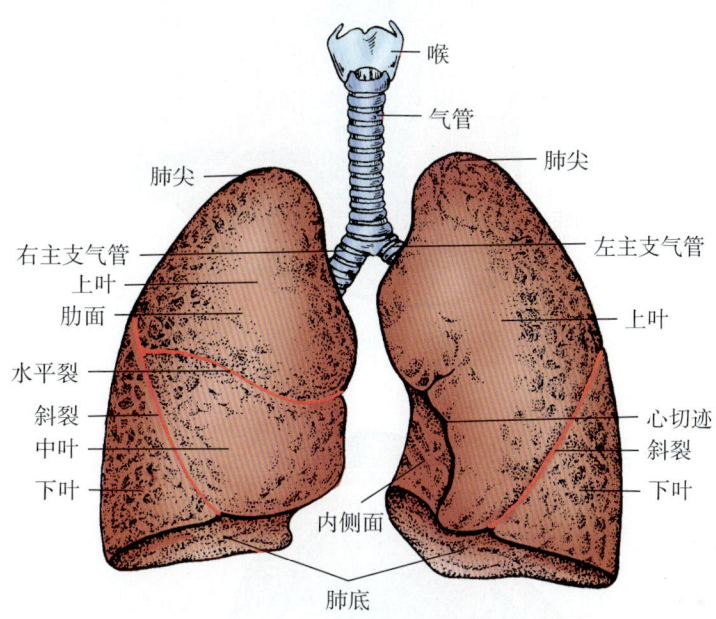

图9-13 气管、主支气管和肺（前面观）

一、肺的位置和形态

肺位于胸腔内，左右两肺分居纵隔的两侧，膈的上方。右肺因膈下有向上隆凸的肝，故右肺宽而短，左肺狭而长。肺形似半个圆锥形，有一尖一底、两面和三缘（图9-14，15）。

肺尖呈钝圆形，经胸廓上口向上伸入颈根部，高出锁骨内侧1/3上方2～3cm。**肺底**与膈相邻，向上凹，又称**膈面**；肋面圆凸，与胸壁内面贴近；内侧面邻贴纵隔，中部凹陷处，称**肺门**（hilum of lung），是主支气管、肺动、静脉、淋巴管和神经出入肺的部位，这些结构被结缔组织包绕在一起，将肺连于纵隔，称**肺根**。肺的前缘薄而锐，左肺前缘的下部有一明显的凹陷，称**心切迹**，切迹的下方有一伸向前内方的舌状突起称**左肺小舌**。肺后缘圆钝，贴于脊柱两侧。肺的下缘较薄锐，伸向胸壁与膈的间隙内。

肺被肺裂分为数叶。左肺被由从后上斜向前下的一条**斜裂**分为上、下两叶。右肺除斜裂外，还有一条近于水平方向的**水平裂**，它们把右肺分成上、中、下3叶。

二、肺内支气管和肺段

左、右主支气管在肺门处分出肺叶支气管，肺叶支气管入肺后再分为若干肺段支气管，并在肺内反复分支，呈树枝状，称**支气管树**（图9-12），最后连于肺泡。每一肺段支气管及

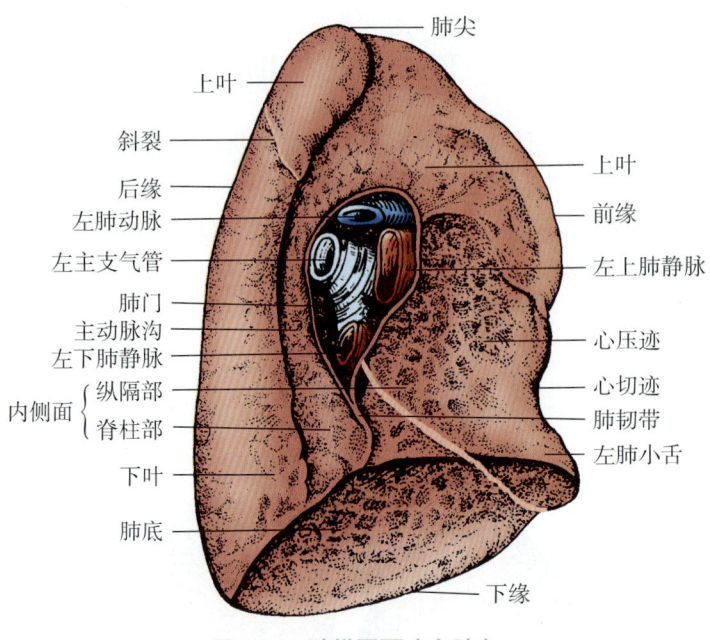

图 9-14　肺纵隔面（左肺）

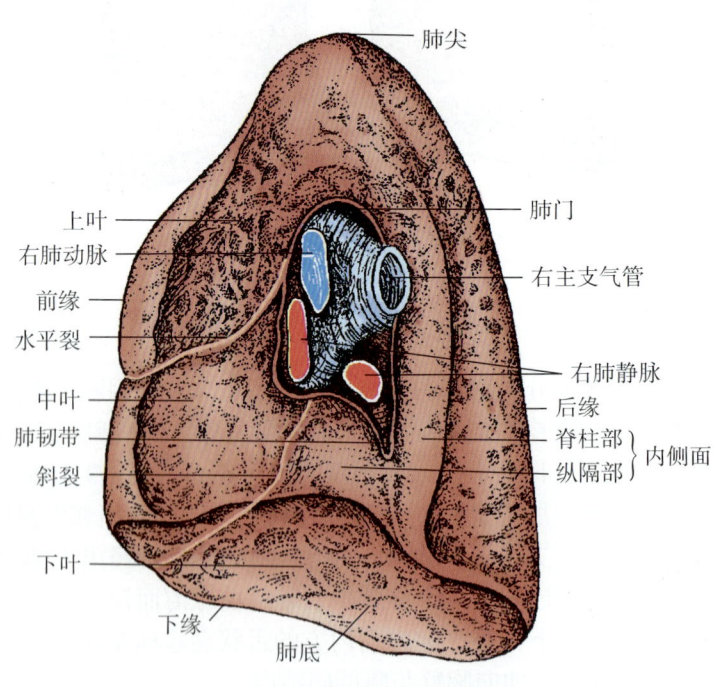

图 9-15　肺纵隔面（右肺）

其所属的肺组织构成一个**肺段**（支气管肺段）。按肺段支气管的分支分布，一般左、右肺各分为 10 个肺段（左肺也分为 8 个肺段）。临床上常以肺段为单位进行定位诊断及肺切除术。

（赖赞区）

第三节 胸 膜

一、胸膜及胸膜腔

胸膜（pleura）（图9-16）是一层薄而光滑的浆膜。可分为互相移行的**脏胸膜**和**壁胸膜**两部分。脏胸膜紧贴在肺表面；壁胸膜贴附于胸壁内面、膈上面和纵隔两侧。

胸膜腔（pleural cavity）（图9-16）是脏、壁两层胸膜在肺根部互相移行，共同围成一个封闭的腔隙，左右各一，互不相通，正常胸膜腔内为负压，脏、壁两层胸膜相互贴附在一起，所以胸膜腔实际上是两个潜在性的腔隙。腔内仅有少量浆液，以减少呼吸时脏、壁两层胸膜间的摩擦并保证肺处于扩张状态。

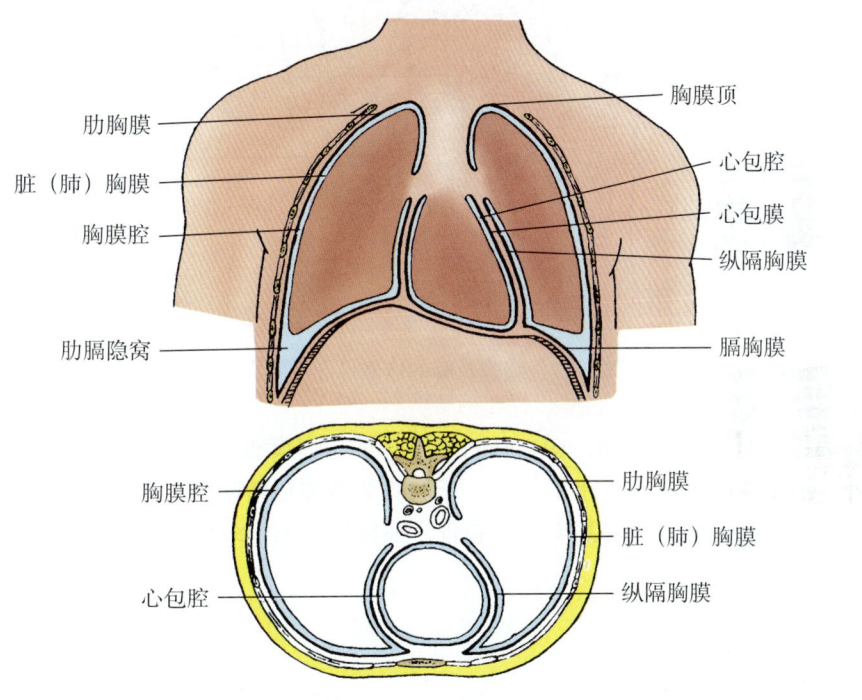

图9-16 胸膜和胸膜腔示意图

二、壁胸膜的分部及胸膜隐窝

壁胸膜根据所在位置可分为4部分（图9-16）：突出于胸廓上口，覆盖于肺尖上方的部分，称**胸膜顶**；衬贴于肋骨与肋间肌内面的部分，称**肋胸膜**；贴附于膈上面的部分，称**膈胸膜**；呈矢状位衬覆于纵隔两侧的部分，称**纵隔胸膜**。

壁胸膜各部互相转折处，胸膜腔留有一定间隙，在深吸气时肺缘也不能伸入此空间，这些间隙称**胸膜隐窝**（pleural recesses）。其中最大最重要的胸膜隐窝是**肋膈隐窝**，为肋胸膜与膈胸膜相互转折处，在人体直立时为胸膜腔最低部位，当胸膜发生炎症时，渗出液首先积聚于此处，为临床胸腔穿刺抽液的部位。

三、胸膜与肺的体表投影

胸膜的体表投影（图 9-17）是指壁胸膜各部互相移行形成的反折线的体表投影。两侧胸膜顶和胸膜前界的投影，基本与肺尖和肺前缘一致。两侧胸膜下界的体表投影，比两肺下缘的投影低 1～2 个肋骨。即在锁骨中线处与第 8 肋相交，在腋中线处与第 10 肋相交，在肩胛线处与第 11 肋相交，在接近脊柱时约平第 12 胸椎棘突。

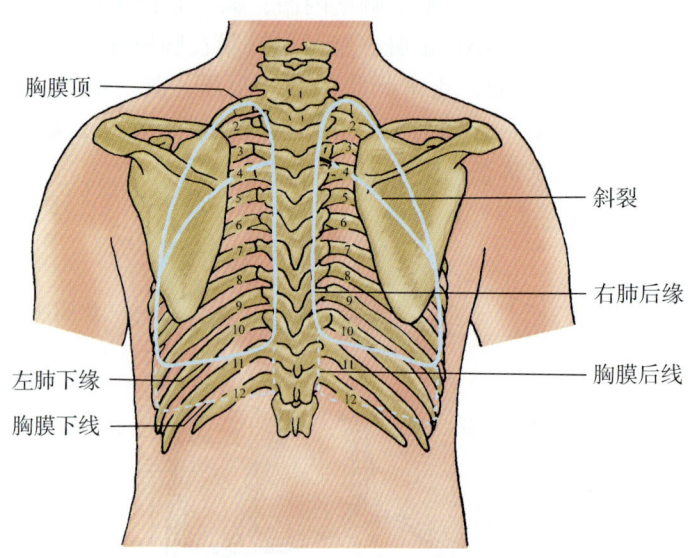

图 9-17　胸膜及肺的体表投影（后面）

肺的体表投影（图 9-17，18，19）肺的前界几乎与胸膜前界一致，仅左侧在第 4 胸肋关节处急转向外，沿第 4 肋软骨下缘水平行走，于胸骨旁线附近转向下，至第 6 肋软骨中点处移行于下界。肺下界一般比胸膜下界高出两个肋骨，在接近后正中线处高出两个胸椎（表 9-1）。

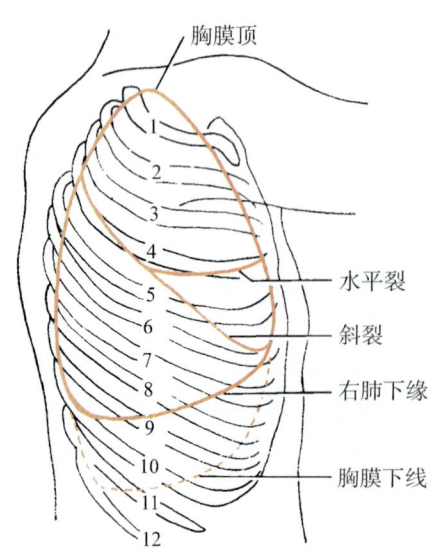

图 9-18　胸膜及肺的体表投影（右侧面）

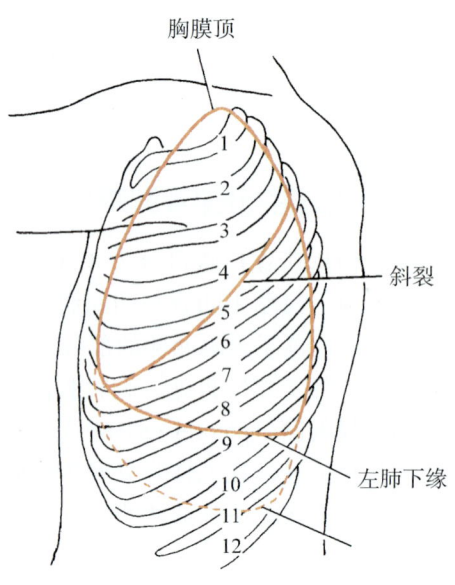

图 9-19　胸膜及肺的体表投影（左侧面）

表 9-1　肺和胸膜下界的体表投影

	锁骨中线	腋中线	肩胛线	后正中线
肺下界	第 6 肋	第 8 肋	第 10 肋	第 10 胸椎棘突
胸膜下界	第 8 肋	第 10 肋	第 11 肋	第 12 胸椎棘突

（赖赞区）

第四节　纵　隔

一、纵隔的概念和境界

纵隔（mediastinum）是两侧纵隔胸膜之间的全部器官、结构和结缔组织的总称。纵隔的前界为胸骨，后界为脊柱胸段，两侧界为纵隔胸膜，上界达胸廓上口，下界为膈。

二、纵隔的分部

通常以胸骨角平面为界，将纵隔分为**上纵隔**和**下纵隔**两部分（图 9-20）。下纵隔再以心包为界分为**前、中、后**三部分，即胸骨与心包前面之间的**前纵隔**；心包、心以及与其相连大血管根部所占据的**中纵隔**；心包后面与脊柱胸段之间的**后纵隔**。

1. 上纵隔　主要包括胸腺、头臂静脉、上腔静脉、主动脉弓及其分支、膈神经、迷走神经、喉返神经、食管胸部、气管胸部及胸导管和淋巴结等。
2. 前纵隔　内有胸腺下部、少量淋巴结和疏松结缔组织。

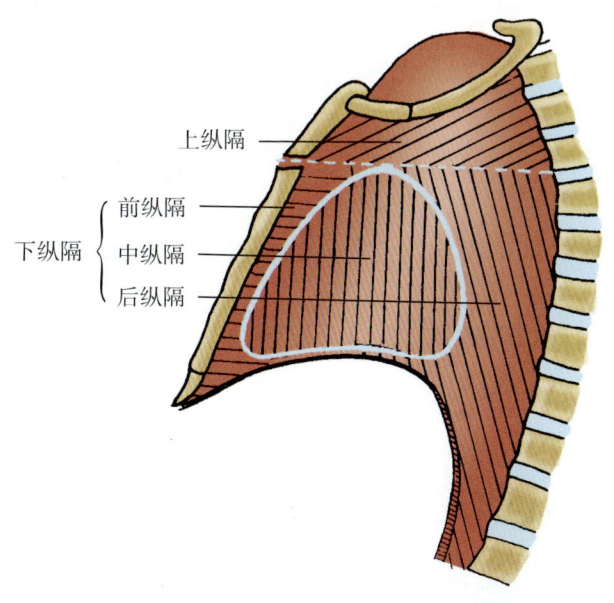

图 9-20　纵隔分区示意图

3. 中纵隔　为纵隔下部最宽阔的部分，其内有心包、心和与心相连的大血管（升主动脉、肺动脉干及其分支、上腔静脉、左和右肺静脉）、膈神经、奇静脉弓等。

4. 后纵隔　内有主支气管、食管胸部、胸主动脉、胸导管、奇静脉和半奇静脉、迷走神经、胸交感干、淋巴结等。

知识链接

1. 上颌窦穿刺术的护理

（1）穿刺术前的护理：应了解的患者身体状况，严格掌握穿刺指征。另外还应检查鼻腔有无阻塞性病变，如鼻息肉等，若有应劝其及时清除诱因，以便提高疗效。

（2）心理护理：对待患者和蔼可亲，说明穿刺对于治疗与诊断的重要性和安全性，告知穿刺是在表面麻醉下进行，无痛苦，使其消除恐惧感。

（3）穿刺术后护理：①注意观察有无出血情况。嘱患者下鼻道棉球2小时后才可取出。2天内勿用力擤鼻、挖鼻，不游泳，不参加剧烈运动。②加强健康知识宣教。

2. 气管切开术系切开颈段气管前壁，插入气管套管，以解除喉源性呼吸困难、呼吸功能失常或下呼吸道分泌物潴留所致呼吸困难的一种急救措施。一般情况下左颈前部沿气管正中线纵行切开3～4或4～5气管软骨环，撑开气管切口，吸出气管内分泌物，插入合适的套管并固定。术后应保持呼吸道通畅，防止伤口感染和术后并发症。

3. 行胸腔穿刺术时注意　①穿刺针与皮肤垂直，进针要缓慢，边进针边回抽，当抽出液体时停针，以免刺伤肺而引起气胸；②切勿沿肋骨下缘进针，以免伤及肋间神经和血管；③放液速度不宜过快或过多，防止发生纵隔移位；④穿刺部位不宜过低，以免伤及肝、脾和膈。

思考题

1. 气管和主支气管共同的结构特点是什么？若气管内有异物，容易坠入哪侧主支气管？为什么？
2. 论述肋膈隐窝的位置和临床意义。

（赖赞区）

第五节　呼吸系统的微细结构

一、气管和主支气管的微细结构

气管和主支气管组织结构基本相似，管壁由内向外由黏膜、黏膜下层和外膜组成（图9-21）。

(一) 黏膜

黏膜上皮为假复层纤毛柱状上皮，基膜明显。固有层为疏松结缔组织，内含血管、淋巴管和弥散淋巴组织。黏膜上皮可见纤毛细胞、杯状细胞、基底细胞、刷细胞和小颗粒细胞（图9-22，23）。纤毛细胞数目最多，细胞游离面有纤毛，纤毛有节律地向喉口方向摆动。杯状细胞顶部胞质中含大量黏原颗粒，细胞分泌的黏液与管壁内腺体的分泌物共同黏附空气中异物，并经咳痰方式排出。基底细胞呈锥形，位于上皮基底部，能分裂增殖，补充损伤的上皮细胞。刷细胞游离面有密集的微绒毛如刷状，此细胞功能不详。小颗粒细胞具有内分泌功能，调节呼吸道腺体分泌等功能。

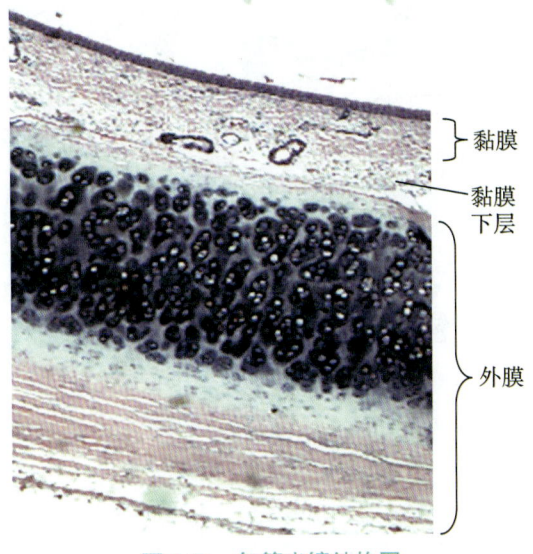

图 9-21 气管光镜结构图

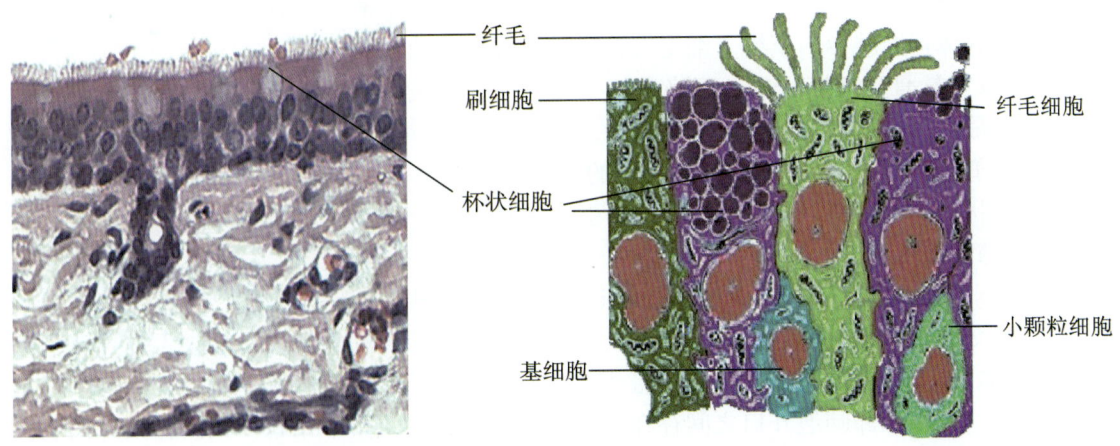

图 9-22 气管上皮光镜结构图　　图 9-23 气管上皮细胞电镜结构模式图

(二) 黏膜下层

黏膜下层由疏松结缔组织构成，内含血管、神经和混合性气管腺。

(三) 外膜

外膜由透明软骨和结缔组织构成。"C"形透明软骨环构成气管壁的支架，软骨环之间以弹性纤维组成的环间韧带连接，软骨环的缺口处由结缔组织和平滑肌相连。其中有较多的气管腺。

二、肺的微细结构

肺表面被覆有胸膜脏层，是一层浆膜，由间皮和结缔组织组成。肺分实质和间质两部分。实质即为支气管树及其末端的大量肺泡。间质为肺内的结缔组织、血管、淋巴管和神经等。支气管从肺门入肺后再呈树状逐级分支，称**支气管树**（bronchial tree）。肺内小支气管、细支气管、终末细支气管构成肺的导气部。呼吸性细支气管、肺泡管、肺泡囊和肺泡构成肺

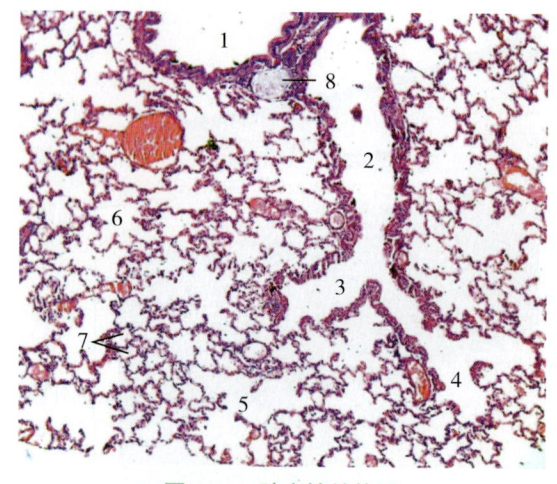

图 9-24　肺光镜结构图

1．小支气管；2．细支气管；3．终末细支气管；
4．呼吸性细支气；5．肺泡管；6．肺泡囊；
7．泡；8．软骨片

的呼吸部（图 9-24）。每个细支气管连同它的各级分支和肺泡组成一个**肺小叶**（pulmonary lobule）。肺小叶呈锥体形，锥体的尖端朝肺门，底向着肺表面。

（一）肺导气部

肺导气部各段管道随其分支管径逐渐变细，管壁变薄，组织结构也由复杂变为简单。

1．黏膜　导气部起始端上皮与支气管相似，为假复层纤毛柱状上皮，随管径变细渐变为单层纤毛柱状，杯状细胞减少。至终末细支气管时变为单层柱状，杯状细胞消失，其上皮细胞有两种，即纤毛细胞和 Clara 细胞（分泌细胞），Clara 细胞具有分泌蛋白水解酶的作用，可分解管腔中黏液等作用。固有层逐渐变薄。

2．黏膜下层　随管径的缩小，黏膜下层逐渐变薄，腺体逐渐减少，至终末细支气管时，腺体完全消失。

3．外膜　软骨片逐渐减少，至终末细支气管完全消失。此层平滑肌从分散的螺旋排列逐渐增多，最后形成完整的环形平滑肌层。

细支气管和终末细支气管通过平滑肌的收缩和舒张，具有控制进入肺泡内气流量的作用。在病理状况下，平滑肌发生痉挛收缩，引起呼吸困难，称支气管哮喘。

（二）肺呼吸部

1．**呼吸性细支气管**（respiratory bronchiole）　是终末细支气管的分支，管壁上出现肺泡，以进行气体交换。上皮为单层柱状或立方上皮，其外有少量结缔组织和平滑肌。

2．**肺泡管**（alveolar duct）　是呼吸性细支气管的分支，是由许多肺泡围成的管道，没有完整的管壁，只在相邻肺泡开口之间存在小部分管壁，切片上呈节结状膨大。膨大部的表面为单层立方或扁平上皮，下方为富含弹性纤维的薄层结缔组织及少量平滑肌。

3．**肺泡囊**（alveolar sac）　是多个肺泡的共同围成的囊腔，在肺泡开口处无平滑肌，因此也不见膨大的结节。

4．**肺泡**（pulmonary alveoli）　是支气管树的终末部分，是肺进行气体交换的部位。肺泡为多面形囊泡，一面开口于肺泡囊、肺泡管或呼吸性细支气管，其余各面与相邻的肺泡彼此相接。肺泡壁很薄，表面覆有肺泡上皮，基膜完整（图 9-25）。

（1）肺泡上皮：肺泡壁由两型细胞组成。

Ⅰ型肺泡上皮细胞（type Ⅰ alveolar cell）：细胞扁平，含核部分略厚，其他部分很薄，胞质内吞饮小泡甚多，可将肺泡内吸入的微

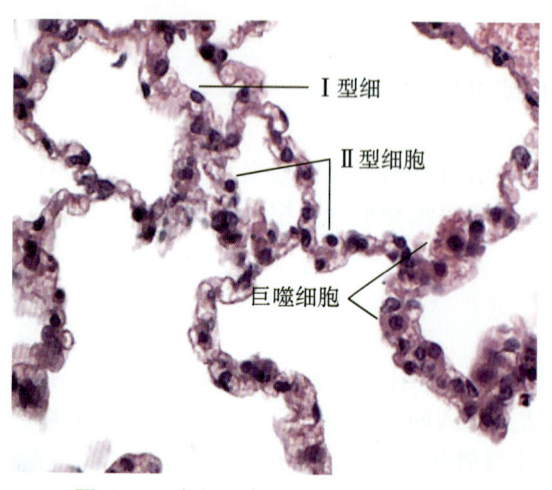

图 9-25　肺泡和肺泡隔电镜结构模式图

尘粒转运至间质内。肺泡表面大部分由Ⅰ型肺泡上皮细胞覆盖，为气体交换提供广阔的表面积。

> **知识链接**
>
> ### Ⅱ型肺泡细胞与新生儿肺透明膜病
>
> Ⅱ型肺泡细胞产生的表面活性物质，其主要成分是磷脂、糖胺多糖及蛋白质等。细胞以胞吐方式将表面活性物质释放出来，铺展于肺泡内面，形成一层薄膜。呼气时肺泡缩小，表面活性物质密度增加，表面张力降低，使肺泡不至于过度塌陷；吸气时肺泡扩张，表面活性物质密度减小，表面张力增大，可防止肺泡过度膨胀。若早产儿或新生儿因先天缺陷致Ⅱ型肺泡细胞发育不良，表面活性物质合成与分泌障碍，使肺泡表面张力增大，婴儿出生后肺泡不能扩张，表现为进行性呼吸困难和青紫，出现新生儿呼吸窘迫综合征。患儿可因血氧不足，肺毛细血管通透性增加，血浆蛋白质漏出，在肺泡上皮表面形成一层透明膜样物质，故又称新生儿透明膜病。

Ⅱ型肺泡上皮细胞（type Ⅱ alveolar cell）：数量较Ⅰ型肺泡上皮细胞多，增殖能力强。细胞呈立方形，嵌在Ⅰ型肺泡上皮细胞之间。细胞游离面有少量微绒毛；细胞质内粗面内质网丰富、高尔基复合体发达，还有许多嗜锇性板层小体。小体内的物质以胞吐方式释出，均匀地涂布于肺泡上皮表面，称**表面活性物质**（surfactant），具有降低肺泡表面张力、稳定肺泡直径的作用。

（2）**肺泡隔**（alveolar septum）：相邻两个肺泡之间的薄层结缔组织称肺泡隔。其中含有丰富的毛细血管网和大量的弹性纤维。密集的毛细血管网，有利于血液与肺泡之间的气体交换。丰富的弹性纤维使肺具有弹性。在病理状态下，弹性纤维遭到破坏，肺泡处于过度扩张状态，造成肺气肿。

> **知识链接**
>
> ### 肺的弹性纤维与肺气肿
>
> 肺泡之间的肺泡隔内含有大量弹性纤维，吸气时肺泡扩大，弹性纤维舒张，吸气时弹性纤维弹性回缩，可促使扩张的肺泡回缩。老年人的弹性纤维发生退化变性，吸烟可加速退化进程，肺的炎症病变可破坏弹性纤维，使其弹性减弱，肺泡弹性降低，回缩较差，肺泡始终处于扩张状态，肺的换气功能降低，久之，肺泡扩大导致肺气肿。

（3）**气-血屏障**：肺泡与血液间进行气体交换所通过的组织结构称**气-血屏障**（blood-air barrier）。它包括Ⅰ型肺泡上皮细胞及其基膜、薄层结缔组织、毛细血管基膜及内皮细胞。气-血屏障很薄，总厚度约 0.5μm。

（4）**肺泡孔**（alveolar pore）：相邻肺泡之间有直径 10～15μm 的小孔相通，称肺泡孔，与平衡肺泡内的气压相关。

（5）肺泡巨噬细胞：由单核细胞分化而来，广泛分布在肺泡隔或肺泡腔内。具有吞噬细菌、异物等功能。在吞噬了吸入的尘粒后，称尘细胞。

（三）肺的血管

肺有两套血管供应。

1．肺动脉与肺静脉是肺的功能性血管，入肺后，随支气管树分支。到达呼吸部后，在肺泡周围形成毛细血管网，属于连续性毛细血管，完成气体交换。

2．支气管动脉和支气管静脉是肺的营养性血管，起自胸主动脉或肋间动脉，与支气管伴行入肺，沿途在导气部管壁分支形成毛细血管，营养肺组织。

思 考 题

1．试述气管组织结构。
2．什么是肺泡隔？包括哪些成分？
3．说出气-血屏障的结构。
4．解释尘细胞的概念。
5．试述肺导气部组成及管壁结构特点。

（马红梅）

第十章 泌尿系统

学习目标

记忆
1. 复述泌尿系统的组成；肾的形态、位置；女性尿道的形态特点及开口部位；肾单位的结构。
2. 定义肾门、膀胱三角、肾单位的概念。

理解
1. 解释肾的冠状切面结构，肾的被膜；输尿管的形态、位置；膀胱的形态位置；肾小球旁器的组成和功能；肾的血液循环特点。
2. 分析肾、输尿管（特别是女性盆部）、膀胱的主要毗邻。

应用
能够运用肾区的概念；女性尿道开口部位。

泌尿系统（urinary system）（图 10-1）由**肾**、**输尿管**、**膀胱**和**尿道** 4 部分组成。其主要功能是排出机体内溶于水的代谢产物。机体在新陈代谢过程中产生的废物如尿素、尿酸及多余的水分和无机盐等，由循环系统运至肾，在肾内形成尿液，经输尿管输送到膀胱贮存，达到一定量再经尿道排出体外。尿的质和量常随机体内环境的变化而改变，对保持机体内环境相对稳定和电解质平衡起重要作用。当肾功能障碍时，代谢产物蓄积体内，改变内环境的理化性质，影响新陈代谢的正常进行，严重肾衰竭可出现尿毒症，危及生命。

第一节 肾

一、肾的形态

肾（kidney）为成对的实质性器官，形如蚕豆，左右各一。肾表面光滑，可分上、下两端，前、后两面，内、外侧两缘（图 10-2）。**内侧缘**中部凹陷，称**肾门**（renal hilum），有肾动脉、肾静脉、肾盂、神经和淋巴管等出入，这些结构被结缔组织包裹在一起，总称为**肾蒂**。肾蒂内主要结构由前向后依次为肾静脉、肾动脉和肾盂；自上而下依次为肾动脉、肾静脉和肾盂。自肾门深入肾实质的凹陷称**肾窦**，内含肾动脉的分支、肾静脉的属支、肾小盏、肾大盏、肾盂、神经、淋巴管和脂肪组织等。

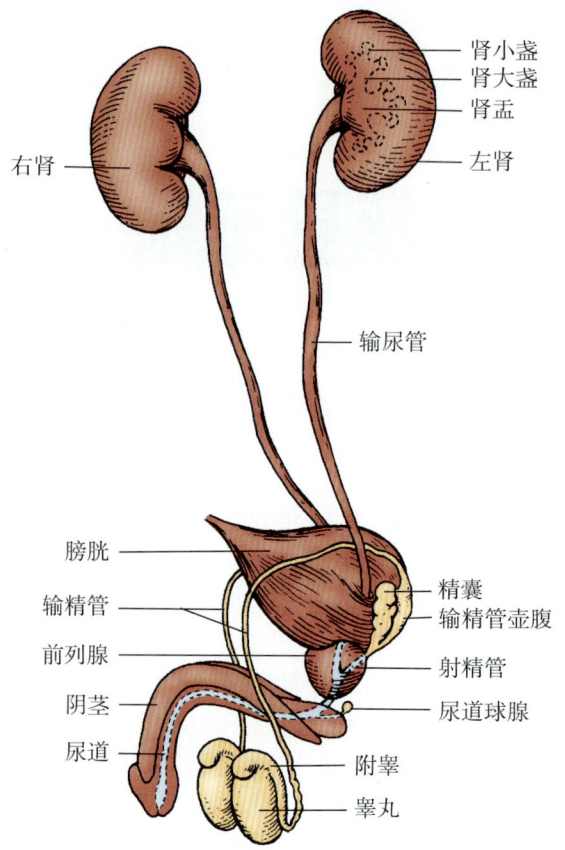

图 10-1 男性泌尿生殖系统模式图

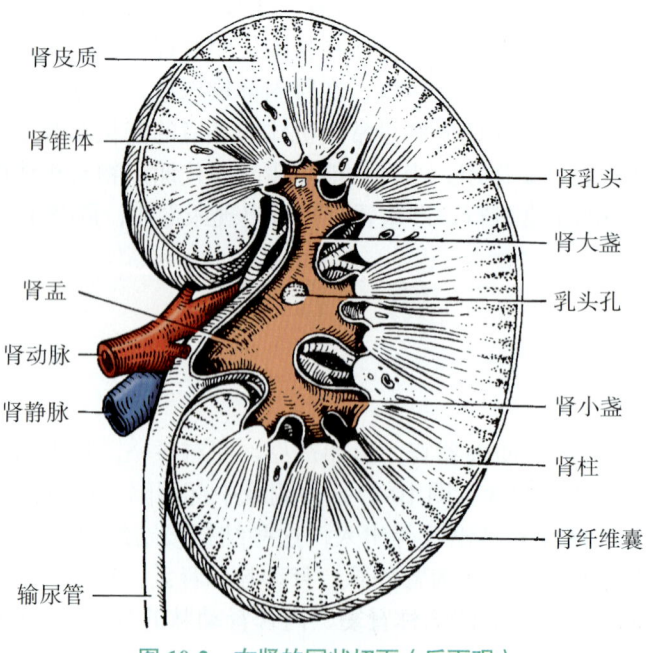

图 10-2 右肾的冠状切面（后面观）

二、肾的结构

在肾的冠状切面上（图10-2），肾实质分为表层的**肾皮质**和深层的**肾髓质**。

（一）肾皮质

肾皮质位于肾实质的浅层，厚0.5～1.5cm，富含血管，新鲜标本呈红褐色，肉眼观察为颗粒状。肾皮质伸入到肾锥体之间的部分称**肾柱**。

（二）肾髓质

肾髓质位于肾皮质的深面，约占肾实质厚度的2/3，色淡，致密而有条纹，由许多小的管道组成，可见15～20个圆锥形、底朝皮质、尖向肾窦的**肾锥体**，2～3个肾锥体的尖端合成一个**肾乳头**，并突入肾小盏，肾乳头顶端有许多小孔，称**乳头孔**。

在肾窦内，**肾小盏**呈漏斗状，共有7～8个，包绕肾乳头周围，承接肾乳头排出的尿液。2～3个肾小盏汇合成一个**肾大盏**。再由2～3个肾大盏汇合成一个前后扁平漏斗状的**肾盂**（renal pelvis），肾盂出肾门后，逐渐变细移行为输尿管。

三、肾的位置和毗邻

正常成年人肾位于脊柱两侧（图10-3），紧贴腹后壁上部，前被腹膜遮盖，为腹膜外位器官。肾的长轴向外下倾斜，上端靠近脊柱，下端稍远离，略呈"八"字形排列。因受肝的影响，右肾略低于左肾。**左肾**上端平第11胸椎体下缘，下端平第2腰椎体下缘；**右肾**上端平第12胸椎体上缘，下端平第3腰椎体上缘。如以肋为标志，第12肋斜过左肾后面中部，斜过右肾后面上部。肾门约平第1腰椎平面。竖脊肌外侧缘与第12肋夹角处为**肾区**，在某些肾疾病患者，叩击或触压该区常引起疼痛。肾的位置有个体差异，女性稍低于男性，儿童低于成人。

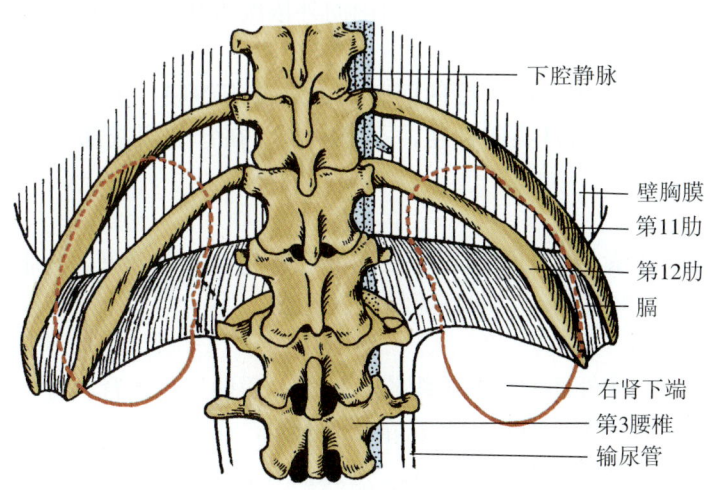

图10-3　肾与肋、椎骨的位置关系（后面观）

肾的毗邻（图10-4）：两肾上方均有肾上腺，后面上1/3借膈与肋膈隐窝相邻，肾手术时注意，以免损伤胸膜。后面下2/3自内向外依次贴近腰大肌、腰方肌及腹横肌。肾的前面邻接的器官，左右不同；左肾前面内侧自上而下分别与胃、胰、空肠相邻，外侧缘与脾和结肠左曲相接触；右肾前面近内侧缘邻十二指肠降部，外侧邻接肝右叶和结肠右曲。

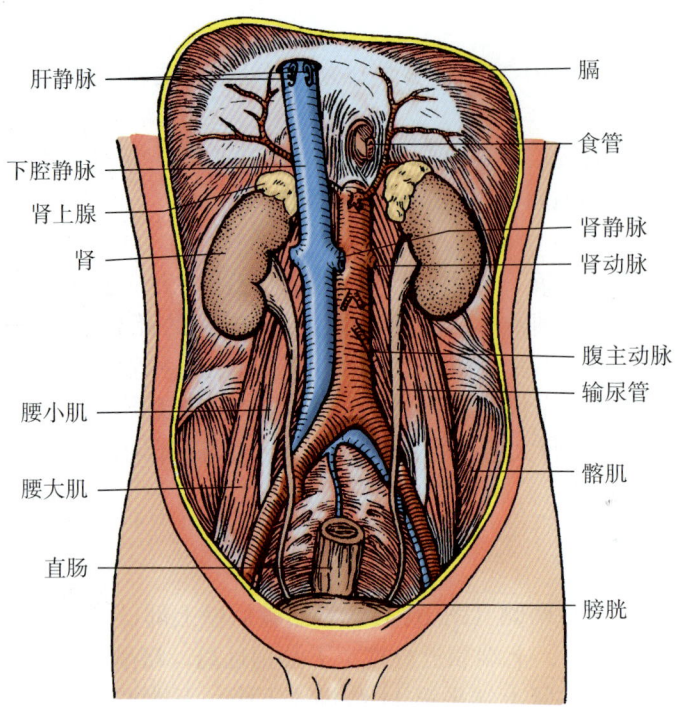

图 10-4 肾和输尿管

四、肾的被膜

肾的表面有三层被膜（图 10-5，6），由内向外依次为纤维囊、脂肪囊和肾筋膜。

（一）纤维囊

纤维囊为紧贴肾实质表面的一层薄而坚韧的结缔组织膜，正常情况下，易与肾实质分离，但在病理情况下，则与肾实质粘连，不易剥离。在肾破裂或部分肾切除时，需缝合此膜，以防肾实质撕裂。

（二）脂肪囊

脂肪囊为包在纤维囊外面的脂肪组织层，并经肾门延伸至肾窦内。脂肪囊对肾起弹性垫样的保护作用。临床上肾囊封闭，即将药物注入此囊。

（三）肾筋膜

肾筋膜覆盖在脂肪囊外面的结缔组织膜，分前、后两层包裹肾、肾上腺及其周围的脂肪囊。前层覆盖肾的前面及腹主动脉、下腔静脉的前面，在中线上与对侧的前层相延续；后层包被肾的后面，与腰大肌筋膜相融合。前、后两层在肾的外侧和上方相互融合，下方分开，输尿管行于两层之间。自肾筋膜深面发出许多结缔组织小束，穿过脂肪囊与纤维囊相连，对肾起固定作用。

肾位置的固定主要靠肾的被膜，其次是腹压、肾的血管、腹膜及邻近器官的承托。当肾的固定装置不健全时，肾可向下移动，形成肾下垂或游走肾。

第十章 泌尿系统

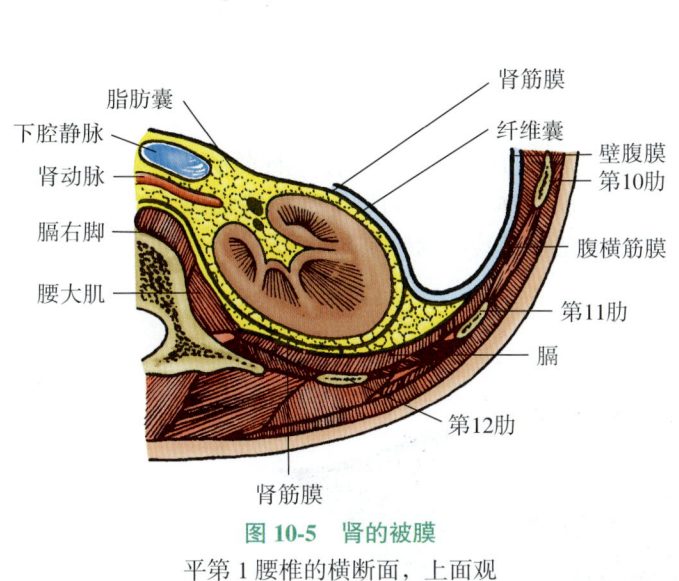

图 10-5 肾的被膜
平第 1 腰椎的横断面，上面观

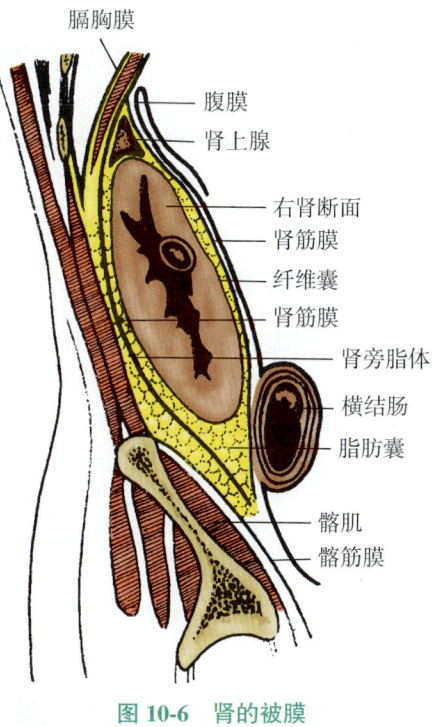

图 10-6 肾的被膜
经右肾和肾上腺的纵断面，右面观

（曹伟桃）

第二节 输 尿 管

输尿管（ureter）（图 10-1, 4）为一对细长的肌性管道，长 20～30cm，管径为 5～7mm，管壁有较厚的平滑肌层，可作节律性的蠕动，使尿液不断地流入膀胱。

1. 输尿管的位置和分部　输尿管位于腹膜后方，起自肾盂，终于膀胱。按其行程可分为腹部、盆部和壁内部。

（1）输尿管腹部：起自肾盂末端，沿腰大肌前方下降，至小骨盆入口处，跨越髂血管前方（左侧越过髂总动脉末端，右侧越过髂外动脉起始部），进入盆腔。

（2）输尿管盆部：自小骨盆入口起，先沿盆腔侧壁行向后下，再转向前内，在男性绕过输精管的后方与之交叉，于输精管与精囊腺顶端间斜穿膀胱壁，进入膀胱。在女性则经子宫阔韧带底至子宫颈外侧 1～2cm 处，与横过其前上方的子宫动脉交叉后，向前穿膀胱壁，进入膀胱。子宫手术时应注意不要误伤输尿管。

（3）输尿管壁内部：指斜穿膀胱壁的部分，长约 1.5cm，以输尿管口开口于膀胱底内面。当膀胱充盈时，内压增高，将壁内部压扁而闭合，可防止尿液逆流入输尿管。

2. 输尿管的狭窄　输尿管全程有 3 处狭窄。第一个在肾盂与输尿管移行处；第二个在跨越小骨盆入口处；第三个在斜穿膀胱壁处。狭窄处口径只有 0.2～0.3cm，常是结石滞留的部位。

（曹伟桃）

第三节 膀胱

膀胱（urinary bladder）为贮存尿液的肌性囊状器官，其形态、大小、位置和壁的厚薄均随年龄、性别及尿液充盈程度而不同。一般正常成人膀胱容量为 350~500ml，最大量可达 800ml，新生儿容量约为 50ml。

一、膀胱的形态

膀胱空虚时呈三棱锥体形（图 10-7），顶端尖小，朝向前上方，称**膀胱尖**，底部膨大，朝向后下方，称**膀胱底**，尖与底之间的部分称**膀胱体**，膀胱的最下部称**膀胱颈**，以尿道内口与尿道相接。膀胱各部之间无明显界限。膀胱充盈时其形状略呈卵圆形。

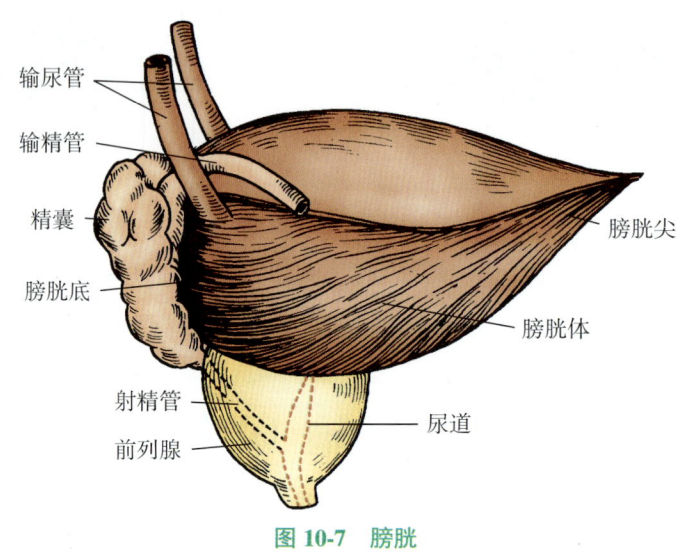

图 10-7　膀胱

二、膀胱的内部结构

膀胱内面被覆黏膜，空虚时由于肌层的收缩而形成许多皱襞，充盈时皱襞扩展而消失。在膀胱底内面，两个输尿管口和尿道内口之间的三角区，缺少黏膜下层，其黏膜平滑无皱襞，称**膀胱三角**（trigone of bladder）（图 10-8），是肿瘤和结核的好发部位。在两侧输尿管口之间的黏膜，形成一横行的皱襞，称**输尿管间襞**，膀胱镜检查时可见此襞呈一苍白带，可作为寻认输尿管口的标志。

三、膀胱的位置和毗邻

成人膀胱位于盆腔的前部。其前方为耻骨联合，后方在男性与精囊腺、输精管壶腹和直肠相邻；女性则与子宫、阴道相邻。膀胱颈下方，在男性邻接前列腺；女性则邻接尿生殖膈。膀胱空虚时，膀胱尖不超出耻骨联合上缘；充盈时膀胱尖高出耻骨联合之上，膀胱与腹前壁的腹膜反折线也随之上移，此时，经耻骨联合上缘进行膀胱穿刺术，可不经过腹膜腔，不损伤腹膜，避免对腹膜腔的污染。新生儿膀胱呈梭形，位置较成人高，大部分位于腹腔内，随年龄增长逐渐降入盆腔，老年人因盆膈承托力减弱，膀胱位置较低。

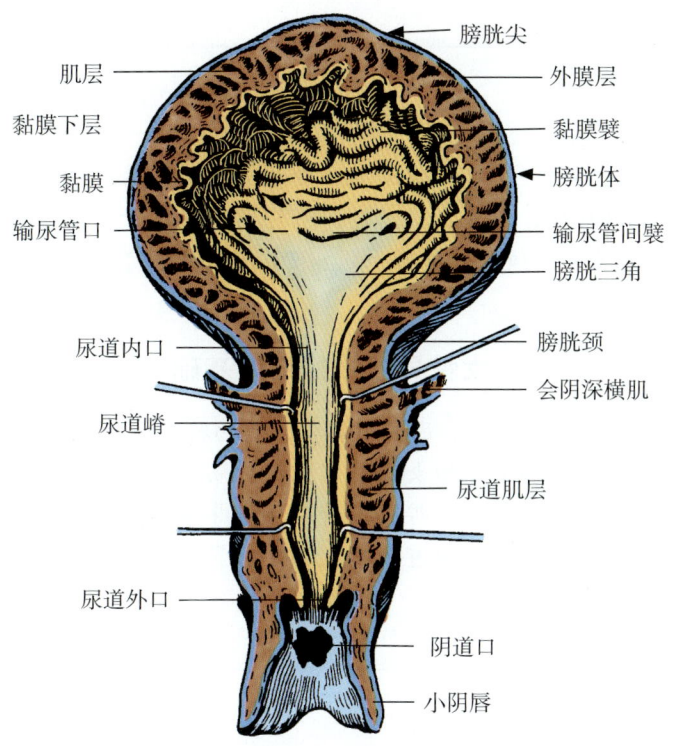

图 10-8　膀胱和女性尿道额状断面（前面观）

（曹伟桃）

第四节　尿　道

尿道（urethra）为起于膀胱通向体外的管道。男性尿道除排尿外还兼有排精功能，故在男性生殖系统中叙述。**女性尿道**（图 10-8）长 3～5cm，较男性尿道宽、短而直。起自尿道内口，经耻骨联合与阴道之间下行，穿过尿生殖膈，以尿道外口开口于阴道前庭，女性尿道前方为耻骨联合，后方紧贴阴道前壁，在穿过尿生殖膈时周围有尿道阴道括约肌，有紧缩尿道的作用。由于女性尿道短宽而直，且开口于阴道前庭，故易患尿路逆行性感染。

知识链接

尿毒症

尿毒症是各种晚期的肾病共有的临床综合征，是进行性慢性肾衰竭的终末阶段。在此阶段中，除了水与电解质代谢紊乱和酸碱平衡失调外，由于代谢产物在体内大量潴留而呈现消化道、心、肺、神经、肌肉、皮肤、血液等广泛的全身中毒症状。目前尿毒症的治疗方法包括血液透析、腹膜透析和肾移植。

> **知识链接**
>
> ### 尿路结石
>
> 泌尿系统的常见病之一，包括肾结石、输尿管结石、膀胱结石和尿道结石。尿路结石多在肾和膀胱内形成，随尿液流动时，可停留或嵌顿于输尿管或男性尿道的生理性狭窄处，从而引起剧烈的绞痛或伴有血尿，若未及时处理可严重影响肾功能，出现急、慢性肾衰竭。
>
> ### 女性导尿术的形态基础
>
> 女性尿道是单纯的排尿管道，因其短、宽、直的特点，在导尿时导尿管容易脱出，应注意固定妥当。经产妇和老年妇女因会阴肌松弛而尿道回缩，使尿道外口位置发生变化，初次操作者常可因尿道外口辨认不清而误将导尿管插入阴道，故应仔细辨认尿道外口的位置。导尿管一旦误入阴道，不能将导尿管从阴道拔出后直接插入尿道，必须更换导尿管以防污染。

思考题

1. 在肾的冠状切面上，可观察到哪些重要结构？
2. 输尿管有几处生理性狭窄？各位于何处？有何临床意义？

（曹伟桃）

第五节 泌尿系统的微细结构

一、肾的微细结构

肾实质由大量肾单位和集合小管组成，肾单位由肾小体和肾小管组成，是尿液形成的主要结构。其中一条集合小管连接多条肾小管，也参与尿液的形成，因此，肾小管和集合小管又统称为**泌尿小管**（uriniferous tubule）。泌尿小管之间有由少量结缔组织、血管和神经等构成的肾间质（图10-9，10）。新鲜肾剖面上，肾皮质中肉眼可见许多细小红色的点状颗粒，即肾小体。肾髓质中呈直行的条纹状管道主要是泌尿小管，并向肾皮质伸入构成髓放线。髓放线之间的皮质为肾皮质迷路。每个髓放线及其附近的肾皮质迷路组成一个肾小叶（图10-11）。

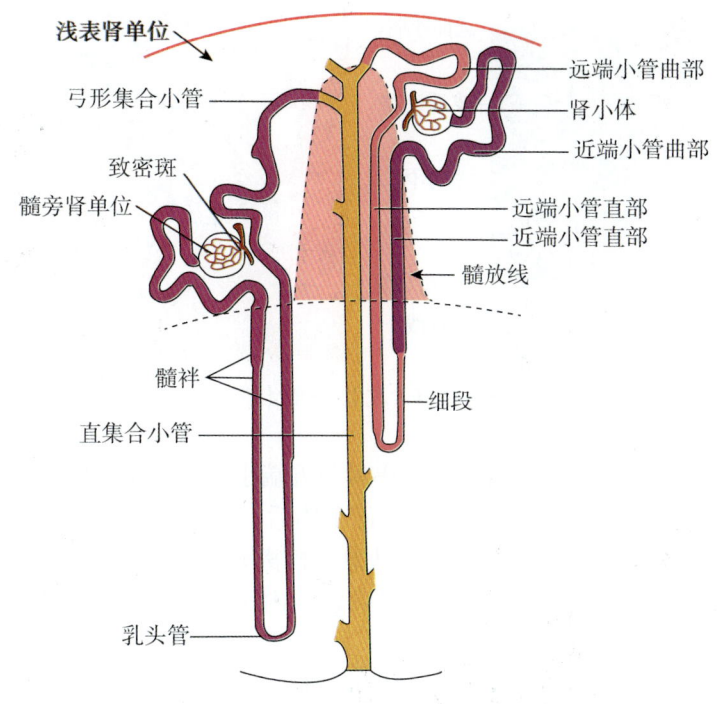

图 10-9　肾泌尿小管组成模式图

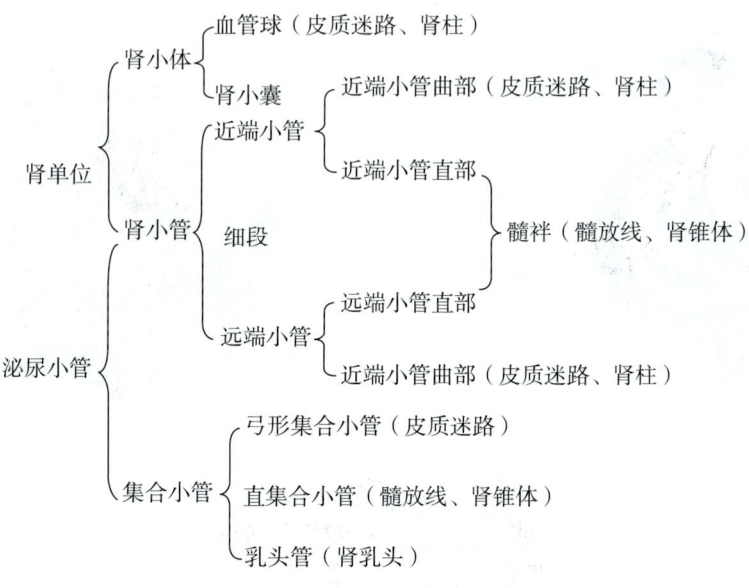

图 10-10　单位和集合小管示组成及各段位置

（一）肾单位

肾单位（nephron）是肾结构和功能单位。人每个肾有 100 万～200 万个肾单位。

1. 肾小体　似球形，故又称肾小球，分布于肾皮质迷路和肾柱内。人的肾小体直径 150～250μm。每个肾小体由血管球和肾小囊两部分组成（图 10-12）。血管球与微动脉相连

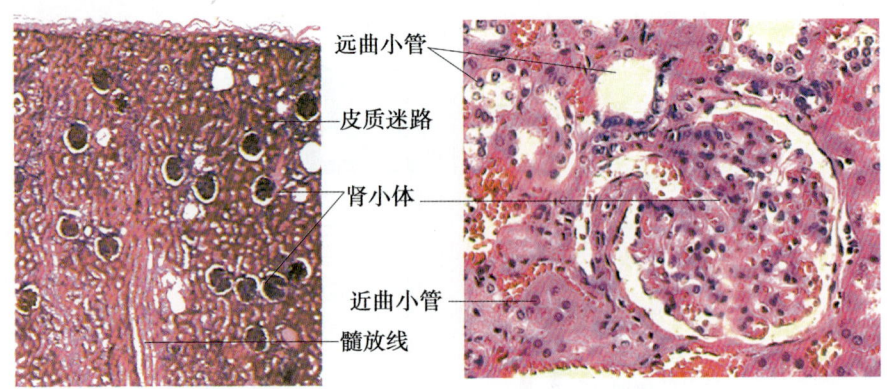

图 10-11　肾皮质低倍（左）、高倍（右）光镜结构图

处构成肾小体的血管极；在血管极对侧，肾小囊与近端小管曲部相连处构成肾小体的尿极。

（1）血管球：血管球是入球微动脉进入肾小体后，分支形成一团袢状蟠曲的毛细血管球，毛细血管袢再汇合成一根出球微动脉，从血管极离开肾小体。毛细血管之间可见有血管系膜支持，**血管系膜**（mesangium）由星状多突的球内系膜细胞和基质组成。毛细血管球的外面覆盖有肾小囊脏层（图 10-12）。

电镜下（图 10-13），血管球的毛细血管内皮细胞呈扁平形，胞体上有许多圆形或不规则形的小孔，小孔上无隔膜。内皮细胞的小孔是原尿形成过程中的第一道滤过屏障，它能阻止血液中的血细胞及大分子物质滤过。

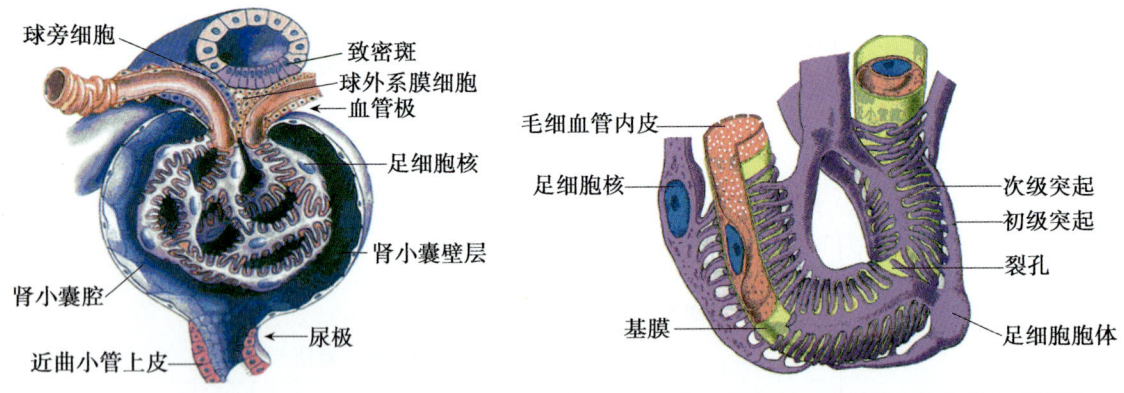

图 10-12　肾小体立体结构模式图　　　　图 10-13　肾血管球毛细血管及足细胞结构模式图

（2）肾小囊：是肾近端小管曲部起始端膨大凹陷而成的双层囊，形似杯状，分为脏层和壁层两层。脏层紧密地与血管球毛细血管相贴，光镜下很难与血管球的内皮细胞相区分。在肾小囊脏层转折为壁层的部位可清楚地观察到单层扁平上皮。在脏层和壁层之间是一个狭窄的腔隙，称为肾小囊腔（图 10-12）。壁层上皮由扁平多边形细胞构成。**足细胞**（podocyte）是肾小囊的脏层上皮细胞，它包绕在血管球毛细血管基膜外面（图 10-13）。足细胞的体积较大，可见其细胞体伸出几个大的初级突起，每个初级突起又发出大量细小指状的次级突起。次级突起称足突。足突之间相互形成指状相嵌的交叉形如栅栏。突起之间有**裂孔**（slit pore）。裂孔上覆盖着一层薄膜，称**裂孔膜**（slit membrane）。血管球基膜较厚，位于毛细血管内皮细胞与足细胞突起，或足细胞突起与球内系膜细胞之间。

滤过膜：血管球毛细血管内的除大分子蛋白的血浆成分滤入肾小囊腔经过的组织结构，即有孔内皮细胞、共同的基膜和裂孔膜。这三层结构称为**滤过膜**（filtration），或称**滤过屏障**（filtration barrier）（图 10-14）。通过滤过膜进入肾小囊腔的滤液称为原尿。成人一昼夜形成原尿 180L。

2. 肾小管　肾小管又包括近端小管、细段、远端小管三部分（图 10-9）。

（1）近端小管：是肾单位中最长最粗的一段，又分为近端小管曲部和近端小管直部。

1）近端小管曲部：简称近曲小管，位于皮质内，起于肾小体尿极，迂曲蟠行于肾小体附近。光镜下，近曲小管的管壁由单层锥体形上皮细胞组成，其管径较大，而管腔小而不规则。上皮细胞的体积较大，细胞分界不清；细胞内表面有刷状缘；细胞质呈强嗜酸性（图10-11）。电镜下，可见在近端小管上皮细胞的基底面，细胞膜向内凹陷形成发达的质膜内褶，其间有许多纵行排列的杆状线粒体（图 10-15，16）。

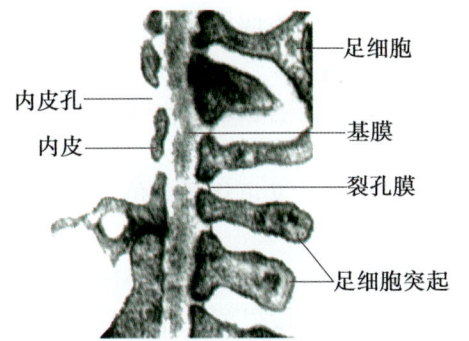

图 10-14　滤过屏障电镜结构模式图

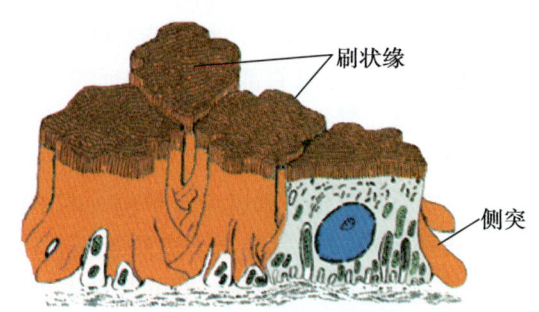

图 10-15　近曲小管上皮细胞电镜结构模式图

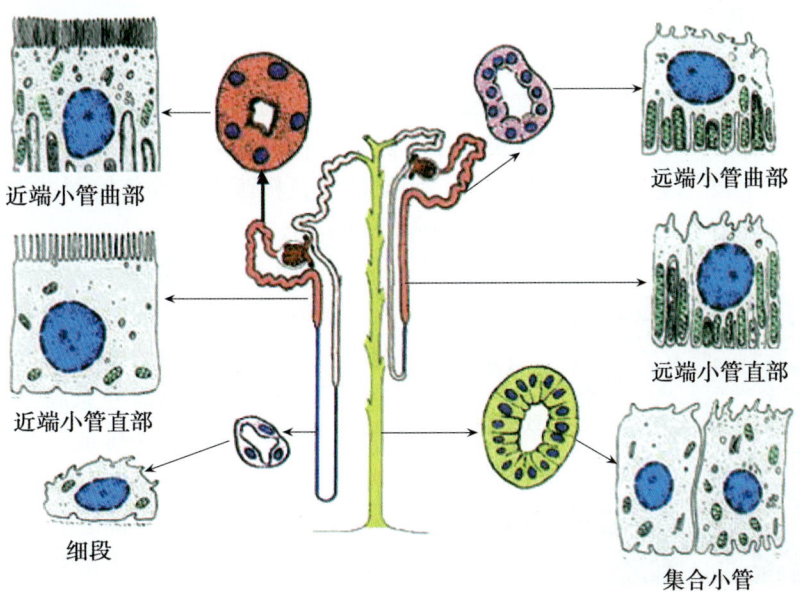

图 10-16　肾泌尿小管各段上皮细胞电镜结构模式图

2）近端小管直部：又称近直小管，它构成了髓袢降支的粗段，是近曲小管的延续，直行于髓放线和肾锥体内。近端小管可重吸收流经肾小管的滤液中 85% 以上的钠离子和水，全部的小分子蛋白质、多肽、氨基酸和葡萄糖。50% 的碳酸氢盐、磷酸盐、尿素及维生素等均可被近端小管重吸收。近端小管还可分泌或排泄体内的一些代谢终产物以及某些药物。

(2) 细段：位于髓放线和肾锥体内。细段的管径较细，由单层扁平上皮细胞围成。故在横切面上与大的毛细血管相似，由于细段上皮薄，有利于水和离子的通透。

(3) 远端小管：远端小管又分为远端小管直部和远端小管曲部。光镜下，远端小管与近端小管相比，有下列几点不同（图 10-16）：①远端小管短，因此在切片上的断面少；②横切面上，其直径小，但由于细胞较低，故管腔较大；③游离面一般无刷状缘；④管壁上皮细胞较小，故在一个远端小管的切面上，细胞核的数目较多；⑤细胞质的嗜酸性较弱，故着色较浅。

1) 远端小管直部：简称远直小管，经肾锥体和髓放线上行至肾皮质，是髓袢升支的重要组成部分。远直小管上皮细胞能主动向间质转运钠离子。远直小管对水的通透性很低，有利于集合小管对水的重吸收。

2) 远端小管曲部：又称远曲小管，位于皮质内。远曲小管具有吸收水、钠离子和排出钾离子、氢离子和氨的作用，对维持机体的酸碱平衡起重要作用。

3) 髓袢：近端小管直部、细段和远端小管直部三者在肾髓质内构成一个"U"形的袢状结构，称为髓袢。髓袢在尿液浓缩中起重要作用

3. 肾单位的分类　根据肾小体在肾皮质内分布部位的不同，又可将肾单位分为浅表肾单位（又称皮质肾单位）和髓旁肾单位（图 10-16）。

(1) 皮质肾单位主要分布于皮质外层，占肾单位总数的 80%～90%。肾小体的体积较小，髓袢短，只伸到髓质浅层，有的甚至不进入髓质，髓袢中的细段很短，升支无细段。

(2) 髓旁肾单位主要位于近髓质的皮质处，占肾单位总数的 10%～12%。肾小体的体积较大，髓袢细段较长，可伸到髓质深层，甚至伸到乳头部。

（二）集合小管

集合小管分为起始端的弓状集合小管，它与远曲小管相接，管腔面上皮与远曲小管形似。弓状集合小管进入髓放线后为直集合小管并直达肾髓质。在近肾小盏处，移行于较大的乳头管，经乳头孔开口于肾小盏。直集合小管随着管径的逐渐变粗其上皮由单层立方上皮逐渐变为单层柱状上皮。上皮细胞体积较大，胞质清亮，核圆形，着色较深。集合管在抗利尿激素和醛固酮的调节下，具有重吸收水和钠离子的作用。

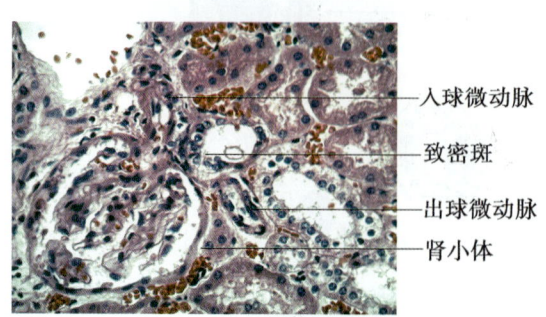

图 10-17　肾小体和球旁复合体光镜结构图

（三）球旁复合体

球旁复合体也称肾小球旁器，位于肾小体附近，由入球微动脉壁上的球旁细胞、远曲小管的致密斑和球外系膜细胞等组成。三者在肾小体血管极处排成三角形。球外系膜细胞位于三角区的中心（图 10-17）。

1. 球旁细胞（juxtaglomerular cell）　由入球微动脉管壁中膜平滑肌细胞转变而成的上皮样细胞。电镜下，细胞质内含有大量特殊的分泌颗粒。主要功能是合成、分泌肾素和红细胞生成素。

2. 致密斑（macula densa）　在紧靠肾小体一侧的远曲小管上皮细胞，由立方形转变为柱

状细胞，并紧密排列而形成一个椭圆形的斑（图10-17）。致密斑是一种离子感受器，能感受远端小管内滤液的钠离子浓度。

3. **球外系膜细胞**（extraglomerular mesangial cell） 也称**极垫细胞**（polar cushion cell）。是位于血管极入球微动脉和出球微动脉之间的一群细胞。球外系膜细胞与球内系膜细胞、球旁细胞以及小动脉的平滑肌之间的缝隙连接可能起信息传递的作用。

> **知识链接**
>
> 　　人工肾的核心部分是一种用高分子材料（称为膜材料）制成的透析器，这种膜材料具有半通透特性，可代替肾小球实现其毛细血管壁的滤过功能，达到血液净化的目的。其中的膜性管道相当于肾小球，透析箱相当于肾小囊，加热的温度是37.5℃。人工肾是应用的膜分离技术原理，用半透膜将引出人体外的血液与专门配制的透析液隔开，由于血液和透析液所含溶质浓度的不同及其所形成的渗透浓度差，使包含代谢产物的溶质（如尿素、肌酐、尿酸，以及废物硫酸盐、酚和过剩离子）在浓度梯度的驱动下，从浓度高的血液一侧，通过半透膜向浓度低的透析液一侧移动（称为弥散作用）；而水分子则从渗透浓度低的一侧向浓度高的一侧转移（称为渗透作用），最终实现动态平衡，达到清除人体代谢废物，纠正水、电解质紊乱，达到酸碱平衡的治疗目的。

（四）肾间质

肾间质是肾内的结缔组织、血管、神经等。肾间质由肾皮质向髓质逐渐增加，越近肾乳头处，肾间质越多。

（五）肾的血液循环

肾的血液循环与尿液的形成和浓缩有密切关系（图10-18），其主要特点如下：①肾动脉直接起于腹主动脉，短而粗，血流量大，流速快；②入球微动脉比出球微动脉粗，使血管球内血液压力较高，有利于滤过，形成大量原尿；③两次形成毛细血管网，入球微动脉形成的

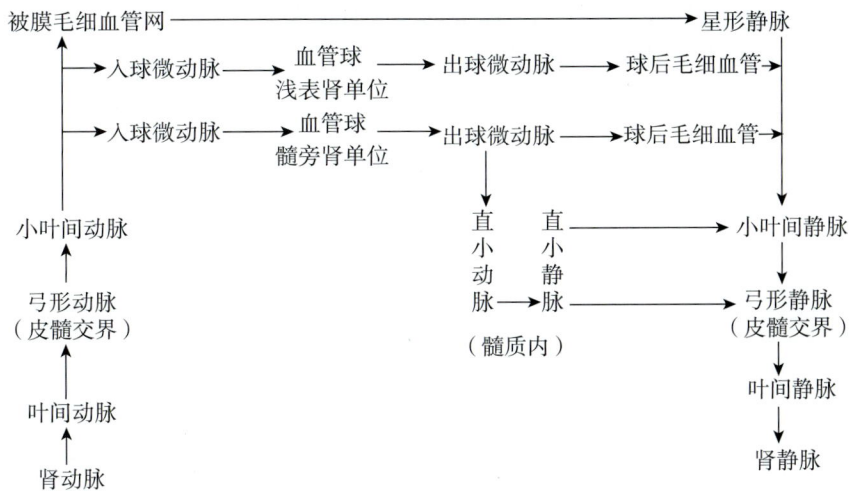

图10-18　肾的血液循环

血管球是第一次毛细血管网，有利于原尿形成。出球微动脉再向肾髓质走行途中，在肾小管周围形成第二次毛细血管，此处的毛细血管内血浆胶体渗透压较高，有利于肾小管上皮细胞的重吸收和尿液浓缩；④髓质内直小血管袢与髓袢伴行，有利于髓袢及集合管重吸收。

二、膀胱的微细结构

膀胱空虚时黏膜形许多皱襞，充盈时皱襞减少或消失。膀胱壁由内向外由黏膜、肌层、浆膜构成（图10-19）。

1. 黏膜　表面被覆变移上皮，其细胞形态及层数随膀胱的胀缩而变化。膀胱空虚时上皮细胞为8～10层，表层的细胞大，呈矩形，可见双核。膀胱充盈时上皮细胞仅3～4层，细胞也变扁。细胞近游离面的细胞质较为浓密，可防止膀胱内尿液的侵蚀。

固有层连于黏膜与肌层之间。黏膜贴于膀胱内面，大部分借结缔组织与肌层相连。但在膀胱底的内侧面有一个三角形区域，缺少固有层，此处黏膜始终平滑无皱襞，恰位于两侧输尿管口和尿道内口三者连线之间，为膀胱三角，为肿瘤和结核好发部位。

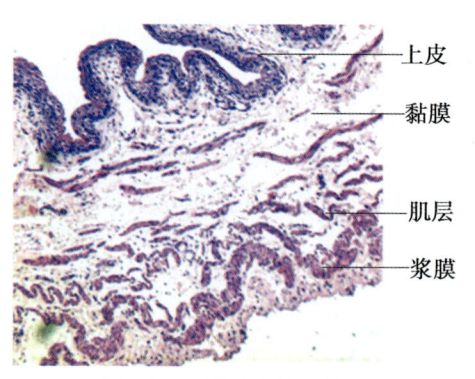

图10-19　膀胱光镜结构图

2. 肌层　肌层厚，称膀胱逼尿肌。由内纵、中环和外纵三层平滑肌束组成。当膀胱内尿液达到一定数量时，产生尿意，逼尿肌收缩，尿经尿道排体外。膀胱下口即尿道内口处环行平滑肌增厚称之为括约肌。

3. 外膜　膀胱上面及外侧面的上部为浆膜，其余各部均为结缔组织纤维膜。

思考题

1. 肾单位的结构有哪些？其结构与尿液的生成有何关系？
2. 试述球旁复合体的组成、结构及功能。

（马红梅）

第十一章

男性生殖系统

学习目标

记忆
1. 复述如下内容：男性生殖系统的组成和功能，睾丸的形态、结构，附睾的位置，输精管的分部，射精管的合成及其开口部位，精囊腺的位置，男性尿道的分部，生精小管的结构和精子的发生，阴囊、阴茎的构造，生精细胞的分化过程和支持细胞的功能。
2. 定义精索的概念。

理解
解释输精管各部的位置及意义，以及前列腺的位置、形态。

应用
能够运用如下知识：男性尿道的三个狭窄、两个弯曲，以及输精管结扎的部位。

生殖系统（genital system）分内生殖器和外生殖器两部分。内生殖器多数位于盆腔内，包括**生殖腺**、**生殖管道**和**附属腺**。外生殖器则显露于体表，主要为性的交接器官。生殖系统的主要功能：一是产生生殖细胞（精子或卵子）繁殖新个体，二是分泌性激素，促成并维持第二性征。

第一节 男性内生殖器

男性生殖腺即睾丸，是产生精子和分泌男性激素的器官。生殖管道又称输精管道，包括附睾、输精管、射精管、男性尿道，是贮存精子和运送精子排出体外的管道。附属腺包括前列腺、精囊腺、尿道球腺，它们的分泌物参与精液的组成，并供给精子营养及有利于其活动。

一、睾丸

（一）形态

睾丸（testis）（图11-1，2）位于阴囊内，左、右各一，椭圆形，表面光滑，包有一层浆膜，睾丸可分为上、下两端，前、后两缘，内侧、外侧两面，前缘游离，后缘有附睾和输精管睾丸部附着。

第三篇 内脏系统

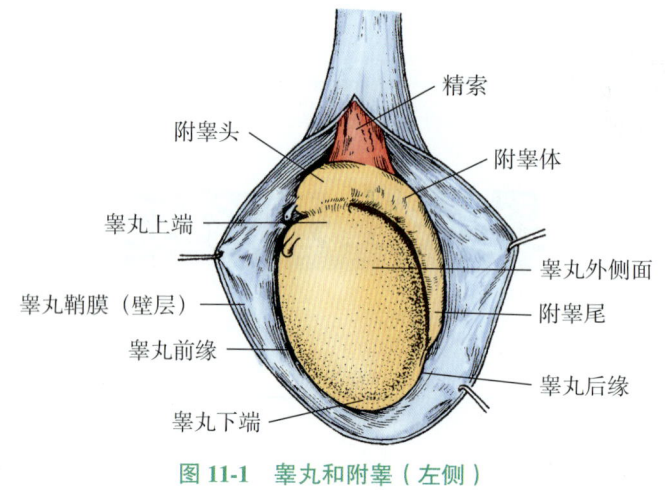

图 11-1 睾丸和附睾（左侧）

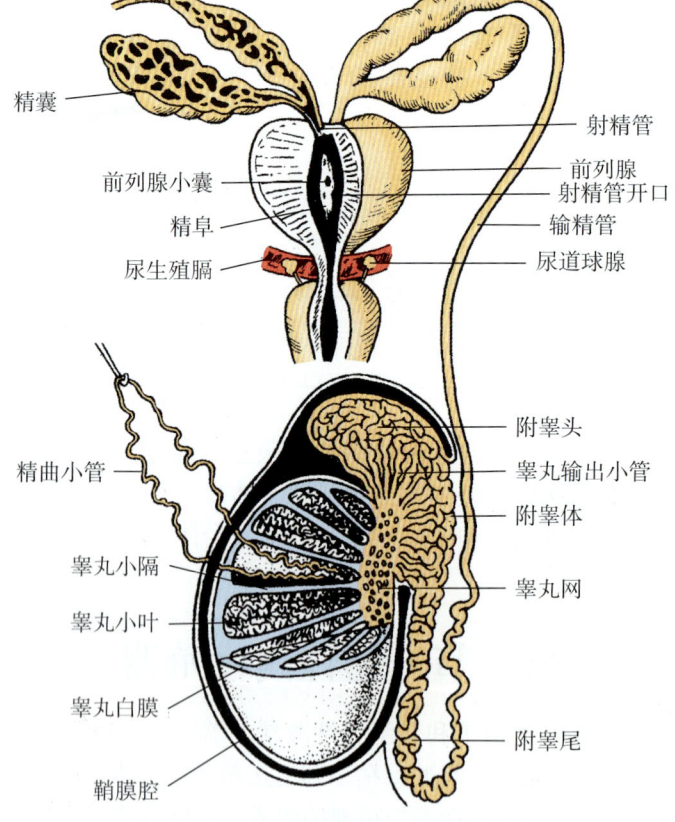

图 11-2 睾丸、附睾的结构和输精管道

（二）结构

睾丸表面是一层坚厚的结缔组织纤维膜，称**白膜**，其外面有浆膜被覆。白膜沿睾丸后缘增厚并深入睾丸内形成**睾丸纵隔**，从睾丸纵隔放射状发出许多结缔组织小隔称**睾丸小隔**，将睾丸实质分隔成许多**睾丸小叶**。每个小叶内含2～4条盘曲的**精曲小管**，它的上皮是产生精子结构，精曲小管之间的结缔组织内含有分泌男性激素的**间质细胞**，能促进男性附属腺和第

二性征的发育。精曲小管在接近睾丸纵隔处汇合成短而直的**精直小管**，进入睾丸纵隔内相互交织成**睾丸网**，再从睾丸网发出 12～15 条**睾丸输出小管**，出睾丸后缘的上部进入附睾头内（图 11-2）。

二、附睾

附睾（epididymis）（图 11-1，2）紧贴于左、右睾丸上端和后缘，略偏外侧，上端膨大为**附睾头**，中部为**附睾体**，下端狭细为**附睾尾**。内部由睾丸输出小管盘曲并向下汇合成一条**附睾管**，在附睾尾部向后上方移行为输精管。附睾是贮存精子的场所，其分泌液能营养精子，促其成熟。附睾是结核的好发部位之一。

三、输精管和射精管

输精管（deferent duct）（图 11-2）是一对肌性管道，由附睾管直接延续，管壁厚、管腔小，全长约 50cm，活体触摸时呈坚实的圆索状。输精管的行程较长，全程可分为四部：①**睾丸部**，起自附睾尾上行至睾丸上端；②**精索部**，位于睾丸上端与腹股沟管浅环之间，行走于皮下，可触摸到，是临床上行男性输精管结扎术的部位；③**腹股沟管部**，位于腹股沟管内的一段；④**盆部**，是输精管最长的一段，自腹股沟管深环处起沿骨盆侧壁向后下行走，经输尿管末端的前上方向内侧至膀胱底的后面，在此处两侧输精管逐渐接近并膨大形成**输精管壶腹**，位于精囊腺的内侧，输精管壶腹下端逐渐变细，与精囊腺的排泄管汇合成**射精管**（ejaculatory duct）。射精管长约 2cm，穿过前列腺实质，开口于尿道的前列腺部。

精索（spermatic cord）是一对柔软的圆索状结构，位于腹股沟管深环与睾丸上端之间，内部主要结构是输精管、睾丸动脉和蔓状静脉丛、输精管动静脉、神经、淋巴管、腹膜鞘突的残余等，表面包有 3 层被膜，由内向外依次为精索内筋膜、提睾肌和精索外筋膜。

四、附属腺

（一）精囊腺

精囊腺（seminal vesicle）（图 11-2）是一对长椭圆形的囊状器官，位于膀胱底的后方，输精管壶腹的外侧，表面凹凸不平，它的排泄管与输精管末端合成射精管。精囊腺分泌的液体参与构成精液，有稀释精液，使精子易于活动的作用。

（二）前列腺

前列腺（prostate）（图 11-2，3，6）是一个形似栗子的实质性器官，位于膀胱与尿生殖膈之间，包绕尿道的起始部。其上端宽大，称前列腺底；下端尖细，称前列腺尖；尖与底之间的部分称**前列腺体**。体的前面凸隆，对向耻骨联合；体的后面较平坦，与直肠相邻，正中线上有一纵行浅沟，称前列腺沟，临床作肛门指诊时，可隔着直肠前壁触及前列腺后面和前列腺沟。老年人患前列腺肥大症时，此沟变浅或消失。前列腺的排泄管开口于尿道前列腺部的后壁，其分泌物是精液的主要成分。

前列腺分为五叶，即前叶、中叶、后叶和两个侧叶。前叶位于尿道前方，中叶呈上宽下尖的楔形，位于尿道前列腺部与射精管之间，两个侧叶紧贴尿道的两侧，后叶位于中叶和侧叶的后方。

小儿前列腺较小，性成熟期腺体发育迅速，老年时腺组织渐萎缩，老年人常见前列腺内的结缔组织增生而形成前列腺肥大，以中叶和侧叶多见，可压迫尿道引起排尿困难。

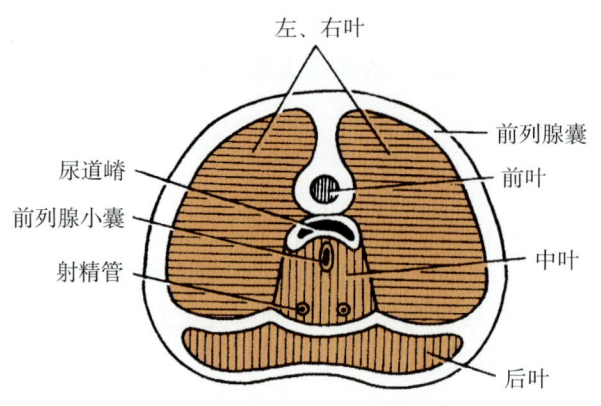

图 11-3　前列腺的分叶（横断面）

（三）尿道球腺

尿道球腺（bulbourethral gland）（图 11-2，6）是一对埋于尿生殖膈的肌肉内豌豆大小的腺体，其导管开口于尿道球部，分泌物参与构成精液，可润滑尿道。

精液由睾丸产生的精子和各附属腺体以及输精管道产生的液体混合而成，乳白色，弱碱性，适于精子的生存和活动，正常一次排精量为 2～5ml，含精子 2 亿～5 亿个。

（钟　强）

第二节　男性外生殖器

男性外生殖器包括阴囊和阴茎。

一、阴囊

阴囊（scrotum）（图 11-4）位于阴茎根的后下方，是一皮肤囊袋。阴囊壁由皮肤和肉膜组成，是腹壁皮肤及浅筋膜的延续。

阴囊皮肤薄而柔软，生有少量阴毛，色素沉着明显，富有伸展性。**肉膜**位于皮肤深面，是阴囊的浅筋膜，内含散在的平滑肌，平滑肌随外界温度的变化，反射性地收缩与舒张，以调节阴囊内的温度，有利于精子的生存和发育。肉膜在正中线向深部发出**阴囊中隔**将阴囊分为左、右两腔，分别容纳两侧的睾丸、附睾及输精管起始段、睾丸和精索的被膜。

在阴囊肉膜的深面有三层被膜包绕睾丸和输精管等，它们均为腹前壁各层结构的延续，由外向内依次为①**精索外筋膜**，为腹外斜肌腱膜的延续；②**提睾肌**，来自腹内斜肌和腹横肌的下部纤维；③**精索内筋膜**，是腹

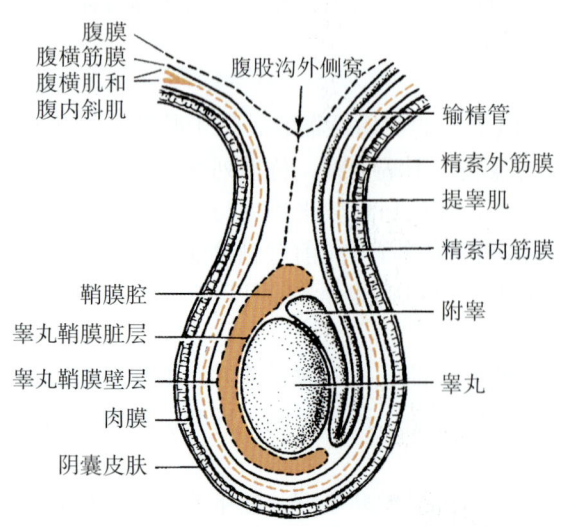

图 11-4　阴囊的结构及精索的被膜

横筋膜的延续。

在上述3层被膜的深面，睾丸还包有来自腹膜的**睾丸鞘膜**，睾丸鞘膜分壁层和脏层，壁层紧贴精索内筋膜内面，脏层贴于睾丸和附睾的表面，在睾丸后缘的后方脏壁两层相互反折移行，两层之间形成潜在腔隙为**鞘膜腔**，左右各一，腔内含有少量浆液。炎症时液体增多，可形成鞘膜积液。

二、阴茎

阴茎（penis）（图11-5，6）是男性性交器官。

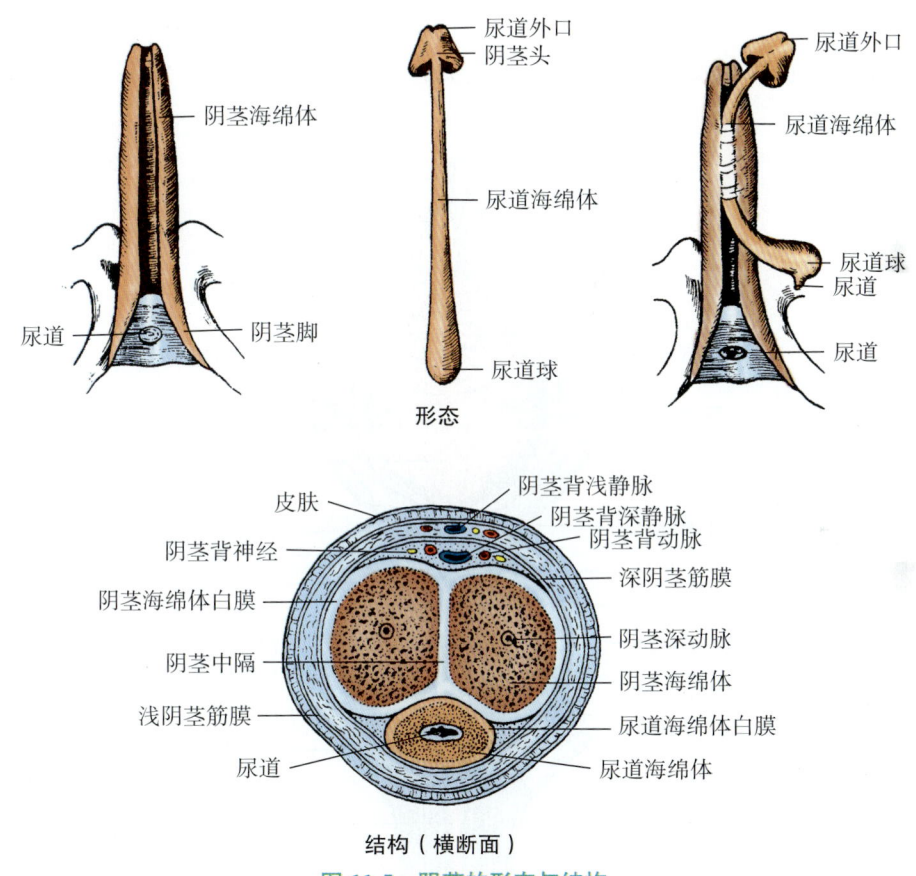

图11-5 阴茎的形态与结构

（一）分部

阴茎可分为**阴茎头**、**阴茎体**、**阴茎根**三部。后端为阴茎根，固定于耻骨下支和坐骨支。中部为阴茎体，呈圆柱形，悬垂于耻骨联合的前下方，为可动部。阴茎前端膨大为**阴茎头**，也称龟头，头的尖端有矢状位的尿道外口。

（二）构成

阴茎由一条**尿道海绵体**和两条**阴茎海绵体**构成。三个海绵体分别被致密结缔组织（海绵体白膜）所包绕，它们的外面又共同包有阴茎筋膜和皮肤。两个阴茎海绵体并列于阴茎的背侧部，各呈两端尖细的圆柱状。尿道海绵体亦呈圆柱形，位于阴茎海绵体的腹侧，尿道贯穿其全长，其前端膨大为阴茎头，后端膨大称尿道球。海绵体为勃起组织，由许多小梁和腔隙组成，这些腔隙直接沟通血管，当腔隙充血时，阴茎则变硬勃起。

阴茎的皮肤薄而柔软，极易活动，富于伸展性。包绕阴茎头的双层皮肤皱襞，称**阴茎包皮**，包皮游离缘围成包皮口。在阴茎头下面正中线上尿道外口与包皮移行处，形成一条矢状位的皮肤皱襞，称**包皮系带**。由于包皮系带含丰富神经末梢，故感觉敏锐。幼儿包皮较长，包覆整个阴茎头；随年龄增长，包皮逐渐退缩；成年时，阴茎头可显露于包皮之外。如形成包茎或包皮过长，会对性生活或生育功能造成一定影响，可作手术治疗。

三、男性尿道

男性尿道（male urethra）（图 11-6，7）兼有排尿和排精的功能。

（一）起止

男性尿道起自膀胱的尿道内口，终于阴茎头的尿道外口，成人长 16～22cm，管径平均 5～7mm。

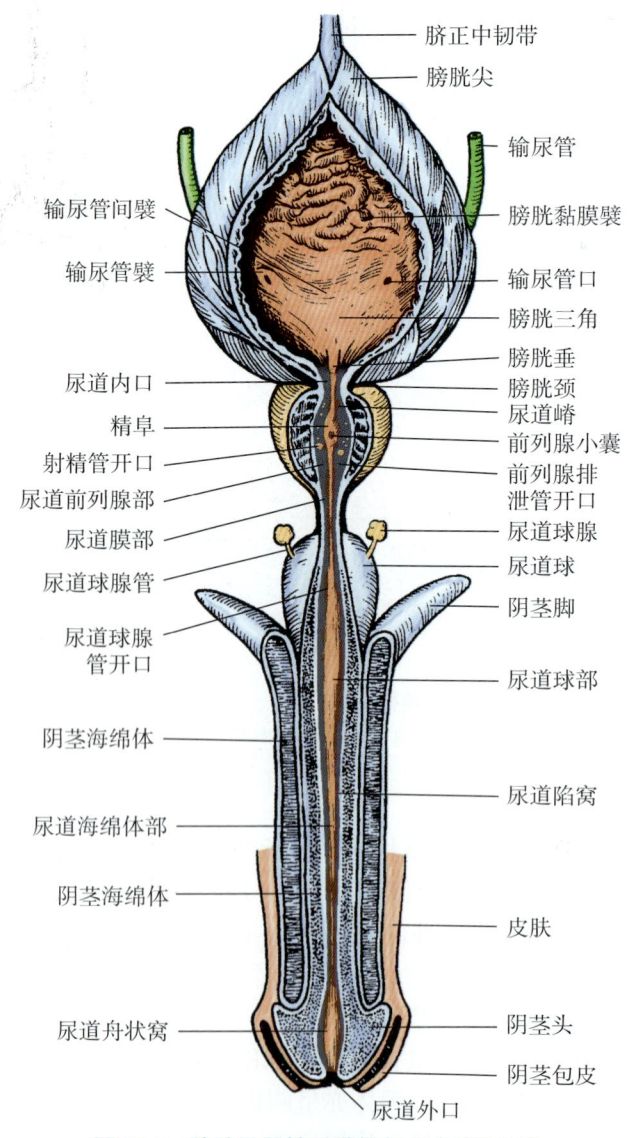

图 11-6　膀胱及男性尿道额断面（前面观）

（二）分部

男性尿道按其行程可分为前列腺部、膜部和海绵体部，临床上将前列腺部和膜部称为**后尿道**，海绵体部称前尿道。

1. 前列腺部　为尿道穿经前列腺的部分，长约 3cm，管径较宽。
2. 膜部　为尿道穿经尿生殖膈的部分，是尿道全程中最短的一段，长约 1.5cm，周围被尿道膜部括约肌环绕，此肌为骨骼肌，有控制排尿的作用。此部位置较固定，外伤性尿道断裂易在此发生。
3. 海绵体部　为尿道纵穿尿道海绵体的部分，长约 15cm，行于尿道球内的尿道最宽，称尿道球部，尿道球腺开口于此，在阴茎头处尿道扩大，称尿道舟状窝。

（三）形态特点

男性尿道全程有三个狭窄、三个膨大和两个弯曲（图 11-6，7）。

1. 三个狭窄　分别位于**尿道内口**、**膜部**和**尿道外口**，其中尿道外口最为狭窄，尿道结石常易停留于此。
2. 三个膨大　分别位于尿道前列腺部、尿道球部和尿道舟状窝。
3. 两个弯曲　当阴茎自然悬垂时，男性尿道呈现出两个弯曲：①**耻骨下弯**，在耻骨联合下方 2cm 处，凹向上，长 9～11cm，此弯曲是固定的；②**耻骨前弯**，位于耻骨联合的前下方，凹向下，长 6～8cm，如将阴茎向上提，此弯即消失变直。临床上向尿道插入导管时，即采取此位置，以免损伤尿道。

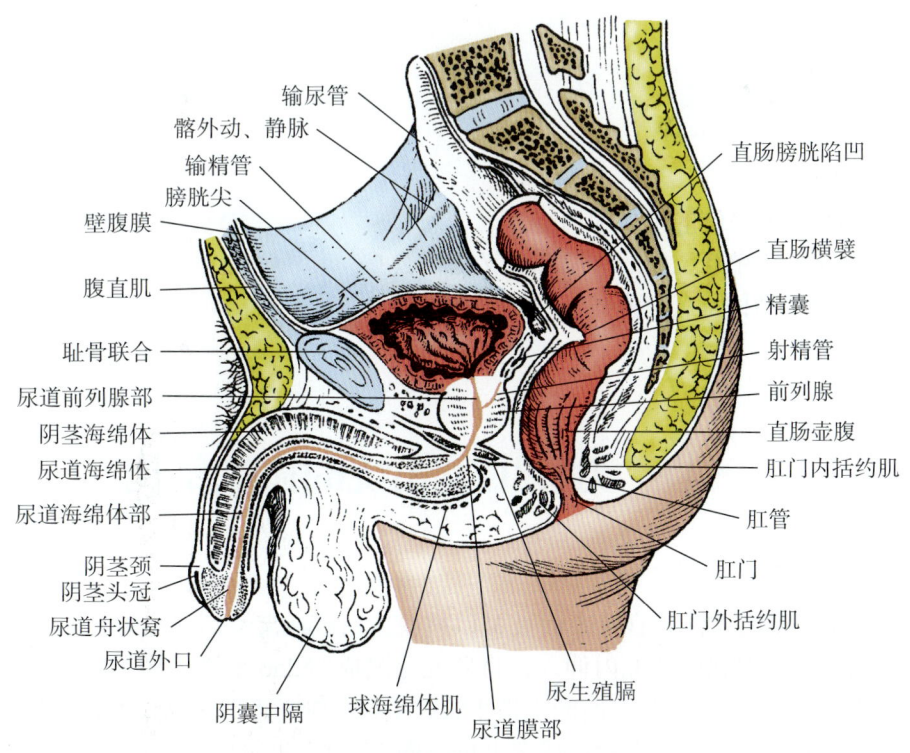

图 11-7　男性骨盆正中矢状断面

> **知识链接**
>
> ### 精子银行
>
> 　　精子银行利用精子在低温的条件下进入休眠状态、可长期存活的原理,为人的生育上"保险"。保存在液氮罐内-196℃温度下,精子的代谢处于最低水平,可以长期存活,据理论推测,在这个温度下精子可望保存几个世纪。当有需要时,可从中取出精子让其"复活",采用人工授精、试管育婴等方式生儿育女。"精子银行"的建立对于计划生育工作的开展、治疗不育、优生优育、提高人口素质等方面都能起到积极的作用。
>
> ### 阴茎包皮与临床
>
> 　　男性成年后,阴茎包皮较长而总是包被阴茎头,但包皮能上翻露出尿道外口和阴茎头者,称包皮过长;如果包皮口过小或包皮与阴茎头粘连,使包皮不能上翻露出阴茎头者,称包茎。如果强行使包皮上翻而不能及时复位时,可致嵌顿包茎,需送医院紧急处理。包皮过长或包茎者,其包皮腔内滞存的污物,称包皮垢。包皮垢长期刺激可引起阴茎包皮炎,甚至诱发阴茎癌。有上述情况者,需作包皮环切术,手术时注意勿伤及包皮系带,否则会导致受术者阴茎勃起困难,影响性功能。

思考题

1. 简述男性生殖系统的组成和功能。
2. 睾丸在男性生殖系统中的作用和意义是什么?
3. 男性尿道的结构特点有哪些?

（钟　强）

第三节　男性生殖系统的微细结构

一、睾丸的微细结构

　　睾丸(testis)是实质性器官,表面被覆以被膜。白膜在睾丸后缘增厚,形成睾丸纵隔。纵隔的结缔组织呈放射状向睾丸内伸入,将睾丸分隔成约250个锥体形小叶,称睾丸小叶。每个睾丸小叶内有1~4条细长弯曲的生精小管,生精小管在近睾丸纵隔处延续为直精小管,直精小管进入睾丸纵隔后相互吻合形成睾丸网(图11-8)。生精小管、直精小管和睾丸网共同组成睾丸实质。充填在睾丸实质之间的富含血管和淋巴管的疏松结缔组织称睾丸间质。

（一）生精小管

生精小管（seminiferous tubule）位于睾丸小叶内，成年人生精小管长 30～70cm，直径 150～250μm，其管腔较小，管壁较厚，管壁由特殊的生精上皮构成（图11-8）。生精上皮由多层生精细胞和少量支持细胞组成（图11-9，10）。

1. 生精细胞　生精细胞是处于不同发育阶段的、生成精子的一系列细胞，自生精小管基膜至腔面，依次有不同发育阶段的精原细胞、初级精母细胞、次级精母细胞、精子细胞和精子。在青春期前，生精小管管壁中只有精原细胞和支持细胞，管腔很小或缺如。

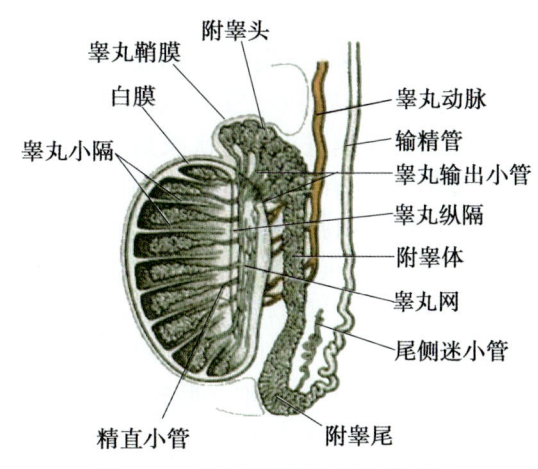

图11-8　睾丸及附睾的结构模式图

进入青春期后，精原细胞不断增殖分化形成精子，同时生精小管出现明显管腔。从精原细胞至形成精子的过程称**精子发生**（spermatogenesis）（图11-12）。从精原细胞到精子形成，经历了两次减数分裂和一次细胞变态，该过程在人类约需 64 天。

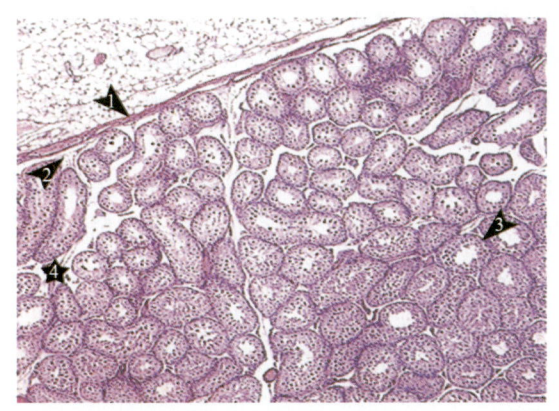

图11-9　生精小管光镜图（低倍）
1．睾丸白膜；2．血管膜；3．生精小管；
4．睾丸间质

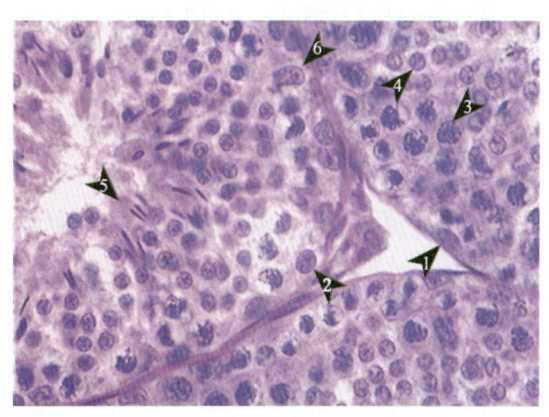

图11-10　生精小管光镜图（高倍）
1．精原细胞 A；2．精原细胞 A；3．初级精母细胞；
4．精子细胞；5．精子；6．支持细胞

(1) **精原细胞**（spermatogonium）：是生精细胞中最幼稚的细胞，紧贴基膜，呈圆形或椭圆形，细胞体积小，直径约12μm。精原细胞从功能上分两型：A 型精原细胞和 B 型精原细胞。A 型精原细胞核呈圆形或卵圆形，染色质呈细粒状，是生精细胞中的干细胞。A 型精原细胞经分裂增殖，一部分继续成为干细胞，另一部分分化为 B 型精原细胞。B 型精原细胞核呈圆形，染色质呈颗粒状，沿核膜分布。B 型精原细胞经多次分裂后，形成初级精母细胞。

(2) **初级精母细胞**（primary spermatocyte）：有数层，位于精原细胞的内侧面，细胞体积大，直径约18μm，由于该细胞已完成 DNA 复制，且进入第一次减数分裂的分裂期，故核大呈丝球状，核型46，XY。初级精母细胞进行第一次减数分裂，产生两个次级精母细胞，由于第一次减数分裂的分裂前期历时较长，故在生精小管的切片中易见到处于不同发育阶段的初级精母细胞。

（3）**次级精母细胞**（secondary spermatocyte）：位置靠近管腔，体积较初级精母细胞小，直径约12μm，核圆形，染色较深，核型为23，X或23，Y。次级精母细胞形成后，不进行DNA复制，迅速进入第二次减数分裂，产生两个精子细胞，核型仍为23，X或23，Y。由于次级精母细胞存在时间短，故在切片中不易见到。

（4）**精子细胞**（spermatid）：靠近管腔分布，体积小，直径约8μm。核小呈圆形，染色深。胞质少且染色深，内含中心粒、线粒体及高尔基复合体。精子细胞不再分裂，经过复杂的形态变化发育成为精子。从精子细胞经过形态变化成为精子的过程称为**精子形成**（spermiogenesis）。此过程主要变化有：细胞核高度浓缩形成精子头部的主要结构；高尔基复合体在核的头端产生囊泡，形成顶体；中心粒迁移至核的尾端演变成轴丝；线粒体规则地盘绕在轴丝周围，形成线粒体鞘。

（5）**精子**（spermatozoon）：位于管腔面，常成群嵌于支持细胞顶部。精子呈蝌蚪状，分头、尾两部，长约60μm。头部嵌入支持细胞的顶部胞质中，尾部朝向管腔（图11-11）。

精子头部正面观呈卵圆形，侧面观呈菱形。头部前2/3有顶体覆盖，顶体是一种溶酶体，顶体内含多种与受精有关的水解酶，如顶体酶、透明质酸酶、酸性磷酸酶等，受精时可溶蚀放射冠和透明带。若精子头部的顶体缺乏顶体酶，即使精子与卵细胞相遇，精子也无法进入卵细胞内使其受精，从而引起男性不育。

精子尾部又称鞭毛，长约55μm，与精子的运动有关，分颈段、中段、主段和末段四部分（图11-11）。颈段很短，含中心粒及少量线粒体。中段亦短，在轴丝外包有线粒体鞘，为精子运动提供能量。主段最长，无线粒体鞘，代之以致密结缔组织构成的纤维鞘，对精子有支持和保护作用。末段较短、最细，仅有轴丝。

足量正常的精子是受精的必备条件，若精子发育过程中受到物理性、化学性、生物性等有害因素的影响，可引起精子量的减少或异常精子（如双头精子、双尾精子和无尾精子）增多。若每1ml精液中精子少于500万个，或畸形精子量超过40%，可能出现男性不育。

知识链接

男性不育

男性不育是指正常育龄男性婚后有正常性生活但无生育能力者。引起男性不育的病因可有下列几种情况：①睾丸生精障碍，因睾丸生精小管病变，间质病变，血-睾屏障受损等引起原发性睾丸功能低下导致生精功能障碍。如睾丸发育不全、隐睾、精索静脉曲张、睾丸炎等；②输精管道阻塞，附睾、输精管与射精管发生阻塞，使精子成熟和运输障碍，如输精管先天畸形和生殖管道炎症等；③附属腺异常，前列腺、精囊功能异常均可影响精液质量和精子活动；④精液异常及精子异常，如精液量及理化性能的改变、精子畸形、少精、无精及死精等；⑤下丘脑及垂体功能异常，如下丘脑-垂体-睾丸性腺轴功能紊乱；⑥其他，如环境因素、遗传因素、免疫因素等，一些放射性元素、化学物质及某些药物等也可使精子的产生和成熟受到抑制。本病的治疗应根据不同病因采取不同方法，如手术治疗，药物治疗，精子体外处理等。

2. **支持细胞**（sustentacular cell） 又称 Sertoli 细胞。数量少，每个生精小管的横断面上只有 8～11 个支持细胞。光镜下，支持细胞轮廓不清楚，常常只能以核的形态加以辨认（图 11-12）。支持细胞的核呈椭圆形、三角形或不规则形，靠近细胞基底部，异染色质稀疏，染色浅，核仁明显。电镜下，支持细胞呈高度不规则的锥体状，其基部紧贴于生精小管的基膜，顶部伸达生精小管的管腔。支持细胞侧面和顶端有许多不规则的凹陷，其内有各级生精细胞嵌入，故在光镜下细胞轮廓不清。此外，支持细胞胞质内可见丰富的粗面内质网、滑面内质网、线粒体、溶酶体、微丝和微管。在支持细胞的顶部胞质中还可见吞噬的精子残余体。相邻支持细胞侧面近基部的胞膜形成紧密连接，将精原细胞分隔在紧密连接与基膜之间，其他生精细胞被分隔在紧密连接与管腔之间，因此，精原细胞与其他生精细胞处在不同的微环境中。

支持细胞功能复杂，主要有①支持、营养各级生精细胞；②吞噬与消化，支持细胞能吞噬精子细胞在生成精子过程中脱落的残余胞质，并由溶酶体消化；③分泌，支持细胞具有旺盛的分泌功能，能分泌雄激素结合蛋白，提高生精小管内雄激素含量，促进精子的发育成熟；④参与构成血-睾屏障。**血-睾屏障**（blood-testis barrier）由毛细血管内皮及其基膜、结缔组织、生精小管基

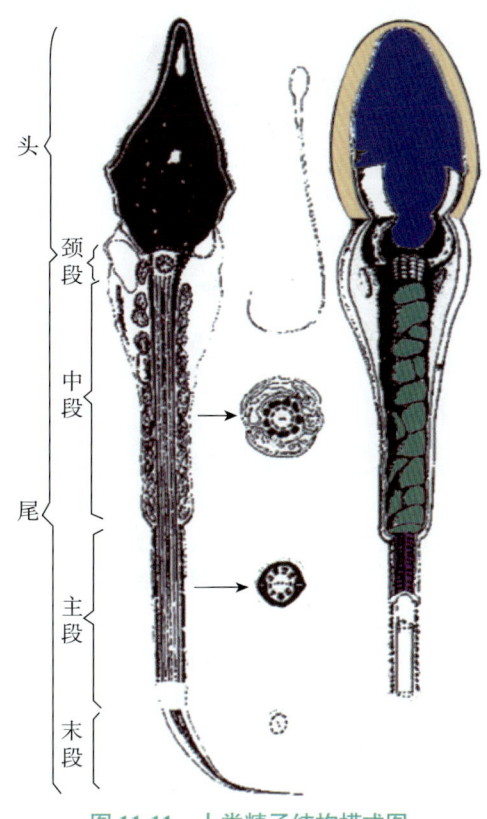

图 11-11　人类精子结构模式图

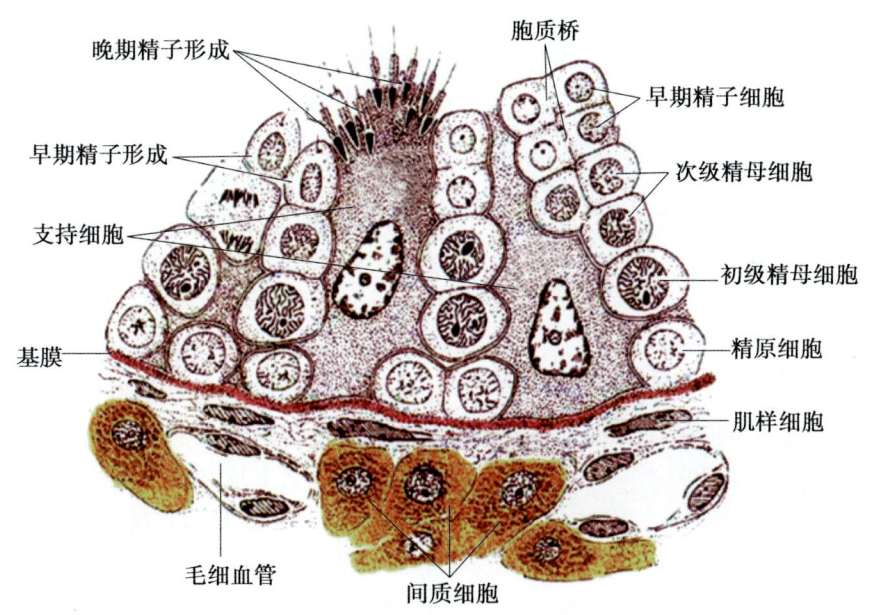

图 11-12　支持细胞与生精细胞的关系模式图

膜和支持细胞之间形成紧密连接构成。血-睾屏障具有限制某些物质进出生精小管的作用，维持精子发生的微环境，并抑制自身免疫反应的产生。若血-睾屏障被破坏，可导致无精、死精和畸形精子增多，从而引起男性不育。

（二）睾丸间质

睾丸间质位于生精小管之间，为疏松结缔组织，除富含血管、淋巴管和一般的结缔组织细胞外，还有一种具有内分泌功能的睾丸间质细胞，又称Leydig细胞（图11-13）。睾丸间质细胞单个或成群分布，细胞圆形或多边形，核圆，居中，胞质嗜酸性。电镜下，间质细胞具有分泌类固醇激素细胞的特征，其主要功能是合成和分泌雄激素。雄激素具有促进精子的发生、男性生殖器官的发育与成熟以及激发和维持男性第二性征和性功能。

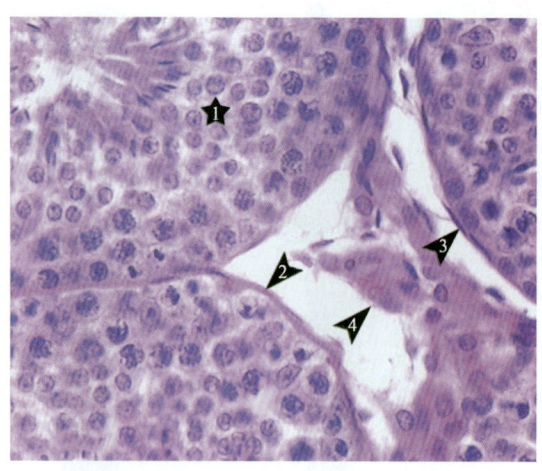

图 11-13　生精小管光镜图（示睾丸间质细胞）
1. 生精上皮；2. 基膜；3. 肌上皮细胞；
4. 睾丸间质细胞

（三）直精小管和睾丸网

生精小管近睾丸纵隔处变成短而直的直精小管，其管径较细，管壁上皮细胞为单层立方或矮柱状，无生精细胞。直精小管进入睾丸纵隔内分支吻合成网状的管道，称为睾丸网，其管腔大而不规则，由单层立方上皮组成。生精小管产生的精子经直精小管和睾丸网出睾丸进入附睾。

二、附睾的微细结构

附睾分为头、体、尾三部分，头部主要由输出小管组成，体部和尾部主要由附睾管组成。

1. 输出小管（efferent duct）　是从睾丸网发出的8～12根弯曲小管，小管上皮由高柱状纤毛细胞和无纤毛的矮柱状细胞相间排列构成，故管腔呈高低起伏的波浪状（图11-14）。小管上皮基膜明显，其外具有薄层平滑肌。平滑肌收缩和纤毛摆动将精子向附睾管推进。

2. 附睾管（epididymal duct）　是一条长而高度弯曲的管道，近端与输出小管相连，远端与输精管相通。附睾管管壁由假复层纤毛柱状上皮和平滑肌围成，管腔面整齐规则，腔内充满精子和分泌物（图11-15）。管壁上皮内高柱状细胞表面有静纤毛，电镜下为长微绒毛。附睾管不仅具有输送和储存精子的功能，其管壁上皮还能分泌多种物质，如肉毒碱、α-1,4-葡萄糖苷酶、甘油磷酸胆碱、唾液酸和蛋白质等，可以营养精子，使其达到功能上的成熟。由于精子在附睾管内停留时间较长，所以管腔内常能见到精子。

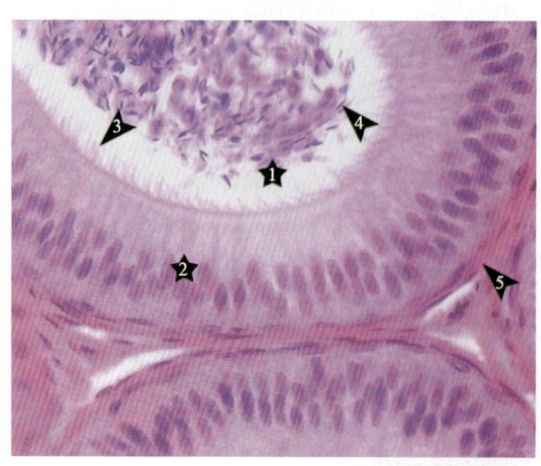

图 11-14　附睾光镜图
1. 附睾管；2. 假复层纤毛柱状上皮；3. 静纤毛；
4. 精子；5. 平滑肌

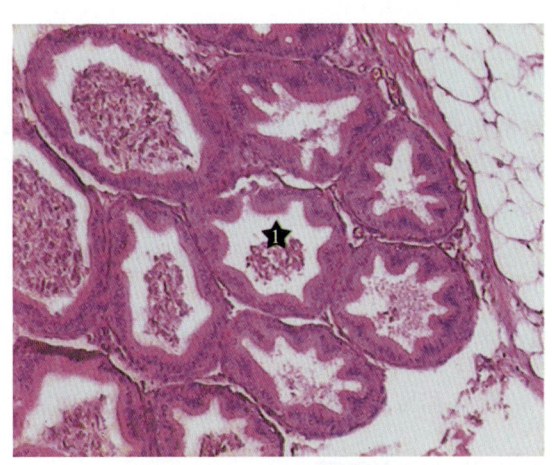

图 11-15　附睾光镜图
1. 睾丸输出小管

> **知识链接**
>
> ### 附睾炎
>
> 　　附睾炎多发于中青年，通常是继发于尿道炎、前列腺炎、精囊炎逆行感染的一种并发症，常造成不育。有急性和慢性之分，一侧多见。其组织结构的主要变化为急性附睾炎时，感染从附睾尾部开始，附睾管上皮脱落，上皮细胞水肿，管腔扩大并有大量脓性分泌物充填，然后经间质浸润至附睾体部和头部，并可形成脓肿甚至溃烂形成瘢痕组织，使附睾管腔闭塞；慢性附睾炎病变多局限于附睾尾部，组织切片上可以看到大量浆细胞和淋巴细胞及纤维性结缔组织增生，附睾管阻塞硬化。临床表现：急性附睾炎起病急，出现高热，患侧阴囊胀痛并可放射到同侧腹股沟区及腹部。慢性附睾炎可有局部坠胀感或隐痛。附睾炎病程长者可造成不育。治疗同睾丸炎。

（二）输精管

　　附睾管末端移行为输精管，为肌性管道，管壁由黏膜、肌层和外膜 3 层组成。黏膜上皮为薄层假复层柱状上皮，固有层结缔组织中弹性纤维丰富。肌层较厚，由内纵、中环、外纵三层平滑肌组成。外膜为疏松结缔组织。射精时，肌层强有力收缩，促使精液快速排出。

> **知识链接**
>
> ### 隐睾
>
> 　　隐睾为男性生殖畸形中最常见的一种，是由睾丸下降异常所致，可发生在单侧或双侧。正常时，胚胎时期睾丸由腹膜后腰部经腹股沟管下降至阴囊，在下降过程中，如果睾丸停留在其行经的任何部位而不能降入阴囊即为隐睾。睾丸的组织对温度较敏感。正常情况下，阴囊内温度略低于体温 1.5～2℃以维持睾丸正常结构和生

> **知识链接**
>
> 精功能。而处于异位的睾丸受温度影响使生精上皮细胞受损,甚至萎缩,影响精子发生。通常,1岁内的隐睾患者睾丸仍有自行下降至阴囊内的可能,可采用激素治疗,若2岁以后仍未下降则应手术治疗。

三、附属腺的微细结构

附属腺包括前列腺、精囊腺和尿道球腺。附属腺具有分泌功能,其分泌物与生殖管道的分泌物及精子共同组成精液。

(一)前列腺

前列腺环绕尿道起始部,是一个实质性器官。前列腺外包被膜,被膜伸入实质形成支架,被膜和支架为结缔组织,内含弹性纤维和平滑肌纤维。腺实质由30～50个复管泡状腺组成,在尿道周围呈3个环带分布:内带位于尿道周围,称黏膜腺,有15～30条导管开口于尿道前列腺部精阜的两侧;中间带称黏膜下腺;外带为主腺。前列腺的腺泡上皮形态多样,可以是单层立方、单层柱状或假复层柱状上皮。腺泡内可见高低不等的皱襞,腺腔极不规则。腺腔内可见嗜酸性前列腺凝固体,它由分泌物浓缩钙化而成(图11-16)。

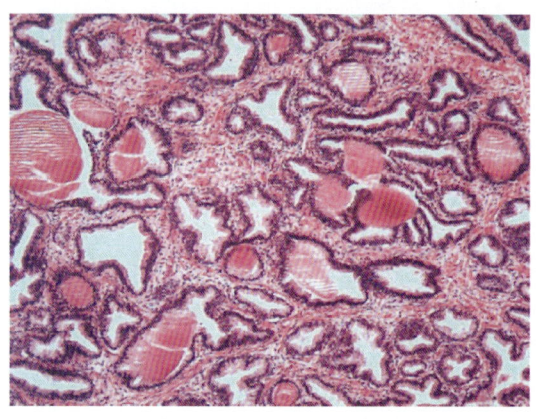

图11-16 前列腺分泌部光镜图

前列腺的分泌功能受雄激素和雌激素的调控,其分泌活动自青春期开始,在雄激素的刺激作用下,前列腺分泌活动增强,其分泌物的量占精液总量的13%～33%。分泌物为稀薄的液体,富含锌、枸橼酸盐、酸性磷酸酶、精胺和多种蛋白质。在老年男性,前列腺因雄激素减少而萎缩,有些老年人前列腺反而增生肥大,前列腺萎缩和肥大均可压迫尿道,导致排尿困难和尿潴留。

> **知识链接**
>
> ### 前列腺增生症
>
> 前列腺增生症又称前列腺肥大,是老年男性的常见病,多见于50岁以后。有动物实验表明雄激素可作用于前列腺上皮细胞,使前列腺分泌功能增强,而雌激素则可使前列腺上皮细胞和纤维平滑肌增生,故认为前列腺增生症可能因性激素失调而引起。本病主要的组织学改变为早期前列腺的纤维及平滑肌组织增生,有时平滑肌的增生很明显,随后腺体增生,腺体上皮细胞数增多,腺腔扩大。本病多发生在尿道周带和内带,增生的腺体向两侧和膀胱内突出使前列腺段的尿道弯曲并受压变窄而导致尿频、排尿困难如尿线细而无力,尿后滴沥,梗阻严重者可出现尿潴留等。

（二）精囊

精囊为高度弯曲的囊状腺。腺上皮为单层柱状或假复层柱状上皮，能分泌黄色黏稠液体，为精子活动供能。

（三）尿道球腺

尿道球腺为复管泡状腺，腺泡由单层柱状上皮围成。分泌物为透明黏液，具有润滑尿道的作用。

（高晓勤　马晓萍）

第十二章

女性生殖系统

记忆

复述如下内容：女性生殖系统的组成，卵巢的形态、固定装置，子宫内腔的分部，阴道穹隆的构成，乳房的形态和构造特点，前庭大腺的位置，会阴的境界和组成，卵泡的生长、发育和子宫内膜的周期性变化。

理解

解释如下内容：卵巢位置、功能，输卵管的位置、分部及意义，子宫的位置、形态、分部及固定装置。

应用

能够运用如下知识点：阴道后穹隆与直肠子宫陷凹的位置关系，月经周期各期的子宫内膜变化特点与卵巢的关系。

第一节 女性内生殖器

女性生殖腺是卵巢，是产生卵子和分泌女性激素的器官。生殖管道包括输卵管、子宫、阴道。输卵管是输送卵子的管道，也是卵子受精的部位，子宫是孕育胎儿和产生月经的器官，阴道是胎儿产出的通道和女性的性交器官。附属腺即前庭大腺，能分泌润滑阴道的液体。

精子与卵子在输卵管内受精成为受精卵，受精卵运动到子宫内种植发育成胎儿，成熟胎儿分娩时通过子宫口出子宫并经过阴道娩出。如果卵子在输卵管内未受精，则退化在管内被吸收。

一、卵巢

卵巢（ovary）（图12-1, 2） 是一对扁卵圆形的实质性器官，位于盆腔左、右两侧壁髂内、髂外动脉所形成的夹角内，即卵巢窝。卵巢分为内、外侧面，前、后缘和上、下端。内侧面朝向盆腔，与小肠相邻。外侧面与盆腔侧壁紧贴。后缘游离。前缘借卵巢系膜附于子宫阔韧带后层，中部有血管、神经出入，此处称**卵巢门**。上端钝圆与输卵管伞靠近，借卵巢悬韧带固定于盆壁。卵巢悬韧带内有卵巢的血管、淋巴管、神经等，临床上称骨盆漏斗韧带，是寻找卵巢血管的标志。下端尖细借卵巢固有韧带连于子宫底两侧。

卵巢的大小和形态随年龄而变化。在幼女期体积较小且表面光滑；性成熟期体积最大，经历排卵过程时，表面多次裂开与修复后出现瘢痕，变得凹凸不平。35～40岁卵巢开始缩小，50岁左右随着月经停止逐渐萎缩。

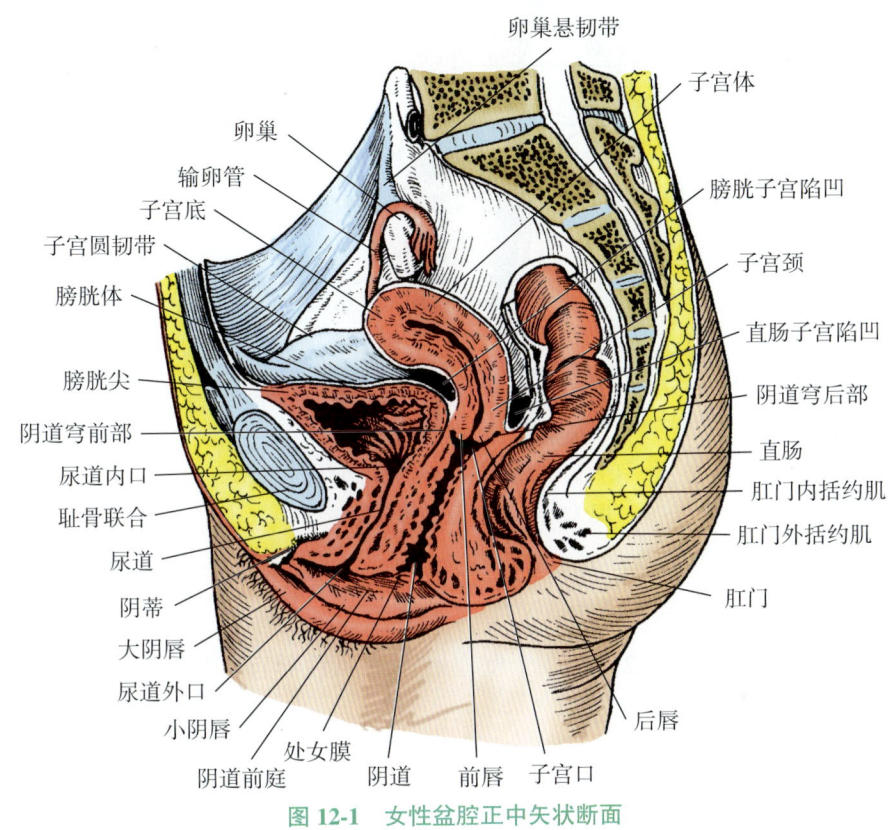

图 12-1　女性盆腔正中矢状断面

二、输卵管

输卵管（uterine tube）（图 12-2）　是一对细长弯曲呈喇叭状的肌性管道，是输送卵子和受精的部位。输卵管连接子宫底的两侧，行走于子宫阔韧带的上缘内。内侧端开口于子宫腔，外侧端开口于腹膜腔。女性腹膜腔通过输卵管、子宫、阴道与外界相通。

输卵管全长10～12cm，由内侧向外侧可分为四部分：①**子宫部**，为贯穿子宫壁的一段，经输卵管子宫口开口于子宫腔；②**输卵管峡部**，细而直，呈水平位，壁厚腔窄。输卵管结扎常在此部进行；③**输卵管壶腹部**，约占输卵管全长的2/3，管径粗而弯曲。卵子通常在此部受精，受精卵发育并运动到子宫着床。若受精卵由于某种原因未能到达子宫，而在输卵管内或腹膜腔内发育，称宫外孕；④**输卵管漏斗部**，是外侧端的扩大部分，呈漏斗状，其游离缘有许多指状突起称**输卵管伞**，覆盖于卵巢表面。漏斗末端的中央有输卵管腹腔口与腹膜腔相通。

卵巢和输卵管统称为**子宫附件**。

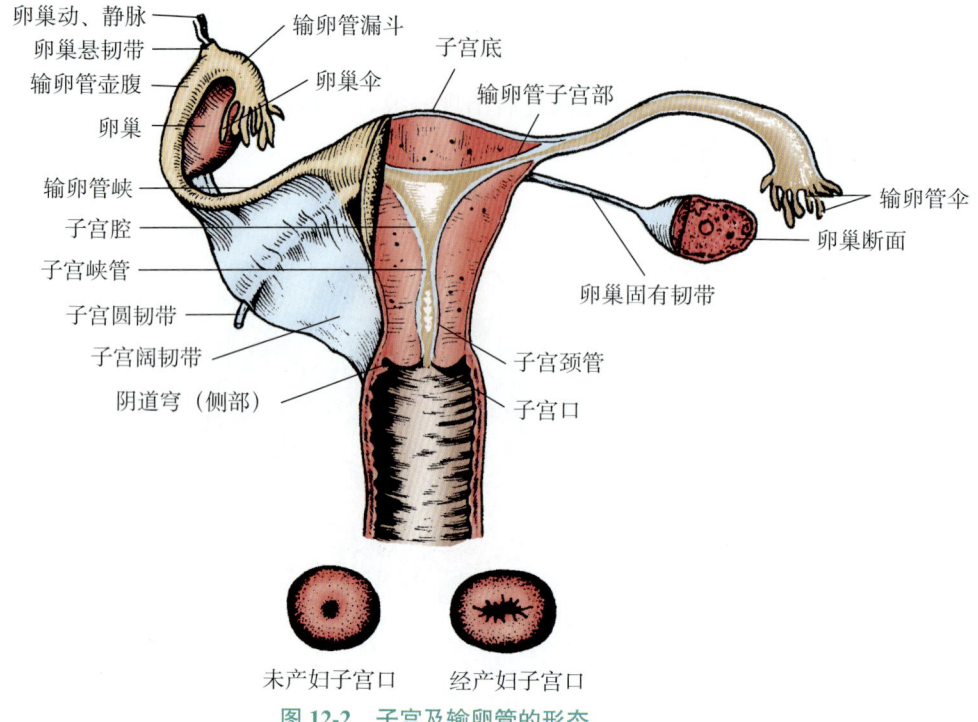

图 12-2 子宫及输卵管的形态

三、子宫

子宫（uterus）（图 12-1, 2）是一个壁厚腔小的肌性器官，是孕育胎儿和产生月经的场所。

（一）位置

子宫位于盆腔的中央，膀胱与直肠之间，两侧连有输卵管、卵巢和子宫阔韧带，下部连接阴道。成年女性的子宫的正常位置为轻度的**前倾前屈位**。**前倾**是指子宫与阴道间形成一个向前开放的钝角；前屈是指子宫体与子宫颈之间形成一凹向前的钝角。人体直立时，子宫伏于膀胱后上方，几乎与地面平行。

由于子宫前邻膀胱后贴直肠，膀胱和直肠的充盈度，可影响子宫的位置。妊娠期，增大的子宫可压迫膀胱，孕妇常出现尿频现象。临床上可经直肠指检子宫的位置、大小。

（二）形态

成年未孕时子宫呈前后稍扁倒置的梨形，长 7～9cm，宽 4～5cm，厚 2～3cm，重 40～50g。子宫自上而下可分为三个部分（图 12-2）：①**子宫底**，指两侧输卵管子宫口以上的钝圆部分；②**子宫体**，指底与颈之间的部分。③**子宫颈**，为下端的狭窄部分，成人长 2.5～3cm，它又分为上、下两部，即伸入阴道内的下 1/3 部，称**子宫颈阴道部**，是宫颈癌和宫颈糜烂的好发部位，在阴道以上的 2/3 部分称**子宫颈阴道上部**。

子宫颈与子宫体交界处稍狭细，称**子宫峡**。在非妊娠期子宫峡不明显，长约 1cm。妊娠期子宫峡逐渐伸展变长形成子宫下段，妊娠末期此部可延至 7～11cm，其壁逐渐变薄，子宫容积逐渐变大，产科常经此处作剖宫取胎术。

子宫的内腔较狭窄，呈前后略扁的三角形裂隙，可分为上、下两部分，在子宫体内的部分称**子宫腔**，两侧通输卵管，尖向下通子宫颈管。在子宫颈内的管腔称**子宫颈管**，呈梭形，其上口通子宫腔，下口通阴道，即**子宫口**，未产妇子宫口为圆形，边缘光滑整齐，分娩后变成横裂状。子宫口的前、后缘分别称为前唇和后唇，后唇较长，位置也较高。未孕时宫腔容积约 5ml，正常孕末时可达 5000ml。

（三）固定装置

维护子宫正常位置要靠盆膈肌、周围的结缔组织、阴道、韧带、腹压等因素，如固定装置薄弱或损伤，可致子宫位置异常或引起不同程度的子宫下垂（图 12-1，2，3）。其中，重要的韧带有以下四对：

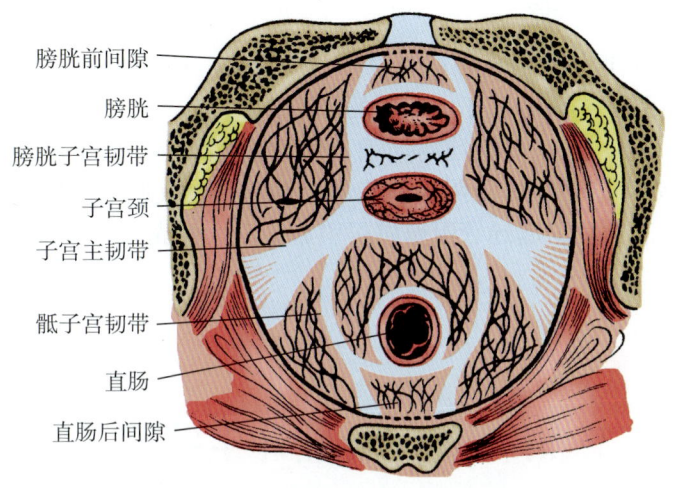

图 12-3　子宫的固定装置模式图

1. 子宫阔韧带　位于子宫两侧，略呈冠状位，由子宫前、后面的腹膜自子宫侧缘向两侧延伸至骨盆侧壁和盆底的双层腹膜构成。子宫阔韧带的上缘游离，包裹输卵管，其外侧端移行为卵巢悬韧带。其作用主要是限制子宫向两侧移位。

2. 子宫圆韧带　由平滑肌和结缔组织构成，呈圆索状，起于子宫体前面的上外侧、输卵管子宫口的下方，在子宫阔韧带前层覆盖下向前外侧弯行，然后通过腹股沟管止于大阴唇皮下。其作用主要是维持子宫前倾。

3. 子宫主韧带　由阔韧带下部两层间的结缔组织和平滑肌构成，自子宫颈两侧连至骨盆侧壁。其作用主要是防止子宫向下脱垂。

4. 骶子宫韧带　由平滑肌和结缔组织构成，起自子宫颈后面，向后绕过直肠，止于骶骨前面。该韧带牵拉子宫颈向后上，其作用主要是与子宫圆韧带共同维持子宫前屈位。

（四）子宫的年龄变化

新生儿时期的子宫稍高出小骨盆上口，子宫颈比子宫体长而粗。性成熟前期子宫体迅速发育生长，子宫壁渐增厚。性成熟期，子宫颈和子宫体几乎相等长。经产妇的子宫较大，壁厚，内腔也增大。绝经期后，子宫萎缩变小，壁也变薄。

四、阴道

阴道（vagina）（图 12-1，2）是一条前后稍扁的肌性管道状器官，它富有伸展性，上端包绕连接子宫颈，下端延续到外生殖器，是女性的性交器官，也是排出月经和胎儿娩出的通道。

阴道位于小骨盆中央，前邻膀胱和尿道，后与直肠相邻。若相邻部位损伤，可发生尿道阴道瘘或直肠阴道瘘。阴道上端较宽阔，环包子宫颈，阴道壁与子宫颈之间形成环状的凹陷，称**阴道穹**，阴道穹分为相互连通的前部、后部和两侧部，阴道穹后部最深，与直肠子宫陷凹之间仅隔以阴道后壁和一层腹膜，当腹膜腔积液时，可经阴道穹后部穿刺或引流。阴道下端以阴道口开口于阴道前庭，穿经尿生殖膈，周围的肌肉对阴道有括约作用。

处女的阴道口周围有一环行的黏膜皱襞，称**处女膜**，处女膜破裂后，阴道口周围留有处女膜痕。处女膜可有不同的孔型，多为唇状、环状、筛状，个别女子处女膜厚而无孔，称处女膜闭锁或无孔处女膜，当月经初潮时会造成经血潴留，可行手术切开。

五、前庭球与前庭大腺

前庭球（图 12-6）近似于男性尿道海绵体，马蹄状，上部细小，位于尿道外口与阴蒂体之间的皮下，下部稍膨大向外，位于大阴唇的深面。

前庭大腺（图 12-6）是一双女性附属腺，形似豌豆大小，位于阴道口两侧的大阴唇皮下，前庭球下端深处，导管开口于阴道前庭的小阴唇与处女膜之间的沟内，相当于小阴唇中、后 1/3 交界处，若炎症引起导管阻塞则可引起前庭大腺囊肿。其作用是分泌润滑阴道口的黏液。

（钟　强）

第二节　女性外生殖器

女性外生殖器（图 12-4，5），即女阴，包括阴阜、大阴唇、小阴唇、阴蒂、阴道前庭等结构。

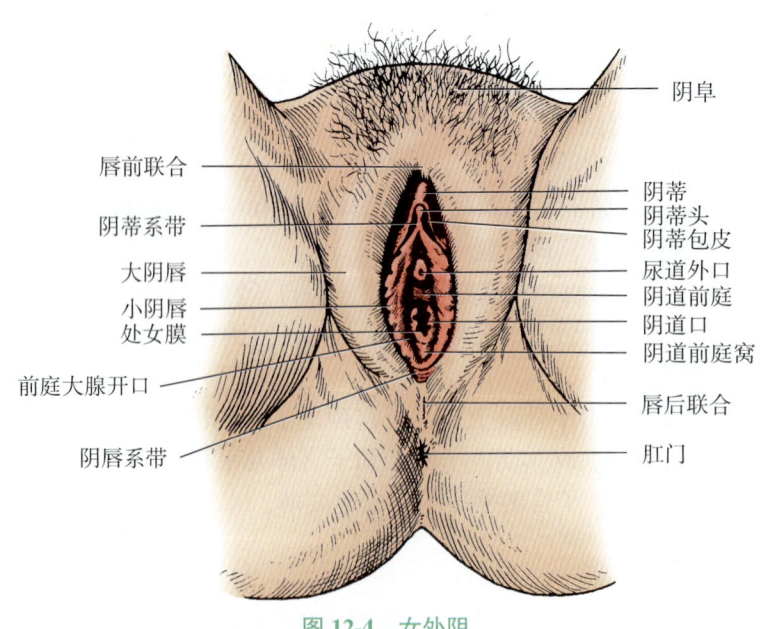

图 12-4　女外阴

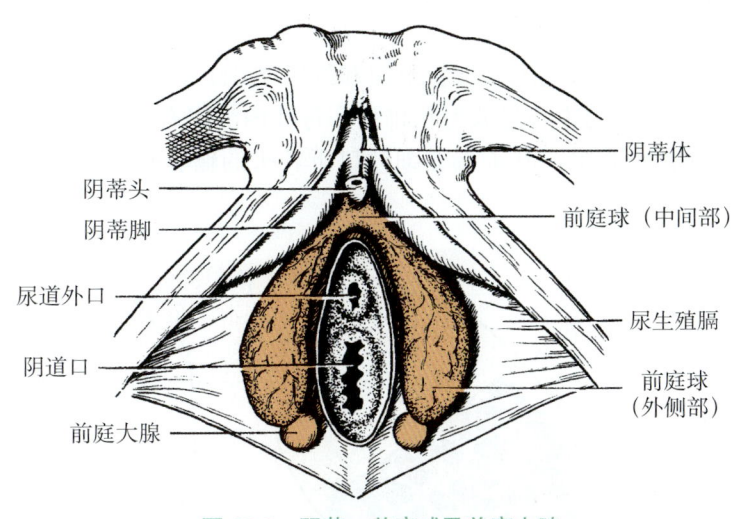

图 12-5 阴蒂、前庭球及前庭大腺

1. 阴阜 位于耻骨联合前面的皮肤隆起，皮下含较多的脂肪，性成熟后此处皮肤长有阴毛。

2. 大阴唇 一对纵行隆起的皮肤皱襞，富有色素，长有阴毛。两侧大阴唇在前端、后端分别连结形成唇前连合和唇后连合。

3. 小阴唇 位于大阴唇的内侧，为一对较薄的皮肤皱襞，表面光滑无毛，富有弹性。小阴唇前端延伸形成阴蒂包皮和阴蒂系带，后端会合形成阴唇系带。

4. 阴蒂 由两个阴蒂海绵体（类似于男性的阴茎海绵体）构成，其后端以阴蒂脚附着于耻骨下支和坐骨支，向前两侧合成阴蒂体，折转向下末端为阴蒂头，富有感觉神经末梢，感觉敏锐。

5. 阴道前庭 指两侧小阴唇之间的裂隙。前部有尿道外口，后部有阴道口。

附一：乳　房

乳房（mamma）（图 12 附 -1，附 2）是哺乳动物特有的结构，男性乳房不发达，女性乳房自青春期起受雌激素的影响开始发育，妊娠期和哺乳期有活跃的分泌乳汁活动，是授乳育婴的器官，与生殖器官同步发育，故附在本章并叙述。

（一）位置

乳房位于胸大肌表面，左右各一，在第 3 至第 6 肋之间，内侧至胸骨旁线，外侧可达腋中线。未产妇乳头平对第 4 肋间隙或第 5 肋水平。

（二）形态

成年未产女性乳房呈半球形，中央有一突起为**乳头**。乳头表面有输乳管的开口，即**输乳孔**。乳头周围色素较深的皮肤环形区是**乳晕**。乳晕区有许多小圆形突起，其深面是**乳晕腺**，可分泌脂状物润滑乳头。乳头和乳晕的皮肤薄弱，易损伤，尤其在哺乳期应注意清洁，以防感染。乳房的形态大小，随年龄变化而不同，妊娠期和哺乳期乳腺组织增生，乳房增大，停止哺乳后，乳腺萎缩，乳房变小，老年女性乳房更加萎缩、松弛、下垂。

（三）结构

乳房由皮肤、乳腺、结缔组织（脂肪组织和纤维组织）构成。乳腺被结缔组织分隔成 15～20 个**乳腺叶**，以乳头为中心呈放射状排列。每叶内汇聚有一排泄乳汁的**输乳管**。输乳管在近乳头处扩大为**输乳管窦**，其末端变细开口于乳头的**输乳孔**。在乳腺与表面皮肤及深

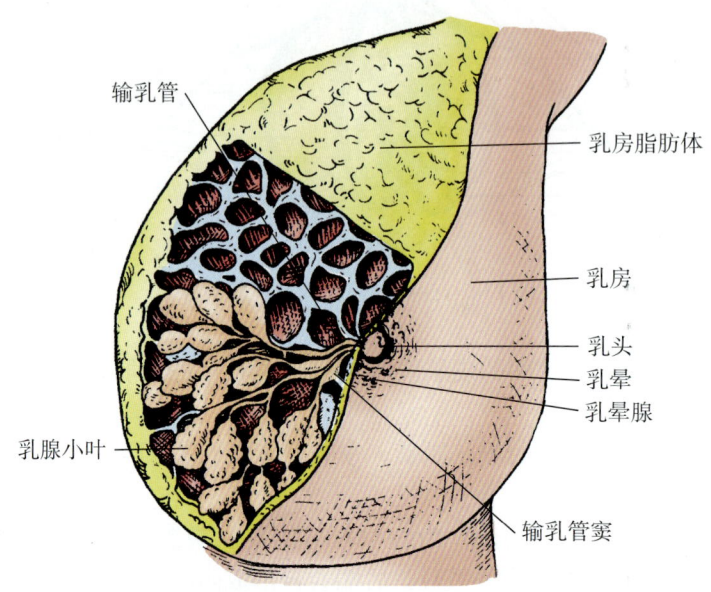

图 12-附 1　女性乳房模式图

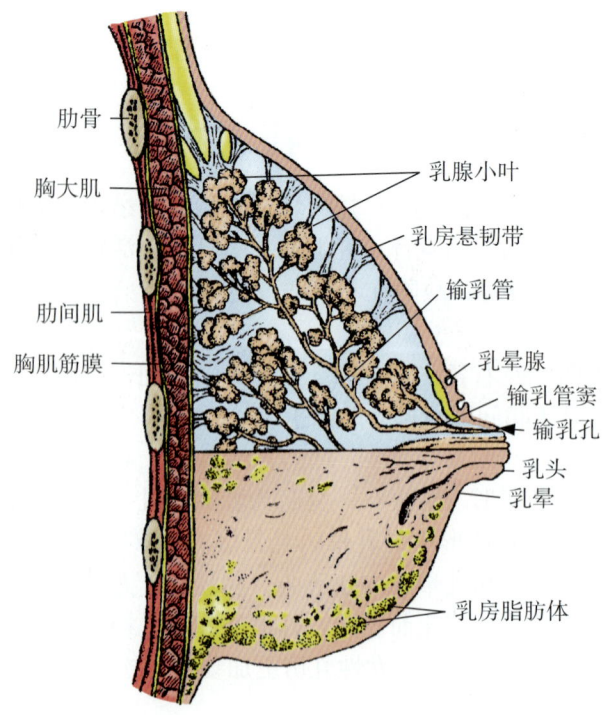

图 12-附 2　女性乳房矢状断面

部的胸肌筋膜之间连有许多纤维小束，称**乳房悬韧带**（suspensory ligaments of breast，又称 Cooper 韧带），对乳房有支持作用。

附二：会　阴

会阴（perineum）（图 12- 附 3，附 4）有广义和狭义之分。广义会阴指封闭骨盆下口的全部软组织的总称，其境界略呈菱形，即前方耻骨联合下缘、两侧坐骨结节、后方尾骨尖四点之间的区域。以两侧坐骨结节之间的连线为界又分为前方的**尿生殖区**（尿生殖三角）和后方的**肛区**（肛门三角）两部分。**狭义会阴**在男性系指阴囊根与肛门之间的软组织，女性则指阴道前庭后端与肛门之间的软组织，又称产科会阴。妇女分娩时，要保护此区，以免造成会阴撕裂。

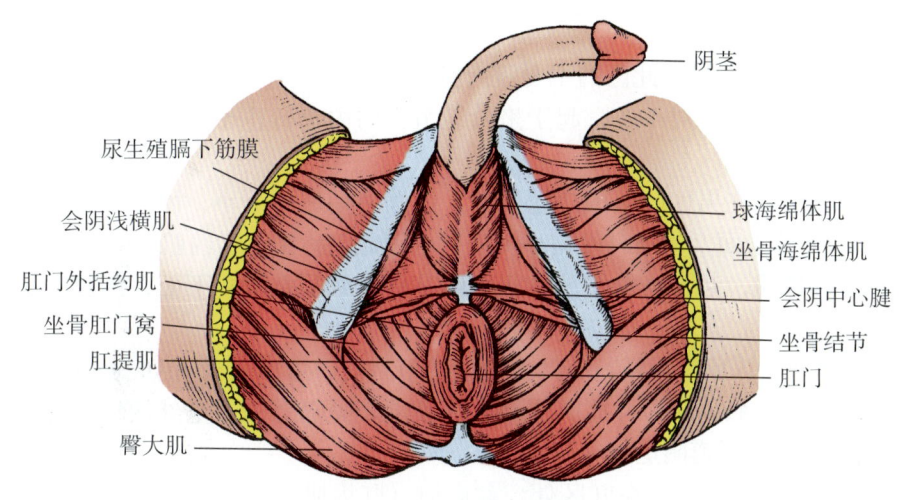

图 12- 附 3　男性会阴肌

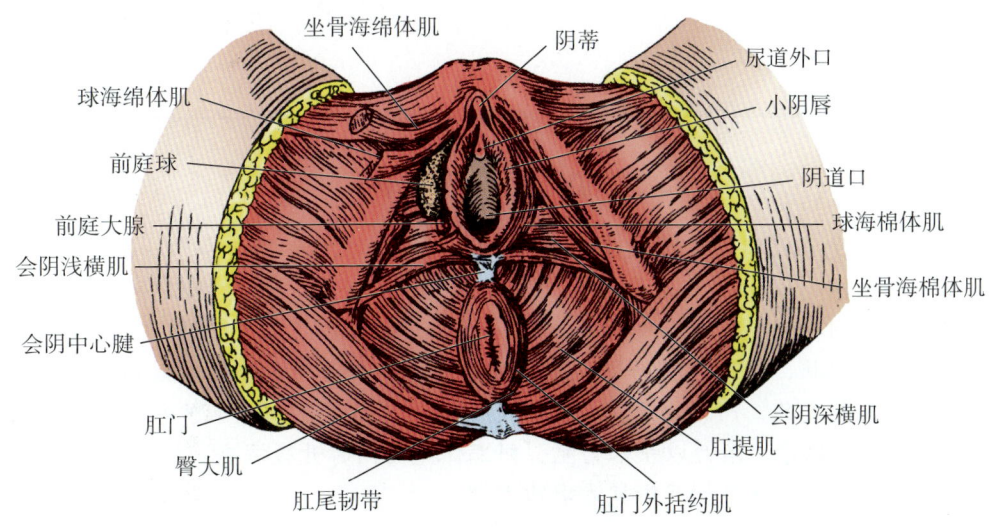

图 12- 附 4　女性会阴肌

（一）尿生殖区的肌和尿生殖膈

在尿生殖区，男性有尿道通过，女性有尿道和阴道通过。此区的主要肌肉有：

1. 肛提肌　是一对宽的扁肌，两侧汇合成尖向下的漏斗状。起自小骨盆侧壁，肌纤维向后下内行走，附着在会阴中心腱、直肠壁、尾骨。肛提肌的主要作用是加强和提起盆底，承托盆腔的器官。

2. 尾骨肌　覆盖在骶棘韧带上面，起自坐骨棘，呈扁扇形止于骶骨和尾骨的两侧边缘。

3. 肛门外括约肌　环绕在肛门外面的骨骼肌。分为皮下部、浅部、深部。是肛门的随意肌。

尿生殖膈（urogenital diaphragm）在尿生殖三角区，尿道膜部括约肌、会阴深横肌与覆盖于它们上、下面的尿生殖膈上筋膜和尿生殖膈下筋膜共同构成尿生殖膈。尿生殖膈有封闭盆膈裂孔，加固盆底的作用。

（二）肛区的肌和盆膈

在肛门三角有肛管通过。此区的主要肌肉有：

1. 会阴浅横肌　是一对小肌，起于坐骨结节，向内横行止于会阴中心腱，有固定会阴中心腱的作用。

2. 球海绵体肌　在男性此肌围绕尿道球，收缩时使尿道缩小，协助排尿和射精。在女性此肌覆盖于前庭球表面，收缩时可缩小阴道口，因此又称阴道括约肌。

3. 坐骨海绵体肌　起自坐骨结节，止于阴茎脚（或阴蒂脚）下面，该肌收缩时参与阴茎（阴蒂）勃起。

4. 会阴深横肌　该肌肌束横行于两侧坐骨结节之间，可加强会阴中心腱的稳固性。

5. 尿道膜部括约肌　在男性此肌围绕尿道膜部，是随意的尿道外括约肌；在女性此肌围绕尿道和阴道，称为尿道阴道括约肌。

盆膈（pelvic diaphragm）在肛区处，盆底肌（肛提肌、尾骨肌）的上、下面分别覆盖有盆膈上筋膜和盆膈下筋膜，这三部分结构共同构成盆膈。在两侧肛提肌前内侧缘之间留有一狭窄的裂隙，称盆膈裂孔，盆膈有支持和固定盆腔内器官的作用，并可与腹肌、膈肌一起协同增加腹压。

异位妊娠和宫外孕

受精卵在子宫腔以外着床发育的异常妊娠过程，也称"宫外孕"，以输卵管妊娠最常见。多由输卵管管腔或周围的炎症引起管腔通畅不佳，阻碍受精卵正常向运动，使之在输卵管内停留、着床、发育，最终导致输卵管妊娠流产或破裂。在流产或破裂前往往无明显症状，也可伴有停经、腹痛、少量阴道出血等。胚胎破裂后则出现急性剧烈腹痛，反复发作，阴道出血，以至休克。检查常有腹腔内出血体征，子宫旁有包块，超声检查可助诊。治疗以手术为主，纠正休克的同时开腹探查，切除病侧输卵管。若为保留生育功能，也可切开输卵管取出孕卵。

知识链接

人工授精

用人工方法获得精子和卵细胞，在人为条件下使其在体外结合为受精卵并开始发育。当发育到胚泡阶段时，将其移植到子宫内继续发育成熟直到诞生。这种形式的体外胚胎发生称作体外受精-胚胎移植。由于体外受精和早期卵裂是在试管中进行的，所以人们又把由此产生的婴儿称"试管婴儿"。人工授精已在优生优育、科学研究以及解决不孕不育夫妻的痛苦等多方面作出了极大贡献，其技术已得到普及。

乳腺癌

乳腺癌已成为当前社会的重大公共卫生问题之一，是女性常见恶性肿瘤，与宫颈癌、子宫肌瘤并称女性三大"杀手"，对女性的健康和生命构成了很大的威胁。当癌细胞扩散累及乳房悬韧带时，使局部的纤维组织增生，韧带缩短，牵拉乳房表面的皮肤向内凹陷，外观上类似橘皮样，临床上将这一体征称为"橘皮样变"，是乳腺癌的早期特征性体征之一，对早期诊断也是一个重要观察指标。目前，通过早期筛查、早期诊断、早期手术，乳腺癌已成为治疗效果最佳的实体肿瘤之一。

思考题

1. 简述女性生殖系统的组成和功能。
2. 简述子宫的固定装置及作用。
3. 女性输卵管结扎术后是否影响月经？为什么？

（钟 强）

第三节 女性生殖系统的微细结构

一、卵巢的微细结构

卵巢（ovary）为实质性器官，表面覆以单层扁平或立方上皮，上皮深面为薄层致密结缔组织构成的白膜。卵巢实质分为皮质和髓质两部分。皮质较厚，紧贴白膜，由富含梭形细胞和网状纤维的结缔组织构成，其中有不同发育阶段的卵泡、黄体、白体和退变的闭锁卵泡。卵巢髓质范围较小，位于卵巢中央，为疏松结缔组织，含大量弹性纤维、血管和淋巴管等。卵巢皮质和髓质无明显分界（图12-6）。卵巢门处除有较大的血管和神经出入，还有少量门细胞，门细胞可分泌雄激素。

第三篇　内脏系统

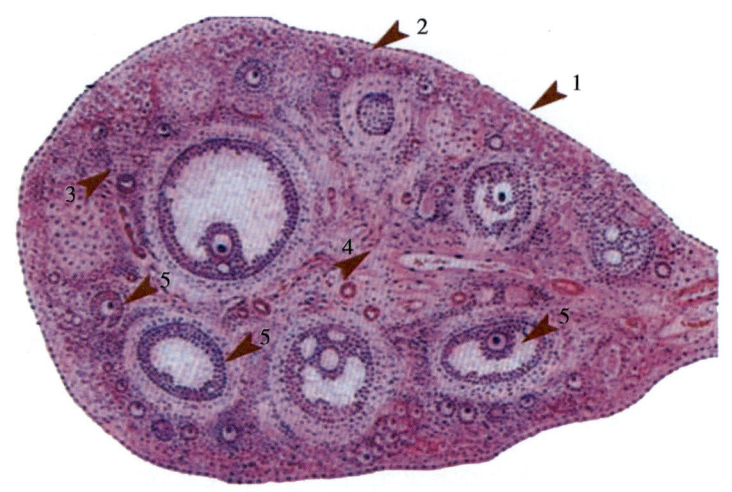

图 12-6　卵巢光镜结构模式图
1. 表面上皮；2. 白膜；3. 皮质；4. 髓质；5. 卵泡

知识链接

卵巢囊腺瘤

卵巢是常发生肿瘤的器官之一，而卵巢囊腺瘤又是卵巢最常见的肿瘤（占卵巢肿瘤的50%～70%），多发于25～50岁。其组织学发生来自覆盖卵巢表面的生发上皮，可分浆液性和黏液性两种。黏液性囊腺瘤常为单侧，瘤体大小不一，但一般较大，甚至巨大。其囊壁上皮为单层高柱状，类似子宫颈柱状上皮，囊内含稠厚甚至如胶的黏液；浆液性囊腺瘤常为双侧，瘤体较黏液性囊腺瘤小。其囊壁上皮为单层立方或矮柱状，类似输卵管上皮，囊内含稀薄透明的浆液。根据组织学及细胞学特点，卵巢囊腺瘤可分为良性和恶性。良性肿瘤发展慢，肿瘤长大后可有腹部不适或压迫症状，可早期发现；恶性肿瘤生长快，但早期诊断困难，一旦发现多属晚期，此病多以手术治疗。

案例

患者王女士，大便带血半年，按痔疮治疗很长时间不见好转，有时不吃药反而会自动消失；患者吴女士，鼻黏膜反复出血3月余，有时连续几日都有鼻出血，出血量也不多，但有时则十余日不出血，吴女士总是担心自己患上了血液病；患者刘女士，经常性下腹痛半年余，开始以为是受凉，也没在意，而且痛几天也就不痛了，可令人奇怪的是每个月都要痛上那么几天，对此，刘女士烦恼不已。这三位患者的症状均在月经期加重，为其共同点。考虑诊断为"子宫内膜异位症"。请思考：
1. 女性生殖系统的组成和功能是什么？
2. 简述子宫黏膜层的组成、功能特点及周期性变化。

(一) 卵泡的发育与成熟

卵泡（follicle）由中央的一个卵母细胞和周围的卵泡细胞组成，呈球状。卵泡发育是一个连续的过程，并无严格的阶段划分，但根据某些结构特点，人为地将卵泡发育分为原始卵泡、初级卵泡、次级卵泡和成熟卵泡四个阶段。其中初级卵泡和次级卵泡为生长卵泡的前、后两个时期。

1. 原始卵泡（primordial follicle） 位于卵巢皮质浅层，体积小，数量多，由中央一个初级卵母细胞和周围一层扁平的卵泡细胞构成（图12-7，8）。初级卵母细胞呈圆形，体积大，直径30～40μm，核大而圆，染色浅，核仁明显。电镜下，胞质内可见线粒体、板层状排列的滑面内质网和高尔基复合体等细胞器。初级卵母细胞在胚胎时期由卵原细胞分化而成，但长期停滞在第一次减数分裂的前期，直至排卵前才完成第一次减数分裂。卵母细胞周围的卵泡细胞体积较小，扁平形，核扁圆形，染色较深。卵泡细胞具有支持和营养卵母细胞的作用。卵泡细胞和周围结缔组织间有基膜。

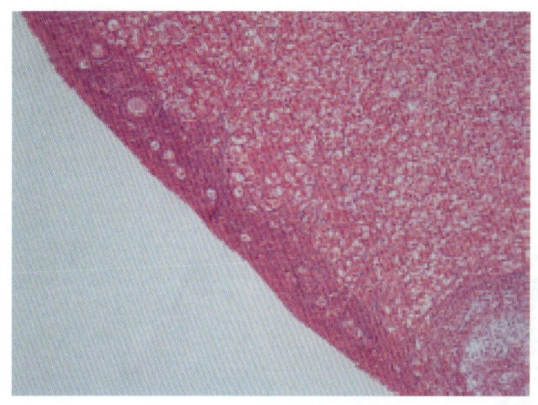

图12-7 卵巢局部光镜图

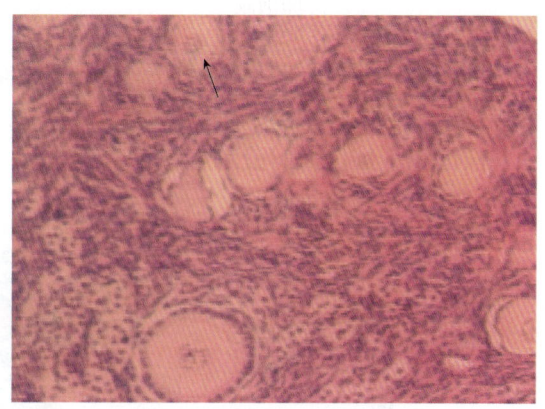

图12-8 原始卵泡高倍光镜图

2. 初级卵泡（primary follicle） 由原始卵泡分批发育形成，属生长卵泡的初级阶段。在原始卵泡转变为初级卵泡的过程中出现的结构变化主要有：

(1) 初级卵母细胞：体积增大，核变大，呈泡状，胞质内核糖体、高尔基复合体和粗面内质网均增多。靠近质膜的胞质中出现电子密度高的溶酶体，称皮质颗粒，参与受精过程。

(2) 卵泡细胞：由扁平形变为立方形或柱状，随之细胞增殖成多层（5～6层）。

(3) 透明带（zona pellucida）：初级卵母细胞与卵泡细胞之间出现一层较厚的均质状、嗜酸性、折光性强的带状膜，称透明带，它由卵泡细胞和初级卵母细胞共同分泌的糖蛋白构成。构成透明带的蛋白有3种，即ZP1、ZP2、ZP3，其中ZP3为精子受体，在受精过程中，对精子与卵细胞间的相互识别和特异性结合起着重要作用。电镜下可见初级卵母细胞的微绒毛和卵泡细胞的突起均伸入透明带，卵泡细胞的长突起可穿越透明带与卵母细胞膜接触。在卵泡细胞与卵母细胞之间或卵泡细胞之间有许多缝隙连接。这些结构有利于卵泡细胞将营养物质输送给卵母细胞。

(4) **卵泡膜**（follicular theca）：在卵泡生长过程中，卵泡周围结缔组织内的梭形细胞不断增殖分化，形成卵泡膜。卵泡膜与卵泡细胞之间隔以基膜，但与周围结缔组织无明显分界。

3. 次级卵泡（secondary follicle） 当初级卵泡的卵泡细胞层次增多，其间出现含液体的

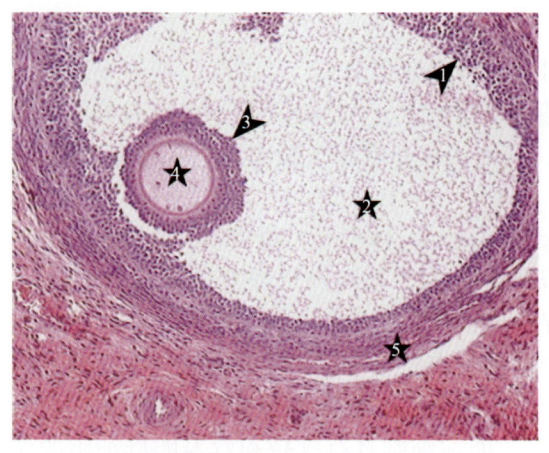

图 12-9 次级卵泡高倍光镜图
1. 颗粒层；2. 卵泡腔；3. 卵丘；4. 次级卵母细胞；
5. 卵泡膜

小腔时，便形成了次级卵泡（图 12-9）。次级卵泡除体积进一步增大外，还伴随有许多结构的出现和分化。

（1）卵泡腔出现：卵泡细胞分裂增殖到 6～12 层时，卵泡细胞间出现一些不规则的腔隙，并逐渐汇合成一个半月形的大腔，称为**卵泡腔**（follicular cavity），腔内充满卵泡液（图 12-10）。卵泡液由卵泡细胞分泌物和卵泡膜血浆渗出液组成，除含有一般营养成分外，还有卵泡分泌的激素、透明质酸和多种生物活性物质，对卵泡的发育成熟有重要影响。

（2）颗粒层和放射冠形成：随着卵泡腔的增大和融合，大部分卵泡细胞分布到卵泡腔周边，少部分卵泡细胞紧靠透明带呈放射状排列。分布在卵泡腔周围的卵泡细胞构成**卵泡壁**（wall folliculus），称颗粒层。紧靠在透明带周围的一层高柱状卵泡细胞呈放射状排列，形成**放射冠**（corona radiata）（图 12-10）。构成颗粒层的卵泡细胞此时改称颗粒细胞。

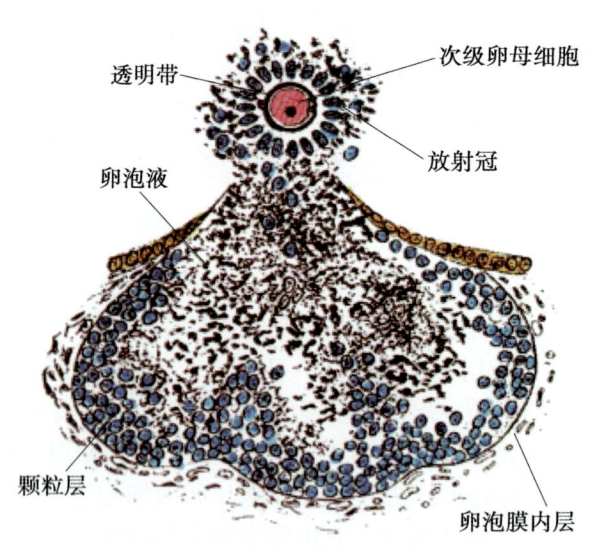

图 12-10 成熟卵泡排卵光镜结构模式图

（3）卵丘形成：随着卵泡液增多及卵泡腔扩大，初级卵母细胞、透明带及其周围卵泡细胞被挤到卵泡一侧，形成圆形隆起突向卵泡腔，称**卵丘**（cumulus oophorus）（图 12-10）。

（4）卵泡膜分化：随着卵泡发育，颗粒层外的卵泡膜分化为内、外两层。卵泡膜内层含有较多的多边形或梭形的膜细胞及丰富的毛细血管，膜细胞具有分泌类固醇激素的结构特征，能产生雄激素。雄激素穿过基膜，在颗粒细胞内经芳香酶系作用，转化为雌激素。雌激素小部分进入卵泡腔，大部分进入血液循环，调节子宫内膜等靶器官的生理活动。卵泡膜外层主要由结缔组织构成，胶原纤维较多，血管少，并含有平滑肌纤维。

4. 成熟卵泡（mature follicle） 成熟卵泡是卵泡发育的最后阶段。此时，卵泡体积很大，直径可达2cm，并突向卵巢表面。成熟卵泡的卵泡腔很大，颗粒层的卵泡细胞不再增殖，卵泡壁变薄。成熟卵泡的结构与末期次级卵泡基本相似，只是在排卵前36~48h完成第一次减数分裂，产生一个大的次级卵母细胞和一个小的第一极体。第一极体位于次级卵母细胞和透明带之间的卵周间隙内。次级卵母细胞随即进入第二次减数分裂，并停滞于分裂中期。女性每个月经周期，可有若干个原始卵泡生长发育，但通常只有一个卵泡发育成熟并排卵。

（二）排卵

在月经周期的第14天左右，成熟卵泡破裂，次级卵母细胞、透明带和放射冠连同卵泡液一起排入腹膜腔，这个过程称**排卵**（ovulation）。排卵前，在**黄体生成素**（luteinizing hormone, LH）的作用下，成熟卵泡的卵泡液剧增，卵泡腔体积增大，使突出于卵巢表面的卵泡壁、卵泡膜和卵巢表面

白膜均变薄，最后卵泡壁和卵泡膜破裂，卵巢表面被膜局部溶解形成裂口，次级卵母细胞连同透明带及放射冠随卵泡液从卵巢排出（图12-10），经腹膜腔进入输卵管。排卵后的卵巢表面裂口2~4天后即可修复。排卵后若在24h内不受精，次级卵母细胞即退化；若与精子相遇受精，次级卵母细胞即完成第二次减数分裂，形成一个大的成熟卵细胞和一个小的第二极体。

（三）黄体

排卵后，残留在卵巢内的颗粒层细胞和卵泡膜内层细胞，在LH的作用下，逐渐发育成一个体积很大并富含血管的内分泌细胞团，新鲜时呈黄色，称**黄体**（corpus luteum）。黄体有两种细胞，即颗粒黄体细胞和膜黄体细胞。颗粒黄体细胞来自卵泡壁的颗粒细胞，数量多，体积较大，呈多边形，染色较浅，分布于黄体中央。膜黄体细胞来自卵泡膜内层的膜细胞，数量少，体积较小，呈圆形或多边形，染色较深，分布于黄体的周边。粒黄体细胞和膜黄体细胞具有分泌类固醇激素细胞的超微结构特征（图12-6，11）。黄体的主要功能是分泌孕激素和一些雌激素，前者由粒黄体细胞分泌，后者由两种细胞协同分泌。

黄体的大小和持续时间的长短取决于卵细胞是否受精。如果排出的卵细胞未受精，则黄体维持12~14天后退化，称月经黄体。如果排出的卵细胞受精并妊娠，黄体在胎盘

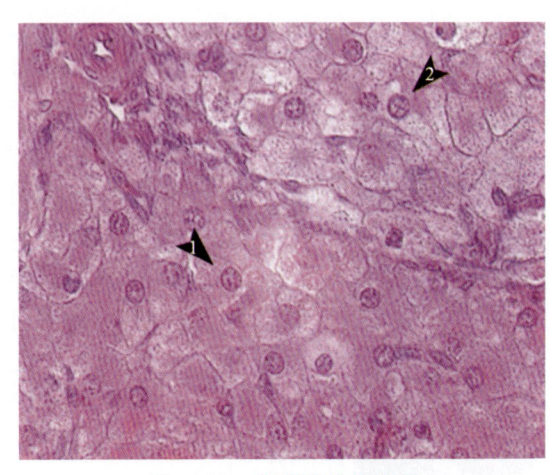

图12-11 卵巢黄体光镜图
1. 膜黄体细胞；2. 粒黄体细胞

分泌的**人绒毛膜促性腺激素**（human chorionic gonadotrophin，HCG）的作用下继续发育增大，直径可达4~5cm，一直维持4~6个月，称妊娠黄体。妊娠黄体除分泌大量的孕激素和雌激素外，还分泌肽类的松弛素，这些激素促使子宫内膜增生，子宫平滑肌松弛，以维持妊娠。两种黄体最终都萎缩退化，并逐渐由结缔组织代替，形成瘢痕样的白体。

（四）闭锁卵泡

从胎儿时期至出生后，乃至整个生殖期，绝大多数卵泡不能发育成熟，它们在发育的各个阶段停止生长并退化，退化的卵泡称为**闭锁卵泡**（atretic follicle）。

二、输卵管的微细结构

输卵管主要分为漏斗部、壶腹部、峡部和子宫部，输卵管管壁由黏膜、肌层和浆膜组成（图12-12）。

（一）黏膜

黏膜由上皮和固有层组成。黏膜可形成许多纵行而分支的皱襞，以壶腹部最发达，故输卵管管腔不规则。

1. 上皮　为单层柱状上皮，由纤毛细胞和分泌细胞组成。纤毛细胞在漏斗部和壶腹部最多，峡部和子宫部则逐渐减少。纤毛细胞的纤毛向子宫方向摆动，使卵细胞移向子宫并阻止病菌进入腹膜腔。分泌细胞表面有微绒毛，顶部胞质内有分泌颗粒，其分泌物构成输卵管液，可营养卵细胞，并辅助卵细胞的运行。当精子进入输卵管后，受纤毛摆动造成的阻力，只有少数运动能力强的精子才能到达壶腹部，与卵细胞会合。输卵管黏膜上皮在月经周期中发生周期性变化。

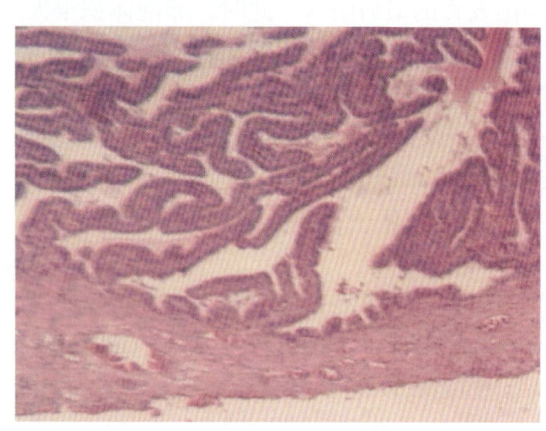

图12-12　输卵管光镜图

2. 固有层　为薄层的结缔组织，内含较多的血管和少量的平滑肌。

（二）肌层

肌层由内环、外纵两层平滑肌组成。肌层以峡部最厚，壶腹部肌层较薄。

（三）浆膜

浆膜位于最外层，由疏松结缔组织和间皮构成，血管丰富。

输卵管是受精部位，也是受精卵进入子宫的通道。输卵管炎症、粘连和创伤致输卵管管腔狭窄时，若精子进入受阻，可导致女性不孕；若受精卵输出受阻，可导致宫外孕。临床实施输卵管结扎术，可达到女性绝育的目的。

三、子宫的微细结构

（一）子宫壁的一般结构

子宫壁由外膜、肌层和内膜3层构成（图12-13）。

1. 外膜（perimetrium）　为浆膜，位于子宫壁的最外层。

2. 肌层（myometrium）　很厚，由成束或成片的平滑肌构成。肌层从内向外大致可分3层，即黏膜下层，中间层和浆膜下层。

黏膜下层和浆膜下层较薄，主要由纵行的平滑肌束组成；中间层较厚，由环行和斜行肌束组成，血管丰富。成年女性子宫平滑肌纤维长30～50μm。妊娠

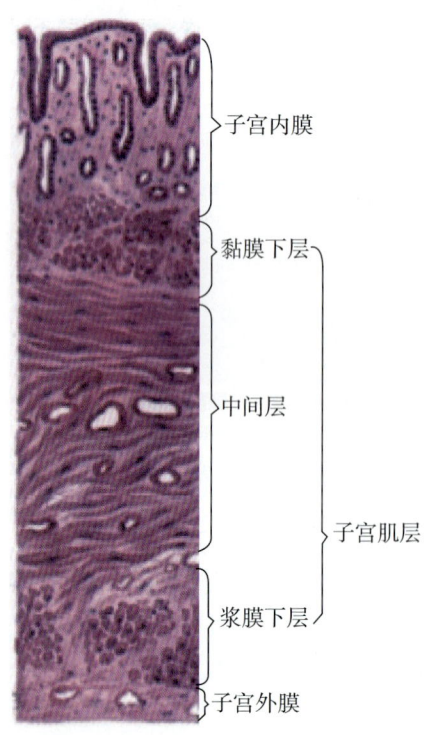

图12-13　子宫内膜增生期模式图

时肌纤维受卵巢激素的影响显著增长，可长达 500～600μm。妊娠时新增的平滑肌纤维来自未分化间充质细胞或平滑肌自身的分裂。分娩后的子宫平滑肌纤维逐渐恢复原状，部分平滑肌纤维自溶分解而被吸收。肌层的收缩活动，有助于精子向输卵管运行、经血排出及胎儿娩出。肌层平滑肌过度增生可形成子宫平滑肌瘤。

> **知识链接**
>
> ### 子宫肌瘤
>
> 　　子宫肌瘤是女性生殖系统肿瘤中最常见的良性肿瘤，多发生于中年女性，主要由子宫平滑肌细胞增生而形成，又称子宫平滑肌瘤。多发生在子宫肌层，亦可在浆膜下层或黏膜下层。多发或单发，小如米粒，大到几十千克重；尤其是在高雌激素环境中，如妊娠、外源性高雌激素等情况下生长明显，故认为此病可能与过多雌激素刺激有关。组织学研究发现，人类子宫肌瘤的发生可能来自未分化间充质细胞向平滑肌细胞的分化过程。本病典型症状为月经量过多、经期延长和继发性贫血。发生在子宫颈的巨大肌瘤可因压迫膀胱而出现尿频等症状。临床多以手术治疗为主。

　　3．内膜（endometrium）　由上皮和固有层构成。自青春期开始，受卵巢激素影响，子宫内膜浅层出现生理性剥脱，每月一次，称功能层。子宫内膜深层紧贴肌层，月经期不发生剥脱，主要起增生和修复子宫内膜的作用，称基底层。

　　（1）上皮：为单层柱状上皮，有两种细胞，即无纤毛的分泌细胞和纤毛细胞。纤毛细胞少，分泌细胞多。在子宫颈口处，单层柱状上皮逐渐移行为复层扁平上皮，移行处细胞易发生恶变，形成宫颈鳞癌。

　　（2）固有层：较厚，由结缔组织构成，除含较多的结缔组织细胞外，还有大量的子宫腺、螺旋动脉和基质细胞。子宫腺为黏膜上皮向固有层内凹陷形成的管状腺，其末端近肌层处常有分支。螺旋动脉从肌层分支而来，在固有层中呈螺旋状分布。基质细胞是分化程度较低的梭形或星状细胞，核大而圆，胞质较少，可合成和分泌胶原蛋白。基质细胞在月经周期中，可向两个方向分化，一是分化为前蜕膜细胞，妊娠时转变为蜕膜细胞；二是分化为内膜颗粒细胞，内膜颗粒细胞具有分泌含氮激素细胞的特点，能分泌松弛素。

　　子宫内膜受雌激素刺激后，若出现弥漫性增生、增厚，则形成子宫内膜增生症。子宫内膜过度增生，可恶变而形成子宫内膜癌。

> **知识链接**
>
> ### 子宫内膜异位症
>
> 　　正常时，子宫内膜位于子宫的体腔面，但由于某种原因，使子宫内膜组织出现于正常子宫内膜位置以外的部位，称子宫内膜异位症。这种异位的内膜在组织学结构上，通过镜检发现与正常的子宫内膜相同，不但有内膜腺体，而且有内膜间质围绕；

> **知识链接**
>
> 在功能上也受雌激素的作用而随月经周期有明显变化，但仅有部分受孕激素影响，能产生少量月经。患者如受孕，异位内膜可有蜕膜样改变。在发生部位上，一类发生在子宫以外的组织器官，以卵巢最为常见，称外在性子宫内膜异位症，另一类局限于子宫，其内膜由基底部向肌层生长称内在性子宫内膜异位症，又称子宫腺肌病。子宫内膜异位症的主要临床表现为痛经、月经不调及不孕。本病发病率较高，多发生在30～40岁的女性。

（二）子宫内膜的周期性变化

自青春期开始，在卵巢分泌的雌激素和孕激素的周期性作用下，子宫内膜功能层出现周期性变化，即每28天左右发生一次子宫内膜剥脱、出血与修复，称月经周期（menstrual cycle）。剥脱的子宫内膜和排出的血液称月经。每个月经周期指从月经开始的第一天起至下次月经来潮的前一天止，可分为月经期、增生期和分泌期（图12-14）。

1. **月经期** 为月经周期的第1～4天。由于排出的卵未受精，卵巢黄体退化，孕激素和雌激素水平下降，子宫内膜功能层的螺旋动脉持续收缩，导致内膜缺血，功能层萎缩坏死。继而螺旋动脉又突然短暂性扩张，致使功能层的血管破裂，血液流出并积聚在内膜浅部，最后与剥脱的子宫内膜一起经阴道排出，即月经。月经期的持续时间一般为3～4天。在月经终止前，基底层残存的子宫腺细胞迅速分裂增生，修复内膜上皮，进入增生期。

2. **增生期** 为月经周期的第5～14天。此时，卵巢内有一批卵泡生长发育，故又称卵泡期。在卵泡分泌的雌激素作用下，上皮细胞和基质细胞分裂增生，剥脱的子宫内膜开始增生修复，此期的组织结构变化如下：①残留的基底层细胞增殖，向内膜表面生长并形成新的上皮，内膜厚度逐渐增至2～4mm；②子宫腺增长、弯曲；③螺旋动脉也增长、弯曲。至增生期末，卵巢排卵，子宫内膜进入分泌期。

3. **分泌期** 为月经周期的第15～28天。此时卵巢内黄体形成，故此期又称黄体期。在黄体分泌的雌激素和孕激素的作用下，子宫内膜进一步增生变厚，其表现为①基底层细胞继续增殖，使内膜更厚，可达5～7mm；②子宫腺进一步增长变弯曲，腺腔扩张，腺上皮开始有分泌物产生；③螺旋动脉伸长，到达子宫内膜浅层，并变得更加弯曲（图12-14）。分泌期发生妊娠，则内膜基质细胞继续发育增大变为蜕膜细胞；如未妊娠，则当卵巢内月经黄体退变，孕激素和雌激素水平下降，内膜功能层脱落，进入月经期。

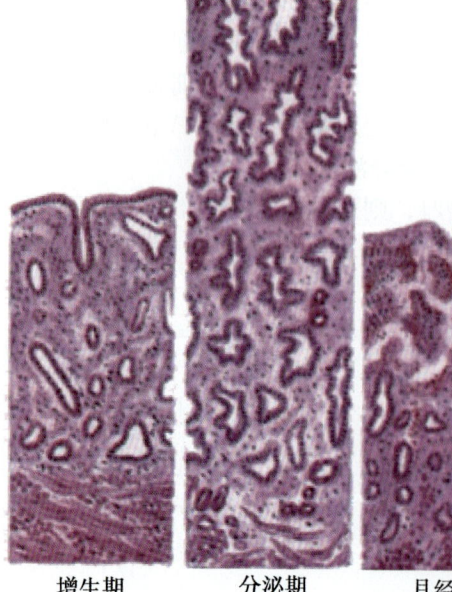

图12-14 子宫内膜的周期性变化示意图

更年期的卵巢功能趋于衰退，月经周期变得不规则，子宫腺不规则增生。绝经后，子宫内膜周期性变化停止。此时子宫内膜失去卵巢激素的作用，逐渐萎缩。

子宫内膜周期性变化直接受卵巢的控制，卵巢的周期性活动受腺垂体的调节，而腺垂体又受下丘脑弓状核的调控。血中高浓度的雌激素通过反馈而影响垂体和下丘脑的活动。因此，下丘脑、垂体、卵巢、子宫内膜之间关系非常密切，故有下丘脑-垂体-卵巢-子宫轴之称。

四、阴道

阴道为肌性器官，阴道壁由黏膜、肌层和外膜组成。黏膜由上皮和固有层组成，形成许多横行皱襞。黏膜上皮为复层扁平上皮，上皮细胞随月经周期而变化，故阴道脱落细胞检查有助于妇科疾病的诊断。固有层为致密结缔组织，内含丰富的弹性纤维和血管。肌层为排列不规则的平滑肌束。外膜由疏松结缔组织构成。

> **知识链接**
>
> **子宫颈癌**
>
> 子宫颈癌是一种常见的恶性肿瘤，在女性各种恶性肿瘤中占首位，其发病率有明显的地区差异。发病年龄以40～50岁为最多，在早婚、早育、多产及性生活紊乱的妇女患病率高。从子宫颈的组织结构看，宫颈上皮为单层柱状，由少量纤毛细胞和较多分泌细胞及储备细胞组成，储备细胞在慢性炎症时可增殖化生为复层扁平上皮，在此过程中也可发生癌变。宫颈阴道部的上皮为复层扁平，细胞内含有丰富的糖原。在宫颈外口处，单层柱状上皮移行为复层扁平上皮，此处是宫颈癌的好发部位；此病可通过宫颈脱落细胞的检查早期发现。

附：乳　腺

乳腺于青春期受卵巢激素的影响开始发育，妊娠期和哺乳期乳腺称为活动期乳腺，不处于分泌状态的乳腺称为静止期乳腺。

（一）乳腺的一般结构

乳腺主要是由腺泡、导管及其间的结缔组织构成。结缔组织将腺体分隔成15～25个乳腺叶，每个乳腺叶又被分隔成若干小叶，每个小叶为一个复管泡状腺。腺泡上皮为单层立方或柱状上皮，腺上皮与基膜之间有肌上皮细胞。导管包括小叶内导管、小叶间导管和叶导管（输乳管）。小叶内导管多为单层立方或柱状上皮，小叶间导管则为复层柱状上皮，输乳管为复层扁平上皮。输乳管分别开口于乳头。

（二）静止期乳腺

静止期乳腺指的是性成熟未孕女性的乳腺。其结构特点是腺体不发达，仅见少量导管和小的腺泡，脂肪组织和结缔组织丰富。在月经周期的分泌期，腺泡和导管略增生，乳腺可略增大。月经停止后这一现象消失。

(三)活动期乳腺

活动期乳腺是指妊娠期和泌乳期乳腺。妊娠期乳腺在雌激素和孕激素的作用下,乳腺的腺泡和小导管迅速增生,腺泡增大,结缔组织和脂肪组织相应减少。妊娠后期在催乳素的刺激作用下,腺泡开始分泌。分泌物除含有脂滴、乳蛋白、乳糖等,还含有由浆细胞与腺上皮细胞联合产生的sIgA,此时的分泌物称为初乳。初乳中还含有吞噬脂滴的巨噬细胞,称为初乳小体。泌乳期乳腺中结缔组织更少,腺体更加发达,腺泡处于不同的分泌时期。分泌前的腺泡细胞呈高柱状,分泌后的腺泡细胞呈扁平状,腺腔内充满乳汁。

停止哺乳后,催乳素水平下降,乳腺分泌停止,腺组织逐渐萎缩,结缔组织和脂肪组织增多,乳腺又转入静止期。

(马晓萍)

第十三章

腹　膜

记忆

1. 复述如下内容：腹膜的分部与功能，大网膜的组成、位置及功能，小网膜的位置，腹膜与脏器的关系，腹膜形成的系膜，肝和脾的韧带。
2. 定义腹膜腔、直肠膀胱陷凹、直肠子宫陷凹的概念。

理解

解释腹膜的分部，以及男、女性盆腔腹膜陷凹的位置及意义。

腹膜（peritoneum）是覆盖于腹、盆壁内表面及腹、盆腔器官表面的一层薄而光滑的浆膜，呈半透明状。其中衬于腹、盆壁内表面的部分，称**壁腹膜**；贴覆于腹、盆腔器官表面的部分，称**脏腹膜或腹膜脏层**。脏腹膜和壁腹膜相互延续移行，共同围成不规则的潜在性腔隙称**腹膜腔**（peritoneal cavity）。男性腹膜腔为一封闭的腔隙；女性腹膜腔则借输卵管腹腔口经输卵管、子宫、阴道和外界相通。

腹腔和腹膜腔在解剖学上是两个不同而又相关的概念。**腹腔**是指小骨盆上口以上由腹壁和膈围成的腔，腹膜腔位于腹腔之内，其中仅含少量的浆液。而腹腔内的器官均位于腹膜腔之外（图13-1）。

腹膜主要有分泌、吸收、防御、修复、支持和固定等功能：①正常情况下，腹膜可以分泌少量的浆液（100～200ml），起润滑腹膜和减少器官间摩擦的作用；②腹膜对液体和微小颗粒有强大的吸收力，同时腹膜也可以吸收包括细菌在内的微粒物质。而腹上部腹膜的吸收力较下部强，因此腹部炎症或手术后的患者多取半卧位，使有害液体流至下腹部，以减缓腹膜对有害物质的吸收；③腹膜和腹膜腔内浆液中含有大量巨噬细胞，有防御功能；④腹膜还具有很强的修复和再生能力，它所分泌浆液中纤维素的粘连作用，可促进伤口的愈合和炎症的局限，但若手术操作粗暴，也可因此作用而造成肠袢纤维性粘连等后遗症；⑤腹膜所形成的韧带、系膜等结构对器官起支持和固定作用。

一、腹膜与腹、盆腔器官的关系

根据腹、盆腔器官被腹膜覆盖范围大小的不同，可以将腹、盆腔器官分为3类，即腹膜内位器官、腹膜间位器官和腹膜外位器官（图13-1，2）。

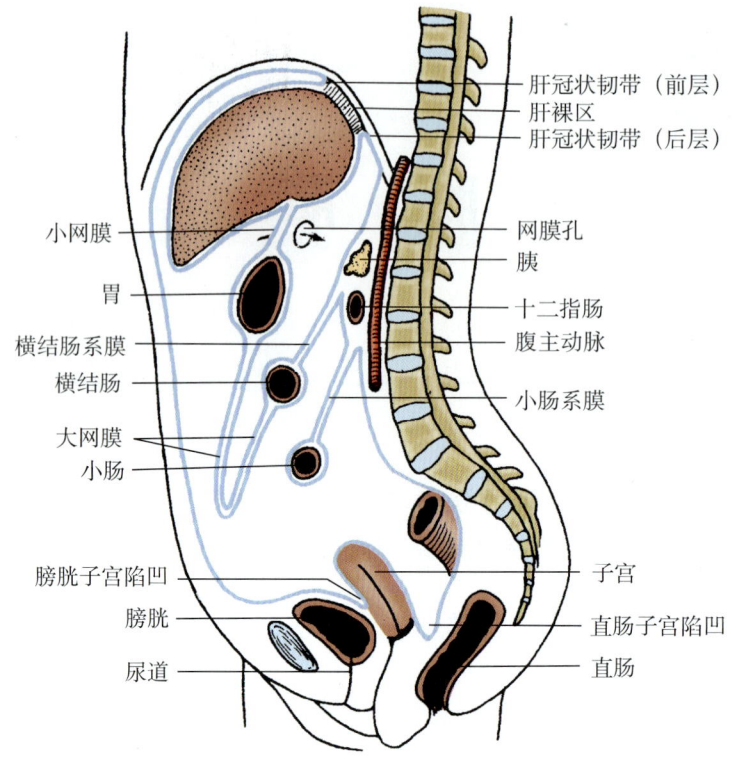

图 13-1 腹膜与腹膜腔

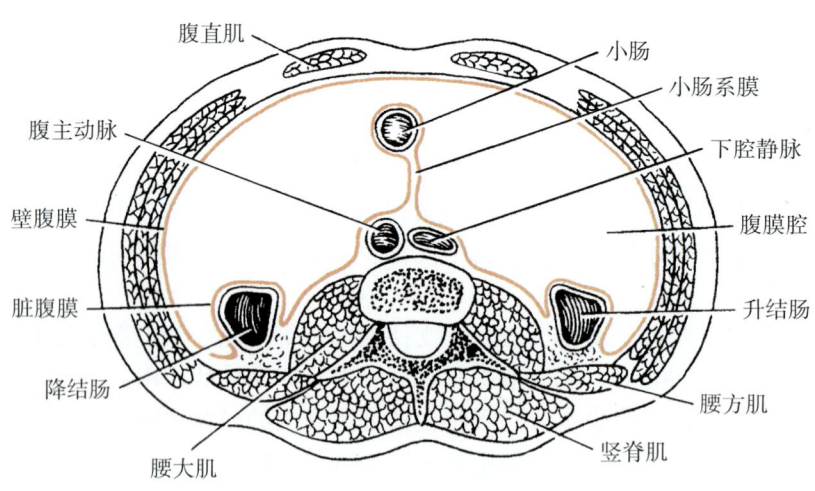

图 13-2 腹膜（腹下部横断面）

（一）腹膜内位器官

腹膜内位器官包括各面几乎完全被腹膜所覆盖的器官，如胃、十二指肠上部、空肠、回肠、盲肠、阑尾、横结肠、乙状结肠、脾、卵巢和输卵管等。

（二）腹膜间位器官

腹膜间位器官包括大部分被腹膜覆盖的器官，如肝、胆囊、升结肠、降结肠、充盈的膀胱、子宫和直肠上段等。

（三）腹膜外位器官

腹膜外位器官为仅有一面被腹膜覆盖的器官，如肾、肾上腺、输尿管、胰、十二指肠降部、水平部和升部及直肠中下部等。

了解器官与腹膜的关系，有重要的临床意义。如腹膜内位器官，若进行手术必须通过腹膜腔。而肾、输尿管等腹膜外位器官则不必打开腹膜腔便可进行手术，从而避免腹膜腔的感染和术后器官的粘连。

二、腹膜形成的结构

壁腹膜和脏腹膜相互移行及器官之间的脏腹膜在移行过程中，形成网膜、系膜和韧带。这些结构不仅对器官起着连接和固定的作用，也是血管、神经出入器官的途径。

（一）网膜

网膜（omentum）是与胃大弯和胃小弯相连的双层腹膜，其间有血管、神经、淋巴管和结缔组织等，包括小网膜和大网膜（图13-3）。

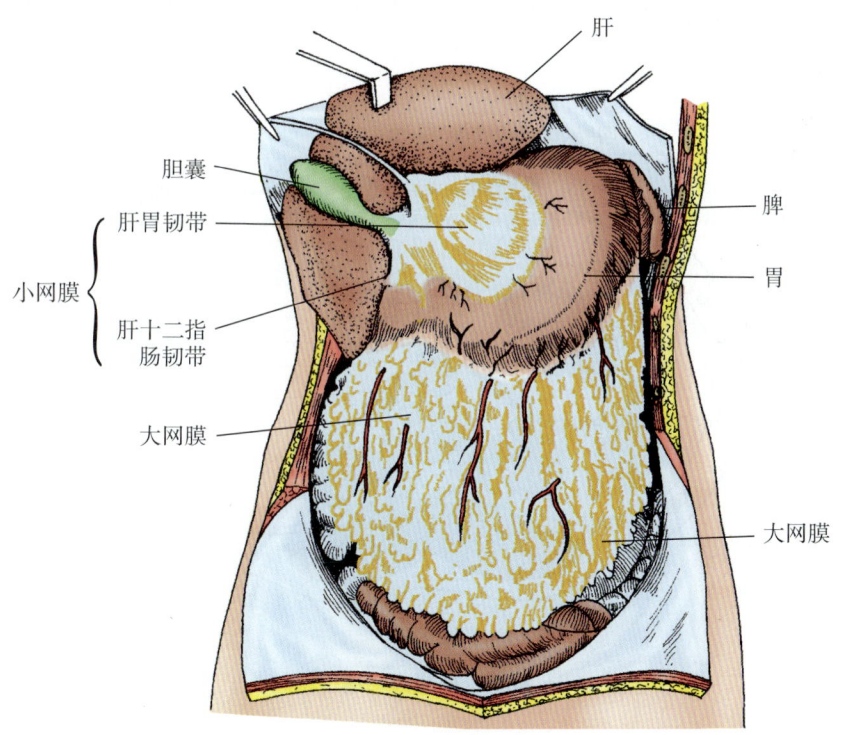

图 13-3　网膜

1. 小网膜（lesser omentum）　是连于肝门至胃小弯和十二指肠上部之间的双层腹膜结构。其左侧部连于肝门和胃小弯之间的部分，称**肝胃韧带**，其内含有胃左、右血管、神经和淋巴结等；其右侧部连于肝门和十二指肠上部之间的部分，称**肝十二指肠韧带**，其内有胆总管、肝固有动脉、肝门静脉、淋巴管、淋巴结和神经等。小网膜的右缘游离，其后方为网膜孔，经此孔可进入网膜囊。

2. 大网膜（greater omentum）　是连于胃大弯与横结肠之间的4层腹膜结构，形似围裙覆盖于横结肠和空、回肠的前面。胃前、后壁的脏腹膜自胃大弯和十二指肠上部向下延续形成了大网膜的前 2 层，下垂至横结肠时，不完全地贴附于横结肠的表面，大网膜前 2 层的这一段又称**胃结肠韧带**。大网膜前 2 层继续下垂至脐平面稍下方，向后又反折向上形成了大网膜的后 2 层，向后上包裹横结肠前、后壁，移行为横结肠系膜。大网膜内含丰富的血管、神经、淋巴管、脂肪及巨噬细胞。大网膜的下垂部分常可移动位置，当腹膜腔内有炎症时，由于大网膜的粘连、包绕，限制了炎症的扩散。小儿的大网膜较短不易发挥上述作用，故小儿常易患弥漫性腹膜炎。

3. 网膜囊（omental bursa） 是位于小网膜和胃后方的扁窄间隙，属于腹膜腔的一部分，又称**小腹膜腔**（图 13-1，4）。网膜囊上壁为肝尾状叶和膈下方的腹膜；前壁由上向下依次为小网膜、胃后壁腹膜和大网膜前 2 层；下壁为大网膜前、后 2 层反折部；后壁由下向上依次为大网膜后 2 层、横结肠及其系膜以及覆盖在胰、左肾、左肾上腺等处的腹膜；左侧壁为脾、胃脾韧带和脾肾韧带。网膜囊右侧为网膜孔，**网膜孔**（omental foramen）又称 **Winslow 孔**，位于肝十二指肠韧带的后方，其上界为肝尾状叶，下界为十二指肠上部，后界为覆盖在下腔静脉表面的腹膜，成人网膜孔可容 1~2 指。网膜囊通过网膜孔与腹膜腔其余部分相通。网膜囊位置较深，胃后壁穿孔时，胃内容物常积聚在囊内，给早期诊断带来一定困难。

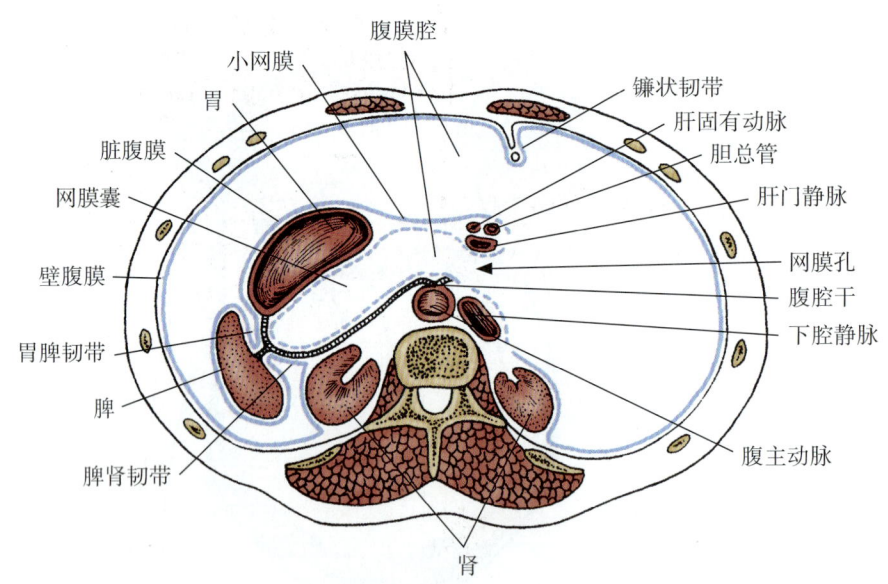

图 13-4 腹膜（横断面，通过网膜孔）

（二）系膜

系膜（mesentery）是脏、壁腹膜相互延续移行，形成的将器官连至腹后壁的双层腹膜结构，其内含有出入器官的血管、神经、淋巴管和淋巴结等（图 13-5）。

1. 肠系膜 将空、回肠连于腹后壁的双层腹膜结构，面积较大，整体呈折扇形。其附着于腹后壁的部分称**小肠系膜根**，长约 15cm，起自第 2 腰椎体左侧，斜向右下方，止于右侧骶髂关节前方。因肠系膜长而宽阔，故空、回肠活动性大，有助于食物的消化和吸收，但也易发生肠扭转，甚至缺血坏死。肠系膜内有肠系膜上血管、淋巴管、神经、脂肪及大量的淋巴结。

2. 阑尾系膜 呈三角形，将阑尾连于肠系膜下方。其游离缘内有阑尾血管、淋巴管和神经走行，故阑尾切除术时，应从系膜游离缘进行血管结扎。

3. **横结肠系膜** 是将横结肠连于腹后壁的双层腹膜结构。系膜内含有中结肠血管、淋巴管、淋巴结和神经等。

4. **乙状结肠系膜** 是将乙状结肠连于左髂窝和骨盆左后壁的双层腹膜结构。该系膜较长，故乙状结肠活动度较大，易发生肠扭转。系膜内含乙状结肠血管、直肠上血管、淋巴管、淋巴结和神经等。

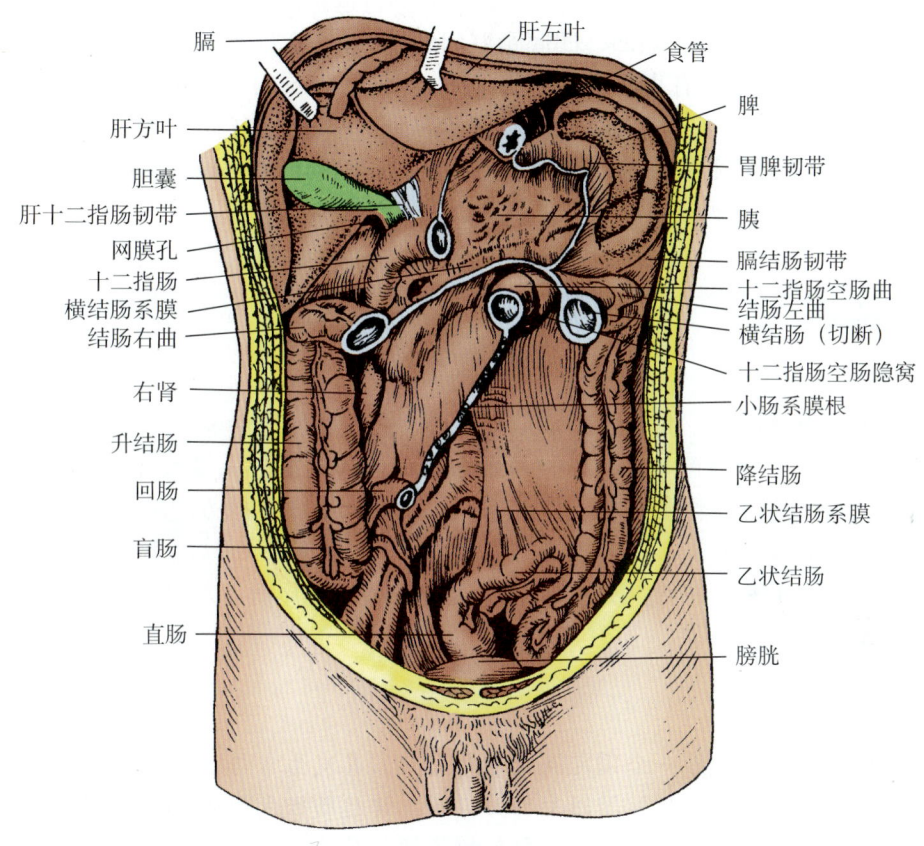

图 13-5　腹膜形成的结构

（三）韧带

韧带（ligament）是连接在腹、盆壁与器官之间或连接在相邻器官之间的腹膜结构，对器官有固定作用。有的韧带内含血管和神经。

1. **肝的韧带** 位于肝下方的肝胃韧带和肝十二指肠韧带前已述及，肝上方有镰状韧带、冠状韧带和左、右三角韧带。**镰状韧带**是位于膈穹窿下方与肝上面之间呈矢状位的双层腹膜结构，位于前正中线右侧，向下连于脐，其游离缘内含肝圆韧带，**肝圆韧带**由胚胎时期的脐静脉闭锁后形成。由于镰状韧带偏向前正中线右侧，脐上腹壁正中切口需向脐方向延长时，应偏向中线左侧，避免伤及肝圆韧带及其内的血管。**冠状韧带**是肝与膈间呈冠状位的双层腹膜结构，分前、后两层，两层间为肝裸区。冠状韧带左、右两端，前、后两层彼此黏合增厚形成了**左、右三角韧带**。

2. 脾的韧带　主要有胃脾韧带、脾肾韧带和膈脾韧带（图13-4）。**胃脾韧带**是连于胃底与脾门之间的双层腹膜结构，其内含有胃短血管、胃网膜左血管、脾和胰的淋巴管、淋巴结等。**脾肾韧带**是自脾门至左肾前面的双层腹膜结构，其内含有胰尾、脾血管、淋巴管和神经等。**膈脾韧带**为脾肾韧带的上部，自脾上极连至膈下，实际上是一腹膜皱襞。

（四）隐窝和陷凹

腹膜隐窝由腹膜在器官之间或器官与腹壁之间移行构成的小间隙。**肝肾隐窝**位于肝右叶下方与右肾之间，仰卧位时为腹膜腔的最低处，是腹膜腔液体易于积聚的部位（图13-5）。**腹膜陷凹**主要位于盆腔内，由腹膜在盆腔器官之间移行返折而成，是较大的腹膜隐窝。男性在膀胱与直肠之间有**直肠膀胱陷凹**，凹底距肛门约7.5cm。女性在膀胱与子宫之间有**膀胱子宫陷凹**；在直肠与子宫之间有**直肠子宫陷凹**（rectouterine pouch），又称**Douglas腔**（Douglas cavity），较深，与阴道后穹窿仅隔以阴道后壁和腹膜，凹底距肛门约3.5cm。站立或半卧位时，男性的直肠膀胱陷凹和女性的直肠子宫陷凹是腹膜腔的最低部位，腹膜腔积液易积聚于此，临床上可进行直肠穿刺或阴道后穹穿刺抽液或引流（图13-1）。

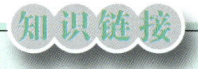

急性腹膜炎

　　常见的外科急腹症，其病理基础是壁腹膜与脏腹膜因各种原因受到刺激所发生的急性炎症反应，可由细菌性、化学性或物理性损伤等引起。大多数为继发性腹膜炎，源于腹腔的器官感染、坏死穿孔、外伤等。其典型的临床表现为腹膜炎三联征：腹部压痛、反跳痛和腹肌紧张，以及腹痛、恶心、呕吐、发热、白细胞水平升高等，严重时可致血压下降和全身中毒反应。部分患者可并发盆腔脓肿、肠间脓肿和膈下脓肿，及粘连性肠梗阻等。

肠扭转

　　肠管的某一段肠袢沿一个固定点旋转所引起，其发生常与肠袢及其系膜过长，系膜根部附着处过窄或粘连收缩等因素有关，肠扭转后肠腔受压变窄，引起梗阻、扭转与压迫影响肠管的血液供应，肠扭转引起的肠梗阻多为绞窄性。饱餐后体力劳动或剧烈运动是肠扭转的诱发因素，为一种闭袢性肠梗阻。扭转肠袢极易因血液循环中断而坏死，是机械性肠梗阻中最危险的一种类型，肠扭转多发生在小肠。

结核性腹膜炎

　　由结核杆菌引起的腹膜慢性、弥漫性炎症。可由腹腔内结核直接蔓延或血行播散而来。前者更为常见，如肠结核、肠系膜淋巴结核、输卵管结核等，以中青年多见，女性略多于男性，为（1.2～2.0）：1。女性多于男性可能是盆腔结核逆行感染所致。由于腹膜遭受轻度刺激或由慢性炎症引起腹壁紧张度增加，触之似揉面团一样，称腹壁柔韧感，又称揉面感，可见本病各型。

> **知识链接**
>
> ### 腹膜透析
>
> 利用人体自身的腹膜作为半透膜，将配好的透析液经导管灌入患者的腹膜腔，腹膜的一侧是腹膜毛细血管内含有废物和多余水分的血液，另一侧是腹膜透析液，腹膜毛细血管与透析液之间进行溶质和水的交换，血液里的废物和多余的水分透过腹膜进入腹膜透析液里，通过不断更换腹腔透析液，以达到清除体内代谢产物的毒物，纠正水、电解质平衡紊乱的目的。

 思考题

1. 急性化脓性腹膜炎的患者为什么常采取半卧位？
2. 腹膜形成的结构主要有哪些？
3. 试述女性盆腔内的腹膜陷凹及其临床意义。

（杨迎春）

第四篇　脉管系统

脉管系统是人体内执行运输功能的封闭和连续的管道系统，分布于全身各部。分为心血管系统和淋巴系统两部分。心血管系统由心和血管组成，其中循环流动的是血液。淋巴系统由淋巴管道、淋巴器官和淋巴组织构成，淋巴管道内流动的是淋巴。淋巴沿淋巴管道向心流动，最后注入静脉。故淋巴系统被看作是心血管系统的辅助系统。

脉管系统的主要功能是在神经和体液的调节下，把氧、营养物质和激素等不断地运送到全身各器官、组织和细胞，同时将组织和细胞的代谢产物（二氧化碳、尿素等）运送到肾、肺、皮肤等器官排出体外，以保证身体新陈代谢的不断进行。此外，脉管系统对维持机体内环境的相对稳定以及机体防御功能的实现等均有重要作用，同时它还具有重要的内分泌功能。

第十四章

心血管系统

学习目标

记忆

1. 复述以下内容：心血管系统的组成，心传导系统的组成，静脉的微细结构，腹主动脉成对脏支的分布，肺静脉的起止，上、下腔静脉的起止、回流范围；头臂静脉、颈内静脉、锁骨下静脉、腋静脉、肱静脉、桡静脉、尺静脉的起止。
2. 定义体循环、肺循环、动脉圆锥、心包腔、静脉角、掌浅弓、掌深弓、心包的概念。

理解

1. 解释如下内容：血液循环途径，心的位置、外形；心腔结构，心传导系统的组成，左、右冠状动脉的起始、行程，肺动脉干的起始、走行及分支，主动脉的起始、走行及分部，主动脉弓的三大分支，左、右颈总动脉的起始，颈外动脉的起始、主要分支分布；锁骨下动脉、腋动脉、肱动脉、桡动脉、尺动脉的起止、主要

学习目标

分支分布，胸主动脉的起始、走行及分布，腹主动脉不成对脏支的分支分布，髂总动脉的起始及分支，髂外动脉、股动脉、腘动脉、胫前动脉、胫后动脉的起止、主要分支分布，肝门静脉的组成、属支，心脏、大动脉、中动脉及毛细血管的微细结构。

2．分析左、右冠状动脉的主要分支及分布，以及肝门静脉与上、下腔静脉间的交通途径。

3．区分动、静脉的结构特点。

应用

1．能够运用以下知识：心内注射的位置，主要摸脉点及止血点。

2．联系临床学习上肢浅静脉（头静脉、贵要静脉、肘正中静脉）、下肢浅静脉（小隐静脉、大隐静脉）的起始、行程及注入部位。

第一节 概 述

一、心血管系统的组成

心血管系统由心和血管组成。

（一）心

心（heart）是推动血液流动的动力器官，分为左心房、左心室、右心房和右心室4个腔。左、右心房之间有房间隔；左、右心室之间有室间隔，同侧的房室之间有房室口相通。

（二）血管

血管是输送血液的管道，包括动脉、静脉和毛细血管。根据管径的粗细，动脉和静脉都可分为大、中、小三级。三级血管在结构上无明显的界限，而是逐渐移行的（表14-1）。

表14-1 三种血管的比较

血管类型	血流方向	结构特点		
		管壁	管腔	血管弹性
动脉	心到全身	厚	小而圆	大
静脉	全身到心	较薄	大而不规则	小
毛细血管	最小的动脉到最小的静脉	极薄（仅一层细胞）	极小（只允许一个红细胞单行通过）	

1．动脉（artery）是由心室发出导血离心的血管，在行程中不断分支，越分越细，最后移行为毛细血管。

动脉管壁较厚，可分为内膜、中膜和外膜3层（图14-1；表14-2，3）

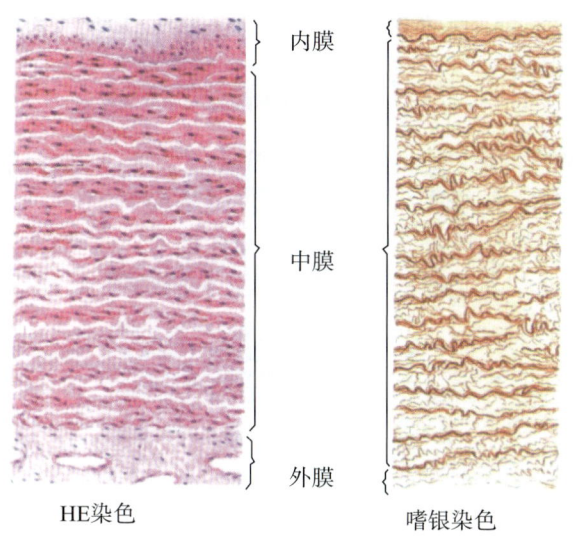

图 14-1 大动脉管壁的横断面

表 14-2 动脉管壁的微细结构特点比较

壁		特点
内膜	较薄	由内皮和薄层结缔组织构成
中膜	较厚	由平滑肌和弹性纤维构成，大动脉弹性纤维多，中动脉平滑肌发达
外膜	较薄	主要为结缔组织，内有血管、神经和淋巴管等

表 14-3 大中小动脉比较

	直径	特点	举例	作用
大动脉	最粗	弹性好，又称弹性动脉	主动脉、头臂干和肺动脉	保持血流的连续性
中动脉	中等	平滑肌发达，又称肌性动脉	肱动脉、桡动脉和尺动脉	调节各部分的血量
小动脉	最细	外周阻力血管		影响外周血流的阻力从而影响血压

2. 静脉（vein） 是导血回心的血管。静脉始于毛细血管静脉端，在输送血液回心过程中，小静脉逐渐汇合、变粗，最终汇集成大静脉连于左、右心房。

静脉管壁大致也可分为内膜、中膜和外膜 3 层，其中外膜较厚，3 层之间无明显的界限。静脉壁都比同名的动脉壁薄，平滑肌和弹性纤维都不如动脉丰富，但结缔组织较多。

3. 毛细血管（capillary） 是连接动脉和静脉之间的细小血管，管径为 6～9μm。毛细血管彼此吻合成网，除软骨、角膜、晶状体、毛发、牙釉质和被覆上皮外，遍布全身各处。毛细血管是血液和组织之间进行物质交换的部位。

毛细血管管壁极薄，结构简单，仅由内皮、基膜、周细胞和少量结缔组织构成，电镜下，根据其内皮细胞、基膜等结构特点，毛细血管可分为连续毛细血管、有孔毛细血管和血窦 3 种类型（图 14-2）。

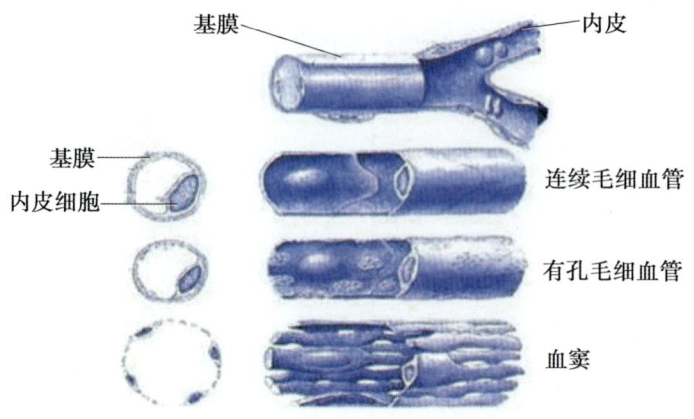

图 14-2　三种类型毛细血管的结构

二、血液循环

血液由心室出发，经动脉、毛细血管、静脉返回心房，周而复始地循环流动，称为血液循环。

（一）血液循环途径

根据血液循环流经的途径不同，可分为体循环和肺循环（图 14-3）。

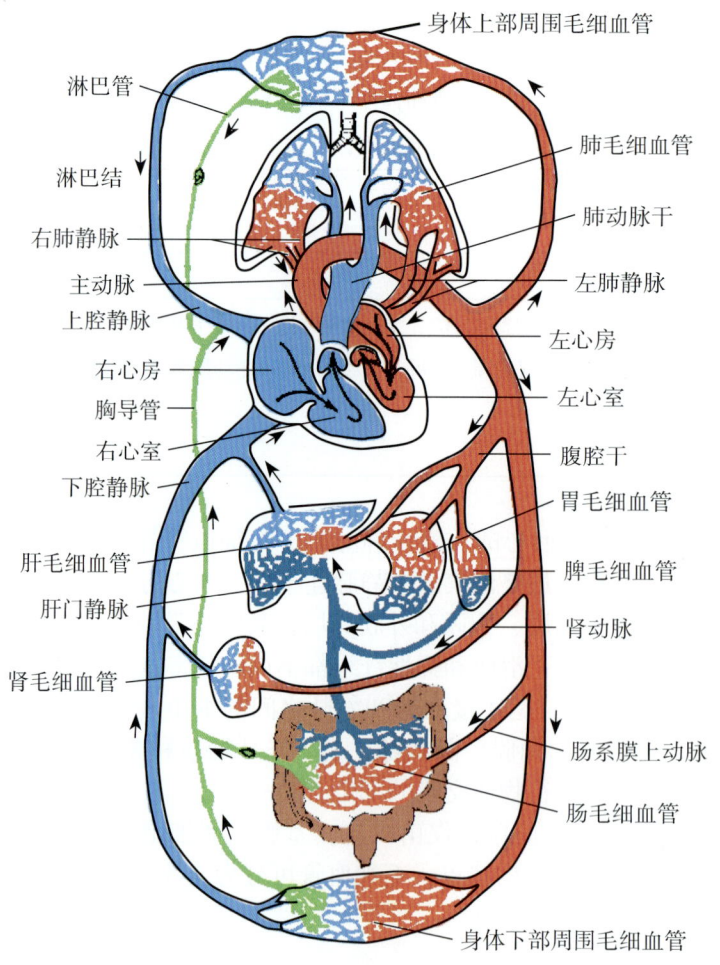

图 14-3　血液循环途径

1. 体循环（大循环） 左心室→主动脉及其分支→全身毛细血管网→各级静脉属支→上、下腔静脉和冠状窦→右心房。

体循环的特点是流程长，流经范围广，主要功能是进行物质交换，将动脉血运送至全身各器官、组织和细胞，同时将全身各部产生的代谢产物和二氧化碳等运回心。

2. 肺循环（小循环） 右心室→肺动脉干及其分支→肺泡周围毛细血管网→肺静脉→左心房。

肺循环的特点是流程短，只经过肺，主要功能是进行气体交换。由肺循环返回左心房的动脉血，经左房室口流入左心室，继续下一次体循环。

（二）血管的吻合及侧支循环

人体的血管除借助于动脉、毛细血管、静脉连通外，在动脉与动脉之间，静脉与静脉之间，甚至动、静脉之间均可借细小血管支（吻合支或交通支）彼此连接，形成血管吻合（vascular anastomosis）。这些血管吻合具有一定的生理意义（图 14-4，表 14-4）。

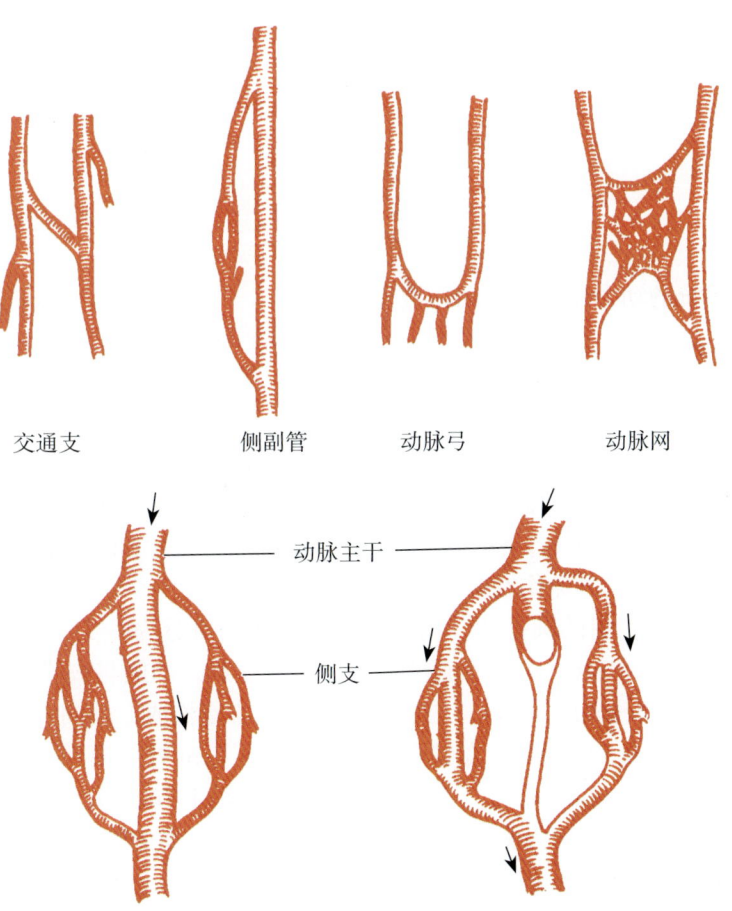

图 14-4 血管吻合和侧支循环

表 14-4　常见的血管吻合及其作用

种类	形式	常见部位	作用
动脉间吻合	交通支、动脉网、动脉弓	受压部位、经常改变形态的器官（手、胃肠等）	缩短循环时间和调节血流量
静脉间吻合成静脉丛	除与动脉间吻合类似外，浅静脉之间、深静脉之间还可形成静脉丛	足背、手背、直肠静脉丛等	保证器官扩大或腔壁受挤压时血流仍然畅通
动静脉吻合	小动脉和小静脉之间借血管支直接相连	指尖、唇、鼻、外耳等	缩短循环途径、调节局部血流量和局部温度
侧支吻合	形成侧副支，建立侧支循环	四肢、心、脑等	保证器官在病理情况下的血液供应

（三）微循环

微循环（microcirculation）是指微动脉到微静脉之间的血液循环，是血液循环的基本功能单位。其基本功能是完成血液与组织细胞间的物质交换，同时还可调节组织器官的血流量，维持动脉血压和影响毛细血管内、外体液的分布。

（郝　丽）

第二节　心

心是心血管系统的动力器官，推动血液循环。

一、心的位置、外形与毗邻

（一）心的位置

心位于胸腔的中纵隔内，约 2/3 位于身体正中线的左侧，1/3 在正中线的右侧（图 14-5）。心的前方大部分被肺和胸膜所覆盖，只有左肺**心切迹**（cardiac notch）内侧的部分与胸骨体下部左半及左侧 3～6 肋软骨相邻，称为心包裸区。故临床上进行心内注射时，多在左侧第 3、4 肋间近胸骨左缘处进针，以免伤及肺和胸膜。

心呈倒置的、前后稍扁的圆锥体，大小似本人拳头。可分为一尖、一底、两面、三缘，表面还有三条沟。心向上与出入心的大血管相连，下方是膈，两侧与胸膜腔及肺相邻。

1. 一尖　即**心尖**（cardiac apex），心尖钝圆，由左心室构成，朝向左前下方，与左胸前壁邻近，故在左胸前壁第 5 肋间隙，左锁骨中线内侧 1～2cm 处可摸到心尖的搏动。

2. 一底　即**心底**（cardiac base），心底较宽，朝向右后上方，与出入心的大血管相连。

3. 两面　前面较膨隆，称为胸肋面，心的下面较平坦，称为膈面，也称为下面或后壁，朝向后下方，近水平位。

4. 三缘　右缘垂直向下，左缘圆钝，下缘较锐利，近水平位。

5. 三条沟　心的表面近心底处有一条几乎呈环形的**冠状沟**（coronary sulcus），是心房和心室的表面分界。在胸肋面和膈面各有一条自冠状沟延伸至心尖的纵沟，分别称前室间沟和后室间沟。前、后室间沟是左、右心室在心表面的分界（图 14-6，7）。

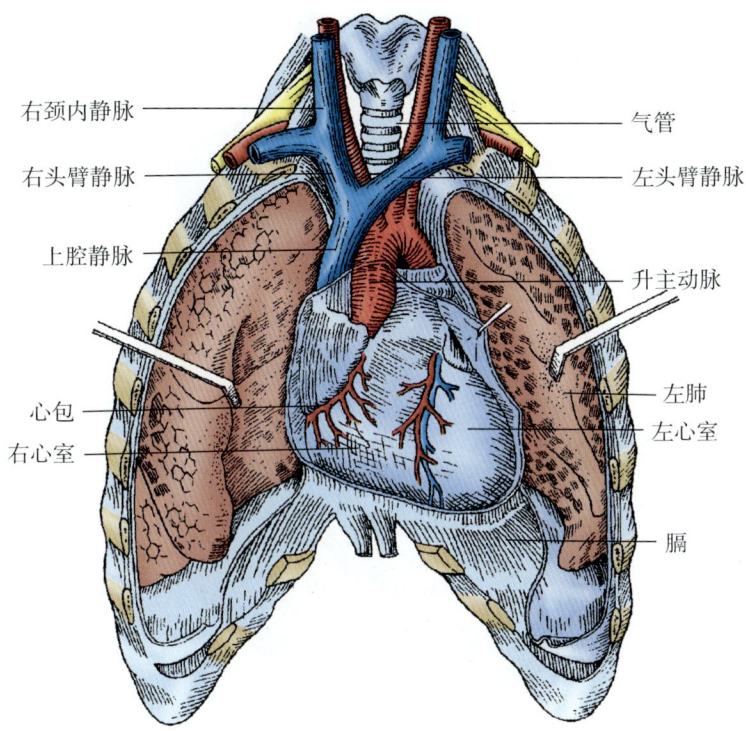

图 14-5　心的位置

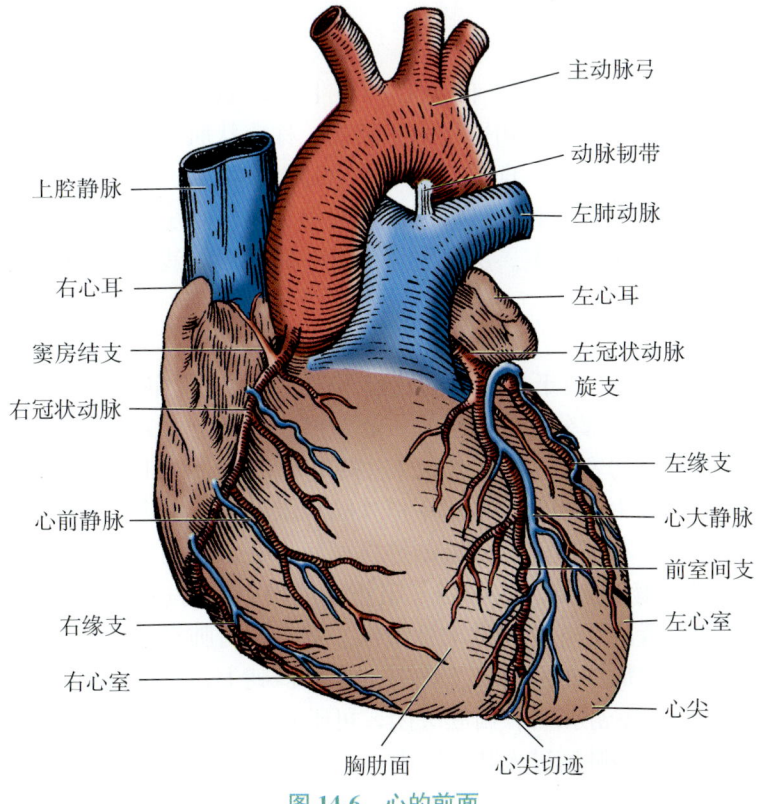

图 14-6　心的前面

第四篇　脉管系统

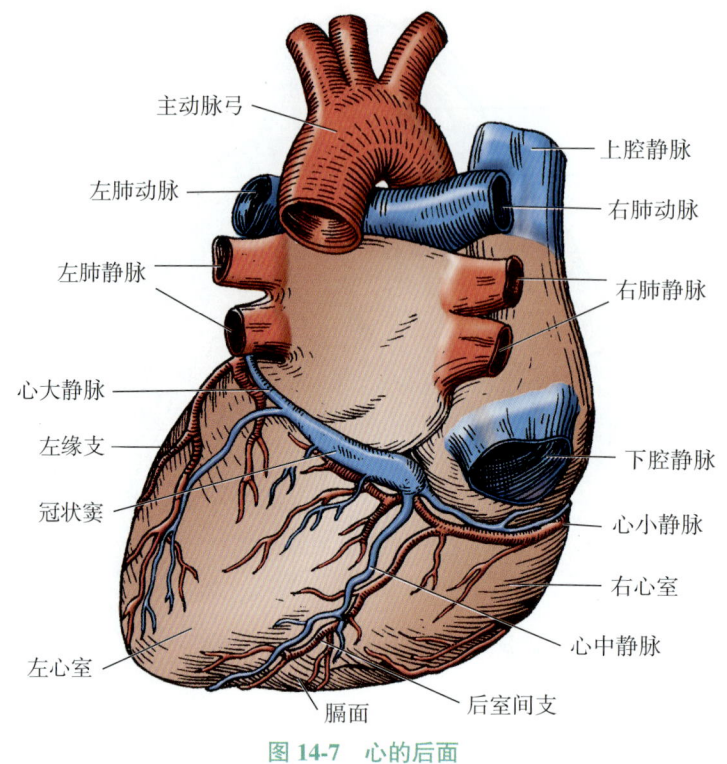

图 14-7　心的后面

二、心腔的结构

（一）右心房

右心房（right atrium）（图 14-8）位于心的右上部，右心房向左前方突出形成**右心耳**（right auricle）。心房内面有许多互相平行的肌隆起，称梳状肌。当心功能发生障碍，血流淤滞时，易在右心耳内形成血栓，一旦脱落，可导致肺血管堵塞。右心房壁薄、腔大，有三个入口：上有上腔静脉口，下有下腔静脉口，在下腔静脉口与右房室口之间有冠状窦口。右心房的出口为右房室口，通向右心室。房间隔下部有一卵圆形的浅窝，称卵圆窝，为胚胎时期卵圆孔闭锁后的遗迹。

（二）右心室

右心室（right ventricle）位于右心房的左前下方，构成胸肋面的大部分。右心室腔按功能可分为流入道和流出道两部分。流入道是右心室的主要部分，入口即右房室口，口周缘附有三片三角形瓣膜，称右房室瓣（三尖瓣）。**三尖瓣**（tricuspid valve）（图 14-9）借数条细丝状的腱索与心室壁上的乳头肌相连。右房室口处的纤维环、三尖瓣、腱索、乳头肌合称三尖瓣复合体。心室收缩时，右房室瓣受血流的推挤相互靠拢，封闭房室口，而乳头肌、腱索拉住右房室瓣，使右房室瓣不会翻入右心房，阻止血液向右心房逆流。流出道也称为漏斗部，向上逐渐变细，形似倒置的漏斗，又称动脉圆锥。其上端借肺动脉口与肺动脉干相通。右心室的出口为肺动脉口，口周围的纤维环上附有三个袋口朝上，呈半月形的瓣膜，称**肺动脉瓣**（pulmonary valve）。当心室舒张时，瓣膜关闭，可阻止血液从肺动脉干反流回右心室。当心室收缩时，血流可冲开肺动脉瓣进入肺动脉中。

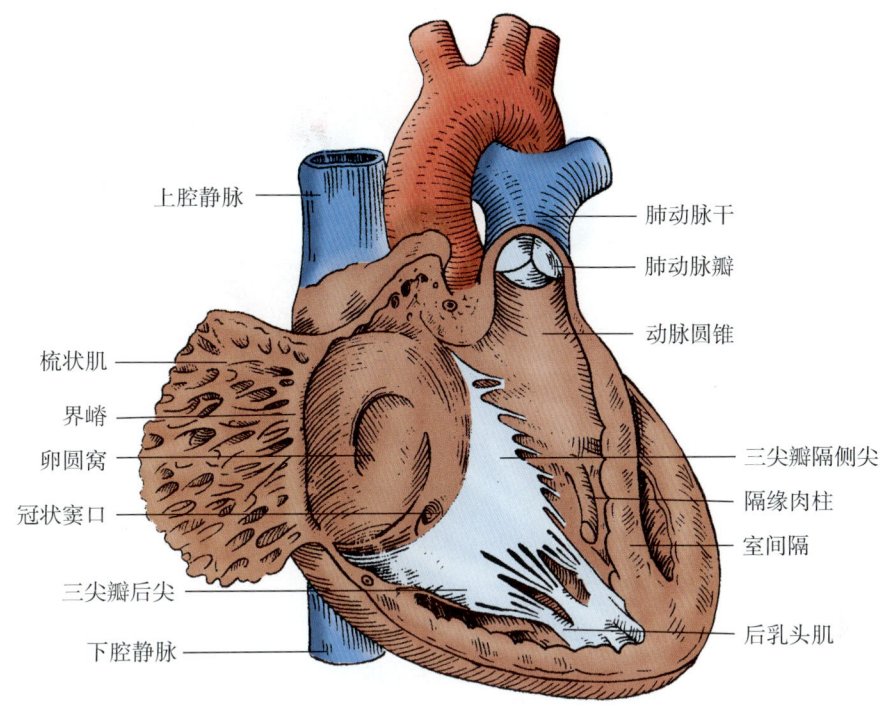

图 14-8　右心腔

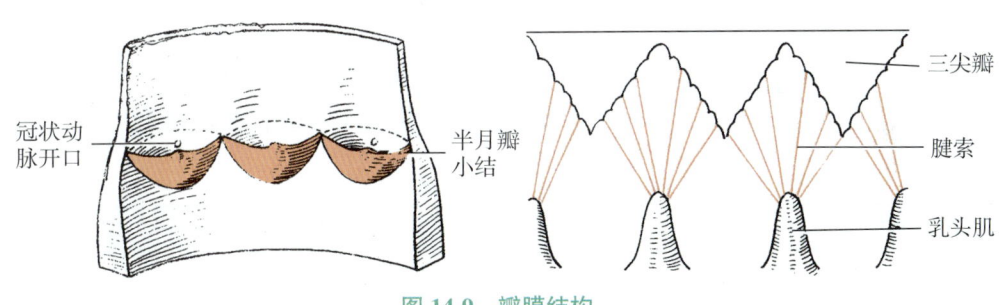

图 14-9　瓣膜结构

主动脉瓣和三尖瓣形状（将主动脉口和右房室口切开展平）

（三）左心房

左心房（left atrium）（图 14-10）位于右心房的左后方，构成心底的大部分。左心房有四个入口，一个出口。在左心房后壁的两侧部各有两个肺静脉口，导入由肺静脉回流入心的血液。左心房的出口为左房室口，与左心室相通。左心房前部向右前突出形成**左心耳**（left auricle），因其与左房室瓣邻近，故是心外科最常用的手术入路之一。左心耳内壁结构与右心耳类似，也较易形成血栓。

（四）左心室

左心室（left ventricle）位于右心室的左后下方，室腔近似圆锥形。由于左心室工作负担较右心室大，故左心室壁厚约为右心室的三倍。左心室有一个入口即左房室口，口周围的纤维环上附有两片三角形瓣膜，称**左房室瓣**（left atrioventricular valve），又称二尖瓣（mitral

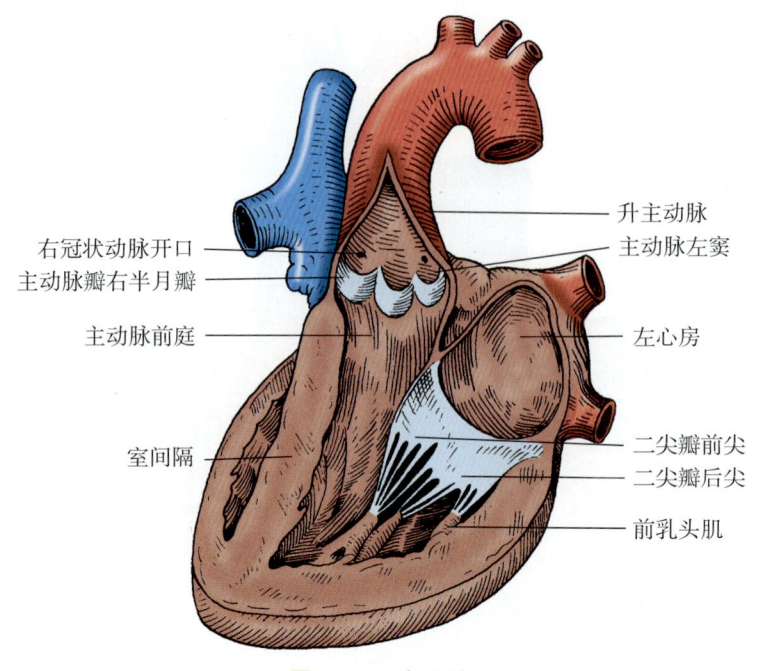

图 14-10　左心腔

valve），功能与三尖瓣相同。左房室口处的纤维环、二尖瓣、腱索、乳头肌合称二尖瓣复合体。左心室以二尖瓣前瓣为界分为流入道和流出道两部分。流入道即窦部，是左心室的主要部分。流出道其出口位于右前方，称主动脉口，通向主动脉。口周围的纤维环上也附有三个袋口向上的半月形瓣膜，称**主动脉瓣**（aortic valve），每个瓣膜与主动脉壁之间形成的口袋状间隙称主动脉窦，可分为左窦、右窦和后窦。心的各腔出入口总结如表 14-5。

表 14-5　心各腔的入口、出口及其瓣膜

心的各腔	入口	瓣膜	出口	瓣膜
右心房	上、下腔静脉口、冠状窦口		右房室口	
右心室	右房室口	三尖瓣	肺动脉口	肺动脉瓣
左心房	4 个肺静脉口		左房室口	
左心室	左房室口	二尖瓣	主动脉口	主动脉瓣

三、心的结构

心壁由内向外依次为心内膜、心肌层及心外膜三层构成（图 14-11）。

（一）心内膜

心内膜（endocardium）由内皮、内皮下层和心内膜下层构成。内皮表面光滑，利于血液流动。内皮下层由结缔组织构成，其外层靠近心肌膜也称心内膜下层，其中含有血管、神经和心传导系的分支。心内膜在房室口和动脉口处分别折叠形成瓣膜。风湿性疾患常易累及心瓣膜，导致瓣膜狭窄或关闭不全。

（二）心肌层

心肌层（myocardium）为心壁的主体，主要由心肌纤维构成。心房肌较薄，心室肌较

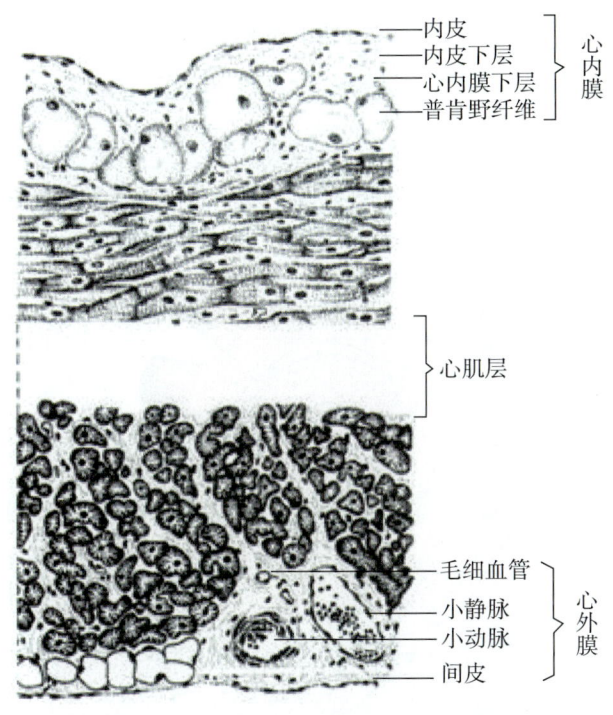

图 14-11　心壁的微细结构模式图

厚，左心室肌更厚。在心肌纤维之间的结缔组织中有丰富的血管、淋巴管和神经。心房肌和心室肌的纤维不相连续，两者之间有围绕房室口和动脉口周围由致密结缔组织构成的纤维环隔开，心肌和心的瓣膜也附着于纤维环上，所以心房肌的兴奋不能直接传给心室肌（图 14-12）。室间隔大部由心肌组织构成称为肌部，其上部之一小部分缺乏肌组织，称为膜部。

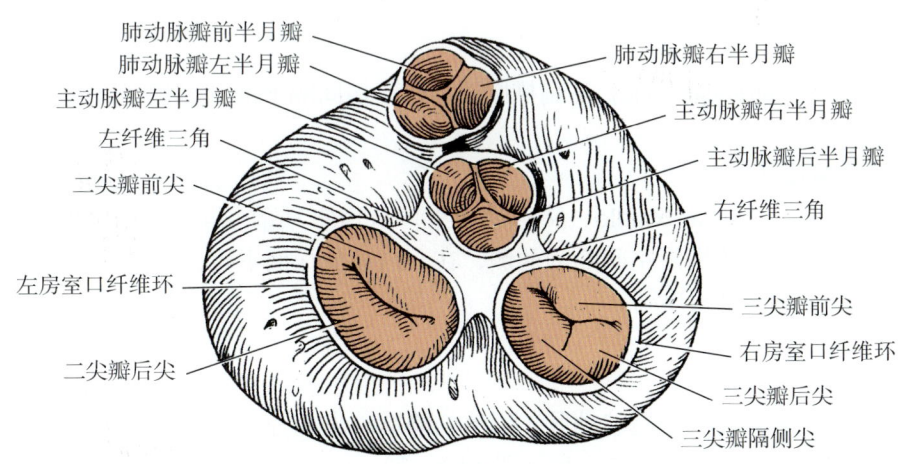

图 14-12　心瓣膜与纤维支架

（三）心外膜

心外膜（epicardium）属于浆膜，即心包的脏层。由间皮和少量的结缔组织构成，与心肌层相连。心外膜的深层含有较多的弹性纤维、血管、神经、淋巴管和脂肪组织等。

四、心传导系

心传导系（图 14-13）由特殊分化的心肌纤维构成，包括窦房结、房室结、房室束及其分支等。心传导系能自动产生节律性兴奋，传导冲动，引起心的节律性收缩。

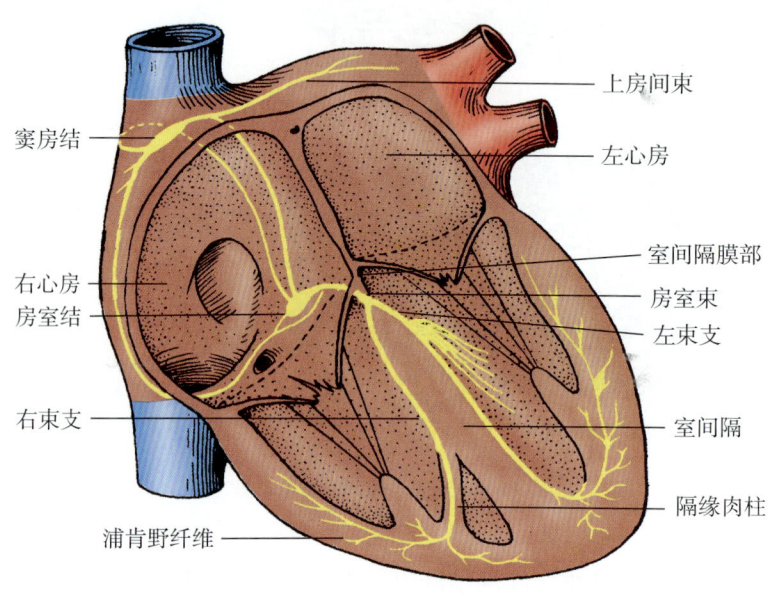

图 14-13　心的传导系

（一）窦房结

窦房结（sinuatrial node）位于上腔静脉与右心房交界处上部的心外膜深面，呈椭圆形小体，窦房结是心的正常起搏点。

（二）房室结

房室结（atrioventricular node）呈扁椭圆形，位于房间隔下部、冠状窦口与右房室口之间的心内膜深面。

（三）房室束及其分支

房室束（atrioventricular bundle）又称希氏束，从房室结前端前行，至室间隔上部分为左、右束支。左右束支分别沿室间隔的两侧，在心内膜的深面下行，分为许多细小的浦肯野纤维，并与一般心肌纤维相连结。

五、心的血管

心的血液供应来自左、右冠状动脉，回流的静脉，大部分经冠状窦口汇入右心房，极少部分直接流入左、右心房和左、右心室（图 14-6，7）。

（一）动脉

营养心的动脉是左、右冠状动脉，发自升主动脉起始部。

1. **右冠状动脉**（right coronary artery）　右冠状动脉起于主动脉右窦，在肺动脉干和右心耳之间进入冠状沟，向右后方至房、室交界处分为后室间支和左室后支。右冠状动脉分布于右心房、右心室、室间隔后 1/3 及部分左心室膈面、窦房结和房室结。若右冠状动脉发生阻塞，可发生后壁心肌梗死和房室传导阻滞。

2. 左冠状动脉（left coronary artery） 左冠状动脉起于主动脉左窦，在肺动脉干和左心耳之间行向左前方，到达冠状沟分为两支。

（1）前室间支：沿前室间沟下行，绕过心切迹止于后室间沟下部，与右冠状动脉的后室间支吻合。分布于左心室前壁、右心室前壁和室间隔前 2/3。若前室间支发生阻塞，可发生左心室前壁和室间隔前部心肌梗死，并可发生束支传导阻滞。

（2）旋支：沿冠状沟向后行至心的膈面。分支分布于左心房、左心室左侧面和膈面及窦房结。旋支闭塞常引起左心室侧壁及后壁心肌梗死。

（二）静脉

前室间沟内有心大静脉；后室间沟内有心中静脉；冠状沟内有心小静脉，最后汇入位于冠状沟后部的**冠状窦**（coronary sinus），开口于右心房。

六、心包

心包（pericardium）（图 14-14）是包裹心及大血管根部的膜性囊结构，可分外层的纤维性心包和内层的浆膜性心包。纤维性心包是坚韧的结缔组织囊，向上与出入心的大血管外膜相续，向下附着于膈的中心腱上。浆膜性心包薄而光滑，为一密闭的浆膜囊，分为脏、壁两层。脏层即心外膜，壁层衬于纤维性心包内面，并与其紧密相贴。脏、壁两层在出入心的大血管根部相互移行，围成密闭的腔隙，称为心包腔（pericardial cavity），内含少量浆液，起润滑作用，以减少心搏动时的摩擦，同时心包还有防止心过度扩张，保持血容量相对恒定的作用。

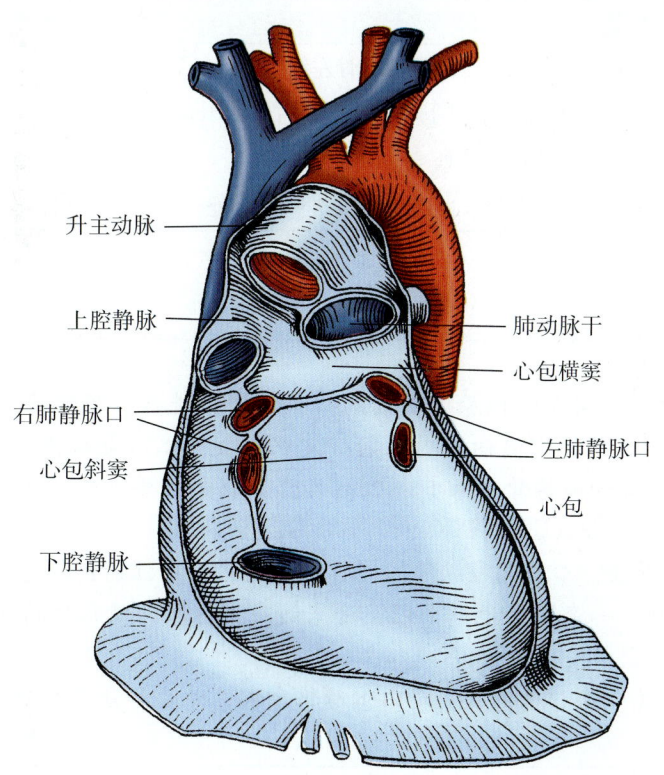

图 14-14　心包

七、心的体表投影

心在胸前壁的体表投影（图14-15）大致可以下列四点及其连线来确定（表14-6）。用弧线连结4点，即为心在胸前壁的体表投影，对叩诊判断心界是否扩大有实用意义。

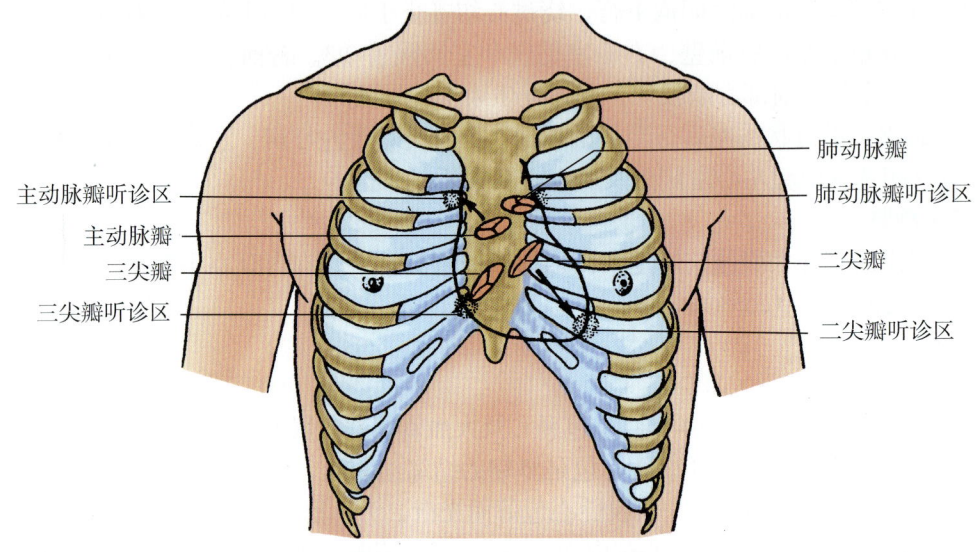

图14-15 心的体表投影

表14-6 心的体表标志点

标记点	位置
左上点	左侧第2肋软骨下缘，距胸骨左缘约1.2cm处
右上点	右侧第2、3肋软骨上缘，距胸骨右缘约1cm处
右下点	右侧第6胸肋关节处
左下点	左侧第5肋间隙，距前正中线7～9cm处

知识链接

1. 心内注射适用于任何原因所致的心脏骤停，进行心脏按压的同时；或胸外及胸内电击除颤时，同时需要向心内注射一定药物促进心脏复跳患者。由护士来完成，注射的部位在第4肋间胸骨左缘1～2cm处，穿刺部位要准确，避免引起气胸或损伤冠状血管。

2. 心位置歌诀：心居胸腔纵隔间，2/3在左边；心内注射药物时，胸骨左缘四肋间。心脏的结构歌诀：一套房子十一个门，迎来送往不停神；请你猜猜它是啥，每间房子各几门？

3. 心钠素（心房利尿钠肽）是由心房肌合成、贮存和分泌的一种活性多

> **知识链接**
>
> 肽,又称心房利钠因子(ANF)或心房利钠肽(ANP)。它可以使血管舒张,外周阻力降低,从而降低血压;使每搏输出量减少,心率减慢;肾排水排钠增多,对抗肾素—血管紧张素—醛固酮系统和抗利尿激素作用。
>
> 4. 心包积液是一种较常见的临床表现,是心包疾病的重要体征之一。心包积液可见于渗出性心包炎及其他非炎症性心包病变,通常可经体格检查与X线检查确定。当心包积液持续数月以上时,便形成慢性心包积液。X线检查心影向两侧普遍扩大(积液300ml以上),大量积液(大于1000ml)时心影呈烧瓶状。

思考题

1. 左、右心房及左、右心室的主要结构有哪些?
2. 心有哪些瓣膜?各附于何处?分别具有哪些作用?
3. 心传导系统的组成及传导路径是什么?正常心律的起搏点位于何处?

(郝 丽)

第三节 动 脉

一、肺循环的动脉

肺动脉干(pulmonary)粗而短,起自右心室,行向左后上方,至主动脉弓下方,分为**左、右肺动脉**,分别行向左、右两侧,经左、右肺门入肺。肺动脉在肺内反复分支,最后在肺泡周围形成毛细血管网。

在肺动脉分叉处稍左侧,与主动脉弓下缘之间连有一结缔组织索,称**动脉韧带**,是胎儿时期动脉导管闭锁后的遗迹。动脉导管若出生后6个月未封闭,则称动脉导管未闭,是先天性心脏病的一种。

二、体循环的动脉

主动脉(aorta)是体循环动脉的主干,由左心室发出,主动脉全长可分为升主动脉、主动脉弓和降主动脉,降主动脉又以膈的主动脉裂孔为界,分为胸主动脉和腹主动脉,至第四腰椎体下缘分为左、右髂总动脉(图14-16)。

升主动脉(ascending aorta)是主动脉自左心室发出向右前上方上行的一段,其起始处发出左、右冠状动脉,达右侧第2胸肋关节处,移行为主动脉弓。**主动脉弓**(aorta arch)位于胸骨柄后方,呈弓形向左后下方至第4胸椎体下缘,移行为降主动脉。在主动脉弓凸侧从右向左依次发出3个分支,即头臂干、左颈总动脉和左锁骨下动脉。头臂干向右上行至右胸锁

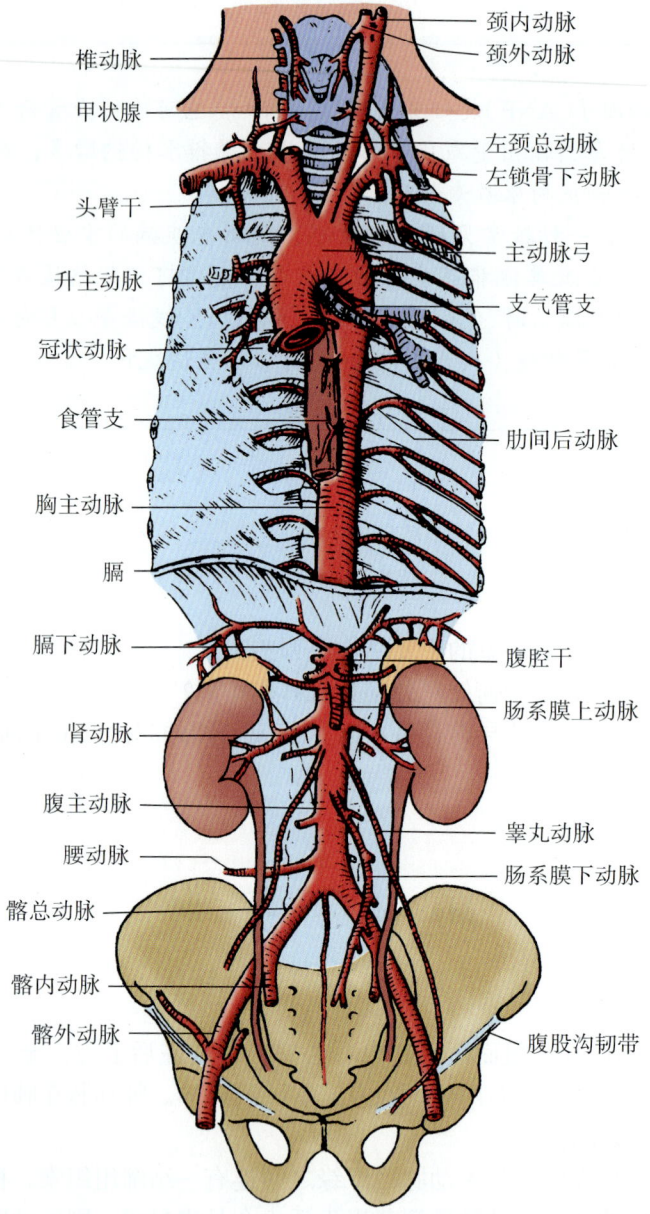

图 14-16　主动脉分部及其分支

关节的后方分为右颈总动脉和右锁骨下动脉。主动脉弓壁内含有压力感受器，具有调节血压的作用。主动脉弓下方，近动脉韧带处有 2~3 个粟粒状小体，称主动脉小球，属化学感受器。**降主动脉**（descending aorta）是主动脉沿脊柱下降的一段，以膈为界分为胸主动脉和腹主动脉。

（一）颈总动脉

颈总动脉（common carotid artery）是头颈部的动脉主干。右侧起自头臂干，左侧起自主动脉弓。两侧颈总动脉经胸锁关节后方，沿气管、喉和食管的外侧上行，至甲状软骨上缘平面分为颈外动脉和颈内动脉（图 14-17）。在颈总动脉分叉处有两个重要结构：**颈动脉窦**（carotid sinus）是颈总动脉末端和颈内动脉起始处管径膨大的部分，其壁内有压力感受器。

当血压升高时,刺激窦壁内感受器,可通过中枢反射性引起心跳减慢,血压下降;**颈动脉小球**(carotid glomus)是连于颈内、外动脉分叉处后方的一椭圆形小体,属化学感受器,能感受血液中 CO_2 浓度的变化。当血液中 CO_2 浓度升高时,可反射性引起呼吸加深加快,使更多 CO_2 排出体外。

1. 颈外动脉(external carotid artery) 起自颈总动脉,先位于颈内动脉内侧,后渐转至其前外侧,沿胸锁乳突肌的深面上行,穿腮腺实质,至下颌颈处分为颞浅动脉和上颌动脉两个终支(图14-17)。

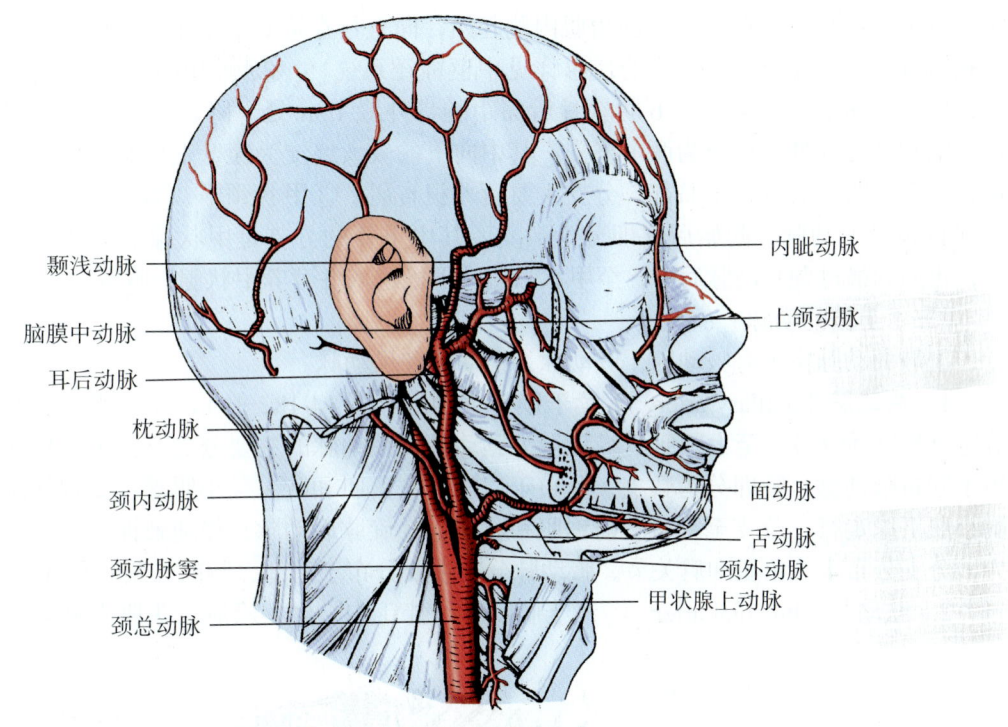

图 14-17　颈外动脉及其分支

(1) **甲状腺上动脉**(superior thyroid artery):起自颈外动脉起始处,行向前下,分布于甲状腺和喉。

(2) **舌动脉**(lingual artery):平对舌骨大角起自颈外动脉,分支营养舌、腭扁桃体和舌下腺等。

(3) **面动脉**(facial artery):自颈外动脉前缘发出,向前经下颌下腺深面,于咬肌前缘绕下颌骨下缘至面部,经口角、鼻翼外侧至眼内眦,改名为内眦动脉。面动脉分布于面部软组织、下颌下腺、腭扁桃体等处。面动脉在咬肌前缘与下颌骨下缘交界处位置表浅,该处可摸到面动脉搏动。当面部外伤出血时,可在咬肌前缘将面动脉压向下颌骨止血。

(4) **颞浅动脉**(superficial temporal artery):经耳屏前方、颧弓根部浅面上行至颞部,分布于额、顶、颞部软组织和腮腺。

(5) **上颌动脉**(maxillary artery):经下颌颈深面进入颞下窝,分支较多,分布于外耳道、中耳、鼻腔、腭与腭扁桃体、牙与牙龈、咀嚼肌和硬脑膜等处。其中分布于硬脑膜的分支,称**脑膜中动脉**(middle meningeal artery),其前支经过翼点内面,当翼点处有骨折时,易伤及导致硬膜外血肿。

2. 颈内动脉（internal carotid artery） 自颈总动脉分出后，沿咽两侧上升达颅底，经颈动脉管入颅腔。颈内动脉在颈部无分支，入颅后主要分支分布于脑和视器（详见中枢神经系统和视器）。

（二）锁骨下动脉

锁骨下动脉（subclavian artery）右侧起自头臂干，左侧起自主动脉弓。经胸廓上口至颈根部，呈弓形继而行向外侧，穿斜角肌间隙至第1肋外缘，延续为腋动脉（图14-19）。当上肢外伤大出血时，可在锁骨中点上方向后下压迫此动脉至第1肋，以进行止血。锁骨下动脉主要分支有：①椎动脉，在前斜角肌内侧起始，向上行穿第6至第1颈椎横突孔，再经枕骨大孔入颅腔，分支分布于脑和脊髓（详见中枢神经系统）；②胸廓内动脉，起点与椎动脉相对，向下入胸腔，沿第1~6肋软骨后面距胸骨外缘1cm处下降，分支分布于胸前壁、心包、膈和乳房等处。后分为两个终支，其中向下的较大终支为腹壁上动脉，穿膈进入腹直肌鞘，沿腹直肌后面下行至脐部，分支主要营养腹直肌；③甲状颈干，为一短干，在椎动脉外侧起自锁骨下动脉，起始后立即分为数支，其中重要的分支是甲状腺下动脉，发出后先向上，再向内横过颈总动脉后方，至甲状腺侧叶下极进入并营养甲状腺、喉等。

（三）上肢的动脉

上肢的动脉主干有腋动脉、肱动脉、桡动脉和尺动脉。

1. 腋动脉（axillary artery） 续于锁骨下动脉（图14-18，19），经腋窝深部下行（与腋静脉和臂丛伴行），至大圆肌下缘移行为肱动脉。腋动脉的主要分支有：①胸肩峰动脉，以短干起自腋动脉，随即分为数支，分布于肩峰、三角肌和胸大、小肌等；②胸外侧动脉，沿胸小肌下缘走行，分支至胸肌、前锯肌和乳房；③旋肱后动脉，伴随腋神经绕肱骨外科颈后方，分支分布于三角肌和肩关节。腋动脉分支主要分布于肩部、胸前外侧壁和乳房等处。

2. 肱动脉（brachial artery） 续于腋动脉，伴正中神经，沿肱二头肌内侧沟下行至肘窝

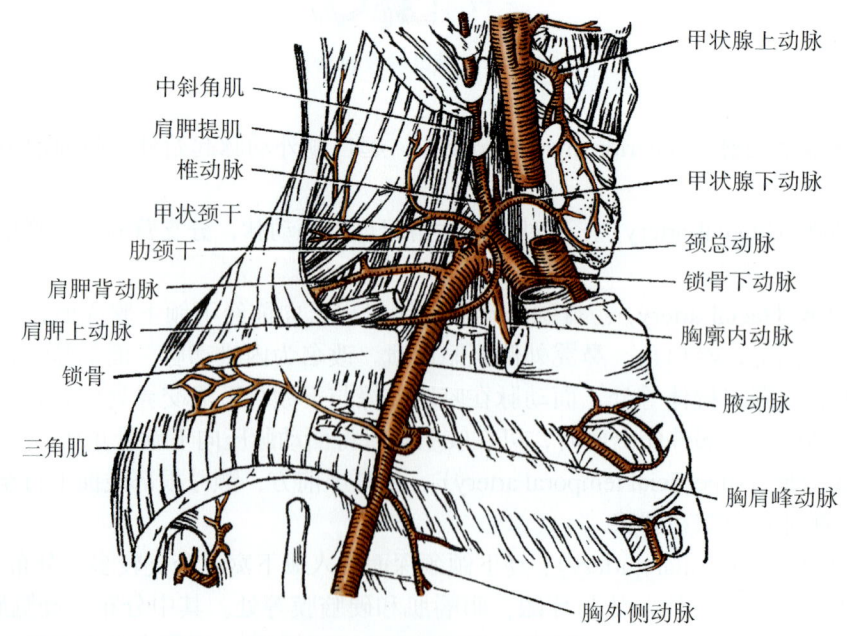

图14-18 锁骨下动脉与腋动脉

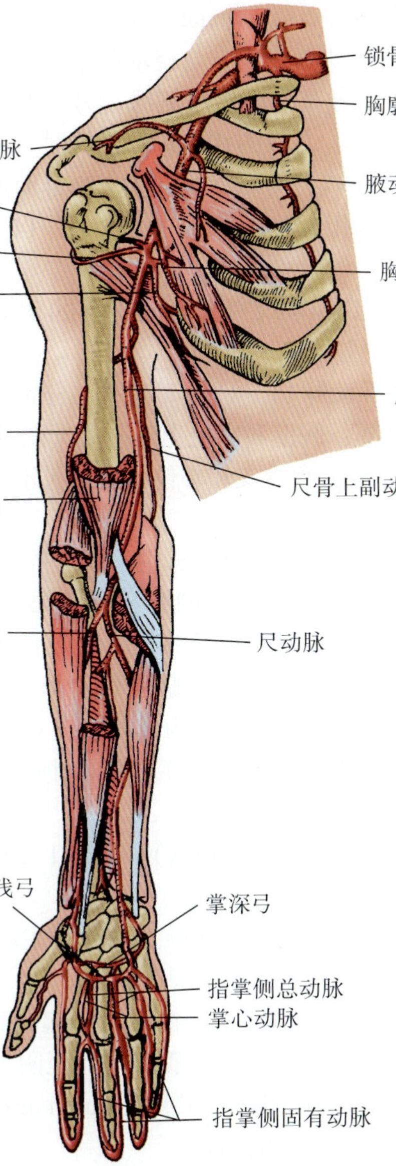

图 14-19　上肢的动脉

深部，平桡骨颈处分为桡动脉和尺动脉（图 14-19）。在肘窝上方肱二头肌头肌腱内侧，肱动脉位置表浅，可触摸其搏动，是测血压听诊的部位。肱动脉的主要分支为肱深动脉，在大圆肌下缘处分出后，伴桡神经行于桡神经沟内，分支分布于肱三头肌，并参与肘关节动脉网。当上肢远侧外伤大出血时，可在臂中部肱二肌内侧将肱动脉压向肱骨，进行止血。

3. 桡动脉（radial artery）　沿前臂前面与桡骨平行下降，沿途发分支营养前臂桡侧诸肌，至桡腕关节处，分出掌浅支入手掌；本干行向后，绕桡骨茎突至手背，再穿第Ⅰ掌骨间隙入手掌深部，在此处发出较大的拇主要动脉，分为 3 支，分布到拇指两侧缘和示指桡侧缘。桡动脉下段在桡骨下端前方，桡侧腕屈肌腱外侧位置表浅，是重要的摸脉点。

4. 尺动脉（ulnar artery）　沿前臂前面的尺侧下行，沿途发分支营养前臂尺侧诸肌，经豌豆骨外侧入手掌，主要分支有骨间总动脉营养前臂前、后群深层肌；掌深支。

5. 掌浅弓和掌深弓　**掌浅弓**（superficial palmar arch）位于掌腱膜（手掌深筋膜加厚）深面、指浅屈肌腱的浅面，由尺动脉终末支与桡动脉掌浅支吻合而成。从弓的凸侧发出4条分支，1支为小指尺掌侧动脉，分布于小指尺侧缘；另3支为指掌侧总动脉，行至掌指关节附近，再各分为小2支供应第2～5指的相对缘。**掌深弓**（deep palmar arch）位于屈指肌腱与骨间掌侧肌之间，由桡动脉末端与尺动脉的掌深支吻合而成。自弓的凸侧发出3支掌心动脉行至掌指关节附近，分别注入相应的指掌侧总动脉（图14-20）。

（四）胸主动脉

胸主动脉（thoracic aorta）自主动脉弓延续是胸部的动脉主干（图14-16），分支有壁支和脏支。

1. 壁支　包括9对肋间后动脉和1对肋下动脉，分别走行于第3～11肋间隙和第12肋下方。分支分布于脊髓、背部、胸壁和腹壁上部等处（图14-21）。

2. 脏支　细小，有支气管支、食管支和心包支，分别分布于气管、支气管、食管和心包。

（五）腹主动脉

腹主动脉（abdominal aorta）是腹部的动脉主干，从膈的主动脉裂孔下行，沿脊柱前左侧下降，至第4腰椎体高度分为左、右髂总动脉。分为壁支和脏支（图14-22）。

1. 壁支　壁支分布于膈、腹后壁和脊髓等处，主要有1对膈下动脉和4对腰动脉。膈下动脉分布于膈，并发出肾上腺上动脉至肾上腺。腰动脉横行向外，分布于腰部和脊髓。

2. 脏支　脏支主要分布于腹内器官，分为成对脏支和不成对脏支两种。成对脏支包括肾上腺中动脉、肾动脉和睾丸动脉（卵巢动脉），不成对脏支包括腹腔干、肠系膜上动脉和肠系膜下动脉。

（1）**肾上腺中动脉**（middle suprarenal artery）：平第1腰椎高度由腹主动脉侧壁发出，横行向外分布于肾上腺。

（2）**肾动脉**（renal artery）：平第1、2腰椎之间由腹主动脉侧壁发出，横行向外分数支经肾门入肾。肾动脉入肾门之前发出肾上腺下动脉。

（3）**睾丸动脉**（testicular artery）：细长，在肾动脉起始处稍下方由腹主动脉前壁发出，斜向外下，走行于腰大肌前面，跨输尿管，经腹股沟管至阴囊，参与精索的组成（又称精索内动脉）分布于睾丸和附睾。在女性为卵巢动脉（ovarian artery），行至小骨盆上缘处，进入卵巢悬韧带下行入盆腔，分布于卵巢和输卵管。

（4）**腹腔干**（celiac trunk）：为一短粗的动脉干，在主动脉裂孔稍下方起自腹主动脉前壁，并立即分为胃左动脉、肝总动脉和脾动脉（图14-23，24）。

1）**胃左动脉**（left gastric artery）：沿腹后壁行向左上至胃的贲门处，急转向右，在小网膜2层之间沿胃小弯右行与胃右动脉吻合，沿途分支分布于食管腹段、贲门和胃小弯附近胃壁。

2）**肝总动脉**（common hepatic artery）：向右行至十二指肠上部的上方进入肝十二指肠韧带，分为肝固有动脉和胃十二指肠动脉。①**肝固有动脉**，在肝十二指肠韧带内上行，至肝门附近分为左、右两支入肝，右支在入肝门前分出胆囊动脉，分布于胆囊。肝固有动脉起始部尚发出胃右动脉，在小网膜内行至幽门上缘，再沿胃小弯左行，与胃左动脉吻合，沿途分支至十二指肠上部和胃小弯附近的胃壁；②**胃十二指肠动脉**，经幽门后方下行，至幽门下缘分为胃网膜右动脉和胰十二指肠上动脉。胃网膜右动脉在大网膜两层之间沿胃大弯左行，与胃网膜左动脉吻合，沿途分支至胃大弯侧胃壁和大网膜。胰十二指肠上动脉分为前、后两支，

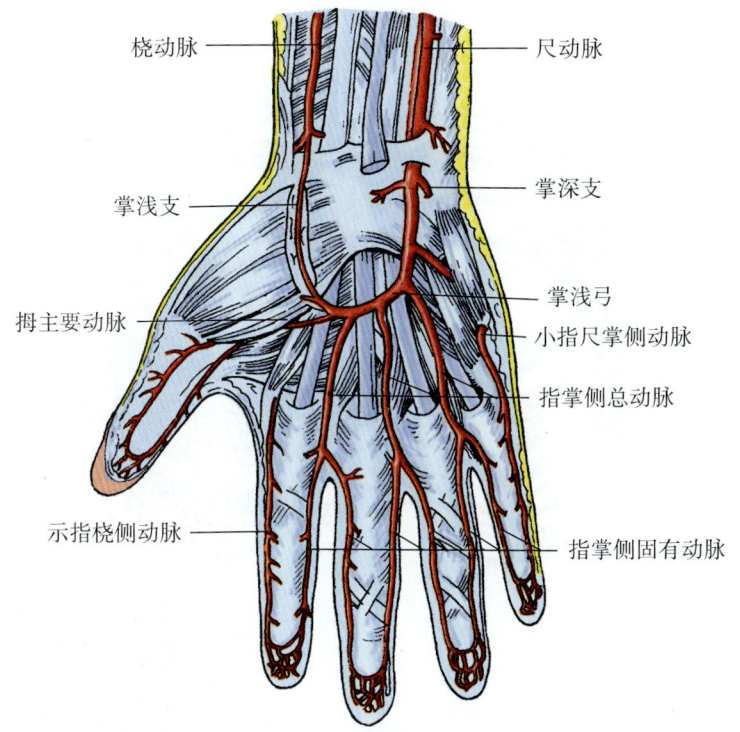

(A) 掌侧面浅层

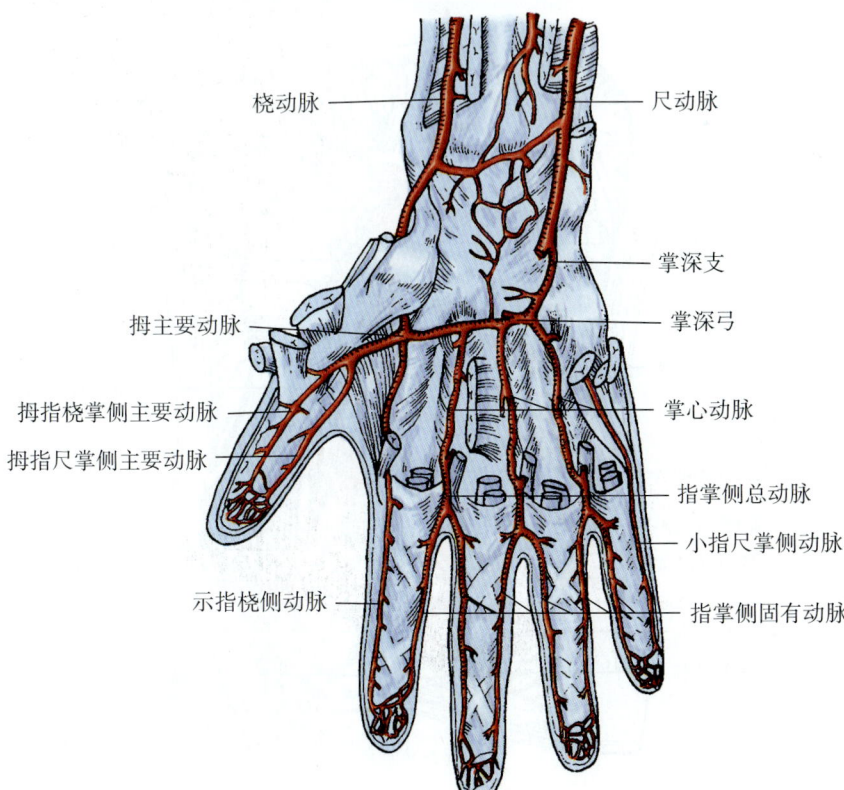

(B) 掌侧面深层

图 14-20　手的动脉

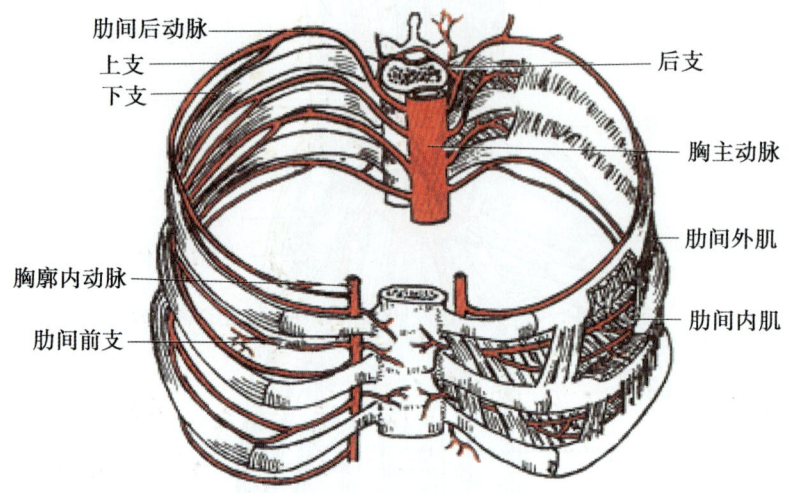

图 14-21　胸壁的动脉

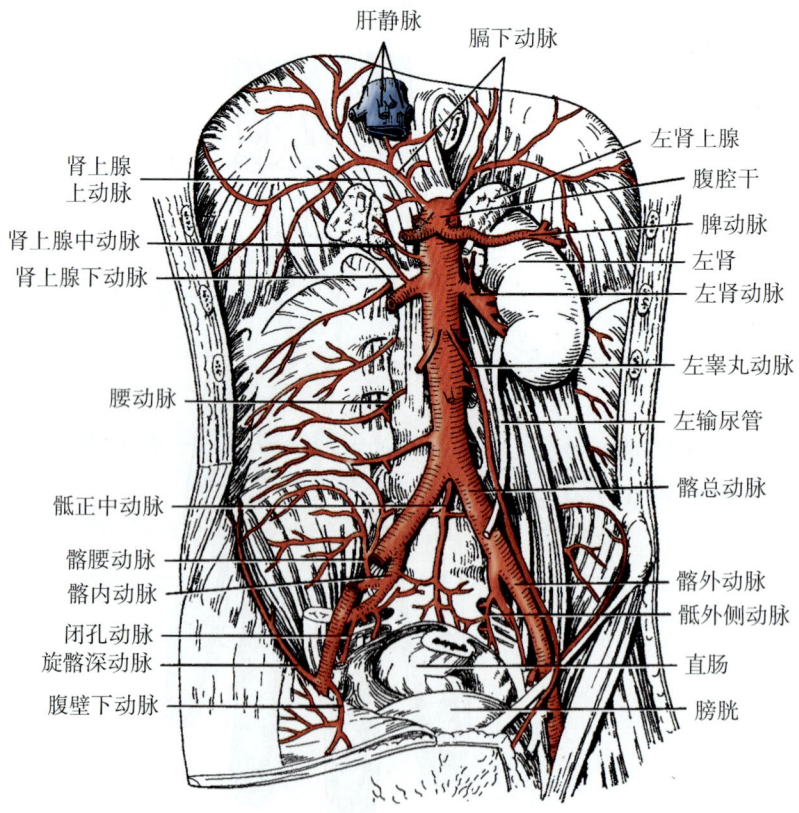

图 14-22　腹主动脉及分支

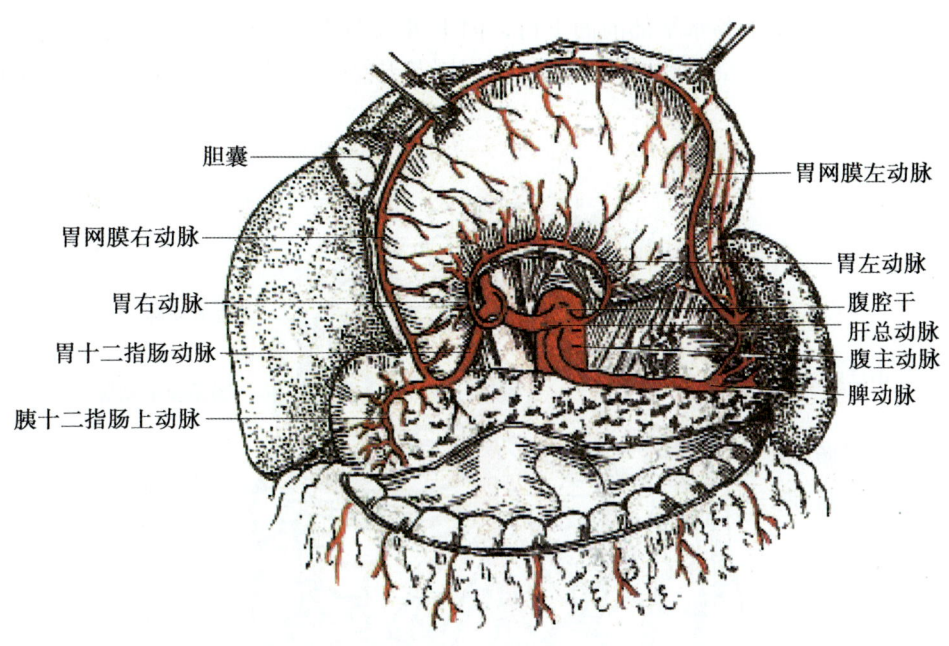

图 14-23　腹腔干及其分支（胃后面）

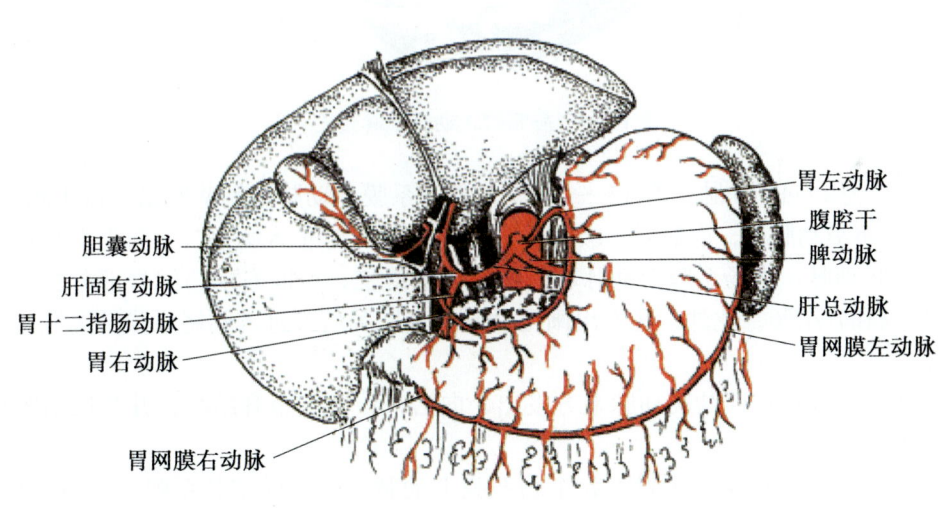

图 14-24　腹腔干及其分支（胃前面）

在胰头和十二指肠降部之间的前、后面下行，分布于十二指肠和胰头并与胰十二指肠下动脉吻合。

3) **脾动脉**（splenic artery）：在胃后方沿胰上缘左行达脾门，分数支入脾，沿途发出数条胰支至胰；在近脾门处还发出胃短动脉和胃网膜左动脉。胃短动脉有 3～5 支经胃脾韧带分布于胃底。胃网膜左动脉沿胃大弯右行，沿途分支分布于胃大弯侧胃壁和大网膜。

(5) **肠系膜上动脉**（superior mesenteric artery）：在腹腔干起始处稍下，起自腹主动脉前壁，经胰头后方和十二指肠水平部前面下行，向下进入小肠系膜根，斜向右下至右髂窝，主要分支有：其分支分布于空肠和回肠、盲肠、阑尾及升结肠和横结肠。其中分布于阑尾的称为阑尾动脉（图 14-25）。

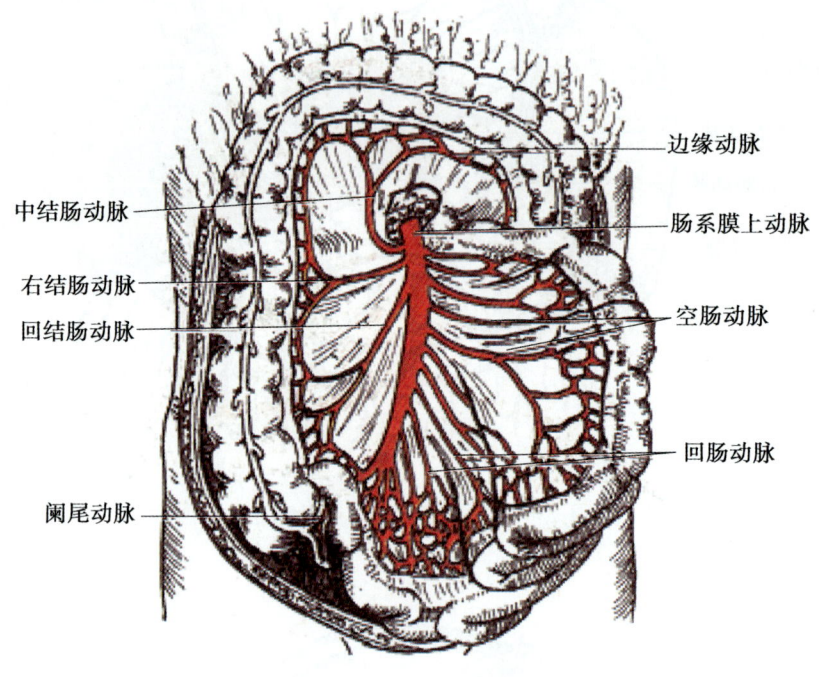

图 14-25　肠系膜上动脉及其分支

1) 空肠动脉和回肠动脉：有 13～18 支，由肠系膜上动脉左侧壁发出，行于肠系膜内，反复吻合形成多级动脉弓，由最后一级动脉弓发出直行小支进入肠壁，分布于空肠和回肠。

2) 回结肠动脉：为肠系膜上动脉右侧壁发出的终支，行向右下至回盲部分数支营养回肠末段、盲肠和升结肠。此外，还发出**阑尾动脉**，经回肠后方进入阑尾系膜游离缘内，分支营养阑尾。

3) 右结肠动脉：在回结肠动脉上方发出，向右行，分支至升结肠，并与回结肠动脉和中结肠动脉吻合。

4) 中结肠动脉：在胰下缘附近起于肠系膜上动脉，进入横结肠系膜分支营养横结肠，并与右结肠动脉和左结肠动脉的分支吻合。

（6）**肠系膜下动脉**（inferior mesenteric artery）：平第 3 腰椎高度起自腹主动脉前壁，沿腹后壁行向左下。其分支分布于降结肠、乙状结肠和直肠上部（图 14-26）。主要分支有：

1) 左结肠动脉：横行向左至降结肠附近，分支分布于结肠左曲和降结肠，并与中结肠动脉和乙状结肠动脉的分支吻合。

2) 乙状结肠动脉：有 2～3 支，行向左下进入乙状结肠系膜内，各分支间相互吻合成动脉弓，分支营养乙状结肠。

3) 直肠上动脉：为肠系膜下动脉的终末支，在乙状结肠系膜内下行，至第 3 骶骨处分为 2 支，沿直肠两侧下行，分支分布于直肠上部，并与直肠下动脉的分支吻合。

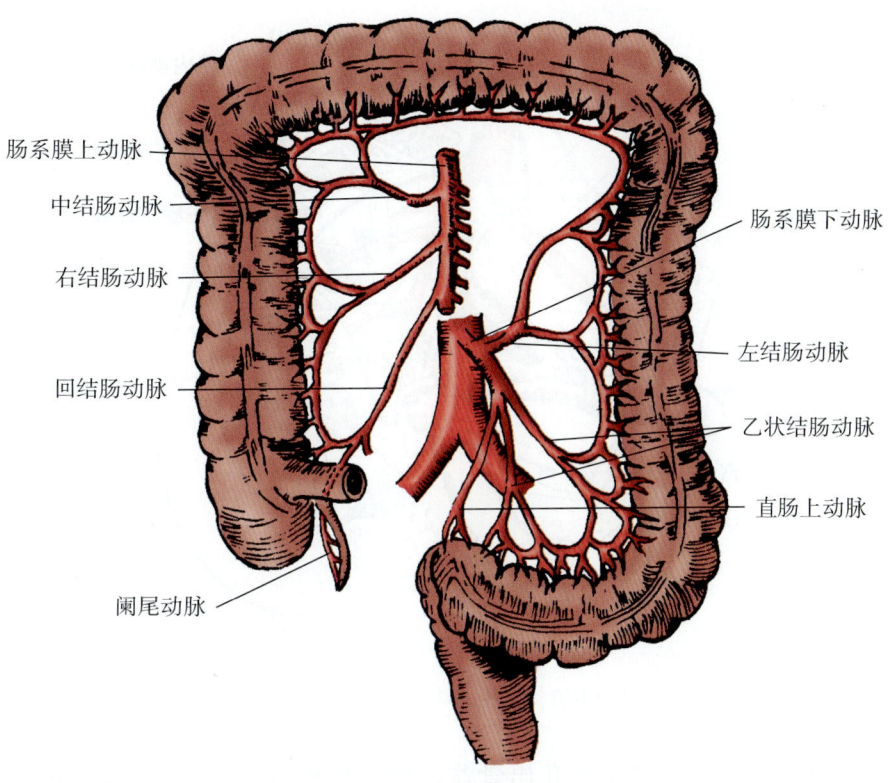

图 14-26　肠系膜下动脉及其分支

（六）髂总动脉

髂总动脉（common iliac artery）自第 4 腰椎体下缘由腹主动脉分出，左右各一，沿腰大肌内侧行向外下，至骶髂关节前面分为髂内动脉和髂外动脉（图 14-27）。

1. 髂内动脉（internal iliac artery）　为一短干沿盆侧壁下行，发出壁支和脏支。

（1）壁支

1）闭孔动脉：沿骨盆侧壁行向前下，穿闭膜管至大腿内侧部，分布到大腿内收肌群和髋关节。

2）臀上、下动脉：分别经梨状肌上、下孔出骨盆，分布到臀肌和髋关节。

（2）脏支

1）脐动脉：是胎儿时期的动脉干，出生后大部闭锁，形成脐内侧韧带，其根部未闭锁，发出膀胱上动脉，分布于膀胱中、上部。

2）膀胱下动脉：分布于膀胱底、精囊和前列腺。在女性分布于膀胱和阴道。

3）子宫动脉：自髂内动脉发出后，沿盆侧壁向下进入子宫阔韧带内，在距子宫颈外侧约 2cm 处，跨越输尿管的前上方，达子宫侧缘迂曲上升至子宫底。子宫动脉分支分布于子宫、输卵管、卵巢和阴道，并与卵巢动脉吻合。在男性则为一细长的输精管动脉，分布于输精管。

4）直肠下动脉：分布于直肠下部、前列腺（男）或阴道（女），并与直肠上动脉和肛动脉吻合。

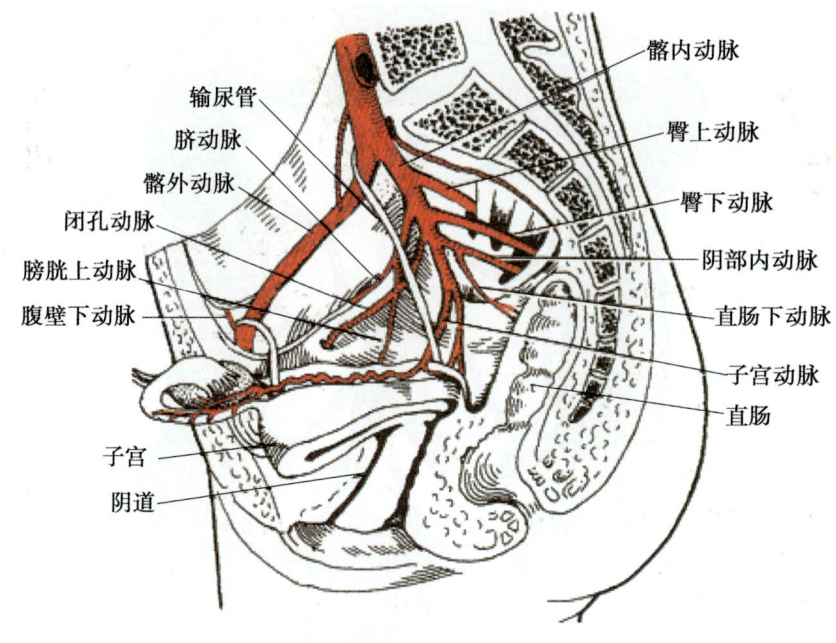

图 14-27　盆腔的动脉（女性，右侧）

5）阴部内动脉：经梨状肌下孔出骨盆，绕坐骨棘后方，再经坐骨小孔达坐骨肛门窝，发出肛动脉、会阴动脉、阴茎（蒂）动脉等支，分布于肛门、会阴和外生殖器（图14-28）。

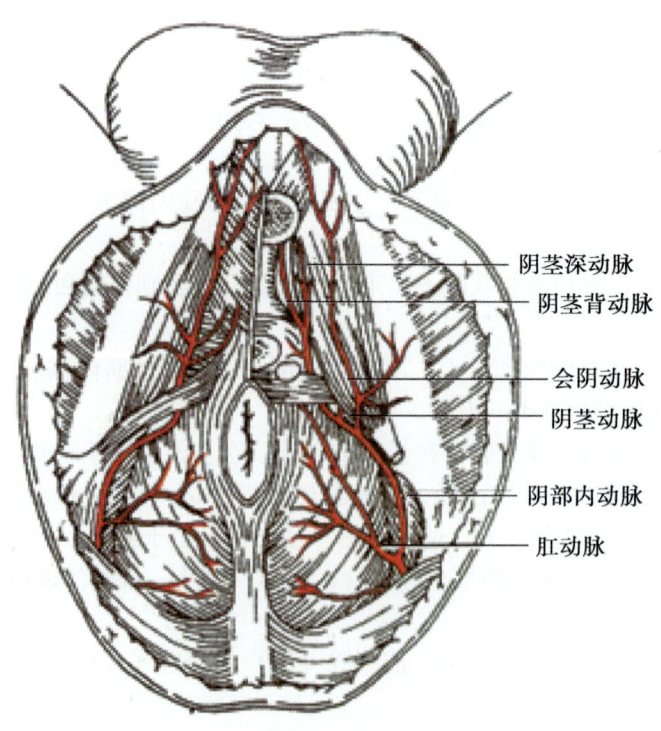

图 14-28　会阴的动脉

2. 髂外动脉（external iliac artery） 沿腰大肌内侧缘下行，经腹股沟韧带中点深面移行为股动脉。在入股部前于腹股沟韧带上方发出腹壁下动脉，贴腹前壁内面、腹股沟管腹环内侧斜向内上，进入腹直肌鞘，营养腹直肌，并与腹壁上动脉吻合。主要分支有腹壁下动脉和旋髂深动脉。

（七）下肢的动脉

1. 股动脉（femoral artery） 是髂外动脉的延续，在股三角内下行，经收肌腱裂孔进入腘窝，移行为腘动脉（图14-29）。主要分支有股深动脉，分布于大腿肌和髋关节等。在腹股沟韧带中点稍下方股动脉位于股静脉外侧、股神经内侧，位置表浅，活体上，在腹股沟韧带中点下方可摸到股动脉的搏动，当下肢外伤出血时，可将股动脉压向耻骨，以止血。

2. 腘动脉（popliteal artery） 经腘窝深部下行，至腘窝下部分为胫前动脉和胫后动脉。腘动脉分支分布于附近的肌并参与膝关节网的构成。

3. 胫前动脉（anterior tibial artery） 穿小腿骨间膜上部至小腿前面，在小腿前群肌之间下行，经踝关节前面至足背，移行为**足背动脉**。沿途发出分支，分布于小腿前群肌及附近皮肤。足背动脉分布于足背和足趾。在踝关节前面足背动脉位置表浅，在内、外踝连线中点处可触及其搏动。

4. 胫后动脉（posterior tibial artery） 在小腿后面的浅、深层肌之间下行，分布于胫骨、腓骨、小腿后群与外侧肌群，经内踝后方至足底，分为足内侧动脉和足底外侧动脉。足底内侧动脉沿足底内侧前行，分布于足底内侧；足底外侧动脉为胫后动脉的终支，向前至第5跖骨底处转向第1跖骨间隙，与足背动脉的足底深支吻合，形成足底弓，自弓发出分支至各趾的相对缘。

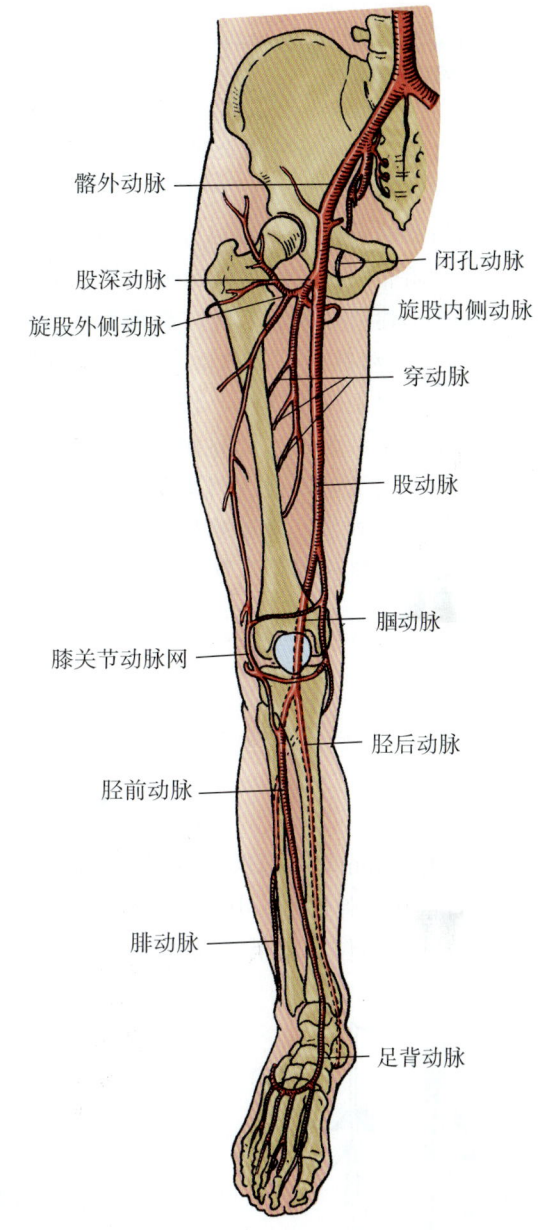

图 14-29 下肢的动脉

知识链接

1. **动脉导管未闭** 由于胎儿在出生前肺泡全部萎陷，肺血管阻力较大，肺动脉压力高于主动脉，因此进入肺动脉的大部分血液经动脉导管流入主动脉。胎儿出生后，肺泡膨胀，肺血管阻力下降，肺动脉血流开始直接进入肺，建立正常的肺循环，而不流经动脉导管，一般在出生后10～15h内完成功能性闭合，此后血管内纤维增生完全封闭管腔，最终形成动脉韧带。动脉导管出生后6个月未能闭合，将终生不能闭合，临床上称动脉导管未闭，属先天性心脏病的一种。

2. **动脉瘤** 动脉瘤是由于动脉壁的病变或损伤，形成动脉壁局限性或弥漫性扩张或膨出，以膨胀性、搏动性肿块为主要表现，可发生在动脉系统的任何部位，尤以肢体主干动脉、主动脉和颈动脉较为常见。根据动脉瘤出现部位不同，可分为周围动脉瘤、腹主动脉瘤、胸主动脉瘤、主动脉夹层动脉瘤、内脏动脉瘤等，主要表现为体表搏动性肿块、动脉瘤压迫周围神经或破裂时出现剧烈疼痛、瘤腔内血栓或斑块脱落致远端动脉栓塞产生肢体、器官缺血或坏死等。

（李卫东）

第四节 静 脉

静脉（vein）是运送血液回心的血管，起始于毛细血管。主要有以下特点：①静脉管腔大，管壁薄，弹性小，其内血流缓慢，压力低，数量多于动脉；②体循环的静脉分为浅、深静脉，浅静脉位于皮下浅筋膜内，又称皮下静脉。浅静脉不与动脉伴行，最后注入深静脉。一些大的浅静脉，体表可观察到其轮廓，临床上可进行注射、输液和采血。深静脉位于深筋膜深面或体腔内，多数与动脉伴随走行，命名与相应动脉对应，有的动脉有两条伴随静脉；③静脉的吻合丰富 浅静脉吻合形成静脉网或静脉弓。深静脉在一些器官周围或器官壁内吻合形成静脉丛；④一些静脉内具有**静脉瓣**（venous valve）一般成对分布，呈半月形，作用保证血液流向回心方向，防止其逆流。静脉瓣主要分布于受重力影响大，血液回流较困难的静脉血管，如四肢的静脉血管内（图14-30）。

一、肺循环的静脉

肺静脉（pulmonary vein）左、右各有两条，分别称左肺上、下静脉和右肺上、下静脉，起自于肺泡周围毛细血管，在肺内逐级汇合，出肺门，输送含氧丰富的动脉血回心，注入左心房。

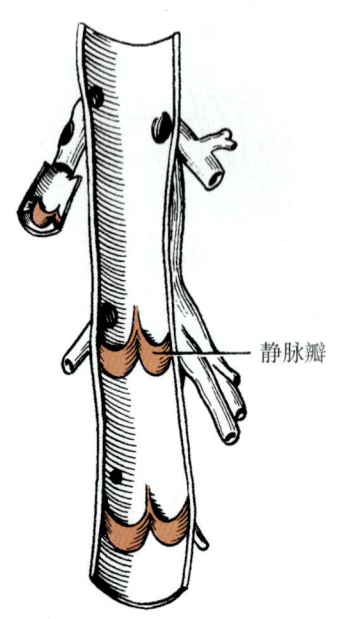

图14-30 静脉瓣

二、体循环的静脉

体循环的静脉包括上腔静脉系、下腔静脉系和心静脉系。

（一）上腔静脉系

上腔静脉系由**上腔静脉**（superior vena cava）及其属支组成，收集头颈、上肢、胸部（心除外）等的静脉血。上腔静脉由左、右头臂静脉在右侧第一胸肋关节后方汇合而成，沿升主动脉右侧下降，在右侧第三胸肋关节水平注入右心房。上腔静脉注入右心房之前有奇静脉汇入（图14-31）。**头臂静脉**（brachiocephalic vein）左、右各一，由同侧颈内静脉和锁骨下静脉在胸锁关节后方汇合而成，汇合处的夹角称**静脉角**（venous angle），有淋巴导管注入。

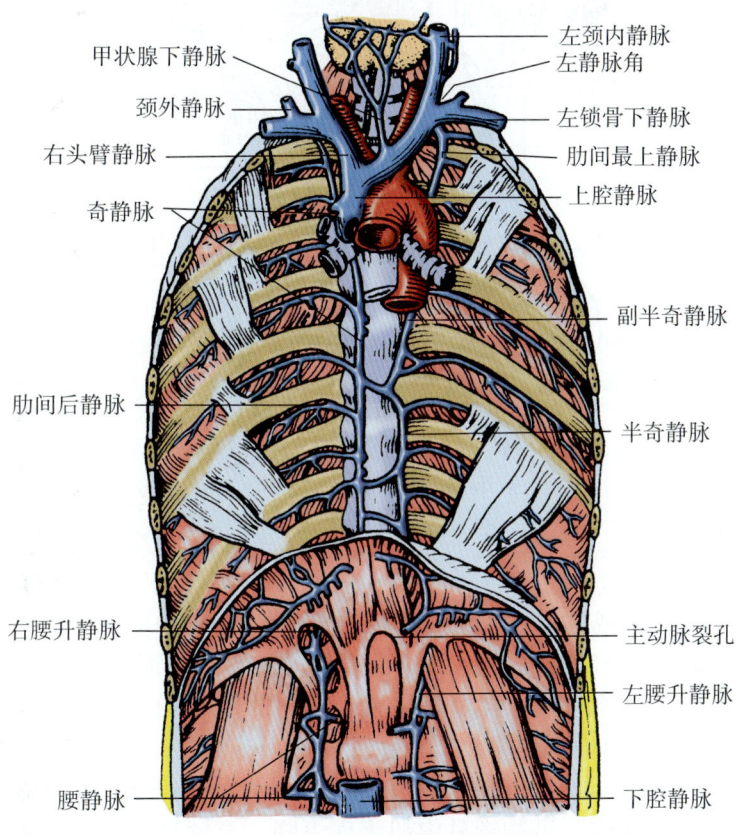

图 14-31　上腔静脉及其属支

1. 头颈部的静脉

（1）**颈内静脉**（internal jugular vein）：在颈静脉孔处与乙状窦相续，伴随颈内动脉和颈总动脉下行，至胸锁关节后方与锁骨下静脉汇合形成头臂静脉。颈内静脉的属支分为颅内属支和颅外属支。

1）颅内属支：通过硬脑膜静脉窦收集脑、视器及颅骨等处的静脉血。

2）颅外属支：收集面部和颈部的静脉血，属支较多，主要有**面静脉**（facial vein）起自内眦静脉，与面动脉伴行，至平舌骨平面注入颈内静脉（图14-32）。面静脉借内眦静脉、眼静脉与颅内海绵窦交通。在口角平面以上，面静脉一般无静脉瓣，该区域发生感染时，若处置不当（如挤压），可导致细菌蔓延至颅内，引起颅内感染，严重时危及生命。故临床上将

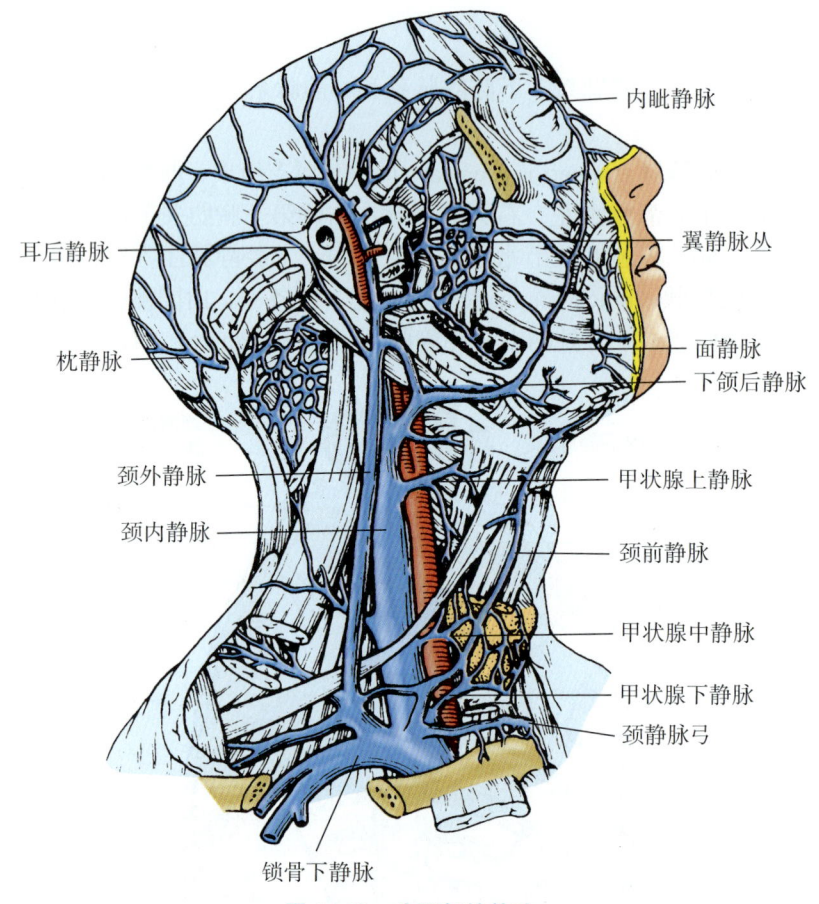

图 14-32　头颈部的静脉

鼻根至两侧口角之间的区域称为"危险三角区"。下颌后静脉由颞浅静脉和上颌静脉在腮腺实质内汇合而成，下行到下颌角处分为前、后两支，前支汇入面静脉，后支与耳后静脉和枕静脉汇合成颈外静脉。上颌静脉起自翼静脉丛（位于颞下窝内），翼静脉丛经眼下静脉或卵圆孔处的导血管与颅内的海绵窦交通。

（2）**颈外静脉**（external jugular vein）：为颈部最大的浅静脉，由下颌后静脉的后支与耳后静脉及枕静脉汇合而成，沿胸锁乳突肌表面下降，至锁骨中点上方穿深筋膜注入锁骨下静脉。

（3）锁骨下静脉：在第1肋的外缘续于腋静脉，与锁骨下动脉伴行，向内经前斜角肌前面至胸锁关节后方，与颈内静脉汇合形成头臂静脉。锁骨下静脉的主要属支是腋静脉和颈外静脉。锁骨下静脉位置恒定，管腔较大，临床上常经锁骨上或锁骨下入路做锁骨下静脉导管插入。

2. 上肢的静脉　分浅静脉和深静脉。

（1）上肢的浅静脉：上肢的浅静脉较多，相互吻合，比较恒定的有3条（图14-33）。

1）**头静脉**（cephalic vein）：起自手背静脉网桡侧，逐渐转向前臂前面的外侧到肘窝，再沿肱二头肌外侧上行，经三角肌与胸大肌间沟，穿深筋膜注入腋静脉或锁骨下静脉。

2）**贵要静脉**（basilic vein）：起自手背静脉网的尺侧，逐渐转向前臂尺侧上行，至臂中份穿深筋膜注入肱静脉或上行注入腋静脉。

3）**肘正中静脉**（median cubital vein）：位于肘窝的前方，连于头静脉与贵要静脉之间。临床上常用于采血或静脉注射。

（2）上肢的深静脉：与同名动脉伴行，收集同名动脉分布区域的静脉血。尺、桡动脉与肱动脉下部有两条伴行静脉。

3. 胸部的静脉（图14-31）

（1）**奇静脉**（azygos vein）：起自右腰升静脉，沿胸椎体右侧上升至第4胸椎高度，勾绕右肺根上方注入上腔静脉。奇静脉主要收集右侧肋间后静脉、食管静脉、支气管静脉和半奇静脉的血液。由于奇静脉下端借右腰升静脉起自下腔静脉，上端直接注入上腔静脉，因而构成了上、下腔静脉系的重要通道之一。

（2）半奇静脉：起自左腰升静脉，沿胸椎体左侧上升，约到第8胸椎高度横过脊柱前面，汇入奇静脉。半奇静脉收集左侧下部肋间后静脉、食管静脉和副半奇静脉的血液。

（3）副半奇静脉：沿胸椎体左侧下行汇入半奇静脉或奇静脉。副半奇静脉收集左侧上部肋间后静脉的血液。

（二）下腔静脉系

下腔静脉系由**下腔静脉**（inferior vena cava）及其属支组成，收集腹、盆、下肢的静脉血。下腔静脉是全身最粗大的静脉，由左、右髂总静脉在第5腰椎平面汇合而成，沿腹主动脉右侧上行，经肝后缘，穿膈的腔静脉孔入胸腔，注入右心房（图14-34）。

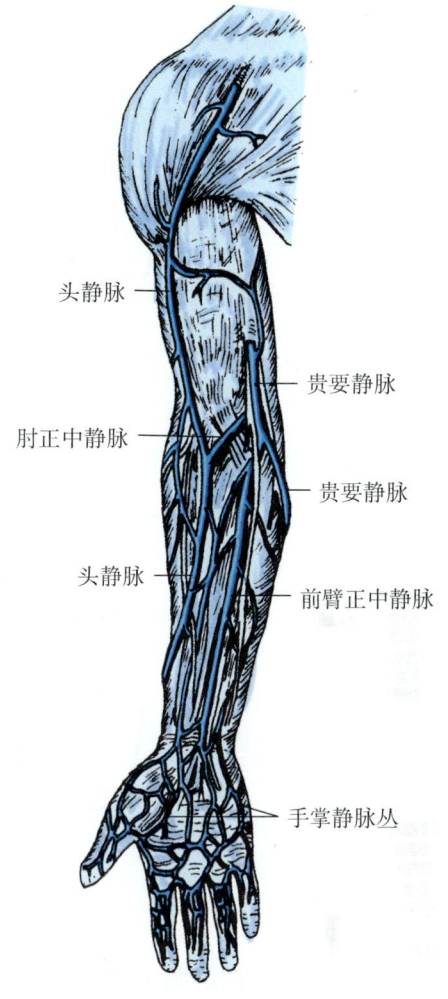

图14-33 上肢的浅静脉

1. 下肢的静脉　分浅静脉和深静脉，均有丰富的静脉瓣，深、浅静脉之间有广泛的交通支。

（1）下肢的浅静脉：走行较恒定的有大隐静脉和小隐静脉。

1）**大隐静脉**（great saphenous vein）：是全身最长的浅静脉，起自足背静脉弓的内侧，经内踝的前方，沿小腿和大腿内侧上行至腹股沟韧带下方，穿阔筋膜（大腿的深筋膜）的隐静脉裂孔注入股静脉（图14-35）。大隐静脉在注入股静脉之前接受股内侧浅静脉、股外侧浅静脉、阴部外静脉、腹壁浅静脉、旋髂浅静脉5条属支。大隐静脉在内踝前方，位置表浅恒定，是临床上静脉穿刺或静脉切开的常选部位。

2）**小隐静脉**（small saphenous vein）：起自足背静脉弓外侧，经外踝后方，沿小腿后面上行至腘窝穿深筋膜，注入腘静脉（图14-36）。

（2）下肢的深静脉：与同名动脉伴行，收集同名动脉分布区域的静脉血，最后，股静脉经腹股沟韧带的深面上行移行为髂外静脉。

2. 盆部的静脉

（1）**髂外静脉**（external iliac vein）：是股静脉的直接延续，伴随同名动脉走行，收集同

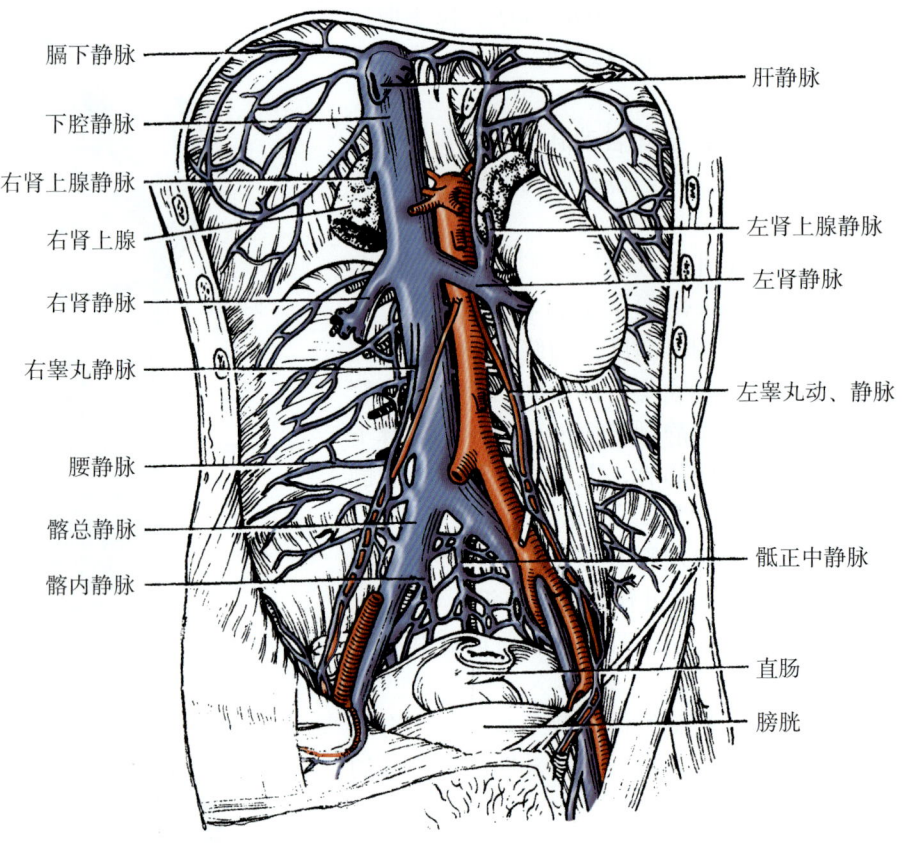

图 14-34 下腔静脉及其属支

名动脉分布区域的静脉血。

(2) **髂内静脉**（internal iliac vein）：与同名动脉伴行，其属支分壁支和脏支。壁支收集壁支动脉分布区域的静脉血。脏支收集脏支动脉分布区域的静脉血，盆腔器官周围或其壁内的静脉丰富，吻合形成静脉丛，主要有膀胱静脉丛、子宫静脉丛及直肠静脉丛等。

(3) **髂总静脉**（common iliac vein）：由同侧的髂内静脉和髂外静脉在骶髂关节前方汇合而成，行向内上，在第5腰椎右前方，两侧髂总静脉汇合形成下腔静脉。

3. **腹部的静脉** 分为壁支和脏支（图14-34）。

(1) 壁支：主要有4对腰静脉，注入下腔静脉，同侧腰静脉之间相连形成腰升静脉，左、右腰升静脉向上分别延续为半奇静脉和副半奇静脉，向下连于髂总静脉。

(2) 脏支：分成对脏支和不成对脏支。成对脏支和肝静脉直接或间接注入下腔静脉，不成对脏支（肝静脉除外）汇合形成肝门静脉入肝。

1) **肾上腺静脉**（suprarenal vein）：左侧注入左肾静脉，右侧直接注入下腔静脉。

2) **肾静脉**（renal vein）：在肾动脉前方横行向内，注入下腔静脉。左肾静脉较长，向右跨过腹主动脉前面，并接受左肾上腺静脉和左睾丸静脉。

3) **睾丸静脉**（testicular vein）：起自睾丸和附睾的数条小静脉，在精索内相互吻合形成蔓状静脉丛，在腹股沟管深环处汇合形成睾丸静脉。行向内上，右睾丸静脉以锐角形式注入

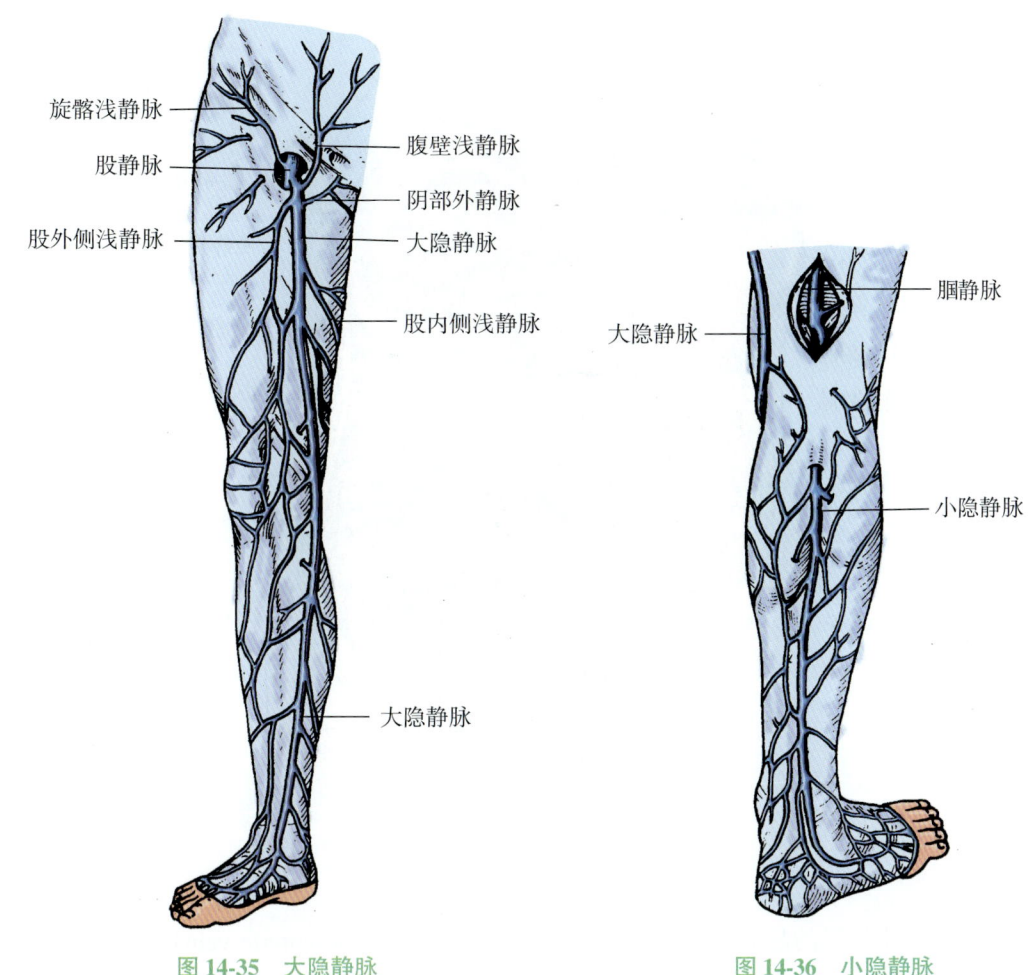

图 14-35　大隐静脉　　　　　　　图 14-36　小隐静脉

下腔静脉，左睾丸静脉以直角注入左肾静脉。临床上睾丸静脉曲张以左侧多见。在女性为**卵巢静脉**（ovarian vein），起自卵巢，在卵巢悬韧带内上行，注入部位与男性相同。

4) **肝静脉**（hepatic vein）：有肝左静脉、肝右静脉和肝中静脉，包埋在肝实质内，收集肝血窦回流的血液，在肝的腔静脉沟处注入下腔静脉。

(3) **肝门静脉系**（hepatic portal system）　由肝门静脉及其属支组成（图 14-37）。收集腹腔内不成对器官（肝除外）的静脉血。

1) **肝门静脉**（hepatic portal vein）：肝门静脉为一短干，长 6~8cm，由肠系膜上静脉和脾静脉在胰头后方汇合而成，进入肝十二指肠韧带，在胆总管和肝固有动脉后方上行至肝门，分左、右两支经肝门入肝在肝内再反复分支，最后注入肝血窦。肝血窦含有来自肝门静脉和肝固有动脉的血液是为混合血，最后汇合成肝静脉注入下腔静脉。

肝门静脉系主要结构特点：①肝门静脉起始两端均是毛细血管；②肝门静脉及其属支内一般无静脉瓣，当肝门静脉压力增高时，血液可发生逆流。

2) **肝门静脉的主要属支**：①**肠系膜上静脉**（superior mesenteric vein）与同名动脉伴行，收集肠系膜上动脉和胃十二指肠动脉分布区域的静脉血。②**脾静脉**（splenic vein）出脾门，沿胰后面、脾动脉下方横行向右，在胰头后方与肠系膜上静脉汇合而成肝门静脉。脾静脉主

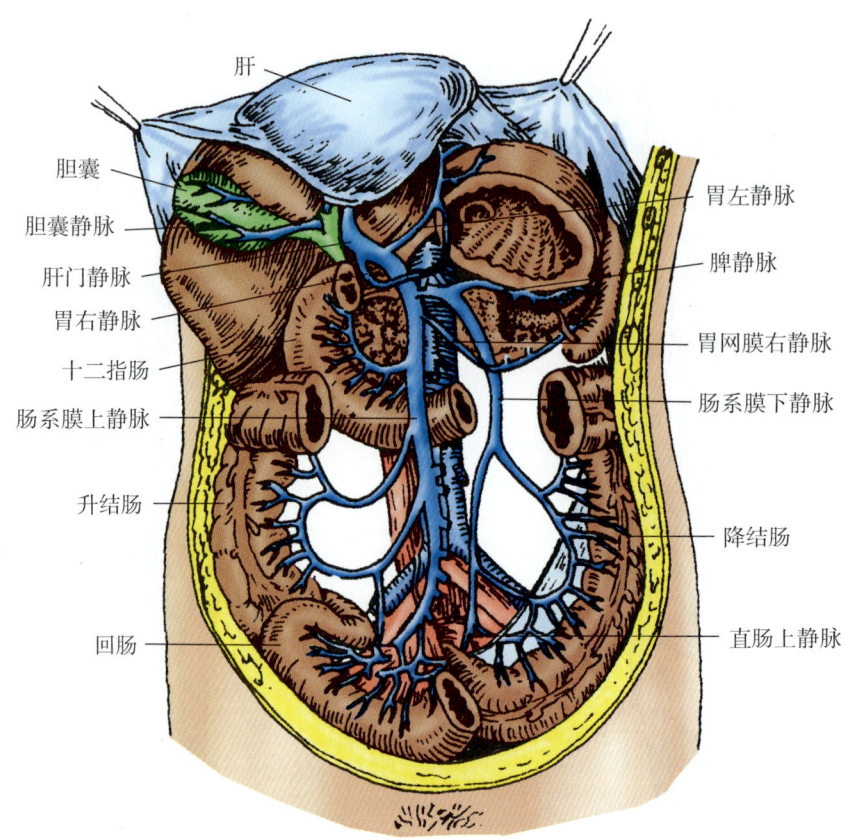

图 14-37　肝门静脉及其属支

要收集脾、胰及部分胃的静脉血。③**肠系膜下静脉**（inferior mesenteric vein）收集肠系膜下动脉分布区域的静脉血，沿同名动脉上行，注入脾静脉或肠系膜上静脉。④**胃左静脉**（left gastric vein）与同名动脉伴行。胃左静脉在贲门处与食管静脉丛吻合，并经食管静脉与奇静脉和半奇静脉的属支吻合。⑤**胃右静脉**（right gastric vein）与胃右动脉伴行。胃右静脉常接纳幽门前静脉。幽门前静脉在幽门和十二指肠交界处前面上行，是手术中区别幽门和十二指肠上部分界的标志。⑥**附脐静脉**（paraumbilical vein）起自脐周静脉网，经肝圆韧带内上行。⑦**胆囊静脉**（cystic vein）收集胆囊的静脉血。

3）肝门静脉与上、下腔静脉的吻合：当肝门静脉压力增高时，肝门静脉内的血液可通过其与上、下腔静脉吻合的部位，进行回流。重要的吻合部位有 3 处（图 14-38）。

A．经食管静脉丛与上腔静脉系的吻合：肝门静脉←胃左静脉←**食管静脉丛**→食管静脉→奇静脉→上腔静脉。

B．经直肠静脉丛与下腔静脉系的吻合：肝门静脉←脾静脉←肠系膜下静脉←直肠上静脉←**直肠静脉丛**→直肠下静脉（肛静脉→阴部内静脉）→髂内静脉→髂总静脉→下腔静脉。

C．经脐周静脉网分别于上、下腔静脉系的吻合：肝门静脉←附脐静脉←**脐周静脉网**→胸、腹壁静脉和腹壁上静脉或腹壁浅静脉和腹壁下静脉→上、下腔静脉。

正常情况下，肝门静脉系与上、下腔静脉系之间的吻合支细小，血流量较少。若肝门静脉压力增高（如肝癌、肝硬化），血液回流受阻，正常时经肝门静脉回流的血液，可发生逆流，经上述吻合部位由上、下腔静脉回流入心。这时吻合部位的血流增多，细小静脉曲张，

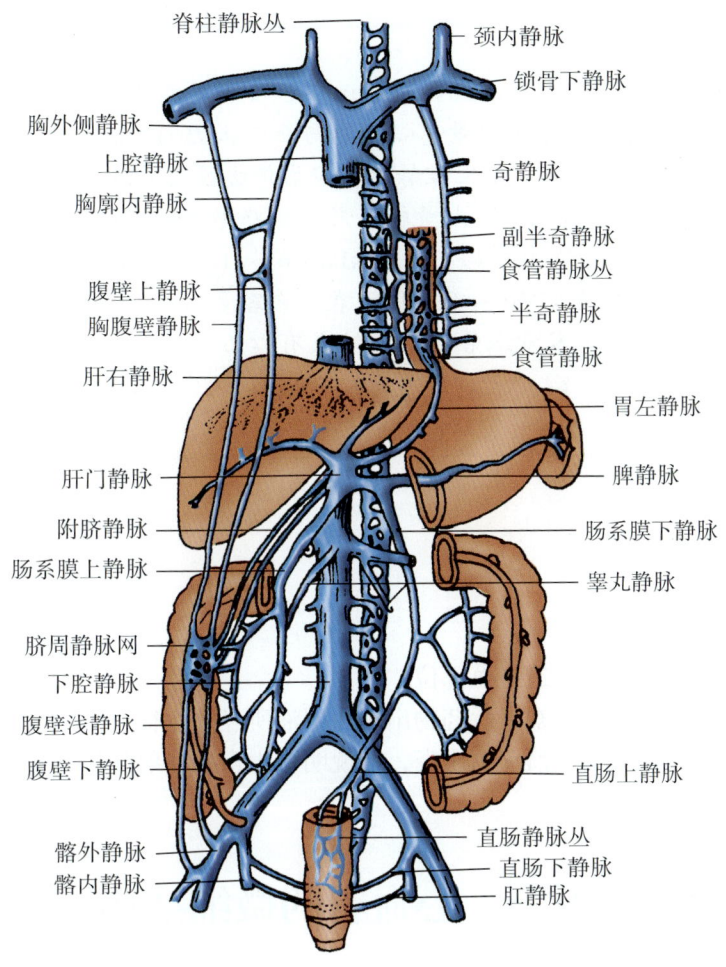

图 14-38　肝门静脉与上、下腔静脉系间的吻合（模式图）

管壁变薄，血管易发生破裂。若食管静脉丛或直肠静脉丛内曲张的静脉破裂，则可发生呕血或便血。

知识链接

1. 颈外静脉位置表浅，管腔较大，临床儿科常把此作为抽血部位。当心脏病或上腔静脉阻塞时可引起颈外静脉怒张。颈外静脉穿深筋膜处，管壁附着于深筋膜，此处静脉损伤，不易自行闭合，吸气时空气可被吸入导致空气栓塞。

2. 深静脉置管术：将单腔、双腔、多腔导管经皮穿刺置入右颈内静脉、锁骨下静脉或股静脉，深静脉置管术由于保留时间长、操作简便、输液种类广泛、导管弹性好，以及能在短时间内建立安全、迅速、可靠的血管通路，所以在临床输血、补液、完全胃肠外营养（TPN）、中心静脉压监测（CVP）、危重患者抢救等方面被广泛应用，并且在血液透析、化疗、排除体腔积液等方面取得了良好效果。

知识链接

3. 中心静脉压（central venous pressure，CVP）是指右心房及上、下腔静脉胸腔段的压力，它可判断患者血容量、心功能与血管张力的综合情况。方法是经锁骨下静脉或右颈内静脉穿刺插管至上腔静脉，经右侧腹股沟大隐静脉插管至下腔静脉。CVP测定常用于急性心力衰竭、大量输液或心脏病患者输液时、危重病患者或体外循环手术时。CVP正常值为0.49～1.18kPa（6～12cmH$_2$O），降低与增高均有重要临床意义。如休克患者CVP＜0.49kPa表示血容量不足，应迅速补充血容量。而CVP＞0.98kPa，则表示容量血管过度收缩或有心力衰竭的可能，应控制输液速度或采取其他相应措施。

思考题

1. 写出常用的动脉体表压迫止血部位。
2. 写出口服小檗碱（黄连素）后药物出现在尿液所经的途径（可用箭头表示）。
3. 从手背静脉滴注抗生素治疗阑尾炎，请说明抗生素从注射部位到达阑尾的途径。

（李卫东）

第五节　心血管的微细结构

一、心壁的微细结构

心壁从内向外依次为心内膜、心肌膜和心外膜（图14-39）。

（一）心内膜

心内膜由内皮和内皮下层构成。**内皮**为单层扁平上皮，与大血管的上皮相延续，表面光滑。**内皮下层**由结缔组织构成，分内、外两层：内层薄，为细密结缔组织；外层较厚，靠近心肌膜，也称心内膜下层，为疏松结缔组织，含小血管和神经。在心室的心内膜下层含有心脏传导系统的分支，即**普肯野纤维**（Purkinje fiber）。心内膜向心腔内突出，形成心瓣膜，心瓣膜表面被覆内皮，内部为致密结缔组织，可防止血液逆流。

（二）心肌膜

心肌膜主要由心肌纤维构成。心肌纤维呈螺旋状排列，大致可分为内纵行、中环行和外斜行三层，心肌纤维之间、肌束之间有少量的结缔组织和丰富的毛细血管。心肌膜在心房较薄，左心室最厚。在心房肌和心室肌之间，致密结缔组织构成坚实的支架，称心骨骼。心房肌和心室肌分别附着于心骨骼，两部分心肌不连续。

（三）心外膜

心外膜即心包的脏层，为浆膜，其表面被覆间皮，间皮下为疏松结缔组织，含血管、神经、脂肪等。

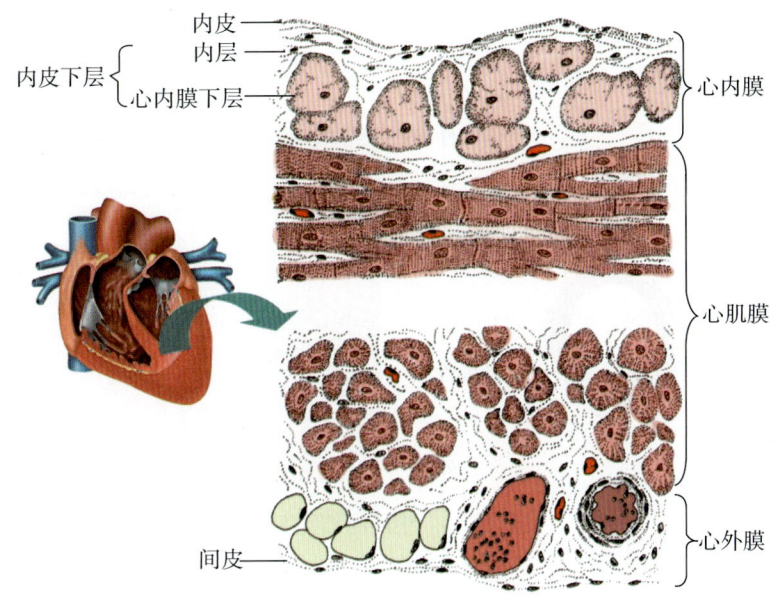

图 14-39　心壁结构仿真图

二、血管的微细结构

（一）动脉

动脉有多级分支，按管径粗细分为大动脉、中动脉、小动脉和微动脉。动脉管壁由内向外分为三层，分别是内膜、中膜和外膜，各层结构中以中膜变化最为明显。

1. **大动脉**　包括主动脉、肺动脉干、头臂干、颈总动脉、锁骨下动脉和髂总动脉等。其管壁中含多层弹性膜和大量弹性纤维，故又称**弹性动脉**。

（1）**内膜**：由内皮和内皮下层组成。内皮下层为结缔组织，含胶原纤维和少量平滑肌纤维（图 14-40）。

（2）**中膜**：很厚，由 40～70 层弹性膜组

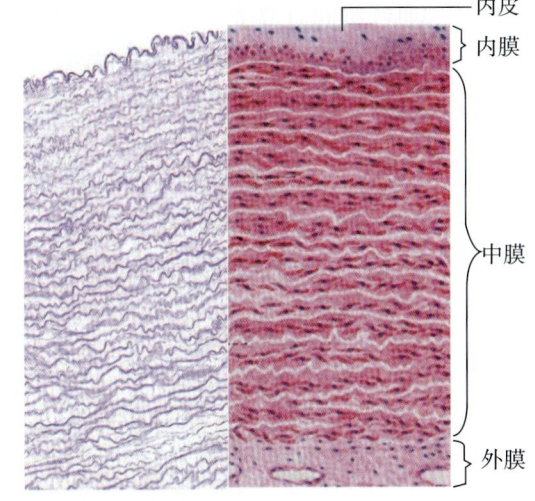

图 14-40　大动脉结构图

成，其间夹有大量弹性纤维、少量平滑肌纤维、胶原纤维和基质。在病理状况下，中膜的平滑肌纤维可以迁入内膜增生，产生结缔组织成分，使内膜增厚，是动脉粥样硬化发生过程的重要环节。

（3）**外膜**：较薄，由疏松结缔组织构成，内有血管壁的营养血管。

大动脉在心收缩时管壁扩张，心舒张时管壁回缩，使血液继续向前流动，从而保持了血流的平稳和连续。

2. **中动脉**　除大动脉外，凡解剖学上命名的动脉大多为中动脉，因中膜平滑肌纤维丰富，故又称**肌性动脉**（图 14-41）。

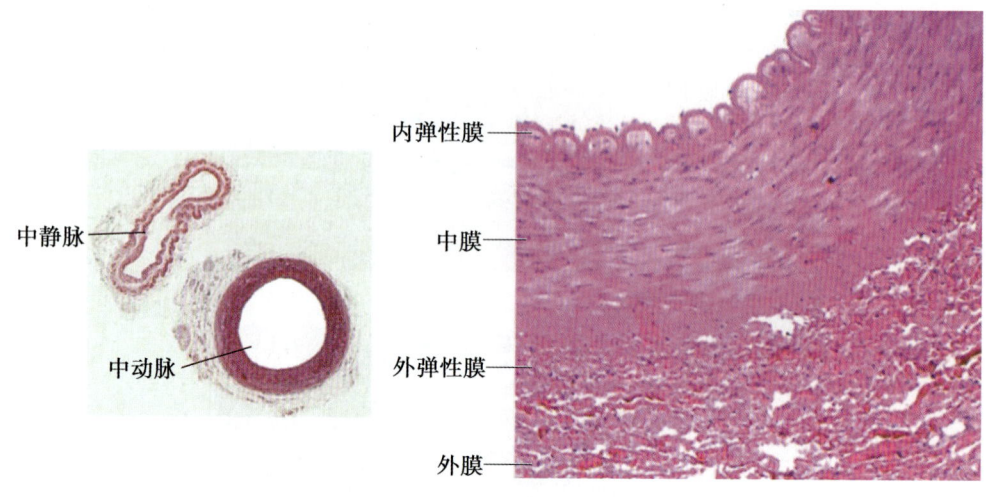

图 14-41　中动脉结构图

　　(1) **内膜**：由内皮、内皮下层和内弹性膜组成。内皮下层较薄，与中膜交界处有 1~2 层明显的内弹性膜，在血管横切面上呈波浪状，为内膜与中膜的分界。

　　(2) **中膜**：较厚，主要由 10~40 层环形平滑肌组成，肌纤维间夹有弹性纤维和胶原纤维。相邻肌纤维间有缝隙连接，能协调整个中膜平滑肌收缩。

　　(3) **外膜**：厚度与中膜接近，由疏松结缔组织构成，含小的营养血管和神经纤维束。较大的中动脉在中膜和外膜交界处有外弹性膜。

　　中动脉在神经支配下，平滑肌纤维舒缩，可调节分配到身体各部的血流量。

　　3. **小动脉**　指管径在 0.3~1mm 的动脉，结构与中动脉相似，各层均变薄，中膜含 3~9 层平滑肌，也属肌性动脉（图 14-42）。

　　4. **微动脉**　指管径在 0.3mm 以下的动脉，无内弹性膜，中膜有 1~2 层平滑肌，外膜较薄。小动脉和微动脉平滑肌纤维舒缩，能显著调节局部组织的血流量和血压。

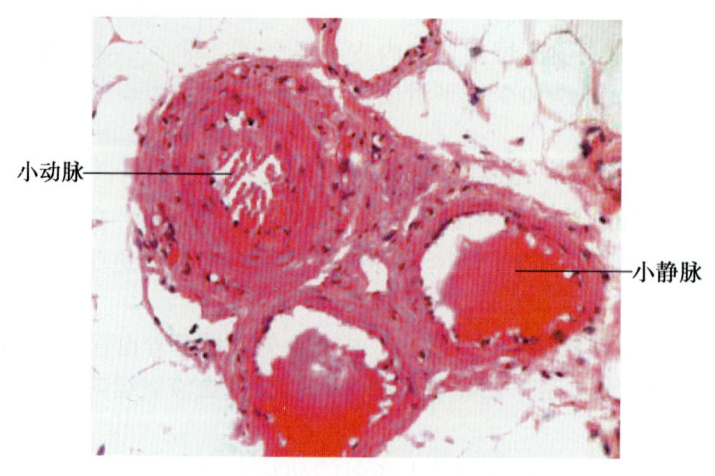

图 14-42　小动脉、小静脉结构图

知识链接

高血压

高血压是一种以动脉压升高为特征，可伴有心、血管、脑和肾等器官功能性或器质性改变的全身性疾病。有原发性高血压和继发性高血压之分，高血压发病的原因很多，可分为遗传和环境两个方面。

患者多由于血管平滑肌对血管活性物质（尤其是升压物质）敏感性和反应性增高，导致血管张力增高，外周血管阻力增加和血压升高。随着高血压持续存在和病情进展，可引起全身性小动脉和靶器官的病理改变，会使冠心病、心力衰竭及肾病等疾病的发病风险增高。由于部分高血压患者并无明显的临床症状，高血压又被称为人类健康的"无形杀手"。因此，提高对高血压病的认识，对早期预防、及时治疗有极其重要的意义。

案例

患者，女性，60岁。主诉突然头痛、神志不清、左侧肢体活动不利1小时。1小时前，患者于会议发言中，突然头痛，神志不清，跌倒在地。既往史为高血压病3年。体格检查：体温36.5℃，脉搏60次/分，血压26.7/14.7kPa（200/110mmHg），呼吸16次/分，浅昏迷。心律整齐，主动脉瓣区第2心音亢进。双肺呼吸音清。辅助检查：头颅CT见密度均匀的高密度灶。诊断为急性脑血管病。请思考：

1. 中动脉的管壁结构具有哪些特征？
2. 急性脑血管病的病因包括血管的病变，常常与动脉粥样硬化有关，查阅相关书籍，说明动脉粥样硬化时是动脉壁的哪一层结构出现病变。

（二）毛细血管

毛细血管直径一般为6～8μm，管径最细、分布最广，是血液与组织间物质交换的主要血管。

1. 结构　管壁由一层内皮及基膜构成，基膜只有基板。内皮和基膜间散在分布着扁平有突起的**周细胞**，毛细血管受损时，其可增殖分化为内皮细胞和成纤维细胞。

2. 分类　电镜下，根据内皮细胞和基膜的结构特点，毛细血管可分为三类（图14-43）。

（1）**连续毛细血管**：内皮细胞间有紧密连接封闭了细胞间隙，基膜完整，胞质内有大量的吞饮小泡。主要分布于结缔组织、肌组织、胸腺、肺和中枢神经系统等处。

（2）**有孔毛细血管**：内皮细胞不含核处极薄，有直径60～80nm的孔贯穿胞质，孔由4～6nm厚的隔膜封闭。细胞间有紧密连接，基膜完整。有孔毛细血管主要分布于胃肠黏膜、内分泌腺、肾血管球等处。

（3）**血窦**：也称**窦状毛细血管**，管腔大而不规则，内皮细胞有孔，间隙较大，无紧密连接，基膜不完整或缺如。血窦通透性大，主要分布于肝、脾、骨髓和一些内分泌腺。

（三）静脉

静脉根据管径大小分为微静脉、小静脉、中静脉和大静脉。静脉管壁也分**内膜**、**中膜**和**外膜**。与伴行的动脉相比较，静脉腔大壁薄，故在切片上，管腔常塌陷，三层膜界限不清。内弹性膜不明显或无；中膜不发达；外膜则较厚，尤其大静脉，外膜中可见纵行平滑肌束，无外弹性膜。管径在 2mm 以上的静脉，腔内常有半月形的**静脉瓣**，由内膜凸入管腔折叠而成，表面覆以内皮，内部为含弹性纤维的结缔组织，能防止血液倒流。

三、微循环

微循环（microcirculation）指从微动脉到微静脉之间的血液循环，是血液循环的基本功能单位。典型的微循环由**微动脉**、**中间微动脉**、**真毛细血管**、**直捷通路**、**动静脉吻合**和**微静脉**组成。微循环能调节血流量以实现物质交换，为组织和细胞提供营养物质并促进代谢产物的排出（图 14-44）。一般情况下，血液由微动脉经中间微动脉和直捷通路流入微静脉，只有小部分血液流经真毛细血管。当组织功能活跃时，毛细血管前括约肌开放，血液流经真毛细血管网进行充分的物质交换。

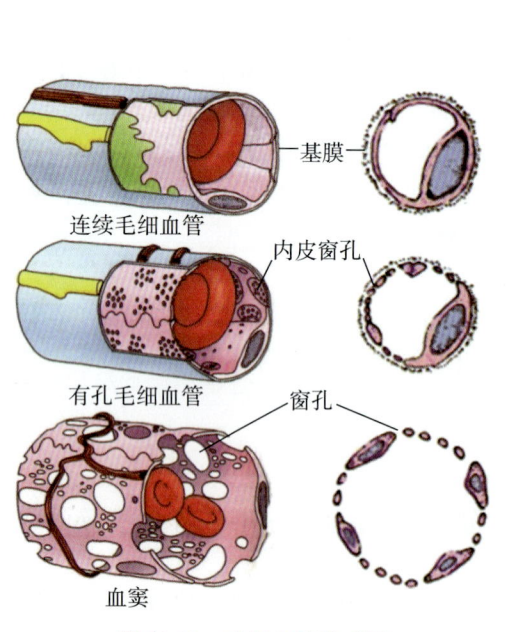

图 14-43 毛细血管模式图

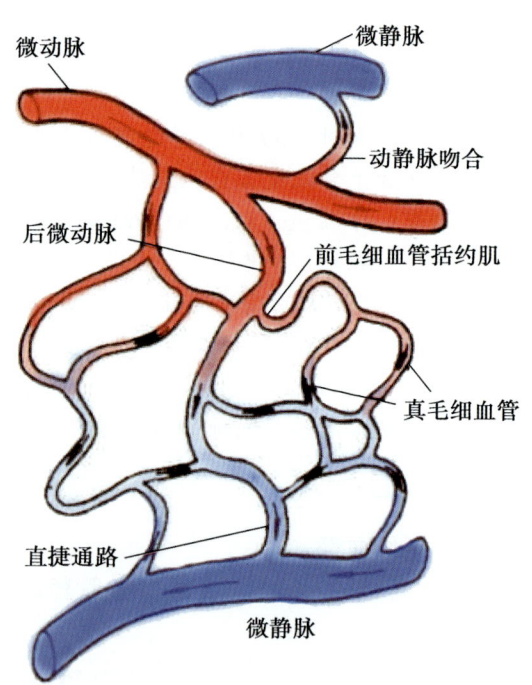

图 14-44 微循环模式图

（薄双玲）

第十五章

淋巴系统

记忆
1. 复述以下内容：淋巴系统的组成，九条淋巴干的名称及引流范围，腋窝淋巴结的组成，全身主要部位的浅层淋巴结。
2. 定义局部淋巴结和乳糜池的概念。

理解
1. 解释以下内容：淋巴导管的组成、行程、注入部位及其引流范围，脾的位置、形态，胸腺、淋巴结和脾的微细结构及功能，淋巴细胞再循环，淋巴组织的分类、结构及功能。
2. 分析乳腺癌的转移途径。

第一节 概　述

淋巴系统（lymphatic system）由淋巴管道、淋巴组织和淋巴器官组成（图15-1）。当血液流经毛细血管动脉端时，一些成分经毛细血管壁渗出，进入组织间隙，形成组织液。组织液与细胞进行物质交换后，大部分经毛细血管的静脉端吸收入静脉，小部分水分和大分子物质，则被组织间隙内的毛细淋巴管吸收成为淋巴。自小肠绒毛中央乳糜管至胸导管的淋巴管道内的淋巴，因含乳糜微粒而呈白色，其他部位淋巴管道中的淋巴则呈无色透明状。淋巴沿各级淋巴管道向心流动，并经过许多淋巴结的过滤，最后进入静脉，故淋巴系统可视为静脉的辅助系统。而淋巴组织和淋巴器官尚有产生淋巴细胞、过滤淋巴和进行免疫应答等功能。

（杨迎春）

第二节　淋巴管道

淋巴管道分为毛细淋巴管、淋巴管、淋巴干和淋巴导管。

一、毛细淋巴管

毛细淋巴管（lymphatic capillary）是淋巴管的起始部（图15-1）。以膨大的盲端起自组织间隙，彼此吻合成网。毛细淋巴管分布很广，除脑、脊髓、骨髓、上皮、软骨、角膜、晶

第四篇 脉管系统

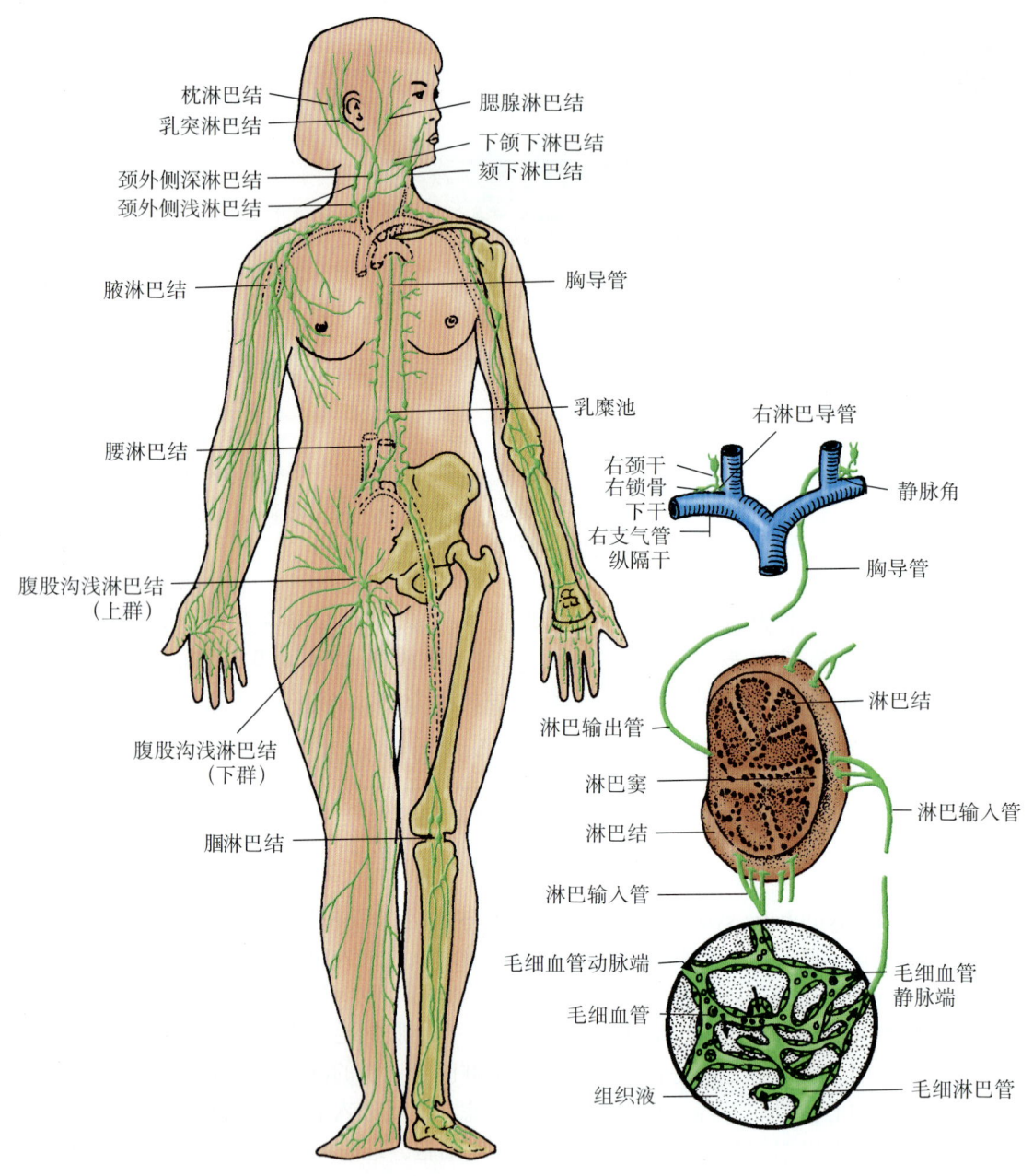

图 15-1 全身的淋巴管和淋巴结

状体、牙釉质等处外，几乎遍布全身。毛细淋巴管的口径较毛细血管大，管径粗细不一，管壁由单层内皮细胞构成，基膜不完整，相邻的内皮细胞呈叠瓦状连接，其通透性大于毛细血管，一些大分子物质如蛋白质、细菌、病毒、癌细胞及异物等易进入。

二、淋巴管

淋巴管（lymphatic vessel）由毛细淋巴管汇合而成，管壁结构与小静脉相似，但管径细，管壁薄，瓣膜丰富，相邻两对瓣膜间的淋巴管段扩展，使淋巴管外观呈串珠状。淋巴管在向心行程中要经过一个或多个淋巴结。淋巴管分浅、深两种。浅淋巴管位于浅筋膜内，多与浅静脉伴行；深淋巴管位于深筋膜深面，多与血管、神经伴行。浅、深淋巴管间存有广泛交通。

三、淋巴干

全身各部的淋巴管经过一系列淋巴结中继后，由最后一群淋巴结的输出管汇合成较大的淋巴管，称为**淋巴干**（lymphatic trunk）。全身共有 9 条，包括由头颈部淋巴管汇合而成的左、右颈干；由上肢及部分胸、腹壁淋巴管汇合成的左、右锁骨下干；由胸腔器官及部分胸、腹壁淋巴管汇合成的左、右支气管纵隔干；由下肢、盆部、腹腔成对器官及部分腹壁淋巴管汇合成的左、右腰干；由腹腔不成对器官淋巴管汇合而成的肠干（图 15-2）。

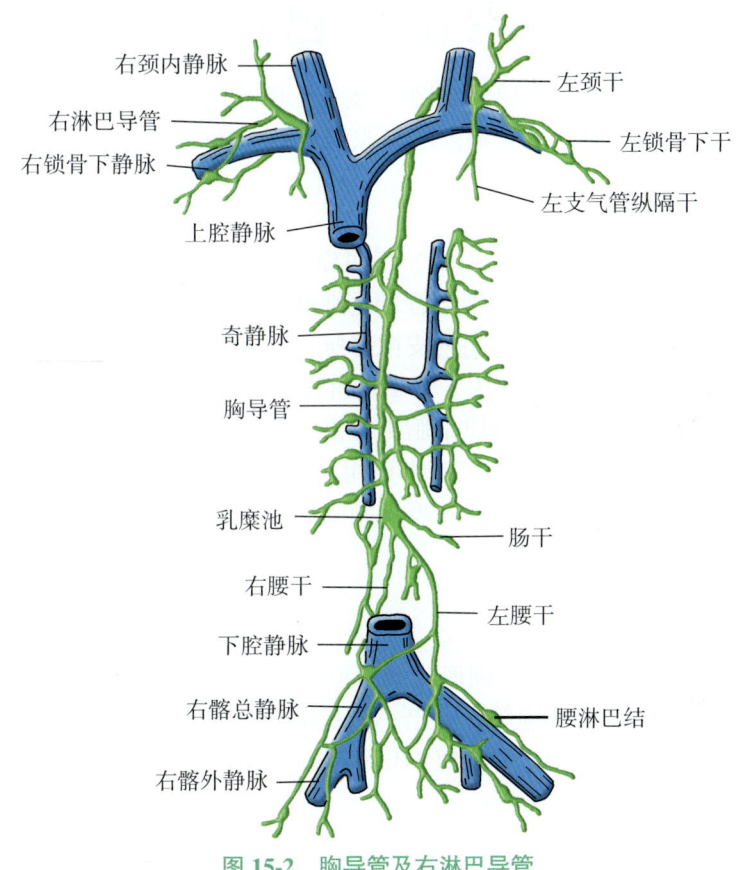

图 15-2　胸导管及右淋巴导管

四、淋巴导管

全身 9 条淋巴干最后汇合成 2 条**淋巴导管**（lymphatic duct），左淋巴导管即胸导管和右淋巴导管，分别注入左、右静脉角（图 15-2）。

1. 胸导管（thoracic duct）　是全身最大的淋巴导管，长 30～40cm，通常起自乳糜池，向上穿膈的主动脉裂孔进入胸腔，先沿脊柱右前方上行，至第 5 胸椎高度斜行转至脊柱左前方上行，出胸廓上口达颈根部，经左颈总动脉和左颈内静脉的后方，弓形弯向前内下方注入左静脉角。在注入左静脉角之前，还收纳左锁骨下干、左颈干和左支气管纵隔干。胸导管引流双下肢、盆部、腹部、左半胸部、左上肢及左侧头颈部（即约人体 3/4 部位）的淋巴回流。**乳糜池**（cisterna chyli）位于第一腰椎体前方，呈梭形膨大，由左、右腰干和肠干汇合而成。

2. **右淋巴导管**（right lymphatic duct） 为一短干，长约 1.5cm，由右颈干、右锁骨下干和右支气管纵隔干汇合而成，注入右静脉角。右淋巴导管引流右半胸部、右上肢和右侧头颈部（即约人体 1/4 部位）的淋巴回流。

（杨迎春）

第三节　淋巴组织

淋巴组织（lymphoid tissue）以网状组织为支架，网孔内有大量的淋巴细胞及其他免疫细胞，是免疫应答的场所。一般分为弥散淋巴组织和淋巴小结两种。

一、弥散淋巴组织

弥散淋巴组织（diffuse lymphoid tissue）无明确的界限，其内主要含 T 细胞，也有少量 B 细胞和浆细胞。组织中除有一般的毛细血管和毛细淋巴管外，还常见**毛细血管后微静脉**，因其内皮细胞为立方形或矮柱状，又称**高内皮微静脉**，是淋巴细胞从血液进入淋巴组织的重要通道。抗原刺激可使弥散淋巴组织扩大，并出现淋巴小结。

周围淋巴器官和淋巴组织内的淋巴细胞可经淋巴管进入血液，循环于全身，它们又可通过毛细血管后微静脉再返回到淋巴器官或淋巴组织内，如此周而复始，称**淋巴细胞再循环**。淋巴细胞再循环有利于识别抗原，促进免疫细胞间协作，使分散于全身的免疫细胞成为一个相互关联的统一体。

二、淋巴小结

淋巴小结（lymphoid nodule）呈圆形或椭圆形，有较明显的界限，主要含 B 细胞，也有一定量的辅助性 T 细胞和巨噬细胞等。淋巴小结受抗原刺激后增大，中央染色浅，称**生发中心**。无生发中心的淋巴小结较小，称初级淋巴小结，在 HE 染色的标本中难以辨认，有生发中心的称次级淋巴小结。

生发中心可分为暗区和明区，**暗区**较小，主要由较大而幼稚的 B 细胞和辅助性 T 细胞组成，明区较大，由中等大小的 B 细胞、滤泡树突状细胞和巨噬细胞等组成。生发中心的周边有一层密集的小淋巴细胞，形似新月，以顶部最厚，称**小结帽**（图 15-3）。在抗原刺激下，淋巴小结增大增多，是体液免疫应答的重要标志。抗原被清除后，淋巴小结又逐渐消失。

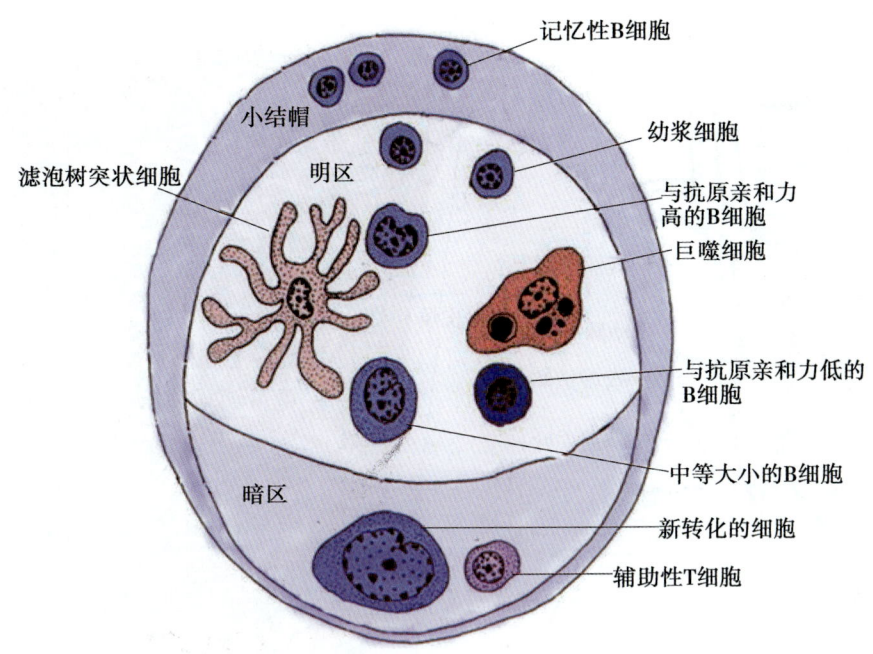

图 15-3 淋巴小结的细胞组成示意图

(薄双玲)

第四节 淋巴器官

淋巴器官（lymphoid organ）分为中枢淋巴器官和外周淋巴器官。**中枢淋巴器官**包括胸腺和骨髓，发育较早，并不断地向周围淋巴器官和淋巴组织输送淋巴细胞；**周围淋巴器官**包括淋巴结、脾和扁桃体等，发生较晚，可接受中枢淋巴器官输入的淋巴细胞，是进行免疫应答的主要场所。

一、胸腺

（一）位置和形态

胸腺（thymus）位于胸骨柄后方，上纵隔的前部，可向下伸入前纵隔，向上经胸廓上口突入颈根部、达甲状腺下缘。胸腺常分为不对称的左、右两叶，每叶多呈扁条状，质软（图15-4）。胸腺有明显的年龄变化，在幼儿期较大，青春期后开始萎缩，成年期逐渐被脂肪组织替代。

（二）微细结构

胸腺被覆薄层结缔组织被膜，并伸入胸腺实质内形成小叶间隔，将实质分隔成许多不完全分离的胸腺小叶。其周边着色较深的为皮质，中央着色较浅的为髓质，相邻小叶的髓质彼此相连（图15-4，5）。

1. **皮质** 以胸腺上皮细胞为支架，间隙内含有大量胸腺细胞和少量其他基质细胞。

（1）**胸腺上皮细胞**（thymic epithelial cell）：又称上皮性网状细胞。分布于被膜下和胸腺细胞之间，多呈星形，有突起，相邻上皮细胞的突起间以桥粒连接成网。胸腺上皮细胞能分泌胸腺细胞发育所必需的**胸腺素**和**胸腺生成素**。

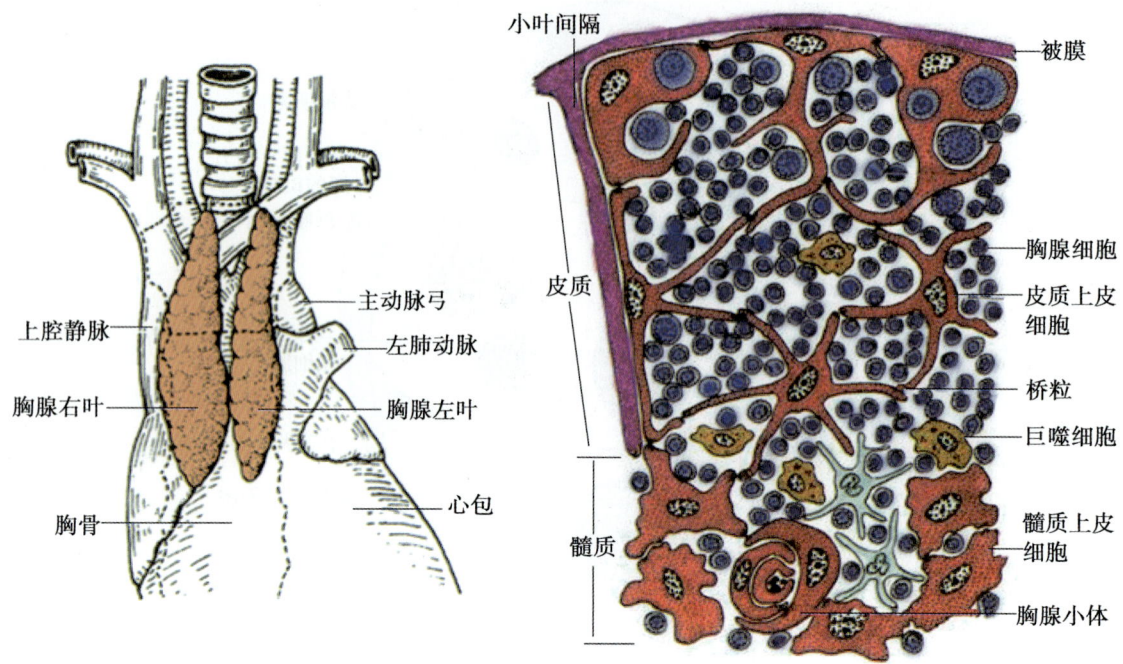

图 15-4　胸腺的位置形态及微细结构模式图

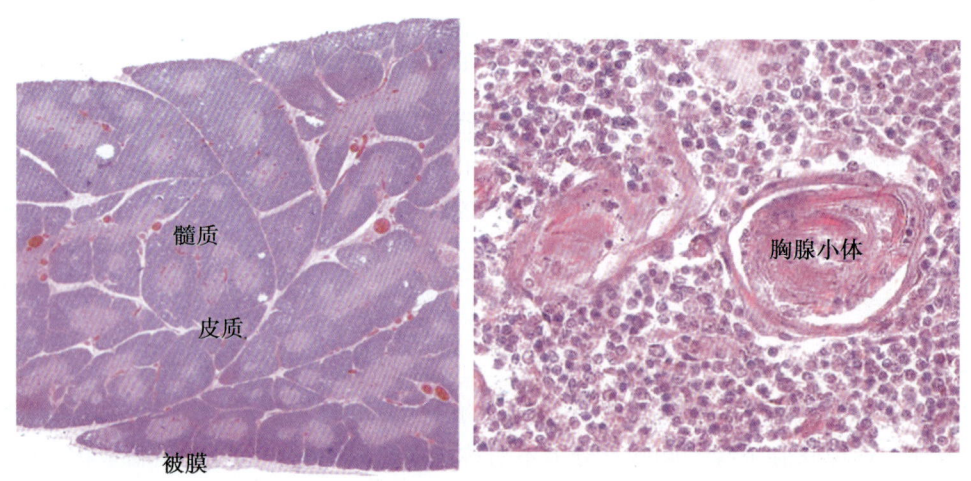

图 15-5　胸腺光镜结构

（2）**胸腺细胞**（thymocyte）：即胸腺内处于不同分化发育阶段的 T 细胞，主要分布在胸腺皮质内，占皮质细胞总数的 85%～90%。发育中的胸腺细胞排列有一定的规律，浅层的细胞大而幼稚，近髓质处细胞较小而成熟。从皮质浅层到深层，干细胞逐渐分化为成熟 T 细胞。

2. **髓质**　内含大量的胸腺上皮细胞、少量的初始 T 细胞和巨噬细胞等。上皮细胞有髓质上皮细胞和胸腺小体上皮细胞两种，髓质上皮细胞呈多边形，胞体较大，细胞间以桥粒相连，也能分泌胸腺激素。

胸腺小体是胸腺髓质的特征性结构，呈圆形或卵圆形，大小不等，由胸腺上皮细胞呈同心圆状排列而成。小体外周的上皮细胞，其核明显，细胞可分裂；近小体中心的上皮细胞已完全角化，呈嗜酸性。其功能不明，但胸腺若缺乏胸腺小体则不能培育出胸腺细胞。

3. 血-胸腺屏障（blood-thymus barrier） 即胸腺皮质内阻挡血液中大分子物质进入胸腺的结构，其组成包括：①连续毛细血管内皮及其间的紧密连接；②内皮周围连续的基膜；③血管周隙，内含巨噬细胞；④上皮基膜；⑤一层连续的胸腺上皮细胞（图 15-6）。

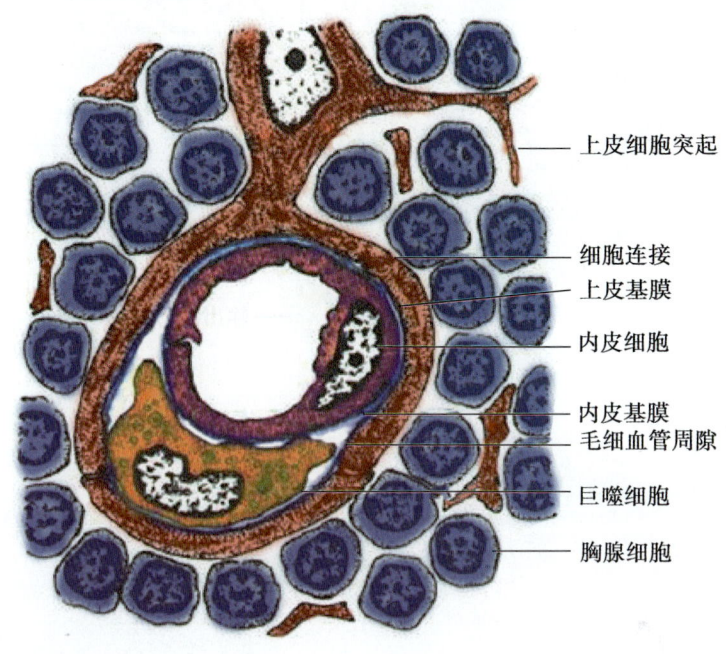

图 15-6 血-胸腺屏障模式图

（三）功能

胸腺是形成初始 T 细胞的场所。实验证明，切除新生小鼠的胸腺，该动物即缺乏 T 细胞。若在动物出生后数周再切除胸腺，此时已有大量初始 T 细胞迁移至外周，故短期内看不出影响。

二、淋巴结

淋巴结（lymph node）是主要的周围淋巴器官，在哺乳动物较发达，常成群分布。淋巴结新鲜时呈灰红色，大小不一，外观似豆形，淋巴结隆凸的表面连有数条输入淋巴管；一侧凹陷为门部，有血管和 1～2 条输出淋巴管（图 15-7）。

（一）微细结构

淋巴结表面有薄层致密结缔组织被膜，被膜和门部的结缔组织伸入淋巴结实质内，形成相互连接的小梁，构成淋巴结的粗支架，血管行于其内。淋巴结实质分为周边染色较深的皮质和中央染色较浅的髓质（图 15-7）。

1. 皮质 位于被膜下方，由浅层皮质、副皮质区和皮质淋巴窦构成。

（1）浅层皮质（superficial cortex）：由淋巴小结和小结之间的弥散淋巴组织构成，为 B 细胞区。

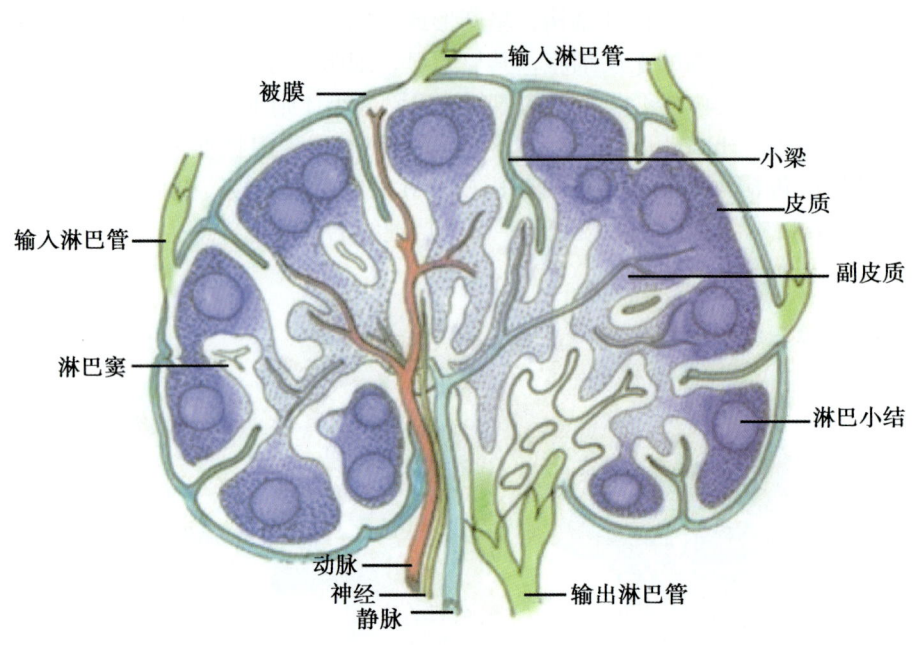

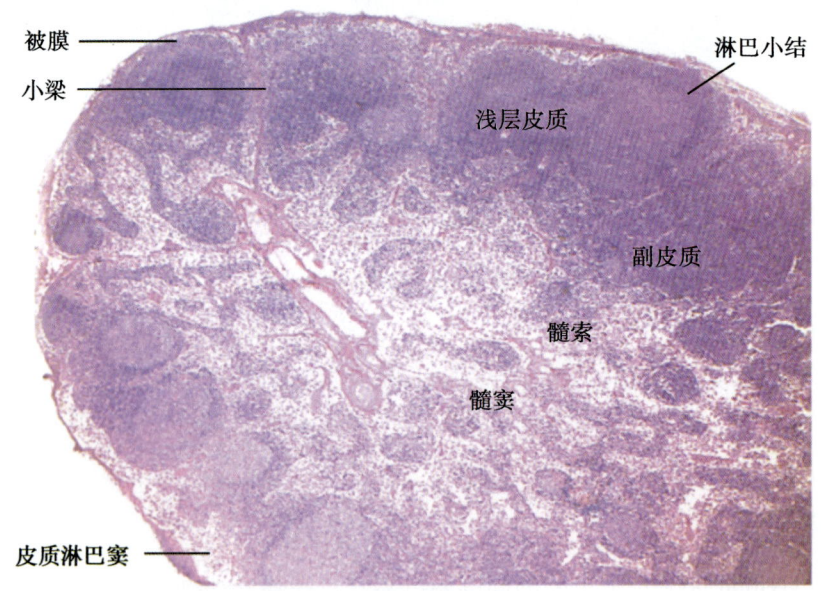

图 15-7　淋巴结结构图

(2) **副皮质区**（paracortex zone）：位于皮质深层，为较大片的弥散淋巴组织，主要由 T 细胞聚集而成，还有交错突细胞和巨噬细胞等。此区有许多毛细血管后微静脉，是淋巴细胞再循环途径的重要部位。切除新生动物胸腺后，此区不发育，故又称**胸腺依赖区**。

(3) **皮质淋巴窦**（cortical sinus）：包括被膜下窦和小梁周窦。窦壁由扁平的内皮细胞衬里，外有薄层基质、少量网状纤维及一层扁平的网状细胞；窦腔内有一些星状的内皮细胞，巨噬细胞附于其表面（图 15-8）。淋巴在窦内缓慢流动，有利于巨噬细胞清除抗原。

2. **髓质**　由髓索和髓窦组成。**髓索**是互相连接的索条状淋巴组织，主要含 B 细胞、浆细胞和巨噬细胞；**髓窦**与皮质淋巴窦结构相似，但较宽大，腔内巨噬细胞较多，故有较强的滤过功能（图15-8）。

3. 淋巴结内的淋巴通路　淋巴从输入淋巴管进入被膜下窦和小梁周窦，部分渗入皮质淋巴组织，然后渗入髓窦，部分直接流入髓窦，继而经输出淋巴管出淋巴结。淋巴流经一个淋巴结需数小时，其中细菌等抗原绝大部分被清除，故自输出淋巴管流出的淋巴内含有较多的淋巴细胞和抗体。

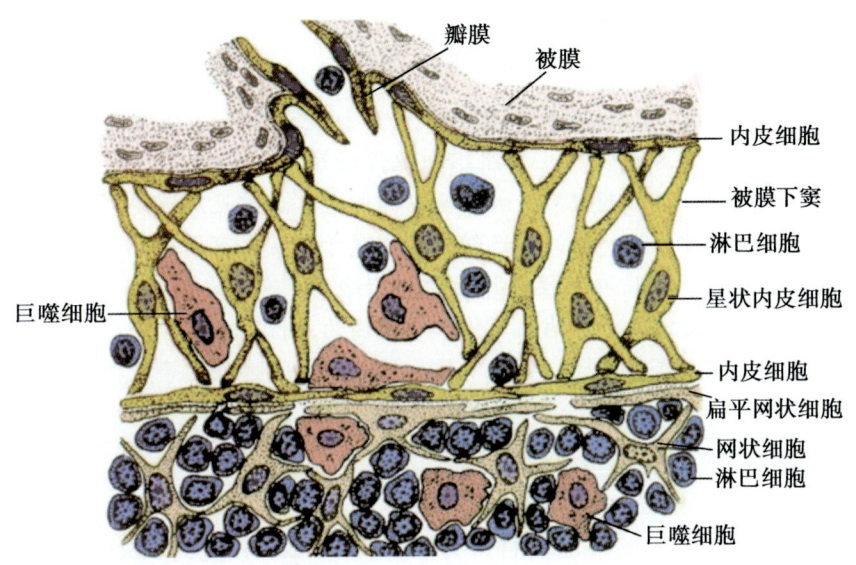

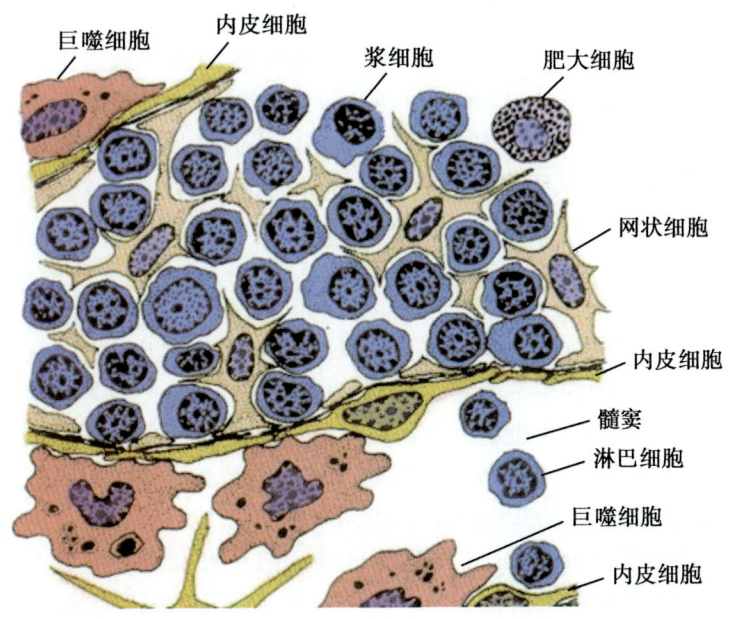

图15-8　被膜下窦（上）、髓索和髓窦（下）的光镜结构模式图

（二）功能

1. 滤过淋巴　进入淋巴结的淋巴常带有细菌、病毒、毒素等抗原物质，当缓慢流经淋巴窦时，它们可被巨噬细胞清除。

2. 免疫应答　抗原物质进入淋巴结后，巨噬细胞和交错突细胞可捕获和处理抗原，然后将抗原信息呈递给T细胞，B细胞也接触抗原，二者受抗原刺激后大量分裂增殖，最后分化成效应性T细胞和浆细胞，分别参与细胞免疫应答和体液免疫应答。

淋巴结肿大

淋巴结肿大指淋巴结因内部细胞增生或肿瘤细胞浸润而体积增大的现象，其常见病因包括感染、肿瘤、反应性增生和组织细胞代谢异常。

儿童时期淋巴结直径若超过0.5cm可判断为肿大，最常见原因是局部病菌感染导致感染区附近的淋巴结肿大。一般的淋巴组织变化属于正常发育的一部分，几乎每个孩子都可以在颈部、腋下或腹股沟部摸到肿大的淋巴结。经有效诊治后，在孩子青春期前，这类肿大淋巴结就会自行减小、消失。但如果是因为恶性肿瘤入侵而引起的淋巴结肿大时，常伴有持续发烧、体重减轻、食欲不佳、精神差、肝脾肿大等症状。

三、脾

脾（spleen）是人体最大的淋巴器官，男性者长约12cm，宽约5.5cm，厚3.0cm，女性略小。成人脾重100～200g。脾具有储血、造血、清除衰老红细胞和进行免疫应答的功能。

（一）位置和形态

脾位于左季肋区，与第9～11肋相对应，长轴与第10肋一致。正常情况下在肋弓下不能触及。脾略呈椭圆形，在活体呈暗红色，质软而脆，受暴力打击时容易破裂。脾为腹内位器官，分为膈、脏两面，上、下两缘和前、后两端。膈面隆凸，与膈相贴；脏面凹陷，毗邻胃底、左肾和左肾上腺等，其中央是脾血管、淋巴管和神经出入之处称**脾门**。上缘较锐利，有2～3个脾切迹（图15-9）。在脾的附近常可见副脾，数目不一，大小不等，可独立存在，也可与脾相连。

（二）微细结构

脾的被膜较厚，由富含弹性纤维和平滑肌纤维的致密结缔组织构成，表面覆有间皮。被膜和脾门的结缔组织伸入脾内形成小梁，构成脾的粗支架，内含小梁动脉和小梁静脉。结缔组织内平滑肌收缩可调节脾的含血量。脾实质分白髓和红髓（图15-9，10）。

1. 白髓（white pulp）　由动脉周围淋巴鞘、淋巴小结和边缘区构成，相当于淋巴结的皮质，在新鲜的脾切面上呈散在的灰白色小点状。

（1）**动脉周围淋巴鞘**（periarterial lymphatic sheath）：小梁动脉的分支离开小梁，称中央动脉。中央动脉周围有厚层弥散淋巴组织，由大量T细胞和少量巨噬细胞等构成，称动脉周围淋巴鞘，相当于淋巴结的副皮质区，但无毛细血管后微静脉。

（2）**淋巴小结**：又称脾小体，在动脉周围淋巴鞘的一侧，主要由大量的B细胞构成。健

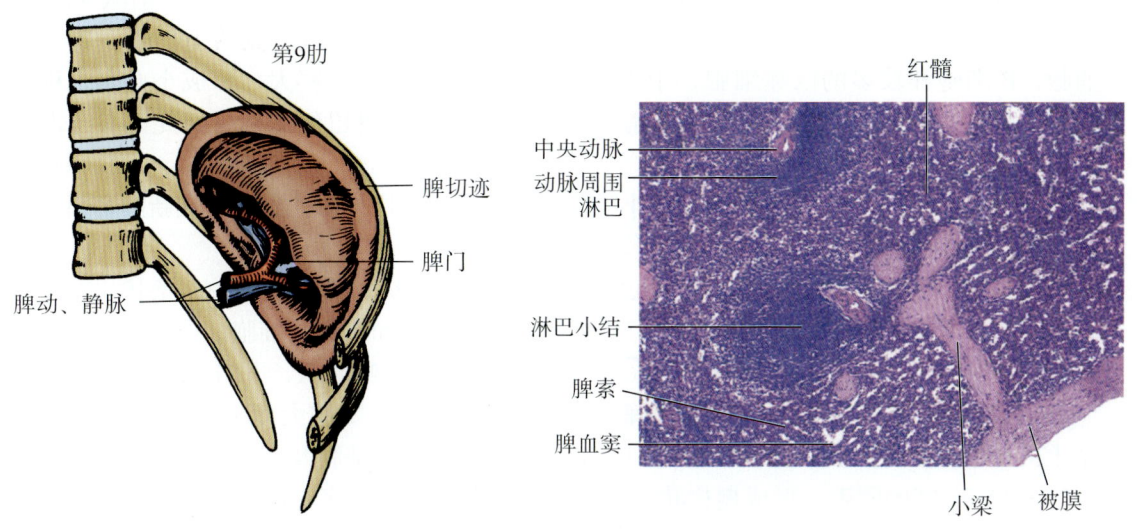

图 15-9　脾（脏面）结构图（左）及低倍光镜像

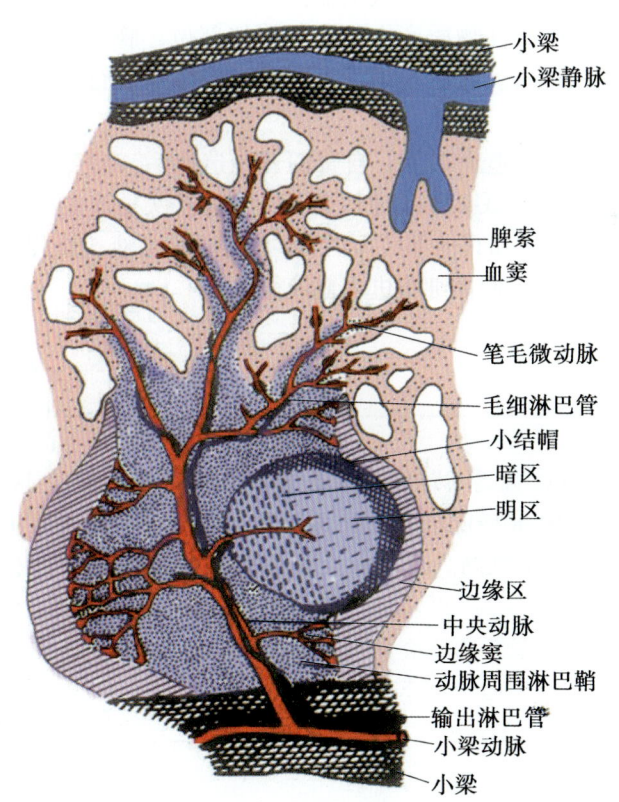

图 15-10　脾血液通路模式图

康人脾内淋巴小结较少，当抗原侵入时，淋巴小结数量剧增，抗原被清除后又逐渐减少。

（3）**边缘区**（marginal zone）：为白髓和红髓交界的狭窄区域，宽约100μm，内含有T细胞、B细胞和较多的巨噬细胞。中央动脉侧支末端在此区域膨大，形成小血窦，称**边缘窦**，是血液内抗原及淋巴细胞进入白髓的通道，白髓内的淋巴细胞也可经此区参与淋巴细胞再循环。

2. 红髓（red pulp） 位于被膜下、小梁周围及白髓边缘区外侧的区域，在新鲜切面上呈红色。由脾索和脾血窦组成。

（1）**脾索**（splenic cord）：由富含血细胞的淋巴组织构成，呈不规则的索条状，宽窄不等，相互连接。脾索含有较多的B细胞、浆细胞、巨噬细胞和树突状细胞。中央动脉主干进入脾索后，分支成形似笔毛的笔毛微动脉，其多数末端扩大成喇叭状，开口于脾索。

（2）**脾血窦**（splenic sinus）：简称**脾窦**，宽12～40μm，窦腔大而不规则，互连成网。窦壁上内皮细胞呈杆状，沿脾窦长轴排列，细胞外有不完整的基膜及环行网状纤维，细胞间有0.2～0.5μm宽的间隙，形成栅栏状缝隙结构。血窦外侧有较多的巨噬细胞，其突起可以通过内皮间隙伸入窦腔。

（三）功能

1. 滤血　脾是清除进入血液中的抗原的主要器官，也是清除衰老红细胞的主要器官。当脾功能亢进时，红细胞破坏过多，可引起贫血。

2. 免疫应答　脾是对血源性物质产生免疫应答的部位，脾内大量的T细胞、B细胞和NK细胞均参与机体的免疫应答。实验显示，每天通过脾血流进行再循环的淋巴细胞数远超过通过全身淋巴结的总量。

3. 造血　胚胎早期的脾有造血功能，自骨髓开始造血后，脾变为淋巴器官，但仍有少量造血干细胞。当机体严重缺血或某些病理状态下，脾可以恢复造血功能。

4. 贮血　脾的血窦、脾索和其他部位可贮存约40ml的血液，当脾收缩时可将所贮存的血液排出，并加速脾内的血流，使血细胞进入血液循环。

患者，男性，17岁，左季肋部外伤后10h，口渴、心悸、烦躁2h。查体：T 37.6℃，P 110次/分，BP 90/60mmHg。神志清楚，颜面、结膜明显苍白，左季肋部皮下瘀斑，全腹明显压痛、反跳痛。急诊医生初诊为脾破裂、腹腔出血，收入病房。请思考：

1. 脾有什么功能？破裂后出血会危及生命吗？
2. 按照病情描述，应该给予此患者哪些护理措施？

（薄双玲）

第五节　全身主要部位的淋巴结

人体淋巴结的数目较多，年轻人有 400～450 个，常聚集成群。可分为浅、深两部分，浅淋巴结位于浅筋膜内，深淋巴结位于深筋膜深面。淋巴结多沿血管配布，位于关节屈侧和人体较为隐蔽的部位。引流某一器官或部位淋巴的第一群淋巴结称**局部淋巴结**（regional lymph node），临床上又称**哨位淋巴结**（sentinel lymph node）。当某器官或部位发生病变时，细菌、毒素、寄生虫或癌细胞等，可沿淋巴管进入相应的局部淋巴结，该淋巴结可清除或阻截这些有害物质，防止病变扩散。此时，局部淋巴结细胞增生、功能旺盛、体积增大，故局部淋巴结的肿大常反映其淋巴引流区域出现病变。如局部淋巴结未能消灭或阻截这些有害因素，则病变可沿淋巴流向继续蔓延。因此，了解局部淋巴结的位置及其引流范围，对诊断和治疗某些疾病有重要的临床意义。

一、头颈部的淋巴结

（一）头部的淋巴结

多位于头、颈交界处，由后向前包括枕淋巴结、乳突淋巴结、腮腺淋巴结、下颌下淋巴结、颏下淋巴结，主要引流头面部淋巴，输出淋巴管直接或间接注入颈外侧深淋巴结（图 15-11，12）。

（二）颈部的淋巴结

主要有颈前淋巴结和颈外侧淋巴结（图 15-12）。

1. 颈前淋巴结（anterior cervical lymph node）　分为浅、深两群。浅群沿颈前静脉排列，

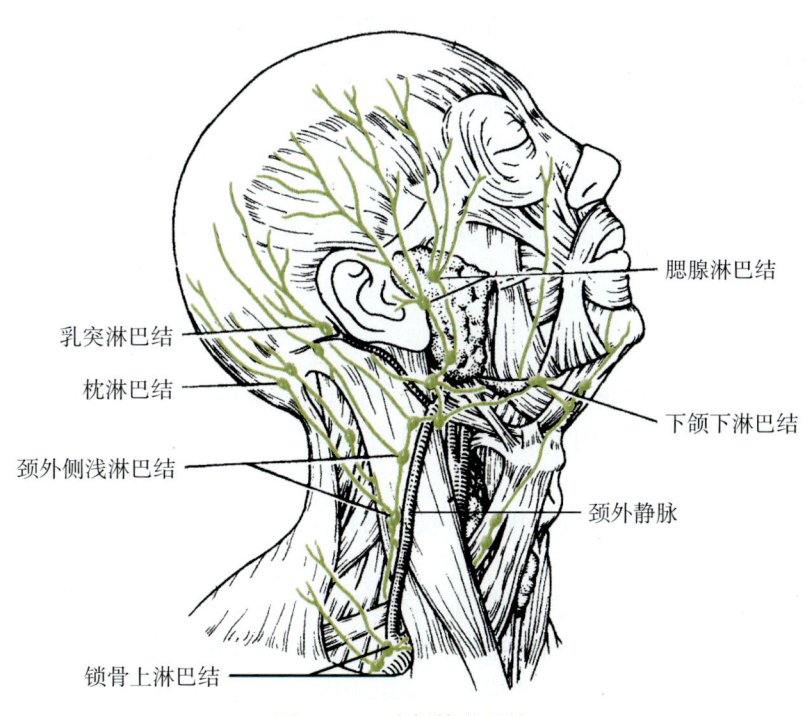

图 15-11　头部的淋巴结

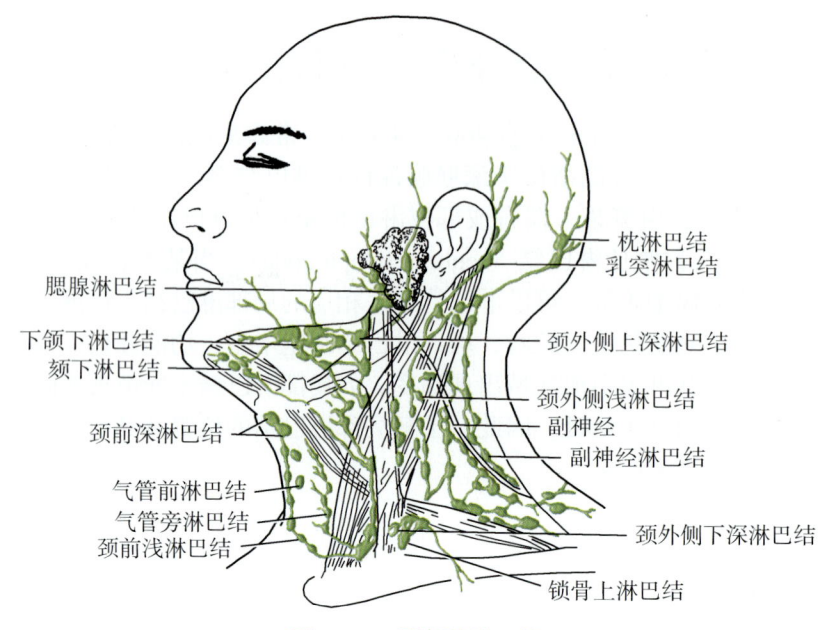

图 15-12 颈部的淋巴结

引流颈前部浅层结构的淋巴,输出管注入颈外侧下深淋巴结。深群包括喉前淋巴结、甲状腺淋巴结、气管前淋巴结、气管旁淋巴结,输出管注入颈外侧深淋巴结。

2. **颈外侧淋巴结**(lateral cervical lymph node) 分为颈外侧浅淋巴结和颈外侧深淋巴结。

(1) **颈外侧浅淋巴结**(superficial lateral cervical lymph node)沿颈外静脉排列,引流颈浅部、耳后部和枕部等处的淋巴,其输出管注入颈外侧深淋巴结。

(2) **颈外侧深淋巴结**(deep lateral cervical lymph node)主要沿颈内静脉排列,部分淋巴结沿副神经和颈横血管排列。以肩胛舌骨肌为界,分为上、下两群。其中,位于锁骨上窝沿锁骨下动脉和臂丛排列的为锁骨上淋巴结,胃癌或食管癌患者,癌细胞可通过胸导管经左颈干逆流转移到左锁骨上淋巴结,引起该淋巴结肿大。颈外侧深淋巴结直接或间接收纳头颈部、胸壁上部等器官的淋巴管,其输出管汇合成颈干,左侧注入胸导管,右侧注入右淋巴导管。

二、上肢的淋巴结

上肢的淋巴结主要有肘淋巴结(滑车淋巴结)和腋淋巴结。腋淋巴结(axillary lymph node)位于腋窝疏松结缔组织内,沿腋动、静脉排列,为 20~30 个,可分为 5 群(图 15-13)。

1. **胸肌淋巴结** 沿胸外侧血管排列,收纳脐以上腹前外侧壁、胸外侧壁、乳房外侧部和中央部的淋巴管。
2. **外侧淋巴结** 沿腋静脉远侧端排列,收纳上肢浅、深淋巴管。
3. **肩胛下淋巴结** 沿肩胛下血管排列,收纳项、背部的淋巴管。
4. **中央淋巴结** 位于腋腔中央的疏松结缔组织内,收纳上述 3 群淋巴管的输出管。
5. **尖淋巴结** 沿腋静脉近侧端排列,收纳上述 4 群淋巴结的输出管和乳房上部的淋巴

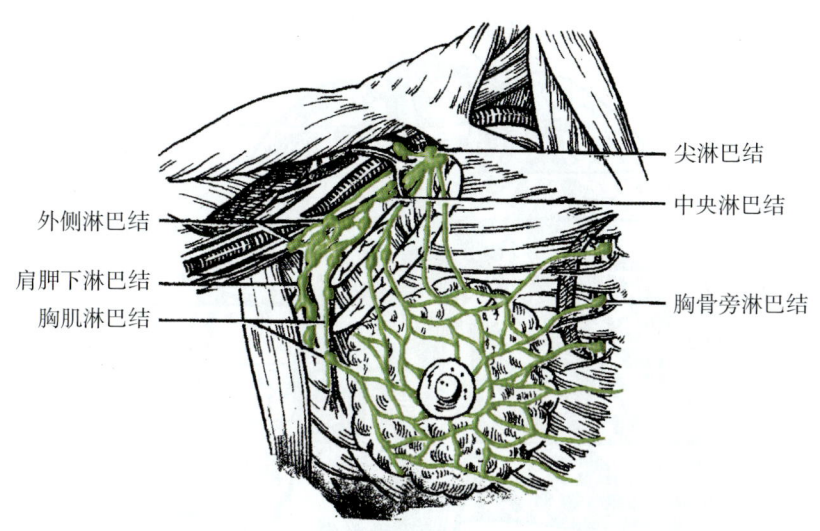

图 15-13　腋淋巴结和乳房的淋巴管

管，其输出管合成锁骨下干，左侧注入胸导管，右侧注入右淋巴导管。

三、躯干的淋巴结

（一）胸部

1. 胸壁的淋巴结

（1）胸骨旁淋巴结：沿胸廓内血管排列，收纳胸前壁和乳房内侧部的淋巴管，并收纳膈上淋巴结的输出管，其输出管参与合成支气管纵隔干。

（2）肋间淋巴结：位于肋头附近，沿肋间后血管排列，收纳胸后壁的淋巴管，其输出管直接注入胸导管。

2. 胸腔器官的淋巴结

（1）纵隔前淋巴结：位于上纵隔前部和前纵隔内，在大血管和心包的前面，收纳胸腺、心、心包和纵隔胸膜的淋巴管，其输出管参与合成支气管纵隔干。

（2）纵隔后淋巴结：位于上纵隔后部和后纵隔内，沿胸主动脉和食管排列，收纳食管、心包和膈的淋巴管，其输出管注入胸导管。

（3）气管、支气管和肺的淋巴结：数目较多，主要有肺淋巴结，在肺内沿支气管和肺动脉分支排列，收纳肺的淋巴管，其输出管注入位于肺门处的支气管肺淋巴结（肺门淋巴结），此群淋巴结的输出管注入气管杈周围的气管支气管淋巴结，该淋巴结的输出管注入器官周围的气管旁淋巴结。气管旁淋巴结的输出管与纵隔前淋巴结的输出管汇合成左、右支气管纵隔干，分别注入胸导管和右淋巴导管（图 15-14）。

（二）腹部

1. 腹壁的淋巴结　脐平面以上腹前壁的浅、深淋巴管分别注入腋淋巴结和胸骨旁淋巴结；脐平面以下的浅淋巴管注入腹股沟浅淋巴结，深淋巴管注入腹股沟深淋巴结和髂外淋巴结。腹后壁的深淋巴管注入腰淋巴结。**腰淋巴结**（lumbar lymph node）沿腹主动脉和下腔静脉排列，有 30～50 个，除收纳腹后壁的深淋巴管外，还收纳腹腔成对器官的淋巴管，以及髂总淋巴结的输出管。腰淋巴结的输出管汇合成左、右腰干，注入乳糜池。

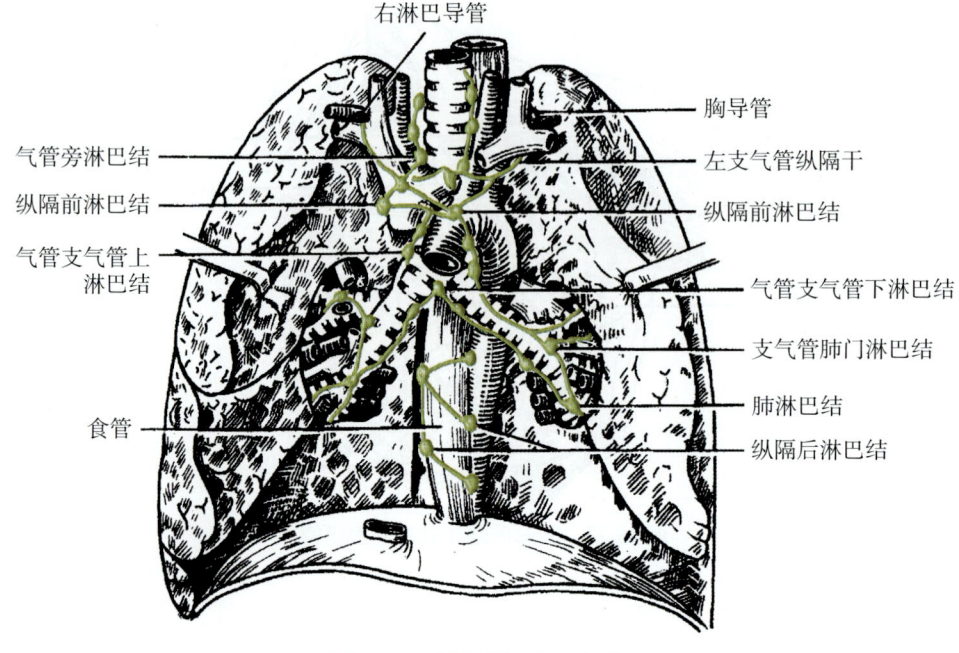

图 15-14 胸腔器官的淋巴结

2. 腹腔器官的淋巴结　腹腔成对器官的淋巴管注入腰淋巴结，不成对器官的淋巴管分别注入位于腹腔干周围的**腹腔淋巴结**，肠系膜上动脉根部的**肠系膜上淋巴结**和肠系膜下动脉根部的**肠系膜下淋巴结**，收纳同名动脉分布区域的淋巴管，腹腔淋巴结、肠系膜上淋巴结和肠系膜下淋巴结的输出管共同汇合成一条肠干，注入乳糜池（图 15-15, 16）。

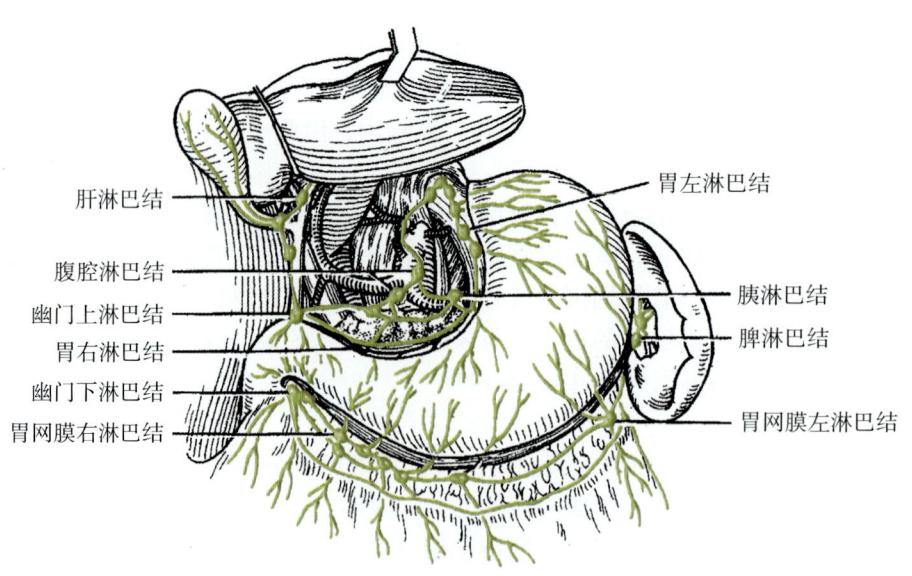

图 15-15　腹腔干周围的淋巴结

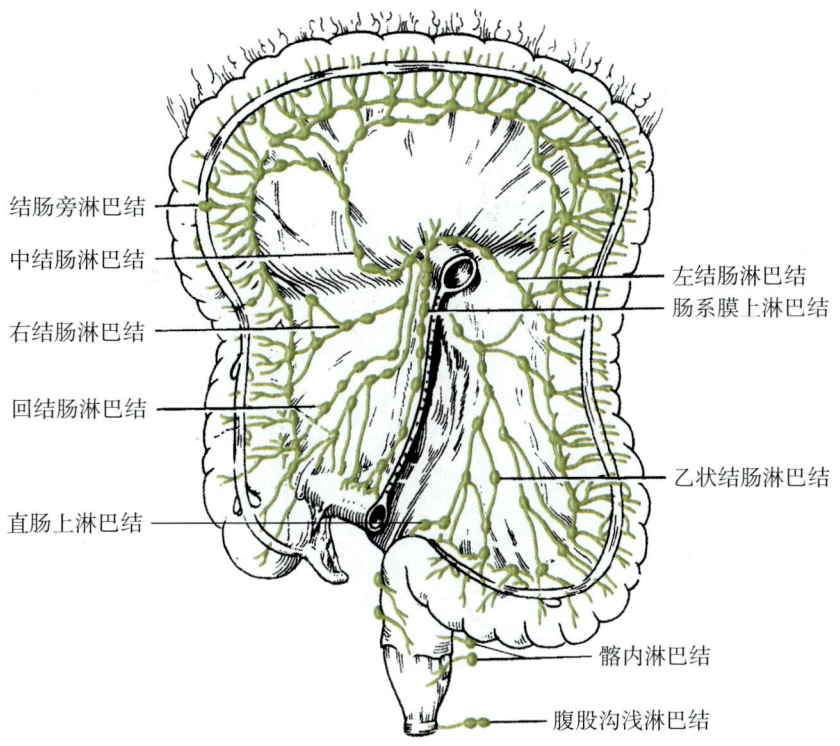

图 15-16 肠系膜上、下淋巴结

（三）盆部

盆部的淋巴结沿髂内、外血管及髂总血管排列，分别称**髂内淋巴结**、**髂外淋巴结**和**髂总淋巴结**。收纳同名动脉分布区域的淋巴管，最后经髂总淋巴结的输出管注入腰淋巴结（图15-17）。

四、下肢的淋巴结

（一）腘淋巴结

腘淋巴结（popliteal lymph node）分浅、深两组，浅组位于小隐静脉末端附近，深组位于腘血管周围的疏松结缔组织中，收纳足外侧缘和小腿后外侧部的浅淋巴管以及足和小腿的深淋巴管，其输出管与腘血管伴行，注入腹股沟深淋巴结。

（二）腹股沟淋巴结

腹股沟淋巴结（inguinal lymph node）分为浅、深淋巴结。腹股沟淋巴结位于腹股沟韧带下方，分为上、下两群。上群与腹股沟韧带平行排列，收纳脐以下腹前壁浅层、臀部、会阴、外生殖器及肛管下端的淋巴管；下群沿大隐静脉末端纵形排列，收纳除足外侧缘和小腿后外侧部以外的下肢浅淋巴管。腹股沟浅淋巴结的输出管注入腹股沟深淋巴结或直接注入髂外淋巴结。腹股沟深淋巴结位于股静脉根部周围，收纳腹股沟浅淋巴结的输出管以及下肢的深淋巴管，其输出管注入髂外淋巴结（图15-1，18）。

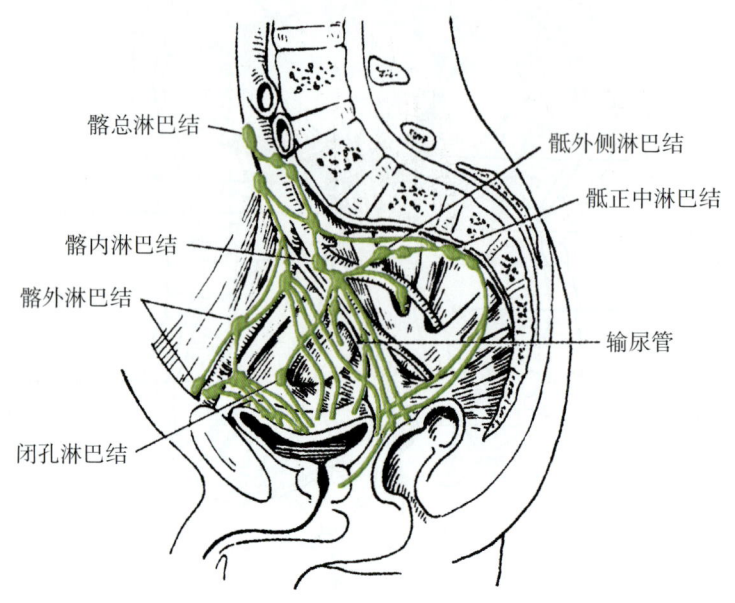

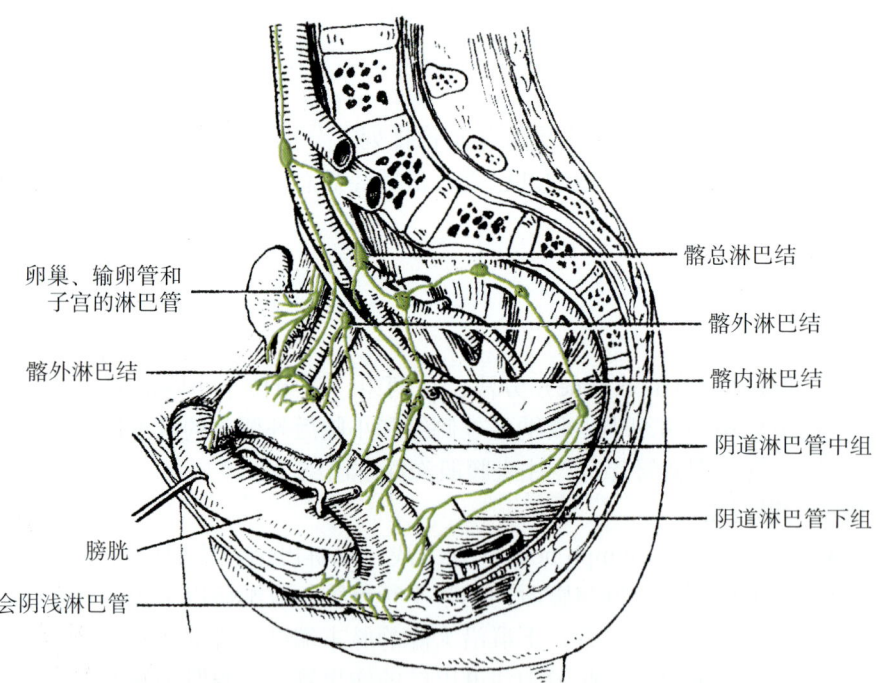

图 15-17　男性盆部淋巴结（上）及女性盆部淋巴结（下）

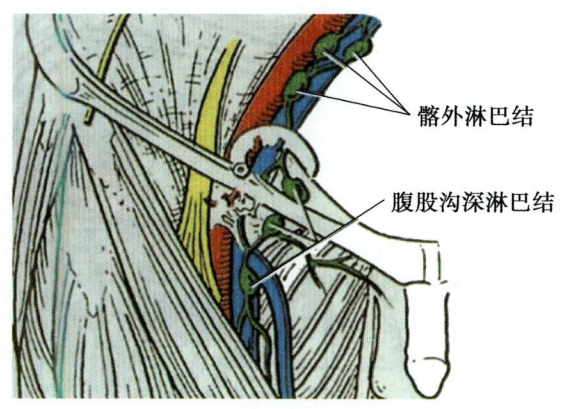

图 15-18　腹股沟深淋巴结

知识链接

1. 急性淋巴管炎是致病菌（乙型溶血性链球菌、金黄色葡萄球菌）从破损的皮肤或感染灶蔓延至邻近淋巴管内，引起淋巴管及其周围组织的急性炎症，分为网状淋巴管炎和管状淋巴管炎。网状淋巴管炎即为丹毒。管状淋巴管炎，可分为浅、深两种。浅层淋巴管炎，在病灶表面出现一条或多条"红线"，硬而有压痛。深层淋巴管炎不出现红线，但患肢肿胀、压痛。若急性淋巴管炎扩散至局部淋巴结，或化脓感染经淋巴管蔓延至所属区域淋巴结，即为急性淋巴结炎。

2. 癌的转移和扩散：恶性肿瘤细胞的转移途径以淋巴管转移最为常见，原因在于毛细淋巴管的通透性大于毛细血管，一些大分子物质较易进入毛细淋巴管，癌细胞在侵入淋巴管后，可以脱落形成栓子，或在管内增殖形成连续性肿物，但多数是通过淋巴管进入区域淋巴结而形成淋巴结内转移，当含有癌细胞的淋巴液进入血液后，或癌细胞直接侵入小血管，就可能发生血行转移。

思考题

1. 胸导管和右淋巴导管的合成、注入部位及收集淋巴的范围分别是怎样的？
2. 恶性肿瘤细胞的转移途径为何以淋巴管转移最为常见？

（杨迎春）

第五篇　感觉器官

感觉器（sensory organs）是指能够感受特定刺激的器，由特殊感受器及其附属器构成，主要有眼（视器）和耳（前庭蜗器）等。

感受器（receptor）是机体感受内、外环境各种刺激并产生神经冲动的结构。

感受器的结构形式是多种多样的。分类方法也很多。

根据感受器特化的程度，感受器可分为两类：①**一般感受器**，由感觉神经末梢构成，分布于全身各部，如皮肤、肌、腱、关节、内脏和心血管等器官内的痛觉、温度觉、触觉、压觉和本体觉等感受器。②**特殊感受器**，由感觉细胞构成，只分布在头部的某些器官内，如眼、耳、舌和鼻等器官内的视觉、听觉、味觉和嗅觉等感受器。

根据感受器所在的部位和感受刺激的来源，可把感受器分为以下三类：

1. **外感受器**　分布于体表皮肤、黏膜、眼和耳等处，感受来自外界环境的各种刺激，如痛觉、温度觉、触觉、压觉、光波和声波等刺激。

2. **内感受器**　分布于内脏和心血管等处，感受来自体内的压力、温度、离子及化合物浓度等物理或化学的刺激，如颈动脉窦、颈动脉小球分别为压力感受器和化学感受器。

3. **本体感受器**　是分布在肌、腱、关节等处的感受器，其功能是感受机体运动和平衡中产生的刺激，如肌梭、腱梭。

感觉器不能产生感觉，它只感受刺激，产生神经冲动。感受器感受刺激后，把刺激转变为神经冲动，该冲动经感觉神经传入中枢神经系统，到达大脑皮质的感觉中枢，产生相应的感觉。

第十六章　视　器

学习目标

记忆

1. 复述如下内容：眼球的构成，眼球壁外、中、内膜的形态、结构，晶状体、玻璃体的形态、结构，眼睑、结膜的形态、结构，泪器的构成和位置，眼的屈光系统（折光装置）的组成。
2. 定义视神经盘、黄斑的概念。

理解

解释房水产生及循环途径；泪液的排出途径；眼球外肌的名称及作用。

视器俗称**眼**（eye），是感受可见光刺激的视觉器官，由眼球和眼副器两部分组成。视器的功能是接受光的刺激，产生神经冲动，通过视神经传入大脑皮质视觉中枢，产生视觉。

第一节 眼 球

眼球（eyeball）是视器的主要部分，位于眶内，外形近似球形，前部稍凸，后部略扁，后端借视神经相连于间脑，由眼球壁和眼球内容物组成。眼球前面的正中点称前极，后面的正中点称后极，前、后两极之间的连线称眼轴。通过瞳孔的中央到视网膜中央凹的连线称视轴（图16-1）。

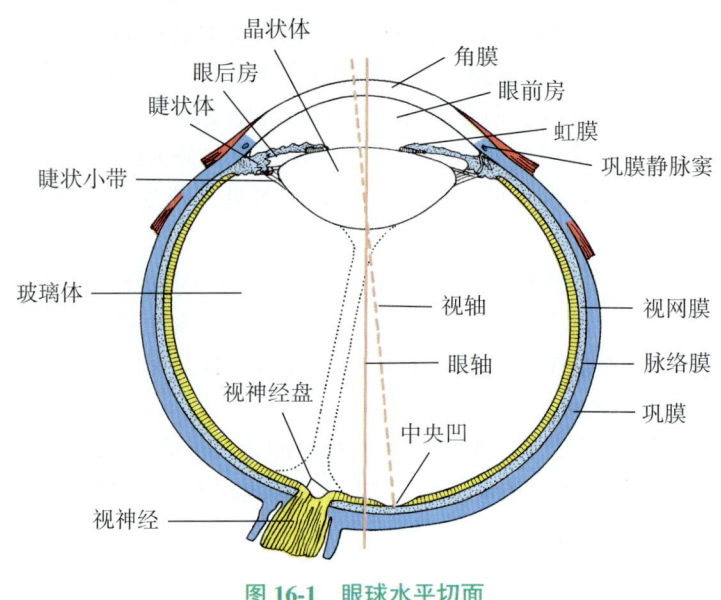

图 16-1 眼球水平切面

一、眼球壁

眼球壁分为三层：外膜为纤维膜，中膜为血管膜，内膜为视网膜。

（一）外膜

外膜又称**纤维膜**，厚而坚韧，由致密结缔组织构成，起保护眼球内容物和维持眼球形态的作用，分为角膜和巩膜两部分。

1. 角膜（cornea） 占纤维膜的前1/6，无色透明，前面微凸，有折光作用。角膜无血管，有丰富的感觉神经末梢，因而感觉灵敏。其营养由角膜周缘血管和房水供应。

2. 巩膜（sclera） 占纤维膜后5/6，质地坚韧，不透明，呈乳白色，前接角膜，后续视神经鞘，在巩膜与角膜交界处深部有一环形血管，称**巩膜静脉窦**（sclera sinus venosus），是房水回流的通道（图16-1）。

（二）中膜

中膜又称**血管膜**，有丰富的色素细胞、血管丛及神经，呈棕褐色，有营养眼内组织及遮光作用。由前向后依次为虹膜、睫状体和脉络膜三部分（图16-2）。

1. 虹膜（iris） 位于中膜的最前部，角膜之后，晶状体前方，呈圆盘状，其颜色有种族和个体差异。其中央有一圆孔称**瞳孔**，为光线进入眼球的通路。虹膜内，有两种不同方向排列的平滑肌：环绕瞳孔周缘呈环形排列的瞳孔括约肌，以及自瞳孔向周围呈放射状排列的瞳孔开大肌，调节瞳孔的大小（图 16-2）。

2. 睫状体（ciliary body） 是中膜的中部环形增厚部分，位于巩膜与角膜移行的内面。它的前缘与虹膜根部相连，后缘与脉络膜相接。睫状体后部平坦，睫状体前部呈放射状排列的突起，称睫状突。睫状突上有睫状小带（或称悬韧带）与晶状体相连。睫状体内有**睫状肌**（图 16-2），该肌牵动睫状小带，调节晶状体曲度。房水由睫状体产生。

3. 脉络膜（choroid） 占血管膜后部 2/3，前端起于睫状体，后方有视神经通过。脉络膜内富有血管和色素，其功能是输送营养物质，并吸收眼内分散的光线以免扰乱视觉。

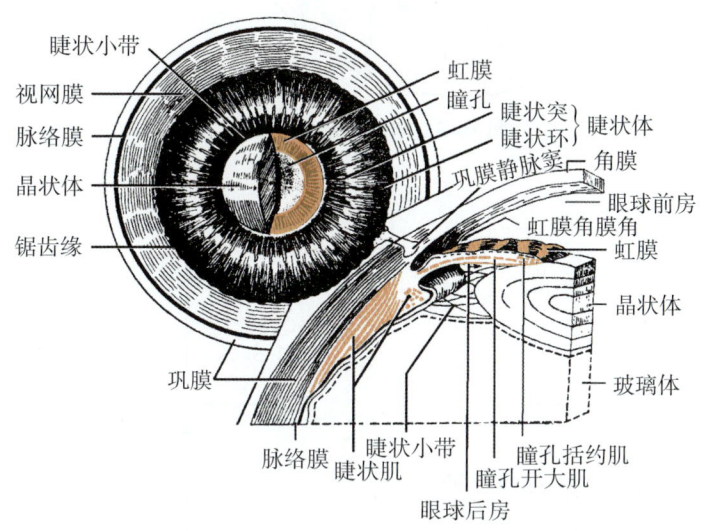

图 16-2　眼球前部后面观及前半局部放大

（三）内膜

内膜即**视网膜**（retina），位于眼球壁的最内层，在活体呈紫红色。由前向后依次为虹膜部、睫状体部和脉络膜部。虹膜部和睫状体部无感光作用，合称为盲部。脉络膜部又称视部，贴于脉络膜内面，具有感光作用（图 16-3）。视网膜视部，视神经起始处有白色圆盘状隆起，称**视神经盘**（optic disc）。视神经盘的中央凹陷，有视网膜中央动、静脉穿过，此处无感光细胞，故称生理性盲点。在视神经盘的颞侧稍下方约 3.5mm 处，有一浅黄色区域称黄斑。其中央部有一凹陷，称中央凹，此处无血管，是视网膜感光最敏锐的部位（图 16-3）。

视网膜视部的组织结构可分为两层，外层为色素上皮层，内层为神经层。神经层主要由 3 层神经元构成，自外向内依次为感光细胞、双极细胞和节细胞（图 16-4）。

1. 色素上皮细胞层　由色素细胞构成的单层立方上皮，基底面紧靠脉络膜。细胞内有大量色素颗粒，可防止强光对视细胞的损害。

2. 神经层

（1）感光细胞层：感光细胞包括视锥细胞和视杆细胞。

视锥细胞（cone cell）：主要分布在视网膜中部，体积较大，呈圆锥形（又称视锥）。有感受强光和辨色的功能，视物精确性高。黄斑区视锥细胞密集排列，是视区最敏锐区。

视杆细胞（rod cell）：主要分布在视网膜的周围部，体积稍小，数量多，呈杆状。对弱光敏感，是夜视觉或暗视觉细胞，无辨色功能，视物精确性差。

第五篇 感觉器官

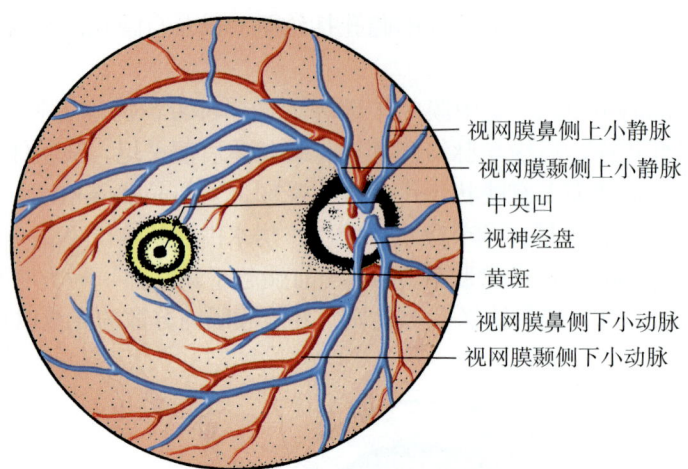

图 16-3　眼底示意图（右侧）

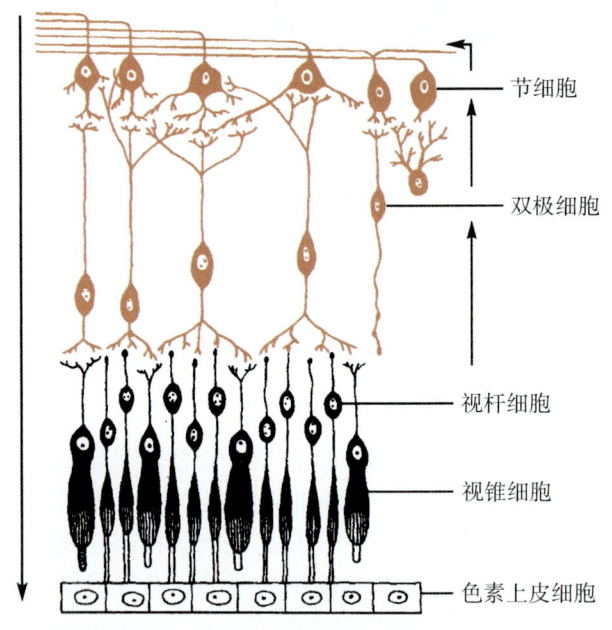

图 16-4　视网膜模式图

（2）双极细胞层：内有双极神经元，轴突较长，是连接视细胞和节细胞的中间神经元。

（3）节细胞层：节细胞是多极神经元，树突与双极细胞形成突触，轴突向视神经盘处集中，穿过脉络膜和巩膜后形成视神经。

二、眼球内容物

眼球内容物包括房水、晶状体和玻璃体，具有折光功能，它们与角膜一样均无色透明而无血管分布，合称为眼的屈光系统。

（一）房水

房水（aqueous humor）是充满眼房内的无色透明液体，眼房是位于角膜与晶状体间的腔隙。以虹膜为界，分为前房和后房，二者借瞳孔相通。在前房内，虹膜与角膜交界处构成虹膜角膜角，又称前房角（图16-2）。

房水由睫状体产生，先进入后房，经瞳孔进入前房，最后通过虹膜角膜角入巩膜静脉窦。房水有营养角膜和晶状体、维持眼内压的功能。如房水循环障碍可引起眼内压升高，导致视网膜受压出现视力减退甚至失明，临床上称青光眼。

（二）晶状体

晶状体（lens）位于虹膜和玻璃体之间（图16-1，2），为双凸透镜状，后面较前面凸，无血管和神经分布，无色透明而有弹性，晶状体表面包有薄而透明的膜称晶状体囊。晶状体周缘借睫状小带连于睫状体。其所需营养完全通过房水来供给。由先天或后天因素引起的晶状体混浊称为白内障。

晶状体曲度可随睫状肌的舒缩而改变，当视近物时，睫状肌收缩，睫状小带松弛，晶状体周缘被牵拉的力量减弱，晶状体因本身弹性而变凸，屈光率加强，使物象能聚焦于视网膜上。当视远物时，与此相反晶状体受拉变薄。

（三）玻璃体

玻璃体（vitreous body）为无色透明的胶质物质（图16-1），填充在晶状体和视网膜之间，约占眼球内容积的4/5，表面覆盖着玻璃体膜。除有折光作用外，还有支撑视网膜的用。若支撑作用减弱，可导致视网膜剥离。若玻璃体混浊，眼前可见晃动的黑点，临床上称飞蚊症。

第二节 眼副器

眼副器包括眼睑、结膜、泪器和眼球外肌等。眼副器对眼球起保护、运动和支持作用（图16-5）。

一、眼睑

眼睑（eyelids）俗称眼皮，位于眼球前方（图16-6），是一层能活动的皮肤皱襞，对眼球起保护作用，避免异物、强光、烟尘对眼的损害。

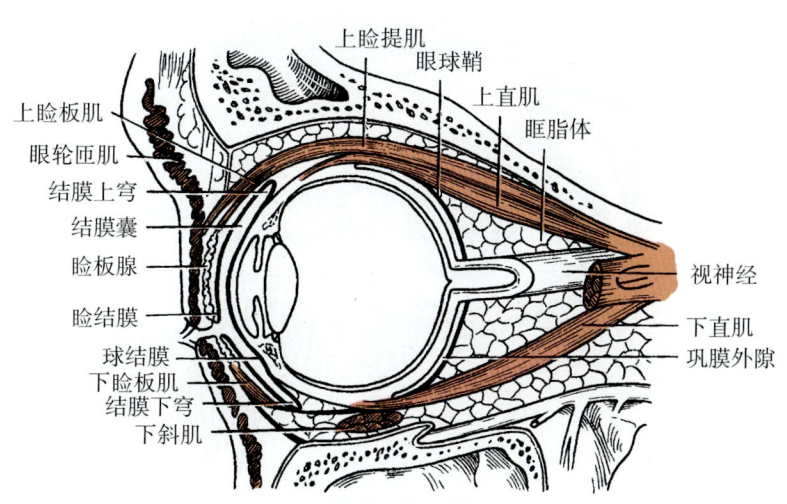

图 16-5　眼眶矢状断面

眼睑分上睑和下睑。游离缘叫睑缘，生有睫毛。上、下睑之间的裂隙称睑裂。睑裂的内、外端形成的夹角分别称为内眦和外眦。在内眦附近的上、下眼睑缘上各有一小孔，称泪点，是泪小管的开口。眼睑的皮肤薄而柔软，皮下组织疏松，可因积水或出血而肿胀。

二、结膜

结膜（conjunctiva）是一层富含血管和神经末梢的透明薄膜，覆盖在眼睑内表面和巩膜的表面。根据其部位可分为睑结膜和球结膜以及二者移行返折处的结膜上穹、下穹。当睑裂闭合时，结膜即围成一腔隙，称结膜囊（图16-5）。结膜炎和沙眼是结膜常见疾病。

三、泪器

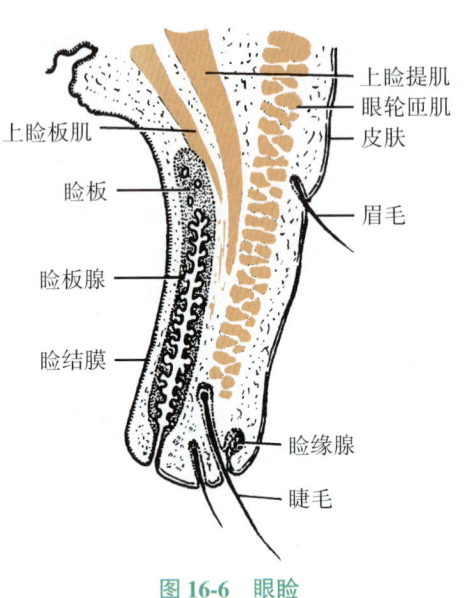

图16-6　眼睑

泪器由泪腺和泪道构成（图16-7）。

（一）泪腺

泪腺（lacrimal gland）位于眶上壁外侧部的泪腺窝内，有10～20条排泄小管开口于结膜上穹的外侧部。泪腺不断分泌泪液，借瞬目运动涂布于眼球的表面，具有润滑和清洁角膜、冲洗结膜囊的作用。多余的泪液经泪点入泪小管。泪液含溶菌酶，有杀菌作用。

（二）泪道

泪道（lacrimal passage）包括泪点、泪小管、泪囊和鼻泪管。

1. 泪点　上睑缘、下睑缘的内侧端各有一小突起，其顶部的小孔即泪点，是泪小管的入口。

2. 泪小管　为连接泪点和泪囊的小管，上泪小管和下泪小管分别起于上、下泪点，最初垂直于睑缘向上、下行走，然后水平向内侧汇聚后开口于泪囊。

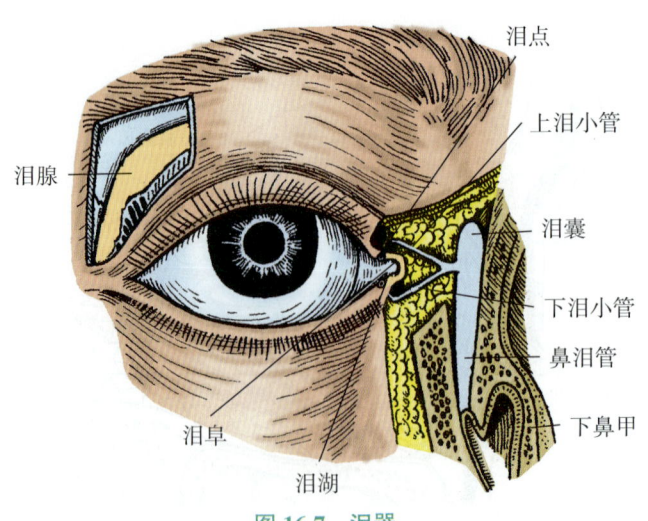

图16-7　泪器

3. 泪囊　位于眼眶内侧壁的泪囊窝内，上端为盲端，高于内眦；下端移行为鼻泪管。
4. 鼻泪管　内衬黏膜，下端开口于下鼻道外侧壁的前部。

四、眼球外肌

眼球外肌（extraocular muscles）为视器的运动装置，包括6条运动眼球的肌和1条提上睑肌（图16-8）。

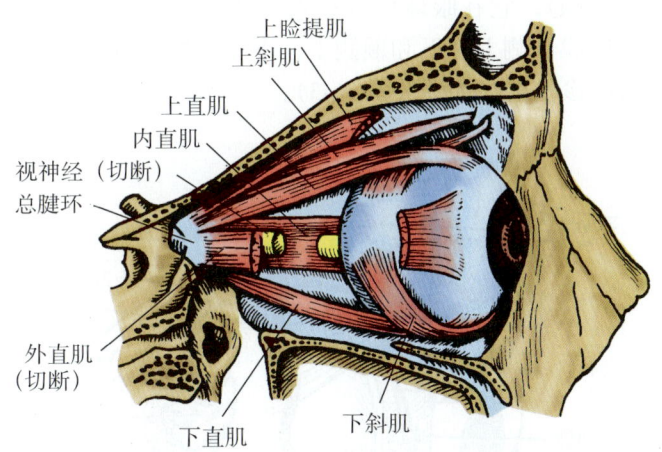

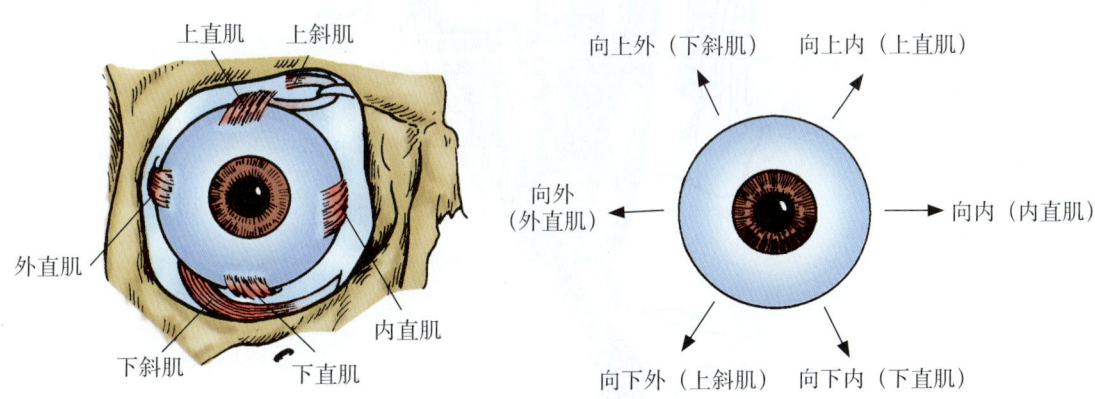

图 16-8　眼球外肌

运动眼球的肌有4条直肌和2条斜肌。直肌均起自视神经管周围和眶上裂内侧的总腱环，在眼球前方止于巩膜。上直肌位于提上睑肌的下方，眼球的上方，收缩可使瞳孔向内上方转动。下直肌位于眼球下侧，收缩可使瞳孔向内下方转动。内直肌位于眼球内侧，收缩可使瞳孔向内侧转动。外直肌位于眼球外侧，收缩可使瞳孔向外侧转动。上斜肌起自视神经管的总腱环，位于上直肌与内直肌之间，以细腱通过附于框内侧壁前上方的纤维滑车，再转向后外，在上直肌的下方止于眼球赤道后外方的巩膜，收缩可使瞳孔转向外下方。下斜肌起自眶下壁的前内侧近前缘处，斜向后外行于眶下壁与下直肌之间，止于眼球下面赤道后方的巩膜。收缩可使瞳孔转向外上方。眼球的正常运动，多由上述六肌协同完成。

上睑提肌起自视神经管的上方，向前止于上睑，收缩时，上提上睑，开大眼裂。

第三节 眼的血管和神经

一、眼的动脉

眼的血液供应主要来自眼动脉。眼动脉是颈内动脉在颅内的分支，与视神经一起经视神经管入眶（图 16-9），其分支供应眼球、眼球外肌、泪器等。其最重要的分支为**视网膜中央动脉**（central artery of retina），它在眼球后方穿入视神经，行于视神经中央，从视神经盘穿出，再分为四支，即视网膜鼻侧上、下和颞侧上、下小动脉，营养视网膜内层。临床常用眼底镜观察此动脉，以帮助诊断某些疾病（图 16-3）。

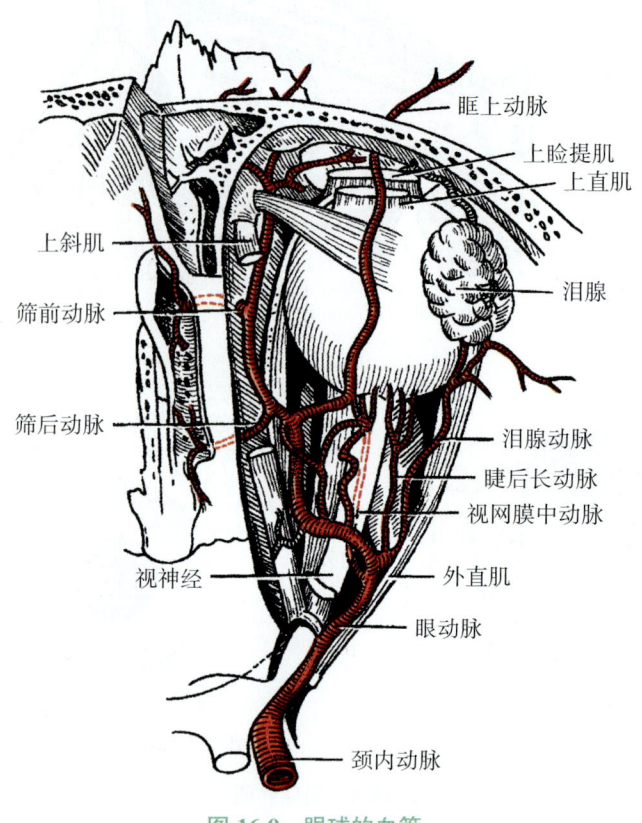

图 16-9 眼球的血管

二、眼的静脉

眼球的静脉主要有视网膜中央静脉和涡静脉。视网膜中央静脉与同名动脉伴行，收集视网膜的静脉血；涡静脉位于眼球壁血管膜的外层，有 4～6 条，收集虹膜、睫状体和全部脉络膜回流的静脉血。视网膜中央静脉和涡静脉均注入眼上静脉、眼下静脉。眼上静脉和眼下静脉向前与面静脉的内眦静脉吻合，向后注入海绵窦。由于眼部静脉无静脉瓣，面部感染时可经此静脉蔓延至颅内感染。

三、眼的神经

眼的神经支配来源较多，除视神经外，其感觉神经来自三叉神经。眼球外肌由动眼神经、滑车神经、展神经支配，瞳孔括约肌和睫状肌受副交感神经支配，瞳孔开大肌受交感神经支配。

知识链接

1. 近视形成的原因分为先天和后天两种。先天近视主要是超过600度的高度近视，多与遗传因素有关，67%是在10岁以前发病。后天近视一般低于600度，主要与环境因素有关。研究结果表明，近视眼是人眼对当代环境的适应性改变，它的发生与发展与日益增加的近距离用眼活动的环境密切相关，与摄入营养成分的失衡密切相关。而不正确用眼，不注意用眼卫生（如看电视和上网时间过长等）是现代儿童近视大增的主因。如我们长时间近距离地注视某一物体时，就会使睫状肌一直处于紧张的收缩状态而得不到应有的放松，长期下去，就会失去对晶状体曲度的调节，从而使眼前的物品变得模糊不清，成为近视眼。矫正方法是配戴凹透镜。

2. 眼球的结构为"一孔二体三层膜"，"一孔"为瞳孔，"二体"为晶状体和玻璃体，"三层膜"为纤维膜、血管膜和视网膜。眼球的结构也可被形象地比喻为照相机，镜头盖为眼睑，角膜为镜头，瞳孔为光圈，晶状体为聚光镜，视网膜为胶卷。

3. 白内障 各种原因如老化、遗传、局部营养障碍、免疫与代谢异常、外伤、中毒、辐射等各种原因都能引起晶状体代谢紊乱，导致晶状体蛋白质变性而发生混浊，称为白内障。

4. 麦粒肿和霰粒肿 睫毛根部的皮脂腺（睫毛腺）导管阻塞、发炎肿胀，称睑腺炎，又名麦粒肿，俗称针眼。睑板内的睑板线，其导管开口于眼睑后缘，分泌脂性液体，有润滑睑缘和防止泪液外溢的作用。该腺导管受阻，形成睑板腺囊肿，称霰粒肿。

思考题

1. 眼球壁包括哪几层，各层有哪些结构？
2. 眼的屈光系统包括哪些结构？
3. 眼球外肌有哪些？各起何作用？

案例

学生明明最近看黑板有点模糊，到医院检查诊断为近视眼，然后配了一副眼镜。回家后与奶奶的眼镜相比较，发现奶奶的为凸透镜，而自己的为凹透镜。请思考：
1）近视和远视有何不同？
2）视近物与视远物眼球内如何调节？

（孙德科）

第十七章

前庭蜗器

记忆
复述前庭蜗器的组成和分部，中耳和内耳各部的主要形态和结构，外耳道的形态，鼓膜的位置、形态和分部，眼睑、结膜的形态与结构以及泪器的结构。

理解
说明鼓室各壁结构，咽鼓管的形态与功能，声波的空气传导和骨传导途径。

前庭蜗器（vestibulocochlear organ）又称位听器或耳，包括感受头部运动及位置变化的前庭器和感受声波刺激的蜗器两部分。二者虽功能不同，但结构紧密相连。按其位置分为外耳、中耳、内耳3部分（图17-1）。外耳和中耳是收集声波和传导声波的装置，内耳是位觉、听觉感受器所在部位。

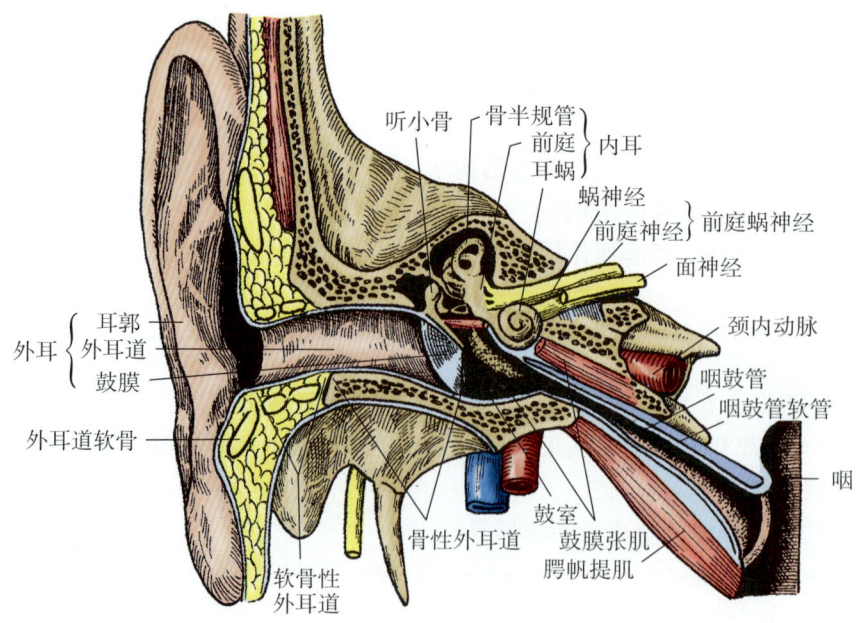

图 17-1　前庭蜗器全貌示意图

268

第一节 外 耳

外耳包括耳郭、外耳道和鼓膜三部分。

一、耳郭

耳郭（auricle）位于头的两侧，大部分以弹性软骨为支架，外覆皮肤和少量皮下组织。耳郭下部为耳垂，无软骨，由结缔组织与脂肪组成。耳郭有收集声波的作用。

二、外耳道

外耳道（external acoustic meatus）为外耳门至鼓膜的一条弯曲管道（图17-1），全长约2.5cm，由骨和软骨两部分组成，外1/3为软骨部向内后上、内2/3为骨性部向内前下呈弯曲走行。检查鼓膜时，应将耳郭拉向后上方，可使外耳道变直，即观察到鼓膜。外耳道皮肤薄，皮下组织少，皮肤与软骨膜及骨膜结合紧密，故外耳道发生疖肿时疼痛剧烈。外耳道皮肤除含有毛囊、皮脂腺外，还含有丰富的耵聍腺，分泌耵聍，耵聍有润滑皮肤、保护鼓膜的作用。

三、鼓膜

鼓膜（tympanic membrane）位于外耳道与中耳之间（图17-2），为椭圆形半透明的薄膜，呈倾斜位，其外侧面向前下外倾斜，鼓膜中心向内凹陷，称鼓膜脐。其内侧面由锤骨柄末端附着处。鼓膜的上1/4为松弛部，呈粉红色，下3/4为紧张部，呈灰白色，鼓膜紧张部前下方可见一三角形反光区，称光锥，如鼓膜穿孔时光锥可消失。

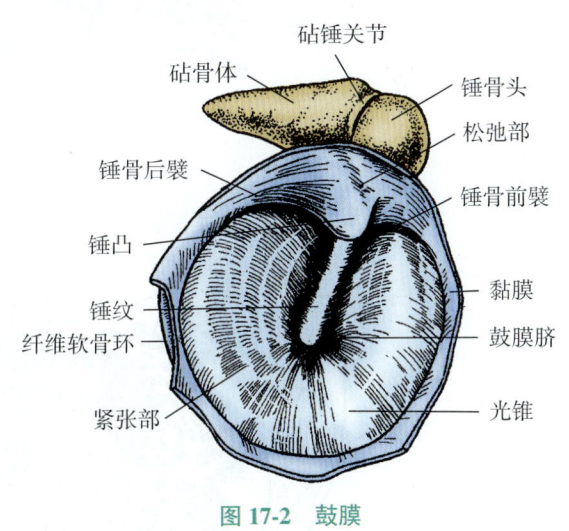

图17-2 鼓膜

第二节 中 耳

中耳位于外耳与内耳之间，包括鼓室、咽鼓管、乳突窦和乳突小房。

一、鼓室

鼓室位于鼓膜和内耳之间，为颞骨岩部内不规则的含气空腔，室壁内衬黏膜。内有三块听小骨。向前经咽鼓管通咽，向后借乳突窦通乳突小房。

（一）鼓室壁

鼓室有不规则的6个壁。

1. 上壁　称盖壁，即鼓室盖，为一薄骨板，与颅中窝相邻。
2. 下壁　称颈静脉壁，为一薄骨板，与颈内静脉相邻。
3. 前壁　称颈动脉壁，与颈内动脉邻近，上部有咽鼓管开口。

4. 后壁　称乳突壁，有乳突窦开口，通乳突小房。
5. 外侧壁　称鼓膜壁，主要由鼓膜构成（图17-3）。
6. 内侧壁　称迷路壁，即内耳外侧壁，有前庭窗和蜗窗等结构（图17-4）。

慢性化脓性中耳炎，可损害听小骨、鼓室壁的黏膜、骨膜和骨质，并可向邻近结构侵蚀而引起各种并发症。

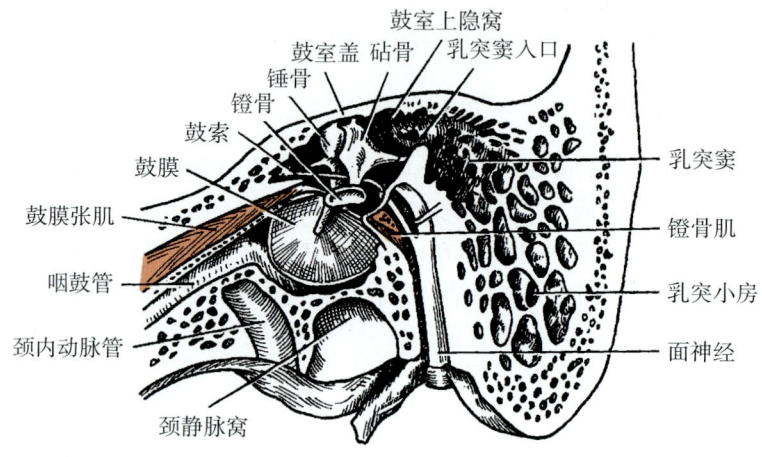

图 17-3　鼓室外侧壁

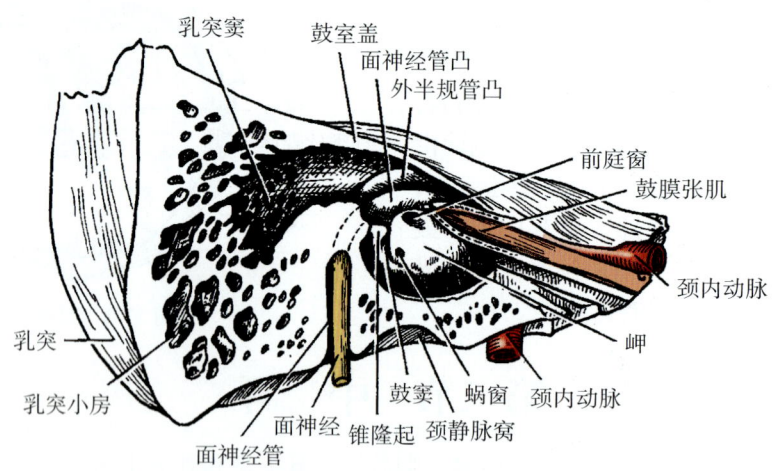

图 17-4　鼓室内侧壁

（二）听小骨

听小骨位于鼓室内（图17-5），每侧有3块。自内向外依次为锤骨、砧骨、镫骨，三者借关节连成听骨链。锤骨下部附于鼓膜脐，镫骨底封闭前庭窗，3块听小骨似一曲折的杠杆系统，可将声波振动由鼓膜传入内耳。

（三）运动听小骨的肌

运动听小骨的肌主要有鼓膜张肌和镫骨肌。前者向内紧张鼓膜；后者减小镫骨底板对内耳的压力。

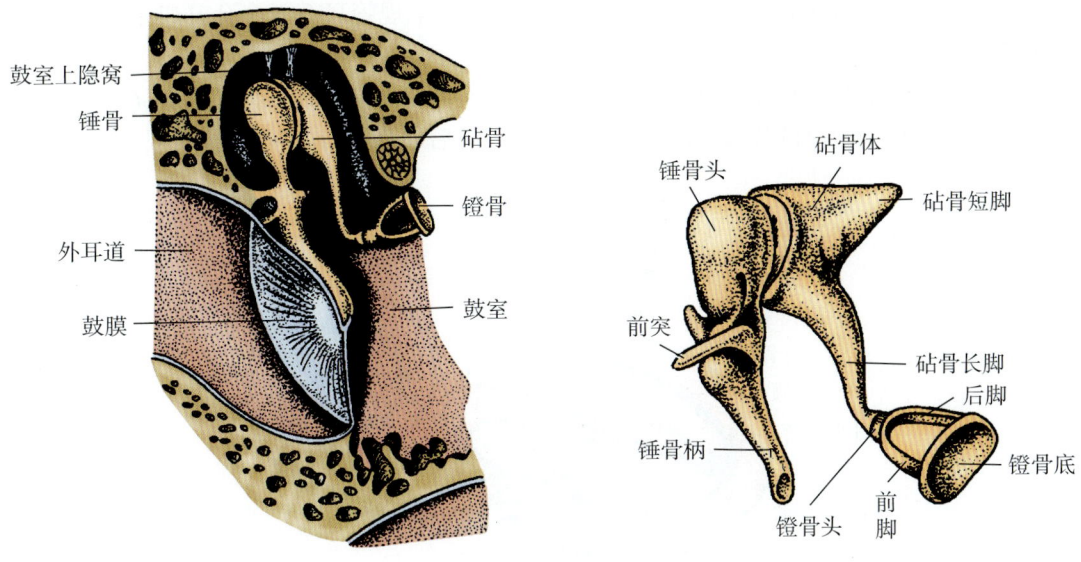

图 17-5　听小骨

二、咽鼓管

咽鼓管（auditory tube）是连通鼓室与鼻咽的管道（图 17-1），管壁内衬黏膜。平时处于关闭状态，在吞咽活动和尽力张口时开放，以保持鼓膜内、外面的气压平衡。婴幼儿的咽鼓管短而平直，故咽部感染可经咽鼓管侵入鼓室，导致中耳炎。

三、乳突窦和乳突小房

乳突窦是介于乳突小房和鼓室之间的通道。乳突小房是位于颞骨乳突内的许多含气空小腔；乳突小房和乳突窦内衬黏膜，与鼓室的黏膜相续。慢性中耳炎常侵入乳突窦和乳突小房而引起感染。

第三节　内　耳

内耳位于颞骨内，由构造复杂的弯曲管道系统组成，故称迷路。可分为骨迷路和膜迷路两部分。骨迷路为骨性隧道，膜迷路是位于骨迷路内的膜性管道。膜迷路内含有内淋巴，膜迷路与骨迷路间充满外淋巴，内、外淋巴互不相通。位觉感受器和听觉感受器即位于膜迷路内。

一、骨迷路

骨迷路（bony labyrinth）由骨半规管、前庭和耳蜗 3 部分组成（图 17-6）。

（一）骨半规管

骨半规管（bony semicircular canals）位于前庭的后方（图 17-6），为个相互垂直排列的"C"形小管，按其位置分前骨半规管、后骨半规管和外骨半规管。每个骨半规管均有两个骨脚连于前庭，一骨脚膨大称壶腹骨脚，脚上的膨大称骨壶腹；另一脚细小无膨大称单骨脚；

前、后骨半规管的单骨脚合成一个总骨脚。所以，3个半规管只有5个孔开口于前庭。

（二）前庭

前庭（vestibule）是位于耳蜗与骨半规管之间不规则的椭圆形小腔（图17-6）。前庭外侧壁上方有前庭窗，下方有蜗窗，前庭向前通耳蜗，向后通3个骨半规管。

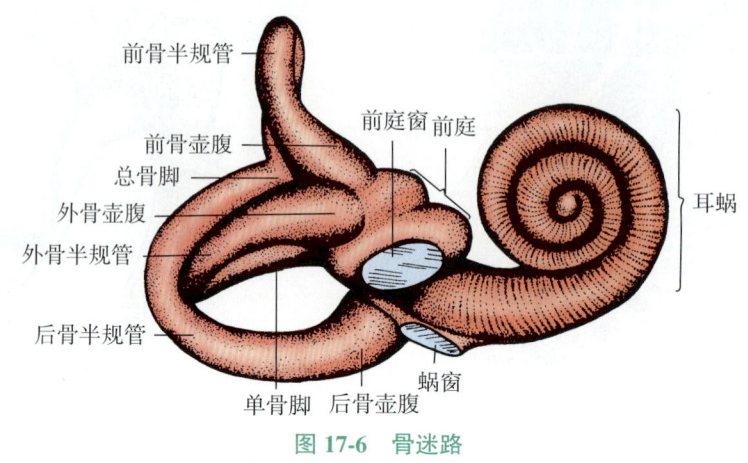

图17-6 骨迷路

（三）耳蜗

耳蜗（cochlea）外形似蜗牛壳（图17-7），位于前庭的前方，由圆锥体形的蜗轴和环绕蜗轴外周两圈半的中空骨性管道蜗螺旋管构成，蜗轴骨质疏松，有血管、神经穿行其间。蜗轴向蜗螺旋管内伸出骨螺旋板，此板约达蜗螺旋管腔的一半，其缺损处由膜迷路（蜗管）封闭，此板上方称前庭阶，通前庭窗；下方为鼓阶，通蜗窗。前庭阶和鼓阶在蜗顶相通。

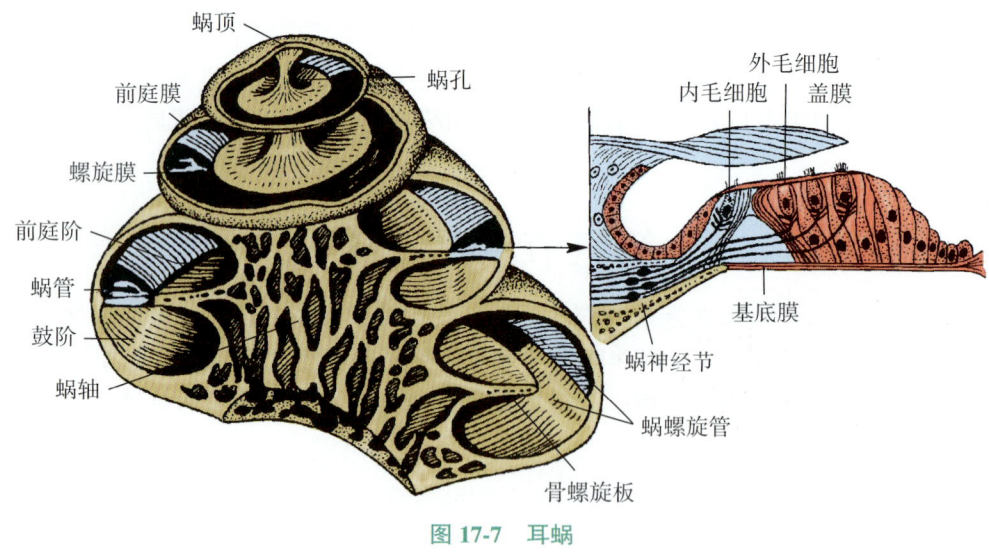

图17-7 耳蜗

二、膜迷路

（一）组成

膜迷路（membranous labyrinth）是套于骨迷路内的密闭的膜性小管或囊，形似骨迷路。

也分为三部分，即膜半规管、椭圆囊和球囊、蜗管。

1. **膜半规管**（memdranous semicircular ducts） 分前膜半规管、后膜半规管和外膜半规管（图 17-7）。各膜半规管亦有相应的球形膨大部分，称膜壶腹。其壁上隆起称壶腹嵴，黏膜增厚形成嵴状突起，壶腹嵴的水平由毛细胞和支持细胞组成。毛细胞的游离面有动纤毛和静纤毛。支持细胞分泌糖蛋白，形成圆锥形胶质的壶腹帽。动纤毛和静纤毛插入壶腹帽基部。壶腹嵴是位置觉感受器，感受头部旋转变速运动刺激的感受器。

2. **椭圆囊**（utricle）**和球囊**（saccule） 位于前庭内（图 17-8），椭圆囊位于后上部，球囊在前下部，两者借细管相连，椭圆囊后壁有 5 个开口连通膜半规管，球囊借细管与蜗管相连，在椭圆囊和球囊壁的内面有位置觉感受器，分别称为椭圆囊斑和球囊斑，合称位觉斑。由毛细胞和支持细胞组成，毛细胞表面有动纤毛和静纤毛，支持细胞分泌的糖蛋白在位觉斑表面形成胶质膜，称位砂膜。当人体头部位置变动或作直线变速运动时，位砂膜刺激了纤毛而使毛细胞产生神经冲动，经前庭神经传入脑，产生头部位置变动或直线变速运动。

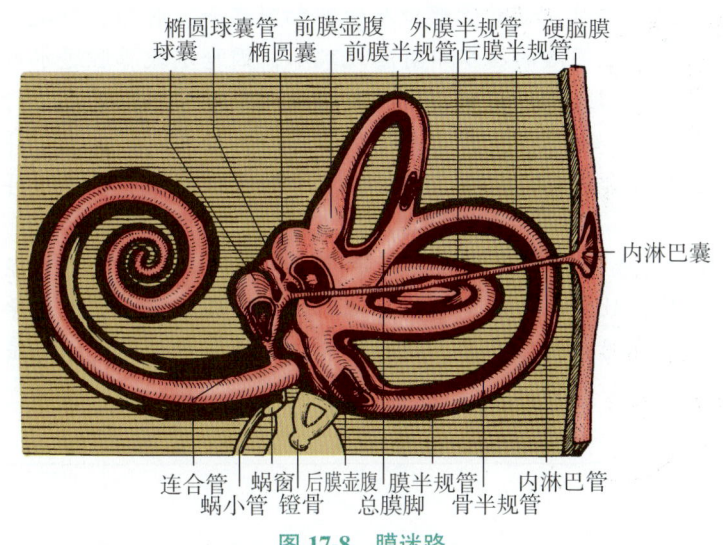

图 17-8 膜迷路

3. **蜗管**（cochlear duct） 为套在蜗螺旋管内的膜性管道（图 17-7）。其内充满内淋巴。蜗管横切面呈三角形，有 3 个壁：上壁为前庭壁，外侧壁是螺旋管增厚的骨膜，下壁为基底膜（螺旋膜）。在螺旋膜上，上皮局部增厚形成隆起称螺旋器（又称 Corti 器），是听觉器。螺旋器由毛细胞、支持细胞和盖膜构成，毛细胞为感觉细胞，表面有听毛，底部与蜗神经末梢相连。毛细胞周围有支持细胞，支持和营养毛细胞。盖膜为骨螺旋板边缘伸出柔软的薄膜，悬浮于内淋巴液中，盖在毛细胞上方与听毛接触。当声波引起内淋巴振动时，盖膜也随之震动，接触听毛使其弯曲或移动，这可导致毛细胞受到刺激而引起兴奋，产生的神经冲动沿蜗神经传向大脑皮质听觉中枢，产生听觉。

（二）功能

主要功能为前庭功能和感音功能。

1. **前庭功能** 当头部位置变化时，椭圆囊斑、球囊斑和壶腹嵴可产生直线变速运动和不同旋转运动的感觉，同时伴有各种姿势调节反射和内脏功能的变化，称前庭反应。

2. 感音功能　声波在耳内的传导有空气传导和骨传导两条途径。正常情况下以空气传导为主，骨传导的功能意义不大，但骨传导在听力检查时较为重要。

空气传导有两种情况：第一种，声波→外耳道→鼓膜→听小骨链→前庭窗→前庭阶的外淋巴→前庭膜→蜗管的内淋巴→螺旋膜→螺旋器→蜗神经→中枢神经→大脑皮质听觉中枢。这是在正常情况下最主要的听觉传导途径。第二种，声波→外耳道→鼓室内空气→蜗窗第二鼓膜→鼓阶的外淋巴→蜗管的内淋巴→螺旋器→蜗神经→中枢神经→大脑皮质听觉中枢。此通路仅在第一种传导途径发生障碍，如鼓膜穿孔、中耳疾患，正常功能遭受破坏时才起一定的作用。

骨传导是指声波经颅骨（骨迷路）传入内耳的过程。声波的冲击和鼓膜的振动可经颅骨和骨迷路传入，使内耳中的内淋巴流动，亦可使基底膜上的螺旋器产生神经兴奋。

知识链接

1. 咽鼓管的特殊解剖位置和结构特点使其成为中耳感染的主要途径。一般情况下，在感冒等上呼吸道感染时，咽鼓管咽口及管腔黏膜充血、肿胀、纤毛运动障碍，致病菌可乘虚侵入中耳；在不洁的污水中游泳或跳水，因呛水或鼻腔进水后不适当的擤鼻等，均可导致细菌沿咽鼓管侵入引发中耳炎。成人咽鼓管内低外高斜行走向，而儿童的咽鼓管比成人的短、粗而平直，鼻及鼻咽部感染时较成人更易患中耳炎。因此，游泳运动应在卫生条件合格的正规场所进行，有上呼吸道感染、慢性中耳炎、鼓膜穿孔者均不宜游泳。

2. 外耳和中耳疾患引起的耳聋为传导性耳聋。此时空气传导途径阻断，但骨传导尚可部分的代偿，故不会产生完全性耳聋。内耳、蜗神经、听觉传导通路及听觉中枢疾患引起的耳聋，为神经性耳聋。此时空气传导的和骨传导的途径虽属正常，但不能引起听觉，故为完全性耳聋。

案例

婴儿轩轩患上了感冒，经过治疗症状有所好转，可是其父母发现，轩轩耳内有少许脓性分泌物流出。经检查诊断为中耳炎。请思考：
1. 为什么婴幼儿感冒可引起中耳炎？
2. 中耳的结构是怎样的？

（孙德科）

第十八章

皮 肤

记忆
复述皮肤的组织结构。
理解
解释表皮的角化过程及皮下组织和皮肤附属器的结构。
应用
能够运用皮肤的组成与分层等知识。

皮肤（skin）被覆于体表，约占人体重的 16%，是人体最大的器官，由表皮和真皮两部分组成，借皮下组织与深部组织相连（图 18-1，2）。皮肤内有毛、皮脂腺、汗腺和指（趾）甲等，它们都是由表皮衍生的附属器。皮肤与外界环境直接接触，具有屏障、保护、吸收、排泄、感觉、调节体温及参与免疫应答等功能。

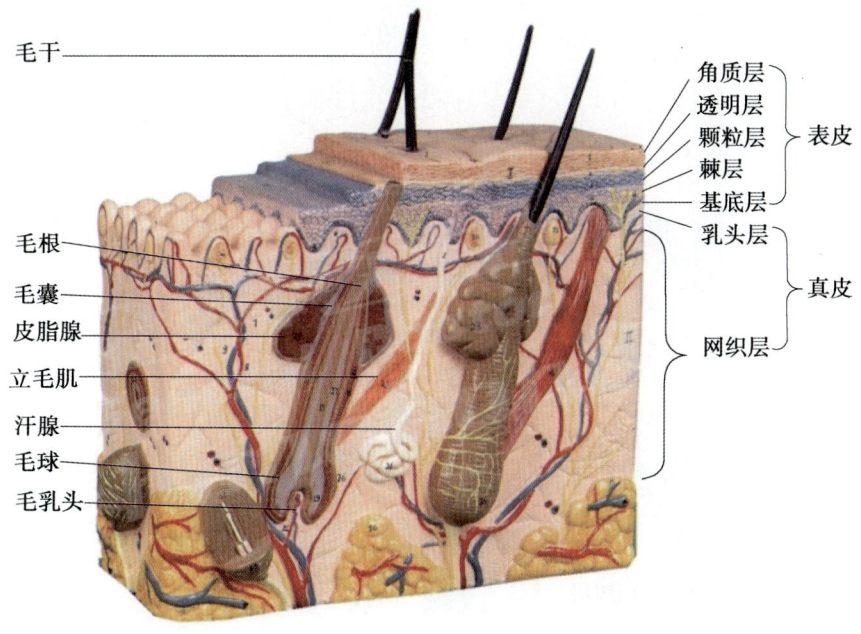

图 18-1　皮肤立体结构模式图

第一节 表 皮

表皮（epidermis）是皮肤浅层，由角化的复层扁平上皮构成。人体各部位表皮厚薄不一，平均约为 0.1mm，以手掌和足底最厚，眼睑最薄。表皮由两类细胞组成：**角质形成胞**，数量多，更新快，是构成表皮的主要细胞；**非角质形成细胞**，数量少，更新慢，散在分布于角质形成细胞之间。

一、表皮的分层和角化

表皮由多层角质形成细胞组成，厚表皮结构较典型，从基底至表面分为基底层、棘层、颗粒层、透明层和角质层五层（图 18-1，2，3）。薄表皮则缺少透明层，颗粒层也常不明显。

1. 基底层（stratum basale） 附着于基膜上，由一层矮柱状或立方形的**基底细胞**构成。细胞核圆形，胞质强嗜碱性。电镜下，胞质内含有丰富的游离核糖体和角蛋白丝（又称张力丝），细胞间以桥粒相连，基底面以半桥粒固定在基膜上。基底细胞是表皮的干细胞，具有很强的增殖分化能力，新生的细胞不断向浅层推移，逐渐分化成其余几层细胞。

2. 棘层（stratum spinosum） 位于基底层上方，由 4～10 层较大的多边形**棘细胞**构成。细胞表面有许多细小的棘状突起，相邻棘细胞突起间由桥粒相连。细胞核大而圆，居中，胞质丰富，弱嗜碱性。胞质中有丰富的游离核糖体，合成的角蛋白丝从核周放射状延伸至桥粒内侧，合成外皮蛋白沉积于质膜内侧而使其增厚。细胞周边可见有明暗相间板层的膜被颗粒，又称**板层颗粒**。其内容物主要为糖脂和胆固醇，以胞吐方式释放至细胞间隙，构成表皮渗透屏障的重要成分。

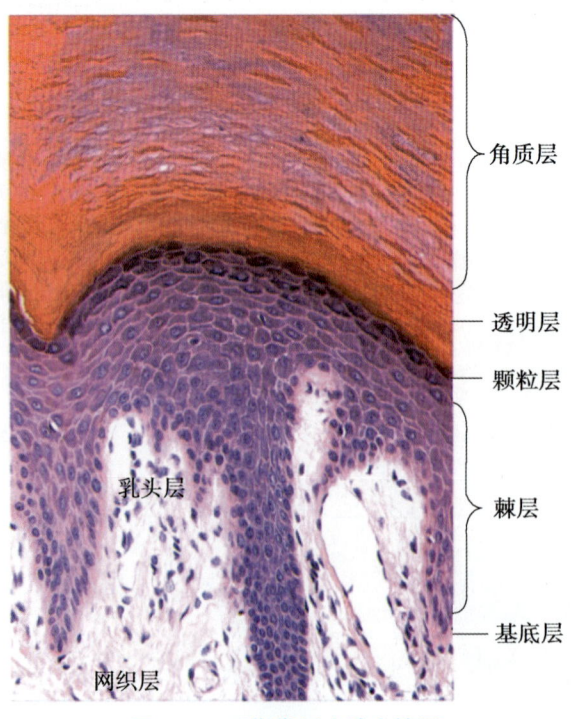

图 18-2　手指掌侧皮肤光镜图

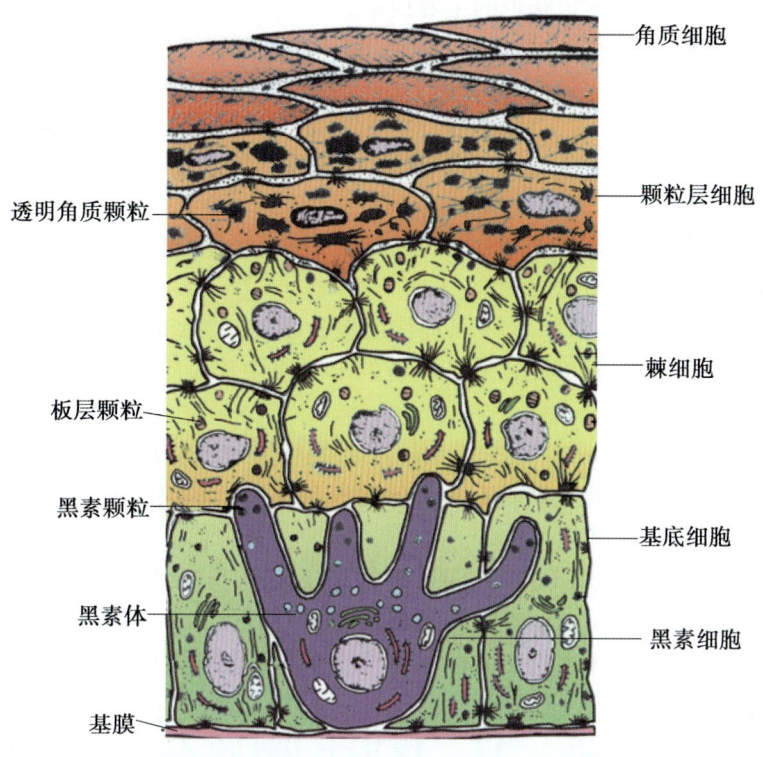

图 18-3　角质形成细胞和黑素细胞超微结构模式图

3. 颗粒层（stratum granulosum）　位于棘层上方，由 3～5 层较扁的梭形细胞构成。颗粒层细胞核与细胞器渐趋退化，细胞质内板层颗粒增多，出现许多形状不规则、强嗜碱性的**透明角质颗粒**。电镜下，无膜包被，呈致密均质状，角蛋白丝束常伸入其中。

4. 透明层（stratum lucidum）　位于颗粒层上方，由 2～3 层扁平细胞构成。细胞界限不清，细胞核与细胞器均已消失，HE 染色呈强嗜酸性透明均质状，折光度高，超微结构与角质层相似。

5. 角质层（stratum corneum）　位于表皮最浅层，由多层扁平的**角质细胞**构成。细胞已完全角化，变得干硬，呈嗜酸性均质状。无核和细胞器，胞质内充满粗大、密集的角蛋白丝束和透明角质颗粒。细胞膜因内面有一层外皮蛋白而坚固，细胞间隙充满糖脂构成的膜状物。此层浅表细胞间桥粒连接消失，细胞呈片状脱落，形成皮屑。

表皮由基底层到角质层的结构变化，反映了角质形成细胞增殖、迁移、角化及脱落的过程，与此伴随的是角蛋白及其他成分的量与质的变化。表皮更新周期为 3～4 周。

二、非角质形成细胞

1. 黑素细胞（melanocyte）　是生成黑色素的细胞，胞体多分散在基底细胞之间，突起伸入基底细胞与棘细胞之间。HE 染色切片上，胞体呈圆形，核染色深，胞质透明。电镜下，胞质内含有特征性长椭圆形的**黑素体**，由高尔基复合体形成，内含酪氨酸酶，能将酪氨酸转变为黑色素。黑色素能吸收紫外线，保护深部组织免受辐射损伤。黑素体充满黑色素后成为**黑素颗粒**，移至突起末端，脱落形成泡状结构，再与角质形成细胞融合，并转移至后者。表皮细胞中黑素颗粒的含量是决定肤色的主要因素。

2. **郎格汉斯细胞** 来源于血液中的单核细胞，散在于棘细胞之间，具有抗原呈递功能。

3. **梅克尔细胞** 分布于基底层，可能为感受触觉和机械刺激的感觉上皮细胞。

第二节 真 皮

真皮（dermis）位于表皮下方，由不规则致密结缔组织构成。分为乳头层和网织层，二者互相移行，无明显界限（图18-1，2）。

1. **乳头层（papillary layer）** 位于真皮浅层较致密的结缔组织，向表皮突出形成真皮乳头，增加了表皮与真皮的接触面积，利于两者的牢固连接及表皮的营养代谢。手指掌侧真皮乳头内含较多的触觉小体。

2. **网织层（reticular layer）** 位于乳头层深部的较厚致密结缔组织，胶原纤维粗大密集成束，弹性纤维夹杂其间，使皮肤具有较大的韧性和弹性。网织层内含有血管、淋巴管、神经、汗腺、皮脂腺、毛囊及环层小体等。

皮肤借**皮下组织**（hypodermis）与深层组织相连。皮下组织即浅筋膜，位于真皮下方，由疏松结缔组织和脂肪组织构成，使皮肤具有一定的移动性，并有缓冲、保温及贮存能量等作用。皮下组织的厚度随个体、年龄、性别和部位不同而有较大差别。

第三节 皮肤的附属器

皮肤的附属器包括有毛、皮脂腺、汗腺和指（趾）甲等（图18-1，4）。

1. **毛（hair）** 人体皮肤除手掌、足底等处外，均有毛分布。毛分为毛干、毛根和毛球三部分。露在皮肤外的是**毛干**，埋在皮肤内的是**毛根**，包在毛根外的鞘状结构为**毛囊**，由上皮性鞘和结缔组织性鞘构成，毛根和毛囊末端融合并膨大共同形成**毛球**。毛球底部凹陷，结缔组织随毛细血管和神经突入其内，形成**毛乳头**，有营养毛的作用。毛球是毛和毛囊的生长点，其上皮细胞称**毛母质细胞**，为干细胞，能不断增殖、分化形成毛根及毛囊上皮性鞘的细胞。在毛根与皮肤表面呈钝角的一侧有一束平滑肌，连接毛囊和真皮，称立毛肌。受交感神经支配，收缩使毛发竖立。

2. **皮脂腺（sebaceous gland）** 多位于毛囊和立毛肌之间，为泡状腺。分泌部由2～5个囊状的腺泡构成，腺泡周边为一层较小的干细胞，它们不断增殖、分化，部分子细胞中脂滴逐渐聚集增多，并逐渐向腺泡中心推移，成熟的腺细胞体积变大，核固缩，胞质内充满脂滴，在近导管处，腺细胞解体连同脂滴一起排出，即为皮脂。皮脂腺导管粗而短，开口于毛囊上部或皮肤表面。性激素可促进皮脂生成，故在青春期皮脂腺分泌活跃，过度分泌容易导致排出不畅，引起炎症，形成痤疮。

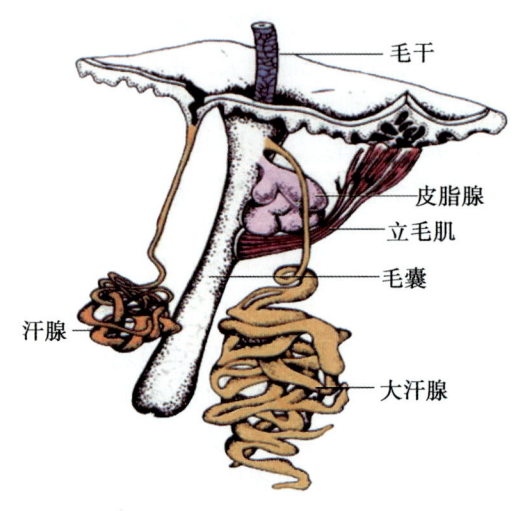

图18-4 皮肤附属器模式图

3. **汗腺**（sweat gland） 为单曲管状腺，根据分布部位、分泌方式和分泌物性质不同，分为外泌汗腺和顶泌汗腺。

（1）**外泌汗腺**（eccrine sweat gland）：又称小汗腺，遍布于全身皮肤。分泌部盘曲成团，位于真皮深层和皮下组织中，由一层锥体形或立方形上皮细胞构成，外有肌上皮细胞。导管由两层立方形细胞围成，细胞较小，胞质弱嗜碱性。汗腺分泌汗液，有湿润皮肤、调节体温、排泄机体代谢产物和离子等作用。

（2）**顶泌汗腺**（apocrine sweat gland）：又称大汗腺，主要分布于腋窝、肛周、乳晕、会阴部等处的真皮和皮下组织内。分泌部较粗，盘曲成团；导管直，开口于毛囊上段。分泌物为黏稠乳状液，含蛋白质和脂类等，经细菌分解后会产生特别的气味，分泌过旺而致气味过浓时，形成臭汗症（又称狐臭）。

4. **指（趾）甲**（nail） 由甲体及其周围和下方的几部分组织组成。**甲体**由多层连接牢固的角质细胞构成，其近端埋在皮肤内，称**甲根**。甲体下面的皮肤为**甲床**。甲体周缘的皮肤为**甲襞**。甲体与甲襞之间的沟为**甲沟**。甲根附着处的甲床上皮为**甲母质**。该部位细胞增殖活跃，是甲体的生长区（图18-5）。

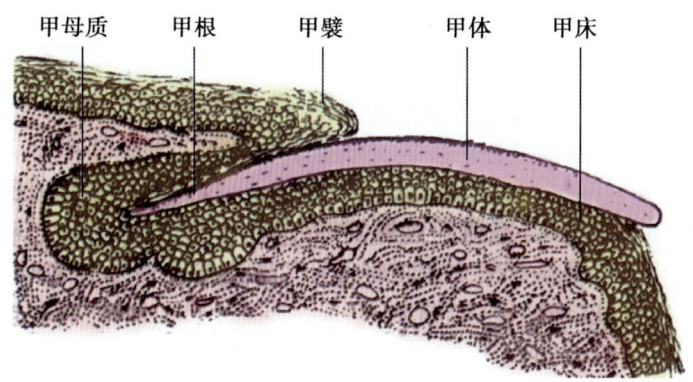

图 18-5　指甲纵切面模式图

> **知识链接**
>
> ### 常用注射法
>
> ①皮内注射法（ID）是将小剂量药液注入表皮与真皮之间的方法。主要用于各种药物过敏试验、预防接种和局部麻醉的先驱步骤；②皮下注射法（H）是将小剂量药液注入皮下组织的方法。主要在预防接种、局部麻醉用药或术前供药以及需迅速达到药效、不能或不宜经口服给药时采用；③肌内注射法（IM 或 im）是将药液注入肌肉组织的方法。主要用于注射刺激性较强或药量较大的药物或不宜或不能作静脉注射，要求比皮下注射更迅速发生疗效者。

烧伤分级

一度烧伤：损伤限于表皮浅层。症状是患处皮肤发红，疼痛不剧烈。可自然愈合，无瘢痕。

二度烧伤，分为如下两种：

浅二度烧伤：损伤为表皮和真皮上 1/3。症状是患处红肿起水泡，可有剧烈疼痛和灼热感。可自然愈合，无瘢痕或轻微瘢痕。

深二度烧伤：损伤为表皮和真皮深部。症状是患处发红，起白色大水症，因为神经末梢部分受损，疼痛较浅二度要轻。可自然愈合，会留下瘢痕。

三度烧伤：全部皮肤损伤。患处呈皮革状黑色焦痂或苍白，可有流液现象，由于大部分神经末梢损坏，此类烧伤者经常无患处疼痛感。

四度烧伤：有皮下组织、肌肉甚至骨骼损伤。可导致截肢。

案例一

护士给患者静脉滴注青霉素，首先需要进行皮试，看患者是否对青霉素过敏。阴性结果为皮丘无改变，周围无红肿；阳性结果为局部皮丘隆起，出现红晕硬块，直径大于1cm。

1. 皮肤如何分层？
2. 皮试属于哪种注射法？药物应该注射到皮肤哪一层？

案例二

男性，40岁，60kg，因"全身多处烧伤1h"入院。患者夜间睡眠中因室内着火大声呼救，被烧伤头、面、颈、背部及臀部。体格检查：脉搏 115 次/分，呼吸 28 次/分，血压 85/60mmHg，神志恍惚，头、面、颈、背部有大量水疱，臀部呈皮革样。

根据此患者烧伤程度，分析烧伤部位伤及皮肤哪些结构？

思考题

1. 皮肤分为几层？各由什么组织构成？
2. 厚皮表皮的组成有哪些？

（薄双玲）

第六篇　神经系统

第十九章

神经系统总论

> **学习目标**
>
> **记忆**
> 复述神经系统区分；神经元的分类和结构。
> **理解**
> 1. 解释灰质和白质、纤维束和神经、神经核和神经节的概念。
> 2. 说明神经系统在机体内的作用和地位；神经系统的活动方式，反射弧的组成。

神经系统（nervous system，NS）包括脑、脊髓，以及与脑和脊髓相连遍布全身的周围神经（图19-1）。神经系统是人体内结构和功能最复杂的系统，在体内起主导作用。一方面它直接或间接地调节体内各系统的活动，使人体成为统一的整体；另一方面通过各种感受器接受外界刺激，经中枢的整合作用，使机体做出适宜的反应，保持人体与复杂多变的外界环境的统一。人类神经系统与其他脊椎动物相比在形态结构模式上是相似的，但由于人类长期劳动和社会生活，促进了大脑的高度发展，不仅具有与其他动物相似的感觉和运动中枢，而且大脑还成为更高级的语言文字、思维意识活动的物质基础。这使人类神经系统在结构和功能上远远超越其他动物，人类不仅能够认识世界，而且可以能动地改造世界。

一、神经系统的区分

神经系统在形态和功能上是一个整体，为了学习和研究方便，通常将神经系统区分为**中枢神经系统**（central nervous system）和**周围神经系统**（peripheral nervous system）两部分（图19-2）。

中枢神经系统包括**脑**（brain）和**脊髓**（spinal cord），脑分为端脑、间脑、小脑、中脑、脑桥和延髓6部分，中脑、脑桥和延髓3部分又合称为脑干。

周围神经系统有几种区分方法，具体如下：

1. 根据与中枢神经连接的部位不同，可区分为与脑相连的周围神经称脑神经，共12对；与脊髓相连的周围神经称脊神经，共31对。
2. 根据其在体内分布范围的不同，可区分为**躯体神经**（somatic nerve）和**内脏神经**

第六篇　神经系统

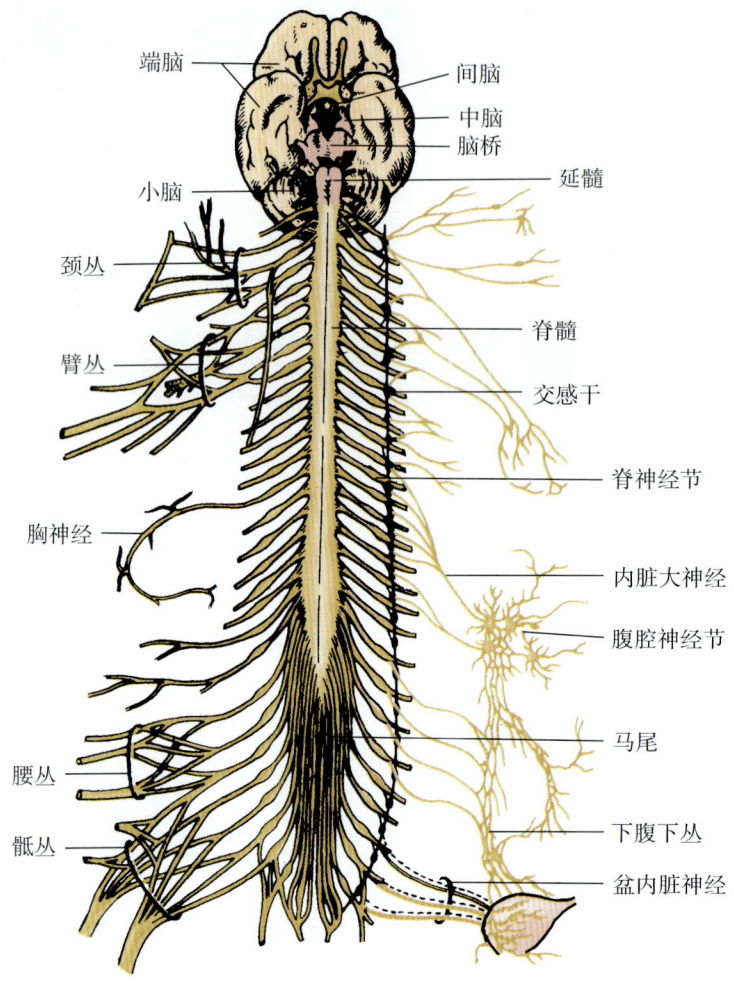

图 19-1　神经系统概况

(visceral nerve)。躯体神经分布于体表和运动系统，内脏神经分布于内脏、脉管系统和各种腺体。

3．根据神经冲动传导方向（功能）的不同，区分为**传入神经（感觉神经）**和**传出神经（运动神经）**。感觉神经是将身体各处感受器产生的神经冲动传向中枢的神经；运动神经是将神经冲动自中枢神经系统传向外周效应器的神经。

躯体神经和内脏神经都有**感觉纤维**和**运动纤维**。其中，内脏神经的传出纤维（即内脏运动神经）支配的是心肌、平滑肌和腺体的活动，它不受人的主观意志控制，故又称**自主神经**。内脏运动神经依其结构和功能的不同，又区分为**交感神经**和**副交感神经**（图 19-3）。

二、神经系统的活动方式

神经系统的功能活动十分复杂，但其基本活动方式是**反射**（reflex）。反射是神经系统对内、外环境的刺激所作出相应的反应。

反射活动的形态基础是**反射弧**（reflex arc）。无论反射多复杂，都由以下 5 个基本部分组成：感受器、传入神经、中枢、传出神经和效应器（图 19-4）。反射弧中任何一个环节发生

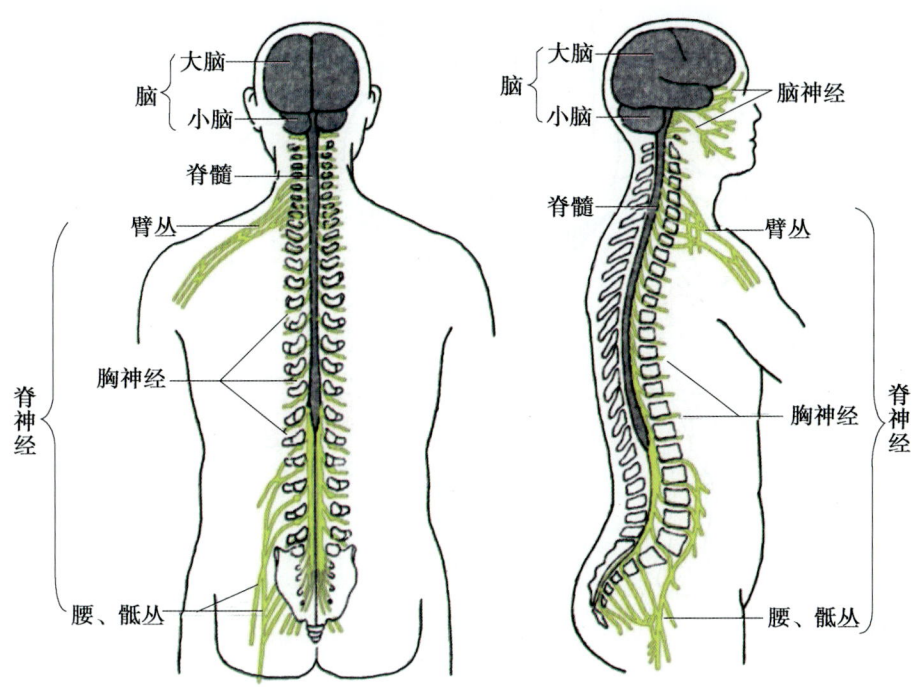

图 19-2　神经系统的区分

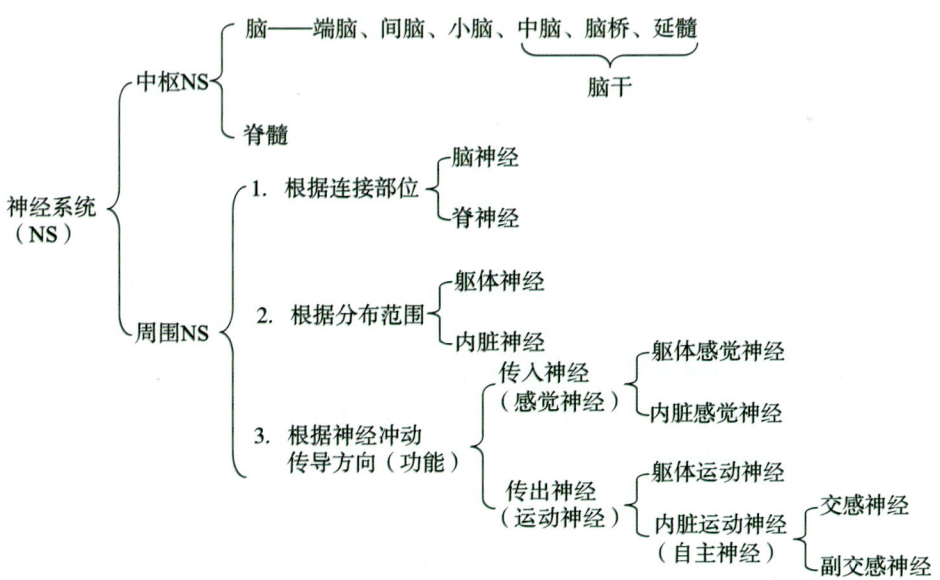

图 19-3　神经系统的区分

障碍，反射活动将减弱或消失。

三、神经系统的常用术语

在神经系统中，神经元的胞体和突起聚集的部位和排列的方式不同，因而用不同的术语表示。

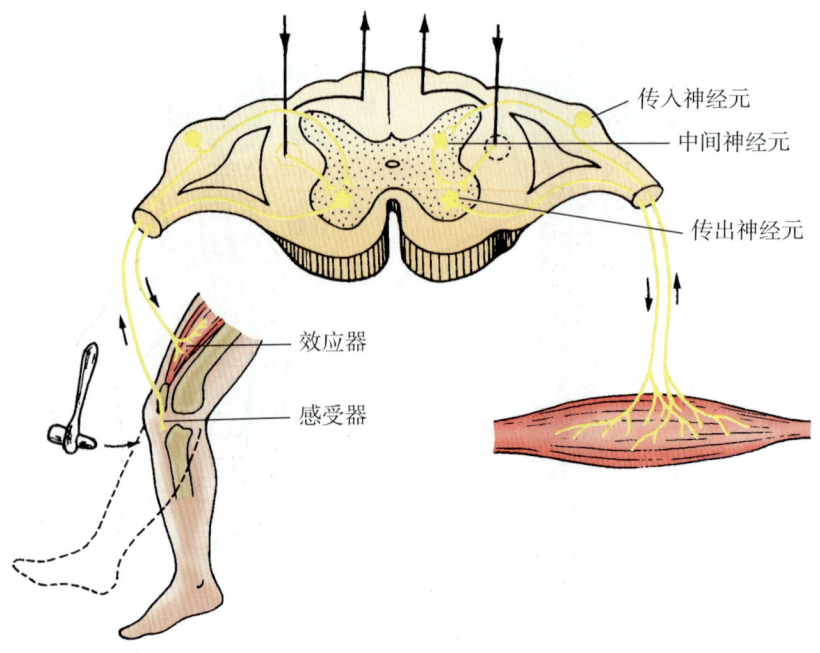

图 19-4　反射弧示意图

1. 灰质与皮质　在中枢神经系统内，神经元的胞体连同其树突集中的部位，在新鲜标本上呈灰色，称**灰质**（gray matter）。配布于大、小脑表面的灰质称**皮质**（cortex），如大脑皮质和小脑皮质。

2. 白质与髓质　在中枢神经系统内，神经元的轴突集中的部位，因多数轴突具有髓鞘，在新鲜标本上色泽亮白，称**白质**（white matter）。分布于大、小脑深部的白质特称髓质（medulla）。

3. 神经核和神经节　除皮质外，形态和功能相似的神经元胞体聚集而成的灰质团块或柱，位于中枢部的称**神经核**（nucleus）；位于周围部的称**神经节**（ganglion）。

4. 神经纤维、纤维束和神经　神经元的轴突（或长突起）及其髓鞘统称为神经元纤维（neurofibril）。在中枢部，起止、行程和功能相同的神经纤维聚集、走行在一起，称为**纤维束**（fasciculus）。在周围部，神经纤维聚集并由结缔组织被膜包裹组成粗细不等的**神经**（nerve）。

5. 网状结构　在内，神经纤维交织成网状，网眼内含有分散的神经元或较小的核团，这些区域称**网状结构**（reticular formation）。

思考题

1. 神经系统可区分为哪些部分？
2. 如何区别神经核和神经节？

（刘　扬）

第二十章 中枢神经系统

学习目标

记忆

复述如下内容：脊髓的位置、外形及内部结构，脑的分部，脑干外形和内部结构，小脑的位置和外形，间脑的位置和分部，端脑的分叶和主要的沟回。

理解

解释如下内容：脊髓节段和椎骨的对应关系，端脑的功能定位，基底核的组成，内囊的位置和分部，背侧丘脑的主要神经核团，小脑的功能，各脑室的位置和形态。

第一节 脊 髓

一、位置和外形

脊髓（spinal cord）位于椎管内，上端于枕骨大孔处与延髓相接，下端在成人约平第 1 腰椎体下缘（新生儿平第 3 腰椎下缘平面）。全长 40～45cm，占据椎管全长的 2/3。脊髓呈前后略扁的圆柱状。全长粗细不等，有两处膨大。**颈膨大**（cervical enlargement）自第 4 颈节至第 1 胸节，有分布到上肢的神经附着；**腰骶膨大**（lumbosacral enlargement）自第 2 腰节至第 3 骶节，有分布到下肢的神经附着。腰骶膨大以下逐渐变细，呈圆锥状，称**脊髓圆锥**（conus medullaris）。脊髓圆锥向下延伸出一条无神经组织的细丝，称**终丝**（filum terminale），止于尾骨背面（图 20-1）。

脊髓表面有 6 条纵行的沟或裂。前面正中的深沟，称**前正中裂**；后面正中的浅沟，称后正中沟。前正中裂两侧有 2 条浅沟，称**前外侧沟**，沟内依次有 31 对脊神经前根附着。后正中沟两侧有 2 条**后外侧沟**，沟内依次有 31 对脊神经后根附着。每条脊神经后根上有一膨大，称**脊神经节**，内含假单极神经元。脊神经的前、后根在椎间孔处合并成一条脊神经，从相应的椎间孔穿出（图 20-2）。因椎管长于脊髓，各脊神经根距各自的椎间孔距离自上而下逐渐增大，使脊神经根在椎管内自上而下渐进倾斜，至腰骶部时神经根近乎垂直下行。在脊髓圆锥下方，腰骶尾神经根围绕终丝形成**马尾**（cauda equina）。成人由于第 1 腰椎体以下已无脊髓而只有马尾。因此，临床上常选择第 3、4 或第 4、5 腰椎之间进行穿刺，可避免损伤脊髓。

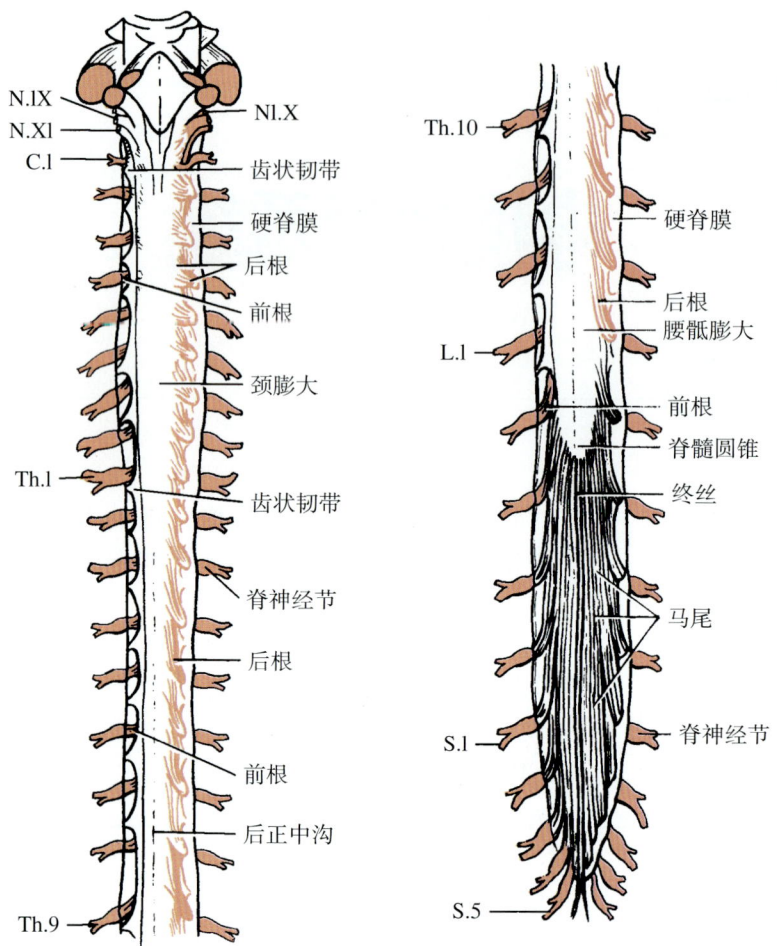

图 20-1 脊髓的外形

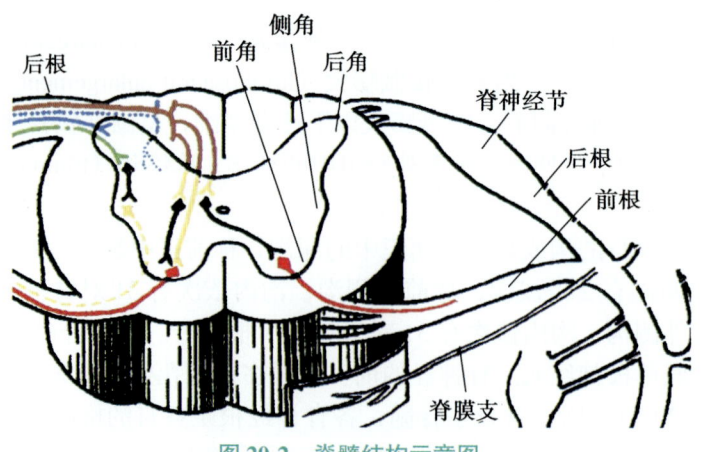

图 20-2 脊髓结构示意图

脊髓在外形上无明显的节段性，通常把每一对脊神经前、后根根丝附着的一段脊髓，称一个**脊髓节段**。共分 31 个节段，包括 8 个颈节（C）、12 个胸节（T）、5 个腰节（L）、5 个骶节（S）和 1 个尾节（Co）（图 20-3）。

从胚胎第 4 个月开始，人体脊柱的生长速度快于脊髓，致使成人脊髓与脊柱的长度不相等，脊髓节段逐渐地高于相应的椎骨。了解脊髓节段与椎骨的对应关系，对确定脊髓病变的部位和临床治疗有重要的实用价值（表 20-1）。

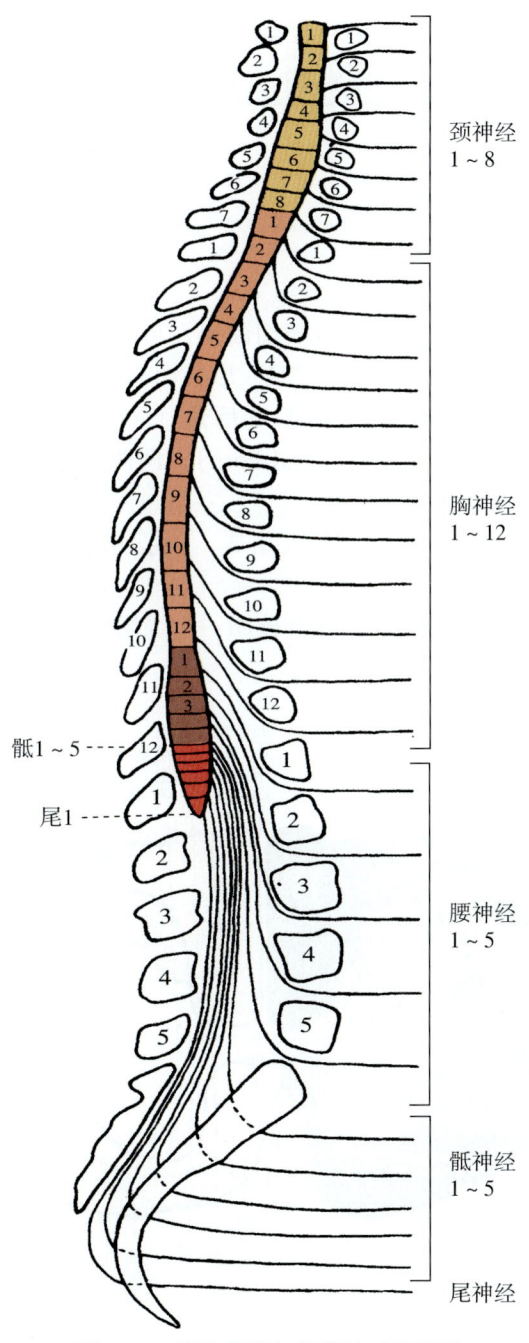

图 20-3 脊髓节段与椎骨的对应关系

表 20-1 脊髓节段与椎骨的对应关系

脊髓节段	对应椎骨	推算举例
上颈髓 $C_{1\sim4}$	与同序数椎骨同高	如第 3 颈髓节对第 3 颈椎体
下颈髓 $C_{5\sim8}$ 和上胸髓 $T_{1\sim4}$	较同序数椎骨高 1 个椎体	如第 5 颈髓节对第 4 颈椎体
中胸髓 $T_{5\sim8}$	较同序数椎骨高 2 个椎体	如第 6 胸髓节对第 4 胸椎体
下胸髓 $T_{9\sim12}$	较同序数椎骨高 3 个椎体	如第 11 胸髓节对第 8 胸椎体
腰髓 $L_{1\sim5}$	平对第 10～12 胸椎	
骶 $S_{1\sim5}$、尾髓、Co	平对第 12 胸椎和第 1 腰椎	

二、内部结构

脊髓由灰质和白质两部分构成。

(一)灰质

灰质在脊髓内部连续成柱状。在脊髓横切面上,可见中央有一细小的**中央管**,贯穿脊髓全长,内含脑脊液。灰质围绕中央管呈"H"形,白质包绕于其周围(图 20-4)。每侧灰质分别向前、后方伸出**前角**(anterior horn)和**后角**(posterior horn);在胸髓和上 3 个腰髓的前、后角间有向外侧突出的**侧角**(lateral horn)。两侧灰质相连的部分,称**灰质连合**又称**中央灰质**。

1. 前角 也称前柱,主要由运动神经元组成,一般分为支配躯干肌的内侧群和支配四肢肌的外侧群 2 群。

2. 后角 也称后柱,神经元主要分 4 群核团:①缘层,是后角尖的边缘区;②胶状质,

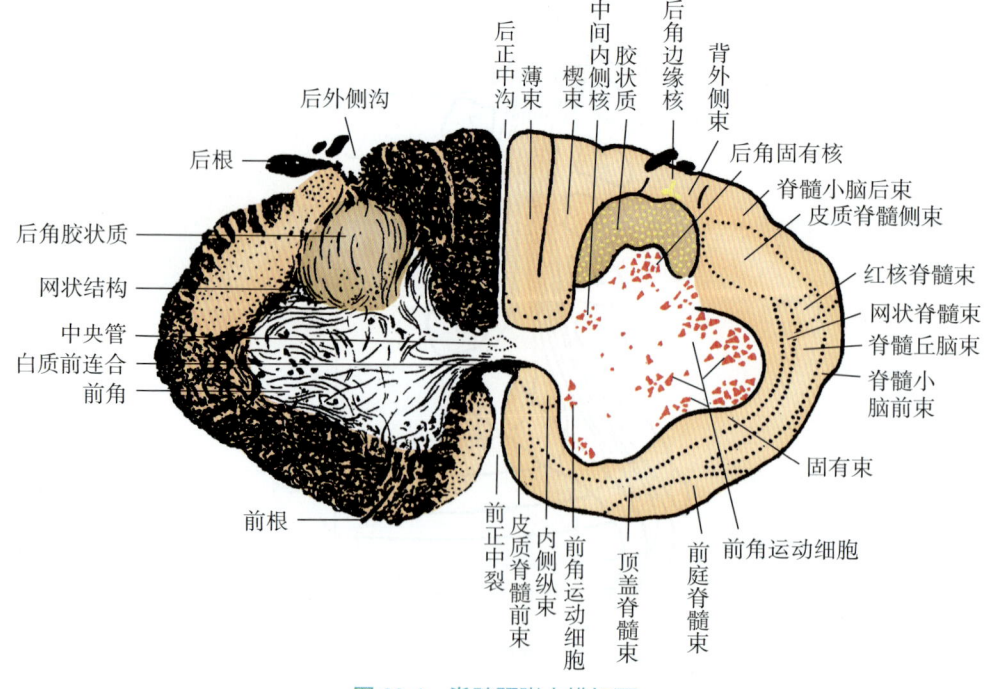

图 20-4 脊髓颈膨大横切面

在缘层前方，贯穿脊髓全长，主要完成脊髓节段间的联系；③后角固有核，位于胶状质前方，发出的纤维上行到背侧丘脑；④胸核，又称背核，位于后角基部内侧，仅见于颈 8 节至腰 2 节段，发出的纤维主要组成同侧的脊髓小脑后束。

3. 侧角　又称侧柱，仅见于胸₁至腰₃脊髓节段，为交感神经的低级中枢。在脊髓骶第 2～4 节段，相当于侧角位置，是副交感神经的低级中枢。

根据脊髓细胞构筑（Rexed）特点，将脊髓灰质分为 10 个板层（图 20-5）。

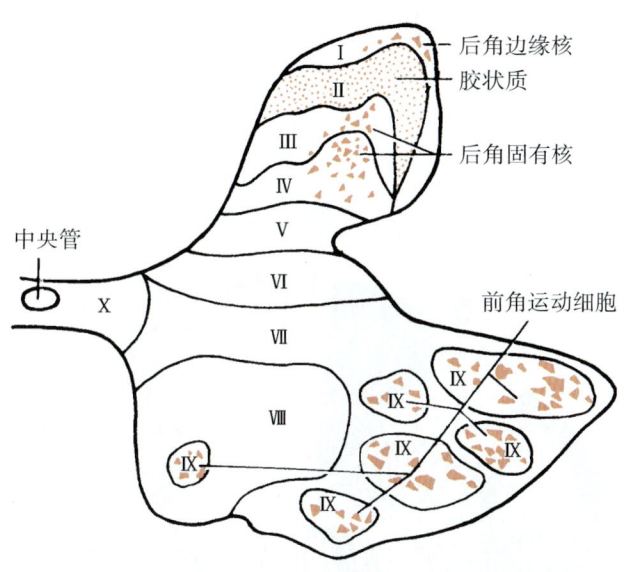

图 20-5　脊髓的灰质板层

（二）白质

白质主要由上、下传导的纵行神经纤维组成。白质以前外侧沟和后外侧沟为界，分 3 个索：前正中裂和前外侧沟间的白质，称**前索**（anterior funiculus）；前、后外侧沟间的白质，称**外侧索**（lateral funiculus）；后外侧沟与后正中沟间的白质，称**后索**（posterior funiculus）。在灰质后角基部外侧与外侧索白质之间，灰、白质混合交织，称**网状结构**（reticular formation）。

在白质中向上传递神经冲动的传导束，称**上行（感觉）纤维束**，向下传递神经冲动的传导束，称**下行（运动）纤维束**。联系脊髓各节段的短距离纤维束，称**固有束**，它们紧靠灰质边缘，完成节段内和节段间的反射活动。

1. 上行纤维（传导）束　主要有薄束、楔束、脊髓小脑前、后束以及脊髓丘脑束等组成（图 20-4，6）。

（1）**薄束**（fasciculus gracilis）和**楔束**（fasciculus cuneatus）：位于后索，此 2 束均由脊神经节细胞的中枢突组成，经脊神经后根入同侧脊髓后索直接上升；周围突分布到肌、腱、关节和皮肤的感受器。由第 5 胸节以下来的纤维组成薄束，由第 4 胸节以上来的纤维组成楔束，向上分别止于延髓内的薄束核和楔束核。此 2 束的功能是向大脑传导本体感觉（来自肌、腱和关节等处的位置觉、运动觉和振动觉）和精细触觉（如辨别两点距离和物体的纹理粗细等）信息。脊髓后索病变可导致精细触觉障碍，患者闭目时不能确定自身肢体所处的位置。

（2）**脊髓小脑前、后束**：位于外侧索周边的前部和后部，分别经小脑上脚、下脚入小脑。向小脑传导来自躯干下部和下肢的非意识性本体感觉冲动。

（3）**脊髓丘脑束**（spinothalamic tract）：位于外侧索的前半和前索中。此束纤维起自后角缘层和后角固有核，纤维大部分斜经白质前连合交叉到对侧上1～2节段，在外侧索和前索内上行，终止于背侧丘脑。交叉至对侧外侧索上行的纤维束，称**脊髓丘脑侧束**，其功能是传导痛觉和温度觉冲动；交叉到对侧前索内上行的纤维束，称**脊髓丘脑前束**，其功能是传导粗触觉冲动。

2. **下行纤维（传导）束** 起于脑的不同部位，直接或间接止于脊髓前角或侧角（图20-4，6）。

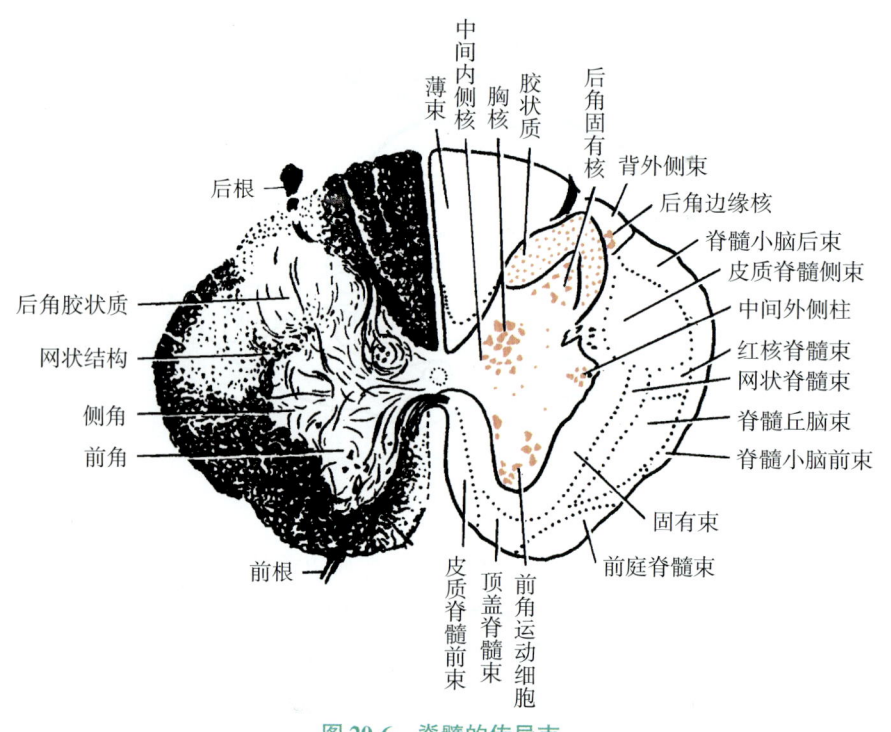

图20-6 脊髓的传导束

（1）**皮质脊髓束**（corticospinal tract）：是脊髓内最大的下行束，其纤维主要起自大脑皮质运动中枢，下行于至延髓下端锥体交叉，大部分纤维交叉到对侧，行于脊髓外侧索后部，成为**皮质脊髓侧束**，纤维止于同侧脊髓前角运动神经元（主要支配肢体肌肉的运动）；小部分纤维不交叉，下行于同侧脊髓前索最内侧，称**皮质脊髓前束**，此束一般不超过胸髓，其纤维止于双侧前角运动神经元（支配躯干肌的运动）。皮质脊髓束的功能是控制骨骼肌的随意运动，特别是肢体远端的灵巧运动。在脊髓若一侧皮质脊髓侧束受损，同侧伤面水平以下出现肌张力升高，腱反射亢进，肌不萎缩，并可有病理反射，如巴宾斯基征（Babinski sign）等，为痉挛性瘫痪。

（2）**红核脊髓束**：位于皮质脊髓侧束的腹侧。主要功能与兴奋屈肌运动神经元有关。

（3）**前庭脊髓束**：位于前索内。功能与兴奋同侧伸肌运动神经元和抑制屈肌运动神经元有关，在调节身体平衡中起重要作用。

（4）其他的下行纤维束：均起自脑干，下行入脊髓，直接或间接止于前角运动神经元。如顶盖脊髓束、网状脊髓束和内侧纵束，其功能主要参与完成与身体平衡有关的反射。

3. 固有束　紧贴灰质周围，由短距离的上、下行纤维构成，起止于脊髓的不同节段，以完成脊髓节段间的联系。

三、脊髓的功能

（一）传导功能

来自躯干、四肢各种感受器的传入信息，经脊神经后根进入脊髓，然后经上行纤维束将感觉信息传至大脑皮质；同时，脊髓又通过下行纤维束接受高级中枢的调控。脊髓是脑与周围神经联系的重要中继站。

（二）反射功能

脊髓灰质内有多种反射中枢，正常情况下，脊髓的反射活动始终在脑的控制下进行。但是当脊髓横断性截瘫后，失去高级中枢的控制，仍可通过脊髓的前、后根，灰质和固有束来完成一些简单的反射，如腱反射、屈肌反射和排便、排尿反射等。

> **知识链接**
>
> 1. 脊髓灰质炎　俗称小儿麻痹症，是一种急性病毒性传染病，由病毒侵入血液循环系统引起，部分病毒可侵入神经系统。患者多为1~6岁儿童，主要症状是发热，全身不适，严重时肢体疼痛，发生瘫痪。脊髓灰质炎患者，由于脊髓前角运动神经元受损，其支配的相应骨骼肌出现弛缓性瘫痪，与之有关的肌肉失去了神经的调节作用而发生萎缩，但无感觉障碍。
>
> 2. 椎骨骨折与截瘫　在意外事故中椎骨骨折较为常见。由于椎骨容纳脊髓，骨折往往造成脊髓损伤引起截瘫。从临床表现可以推断脊髓损伤部位，若受伤后只有头部能动，四肢不能动，即为颈椎骨折，通常称高位截瘫；若上肢能动，下肢不能动，即为胸椎骨折；腰椎骨折造成截瘫的较为少见所以在处理颈椎、胸椎骨折患者时要特别小心。

第二节　脑

脑位于颅腔内，由端脑、间脑、中脑、脑桥、延髓及小脑六部分组成（图20-7）。

一、脑干

脑干自下而上由延髓、脑桥和中脑三部分组成。延髓在枕骨大孔处下接脊髓，中脑向上与间脑衔接，脑干的背面与小脑相连。

（一）外形

1. 腹侧面　延髓（medulla oblongata）位于脑干下部，呈倒置的锥体形（图20-8）。上

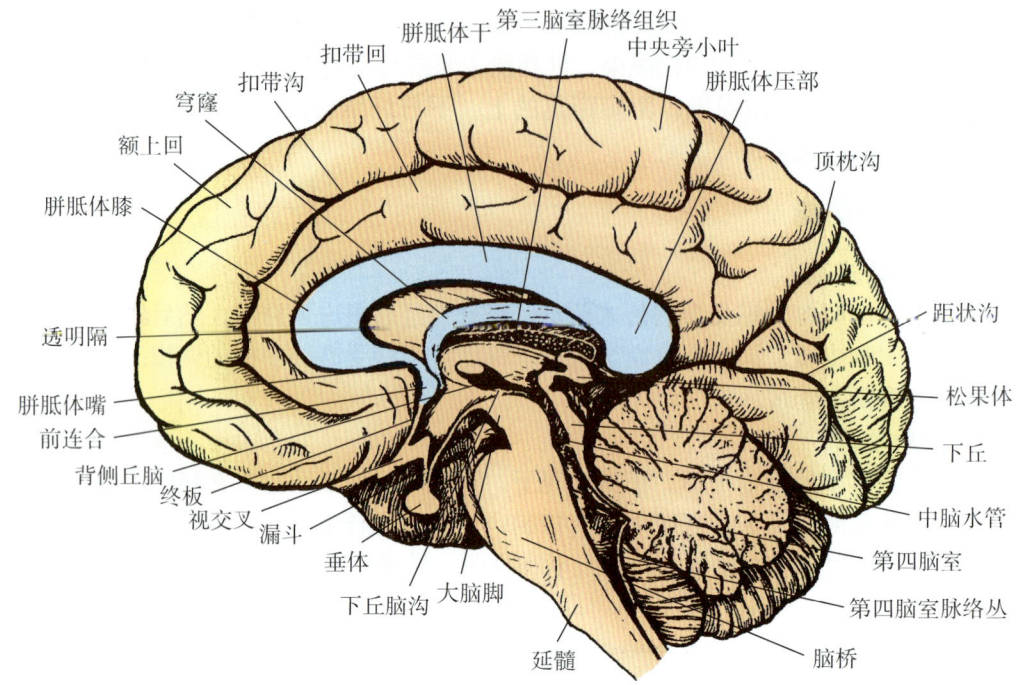

图 20-7 脑的正中矢状切面

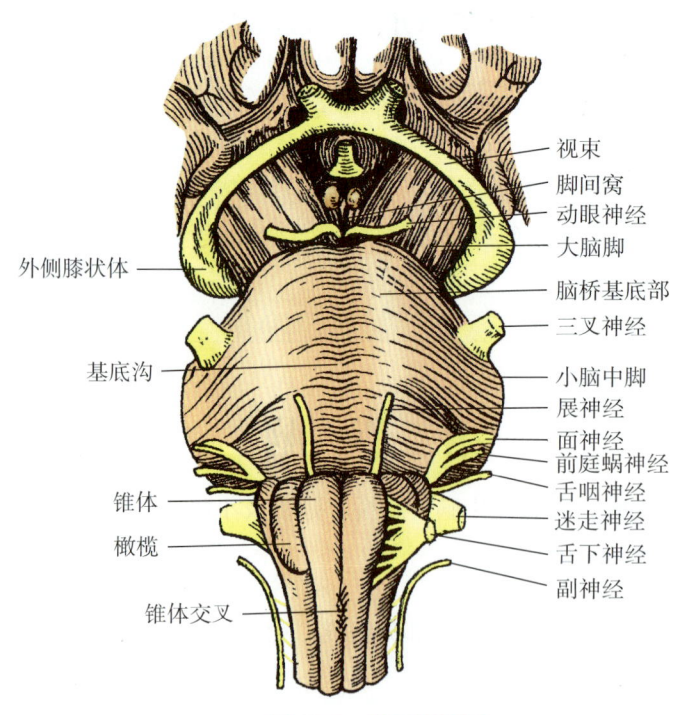

图 20-8 脑干腹侧面

方借脑桥**延髓脑桥沟**与脑桥分界，下连脊髓。其腹侧面上有与脊髓相连续的前正中裂和前外侧沟。在前正中裂的两侧，各有一纵行的隆起，称**锥体**（pyramid）。锥体下方有**锥体交叉**（decussation of pyramid）。锥体外侧有一卵圆形隆起，称**橄榄**（olive），内含下橄榄核。锥体与橄榄间的前外侧沟内有舌下神经根附着。在橄榄的后方，自上而下依次有舌咽神经根、迷走神经根和副神经根附着。

脑桥（pons）位于脑干中部，其腹侧面膨隆，称脑桥基底部。基底部正中的纵行浅沟，称**基底沟**，容纳基底动脉。基底部向后外逐渐变窄移行为**小脑中脚**（middle cerebellar peduncle），两者交接处有粗大三叉神经根。在延髓脑桥沟中，自内侧向外侧依次有展神经根、面神经根和前庭蜗神经根出脑。

中脑（midbrain）位于脑干上部，上接间脑，下连脑桥。两侧粗大的柱状结构，称**大脑脚**（cerebral peduncle）。两脚间的凹陷为**脚间窝**，动眼神经由此出脑。脚间窝的底称为后穿质。

2．背侧面　延髓背侧面的上半部构成菱形窝的下半，下部形似脊髓（图 20-9）。在后正中沟外侧有一对隆起，称为**薄束结节**（gracile tubercle）和**楔束结节**（cuneate tubercle），其深面有薄束核和楔束核。楔束结节外上方的稍微隆起为**小脑下脚**（inferior cerebellar peduncle）。延髓的上半部和脑桥背侧面共同形成**菱形窝**，构成第四脑室的底。

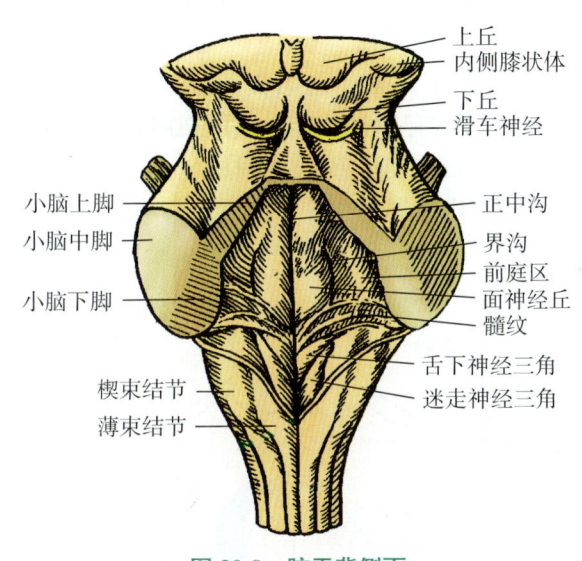

图 20-9　脑干背侧面

中脑背侧面由两对小丘组成，上方的 1 对为**上丘**，是视觉反射中枢；下方的 1 对为**下丘**，是听觉传导通路的重要核团。在下丘的下方有滑车神经根出脑。是唯一自脑干背面出脑的脑神经。

3．**第四脑室**（fourth ventricle）　是位于延髓、脑桥和小脑间的室腔。其底即菱形窝；顶指向小脑。第四脑室向下通延髓和脊髓的中央管，向上经中脑水管通第三脑室，并借正中孔和两个外侧孔与蛛网膜下隙相通（图 20-10）。

（二）脑干的内部结构

脑干内部结构由灰质、白质及网状结构组成。

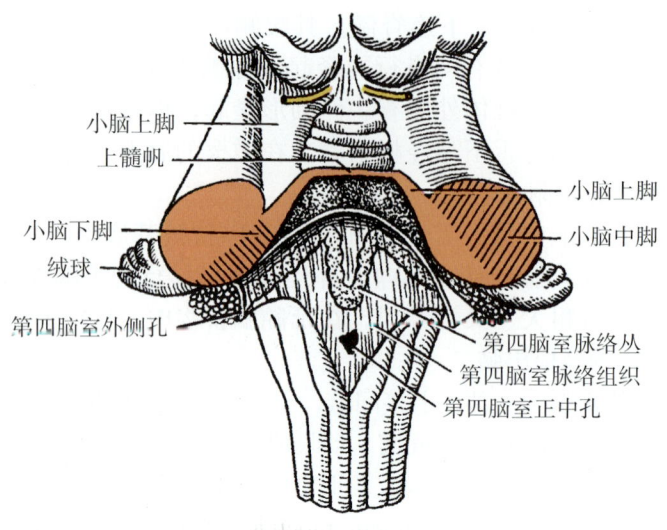

图 20-10　第四脑室脉络组织

1. 灰质　脊髓的灰质向上延续至脑干，由于脑干内大量神经纤维的贯穿及左、右交叉，使灰质柱形成断续的神经核。直接与脑神经相连称为脑神经核；与脑神经无关的称为非脑神经核。

（1）脑神经核：在脑干内共有18对，与第Ⅲ～Ⅻ对脑神经相连。功能相同的脑神经核排列成断续的纵行细胞柱脑干内共有四种功能柱（图20-11）中，把全部功能柱投影到脑干的背面：左侧表示运动功能柱；右侧表示感觉功能柱。

第Ⅲ～Ⅻ对脑神经核在脑干内所属功能柱、位置及其功能列表（表20-2）。

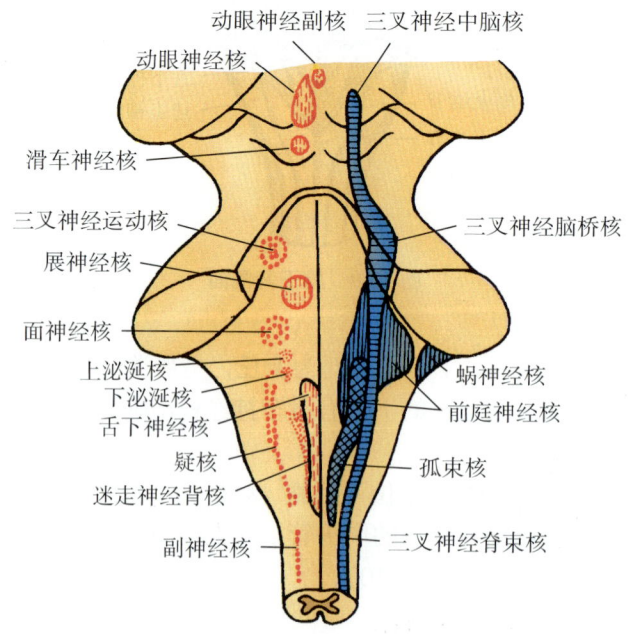

图 20-11　脑神经核在脑干背侧面的投影

表 20-2 脑神经核性质、位置及其功能

功能柱	名称及相连脑神经	位置	功能
躯体运动	动眼神经核（Ⅲ）	中脑	支配五块眼外肌
	滑车神经核（Ⅳ）	中脑	支配眼上斜肌
	三叉神经运动核（Ⅴ）	脑桥	支配咀嚼肌
	展神经核（Ⅵ）	脑桥	支配眼外直肌
	面神经核（Ⅶ）	脑桥	支配面部表情肌
	疑核（Ⅸ、Ⅹ、Ⅺ）	延髓	支配咽喉肌
	副神经核（Ⅺ）	延髓、脊髓	支配胸锁乳突肌、斜方肌
	舌下神经核（Ⅶ）	延髓	支配舌肌
内脏运动	动眼神经副核（Ⅲ）	中脑	支配瞳孔括约肌、睫状肌
	上泌涎核（Ⅶ）	脑桥	控制泪腺、下颌下腺、舌下腺分泌
	下泌涎核（Ⅸ）	延髓	控制腮腺分泌
	迷走神经背核（Ⅹ）	延髓	控制大部分胸、腹腔器官活动
内脏感觉	孤束核（Ⅶ、Ⅸ、Ⅹ）	脑桥、延髓	接受味觉和大部分胸、腹腔器官感觉
躯体感觉	三叉神经中脑核（Ⅴ）	中脑	接受咀嚼肌本体感觉
	三叉神经脑桥核（Ⅴ）	脑桥	接受头面部皮肤、黏膜的触觉
	三叉神经脊束核（Ⅴ、Ⅸ、Ⅹ）	脑桥、延髓	接受头面部皮肤、黏膜、眼的浅感觉
	前庭神经核（Ⅷ）	脑桥、延髓	接受头部位置觉冲动
	蜗神经核（Ⅷ）	脑桥、延髓	接受听觉冲动

（2）非脑神经核：参与构成各种神经传导通路或反射通路的中继核团。**薄束核**和**楔束核**分别位于延髓薄束结节和楔束结节的深面，是薄束和楔束的终止核，传导躯干、四肢的本体感觉和精细触觉。**红核**（red nucleus）位于中脑上丘平面，呈圆柱状红核的传出纤维主要形成对侧的红核脊髓束，影响前角运动神经元的活动。**黑质**（substantia nigra）位于中脑被盖和大脑脚底间的板状灰质，含黑色素和多巴胺等递质。黑质主要与端脑的新纹状体（尾状核和壳）有往返纤维联系，临床上因黑质病变，多巴胺减少，可引起帕金森症。

上丘：人类的上丘主要是视觉反射中枢，发出的纤维在中线交叉后下行，形成顶盖脊髓束，完成由光、声刺激所引起的反射活动。

下丘：是听觉传导通路上的重要中继核。它主要接受起自蜗神经核的外侧丘系纤维，发出纤维至内侧膝状体。下丘也发纤维至上丘，参与听觉反射活动。脑桥核散在位于脑桥基底部，联络一侧大脑与对侧小脑。

2．白质 主要由上、下行纤维束和网状结构组成。

（1）上行传导束：主要有内侧丘系、脊髓丘系、三叉丘系和外侧丘系。

1）**内侧丘系**（medial lemniscus）：由薄束核及楔束核发出的传入纤维，呈弓状绕过中央管腹侧，左、右交叉，称**内侧丘系交叉**；交叉后，在中线两侧上行，组成内侧丘系，终于背侧丘脑的腹后外侧核。传导对侧躯干及肢体的本体感觉和精细触觉。

2）**脊髓丘系**（spinothalamic lemniscus）：脊髓丘脑束进入脑干后，组成脊髓丘系，上行止于背侧丘脑的腹后外侧核。传导对侧躯干及肢体的温、痛、粗触觉。

3）**三叉丘系**（trigeminal lemniscus）：由三叉神经脑桥核和三叉神经脊束核发出的纤维交叉至对侧，组成三叉丘系，至于背侧丘脑的腹后内侧核，传导对侧头面部的痛觉、温度觉

和粗触觉。

4）外侧丘系（lateral lemniscus）：蜗神经核发出的纤维，大部分在脑桥被盖腹侧部左、右交叉至对侧，形成斜方体，上行形成外侧丘系，止于下丘；小部分不交叉纤维加入同侧外侧丘系。故外侧丘系传导双侧的听觉冲动，以对侧为主。

（2）下行传导束：主要是锥体束。**锥体束**（pyramidal tract）由大脑皮质发出控制骨骼肌随意运动的下行纤维束构成。锥体束分为皮质核束和皮质脊髓束：**皮质核束**（corticonuclear tract）下行止于脑干内双侧脑神经运动核（面神经核下半与舌下神经核只接受对侧皮质核束的支配）；**皮质脊髓束**在延髓形成锥体，其中大部分纤维在锥体交叉处互相交叉，形成对侧脊髓内的**皮质脊髓侧束**；小部分纤维不交叉，形成同侧脊髓内的**皮质脊髓前束**。临床上，一侧锥体束损伤时，引起对侧肢体随意运动瘫痪，并有对侧下部面肌和舌肌瘫痪，而其他脑神经运动核的功能不出现障碍。

其他的下行纤维束：有皮质脑桥束（起自大脑皮质，止于脑桥核）、红核脊髓束、顶盖脊髓束和内侧纵束等。

3. 脑干网状结构　在脑干中，除了一些边界清楚的神经核团以及长距离的纤维外还有一些灰质和白质相交织的结构，这种结构称脑干网状结构（reticular formation）。网状结构是中枢神经系统的整合中心，对维持大脑皮质的清醒和警觉、调节躯体运动、内脏活动及参与睡眠发生和抑制等有重要作用。

二、小脑

小脑是重要的运动调节中枢，位于颅后窝，在延髓和脑桥后方，借上、中、下 3 对小脑脚分别与中脑、脑桥和延髓相连。

（一）小脑的外形

小脑（cerebellum）中间狭窄的部分称**小脑蚓**（vermis）；两侧膨隆的部分称**小脑半球**（cerebellar hemisphere）（图 20-12，13）。小脑上面平坦，借小脑幕与大脑枕叶相邻。在小脑半球下面前内侧，各有一突出部称**小脑扁桃体**（tonsil of cerebellum）。当颅内压增高时，小脑扁桃体可嵌入枕骨大孔，从而压迫延髓，形成枕骨大孔疝或称小脑扁桃体疝，导致呼吸、循环障碍，危及生命。

小脑表面有许多平行的浅沟，将小脑表面分成很多狭窄的小脑叶片。半球上面前 1/3 与后 2/3 交界处有一深沟，称**原裂**。小脑下面绒球和小结的后方有一深沟，为**后外侧裂**。根据原裂和后外侧裂及小脑的发生，可将小脑分成三个叶：**绒球小结叶**在小脑的下面，包括半球上的绒球和小脑蚓中的小结，两者间有绒球脚相连；**前叶和后叶**。小脑由内向外可分为三个纵区，即蚓部、半球中间部和半球外侧部。小脑的分区与小脑的种系发生密切相关。绒球小结叶在发生上，出现最早，又称原（古）小脑。蚓部和半球中间部在发生上晚于绒球小结叶，称旧小脑。小脑体外侧部在进化过程中出现最晚，称新小脑。

（二）小脑内部结构

小脑表面的灰质，称**小脑皮质**（cerebellar cortex），深面的白质，称**小脑髓质**（cerebellar medulla）。小脑髓质中埋有灰质核团，称**小脑核**（cerebellar nuclei）。小脑的神经核有 4 对，包括**齿状核**、**栓状核**、**球状核**和**顶核**，其中齿状核最大（图 20-14）。小脑核接受小脑皮质的纤维，发出纤维至丘脑及脑干等处。

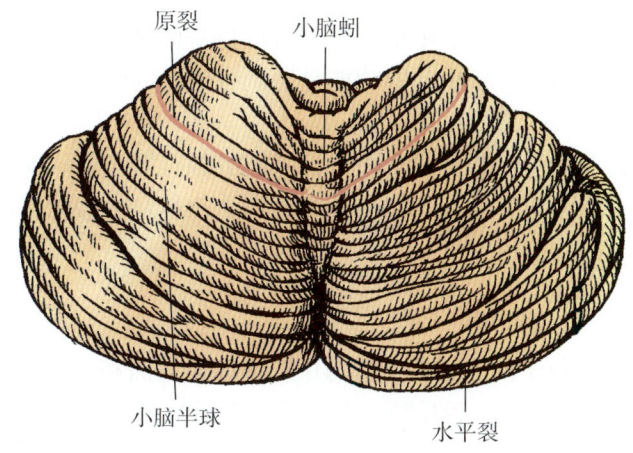

图 20-12 小脑外形（上面）

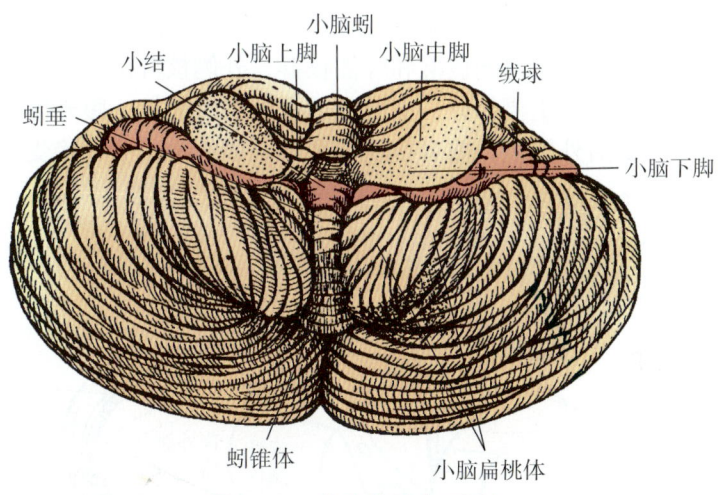

图 20-13 小脑外形（下面）

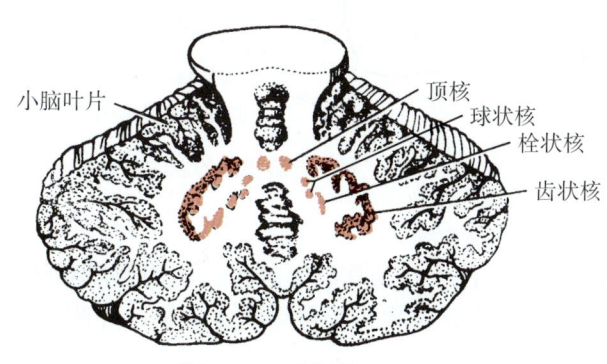

图 20-14 小脑核

（三）小脑的功能

小脑是一个重要的躯体运动调节中枢。原小脑维持身体平衡和协调眼球运动；旧小脑的功能是调节肌张力，姿势维持；新小脑的功能是协调骨骼肌的随意运动，尤其是协调四肢远端骨骼肌的精细运动。

原小脑损伤时，患者平衡失调，站立不稳，眼球震颤。旧小脑病变主要表现为肌张力下降，新小脑损伤主要表现为共济失调，如不能准确用手指鼻，手的轮替运动障碍；意向性震颤等。

三、间脑

间脑（diencephalon）位于两侧大脑半球与中脑之间。背面和两侧被大脑半球掩盖，腹侧部露于脑底。间脑分为背侧丘脑、后丘脑、上丘脑、下丘脑和底丘脑等五部分。

（一）背侧丘脑

1. 外形　背侧丘脑（dorsal thalamus）又称**丘脑**，由1对卵圆形的灰质团块借丘脑间黏合相连而成，丘脑前端隆凸，称**丘脑前结节**；后端膨大，称**丘脑枕**。两侧背侧丘脑间的纵行裂隙称为**第三脑室**（third ventricle）。背侧丘脑被"Y"字形的**内髓板**，此板将丘脑内部的灰质分隔成3个核群，即前核群、内侧核群和外侧核群。**外侧核群**位于内髓板外侧，分为背侧群、腹侧群。腹侧群是丘脑的主要部分，由前向后可分为**腹前核**、**腹外侧核**和**腹后核**。腹后核又分为**腹后内侧核**和**腹后外侧核**，前者接受三叉丘系的纤维，后者接受内侧丘系和脊髓丘系的纤维（图20-15）。

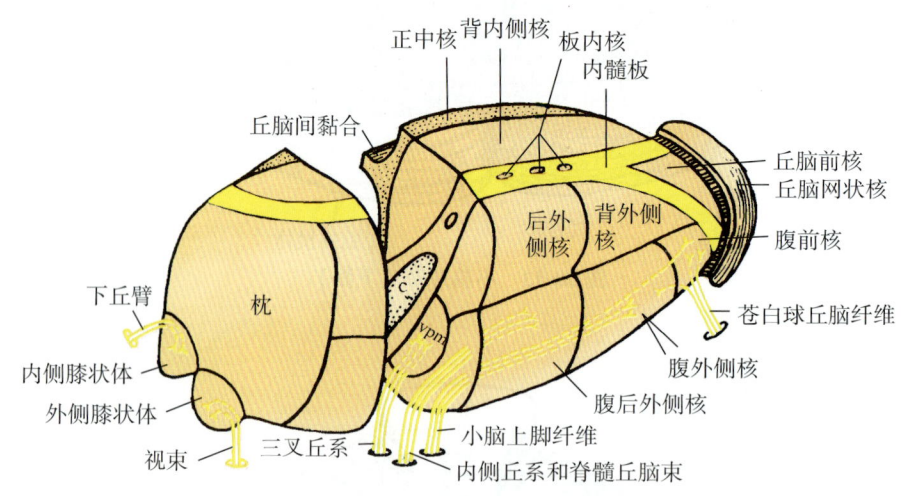

图 20-15　背侧丘脑核团的立体示意图

（二）后丘脑

后丘脑（metathalamus）位于丘脑枕的下外方，由**内侧膝状体**和**外侧膝状体**组成。内侧膝状体接受下丘臂的听觉纤维，发出听辐射至听觉中枢；外侧膝状体接受视束的视觉纤维，发出视辐射至视觉中枢。

（三）下丘脑

下丘脑（hypothalamus）位于背侧丘脑下方，上方借下丘脑沟与背侧丘脑分界。下丘脑构成第三脑室底壁和侧壁的下半。下丘脑由前到后包括：**视交叉**、**灰结节**和**乳头体**。视交叉向后延伸为视束，灰结节向下形成**漏斗**与**垂体**相连。

1. 下丘脑的主要核团　下丘脑神经核团界限不明显，主要有①**视上核**，在视交叉外端的背外侧；②**室旁核**，在第三脑室上部的两侧；③**漏斗核**，位于漏斗深面；④**乳头体核**，在乳头体内（图20-16）。

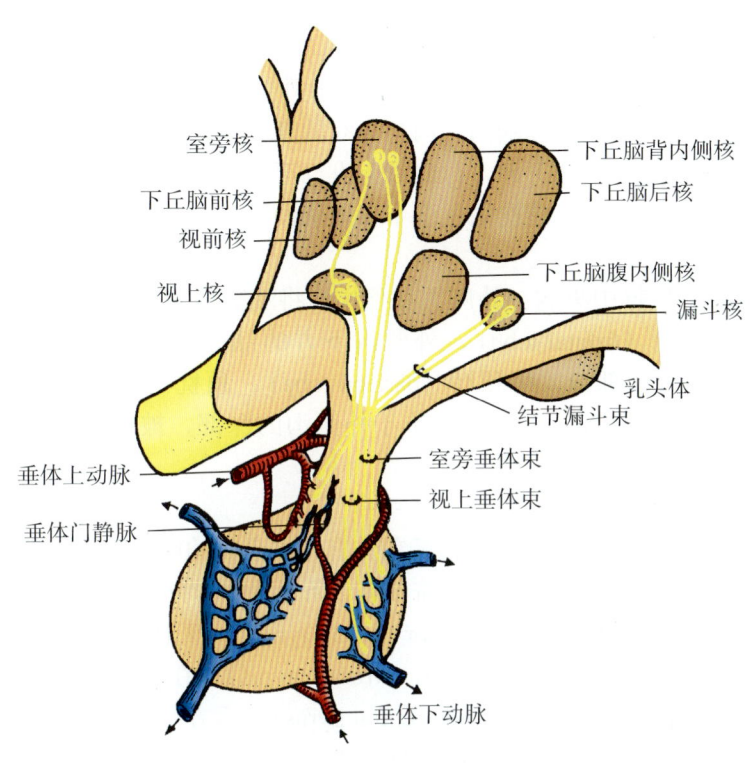

图 20-16　下丘脑主要核团

2. 下丘脑与垂体的纤维联系　下丘脑与边缘系统、背侧丘脑、脑干、脊髓有着广泛的纤维联系，主要是与垂体的联系，下丘脑的视上核和室旁核产生的加压素和催产素，通过其发出视上垂体束投射至神经垂体，漏斗核等合成的多种激素释放（抑制）因子经结节漏斗束，再通过垂体门脉系统，调控腺垂体的内分泌功能。

3. 下丘脑的功能　①神经内分泌中心，通过下丘脑与垂体间的联系，将神经调节与体液调节融为一体。②内脏神经调节，下丘脑是调节交感神经和副交感神经的主要皮质下结构。③食物摄入调节，通过下丘脑饱食中枢和摄食中枢调节摄食行为。④体温调节，下丘脑前区和后区分别对体温升高和降低敏感，体温升高时启动散热机制，体温降低时启动产热机制。⑤昼夜节律调节。

（四）上丘脑和底丘脑

上丘脑（epithalamus）位于第三脑室顶部的周围，后方连有松果体。松果体是内分泌腺，16岁后钙化，可作为X线诊断的定位标志。**底丘脑**（subthalamus）是间脑和中脑的移行区，表面不可见。

第三脑室（third ventricle）位于间脑的中线上，呈矢状位的裂隙状，向前经两个室间孔与大脑半球内的侧脑室相通，向后通中脑水管。第三脑室顶部成自脉络组织和脉络丛。

四、端脑

端脑（telencephalon）是脑的最发达部分，由左、右两个大脑半球借胼胝体连接而成。两侧大脑半球之间为**大脑纵裂**，端脑与小脑间为**大脑横裂**。大脑半球表面灰质层为**大脑皮质**（cerebral cortex），深部白质为**大脑髓质**（cerebral medulla），位于髓质内的灰质核团，称**基底核**（basal nuclei）。大脑半球内的空腔，称**侧脑室**（lateral ventricle）。

（一）端脑的外形和分叶

1．端脑的外形　每侧大脑半球有三个面，即上外侧面、内侧面和底面。大脑半球表面凹凸不平，布满深浅不一的沟，称**脑沟**。沟与沟间的隆起，称**脑回**。有三个深而恒定的脑沟作为分叶标志：**外侧沟**起自半球下面，行向后上方，至上外侧面。**中央沟**起自半球上缘中点稍后方，在上外侧面斜向前下。**顶枕沟**位于半球内侧面后部，起自距状沟，自前下向后上并稍转向上外侧面。

2．端脑的分叶　根据中央沟、外侧沟和顶枕沟将端脑分为五个脑叶，中央沟前方、外侧沟上方部分，称**额叶**（frontal lobe）；外侧沟下方的部分，称**颞叶**（temporal lobe）；中央沟后方、外侧沟上方的部分，称**顶叶**（parietal lobe）；顶枕沟的后下方的部分，称**枕叶**（occipital lobe）；**岛叶**（insula）呈三角形位于外侧沟的深部，被额、顶、颞叶所覆盖（图20-19）。

3．端脑各面的重要沟回

（1）上外侧面（图20-17）：在中央沟的前方有与之平行的中央前沟，两沟间的脑回为**中央前回**（precentral gyrus）。在中央前沟的前方有2条近水平方向走行的沟，分别为**额上沟**和**额下沟**。额上沟以上部分为**额上回**（superior frontal gyrus），额上、下沟间为**额中回**（middle frontal gyrus），额下沟以下为**额下回**（inferior frontal gyrus）。在中央沟的后方有与之平行的中央后沟，两沟间的脑回为**中央后回**（postcentral gyrus），后方有水平方向的顶内沟，将中央后沟后方的顶叶分为**顶上小叶**和**顶下小叶**。顶下小叶又分为包绕外侧沟末端的**缘上回**和围绕在颞上沟末端的**角回**（angular gyrus）。

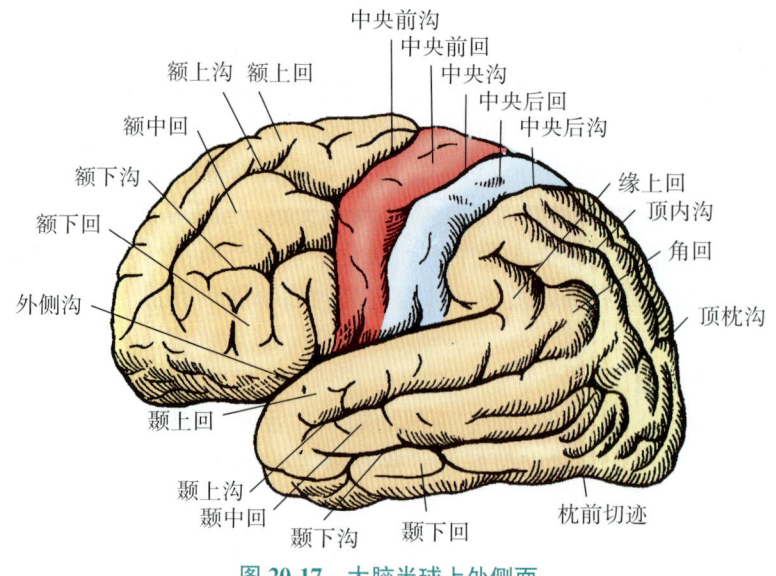

图 20-17　大脑半球上外侧面

在颞叶，在外侧沟下方有与之平行的颞上沟和颞下沟，颞上沟上方为**颞上回**（superior temporal gyrus）。在颞上沟的下壁上有两、三条短的横行的脑回，称为**颞横回**（transverse temporal gyrus）。颞上、下沟间为**颞中回**，颞下沟以下为**颞下回**。

（2）内侧面（图 20-18）：大脑半球内侧面中部有前后方向略呈弓形的纤维束断面，称**胼胝体**（corpus callosum）。围绕在胼胝体背面的环行沟，称胼胝体沟，其上方有与之平行的扣带沟，两沟间的脑回，称**扣带回**（cingulate gyrus）。中央前、后回自上外侧面延续进入内侧面的部分，称**中央旁小叶**（paracentral lobule）。在内侧面后部，有始于胼胝体后下方的**距状沟**，顶枕沟与距状沟间的三角区，称**楔叶**，距状沟以下为舌回。

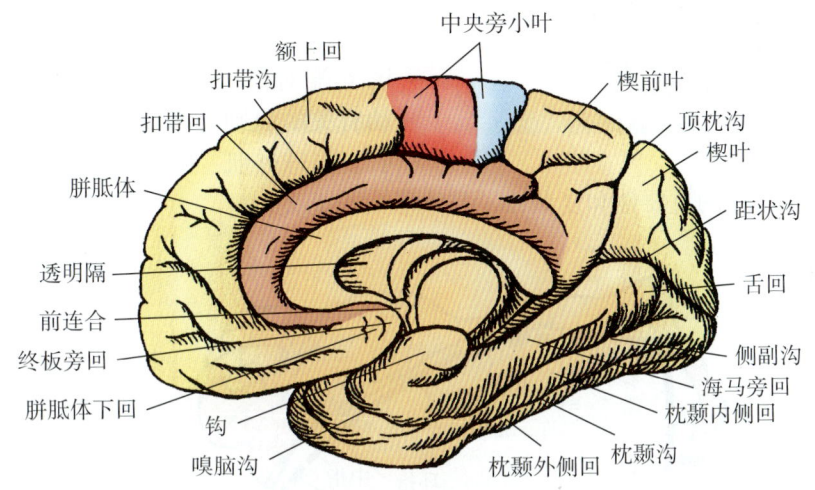

图 20-18　大脑半球内侧面

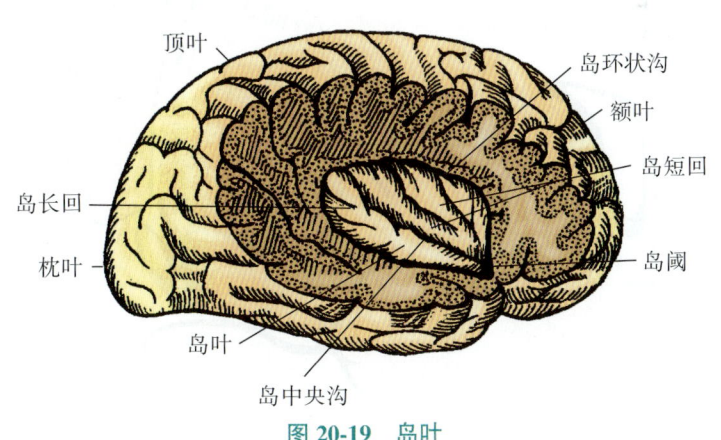

图 20-19　岛叶

（3）下面：额叶的下面有纵行的**嗅束**，其前端膨大为**嗅球**，与嗅神经相连，向后延伸为**嗅三角**。颞叶下面有与大脑半球下缘平行的枕颞沟，此沟内侧有与之平行的侧副沟，两沟间的部分为枕颞内侧回，枕颞沟的外侧为枕颞外侧回，侧副沟的内侧为**海马旁回**（parahippocampal gyrus），其前端弯曲，称钩（图 20-20）。

（二）大脑皮质功能定位

大脑皮质是脑的最重要部分，是高级神经活动的物质基础。机体各种功能活动的最高中

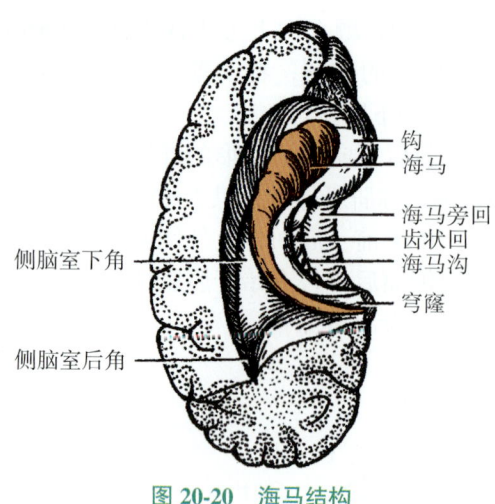

图 20-20 海马结构

枢在大脑皮质上具有定位关系，形成许多重要的中枢。

1. 躯体运动区（somatic motor area）位于中央前回和中央旁小叶的前部。该区对全身骨骼肌运动的管理有一定的局部定位关系（图 20-21），其特点为①倒立人形，但头部是正立的，中央前回最上部和中央旁小叶前部与下肢、会阴部运动有关，中部与躯干、上肢的运动有关，下部与面、舌、咽、喉的运动有关；②左、右交叉，即一侧运动区支配对侧肢体的运动，但一些与联合运动有关的肌则受两侧运动区支配，如面上部肌、眼球外肌、咽喉肌等。③身体各部代表区的投影取决于功能的重要性和复杂性，与体形大小无关。

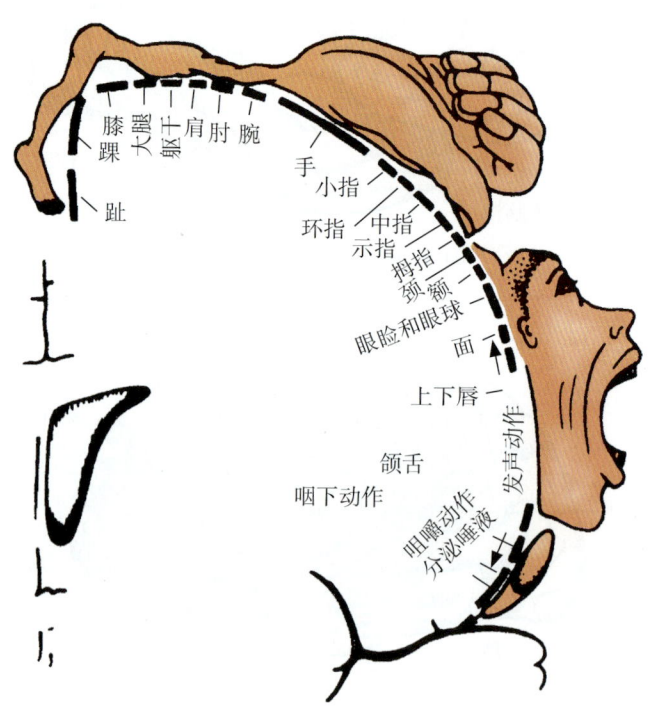

图 20-21 大脑皮质的躯体运动区

2. 躯体感觉区（somatic sensory area）位于中央后回和中央旁小叶后部。身体各部投影和躯体运动区相似（图 20-22），其特点为①倒立人形，但头部正立；②左、右交叉；③身体各部代表区的投影取决于该部感觉敏感程度，与体形大小无关。

3. 视区（visual area）位于距状沟上、下方的枕叶皮质（图 20-18）。接受来自外侧膝状体的投射纤维（视辐射）。一侧视区受损时，会出现双眼对侧视野的同向性偏盲。

4. 听区（auditory area）位于颞横回，接受来自内侧膝状体的纤维（听辐射）。因每侧

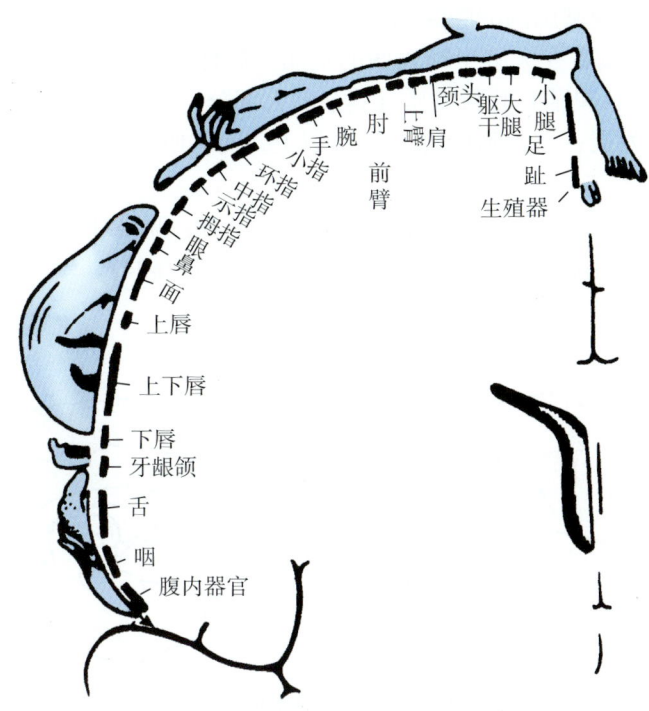

图 20-22　大脑皮质的躯体感觉区

听区接受来自两耳的冲动，当一侧听区受损，不致引起全聋。

5. **语言中枢**　包括说话、听话、书写、阅读 4 个区（图 20-23）。①**运动性语言中枢**（说话中枢），位于额下回后部，如此区受损，患者能发音，却不能说出有意义的语言，称运动性失语症；②**听觉性语言中枢**（听话中枢），位于颞上回后部，如果此区受损，患者能听到别人讲话，但不能理解讲话人的意思，称感觉性失语症；③**书写中枢**，位于额中回后部，如果此区受损，虽然手的运动功能仍然保存，但写字、绘图等精细动作不能完成，称失写症；④**视觉性语言中枢**（阅读中枢），位于角回。如果此区受损，虽无视觉障碍，但不能理解文字符号的意义，称失读症。

（三）端脑的内部结构

端脑的内部结构由：位于端脑表层的灰质称皮质；表层下的白质称为髓质；埋在白质内

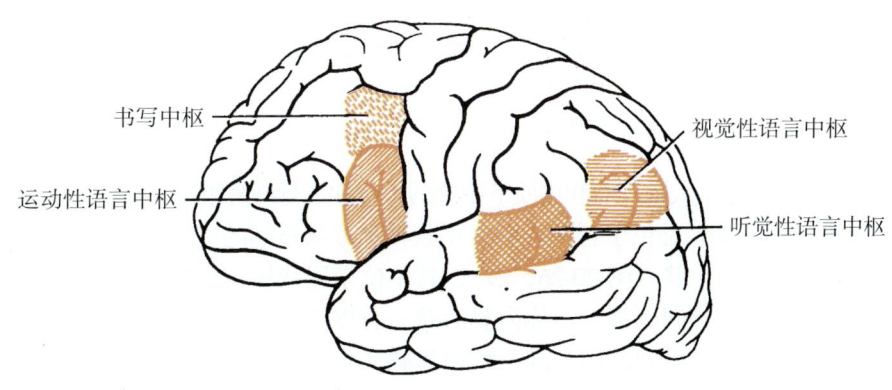

图 20-23　语言中枢

的灰质核团称为基底核及端脑内的腔隙称为侧脑室共同构成。

1. **大脑皮质** 是覆盖在大脑半球表面的灰质。按种系发生的顺序，可分为原皮质（海马；齿状回）、旧皮质（嗅脑）和新皮质（其余的大部分）。原皮质、旧皮质与嗅觉和内脏活动有关，新皮质高度发展，占大脑皮质的96%以上，而将原皮质和旧皮质推向大脑半球的内侧面和下面。

2. **大脑的髓质** 大脑半球内部的神经纤维可分为三种：联络纤维、连合纤维和投射纤维。

（1）**联络纤维**：联系同侧半球各部分皮质的纤维（图20-24）。

（2）**连合纤维**：为连接两侧大脑半球皮质的纤维。

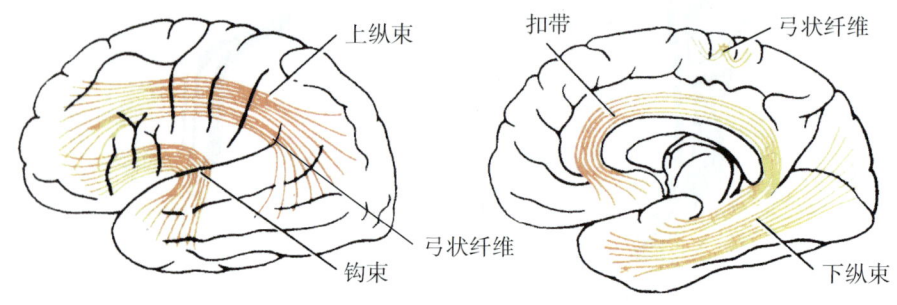

图 20-24 大脑半球的联络纤维

胼胝体：是最大的连合纤维，连接两半球新皮质的广大区域（图20-25）。在正中矢状面上，胼胝体呈弓形，由前向后可分为4部分。前部尖细，称胼胝体嘴；弯曲部称胼胝体膝，中间的大部分称胼胝体干；后部钝圆，称胼胝体压部。

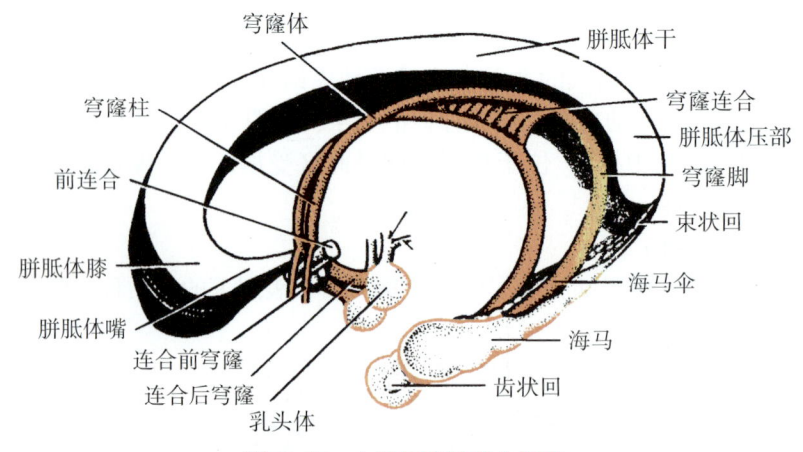

图 20-25 大脑半球的连合纤维

（3）**投射纤维**：由连接大脑皮质和皮质下中枢的上行和下行纤维组成，它们大部分经过内囊。

内囊（internal capsule）是位于背侧丘脑、尾状核和豆状核间的宽厚白质板。在大脑水平切面上，左、右略呈"＞＜"状（图20-26，27），其中位于尾状核与豆状核间的部分，称**内囊前肢**；位于背侧丘脑与豆状核间的部分，称**内囊后肢**，有皮质脊髓束：丘脑中央辐射、视辐射和听辐射等纤维通过。前、后肢间的结合部，称**内囊膝**，有皮质核束通过。一侧内囊大范围损伤时，患者可出现对侧肢体偏身运动障碍、偏身感觉障碍和偏盲，即"三偏综合征"。

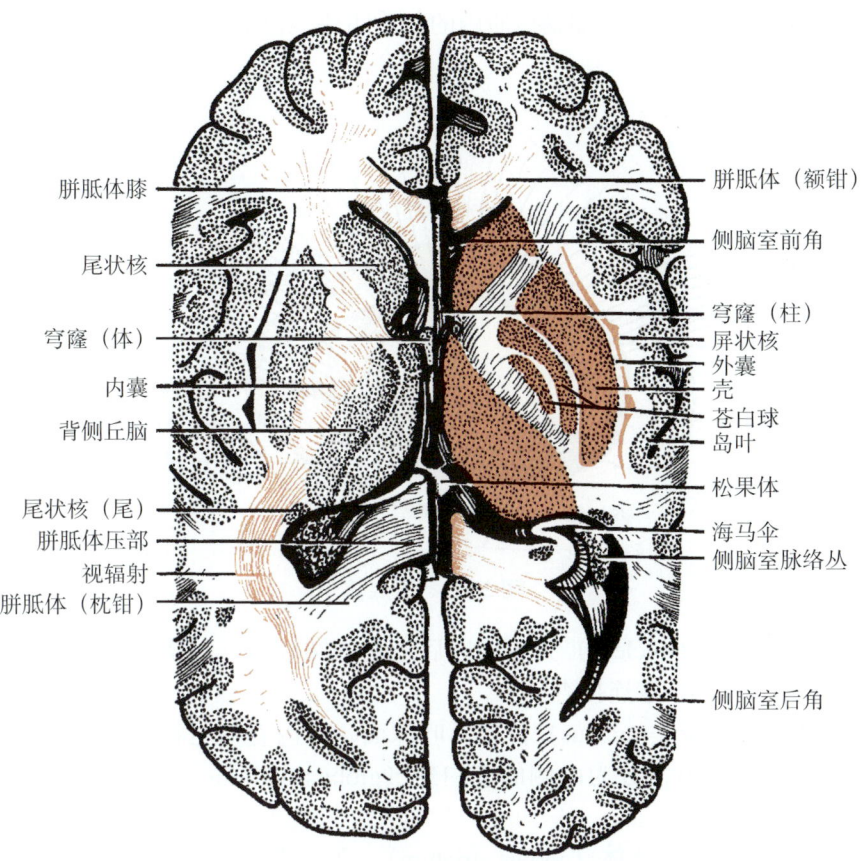

图 20-26 大脑半球水平切面（示内囊）

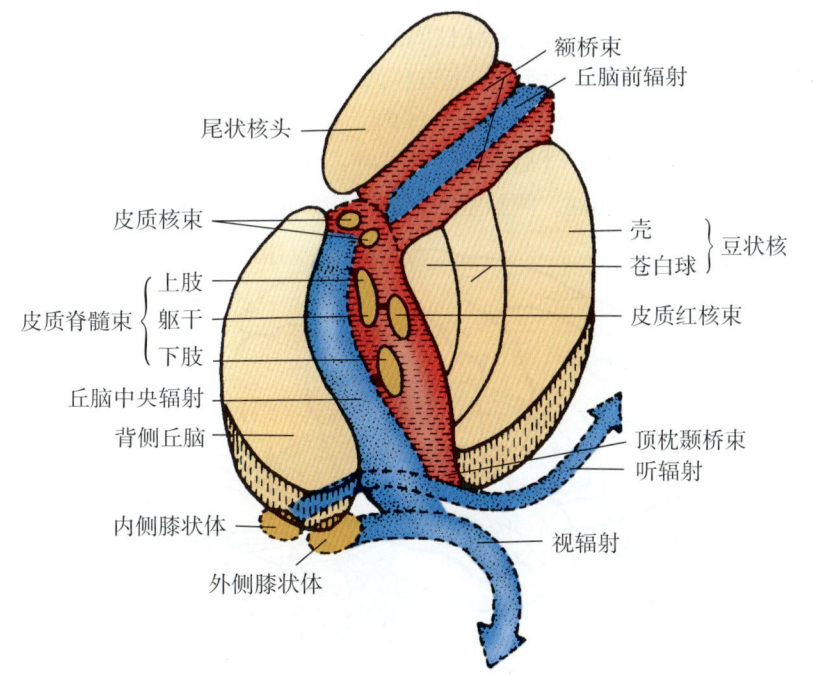

图 20-27 内囊模式图

3．**基底核**（basal nuclei）在端脑白质内的灰质团块，包括尾状核、豆状核、屏状核和杏仁体（图 20-28）。

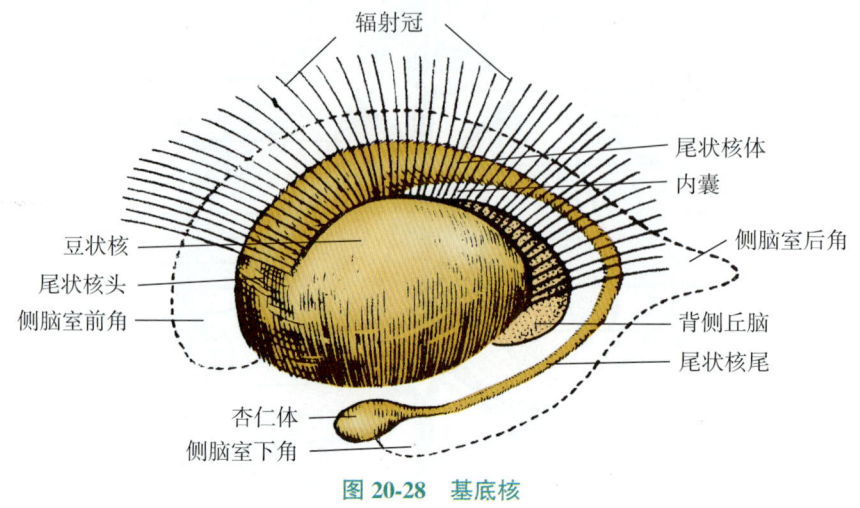

图 20-28　基底核

（1）**尾状核**（caudate nucleus）为由前向后弯曲的圆柱体，围绕豆状核及背侧丘脑，分为头、体、尾 3 部，尾部末端连接杏仁体。

（2）**豆状核**（lentiform nucleus）位于岛叶深面，借内囊与尾状核和背侧丘脑分开。此核在水平切面上呈三角形，分为内侧的**苍白球**（globus pallidus）和外侧**壳**（putamen）两个部分。

尾状核与豆状核合称**纹状体**（corpus striatum）。在种系发生上，苍白球较古老，称旧纹状体；尾状核和壳发生较晚，称新纹状体。纹状体是锥体外系的重要组成部分，在调节躯体运动中起重要作用。

（3）**屏状核**：是位于岛叶皮质与豆状核间的灰质，其功能不明。

（4）**杏仁体**：位于侧脑室下角前端的上方、海马旁回钩的深面，属于边缘系统的一部分。

4．**侧脑室**（lateral ventricle）　位于大脑半球内、左右对称的腔隙，分为 4 部分：①中央部，位于顶叶内；②前角，伸向额叶；③后角，伸向枕叶；④下角，最长，伸向颞叶内。左、右侧脑室经左、右室间孔与第三脑室相通。侧脑室内有脉络丛，是产生脑脊液的主要部位（图 20-29）。

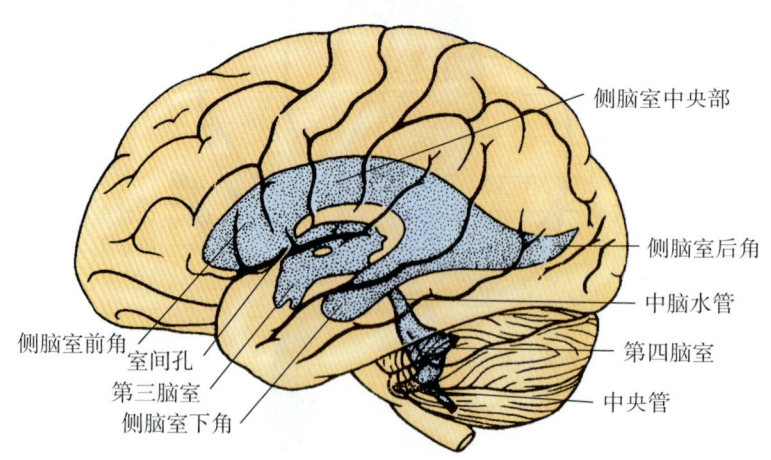

图 20-29　脑室投影图

知识链接

1. 脑干的网状结构　脑干内灰质和白质相交织的结构，其内有心血管运动中枢、呼吸中枢，以及血压调节中枢和呕吐中枢等重要的生命中枢。脑干出血常累及脑干内的生命中枢，因此脑干出血的死亡率极高。

2. 小脑损伤的表现　小脑病变常常出现小脑性共济失调，常见的功能障碍主要有以下几个方面：①姿势和步态异常，表现为站立不稳、步基增宽、步态蹒跚、左右摇晃不定，出现躯干性共济失调；②协调障碍，由于随意运动的速度、节律、幅度和力量等协调障碍，患者常出现辨距不良、意向性障碍、精细动作协同不能、轮替动作异常、书写障碍（大写症）等小脑性笨拙综合征；③言语障碍，发言器官和肌肉的共济失调可出现说话缓慢、言语不清、声音断续、顿挫等，出现爆破音和吟诗样语言等；④其他症状，小脑病变还可出现肌张力下降共济失调性眼球震颤等症状。

3. 内囊损伤　内囊是投射纤维高度集中的区域，所以此处病灶即使不大，也会导致严重后果。如营养一侧内囊的小动脉破裂（脑出血）或栓塞时，只是内囊膝、后肢受损，出现对侧半身躯体感觉障碍（损伤下丘脑中央辐射）、对侧半身躯体运动障碍（损伤了皮质脊髓束和皮质核束）、双眼对侧半视野偏盲（损伤了视辐射），即临床所谓"三偏综合征"。

案例一

患者，男，35岁，不幸遭遇车祸后左下肢不能随意运动，呈痉挛性瘫痪，腱反射亢进，本体感觉和精细触觉丧失，脐平面以下有半身痛、温度觉丧失，诊断为"椎骨骨折并脊髓损伤"。请思考：

1. 椎骨骨折在什么部位？
2. 脊髓损伤在哪一节段？
3. 损伤了哪些传导束？

案例二

患者，男，67岁，在观看世界杯比赛后突然晕倒，意识丧失。意识恢复后发现：右侧上、下肢痉挛性瘫痪；腱反射亢进；笑时口角歪向右侧；伸舌舌尖偏向右侧；右侧半身感觉障碍；瞳孔对光反射正常，但患者两眼右侧半视野缺损。医生诊断为"脑出血"。请思考：

1. 患者脑出血在何部位？
2. 损伤了哪些纤维束？
3. 为什么出现上述表现？

（林桂军）

第二十一章

周围神经系统

学习目标

记忆

1. 复述如下内容：脊神经的构成及分支，颈丛、臂丛、腰丛、骶丛的位置、主要分支及分布，12 对脑神经的名称、序号、连接脑部和进出颅部位，Ⅲ～Ⅶ对脑神经的主要分支及分布范围和功能作用，交感神经和副交感神经的低级中枢部位。
2. 定义内脏神经系统、交感干、交通支、牵涉性痛的概念。

理解

1. 归纳腋神经、正中神经、尺神经、脑神经、胫神经、腓总神经损伤后的主要表现，交感神经的分布概况，内脏感觉神经的特点。
2. 比较内脏运动神经和躯体运动神经，交感神经和副交感神经的主要区别。
3. 说明交感神经节前纤维和节后纤维的走行规律。

应用

1. 结合腋神经、正中神经、尺神经、桡神经、胫神经、腓总神经和脑神经损伤后的主要临床表现，分析其走行特点及分支分布。
2. 举例说明交感神经和副交感神经对内脏器官的双重支配。

周围神经系统（peripheral nervous system）由神经、神经节、神经丛等构成，其一端连于中枢神经系统的脑或脊髓，另一端借各种末梢装置连于身体各系统、器官。根据与中神经系统连接部位不同，可分为：①脊神经，与脊髓相连，共 31 对；②脑神经，与脑相连共 12 对。根据分布对象的不同，又可分为①躯体神经，公布于体表，骨关节和骨骼肌；②内脏神经，分布于内脏心血管和腺体。为了学习理解的方便，通常按脊神经、脑神经和内脏神经三节叙述。

第一节 脊 神 经

脊神经（spinal nerves）有 31 对（图 21-1），从上到下可分为 5 部分，其中包括 8 对**颈神经**（cervical nerve），12 对**胸神经**（thoracic nerve），5 对**腰神经**（lumbar nerve），5 对**骶神经**（sacral nerve），1 对**尾神经**（coccygeal nerve）。脊神经由前根和后根在椎间孔处汇合而成，

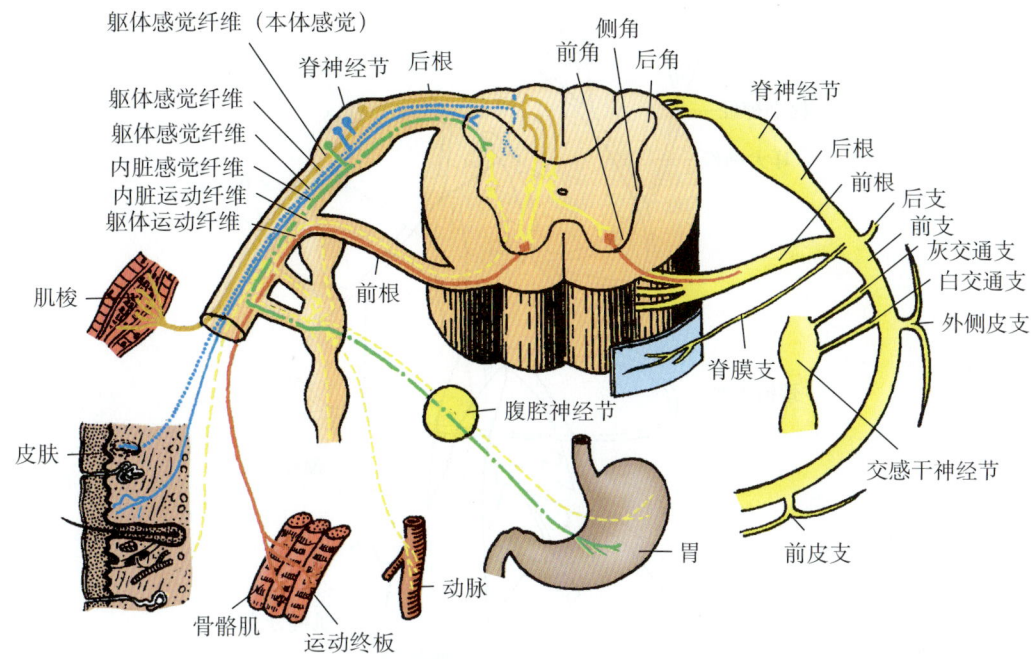

图 21-1 脊神经的组成和分布模式图

前根内含有躯体运动纤维和内脏运动纤维；**后根**内含有躯体感觉纤维和内脏感觉纤维，合成后的脊神经有 4 种神经纤维，为**混合性神经**。

脊神经出椎间孔立即分为前支、后支、脊膜支和交通支（图 21-1）。前支较粗大分布躯体前外侧及四肢的肌肉和皮肤，除胸神经有明显的节段性外，其余各部脊神经前支分别交织成丛，形成 4 个脊神经丛，即**颈丛**、**臂丛**、**腰丛**和**骶丛**，然后再发神经至相应的区域。后支较细小仅分布到颈部、背部、腰骶部的深层肌肉和皮肤。

一、颈丛

颈丛（cervical plexus）由第 1～4 颈神经前支交织构成，位于胸锁乳突肌上部的深方（图 21-2，3），其分支有皮支和膈神经。

皮支自胸锁乳突肌后缘中点附近浅出，在浅筋膜中呈放射状分布：①枕小神经，行向后上至枕部及耳郭背面的皮肤。②耳大神经，行向前上至耳郭及其附近的皮肤。③颈横神经，行向前至颈前部皮肤。④锁骨上神经，分多支行向下外至颈外侧下部、胸壁上部和肩部的皮肤。颈部手术时麻醉颈丛皮支，注射部位即在胸锁乳突肌后缘中点处。

膈神经（phrenic）（图 21-4）是颈丛中最重要的分支，为混合性神经，先位于前斜角肌上端外侧，继而沿该肌前面下降至肌内侧，在锁骨下动、静脉之间入胸廓上口进入胸腔，在纵隔内肺根的前方下行至膈肌，肌支支配膈肌的运动；感觉纤维分布到胸膜、心包，右膈神经还穿膈分布于肝、胆表面的腹膜。

膈神经损伤的主要表现是同侧半膈肌瘫痪，腹式呼吸减弱或消失，严重者可有窒息感。膈神经受刺激时可产生呃逆。

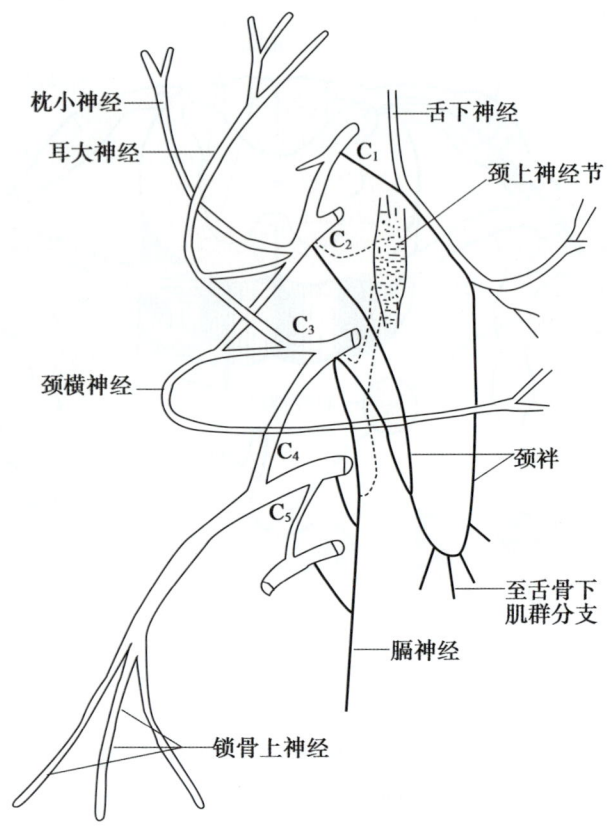

图 21-2　颈丛的组成

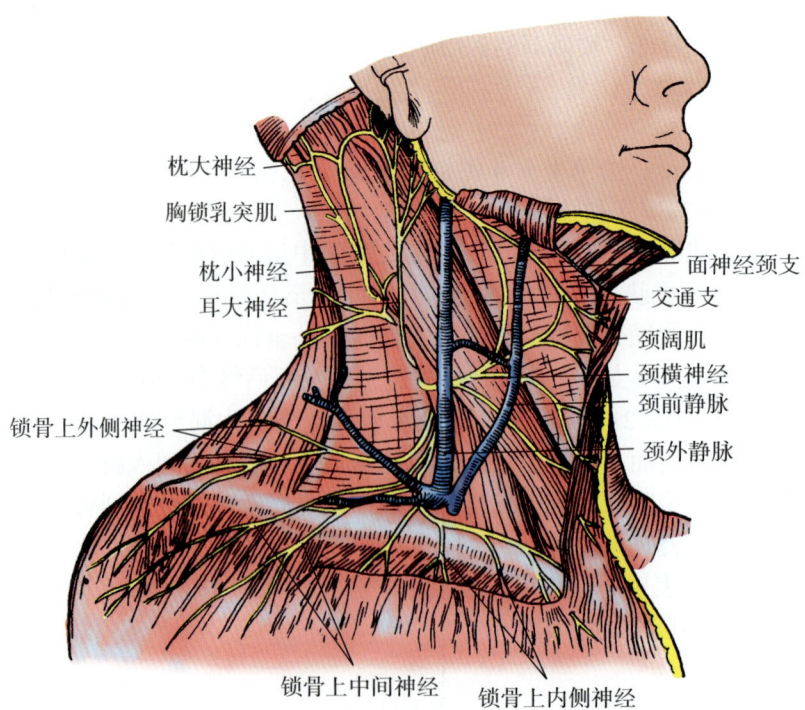

图 21-3　颈丛皮支

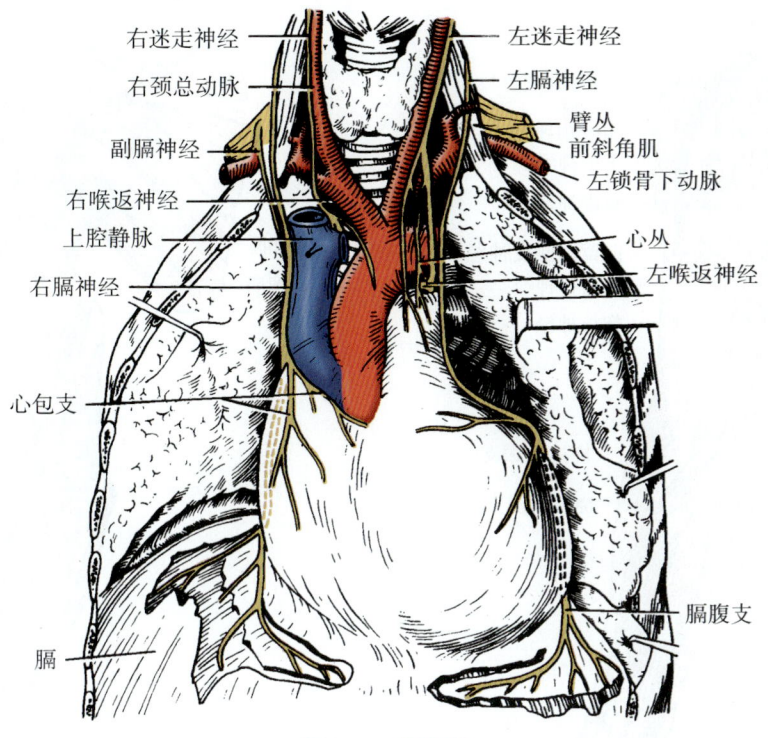

图 21-4　膈神经

二、臂丛

臂丛（brachial plexus）由第 5～8 颈神经前支和第 1 胸神经前支大部分纤维组成，自颈根部穿**斜角肌间隙**，向外下至腋窝，经锁骨中点的深方，围绕腋动脉排列分支分布于腋部、肩部及上肢的肌和皮肤。临床上臂神经丛阻滞麻醉可在锁骨中点上方或腋动脉周围进行。臂丛的主要分支如下（图 21-5，6，7）。

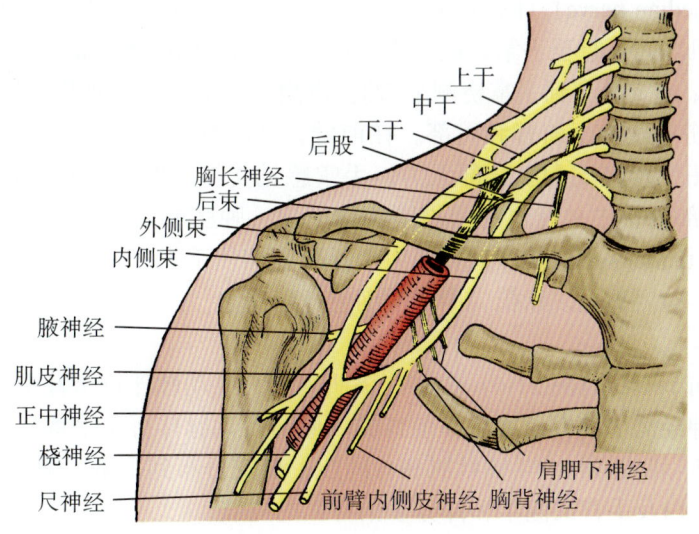

图 21-5　臂丛组成模式图

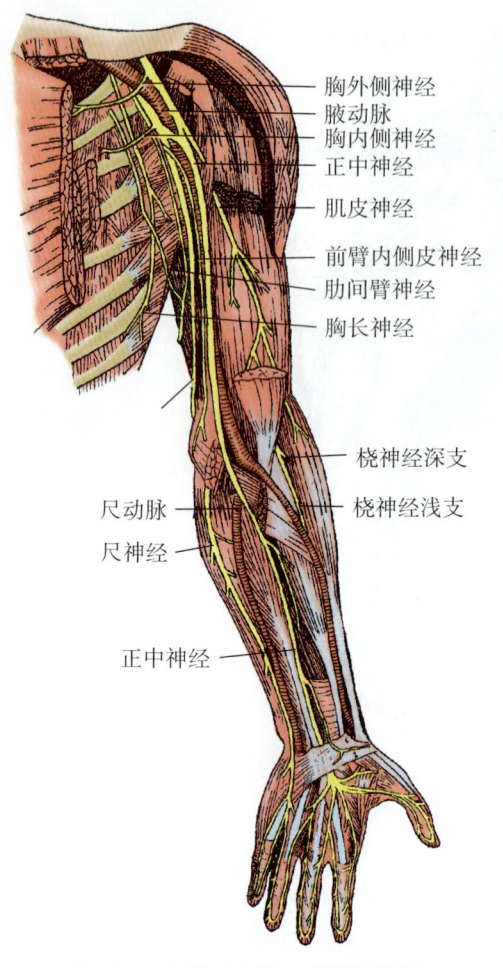

图 21-6　上肢（左侧）前面的神经

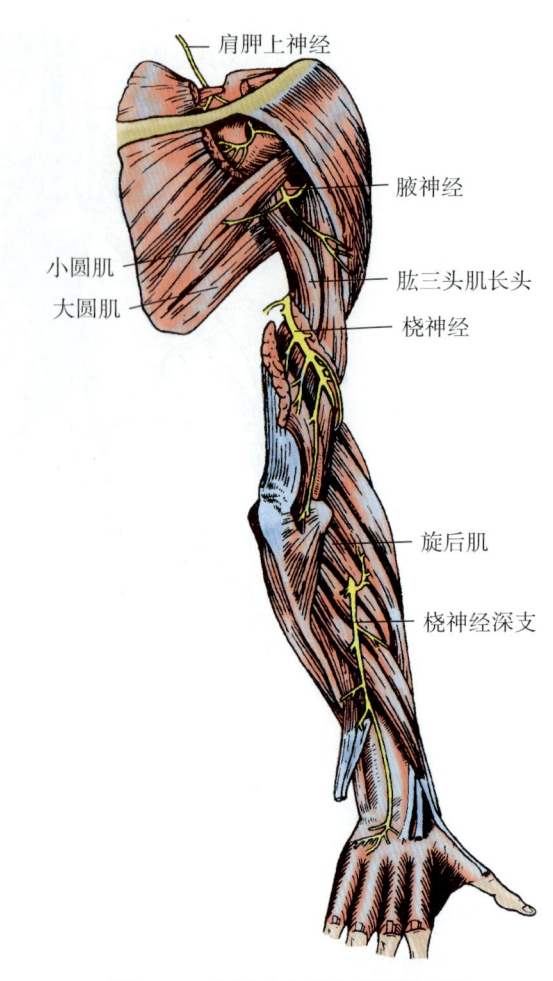

图 21-7　上肢（右侧）后面的神经

（一）正中神经

正中神经（median nerve）（图 21-6）与肱动脉伴行，沿肱二头肌内侧下行至肘窝，在前臂的浅、深层屈肌之间下行至手掌。肌支支配前臂外侧的大部分屈肌、旋前圆肌、鱼际肌以及第 1、2 蚓状肌；皮支分布到手掌桡侧半 2/3、桡侧三个半手指掌面及部分指尖背侧的皮肤。

正中神经损伤易发生于前臂和腕部。在前臂，神经穿旋前圆肌及指浅屈肌起点腱弓处易受压迫，形成正中神经支配肌全部无力，手掌感觉受损，即所谓**旋前肌综合征**（pronator syndrome）。在腕部内正中神经也易因周围结构炎症、肿胀或关节变化而受压迫，即形成**腕管综合征**（carpal tunnel syndrome）。表现为鱼际肌萎缩使手掌变平坦，似猴的手掌，因此称为"**猿手**"（图 21-8）。拇指、示指、中指掌面感觉障碍。

（二）尺神经

尺神经（ulnar nerve）（图 21-6）在肱二头肌内侧与肱动脉伴行至臂中部，再向下至肱骨内上髁后方的**尺神经沟**至前臂，之后在前臂的内侧与尺动脉伴行至手掌，肌支支配前臂内侧小部分屈肌，小鱼际肌，第 3、4 蚓状肌和骨间肌，皮支分布到手掌尺侧半 1/3 和尺侧一个半手指掌面的皮肤，以及手背尺侧半和部分手指背面的皮肤。

尺神经于肱骨内上髁的后方位置表浅，易受损伤，受损后表现为第 3、4 蚓状肌萎缩，使第4、5指的掌指关节过伸，指间关节过屈，呈现"爪形手"（图21-8），小鱼际肌、骨间肌萎缩，以及皮支分布的手掌尺侧半1/3和尺侧一个半手指掌面的皮肤，以及手背尺侧半和部分手指背面的皮肤感觉丧失。

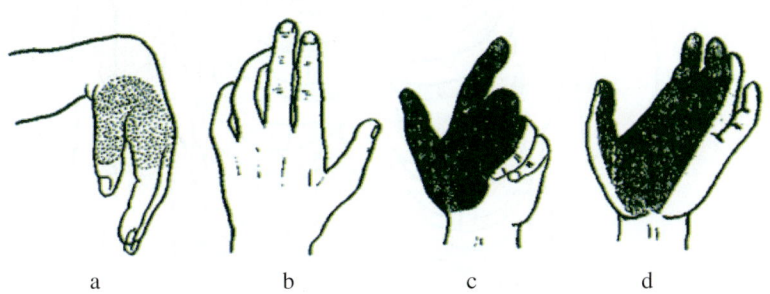

图21-8　桡、尺、正中神经损伤时的手形及皮肤感觉丧失去

a. 垂腕（桡神经损伤）；b. 爪形手（尺神经损伤）；c. 正中神经损伤手形；d. 猿掌（正中神经与尺神经损伤）

（三）桡神经

桡神经（radial）（图21-7）紧贴肱骨的桡神经沟向外下行，至前臂背侧和手背。肌支支配肱三头肌，及前臂背侧的全部伸肌。皮支分布到整个上肢背侧、手背桡侧半及桡侧半部分指背的皮肤。

桡神经在肱骨中段骨折时易受损，损伤后表现为上肢的全部伸肌瘫痪，肘关节屈曲、腕关节呈"**垂腕**"（图21-8）状态。手背第1、2掌骨间的皮肤感觉丧失最明显。

（四）肌皮神经

肌皮神经（musculocuteneous nerve）肌支支配臂部前群肌的肱肌、肱二头肌和喙肱肌，皮支支配前臂部外侧皮肤。单纯肌皮神经损伤少见，多伴随肩关节损伤、肱骨骨折时一并受累，此时屈肘无力及前臂外侧皮肤感觉减弱。

（五）腋神经

腋神经（axillary）肌支主要支配三角肌和小圆肌，皮支支配肩部外侧皮肤。肱骨外科颈骨折、肩关节脱位或被腋杖压迫，都可造成腋神经损伤而导致三角肌瘫痪，臂不能外展，肩部、臂外上部感觉障碍。由于三角肌萎缩，肩部失去圆隆的外形。

三、胸神经前支

胸神经前支共12对，第1～11对位于相应的肋间隙中称为**肋间神经**（intercostal nerve），第12对位于第12肋的下方称为**肋下神经**（subcostal nerve）。肌支：上6对肋间神经支配肋间肌、上后锯肌和胸横肌，下5对肋间神经和肋下神经支配肋间肌及腹肌前外侧群。

胸神经前支在胸、腹壁皮肤阶段性分布最为明显（图21-9，10），由上向下按顺序依次排列。第2对肋间神经分布区相当胸骨角平面；第4对肋间神经分布区相当乳头平面；第6对肋神经分布区相当剑突平面；第8对肋间神经分布区相当肋弓平面；第10对肋间神经分布区相当脐平面；第12对肋间神经分布区相当脐与耻骨联合连线中点平面，即耻骨联合上部的区域，临床上常根据此标志来测定麻醉平面的高低和感觉障碍的定位。

四、腰丛

腰丛（lumbar plexus）是由第12胸神经前支一部分、第1～3腰神经前支及第4腰神

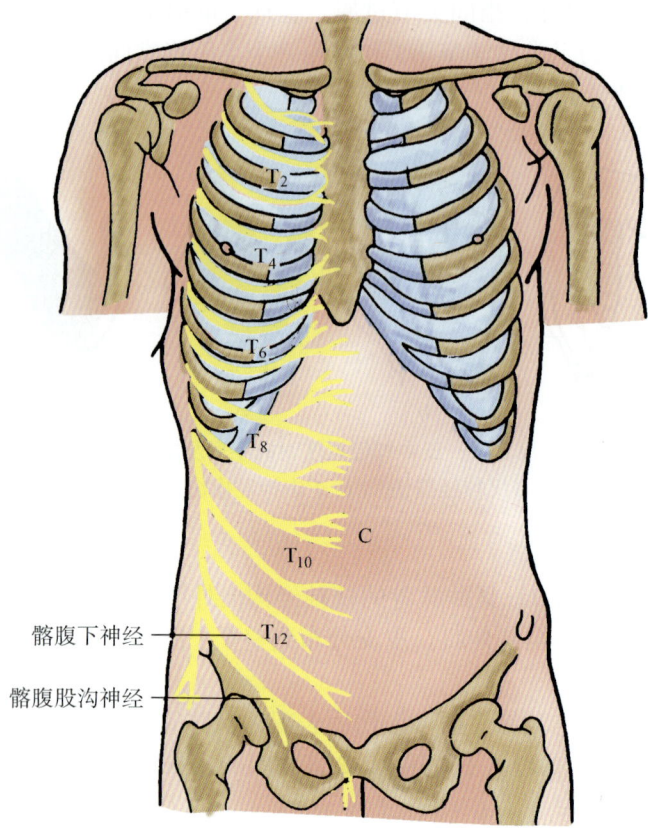

图 21-9　躯干前面的皮神经

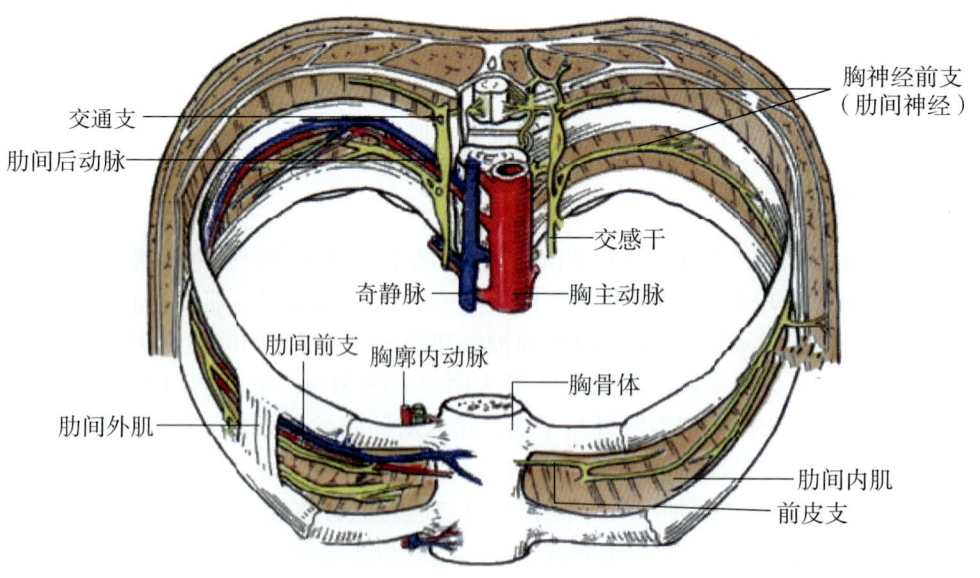

图 21-10　肋间神经走行

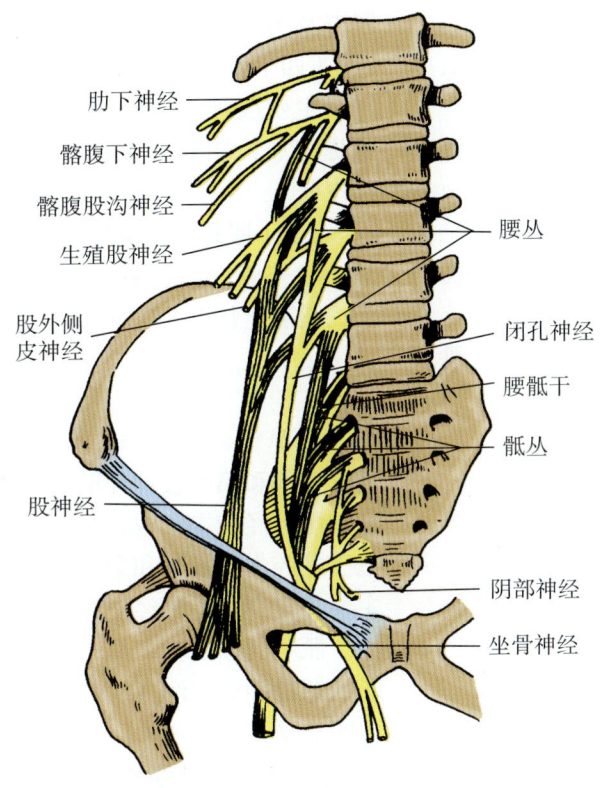

图 21-11　腰骶丛模式图

经前支的一部分组成，位于腰大肌深面腰椎横突前方（图 21-11）。其主要分支有髂腹下神经、髂腹股沟神经、股神经、生殖股神经、闭孔神经和股外侧皮神经。

（一）髂腹下神经和髂腹股沟神经

髂腹下神经平行于腹股沟管上方 3cm 浅出；髂腹股沟神经走行于腹股沟管内浅环浅出，两神经均分布于腹股沟区皮肤和肌肉，疝修补术时应注意保护。

（二）股神经

股神经（femoral nerve）（图 21-12）是腰丛最大的分支，发出后先经腰大肌外侧下行，经腹股沟韧带的深方，于股动脉的外侧进入大腿的前面股三角，肌支支配股四头肌、缝匠肌，皮支称为隐神经分布到大腿前面和小腿内侧面皮肤。

股神经损伤后表现为屈髋无力，坐位时不能伸膝，行走困难，膝跳反射消失，大腿前面和小腿内侧皮肤感觉障碍。

（三）闭孔神经

闭孔神经（obturator nerve）沿腰大肌内侧缘向下，循骨盆侧壁向前，穿闭膜管至大腿内侧。肌支支配大腿内收

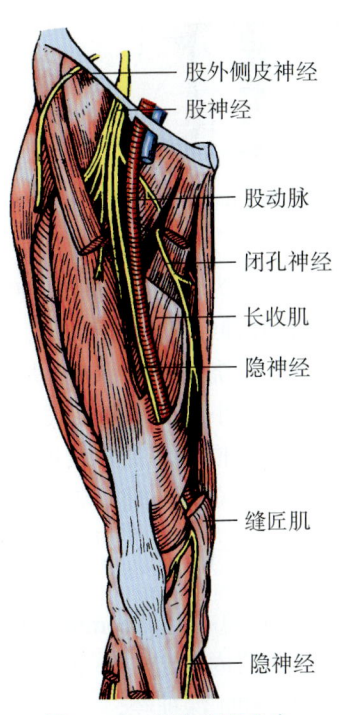

图 21-12　腰丛主要分支

肌群及闭孔外肌；皮支分布于大腿内侧面皮肤。

（四）生殖股神经

生殖股神经自腰大肌前面穿出下降，生殖支支配提睾肌，阴囊（大阴唇）皮肤；股支布于大腿根部皮肤。

（五）股外侧皮神经

股外侧皮神经斜越髂肌表面，经腹股沟韧带深面，髂前上棘下 5～6cm 浅出至大腿外侧部皮肤。

五、骶丛

骶丛（sacral plexus）（图 21-11）由第 4 腰神经前支余部和第 5 腰神经前支合成的腰骶干及全部骶神经和尾神经前支组成，是全身最大的脊神经丛。骶丛位于盆腔内，骶骨和梨状肌的前方，髂血管后方。其主要分支有臀上神经、臀下神经、阴部神经和坐骨神经。骶丛的损伤较多见，常由于盆腔器官如子宫、直肠的恶性肿瘤浸润或扩散造成，出现疼痛及多个神经根明显受累及的现象。

（一）臀上神经和臀下神经

臀上神经穿梨状肌上孔，支配臀中肌、臀小肌、阔筋膜张肌，臀下神经穿梨状肌下孔，支配臀大肌（图 21-13）。

（二）坐骨神经

坐骨神经（sciatic nerve）（图 21-13，14）是全身最粗大、最长的神经，在臀大肌的深方下行，肌支支配大腿后群肌，皮支分布于大腿后面的皮肤。至膝

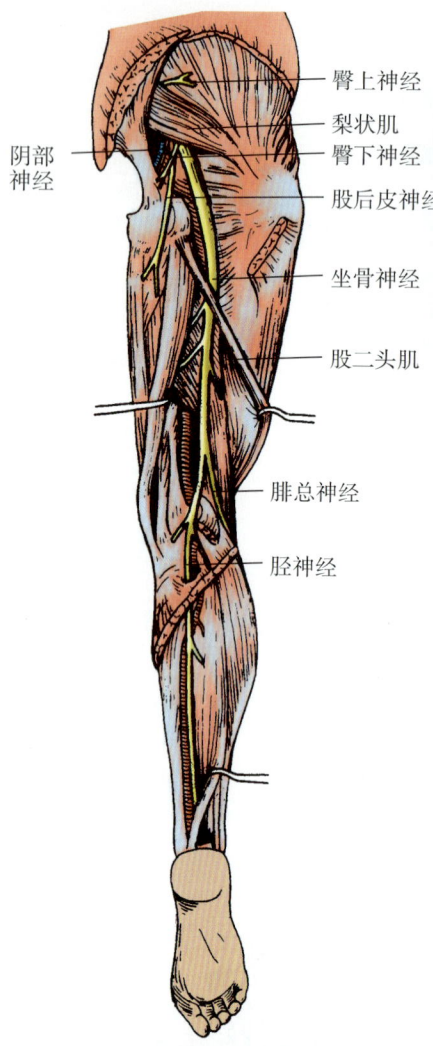

图 21-13 下肢后面的神经

关节附近分为胫神经和腓总神经。

1. 胫神经（tibial nerve） 与胫后动脉伴行，在小腿三头肌的深方下行，绕内踝的后方至足底。肌支支配小腿后群肌和足底肌，皮支分布到小腿后面和足底的皮肤。

胫神经损伤后主要表现为小腿后群肌无力，足不能跖屈，不能以足尖站立，内翻力弱，足底皮肤感觉障碍明显。由于小腿前外侧群肌过去牵拉，使足呈背屈、外翻位，出现"钩状足"畸形（图 21-15）。

2. 腓总神经（common peroneal nerve） 自坐骨神经发出后沿股二头肌内侧走向外下，绕腓骨颈外侧向前，穿腓骨长肌分为腓浅神经和腓深神经。

（1）腓浅神经（superficial peroneal nerve）穿小腿外侧群肌下行，至小腿中、下 1/3 交界处，穿出深筋膜。肌支支配小腿外侧

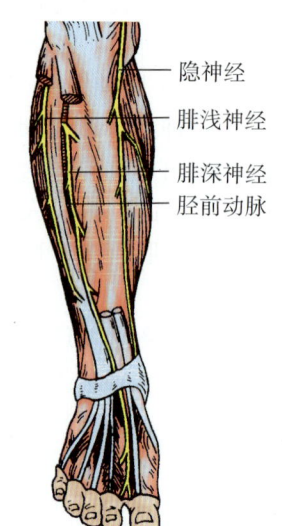

图 21-14 小腿前面的神经

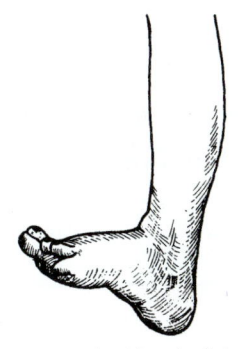

钩状足（胫神经损伤）　　　"马蹄"内翻足（腓总神经损伤）

图 21-15　神经损伤后足的畸形

群肌，皮支分布到小腿外侧和足背的皮肤。

（2）腓深神经（deep peroneal nerve）伴胫前动脉在小腿前群肌面下行至足背，肌支支配小腿前群肌和足背肌，皮支分布到小腿前面和第 1 趾间隙的皮肤。

腓总神经在腓骨颈处位置表浅易受损，损伤后的表现为由于小腿前、外侧群肌瘫痪，足不能背屈，足下垂，不能伸；此时在小腿后群肌的作用下形成"马蹄内翻足"（图 21-15），行走时呈"**跨阈步态**"，同时伴有小腿前、外侧面及足背的感觉丧失。

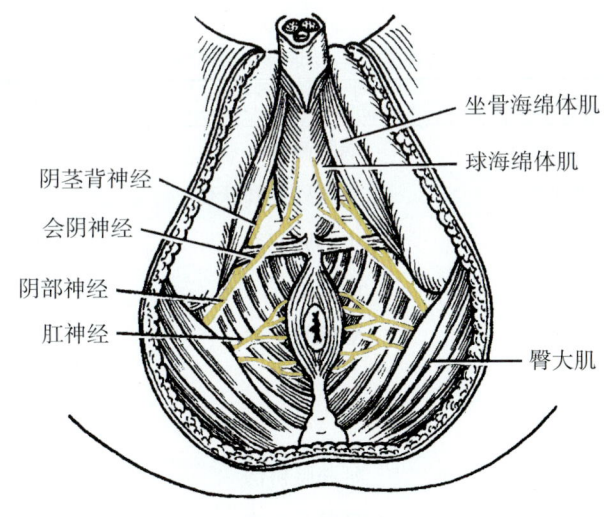

图 21-16　阴部神经

（三）阴部神经

阴部神经（图 21-16）出梨状肌下孔，绕坐骨棘经坐骨小孔入坐骨肛门窝，向前分三支：肛神经支配肛门外括约肌和肛门部皮肤；会阴神经支配会阴部各肌及阴囊（大阴唇）皮肤；阴茎（阴蒂）背神经走行于阴茎（阴蒂）的背侧，分布于海绵体和皮肤。

护士小华所在病房有3名肱骨骨折患者,其中一名患者在抬前臂时呈"垂腕"状,另一名患者表现为"爪形手",还有一名患者的肩部失去原有的圆隆。请思考:
1. 肱骨骨折为何出现上述不同症状?
2. 腋神经、桡神经和尺神经是如何走行、分布的?

(苏 叶)

第二节 脑 神 经

脑神经是指与脑相连的周围神经,主要分布于头颈部,部分脑神经可分布到达胸、腹部器官,共有12对,分别与脑的不同部位连接(图21-17,表21-1)。

脑神经的纤维成分与脊神经相同,也是四种:躯体感觉、躯体运动、内脏感觉、内脏运动,但各脑神经中所含纤维成分数目有所不同,有的只含有感觉纤维,有的只含有运动纤维,有的既含有感觉纤维又含有运动纤维。因此根据脑神经纤维成分的不同,从性质上可分为运动性、感觉性和混合性三类。

表 21-1 脑神经的性质、与脑连接的部位及出入颅的部位表

顺序及名称	性质	与脑连接的部位	出入颅的部位
Ⅰ 嗅神经	感觉性	端脑嗅球	筛孔
Ⅱ 视神经	感觉性	间脑外侧膝状体	眶上裂
Ⅲ 动眼神经	运动性	中脑脚间窝	眶上裂
Ⅳ 滑车神经	运动性	中脑下丘下方	眶上裂
Ⅴ 三叉神经	混合性	脑桥腹侧面	V_1——眶上裂
			V_2——圆孔
			V_3——卵圆孔
Ⅵ 展神经	运动性	延髓脑桥沟	眶上裂
Ⅶ 面神经	混合性	延髓脑桥沟	内耳门——茎乳孔
Ⅷ 前庭蜗神经	感觉性	延髓脑桥沟	内耳门
Ⅸ 舌咽神经	混合性	延髓橄榄后沟	颈静脉孔
Ⅹ 迷走神经	混合性	延髓橄榄后沟	颈静脉孔
Ⅺ 副神经	运动性	延髓橄榄后沟	颈静脉孔
Ⅻ 舌下神经	运动性	延髓前外侧沟	舌下神经管

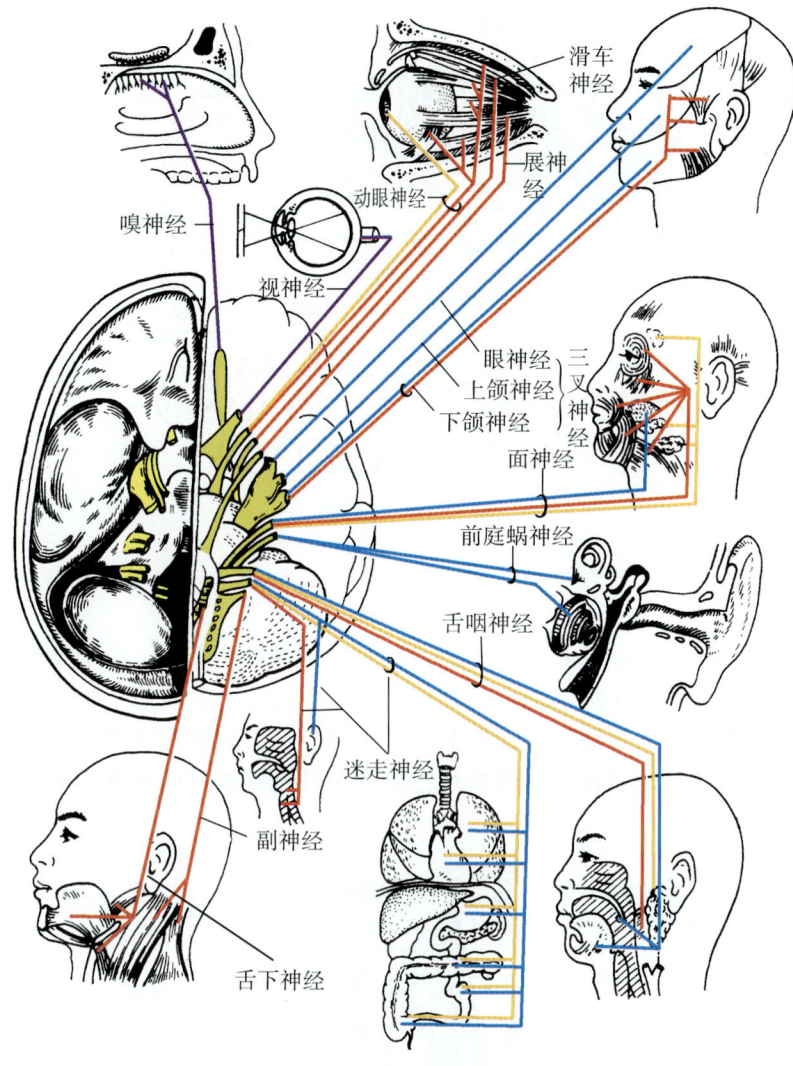

图 21-17 脑神经概观

一、嗅神经

嗅神经（olfactory nerve）（图 21-18）为感觉性脑神经，由内脏感觉纤维组成，嗅细胞为双极神经元，其周围突分布于嗅黏膜上皮；中枢突聚集成 15～20 条嗅丝，即嗅神经，穿过筛孔传导至端脑的嗅球。颅前窝骨折时，可损伤嗅神经导致嗅觉障碍。

二、视神经

视神经（optic nerve）（图 21-19）为感觉性脑神经，由躯体感觉神经纤维组成，视网膜节细胞的轴突先汇聚于视神经盘，向后穿出巩膜，形成视神经；再经视神经管入颅中窝，形成视交叉，然后再延为视束，连于间脑的外侧膝状体。视神经损伤的主要表现为失明。

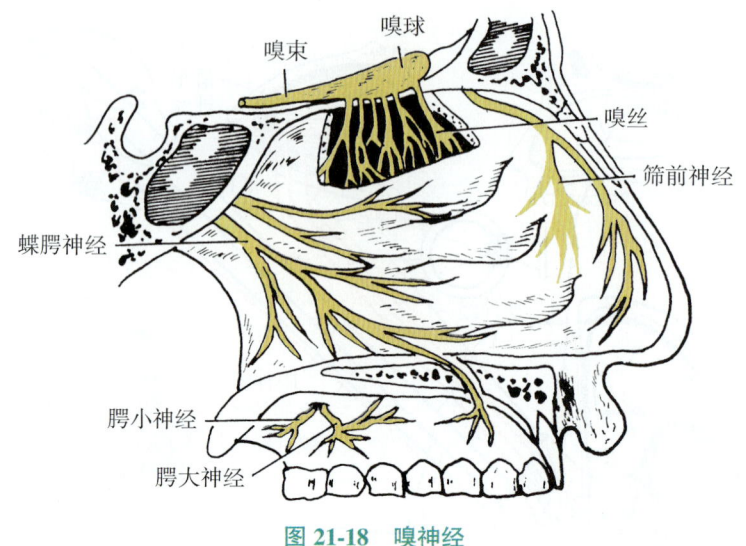

图 21-18　嗅神经

三、动眼神经

动眼神经（oculomotor nerve）（图 21-19，20）为运动性脑神经，含有躯体运动纤维和内脏运动纤维。动眼神经自脚间窝出脑向前穿经海绵窦，经眶上裂入眶。躯体运动纤维支配上直肌、下直肌、内直肌、下斜肌和上睑提肌 5 块眼球外肌。内脏运动纤维（副交感纤维）起自中脑，入眶后在睫状神经节换元，节后纤维支配瞳孔括约肌和睫状肌，具有缩小瞳孔和调

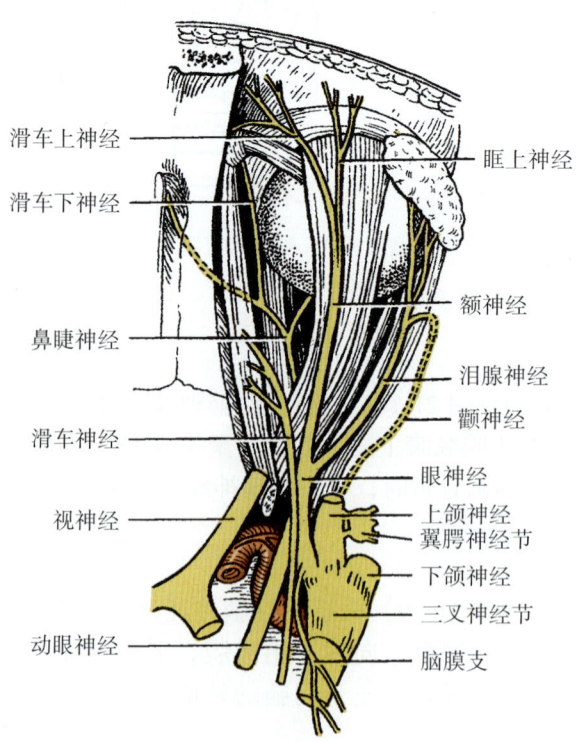

图 21-19　眶内神经（上面观）

节晶状体曲度的作用。动眼神经损伤的主要表现：①上睑下垂；②眼外斜视，眼球不能向内、向上和向下方运动；③瞳孔散大，患侧对光反射消失。

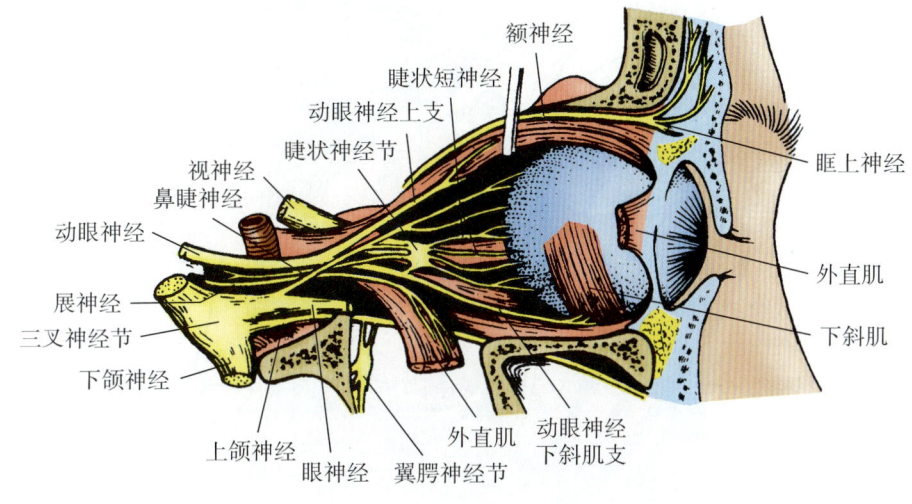

图 21-20　眶内神经（侧面观）

四、滑车神经

滑车神经（trochlear nerve）（图 21-19）为运动性脑神经，含有躯体运动纤维。起自中脑背面下丘下方，绕大脑脚至腹侧，再向前穿过海绵窦，经眶上裂入眶，支配上斜肌。滑车神经损伤时，患侧瞳孔不能转向下外方。

五、三叉神经

三叉神经（trigeminal nerve）（图 21-21）为混合性脑神经，含有躯体感觉纤维和躯体运动两种纤维。躯体感觉纤维的假单极神经元胞体聚集于三叉神经节内，其周围突将头面部的皮肤、大部分口腔黏膜、鼻腔和鼻旁窦黏膜、眼黏膜的感觉冲动传导至三叉神经节，其中枢突经三叉神经根入脑桥，终止于三叉神经脑桥核和三叉神经脊束核。其周围突形成眼神经、上颌神经以及下颌神经的大部分；躯体运动纤维构成下颌神经的小部分，支配咀嚼肌。

（一）眼神经

眼神经（ophthalmic nerve）（图 21-20，21）只含感觉纤维，穿经海绵窦经眶上裂入眶，分布于泪腺、结膜、部分鼻腔黏膜、上睑部皮肤、鼻背皮肤。眼神经有一分支称为眶上神经，该神经经眶上孔（眶上切迹）分布到额、顶部皮肤。临床上的"压眶反射"即在此处压迫眶上神经。

（二）上颌神经

上颌神经（maxillary nerve）（图 21-21）也只含感觉纤维，自三叉神经节向前穿过海绵窦，由圆孔出颅腔入翼腭窝，再经眶下裂入眶。上颌神经分支分布于睑裂与口裂之间的面部皮肤，以及上颌牙、牙龈和口、鼻腔黏膜等处。上颌神经的终末支为眶下神经，出眶下孔。上颌神经在入眶前发出上牙槽后支，因此拔上颌后部牙时，可在上颌骨体后方麻醉上牙槽后支。

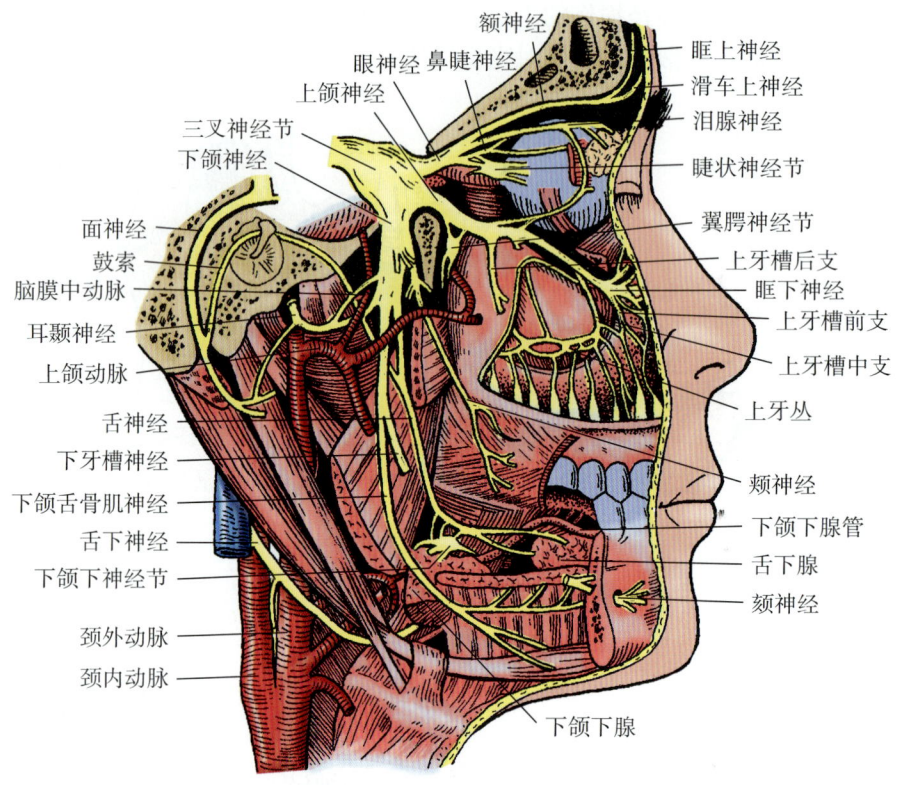

图 21-21　三叉神经主要分支模式图

(三) 下颌神经

下颌神经 (mandibular nerve) 为混合性神经，含有躯体感觉纤维和躯体运动纤维。自卵圆孔出颅后至颞下窝。其肌支在出颅后立即自主干分出，支配诸咀嚼肌。其余为感觉纤维，分支分布于口裂以下的面部、耳前及颞部皮肤（图 21-22）以及硬脑膜、下颌牙、舌前 2/3 黏膜和口腔底及侧壁（颊）的黏膜，其中主要分支有：①耳颞神经，分布于耳前及颞部皮肤；②颊神经，分布于颊部皮肤及口腔侧壁黏膜；③舌神经，呈弓状越下颌下腺上方向前至舌，分布于口底及舌前 2/3 黏膜，接受黏膜感觉冲动；④下牙槽神经，穿经下颌孔入下颌管，终支出颏孔，主要分布于下颌牙、牙龈、颏部及下唇的皮肤和黏膜。拔下颌牙时，常在下颌孔等处麻醉下牙槽神经。三叉神经的常见病是三叉神经痛。临床上检查三叉神经时，常在眶上切迹、眶下孔和颏孔等处按压。

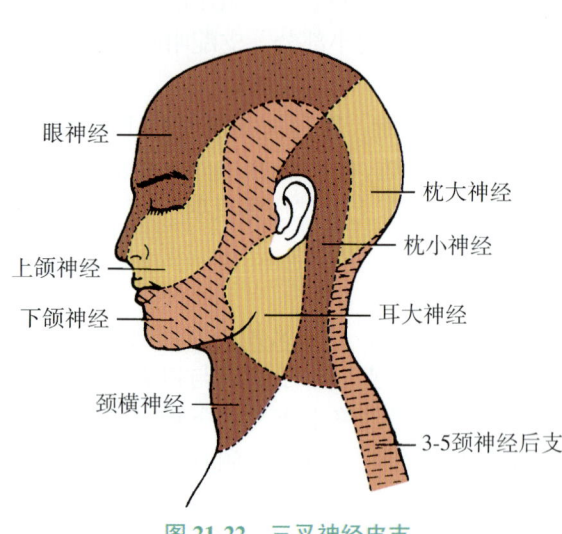

图 21-22　三叉神经皮支

六、展神经

展神经 (abducent nerve)（图 21-20）为运动性脑神经，含有躯体运动纤维，自延髓脑桥沟中线的两侧出脑，向前穿海绵窦、经眶上裂入眶，支配外直肌。若一侧展神经受损，眼球不能转向外侧，同侧眼内斜视。

七、面神经

面神经（facial nerve）属混合性脑神经，含有四种纤维成分：①躯体运动纤维，支配面肌；②内脏运动纤维（副交感纤维），经相应的副交感神经节换元后分布至下颌下腺、舌下腺、泪腺以及鼻、腭部的黏膜腺体，支配腺体的分泌；③内脏感觉纤维，为味觉纤维，其细胞体位于面神经干上的膝神经节内，周围突分布至舌前2/3的味蕾，中枢突至脑干内孤束核的上部。④躯体感觉纤维，传导耳部的皮肤感觉。

面神经从延髓脑桥沟出脑，经内耳门进入面神经管，在面神经管内有膝神经节，再由茎乳孔出颅。在面神经管内分出岩大神经含有内脏运动纤维（副交感纤维）支配泪腺的分泌；出茎乳孔之前，自主干分鼓索，鼓索内含有内脏运动纤维（副交感纤维）和内脏感觉纤维成分，经鼓室穿出颅底，向前下加入舌神经，随舌神经分布，支配下颌下腺和舌下腺等腺体的分泌活动，内脏感觉纤维分布于舌前2/3的味蕾，传导味觉（图21-23）。面神经由茎乳孔出颅后，穿入腮腺在其前缘发出5组分支，分别为颞支、颧支、颊支、下颌缘支、颈支，呈扇形分支支配面部表情肌和颈阔肌（图21-24）。

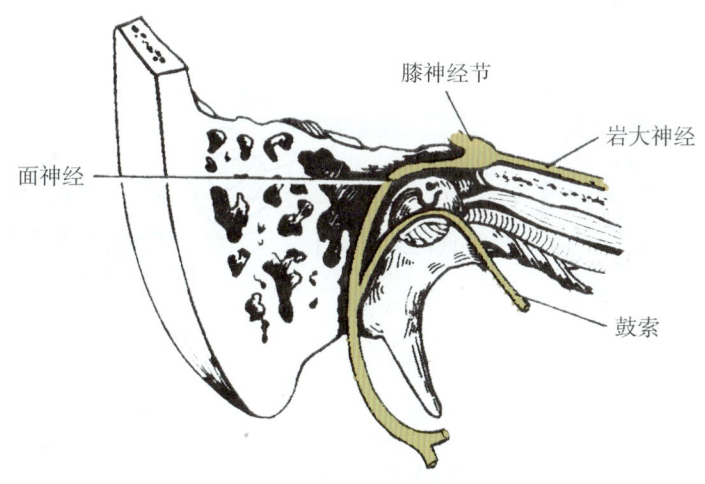

图21-23 面神经分支（管内）

面神经的行程较长，因损伤部位不同，可出现不同的临床表现：①出茎乳孔后的面神经主干损伤，由于面肌瘫痪，患侧额纹消失，不能皱眉，睑裂和口裂不能充分闭合，不能鼓腮，患侧鼻唇沟平坦，口角歪向健侧，患侧角膜反射消失；②面神经管内及其以上面神经干损伤，除有上述表现外，还可出现患者舌前2/3味觉障碍；泪腺、下颌下腺、舌下腺分泌障碍，结膜、口、鼻腔黏膜干燥等现象；也可出现听觉过敏。

八、前庭蜗神经

前庭蜗神经（vestibulocochlearnerve）（图21-25）含躯体感觉纤维，由前庭神经和蜗神经两部分组成。该神经起自内耳，经内耳道、内耳门入颅，进入脑干。

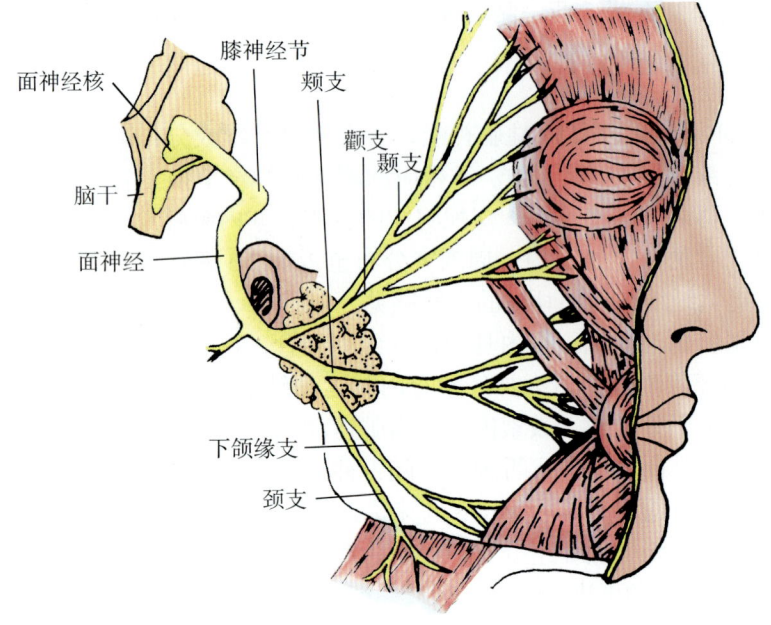

图 21-24　面神经分支（管外）

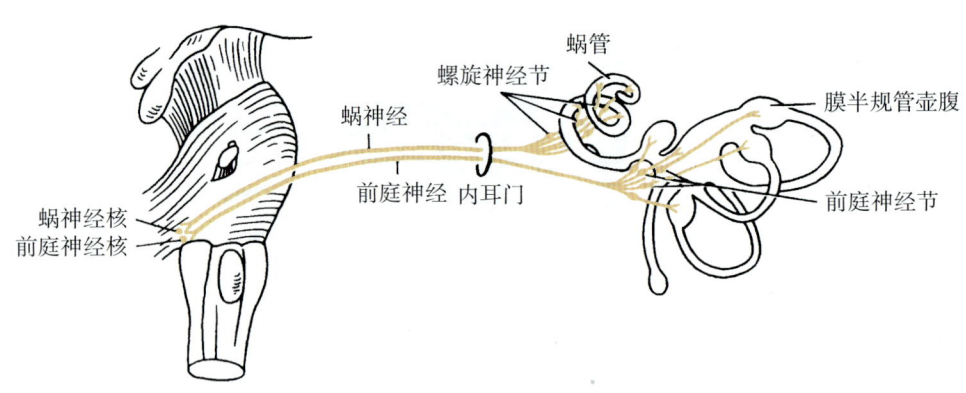

图 21-25　前庭蜗神经

（一）前庭神经

前庭神经（vestibular nerve）传导平衡觉（头部的位置觉和运动觉）冲动。其感觉神经元的胞体位于内耳道底，聚集成前庭神经节，其双极神经元的周围突分布于内耳的椭圆囊斑、球囊斑和壶腹嵴，中枢突聚成前庭神经。

（二）蜗神经

蜗神经（cochlear nerve）传导听觉冲动，其感觉神经元的胞体位于耳蜗蜗轴内，聚成螺旋神经节，其双极细胞的周围突分布于螺旋器，中枢突聚成蜗神经。

前庭蜗神经损伤，可出现伤侧耳聋和平衡功能障碍，并伴有眩晕、恶心、呕吐等临床表现。

九、舌咽神经

舌咽神经（glossopharyngeal nerve）（图 21-18，26）连于延髓侧面橄榄后沟，经颈静脉孔出颅，在孔内的舌咽神经干上有两个感觉神经节。舌咽神经为混合性神经，含有四种纤维成分：①躯体运动纤维，支配茎突咽肌；②内脏运动纤维（副交感纤维），支配腮腺分泌；③内脏感觉纤维，分布于舌后 1/3 黏膜和味蕾、鼓室及咽黏膜、颈动脉窦和颈动脉小球等，内脏感觉的假单极神经元胞体均位于下神经节；④躯体感觉纤维，分布于耳后皮肤，其胞体位于上神经节。

舌咽神经在颈内动、静脉之间，然后弓形向前下，其主要分支有：①舌支，为舌咽神经的终支，分布于舌后 1/3 黏膜和味蕾，司舌黏膜一般感觉和味觉；②咽支，分布于茎突咽肌和咽黏膜；③颈动脉窦支，为 1～2 条纤细的分支，分布于颈动脉窦的压力感受器和颈动脉

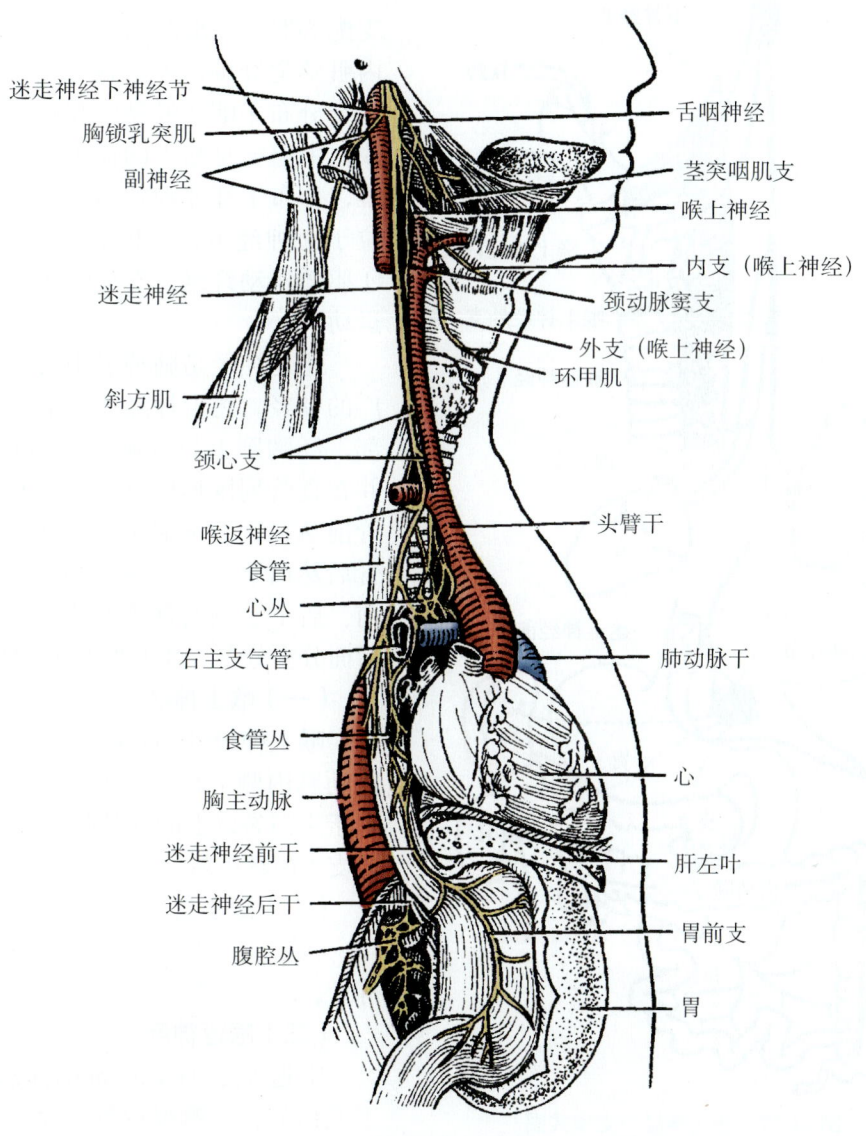

图 21-26　舌咽、迷走、副神经

小球的化学感受器，传导来自这两个结构的冲动入脑，以调节血压和呼吸。

舌咽神经损伤，可引起同侧部分咽肌瘫痪、分泌障碍、咽反射丧失、舌后 1/3 味觉丧失及黏膜感觉障碍。

十、迷走神经

迷走神经（vagus nerve）（图 21-26，27）连于脑干的橄榄后沟，经颈静脉孔至颅外，在孔内及其稍下方迷走神经干上有两个感觉神经节。迷走神经是混合性神经，含有四种纤维成分：①内脏运动纤维（副交感纤维），是迷走神经的最主要成分，分支分布于颈、胸、腹部的多种器官，在相应器官壁内或器官旁一些小的副交感神经节中换元后，节后纤维支配心肌、平滑肌的运动及腺体的分泌；②内脏感觉纤维，神经胞体位于下神经节，周围突分布于咽、喉黏膜和胸、腹腔器官的黏膜，中枢突至脑干的孤束核；③躯体感觉纤维，分布于耳郭和外耳道皮肤等处，其胞体位于上神经节，中枢突至三叉神经脊束核；④躯体运动纤维，支配喉肌及大部分咽肌的运动。

迷走神经是脑神经中行程最长、分布最广的神经。迷走神经伴颈部血管下行至颈根部，经胸廓上口入胸腔，沿食管两侧下降，并在食管周围形成食管前丛和食管后丛。食管前丛在食管下端延续为迷走神经前干，食管后丛向下延续为迷走神经后干。迷走神经前、后干经膈的食管裂孔入腹腔，至胃的前后面分支分布。其主要分支有如下几种。

（一）喉上神经

喉上神经（superior laryngeal nerve）由颈内动脉内侧下行，分为内支和外支。内支分布于声门裂以上的喉黏膜、会厌和舌根等处；外支支配环甲肌。

（二）颈心支

颈心支参与构成心丛。分支分布于心肌等处。

（三）喉返神经

喉返神经（recurrent laryngeal nerve）自主干发出后，左侧喉返神经绕主动脉弓，右侧

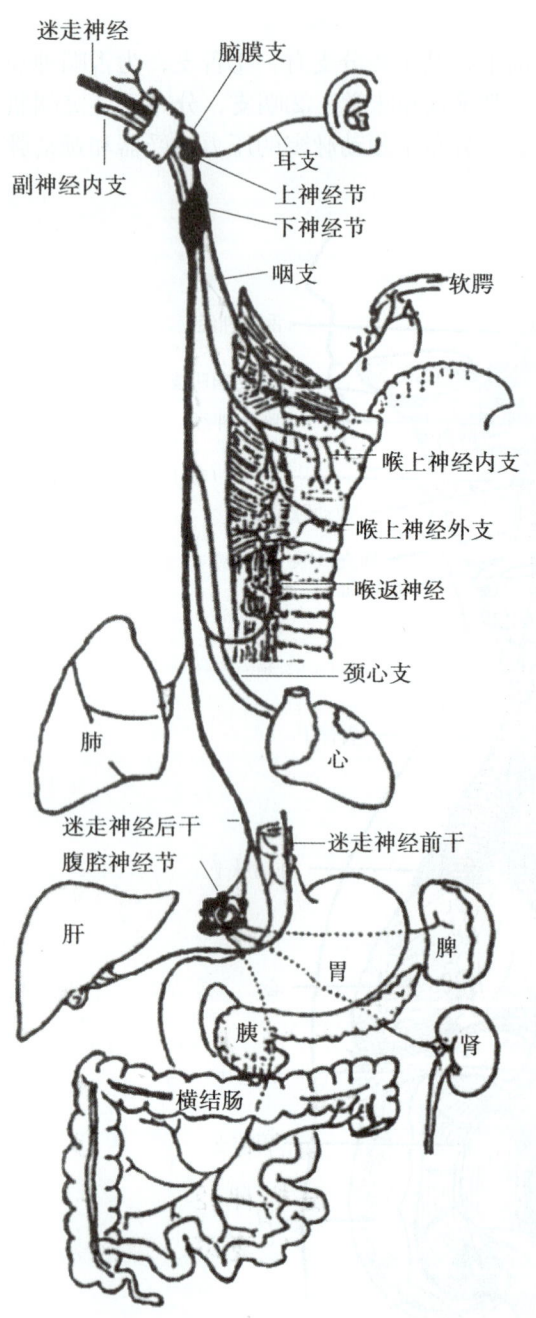

图 21-27 迷走神经分支模式图

喉返神经绕右锁骨下动脉，左、右喉返神经返回颈部均沿着食管和气管之间的沟内上行，改名为喉下神经。分支分布于喉内的喉肌和声门裂以下的黏膜。喉返神经在甲状腺侧叶深面上行时，与甲状腺下动脉相交。甲状腺手术结扎甲状腺上、下动脉时，应注意勿损伤与其邻近的喉上神经和喉返神经。

在腹腔，左迷走神经分支至胃前壁和肝（图21-28）；右迷走神经有分支至胃后壁并发出腹腔支（图21-29），加入腹腔丛，与交感神经一起，沿血管分支分布于肝、胆、胰、脾、肾、肾上腺及结肠左曲以上的消化管。

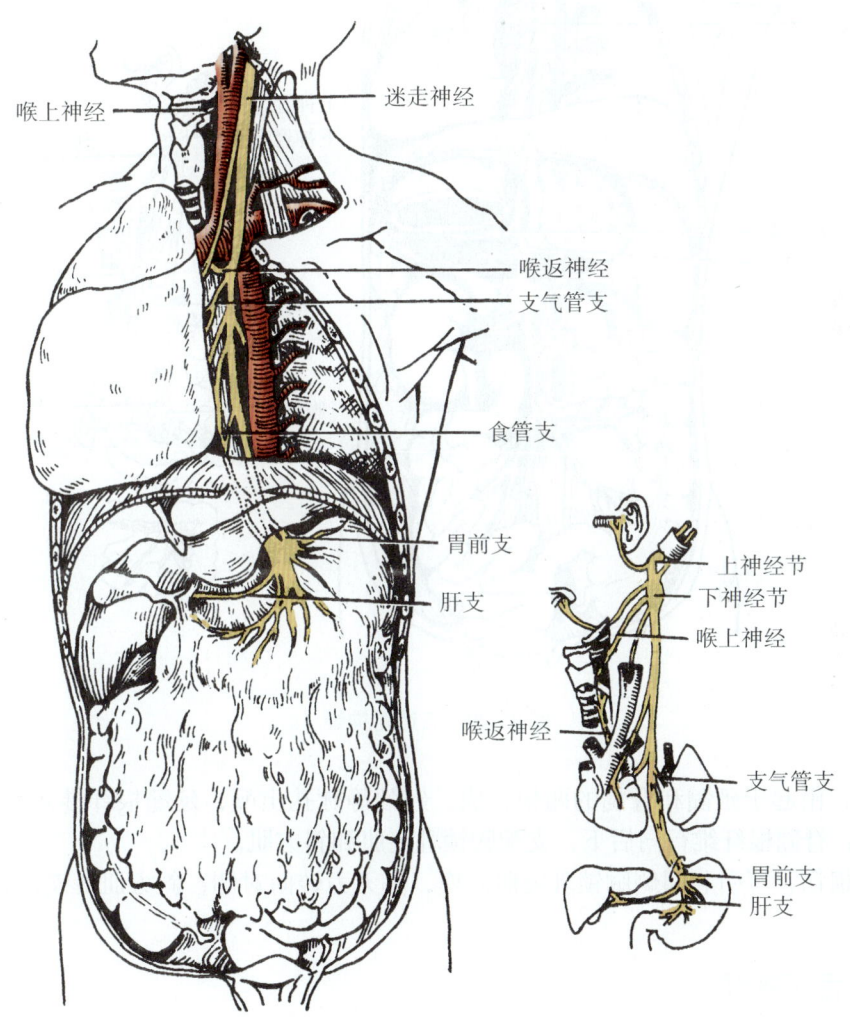

图21-28　左迷走神经

迷走神经损伤可出现内脏运动障碍、心率加快、腺体分泌障碍、发音困难、声音嘶哑、吞咽障碍及内脏感觉障碍等。

十一、副神经

副神经（accessory nerve）（图21-26，30）是运动性脑神经，为躯体运动纤维。自迷走神

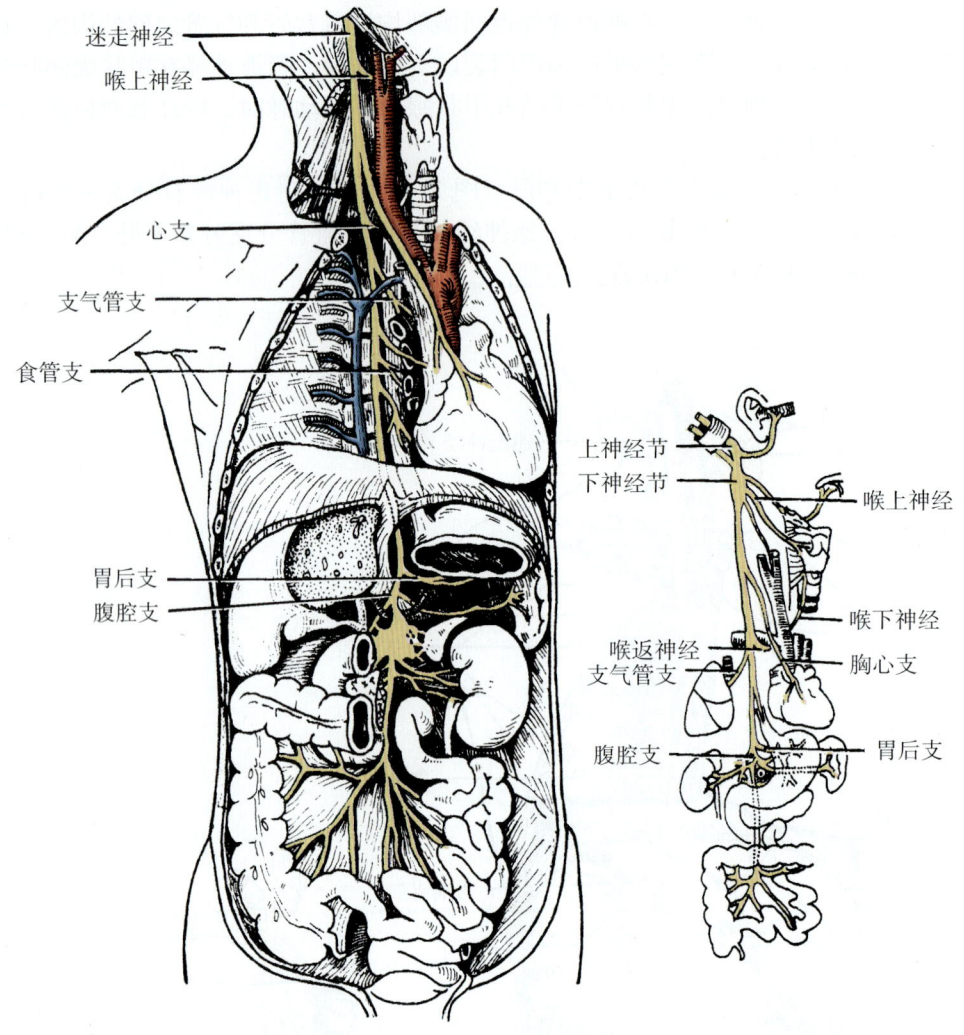

图 21-29　右迷走神经

经下方出脑，由起于延髓和脊髓的两根合成，经颈静脉孔出颅，延髓根纤维并入迷走神经，支配咽喉肌；脊髓根纤维行向后下，支配胸锁乳突肌和斜方肌。

副神经损伤，可引起同侧胸锁乳突肌瘫痪，头无力转向对侧；斜方肌瘫痪，肩下垂，提肩无力。

十二、舌下神经

舌下神经（hypoglossal nerve）（图 21-18，30）为运动性脑神经，由躯体运动纤维组成。自延髓外侧出脑，经舌下神经管出颅，弓形向前，沿舌骨舌肌外侧进入舌，支配舌内肌和舌外肌。

舌下神经损伤，可引起同侧颏舌肌瘫痪并萎缩，伸舌时舌尖偏向患侧。

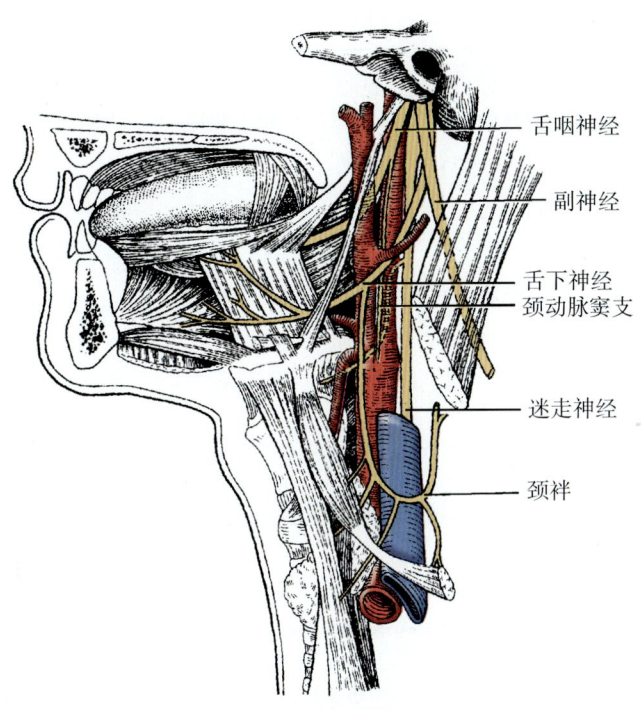

图 21-30　舌下神经

表 21-2　脑神经简表

顺序及名称	纤维成分	分布范围	损伤后症状
Ⅰ 嗅神经	内脏感觉	鼻腔嗅黏膜	嗅觉障碍
Ⅱ 视神经	躯体感觉	眼球视网膜	视觉障碍
Ⅲ 动眼神经	躯体运动	上、下、内直肌、下斜肌、上睑提肌	眼外斜视、上睑下垂
	内脏运动	瞳孔括约肌、睫状肌	瞳孔散大、对光反射消失
Ⅳ 滑车神经	躯体运动	上斜肌	眼球瞳孔不能转向外下
Ⅴ 三叉神经	躯体感觉	头面部皮肤、鼻腔黏膜、口腔黏膜、舌前 2/3 的黏膜	面部皮肤、口、鼻、舌黏膜感觉障碍
	躯体运动	咀嚼肌	咀嚼肌瘫痪
Ⅵ 展神经	躯体运动	外直肌	眼内斜视
Ⅶ 面神经	躯体运动	面部表情肌、颈阔肌	患侧额纹消失、眼不能闭合、鼻唇沟变浅、口角歪向健侧
	内脏运动	下颌下腺、舌下腺、泪腺	唾液、泪液分泌减少
	内脏感觉	舌前 2/3 的味蕾	味觉障碍
Ⅷ 前庭蜗神经	躯体感觉	椭圆囊斑、球囊斑、壶腹嵴、螺旋器	眩晕、眼球震颤听力障碍
Ⅸ 舌咽神经	躯体运动	茎突咽肌	咽反射消失
	内脏运动	腮腺	腮腺分泌障碍
	内脏感觉	舌后 1/3 的味蕾	舌后 1/3 的味觉消失

续表

顺序及名称	纤维成分	分布范围	损伤后症状
X迷走神经	内脏运动	胸腹腔器官的平滑肌、心肌、腺体	内脏活动障碍
	内脏感觉	胸腹腔器官的黏膜	
	躯体运动	咽喉肌	呛咳、吞咽困难、发音困难、声音嘶哑
	躯体感觉	硬脑膜、耳郭、外耳道皮肤	
XI副神经	躯体运动	胸锁乳突肌、斜方肌、咽喉肌	一侧胸锁乳突肌瘫痪,头转向对侧无力;一侧斜方肌瘫痪,同侧"塌肩"畸形
XII舌下神经	躯体运动	舌肌	舌肌瘫痪、萎缩;伸舌时,舌尖偏向患侧

知识链接

三叉神经痛

三叉神经分布区域内阵发性剧烈疼痛,包括前额、头皮、眼、鼻、唇、脸颊、上颌、下颌在内的面部神经痛。患者面部某个区域可能特别敏感,稍加触碰即引起疼痛发作,如上下唇、鼻翼外侧、舌侧缘等,这些区域称之为"触发点"。此外,在三叉神经的皮下分支穿出骨孔处,常有压痛点。发作期间面部的机械刺激,如说话、进食、洗脸、剃须、刷牙、打呵欠,甚至微风拂面皆可诱致疼痛发作。患者因此不敢大声说话、洗脸或进食,严重影响患者生活,甚至导致营养状况不良,有的还产生消极情绪。三叉神经痛发病年龄较广,从10~90岁发病均有报告,最多为40岁以上中老年人,近来儿童发病率也有所增加。一般女性多于男性,男女比例为2:3。据有关资料统计,目前,三叉神经痛发病率约为千分之二。临床上对症状严重、药物控制无效的患者,可考虑行三叉神经阻断术。

案例

王先生清晨洗脸发现自己面部不对称,左侧面颊动作不灵,口角歪斜,到医院就诊,经检查诊断为面神经麻痹。护士嘱咐王先生不要焦虑,注意休息和面部保暖,出门时戴口罩。请思考:
1. 面肌受哪对脑神经支配?
2. 简述该神经的起始、行程和主要分支及其分布。

(高 尚)

第三节 内脏神经

内脏神经是主要分布于内脏、心血管和腺体的神经，含2种纤维：一种是支配平滑肌、心肌运动和腺体分泌的内脏运动纤维，又称自主神经或植物性神经，其调节不受意识支配；一种是内脏感觉纤维，将来自于内脏、心血管等处的内感受器的感觉神经冲动传入中枢，通过反射调节内脏、心血管等器官活动，从而维持机体内、外环境的稳定和保障机体生命活动的正常进行。

一、内脏运动神经

内脏运动神经和躯体运动神经在形态结构、分布范围和功能等方面有以下不同：

1. **低级中枢不同** 躯体运动神经的低级中枢位于脑干内的躯体运动神经核和脊髓灰质前柱；内脏运动神经的低级中枢则较分散地位于脑干内的内脏运动核、脊髓 $T_1 \sim L_3$ 节段灰质侧柱的中间外侧核以及脊髓 $S_2 \sim S_4$ 节段灰质的骶副交感核。

2. **神经元数目不同** 躯体运动神经自脑干和脊髓发出后，不交换神经元直达骨骼肌；而内脏运动神经自脑干和脊髓发出后，在周围部的内脏运动神经节内交换神经元，再由节内神经元发出纤维到达效应器，故内脏运动神经到达所支配的器官之前，需经过2级神经元（肾上腺髓质除外，只需1级神经元）。第1级神经元称节前神经元，胞体位于脑干或脊髓内，发出的轴突，称节前纤维；第2级神经元称节后神经元，胞体位于内脏神经节内，发出的轴突，称节后纤维。

3. **纤维成分不同** 躯体运动神经只有一种纤维成分；内脏运动神经则有交感和副交感两种纤维成分。

4. **分布形式不同** 躯体运动神经以神经干的形式分布，而内脏运动神经的节后纤维多攀附血管和内脏器官，形成神经丛，由神经丛发出分支支配效应器。

5. **支配的器官不同** 躯体运动神经分布于骨骼肌，受意识支配；内脏运动神经分布于平滑肌、心肌和腺体，在一定程度上不受意识的控制。例如，人们可随意支配肢体的运动，却不能随意控制胃肠的蠕动。

6. **神经纤维种类不同** 躯体运动神经通常是较粗的有髓纤维，而内脏运动神经则是薄髓（节前纤维）和无髓（节后纤维）纤维。

根据形态、生理和药理方面的特点，内脏运动神经分为交感神经和副交感神经两部分（图 21-31）。

（一）交感神经

交感神经分为中枢部和周围部（图 21-31），其低级中枢位于全部胸髓和腰髓 1～3 节段的灰质侧柱（侧角）内，周围部则包括节前纤维、交感干、交感神经节、节后纤维以及神经丛等。

1. **交感神经节** 根据其所在的位置，交感神经节可分为椎旁神经节和椎前神经节。

（1）椎旁神经节：即交感干神经节，简称椎旁节，分列于脊柱的两侧，共有 22～25 对，大小不一，形态不规则。

（2）椎前神经节：简称椎前节，位于脊柱的前方，主要包括腹腔神经节、主动脉肾神经节、肠系膜上神经节和肠系膜下神经节。

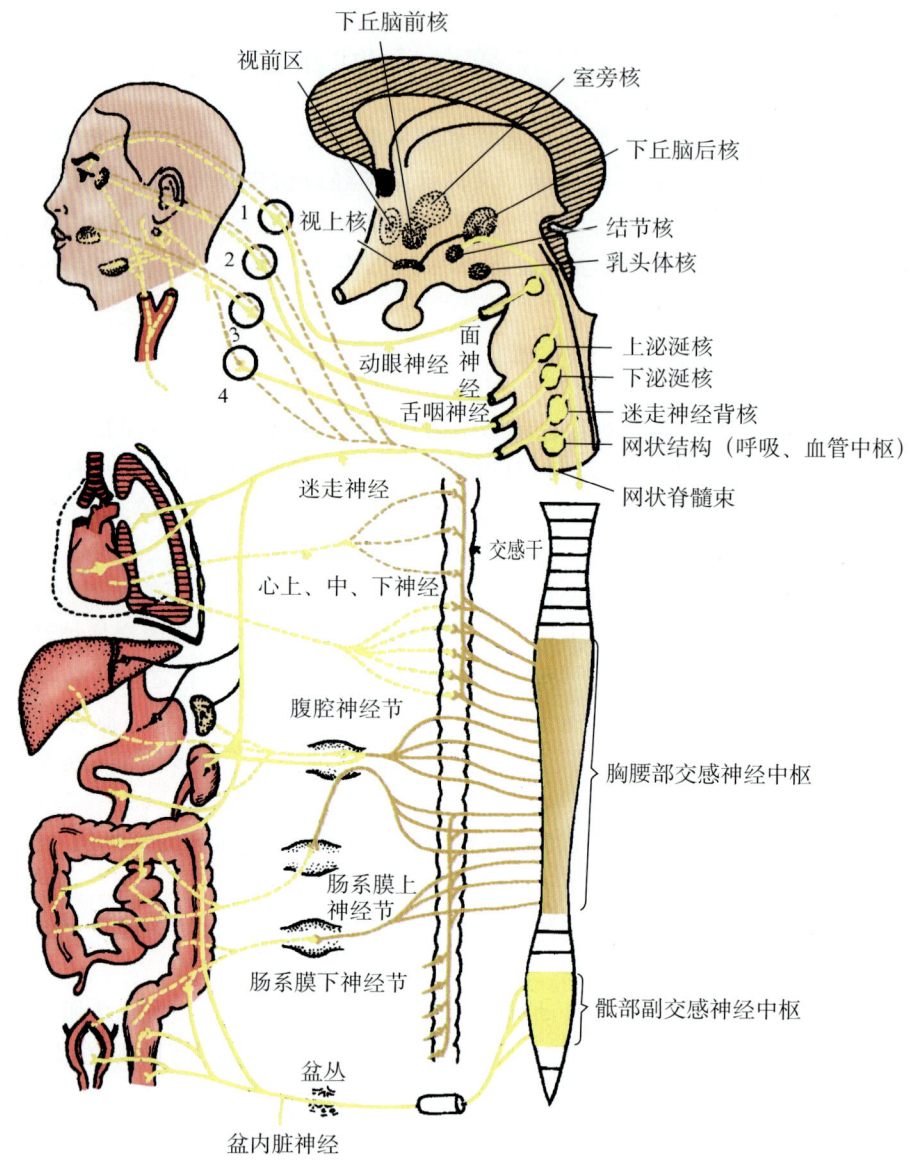

图 21-31　内脏运动神经模式图
1.睫状神经节；2.翼腭神经节；3.下颌下神经节；4.耳神经节

2. 交感干　每侧的椎旁节借节间支相连接构成串珠状的交感干。交感干上起自颅底，下至尾骨，在尾骨的前面，左、右两条交感干的下端合并，终于不成对的奇神经节。

（1）白交通支：主要由有髓的节前纤维构成，呈白色。白交通支仅存在于 $T_1 \sim L_3$ 共 15 对脊神经前支与相应的椎旁神经节之间。白交通支内的节前纤维，进入交感干后有 3 种去向。①终于相应的椎旁节。②在交感干内上升或下降数节后，终于上方或下方的椎旁节。如颈部的椎旁节的节前纤维来自于脊髓的上胸段的侧角，连于椎旁节之间的纤维，组成交感干的节间支。上述两种节前纤维均在交感干椎旁节内交换神经元，由椎旁节的神经元发出节后纤维。③节前纤维穿过椎旁节，终于椎前节换神经元。比如，来自胸髓 5～12 或 6～12 节段的部分节前纤维，穿过相应的椎旁神经节（没有终止），组成内脏大神经（$T_5 \sim T_9$ 或

$T_6 \sim T_9$）和内脏小神经（$T_{10} \sim T_{12}$），向下穿过膈脚入腹腔后，内脏大神经终于腹腔神经节和主动脉肾神经节，换神经元；内脏小神经终于主动脉肾神经节和肠系膜上神经节，换神经元。此外，来自腰髓 1～3 节段的部分节前纤维，也穿过相应的椎旁神经节，组成腰内脏神经（$L_1 \sim L_3$），终于肠系膜下神经节，换神经元。

（2）灰交通支：连于交感干与 31 对脊神经前支之间，由椎旁神经节细胞发出的节后纤维构成，多无髓，色泽灰暗。灰交通支存在于全部的椎旁神经节与 31 对脊神经前支之间。

椎旁节发出节后纤维也有三种去向：①经灰交通支返回脊神经，随脊神经分布到头颈部、躯干和四肢的血管、汗腺和竖毛肌；②攀附动脉构成同名神经丛，如颈内、外动脉丛、锁骨下动脉丛和腹腔丛，并随动脉的分支分布于所支配的器官；③独立走行，由交感神经节分支直接到达所支配的器官（图 21-32）。

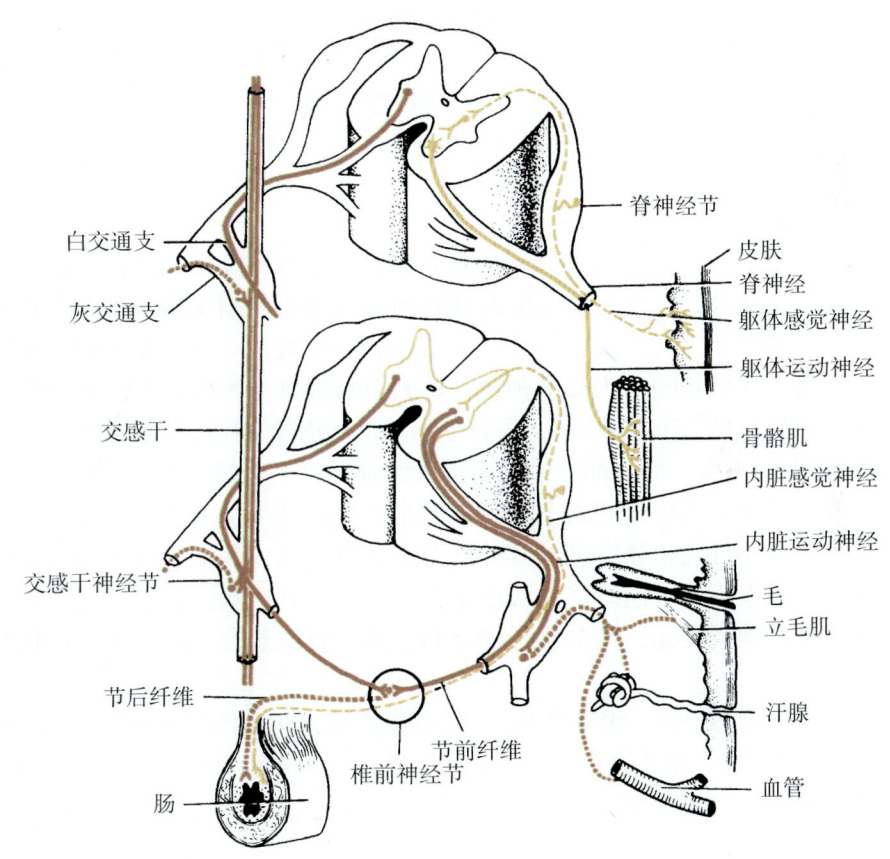

图 21-32　交感神经纤维走行模式图

交感神经的节前、节后纤维分布均有一定的规律：来自胸髓 1～5 节段侧角细胞的节前纤维，在颈部和上胸部椎旁神经节更换神经元后，节后纤维分布到头、颈、胸腔器官及上肢的血管、汗腺和竖毛肌；来自胸髓 5～12 节段侧角细胞的部分节前纤维，在相应椎旁神经节或椎前神经节内更换神经元后，节后纤维分布到肝、脾、胰、肾，以及结肠左曲以上的消化管；来自腰髓 1～3 节段侧角细胞的节前纤维，在肠系膜下神经节或腰骶部椎旁神经节内更换神经元后，节后纤维分布到结肠左曲以下的消化管、盆腔器官和下肢的血管、汗腺及竖毛肌（主要攀附髂外及下肢动脉）（表21-3，图21-33）。

表21-3　交感神经节后纤维的分布

节前纤维的来源	节后神经元胞体的部位	节后纤维的分布
$T_1 \sim T_5$ 节段的侧角	椎旁节	头、颈、胸腔器官及上肢的血管、汗腺、竖毛肌
$T_5 \sim T_{12}$ 节段的侧角	椎旁节或椎前节	腹腔内实质性器官如肝、胰、脾、肾以及结肠左曲以上的消化管
$L_1 \sim L_3$ 节段的侧角	椎旁节或椎前节	及结肠左曲以上的消化管、盆腔器官以及下肢的血管、汗腺和竖毛肌

（一）副交感神经

副交感神经也可分为中枢部和周围部（图21-31）。

1. 中枢部　其低级中枢位于脑干内副交感神经核和脊髓 $S_2 \sim S_4$ 节段的骶副交感核内。

2. 围部　由副交感神经节和进出此神经节的节前、节后纤维等组成。节前纤维起自副交感神经核的神经元，副交感神经节多位于效应器官附近或器官壁内，故称为器官旁节或器官内节。

3. 副交感神经的分布

（1）脑部副交感神经：脑干内的副交感核（内脏运动核）发出的节前纤维，分别加入第Ⅲ、Ⅶ、Ⅸ、Ⅹ对脑神经，到达所支配的器官附近或壁内的副交感神经节，在节内更换神经元后，节后纤维分布于所支配的器官。①由中脑的动眼神经副核发出的节前纤维随动眼神经入眶后，进入睫状神经节内交换神经元，其节后纤维支配瞳孔括约肌和睫状肌；②由脑桥的上泌涎核发出的节前纤维加入面神经，一部分经岩大神经至翼腭神经节交换神经元，,节后纤维分布于泪腺，另一部分经鼓索加入舌神经，至下颌下神经节交换神经元，分布于下颌下腺和舌下腺；③由延髓的下泌涎核发出的节前纤维加入舌咽神经，经鼓室神经到鼓室丛，其发出岩小神经出鼓室进入耳神经节交换神经元，其节后纤维到达腮腺；④由延髓的迷走神经背核发出的节前纤维加入迷走神经，分支到达胸、腹腔器官附近或器官壁内的副交感神经节交换神经元，其节后纤维分布于胸、腹腔器官（降结肠、乙状结肠和盆腔器官除外）。

（2）脊髓骶部副交感神经：由脊髓 $S_2 \sim S_4$ 节段的骶副交感核节前纤维，随骶神经前支出骶前孔后，离开骶神经，组成盆内脏神经加入盆丛。其分支沿髂内动脉及其分支到达它所支配器官的附近或器官壁内的副交感神经节，在神经节内交换神经元后，节后纤维分布于结肠左曲以下的消化管、盆腔器官及外生殖器。

（三）内脏神经丛

交感神经、副交感神经和内脏感觉神经在分布到器官的过程中，往往相互交织在一起共同形成内脏神经丛（自主神经丛），由丛发出分支分布于胸、腹和盆腔器官（图21-33，34，35）。

（四）交感神经和副交感神经的区别

交感神经和副交感神经都属于内脏运动神经，往往共同支配同一器官，但两者在神经来源、形态结构、分布范围和功能等方面却有诸多不同（表21-4，5）。

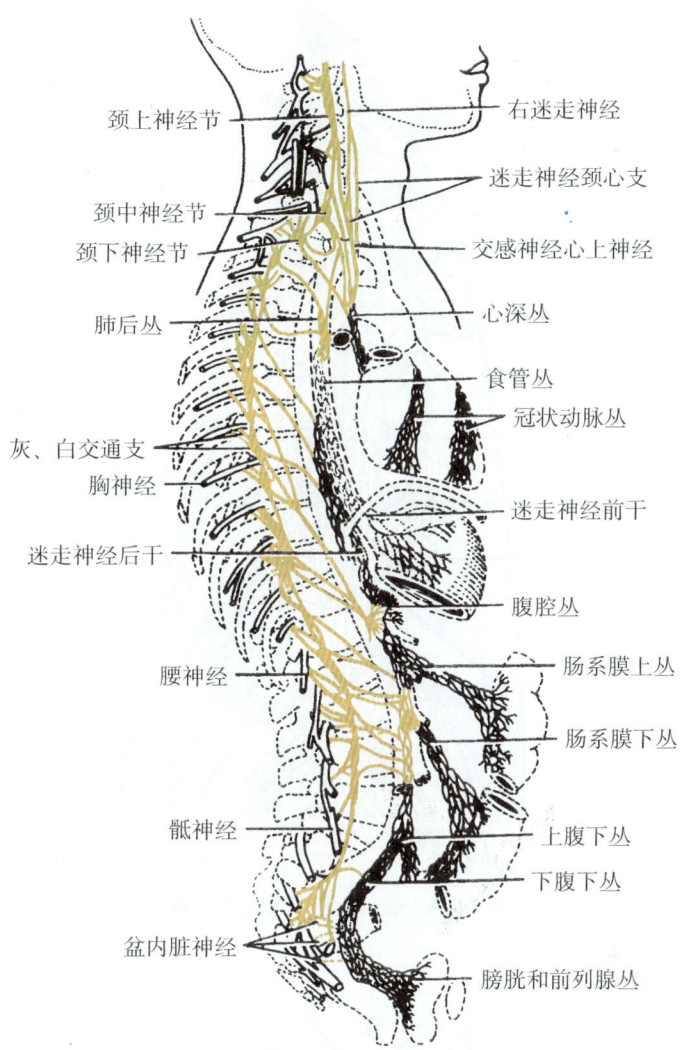

图 21-33 交感神经节后纤维的分布

表 21-4 交感神经与副交感神经的比较

	交感神经	副交感神经
低级中枢的位置	脊髓 T_1～L_3 节段的灰质侧柱	脑干的副交感核，脊髓 $S_{2～4}$ 节段的骶副交感核
周围神经节的位置	椎旁神经节和椎前神经节	器官旁节和器官内节
节前、节后纤维	节前纤维短，节后纤维长	节前纤维长，节后纤维短
神经元的联系	一个节前神经元可与多个节后神经元形成突触	一个节前神经元只与少数节后神经元形成突触
分布范围	广泛（全身的血管、内脏、平滑肌、心肌、腺体、瞳孔开大肌和竖毛肌）	局限（大部分血管、肾上腺髓质、汗腺、竖毛肌等处无分布）

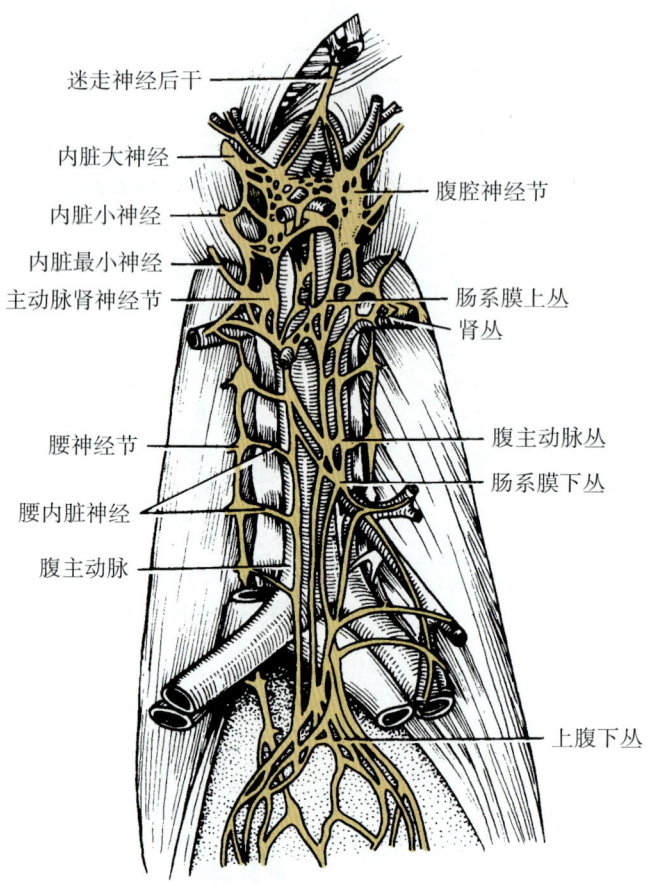

图 21-34　腹部内脏神经丛模式图

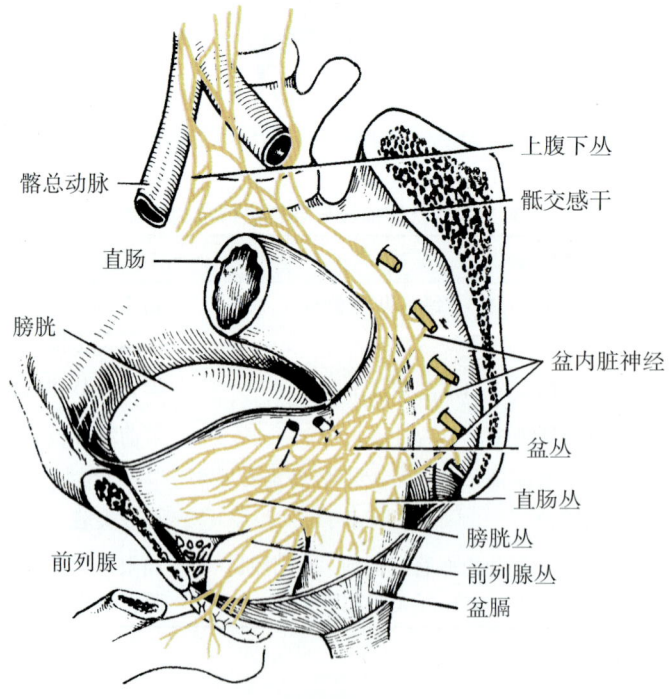

图 21-35　盆部内脏神经丛模式图

表 21-5　交感神经和副交感神经对器官的作用

系统	器官	交感神经	副交感神经
脉管系统	心脏	心率加快，收缩力增强	心律减慢，收缩力减弱
	冠状动脉	舒张	轻度收缩
	躯干、四肢的动脉	收缩	无分布
呼吸系统	支气管平滑肌	舒张	收缩
消化系统	胃肠平滑肌	抑制蠕动	增强蠕动
	胃肠括约肌	收缩	舒张
泌尿系统	膀胱	壁的平滑肌舒张、括约肌收缩（潴尿）	壁的平滑肌收缩、括约肌舒张（排尿）
视器	瞳孔	散大	缩小
	泪腺	抑制分泌	增加分泌
皮肤	汗腺	促进分泌	无分布
	竖毛肌	收缩	无分布

二、内脏感觉神经

人体内脏器官除受内脏运动神经支配外，还有丰富的内脏感觉神经分布。内脏感觉神经元的胞体位于脊神经节内或脑神经节内，是假单极神经元，其周围突随交感神经和副交感神经走行，分布于内脏及心血管的感受器，中枢突髓脊神经或脑神经终于脊髓灰质后角细胞或脑干的孤束核。

内脏感觉神经在形态结构上虽与躯体感觉神经大致相同，但仍有某些不同之处：①内脏感觉纤维数目较少、直径较细、痛阈较高，一般强度的刺激不引起主观感觉，如在手术中挤压、切割或烧灼内脏时，患者并不感觉到疼痛，但在器官活动比较强烈时，可产生内脏感觉甚至疼痛，如内脏受到过度牵拉、膨胀和痉挛等，皆可刺激神经末梢产生内脏痛；②内脏感觉传入神经途径较为分散，即一个器官的感觉纤维可经多个节段的脊神经传入中枢，而一条脊神经又包含几个器官的感觉纤维。因此，内脏感觉是模糊的，内脏痛往往是弥散而且定位不准确的。

三、牵涉性痛

当某些内脏器官发生病变时，常在体表一定区域产生感觉过敏或疼痛，这种现象称为牵涉性痛。牵涉性痛可发生在患病器官附近的皮肤，也可发生在距患病器官较远的皮肤区。例如：心绞痛时，常在胸前区及左臂内侧皮肤感到疼痛；肝胆疾病时，常在右肩部感到疼痛等。了解各器官病变时牵涉性痛的发生部位，有一定的临床诊断（图 21-36）。

牵涉性痛的发生机制目前尚不清楚。现在认为，病变内脏和皮肤被牵涉区往往受同一节段的脊神经支配，体表部位和病变内脏的感觉神经进入同一脊髓节段，并在后角内密切联系。因此，从患病内脏传来的冲动可扩散或影响邻近的躯体感觉神经元，从而产生牵涉性痛。近年来，神经解剖学研究表明，一个脊神经节神经元的周围突分叉到躯体部和内脏器官，并认为这是牵涉性痛的形态学基础。

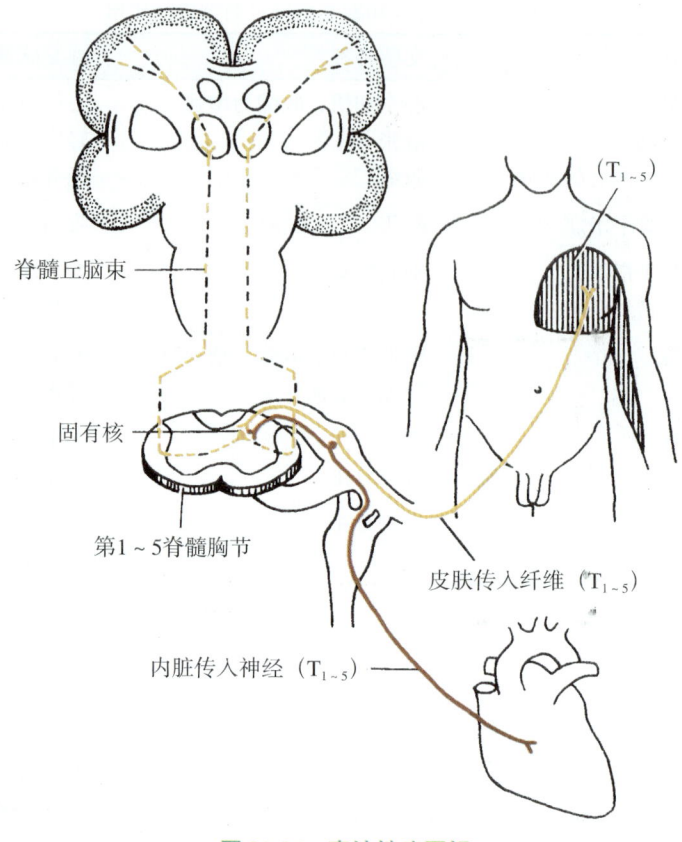

图 21-36　牵涉性痛图解

> **知识链接**
>
> 1. Horner 综合征　即颈交感神经麻痹综合征，又称颈交感神经瘫痪综合征、颈交感神经系统麻痹症等。凡可引起颈部及脑干部交感神经受损伤或压迫的原因，如外伤、手术、肿瘤、炎症和血管病变等因素均可引发此病征，少数病例可为先天性或无明显病因。如损害波及胸腔内的颈交感干，阻断了交感干至颈上神经节的通路，可使颈部交感神经麻痹，导致出现米勒肌、瞳孔开大肌功能障碍（上睑下垂，眼裂缩窄，外观似眼球内陷；瞳孔缩小），支配面部汗腺分泌的交感神经受阻（右面少汗）、支配面部血管收缩的交感神经抑制（血管扩张，面部发红）。
>
> 2. 自主神经功能紊乱　是心理、社会因素诱发人体部分生理功能暂时性失调，神经内分泌出现相关改变而组织结构上并无相应病理改变的一种内脏功能失调的综合征。生活无规律、情绪压抑、过度疲劳等是此综合征的主要病因。因此，工作繁忙、压力大、性格内向的人群应特别注意预防自主神经功能紊乱，如可多进行一些户外活动，多参加体育锻炼等。

患者，男，56岁，在6小时前感觉腹部疼痛，以为是饮食不洁导致的肠胃炎，自行口服小檗碱（黄连素）无效。先感觉右下腹痛，且逐渐加重，遂到医院就诊。医生检查为急性阑尾炎。

请思考：
1. 分布在胃肠上的是哪一类神经？
2. 阑尾在右下腹，为何开始时腹部疼痛，而后来转移至右下腹？

（高　尚）

第二十二章

神经系统的传导通路

记忆
定义感觉、运动传导通路，上、下运动神经元及锥体系的基本概念。

理解
1. 归纳躯干、四肢意识性本体感觉（深感觉）传导通路的组成、各级神经元胞体及纤维束在中枢内的位置、内侧丘系交叉的水平及皮质投射区的位置。
2. 描述躯干、四肢浅感觉传导路、各级神经元胞体在中枢内的位置、交叉的水平及皮质投射区的位置。
3. 概括皮质脊髓束起止、形成要点，通过内囊的部位、交叉水平；皮质核束起止、通过内囊的部位、对脑神经运动核的支配情况；头面部的痛、温觉和粗触觉传导通路组成、各级神经元胞体在中枢内的位置、交叉的水平及皮质投射区的位置。
4. 解释听觉传导通路和视觉传导通路的路径。

应用
1. 运用感觉传导通路的解剖学基础诠释感觉障碍的临床表现。
2. 运动运动传导通路的解剖学基础诠释瘫痪的临床表现。

感受器接受体内、外的各种刺激，并将其转换为神经冲动，经一系列神经元传至大脑皮质产生感觉；感觉信息被分析综合后，大脑皮质发出神经冲动下行，经特定的神经元传至效应器，做出相应的反应。这些传导某些特定的信息，由特定的神经元经突触而形成的神经元链称为神经传导通路。其中，从感受器到大脑皮质的神经元链，称感觉（上行）传导通路；从大脑皮质到效应器的神经元链，称运动（下行）传导通路。在临床上，依据各神经传导通路特点，结合患者的特殊体征，可对神经系统的有关疾病做出定位性诊断。

第一节　感觉传导通路

一、躯干和四肢的本体感觉及精细触觉传导通路

本体感觉是指肌、腱及关节等处的感受器所接受的位置觉、运动觉和震动觉，故又称深

感觉。皮肤的精细触觉指辨别两点间距离和感受物体纹理粗细的感觉。两者传导路相同，由三级神经元组成（图 22-1）。

第一级神经元的胞体位于**脊神经节**内，是假单极神经元。其周围突构成脊神经的感觉纤维，分布于躯干、四肢的肌、腱、关节和皮肤的感受器；中枢突经脊神经后根进入脊髓后索，在后索内直接上升。其中，来自第 5 胸节以下的纤维形成**薄束**，来自第 4 胸节以上的纤维形成**楔束**。薄束、楔束的纤维上行至延髓后，分别终止于延髓内的薄束核、楔束核。

第二级神经元的胞体位于延髓内的**薄束核**和**楔束核**。此二核发出的纤维向前绕过中央灰质的腹侧，在中线上与来自对侧的纤维交叉，形成**内侧丘系交叉**。交叉后的纤维组成**内侧丘系**，向上经脑桥、中脑，终止于背侧丘脑的腹后外侧核。

第三级神经元的胞体位于**背侧丘脑腹后外侧核**。由此核发出纤维加入**丘脑中央辐射**，经

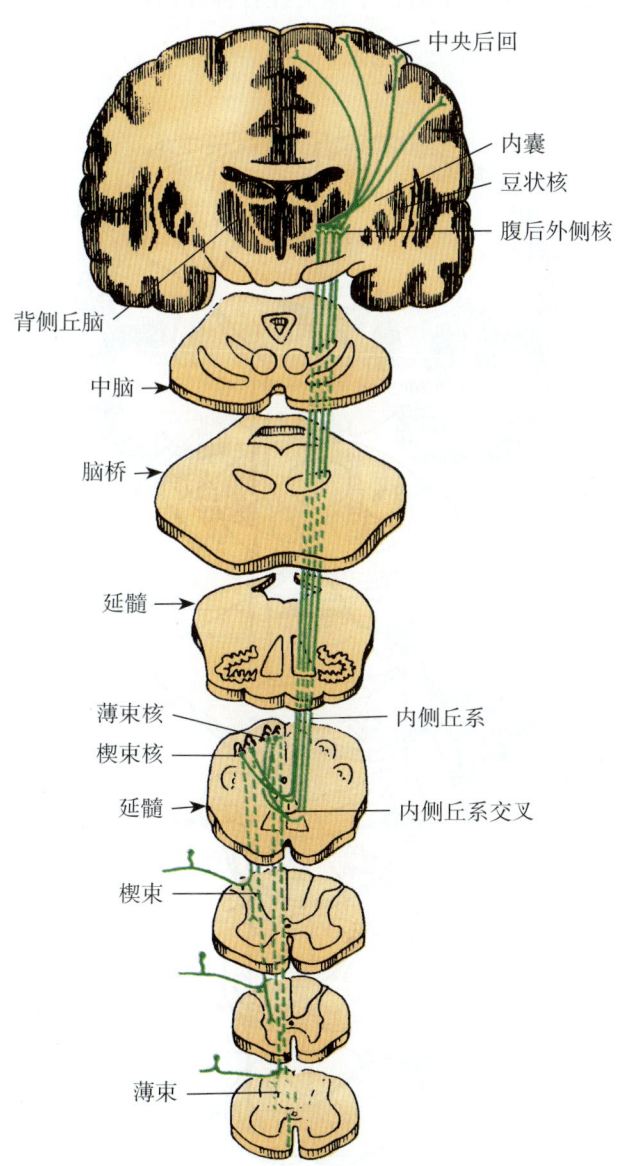

图 22-1 躯干和四肢的本体感觉及精细触觉传导通路

内囊后肢投射至中央后回中、上部和中央旁小叶后部及中央前回。

若内侧丘系交叉平面以下损伤,深感觉和精细触觉障碍出现在损伤平面以下的同侧区域。若内侧丘系交叉平面以上任何部位损伤,深感觉和精细触觉障碍出现在对侧半身。

二、痛觉、温度觉和粗触觉传导通路

痛觉、温度觉和粗触觉感受器位于皮肤和黏膜中,属于浅感觉,故该通路又称**浅感觉传导通路**。此传导通路也由三级神经元组成。躯干、四肢和头面部传导通路有所不同(图22-2)。

(一)躯干、四肢的痛觉、温度觉和粗触觉传导通路

第一级神经元(假单极神经元)的胞体位于**脊神经节**内。其周围突构成脊神经的感觉纤维,分布于躯干、四肢皮肤内的感受器;中枢突经脊神经后根进入脊髓,上升1~2个脊髓节段,止于**脊髓后角**。

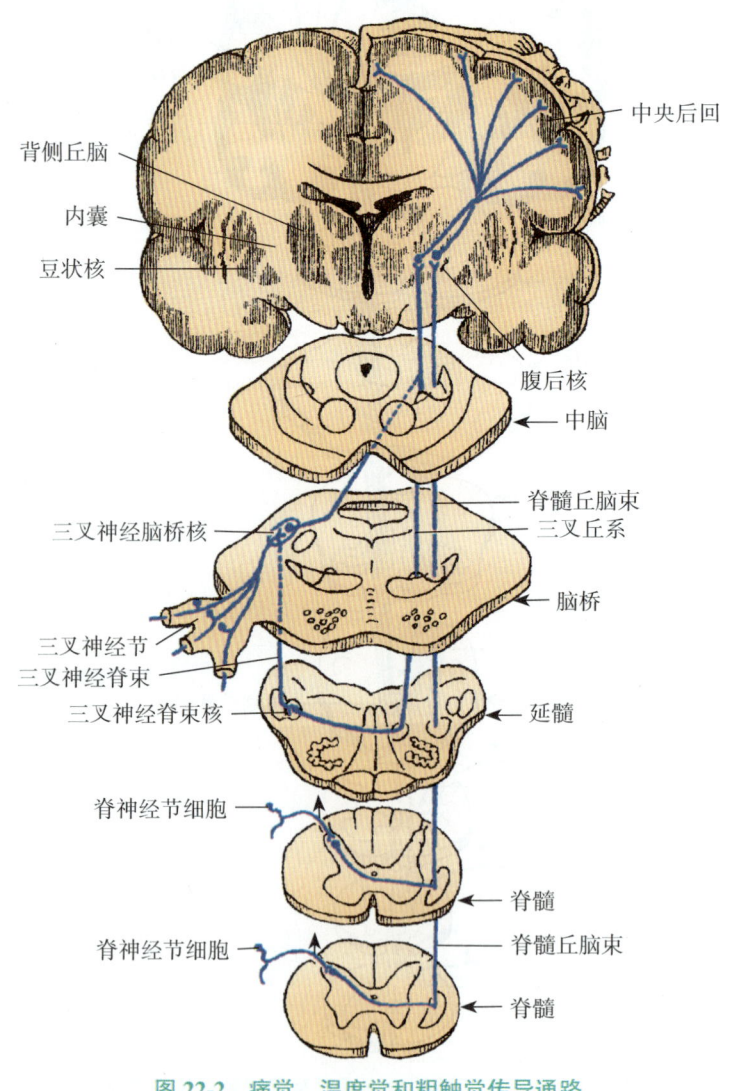

图22-2 痛觉、温度觉和粗触觉传导通路

第二级神经元的胞体位于**脊髓后角**内。由此核发出神经纤维，经白质前连合交叉至对侧外侧索和前索，再转行向上，分别形成**脊髓丘脑侧束**（痛温觉纤维）和**脊髓丘脑前束**（粗触觉纤维）上行，进入延髓后两束合并称为**脊髓丘脑束**（**脊髓丘系**），经延髓、脑桥和中脑，最后止于背侧丘脑腹后外侧核。

第三级神经元的胞体位于**背侧丘脑腹后外侧核**。由此核发出纤维加入丘脑中央辐射，经内囊后肢上行，投射至中央后回中上部（约占2/3）和中央旁小叶后部（约占1/2）。

若脊髓丘脑束（脊髓内）受损，浅感觉障碍出现在受损平面1~2个节段以下的对侧区域；若脊髓丘系及其以上该传导路的其他部位（脑内）受损，则浅感觉障碍出现在对侧半身。

（二）头面部的痛觉、温度觉及粗触觉传导通路

第一级神经元（假单极神经元）的胞体位于三叉神经节内。其周围突组成三叉神经感觉支，分布于头面部皮肤及口鼻黏膜的相应感受器；中枢突经三叉神经根入脑桥，传导触觉的纤维止于三叉神经脑桥核；传导痛、温度觉的纤维止于三叉神经脊束核。

第二级神经元的胞体位于**三叉神经感觉核**（**脑桥核和脊束核**）内。由该核群发出神经纤维交叉至对侧组成三叉丘系，在内侧丘系背侧上行，止于背侧丘脑腹后内侧核。

第三级神经元的胞体位于**背侧丘脑腹后内侧核**。由该核发出纤维组成丘脑中央辐射，经内囊后肢上行，投射至中央后回下部（约占1/3）。

若三叉丘系交叉以上受损，则导致对侧头面部痛温觉和触觉障碍；若三叉丘系交叉以下受损，则同侧头面部痛温觉和触觉障碍。

三、视觉传导通路和瞳孔对光反射通路

（一）视觉传导通路

视觉传导通路（visual pathway）由三级神经元组成（图22-3）。

第一级神经元是视网膜内的**双极神经元**。双极神经元的周围突接受视细胞传来的神经冲动，其中枢突与节细胞形成突触。

第二级神经元是**节细胞**。节细胞轴突在视神经盘（视乳头）处汇集成**视神经**，左、右视神经穿视神经管入颅后形成**视交叉**，向后延续为**视束**，视束向后绕大脑脚，主要终止于外侧膝状体。视交叉为不完全交叉，来自两眼视网膜鼻侧半的纤维交叉，交叉后加入对侧视束；来自视网膜颞侧半的纤维不交叉，走在同侧视束内。因此，每侧视束内含有同侧眼视网膜的颞侧半纤维和对侧眼视网膜的鼻侧半纤维。

第三级神经元的胞体位于**外侧膝状体内**。由该核发出纤维组成**视辐射**，经内囊后肢投射至大脑皮质距状沟上下的视区皮质。

视野是指眼球固定向前平视时所能看到的空间范围。视觉传导通路不同部位的损伤，会导致不同的视野缺损：①一侧视神经损伤，可导致该侧眼视野全盲；②视交叉中间部交叉纤维损伤（如垂体瘤压迫），可导致双眼视野颞侧半偏盲；③一侧视交叉外侧部的未交叉纤维损伤，可出现患侧视野鼻侧偏盲；④一侧视束或视辐射、视觉中枢受损，可导致双眼对侧视野同向性偏盲（患侧视野鼻侧偏盲和健侧视野颞侧偏盲）。

（二）瞳孔对光反射通路

光照一侧眼的瞳孔，引起两侧眼的瞳孔缩小的反应称**瞳孔对光反射**（pupillary light reflex）。光照侧的反应称**直接对光反射**，未照射侧的反应称**间接对光反射**。该反射是在视觉传导通路基础上，与动眼神经副核发生联系而完成的。

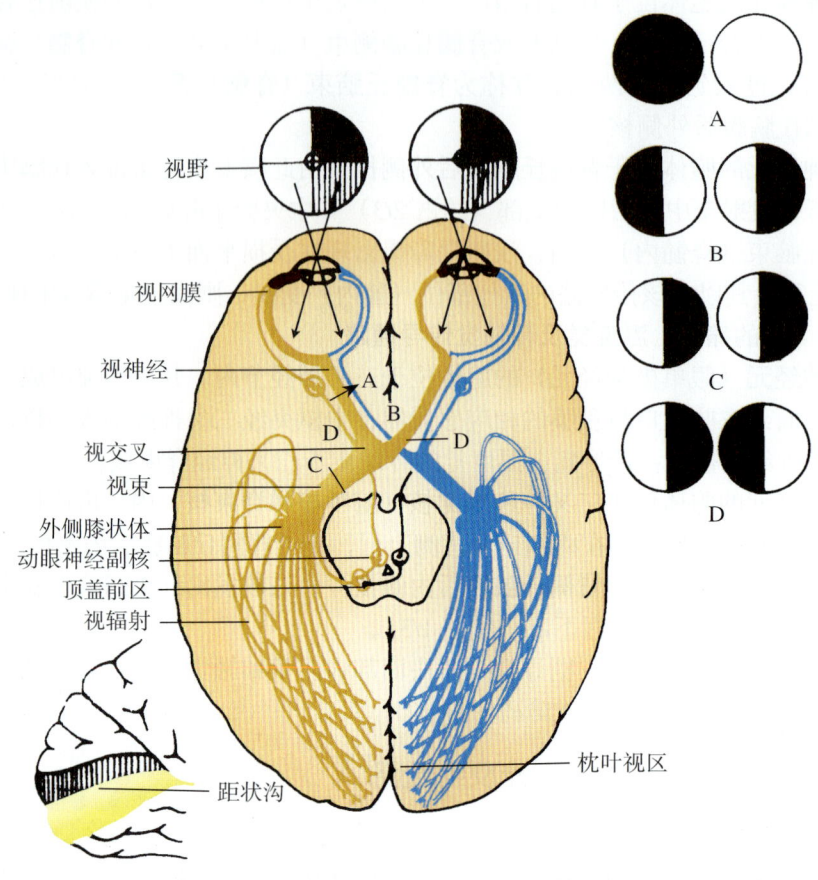

图 22-3 视觉传导通路和瞳孔对光反射通路

瞳孔对光反射通路：光线刺激一侧眼的视网膜细胞，神经冲动经视神经、视交叉到双侧视束，视束的一部分纤维经上丘臂至顶盖前区，与顶盖前区的细胞形成突触。顶盖前区为瞳孔对光反射中枢，其发出的纤维至双侧动眼神经副核。动眼神经副核发出的副交感节前纤维经动眼神经至睫状神经节，自节发出的节后纤维分布于瞳孔括约肌，使瞳孔缩小，借此完成瞳孔对光反射（图 22-3）。

瞳孔对光反射在临床上有重要意义。一侧视神经损伤时，传入信息中断，光照患侧眼时，两侧瞳孔均不缩小，但光照健侧眼时，两侧眼的瞳孔都缩小，即患侧直接对光反射消失，健侧间接对光反射消失。一侧动眼神经损伤时，由于反射途径的传出部分中断，无论光照哪一侧眼球，患侧眼的瞳孔都无反应，即患侧直接及间接对光反射均消失。

第二节　运动传导通路

运动传导通路是从大脑皮质运动中枢至皮质下各级中枢，最后至各效应器的传导通路。此通路管理骨骼肌的运动，包括**锥体系**和**锥体外系**。

一、锥体系

锥体系（pyramidal system）是重要的下行传导通路，一般由上、下两级神经元构成。上运动神经元（upper motor neuron）胞体位于大脑皮质运动中枢，其轴突组成**锥体束**，即皮质核束和皮质脊髓束；**下运动神经元**（lower motor neuron）胞体为脑干内的躯体运动核或脊髓灰质前角运动神经元，其轴突分别组成脑神经和脊神经中的躯体运动纤维，支配头颈部、躯干和四肢骨骼肌的随意运动。

（一）锥体束及传导通路

1. **皮质核束**（corticonuclear tract） 纤维由中央前回下 1/3 部锥体细胞的轴突集合而成，经内囊膝下行至中脑的大脑脚底，继续下行过程中，大部分纤维陆续离开该束分别终止于双侧的脑神经运动核，但**面神经核的下半**（分布到眼裂以下的面肌）和**舌下神经核**仅接受对侧的皮质核束支配（图 22-4）。

2. **皮质脊髓束**（corticospinal tract） 纤维由中央前回上 2/3 部和中央旁小叶前半部等处大脑皮质的锥体细胞轴突集合而成，经内囊后肢、大脑脚、脑桥基底至延髓锥体。在锥体下端，大部分纤维交叉至对侧，形成**锥体交叉**。交叉后的纤维在对侧脊髓外侧索内下行，形成**皮质脊髓侧束**。此束纤维在下行的过程中，逐节止于与其同侧的脊髓前角运动神经元，主要支配该侧上、下肢肌。小部分未交叉的纤维仍在同侧的脊髓前索内下行，形成**皮质脊髓前束**。此束仅达胸髓，止于双侧脊髓前角运动神经元，后者主要支配躯干肌。所以躯干肌受双侧大脑皮质支配（图 22-5）。

（二）传导通路损伤临床表现

一侧皮质核束的上运动神经元损伤时，对侧面神经核下半和舌下神经核的支配区出现临床症状，表现为对侧眼裂以下的面肌和对侧舌肌瘫痪，体征为病灶对侧鼻唇沟变浅或消失，口角低垂并向病灶侧偏斜，流涎，不能做鼓腮、露齿等动作，伸舌时舌尖偏向病灶对侧。一侧面神经下运动神经元损伤，可导致病灶侧所有面肌瘫痪，表现为额横纹消失，闭眼不能，口角下垂，鼻唇沟消失等；一侧舌下神经下运动神经元损伤，可导致病灶侧舌肌瘫痪，表现为伸舌时舌尖偏向病灶侧。

一侧皮质脊髓束在锥体交叉以上受损，主要引起对侧肢体瘫痪，而躯干肌的运动不受明显影响；在锥体交叉以下受损，主要引起同侧肢体瘫痪。

锥体系任何部位损伤都可引起所支配区域随意运动障碍，即瘫痪。可分为两类：一类是上运动神经元损伤（核上瘫），另一类是下运动神经元损伤（核下瘫）。两类的表现不同，如表 22-1。

表 22-1 上、下运动神经元损伤后的临床表现比较

症状与体征	上运动神经元损伤	下运动神经元损伤
瘫痪范围	常较广泛	常较局限
瘫痪特点	痉挛性瘫（硬瘫、中枢性瘫）	弛缓性瘫（软瘫、周围性瘫）
肌张力	增高	减低
深反射	亢进	消失
浅反射	减弱或消失	消失
腱反射	亢进	减弱或消失
病理反射	有（+）	无（-）
肌萎缩	早期无，晚期为失用性萎缩	早期即有萎缩

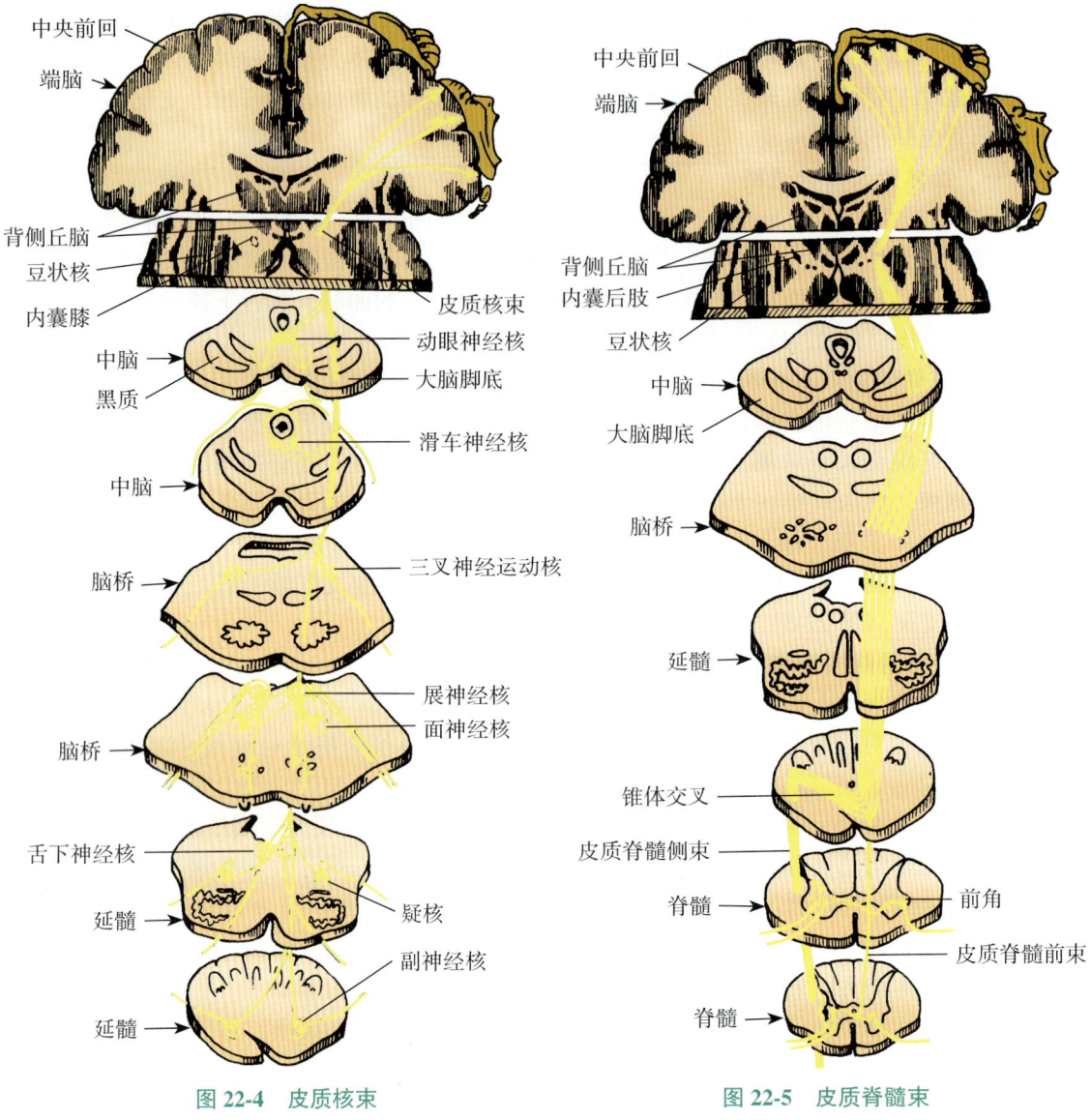

图 22-4 皮质核束　　图 22-5 皮质脊髓束

二、锥体外系

锥体外系（extrapyramidal system）是锥体系以外与躯体运动有关的传导通路的统称。在结构上，锥体外系并不是一个简单独立的结构系统，而是一个复杂的涉及脑内许多结构的功能系统，包括大脑皮质、背侧丘脑、尾状核、豆状核、黑质、红核、脑桥核、前庭神经核、小脑、脑干的某些网状核以及它们的联络纤维等，这些结构共同组成复杂的多级神经元链。

锥体外系的主要功能是调节肌紧张、协调肌的活动、维持和调整体态姿势、进行习惯性和节律性动作等。锥体系和锥体外系的活动是协调一致的。锥体系所执行的随意、准确、精巧的运动是在锥体外系辅助下完成的。在损伤的表现上，锥体系以大脑功能障碍为主，而锥体外系则以纹状体和小脑症状为主。临床上锥体外系常见疾病是帕金森病和舞蹈病等。

知识链接

1. 躯干、四肢深感觉传导通路损伤　该传导路损伤，患者不能确定躯干、四肢的空间位置，闭目站立时，身体倾斜摇晃甚至跌倒。如损伤在内侧血管交叉以上，表现为损伤对侧深感觉和精细触觉障碍；在内侧血管交叉以下，则表现为损伤同侧深感觉和精细触觉障碍。

2. 痉挛性瘫痪与迟缓性瘫痪　当上运动神经元损伤时，由于下运动神经元失去了大脑皮质的抑制作用，虽然随意运动丧失，但肌张力则表现增高，所以瘫痪是痉挛性的（硬瘫），出现病理反射，无营养障碍，肌肉不萎缩；当下运动神经元损伤时（如小儿麻痹后遗症）由于肌失去了神经支配，表现肌张力降低，瘫痪是迟缓性的（软瘫），肌因影响障碍而出现萎缩，无病理反射。

案例

患者，女，56岁，1年前背部曾受外伤。现检查发现，左下肢瘫痪，肌张力增高，无肌萎缩；左膝反射亢进，病理反射阳性；左下肢本体感觉消失；左半身自乳头以下精细触觉消失。

请思考：
1. 病变的部位发生在哪一侧？
2. 哪些结构受到损伤，产生上述症状的原因是什么？

思考题

验血针刺左手无名指，试述其痛觉的神经传导通路。

（刘　扬）

第二十三章

脑与脊髓的被膜、血管和脑脊液循环

学习目标

记忆
1. 复述如下内容：脑和脊髓被膜的名称、位置，硬脑膜的形态、结构特点，脑的动脉来源，主要分支和分布。
2. 定义硬脑膜窦、大脑动脉环的概念。

理解
1. 解释硬膜外隙和蛛网膜下隙的概念。
2. 说明脑脊液产生及循环途径，硬脑膜窦的名称、位置和血流方向。

第一节 脊髓和脑的被膜

脊髓和脑的表面均包被有三层被膜，由外向内依次是硬膜、蛛网膜和软膜。它们对和脑具有保护和支持作用。

一、脊髓的被膜

脊髓表面的被膜，由外向内是硬脊膜、脊髓蛛网膜和软脊膜。

（一）硬脊膜

硬脊膜（spinal dura mater）是一层厚而坚韧的致密结缔组织膜，上端附于枕骨大孔周缘，并与硬脑膜相续，下端自第2骶椎以下包裹终丝，附于尾骨的背面。两侧在椎间孔处与脊神经外膜相续。

硬脊膜与椎管内面的骨膜之间的疏松间隙称**硬膜外隙**（epidural space），内含疏松结缔组织、脂肪、淋巴管和静脉丛，此隙不与颅内相通，略呈负压，并有脊神经根通过。临床上进行硬膜外麻醉时，就是将麻醉药物注入此隙，以阻滞脊神经根内的神经传导（图 23-1）。

（二）脊髓蛛网膜

脊髓蛛网膜（spinal arachnoid mater）为半透明的薄膜，位于硬脊膜与软脊膜之间。蛛网膜和软膜之间有较宽阔的腔隙，称**蛛网膜下隙**（subarachnoid space），两层间有许多结缔组织小梁相连，蛛网膜下隙内充满脑脊液。在椎管内，自脊髓圆锥以下至第2骶椎水平蛛网膜下隙下部的扩大称**终池**（terminal cistern），内有马尾，临床上常在第3、4或第4、5腰椎间进

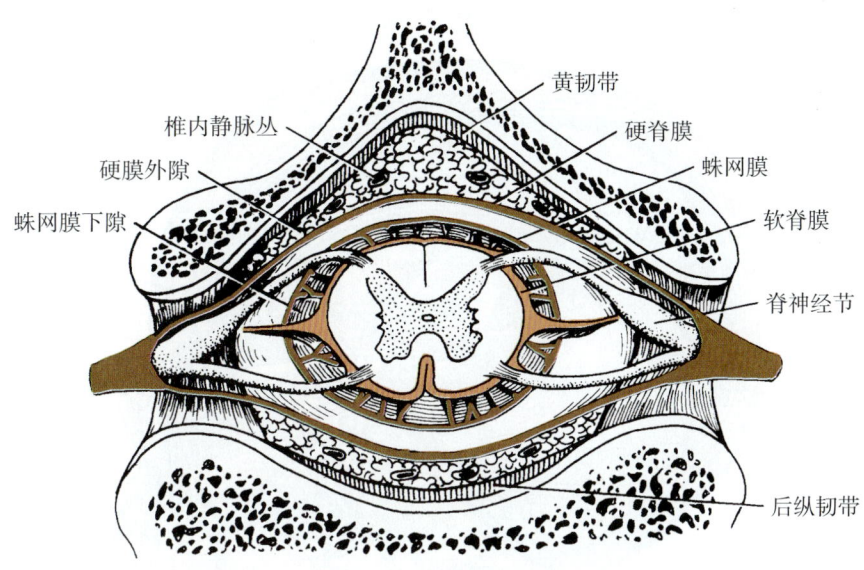

图 23-1 脊髓的被膜

行腰椎穿刺，可抽取终池内脑脊液或注入药物而不伤及脊髓。脊髓蛛网膜及蛛网膜下隙与脑的蛛网膜及蛛网膜下隙均相互连续。

（三）软脊膜

软脊膜（spinal pia mater）薄而透明，含有丰富的血管，紧贴于脊髓的表面，并深入其沟裂中，在脊髓圆锥以下移行为终丝。软脊膜和软脑膜相互延续。

二、脑的被膜

脑表面的被膜，由外向内是硬脑膜、脑蛛网膜和软脑膜。

（一）硬脑膜

硬脑膜（cerebral dura mater）（图 23-2）在枕骨大孔的周缘与硬脊膜相延续。硬脑膜坚韧而有光泽，由两层合成，**外层**即颅骨内面的骨膜，故不存在硬膜外隙，**内层**较外层坚厚，两层之间有神经、血管走行。硬脑膜与颅盖诸骨连接较疏松，易于分离，当硬脑膜血管损伤时，可在硬脑膜与颅骨之间形成硬膜外血肿。硬脑膜在颅底处则与颅骨结合紧密，故颅底骨折时，易将硬脑膜与脑蛛网膜同时撕裂，使脑脊液外漏。如筛板骨折时，脑脊液可流入鼻腔，形成鼻漏。

硬脑膜在某些部位，内层折叠成板状结构伸入脑的某些裂隙中，对脑有固定和承托作用：①**大脑镰**（cerebral falx），形似镰刀，呈矢状位伸入大脑纵裂，前端附着于鸡冠，后端连于小脑幕的上面，下缘游离于胼胝体上方。②**小脑幕**（tentorium of cerebellum），形似幕帐，几呈水平位伸入大脑横裂。其上面中线处连于大脑镰，后外侧缘附于枕骨横窦沟，前内侧缘游离，呈一弧形切迹，称小脑幕切迹。切迹与鞍背之间形成一环形孔，内有中脑通过。小脑幕将颅腔不完全地分隔成上下两部。当上部颅脑病变引起颅内压增高时，可形成**小脑幕切迹疝**。

硬脑膜某些部位，内、外两层分开，形成缝隙，内衬内皮细胞，称硬脑膜窦，内含静脉血，窦内无瓣膜，窦壁无平滑肌，不能收缩，故损伤时难以止血，容易形成颅内血肿。

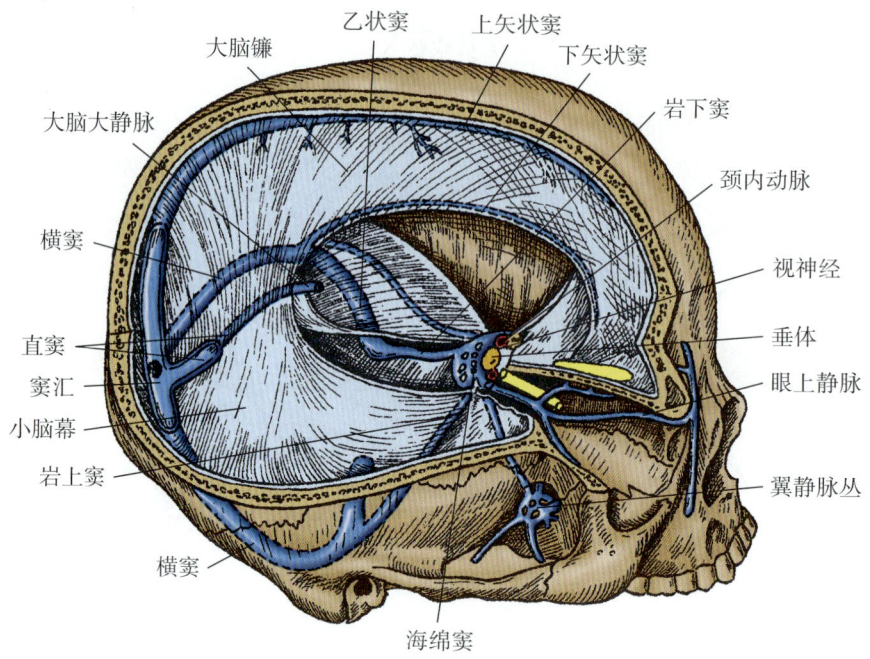

图23-2 硬脑膜及静脉窦

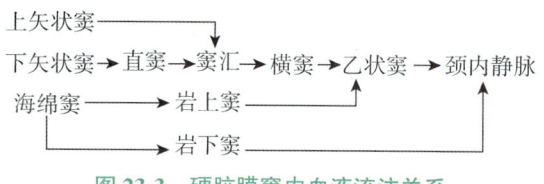

图23-3 硬脑膜窦内血液流注关系

①上矢状窦，位于大脑镰的上缘，自前向后流入窦汇。②下矢状窦，位于大脑镰的下缘，自前向后汇入直窦。③直窦，位于大脑镰和小脑幕相接处，由大脑大静脉和下矢状窦汇合而成，向后通窦汇。④窦汇，由上矢状窦与直窦在枕内隆凸处共同汇合而成。⑤横窦，成对，位于小脑幕后外侧缘附着处的枕骨横窦沟内，此窦向前下续乙状窦。⑥乙状窦，成对，位于乙状窦沟内，向前内于颈静脉孔处出颅续为颈内静脉（图23-3）。⑦**海绵窦**（cavernous sinus），位于蝶骨体的两侧，为硬脑膜两层间的不规则腔隙，形似海绵，故得名。窦内有颈内动脉和展神经通过，在窦的外侧壁内，自上而下有动眼神经、滑车神经、眼神经和上颌神经通过（图23-4）。

知识链接

小脑幕切迹疝

当小脑幕上方一侧颅脑病变引起颅内压增高时，可使位于小脑幕上方的海马旁回、钩向下移位，嵌入小脑幕切迹，形成小脑幕切迹疝。压迫动眼神经根及大脑脚，产生同侧瞳孔散大，直、间接对光反射消失，除外直肌和上斜肌以外所有的眼球外肌麻痹和对侧肢体瘫痪等症状。

海绵窦与颅外静脉有广泛的交通，向后外经岩上窦、岩下窦连通横窦、乙状窦或颈内静脉，前方借眼静脉与面静脉相交通，故面部感染可通过眼静脉蔓延至海绵窦，造成颅内感染和血栓形成，也可累及上述神经，出现相应症状。

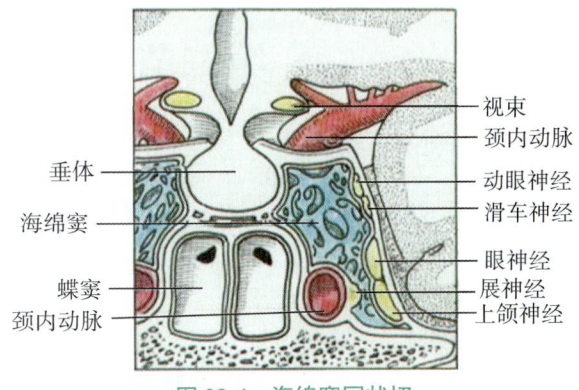

图 23-4　海绵窦冠状切

（二）脑蛛网膜

脑蛛网膜（cerebral arachnoid mate）为半透明的薄膜，位于硬脑膜与软脑膜之间，缺乏神经和血管。脑蛛网膜和软脑膜之间有较宽阔的腔隙，称**蛛网膜下隙**，两层间有许多结缔组织小梁相连，蛛网膜下隙内充满脑脊液。

蛛网膜下隙在某些部位扩大称**蛛网膜下池**。位于小脑与延髓背面之间有**小脑延髓池**，临床上可在此进行穿刺，抽取脑脊液进行检查。脑蛛网膜在上矢状窦附近形成许多绒毛状突起，突入上矢状窦内，称**蛛网膜粒**，脑脊液通过蛛网膜粒渗入上矢状窦内（图 23-5）。

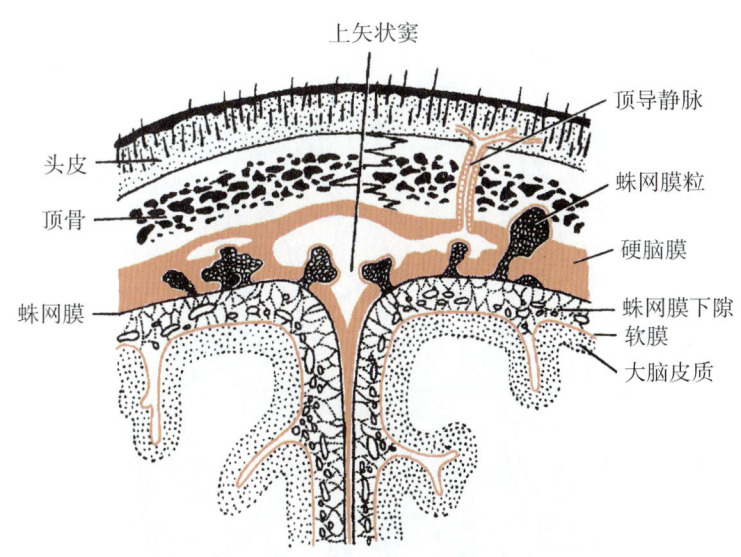

图 23-5　蛛网膜粒及蛛网膜下隙

（三）软脑膜

软脑膜（cerebral pia mater）薄而透明，含有丰富的血管，软脑膜贴于脑的表面，并深入其沟裂中。软脑膜上的血管在脑室的某些部位反复分支，形成毛细血管丛，它与软膜和室管膜上皮一起突入脑室内，形成**脉络丛**。脉络丛是产生脑脊液的主要结构。

第二节 脑与脊髓的血管

一、脑的血管

脑的代谢非常旺盛,从左心室搏出的血液约15%供应脑,脑耗氧量约占人总耗氧的20%,因此脑细胞对缺血和缺氧非常敏感。脑血流阻断5秒即可引起意识丧失,阻断5分钟可导致脑细胞不可逆的损害。

（一）动脉

脑的动脉主要来源于**颈内动脉系和椎-基底动脉系**。颈内动脉系供应大脑半球前2/3和部分间脑,椎-基底动脉系供应大脑半球后1/3、部分间脑、脑干和小脑。

1. 颈内动脉（internal carotid artery） 起自颈总动脉,向上穿过颈动脉管入海绵窦,出海绵窦后,在视交叉外侧分数支。颈内动脉的主要分支有（图23-6）。

（1）**大脑前动脉**（anterior cerebral artery）经视交叉上方进入大脑纵裂,并沿胼胝体的背面向后走行。左、右大脑前动脉进入大脑纵裂之前有横支相连,称**前交通动脉**。大脑前动脉皮质支分布于顶枕沟以前的大脑半球内侧面和上外侧面的上缘,自大脑前动脉的起始处发出

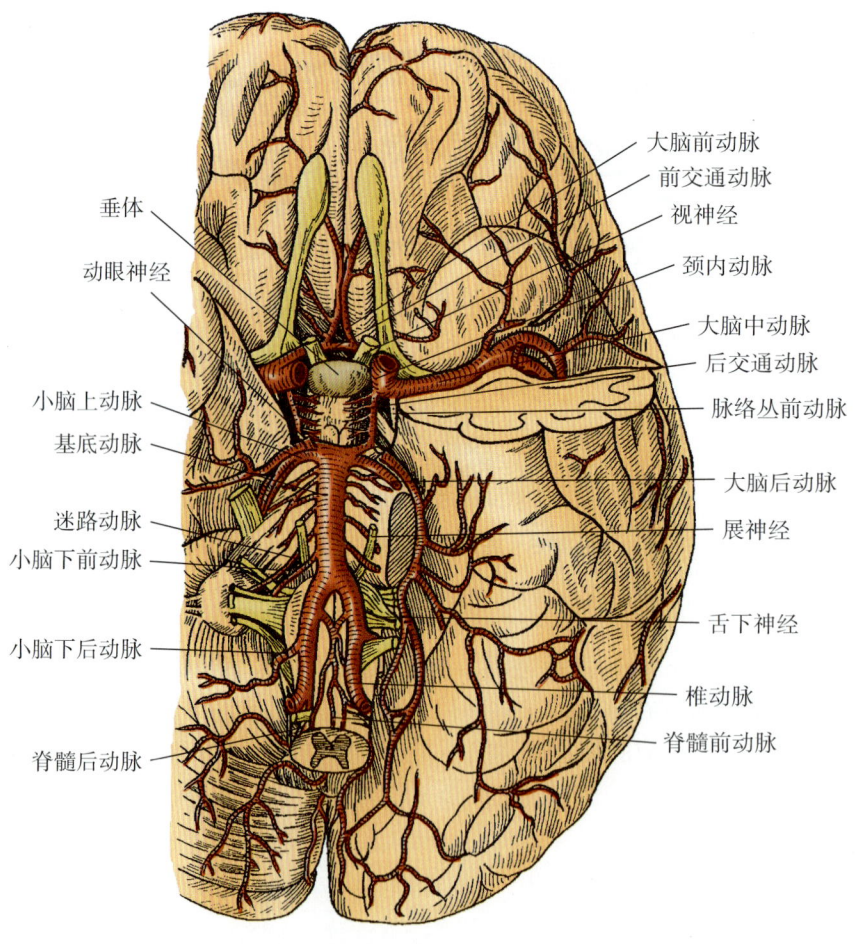

图 23-6 脑底的动脉

数支细小的中央支，穿入脑髓质，供应尾状核前部、豆状核和内囊前肢（图 23-7）。

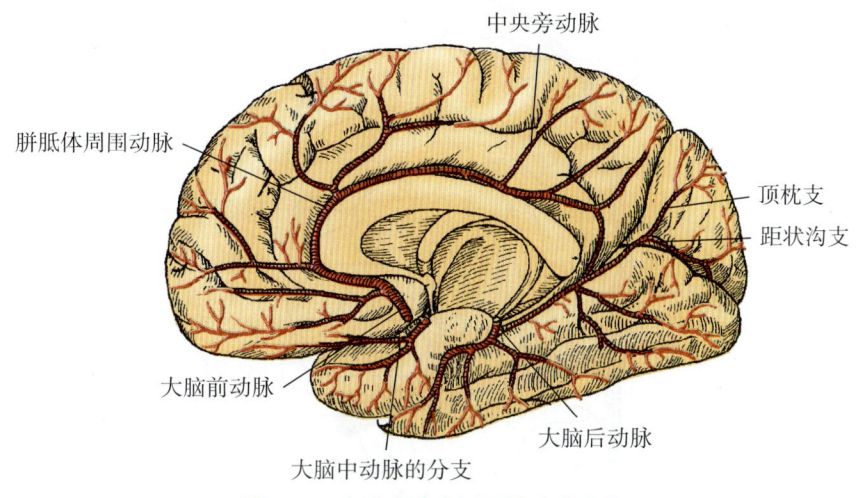

图 23-7　大脑半球内侧面的动脉分布

（2）**大脑中动脉**（middlecerebral artery）可视为颈内动脉的直接延续，向外进入外侧沟内，行向后上，其皮质支营养大脑半球上外侧面的大部分和岛叶，其中包括躯体运动中枢、躯体感觉中枢和语言中枢。若该动脉发生阻塞，将出现严重的功能障碍（图 23-8）。大脑中动脉发出一些细小的中央支，垂直向上进入脑实质，营养尾状核、豆状核、内囊膝和后肢的前部（图 23-9）。这些动脉在动脉硬化时容易破裂出血，故有"**出血动脉**"之称。

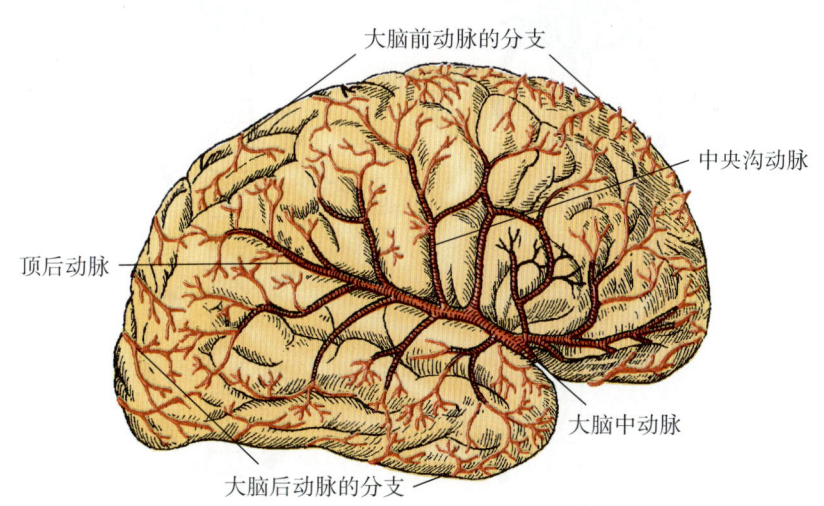

图 23-8　大脑半球外侧面的动脉分布

（3）**后交通动脉**（posterior communicating artery）在视束下面后行，与大脑后动脉吻合，是颈内动脉系与椎-基底动脉系的吻合支（图 23-6）。

2. **椎动脉**（vertebral artery）起自锁骨下动脉，穿第 6 至第 1 颈椎横突孔，左右椎动脉经枕骨大孔入颅后，沿延髓腹侧面上行，至脑桥基底部合成一条基底动脉。通常将这两段动脉合称椎-**基底动脉**。其主要分支有（图 23-10）。

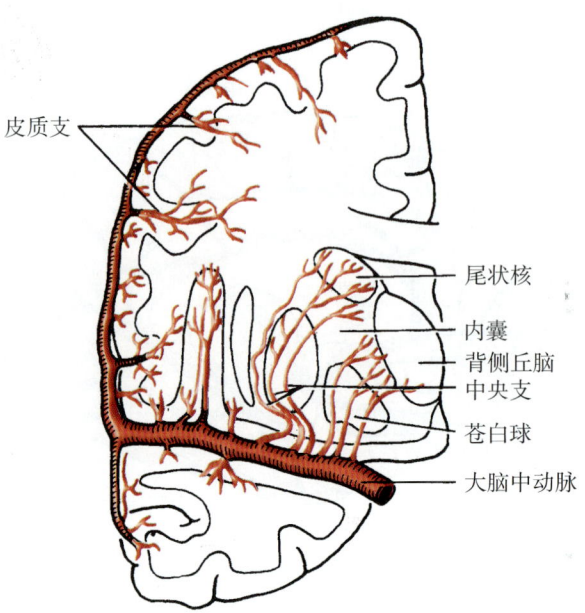

图 23-9 大脑中动脉的中央支和皮质支

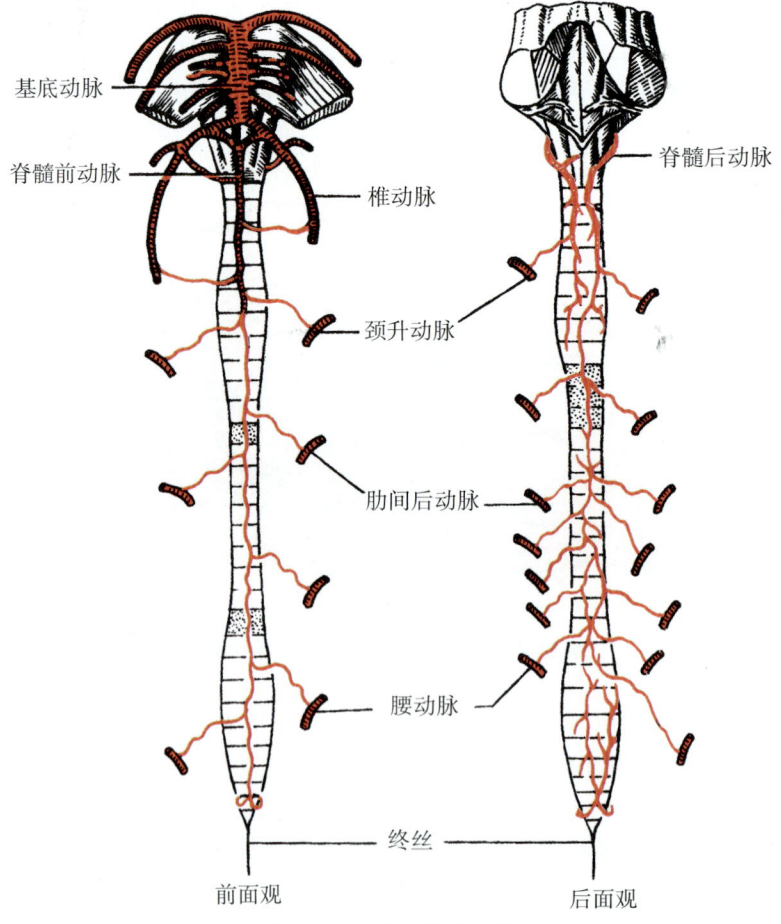

图 23-10 椎 - 基底动脉

(1) **脊髓前、后动脉**（图23-10）发自椎动脉，出枕骨大孔入椎管，分别沿脊髓腹侧和背侧下降。

(2) **大脑后动脉**（posterior cerebral artery）是基底动脉的终末分支，绕大脑脚向后，至颞叶和枕叶内侧面。其皮质支分布于颞叶的内侧面和底面及枕叶，中央支供应背侧丘脑、内外侧膝状体、下丘脑和底丘脑等（图23-6，7）。

此外基底动脉沿途还发出**小脑下前、后动脉，小脑上动脉、脑桥动脉**等。

3. **大脑动脉环**（cerebral arterial circle）又称**Willis环**，位于脑底下方，围绕着视交叉、灰结节和乳头体，由前交通动脉、大脑前动脉、颈内动脉、后交通动脉和大脑后动脉互相吻合而成（图23-6）。动脉环将颈内动脉和椎-基底动脉相互沟通，在正常情况下大脑动脉环两侧的血液各自流动，不相混合，当某一处发育不良或栓塞时，通过大脑动脉环使血液重新分配和代偿，以维持脑的血液供应。

（二）**静脉**

脑的静脉一般不与动脉伴行，可分浅、深静脉，最后都注入硬脑膜窦。

1. 浅静脉　收集大脑髓质浅层和皮质的静脉血，汇合成大脑上静脉、大脑中静脉和大脑下静脉，分别注入上矢状窦、海绵窦和横窦等（图23-11）。

2. 深静脉　收集大脑髓质深层、基底核、间脑和各脉络丛的静脉血，汇合成大脑大静脉，再注入直窦。

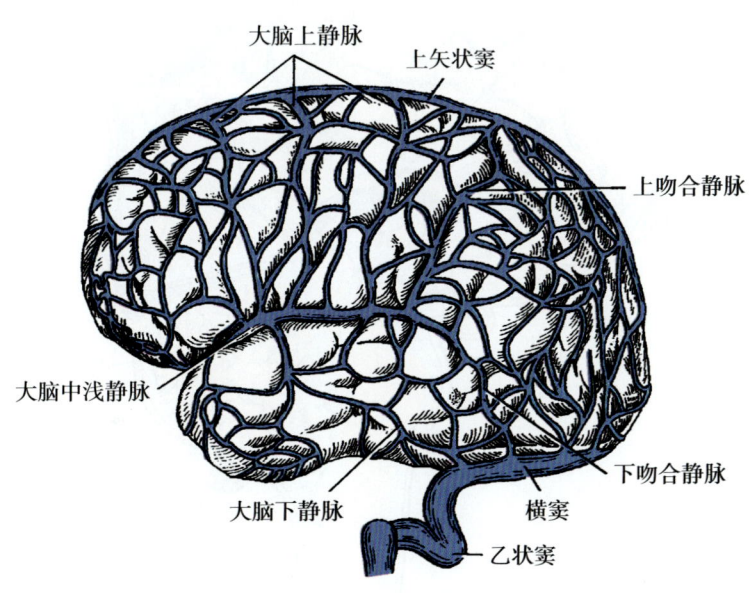

图23-11　大脑浅静脉

二、脊髓的血管

（一）动脉

脊髓的动脉有两个来源，即**椎动脉**和**节段性动脉**。椎动脉经枕骨大孔进入颅腔，发出脊髓前动脉和脊髓后动脉。**脊髓前动脉**（anterior spinal artery）左、右各一，很快就合成一条动脉干，沿脊髓前正中裂下降；两条**脊髓后动脉**（posterior spinal artery）分别沿脊髓后外侧沟下降。在下行过程中，不断得到节段性动脉分支的补充，共同营养脊髓。节段性动脉为颈升动脉、肋间后动脉、腰动脉等在不同节段发出的脊髓支，经相应的椎间孔进入椎管，与脊髓前、后动脉吻合（图 23-10）。

（二）静脉

脊髓的静脉分布情况大致和动脉相同，最后汇集成脊髓前、后静脉，注入椎内静脉丛。

第三节　脑脊液及其循环

脑脊液（cerebral spinal fluid，CSF）是各脑室脉络丛产生的无色透明的液体，功能上相当于外周组织中的淋巴，对中枢神经系统起缓冲、保护、运送营养及代谢产物和调节颅内压等作用。成人脑脊液总量约 150ml，它处于不断产生和回流的动态平衡中。

脑脊液循环途径：由侧脑室脉络丛产生的脑脊液经室间孔流至第三脑室，与第三脑室脉络丛产生的脑脊液一起，经中脑水管流入第四脑室，再汇合第四脑室脉络丛产生的脑脊液一起经第四脑室正中孔和两个外侧孔进入蛛网膜下隙，最后经蛛网膜粒渗入上矢状窦，回流入血液循环中（图 23-12）。

若在脑脊液循环途径中发生阻塞，可引起脑积水或颅内压增高，甚至形成脑疝而危及生命。

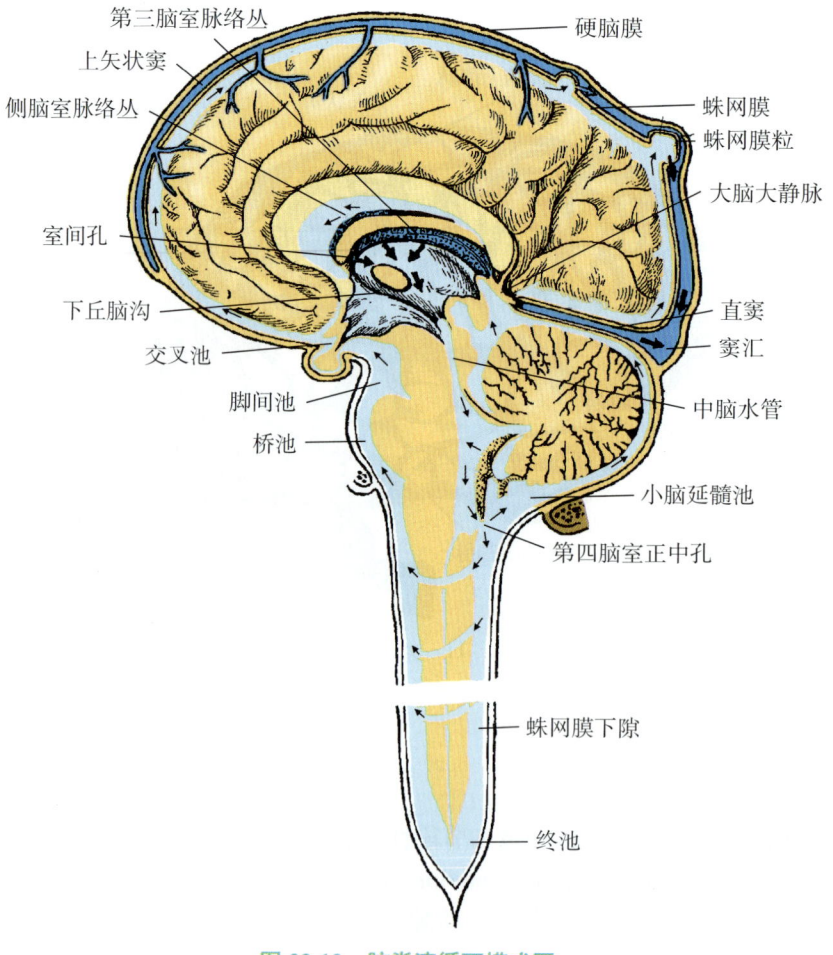

图 23-12　脑脊液循环模式图

第四节 脑屏障

中枢神经系统内神经元的正常功能活动需要其周围的微环境保持一定的稳定性，而维持这种稳定性的结构称**脑屏障**。它能选择性地允许某些物质通过，阻止另一些物质通过。按形态特点，**脑屏障**（brain barrier）可分为三类：**血-脑屏障**、**血-脑脊液屏障**和**脑脊液-脑屏障**（图23-13）。

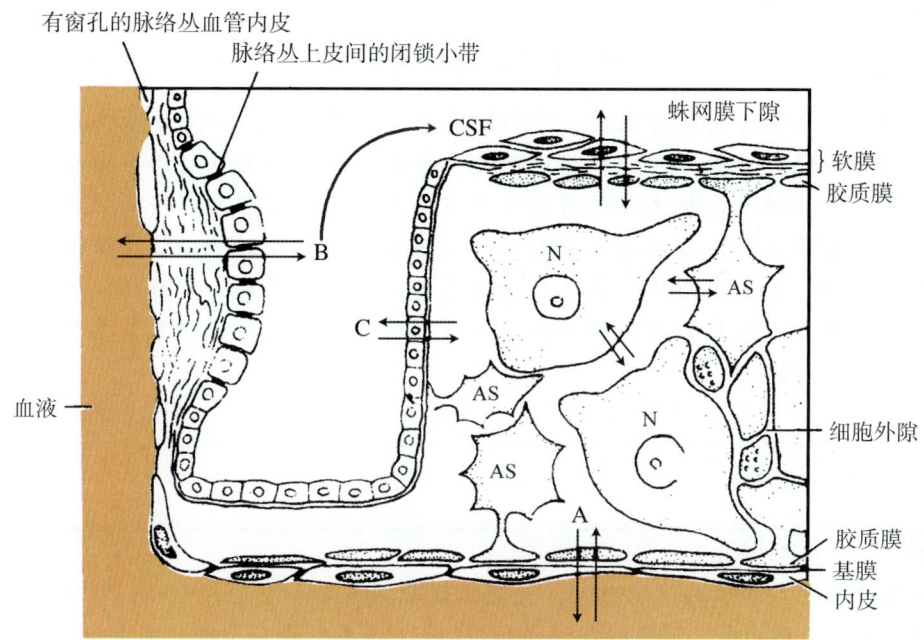

图23-13　脑屏障示意图
A. 血-脑屏障；B. 血-脑脊液屏障；C. 脑脊液-脑屏障；
AS. 星状胶质细胞；N. 神经元；CSF. 脑脊液

一、血-脑屏障

血-脑屏障（blood-brain barrier）在毛细血管的血液与脑（和脊髓）的神经细胞之间，由连续型毛细血管的内皮细胞、基膜和胶质细胞的突起构成，为血、脑之间的屏障。

二、血-脑脊液屏障

血-脑脊液屏障（blood-CSF barrier）在脑室脉络丛处毛细血管的血液与脑脊液之间，由脉络丛的有孔毛细血管内皮细胞、基膜和脉络丛上皮共同构成，为血、脑脊液之间的屏障。

三、脑脊液-脑屏障

脑脊液-脑屏障（CSF-brain barrier）由脑室内脑脊液和脑细胞之间的室管膜上皮、软脑膜和软膜下胶质膜共同构成，为脑脊液、脑之间的屏障。

先天性脑积水

脑积水是指由于脑脊液的产生和吸收平衡障碍而引起的脑室系统扩张。先天性脑积水主要由先天畸形引起，常见原因有中脑水管畸形、第四脑室正中及侧孔先天性闭锁等。2岁前婴儿表现为头颅进行性增大，前囟扩大膨隆，骨缝分离，头皮静脉怒张、眼球下移、巩膜外露，出现所谓"落日症"。

中枢神经系统感染与临床

中枢神经系统感染是神经内、外科的严重并发症之一。一旦发生，因为其所在部位与外界隔绝，一般医疗途径难以到达感染的部位，加上目前治疗中枢神经系统感染的医疗手段缺乏，抗生素治疗效果较差，且治疗上常常采用侵入性方法，如脑室穿刺、置管引流等，在治疗的同时又为病原体提供了绕过血-脑屏障侵入中枢神经系统的机会。加上中枢神经系统感染的患者一般病情危重，随时可能并发高颅压诱发脑疝而死亡。由此对其的护理提出了较高的要求，需要护理人员要具备相应的神经系统专业知识。

张先生与他人争吵时情绪激动，突然出现剧烈头痛和喷射样呕吐，被紧急送入医院。既往无高血压病史。经腰椎穿刺术和头部CT检查，诊断为蛛网膜下隙出血。

请思考：

1. 脑和脊髓的被膜有哪些？
2. 腰椎穿刺时需经过哪些层次才能到达蛛网膜下隙？

（刘　扬）

第二十四章

内分泌系统

 学习目标

记忆
复述内分泌系统的概念及其结构特点。
理解
解释垂体、甲状腺、肾上腺的形态、微细结构及功能。
应用
能够解释垂体与下丘脑的关系。

内分泌系统（endocrine system）由内分泌腺、内分泌组织和内分泌细胞共同组成。内分泌系统是机体重要的调节系统，与神经系统相辅相成，共同维持机体内环境的相对稳定。调节机体的生长发育和物质代谢，控制生殖，影响免疫功能和行为。

内分泌腺的结构特点是没有导管（故又称无管腺），腺细胞排列成索状、团状或围成滤泡状，其间含丰富的毛细血管。

内分泌细胞的分泌物称**激素**（hormone）。它作为细胞间通讯的信号分子，作用于一定的细胞。激素作用的特定器官或特定细胞，称为这种激素的**靶器官**（target organ）或**靶细胞**（target cell）。激素是量少但效能极高的物质。大多数内分泌细胞分泌的激素通过血液循环作用于远处的靶器官或靶细胞；少部分内分泌细胞的激素可直接作用于邻近的靶细胞，称**旁分泌**（paracrine）。

激素根据其化学性质的不同分为含氮激素（包括氨基酸衍生物、胺类、肽类和蛋白质类激素）和类固醇激素两大类。机体绝大部分内分泌 细胞为含氮激素分泌细胞，其超微结构特点与蛋白质分泌细胞相似，即胞质内含有丰富的粗面内质网、发达的高尔基复合体，以及膜包被的分泌颗粒等。类固醇激素分泌细胞仅包括肾上腺皮质和性腺的内分泌细胞，其超微结构特点是，胞质内含有丰富的滑面内质网；线粒体较多，其嵴多呈管状；含较多脂滴，为激素合成的原料。

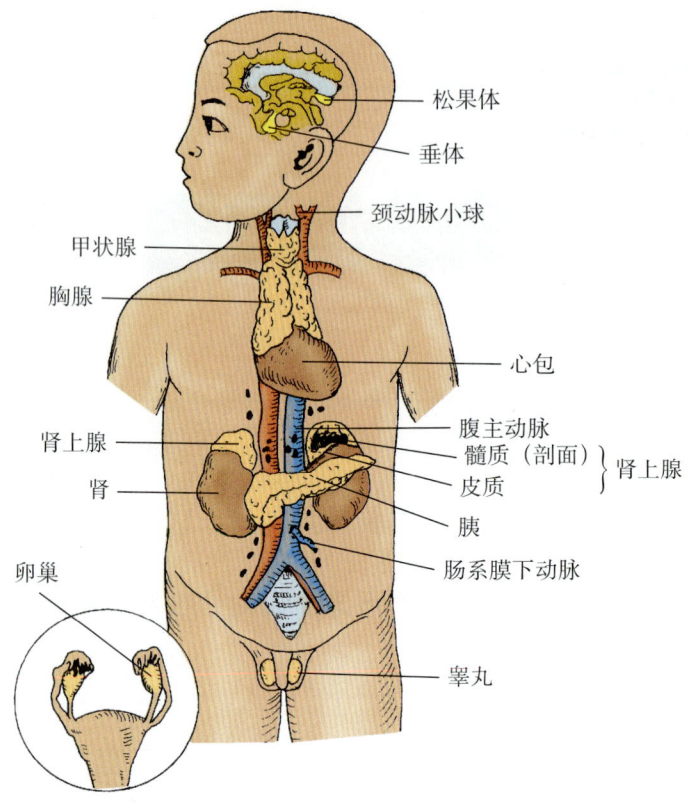

图 24-1　内分泌系统

第一节　甲状腺

一、位置与形态

甲状腺（thyroid gland）位于颈前部，形似"H"，棕红色，分左、右叶（两个侧叶）和中间的甲状腺峡。侧叶贴附于喉下部和气管上部的外侧面，上至甲状软骨中部，下达第 6 气管软骨环。甲状腺峡多位于第 2～4 气管软骨环的前方，临床急救进行气管切开时，要尽量避开甲状腺峡。甲状腺表面有致密的纤维囊。甲状腺借结缔组织附着于喉软骨上，故吞咽时可随喉上、下移动，这对检查确定颈部肿块是否与甲状腺有关很有帮助。

二、微细结构

甲状腺表面包有薄层结缔组织被膜。被膜深入腺实质内，将甲状腺分成若干大小不等的小叶，每个小叶由大量**甲状腺滤泡**（thyroid follicle）和**滤泡旁细胞**（parafollicular cell）组成，滤泡间有少量结缔组织和丰富的毛细血管（图 24-2）。

（一）甲状腺滤泡

甲状腺滤泡可因功能状态不同而有大小、形态差异，直径 0.02～0.09mm，呈圆形或不规则形。滤泡由单层立方的**滤泡上皮细胞**（follicular epithelial cell）围成，滤泡腔内充满透明的**胶质**（colloid）。电镜下，滤泡上皮细胞胞质内有较发达的粗面内质网和较多线粒体，溶酶

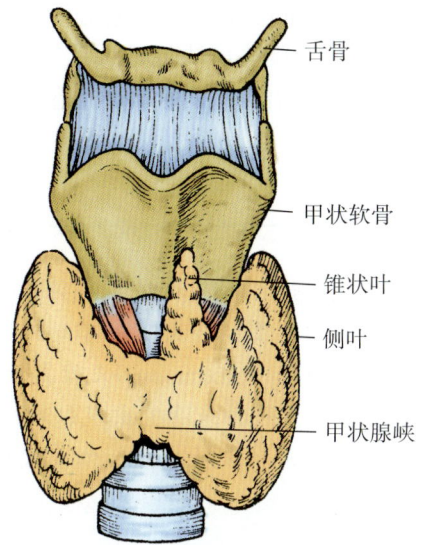

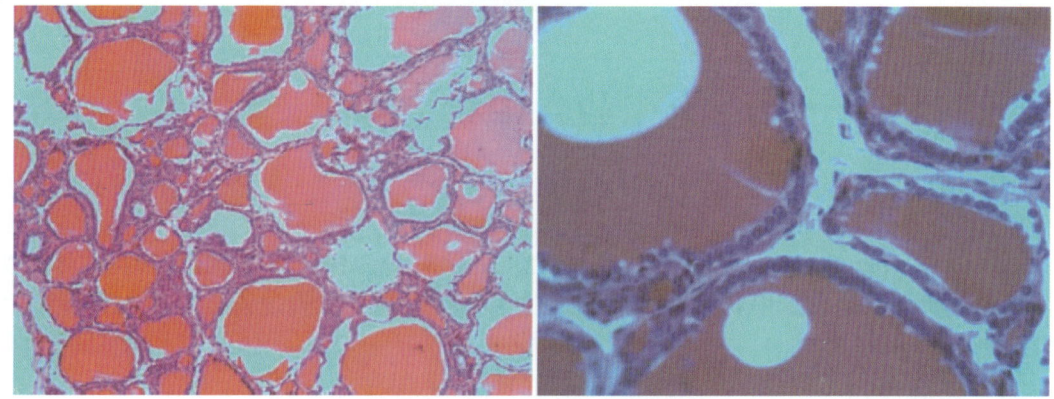

图 24-2 甲状腺位置形态及光镜图

体散在于胞质内,高尔基复合体位于核上区。顶部胞质内有电子密度中等、体积很小的分泌颗粒,还有从滤泡腔摄入的低电子密度的胶质小泡。滤泡上皮细胞基底面有完整的基膜。

滤泡上皮细胞合成和分泌**甲状腺素**(thyroxin hormone)。甲状腺素的形成经过合成、贮存、碘化、重吸收、分解和释放等过程。滤泡上皮细胞从血中摄取酪氨酸等氨基酸,在粗面内质网合成甲状腺球蛋白的前体,继而在高尔基复合体加糖形成甲状腺球蛋白,并浓缩形成分泌颗粒,再以胞吐方式排放到滤泡腔内贮存。滤泡上皮细胞能从血中摄取碘离子,后者经过氧化物酶的作用而活化,再进入滤泡腔与甲状腺球蛋白结合,形成碘化的甲状腺球蛋白,以胶质形式储存于滤泡腔中。甲状腺是唯一将分泌物储存在细胞外的内分泌腺。

滤泡上皮细胞在腺垂体分泌的促甲状腺激素的作用下,吞饮滤泡腔内的碘化甲状腺球蛋白,成为胶质小泡。胶质小泡与溶酶体融合,小泡内的甲状腺球蛋白被水解酶分解,形成甲状腺素,即**四碘甲状腺原氨酸**(tetraiodothyronine,T4)和少量活性更强的**三碘甲状腺原氨酸**(triiodothyronine,T3)。T3 和 T4 于细胞基底部释放出来,进入滤泡之间的毛细血管。

(二)滤泡旁细胞

滤泡旁细胞(parafollicular cell)是甲状腺内的另一种内分泌细胞,单个镶嵌于滤泡上皮细胞之间，或成群出现在甲状腺滤泡之间。在 HE 染色切片上，其胞体比滤泡上皮细胞略大，呈卵圆形或多边形，胞质染色较淡。银染法可清楚显示其分布。滤泡旁细胞的分泌颗粒内含**降钙素**（calcitonin），能促进成骨细胞的活动，使骨盐沉着于类骨质，并抑制胃肠道和肾小管吸收 Ca^{2+}，使血钙浓度降低。

> **知识链接**
>
> 甲状腺素能促进机体的新陈代谢，提高神经系统兴奋性，促进生长发育。对婴幼儿的骨骼发育和中枢神经系统的发育影响较大。若婴幼儿甲状腺功能低下，不仅身材矮小，而且脑发育障碍，导致呆小症（cretinism，又称克汀病）。成人甲状腺功能低下则引起新陈代谢率低下，毛发稀少，精神呆滞，出现黏液性水肿（myxedema）等。成人甲状腺功能亢进时，则代谢亢进，耗氧量增大，体重减轻，出现精神神经症状，严重时常伴有突眼性甲状腺肿。

第二节　甲状旁腺

一、位置与形态

甲状旁腺（parathyroid glands）一般有上、下两对，为棕黄色扁圆形小体，大小似黄豆。两对甲状旁腺均贴于甲状腺侧叶后缘，位于甲状腺的纤维囊之外，有时也可埋于甲状腺组织中。

二、微细结构

腺细胞排成索条状或者成团状排列，索团间有少量结缔组织和丰富的毛细血管。腺细胞分主细胞和嗜酸性细胞两种。

（一）主细胞

主细胞（chief cell）是构成甲状旁腺的主要细胞，细胞体积小，呈圆形或多边形，核圆，居中，HE 染色胞质着色浅。主细胞分泌**甲状旁腺激素**（parathyroid hormone），主要作用于骨细胞和破骨细胞，使骨盐溶解，并能促进肠及肾小管吸收钙，使血钙升高。甲状旁腺激素和降钙素共同调节维持机体血钙的稳定。

（二）嗜酸性细胞

嗜酸性细胞（acidophilic cell）从青春期开始，甲状旁腺内出现嗜酸性细胞，并随年龄增长而增多。嗜酸性细胞比主细胞大，核较小，染色深，胞质呈强嗜酸性染色；电镜下，其胞质含丰富的线粒体。

第三节 肾上腺

一、位置与形态

肾上腺（suprarenal gland）左右各一，位于肾上端的内上方，呈灰黄色。左肾上腺近似半月形，右肾上腺为三角形。肾上腺与肾共同包被于肾筋膜中。肾上腺实质由周边的皮质和中央的髓质两部分（图 24-3）。

（一）皮质

皮质约占肾上腺体积的 80%，由皮质细胞、血窦和少量结缔组织组成。根据皮质细胞的形态和排列特征，可将皮质由外向内分为球状带、束状带和网状带三条带，三者之间无明显界限。

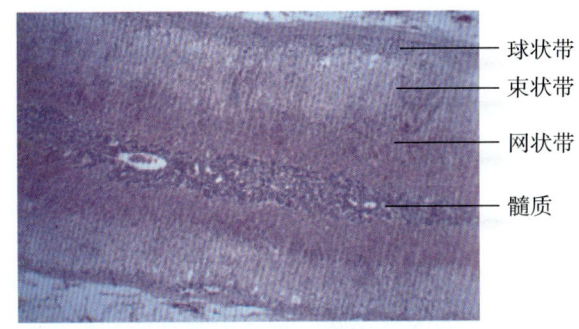

图 24-3 肾上腺光镜图

1. **球状带**（zona glomerulosa） 位于被膜下方，较薄。细胞聚集成许多球团，细胞较小，胞质较少，染色略深，内含少量脂滴，核小染色深。球状带细胞分泌**盐皮质激素**（mineralocorticoid），主要是**醛固酮**（aldosterone），能促进肾远曲小管和集合管重吸收 Na^+ 及排出 K^+，同时也刺激胃黏膜吸收 Na^+，使血 Na^+ 浓度升高，K^+ 浓度降低，维持血容量在正常水平。若醛固酮分泌过量，可引起**康恩综合征**（Conn syndrome）。

2. **束状带**（zona fasciculata） 是皮质中最厚的部分，约占皮质总厚度的 78%。束状带细胞较大，呈多边形，排列成单行或双行的细胞索。胞核圆形，较大，染色浅。胞质内含大量脂滴，石蜡切片中因脂滴被溶解，故胞质呈泡沫状而染色浅。束状带细胞分泌**糖皮质激素**（glucocorticoid），主要为**皮质醇**（cortisol）和**皮质酮**（corticosterone）。糖皮质激素可促使蛋白质及脂肪分解并转变成糖，药理剂量还有免疫抑制及抗过敏、抗炎、抗毒、抗休克等作用。

3. **网状带**（zona reticularis） 位于皮质最内层，细胞排列成索状，互相连结成网，网眼内有血窦。细胞较小，胞质呈嗜酸性，内含较多脂褐素和少量脂滴，核小，染色深。网状带的细胞主要分泌雄激素，也分泌少量雌激素和糖皮质激素。

（二）髓质

髓质（medulla）位于肾上腺的中央部，主要由排列成索或团的髓质细胞组成，其间为血窦和少量结缔组织，髓质中央有中央静脉。髓质细胞呈多边形，如用含铬盐的固定液固定标本，胞质内可见黄褐色的嗜铬颗粒，因而髓质细胞常称**嗜铬细胞**（chromaffin cell）。电镜下，可见胞质内含许多分泌颗粒，根据分泌颗粒内含物的不同将嗜铬细胞分为两种：一种为肾上腺素细胞，颗粒内含肾上腺素；另一种为去甲肾上腺素细胞，颗粒内含去甲肾上腺素。肾上腺素使心率加快、心脏和骨骼肌的血管扩张。去甲肾上腺素使血压增高，心脏、脑和骨骼肌内的血流加速。

> **知识链接**
>
> 库欣综合征，又称皮质醇增多症（hypercortisolism），主要表现为满月脸、多血质外貌、向心性肥胖、痤疮、皮肤紫纹、高血压、继发性糖尿病和骨质疏松等。由于长期应用外源性糖皮质激素或饮用大量含酒精饮料，也可以引起类似库欣综合征的临床表现，且均表现为高皮质醇血症。故将器质性病变引起的称为内源性库欣综合征；外源性补充皮质醇或酒精所致的称为外源性或药源性类库欣综合征。

第四节 垂 体

一、位置与形态

垂体（hypophysis）是一个椭圆形小体，重约 0.5g，位于颅骨蝶鞍垂体窝内。垂体是体内最重要的内分泌腺，垂体由腺垂体和神经垂体两部分组成，表面包裹结缔组织被膜。神经垂体分为神经部和漏斗两部分，漏斗与下丘脑相连。腺垂体分为远侧部、中间部和结节部三部分。远侧部最大，中间部位于远侧部和神经部之间。结节部围在漏斗周围（图 24-4）。在位置上，腺垂体居前，神经垂体居后。腺垂体的远侧部又称垂体前叶，神经垂体的神经部和腺垂体的中间部又合称垂体后叶。

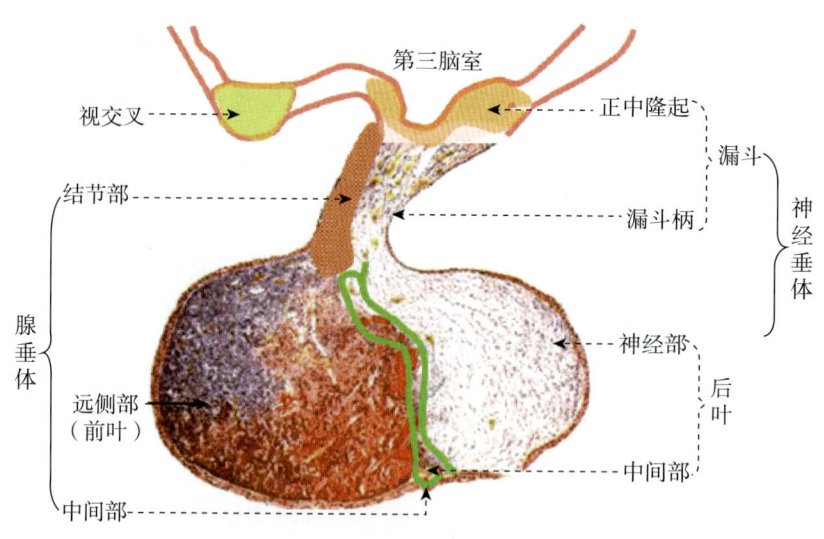

图 24-4 垂体结构模式图

垂体分泌或释放多种激素，作用于相应的靶器官发挥调节作用。垂体还通过神经和血管与下丘脑相连，因此，垂体在神经系统与内分泌系统的相互联系中起重要的枢纽作用。

二、微细结构

（一）腺垂体

腺垂体（adenohypophysis）是垂体的主要部分，为内分泌腺。

1. 远侧部（pars distalis） 腺细胞排列成团索状，少数围成小滤泡，腺细胞团、索间有丰富的窦状毛细血管和少量结缔组织，其中有一种星形细胞，具有长的分支突起，伸入腺细胞之间起支持作用。在 HE 染色切片中，依据腺细胞着色的差异，可将其分为嗜色细胞和嫌色细胞两类；嗜色细胞又分为嗜酸性细胞和嗜碱性细胞两种。

（1）**嗜酸性细胞**（acidophilic cell）：数量较多，呈圆形或椭圆形，胞质呈嗜酸性。嗜酸性细胞分为两种。

生长激素细胞（somatotroph）：分泌**生长激素**（growth hormone，GH）能促进肌肉、内脏的生长及多种代谢过程，尤其是刺激骺软骨生长，使骨增长。在未成年时期，生长激素分泌过多可引起巨人症，分泌不足可导致侏儒症；成年人生长激素分泌过多会引发肢端肥大症。

催乳激素细胞（mammotroph）：男女两性的垂体均有此种细胞，女性较多，于分娩前期和哺乳期细胞功能旺盛。分泌的**催乳激素**（prolactin，PRL）能促进乳腺发育和乳汁分泌。

（2）**嗜碱性细胞**（basophilic cell）：数量较嗜酸性细胞少，呈椭圆形或多边形，胞质呈嗜碱性。嗜碱性细胞分为三种。

促甲状腺激素细胞（thyrotroph）：所分泌的**促甲状腺激素**（thyroid stimulating hormone，TSH）能促进甲状腺素的合成和释放。

促肾上腺皮质激素细胞（corticotroph）：所分泌的**促肾上腺皮质激素**（adrenocorticotropic hormone，ACTH）主要促进肾上腺皮质束状带细胞分泌糖皮质激素。

促性腺激素细胞（gonadotroph）：分泌**卵泡刺激素**（follicle stimulating hormone，FSH）和黄体生成素（luteinizing hormone，LH），在男性和女性均如此。应用电镜免疫组织化学技术，发现这两种激素可共存于同一细胞。卵泡刺激素在女性促进卵泡发育，在男性则刺激生精小管的支持细胞合成雄激素结合蛋白，以促进精子的发育。黄体生成素在女性促进排卵和黄体形成，在男性又称**间质细胞刺激素**（interstitial cell stimulating hormone，ICSH），可刺激睾丸间质细胞分泌雄激素。

（3）**嫌色细胞**（chromophobe cell）：数量多，体积小，胞质少，着色浅，细胞界限不清。电镜下可观察到嫌色细胞胞质内含少量分泌颗粒。

2. 中间部（pars intermedia） 是位于远侧部和神经部之间的纵行狭窄区域，由滤泡及其周围的嗜碱性细胞和嫌色细胞构成（图 13-3）。滤泡由单层立方或柱状上皮细胞围成，大小不等，内含胶质。嗜碱性细胞分泌**黑素细胞刺激素**（melanocyte stimulating hormone，MSH）作用于皮肤黑素细胞，促进黑色素的合成和扩散。

3. 结节部（pars tuberalis） 包围着神经垂体的漏斗，在漏斗的前方较厚，后方较薄或缺如。此部含有丰富的纵行毛细血管，腺细胞呈索状纵向排列于血管之间，细胞较小，主要是嫌色细胞，其间有少量嗜酸性细胞和嗜碱性细胞。此处的嗜碱性细胞分泌促性腺激素。

（二）神经垂体

神经垂体（neurohypophysis）主要由无髓神经纤维和神经胶质细胞组成，含有较丰富的有孔毛细血管（图 13-3）。神经部的胶质细胞又称**垂体细胞**（pituicyte），其形状和大小不一，有的垂体细胞含较多脂滴和脂褐素。垂体细胞除具有支持和营养神经纤维的作用外，还有吞噬和保护作用。

三、下丘脑与垂体的关系

下丘脑与垂体的发生、结构与功能关系密切，因而被称为神经内分泌下丘脑-垂体系统（neuroendocrine hypothalamo-hypophyseal system，NHS）（图24-5）。

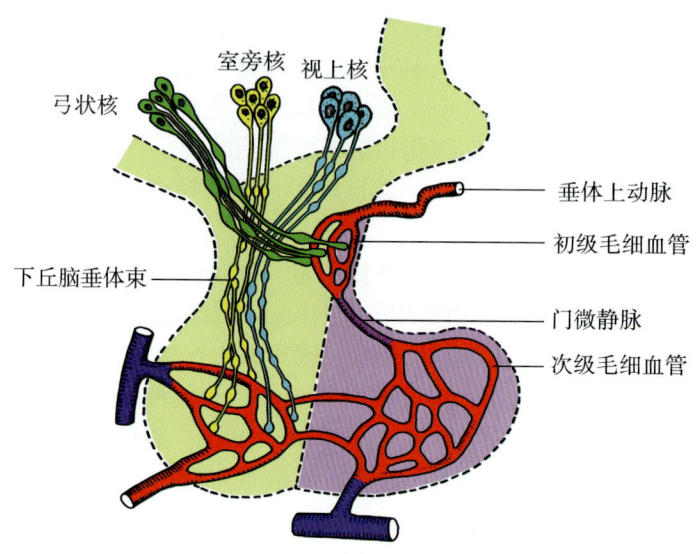

图 24-5　下丘脑与垂体的关系结构示意图

1．下丘脑与腺垂体的关系

（1）**垂体门脉系统**（hypophyseal portal system）：腺垂体的血供主要来自大脑基底动脉环发出的垂体上动脉。垂体上动脉穿过结节部上端，进入神经垂体的漏斗，在该处分支并吻合形成有孔毛细血管网，称第一级毛细血管网。这些毛细血管网沿垂体柄下行到结节部下端汇集形成数条垂体门微静脉，后者下行进入远侧部，再度分支并吻合，形成第二级毛细血管网。垂体门微静脉及其两端的毛细血管网共同构成垂体门脉系统。远侧部的毛细血管最后汇集成小静脉，注入垂体周围的静脉窦。

（2）下丘脑对腺垂体的调节：下丘脑的弓状核等神经核的神经元具有内分泌功能，称为神经内分泌细胞。神经内分泌细胞的轴突伸至神经垂体漏斗，构成下丘脑腺垂体束，细胞合成的多种激素在轴突末端释放，进入漏斗处的第一级毛细血管网，继而经垂体门微静脉到达腺垂体远侧部的第二级毛细血管网，分别调节远侧部各种腺细胞的分泌活动。而腺垂体嗜碱性细胞产生的各种促激素又可调节甲状腺、肾上腺皮质和性腺的内分泌活动，这样神经系统和内分泌系统便统一起来，完成对机体的多种物质代谢及功能的调节。

2．下丘脑与神经垂体的关系　神经垂体无髓神经纤维是来自下丘脑前区视上核和室旁核的大神经内分泌细胞，这些细胞的轴突主干组成**下丘脑垂体束**（hypothalamohypophyseal tract），终止于神经垂体的神经部。这些神经内分泌细胞除具有一般神经元的结构外，还含有许多分泌颗粒。分泌颗粒沿轴突被运输到神经部，轴突沿途和终末分泌颗粒常聚集成团，使轴突呈串珠状膨大，在光镜下呈现为大小不等的弱嗜酸性团块，称**赫令体**（Herring body）。

视上核和室旁核的神经内分泌细胞合成**抗利尿激素**（antidiuretic hormone，ADH）和**催产素**（oxytocin）。这些激素在神经内分泌细胞胞体内合成，在垂体神经部贮存并释放入血窦。神经内分泌细胞的胞体位于下丘脑，是合成激素的部位，突起位于神经垂体，是储存和释放激素的场所。因此，下丘脑与神经垂体实为一个结构和功能的整体。

> **知识链接**
>
> 垂体性侏儒症，又称垂体矮小症，由于青春期前垂体分泌生长激素缺乏或不足或生长激素生物效应不足所致，是儿科内分泌疾病中比较常见的疾病，据北京协和医院调查，其发生率为11.36/10万（1/8644）。患儿1岁左右出现生长缓慢，2～3岁时与同龄幼儿身高有明显差异。每年身高不足4～5cm，至成年时低于130cm，但身体匀称协调，皮肤细嫩，皮下脂肪丰满，面部圆形，智力正常。

第五节　弥散神经内分泌系统

除上述内分泌腺外，机体其他器官还存在大量散在的内分泌细胞。它们分泌的多种激素在调节机体生理活动中起着十分重要的作用。1966年，Pearse将它们统称为**摄取胺前体脱羧细胞**（amine precursor uptake and decarboxylation cell），简称APUD细胞。

随着对APUD细胞研究的不断深入，发现许多APUD细胞不仅产生胺，而且还产生肽，还发现神经系统内的许多神经元也合成并分泌与APUD细胞分泌物相同的胺和（或）肽类物质。因此人们提出，将这些具有分泌功能的神经元（如下丘脑室旁核和视上核的神经内分泌细胞）和APUD细胞（如消化管、呼吸道的内分泌细胞）统称为**弥散神经内分泌系统**（diffuse neuroendocrine system，DNES）。至今已知DNES有50多种细胞。明确属于这一系统的细胞包括中枢和周围两大部分：①中枢部分包括下丘脑、垂体的某些细胞和松果体细胞等；②周围部分包括胃、肠、胰、呼吸道、泌尿生殖道的内分泌细胞、甲状腺滤泡旁细胞、甲状旁腺主细胞、肾上腺髓质细胞和肾的球旁细胞等。因此，DNES是在APUD细胞基础上的进一步发展和扩充。DNES把神经系统和内分泌系统两大调节系统统一起来构成一个整体，共同调节和控制机体的生理活动。

> **案例**
>
> 患者，女，48岁，于4月20日初诊。患者半年多来常感觉怕热，多汗，容易激动，烦躁易怒，进食增多，但体重明显下降，安静时也会出现心率过速。同时，颈前喉结两旁有结块，微肿大。来诊时体格检查发现：患者精神状态佳，形体消瘦，呼吸急促，双目有轻微突出，目光矍铄。心率100次/分，未闻及杂音，心前区未触及震颤。甲状腺有轻微肿大，能触及震颤，听诊可闻及血管杂音。实验室检查：T_3 2.77nmol/L（180ng/dl），T_4 258nmol/L（20μg/dl），^{131}I 24h吸收率为0.60。诊断为甲状腺功能亢进征（简称甲亢）。请思考：
>
> （1）甲状腺的结构及甲状腺素产生的过程是怎样的。
>
> （2）请简述下丘脑-垂体-甲状腺轴。

（马晓萍）

第二十五章

人体胚胎发生

记忆
描述卵裂和胚泡形成，植入，二胚层胚盘的形成，三胚层的形成和分化，胎膜和胎盘的结构与功能。

理解
解释精子获能、受精过程；胎盘的血液循环与胎盘膜和胎儿致畸敏感期。

应用
能够运用胚胎外形的建立，胚胎各期的外形特征，先天性畸形的发生原因及预防。

  胚胎学（embryology）是研究个体发生和生长及其发育机制的科学，其研究内容包括生殖细胞形成、受精、胚胎发育、胚胎与母体的关系、先天性畸形等。**人体胚胎学**（human embryology）则研究人胚胎的发育过程。机体出生后，许多器官的结构和功能还远未发育完善，还要历经相当长时期的生长发育方能成熟，然后逐渐老化衰退。

  人胚胎在子宫中发育经历 38 周左右（约 266 天），分为两个时期：①从受精到第 8 周末为**胚期**（embryonic period），此期受精卵由单个细胞经过迅速而复杂的增殖、分裂和分化，历经胚（embryo）的不同阶段，至此期末，各器官、系统与外形初具人体雏形。②从第 9 周至出生为**胎期**（fetal period），此期内胎儿（fetus）逐渐长大，各器官、系统继续发育分化，部分器官的功能逐渐出现并进一步完善。本章主要叙述前 8 周（胚期）的发育及胚胎与母体的关系，重点在 1～4 周的变化。

  胚胎学作为研究人和动物个体发生的科学，对于以科学唯物主义观点理解生命的发生与演变，以及个体与环境的联系，具有极重要的理论意义。在医学科学中，人体胚胎学与细胞学、组织学、遗传学、病理学、分子生物学等基础学科联系密切，为妇产科学、男科学、生殖工程学、儿科学、矫形外科学、肿瘤科学等临床学科提供了必要的理论基础，也是计划生育与优生学赖以发展的学科之一。

第一节　生殖细胞和受精

一、生殖细胞

生殖细胞（germ cell）又称**配子**（gamete），包括精子和卵子，均为单倍体细胞，仅有 23 条染色体，其中一条是性染色体。

（一）精子

精子中的半数含 Y 染色体（23，Y），半数含 X 染色体（23，X）。射出的精子虽有运动能力，却无穿过卵子周围放射冠和透明带的能力。这是由于精子头的外表有一层能阻止顶体酶释放的糖蛋白。精子在子宫和输卵管中运行过程中，该糖蛋白被女性生殖管道分泌物中的酶降解，从而获得受精能力，此现象称**精子获能**（capacitation）。精子在女性生殖管道内的受精能力一般可维持 1 天。

（二）卵子

从卵巢排出的卵子处于第二次成熟分裂的中期，并随输卵管伞的液流进入输卵管，在受精时才完成第二次成熟分裂；若未受精，于排卵后 12～24 小时退化。

二、受精

成熟获能的精子与卵子结合形成受精卵的过程，称**受精**（fertilization），受精部位多在输卵管壶腹。

（一）受精的条件

①男、女生殖管道畅通；②有足够数量的精子，若每毫升精液内的精子数低于 500 万个，受精的可能性几乎为零；③精子的形态正常并获能，畸形精子（小头、双头、双尾等）的数量不能超过 40%；④精子有活跃的直线运动能力和爬高运动能力；⑤次级卵母细胞在排卵时处于第 2 次减数分裂中期；⑥精子和卵子适时相遇，精子进入女性生殖管道后，需在 20 小时内与卵子结合，卵子一般在排卵后 12 小时内有受精能力，若错过此期，即使两者相遇也不能结合；⑦雌激素、孕激素水平正常。

（二）受精的过程

当获能精子接触放射冠时，顶体释放顶体酶，溶解放射冠与透明带的过程，称顶体反应（acrosome reaction）。精子头部的质膜与次级卵母细胞的质膜融合，随即精子的核和胞质进入次级卵母细胞内（图 25-1）。在精 - 卵质膜接触的瞬间，次级卵母细胞活化，释放皮质颗粒，水解透明带的精子受体（ZP3），使透明带的结构及化学成分发生变化，不能再与精子结合，从而阻止了其他精子穿越，这一过程称**透明带反应**（zona reaction）。透明带反应保证了单个精子受精。

精子的穿越激发了次级卵母细胞完成第 2 次减数分裂。进入卵内的精子的核和卵细胞的核逐渐膨大，分别称雄原核和雌原核。两个原核相互靠近，核膜消失，染色体混合，形成二倍体的受精卵，又称合子。

（三）受精的意义

①受精激活了卵子，使卵子的缓慢代谢转入旺盛代谢，从而启动细胞不断地分裂；②精子与卵子的结合，恢复了二倍体，维持物种的稳定性；③受精决定性别，带有 Y 染色体的精子与卵子结合发育为男性，带有 X 染色体的精子与卵子结合则发育为女性；④受精卵的染色体来自父母双方，加之生殖细胞在成熟分裂时曾发生染色体联合和片段交换，使遗传物质重

第二十五章 人体胚胎发生

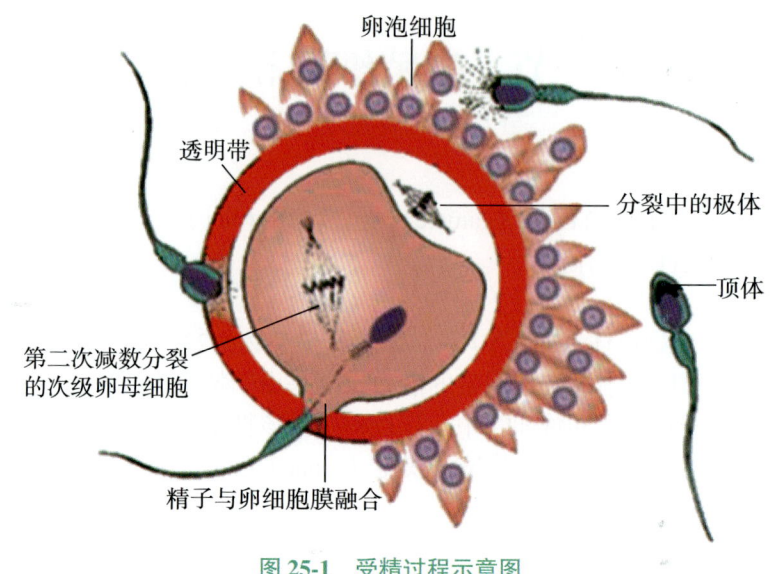

图 25-1 受精过程示意图

新组合，使新个体具有与亲代不完全相同的性状。

不孕症

　　凡婚后有正常性生活，未避孕，同居两年未受孕者称不孕症（infertility）。造成女性不孕的主要原因是输卵管堵塞，慢性输卵管炎可使输卵管黏膜皱襞粘连，导致管腔狭窄，黏膜破坏，上皮纤毛缺失，输卵管周围粘连，管形扭曲，影响孕卵在输卵管的正常运行和通过。可通过抗感染治疗及输卵管形成术达到输卵管再通的目的。也可通过体外受精和胚胎移植解决，通常称为"试管婴儿"。主要程序是用激素诱发排卵，采集多个卵细胞，用获能的精子在体外受精，体外培养受精卵至 2～8 细胞期胚时作移植。一般一次移植 3 个或更多胚胎，以保证移植和胚胎发育的成功。体外受精和胚胎移植的妊娠率为 30%～40%。世界首例试管婴儿于 1978 年 7 月 26 日在英国诞生，我国第一例试管婴儿于 1988 年在北京诞生。目前，世界上已经有上百万试管婴儿诞生，为不育家庭带来福音。体外受精和胚胎移植技术也日趋成熟。

第二节　胚泡形成和植入

一、卵裂和胚泡形成

　　受精卵由输卵管向子宫运行中，不断进行细胞分裂，此过程称卵裂（cleavage）。卵裂产生的细胞称卵裂球（blastomere）。随着卵裂球数目的增加，细胞逐渐变小，到第 3 天时形成一个 12～16 个卵裂球组成的实心胚，称桑葚胚（morula）（图 25-2）。

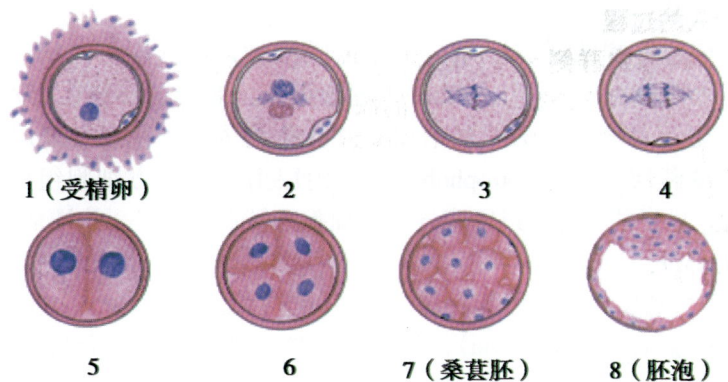

图 25-2　卵裂和胚泡形成

桑葚胚的细胞继续分裂，细胞间逐渐出现小的腔隙，它们最后汇合成一个大腔，桑葚胚转变为中空的胚泡。**胚泡**（blastocyst）又称囊胚，于受精的第 4 天形成并进入子宫腔。胚泡外表为一层扁平细胞，称**滋养层**（trophoblast），中心的腔称**胚泡腔**（blastocoele），腔内一侧的一群大细胞，称**内细胞群**（inner cell mass）。胚泡逐渐长大，透明带变薄而消失，胚泡得以与子宫内膜接触，植入开始。

二、植入与子宫内膜的变化

胚泡逐渐埋入子宫内膜的过程称**植入**（implantation），又称**着床**（imbed）。植入约于受精后第 5～6 天开始，第 11～12 天完成（图 25-3）。

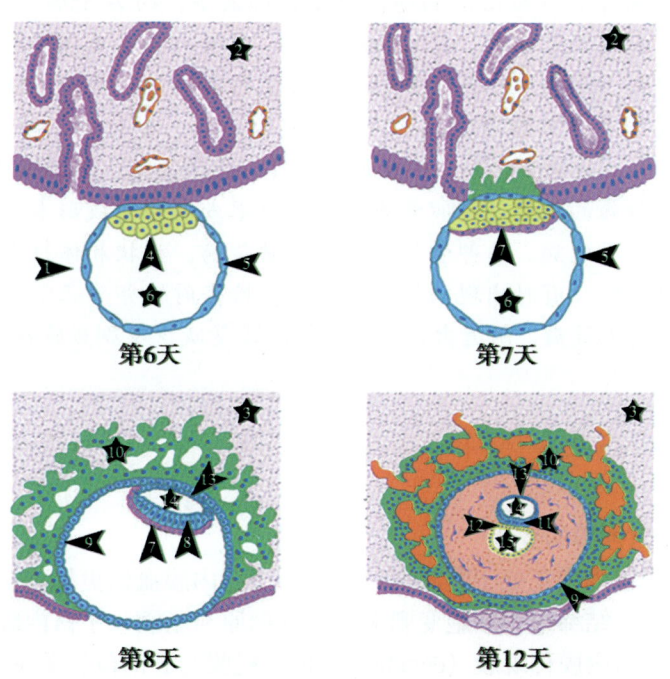

图 25-3　植入过程模式图

1. 胚泡；2. 子宫内膜；3. 蜕膜；4. 内细胞群；5. 滋养层；6. 胚泡腔；7. 下胚层；8. 上胚层；9. 细胞滋养层；10. 合体滋养层；11. 外胚层；12. 内胚层；13. 羊膜；14. 羊膜腔；15. 卵黄素

（一）植入的过程

植入时，内细胞群侧的滋养层先与子宫内膜接触，并分泌蛋白酶消化与其接触的子宫内膜组织，胚泡则沿着被消化组织的缺口逐渐埋入内膜功能层。在植入过程中，与内膜接触的滋养层细胞迅速增殖，滋养层增厚，并分化为内、外两层。外层细胞间的细胞界限消失，称**合体滋养层**（syncytiotrophoblast）；内层由单层立方细胞组成，称**细胞滋养层**（cytotrophoblast）。后者的细胞通过细胞分裂使细胞数目不断增多，并补充合体滋养层。

（二）植入的部位

胚泡的植入部位通常在子宫体和底部，最多见于后壁。若植入位于近子宫颈处，在此形成胎盘，称**前置胎盘**（placenta previa），分娩时胎盘可堵塞产道，导致胎儿娩出困难。若植入在子宫以外部位，称**宫外孕**（ectopic pregnancy），常发生在输卵管，偶见于子宫阔韧带、肠系膜，甚至卵巢表面等处。宫外孕胚胎多早期死亡。

（三）植入的条件

植入时的子宫内膜必须处于分泌期，胚泡必须发育良好，胚泡透明带必须准时脱落，胚泡必须适时到达子宫腔。

宫外孕

受精卵在子宫体腔以外着床称异位妊娠，又称宫外孕。根据着床部位不同，有输卵管妊娠、卵巢妊娠、腹腔妊娠、宫颈妊娠及子宫残角妊娠等。异位妊娠中，以输卵管妊娠最多见。输卵管妊娠的发病部位以壶腹部最多，约占55%～60%；慢性输卵管炎可使输卵管黏膜皱襞粘连，导致管腔狭窄，黏膜破坏，上皮纤毛缺失，输卵管周围粘连，管形扭曲，影响孕卵在输卵管在正常运行和通过，是造成输卵管妊娠的主要原因。输卵管发育异常如输卵管过长、肌层发育不良、黏膜纤毛缺如、双管输卵管、额外伞部等，均可成为输卵管妊娠的原因。输卵管绝育术后，形成输卵管瘘管或再通，均有导致输卵管妊娠的可能。输卵管绝育后复通术或输卵管成形术，亦可因瘢痕使管腔狭窄、通畅不良而致病。输卵管妊娠流产或破裂前，症状和体征幸免不明显，除短期停经及妊娠表现外，有时出现一侧下腹胀痛。检查时输卵管正常或有肿大。大都于停经6～8周后发生腹痛、阴道出血，可引起血容量减少及剧烈腹痛，轻者常有晕厥，重者出现休克。

（四）植入后子宫内膜的变化

胚泡植入时，子宫内膜正处于分泌期，植入后子宫内膜血供更加丰富，腺体分泌更加旺盛，内膜进一步增厚，结缔组织细胞变肥大并富含糖原与脂滴，子宫内膜的这一系列变化称**蜕膜反应**，此时的子宫内膜称**蜕膜**（decidua）。根据蜕膜与胚的位置关系，将其分为三部分：①**基蜕膜**（decidua basalis），是位居胚深部的蜕膜；②**包蜕膜**（decidua capsularis），是覆盖在胚宫腔侧的蜕膜；③**壁蜕膜**（decidua parietalis），是子宫其余部分的蜕膜（图25-4）。

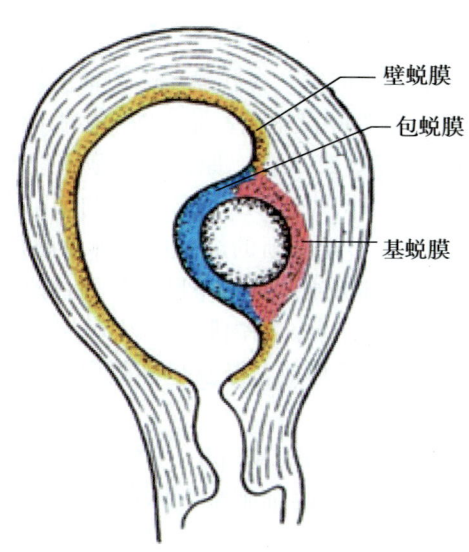

图 25-4 植入后子宫内膜的变化示意图

第三节 胚层的形成和分化

一、二胚层胚盘的形成

（一）滋养层的分化

植入过程中，与子宫内膜接触的极端滋养层迅速增生，滋养层变厚，并分化为两层。外层细胞互相融合，细胞间界限消失，称合体滋养层；内层细胞界限清楚，称细胞滋养层。滋养层向外生长出许多突起称为绒毛，侵入蜕膜，直接与母体血液接触并进行物质交换，为胚泡发育提供营养。

（二）内细胞群的分化

植入同时，内细胞群细胞增殖、分化为两层。邻近滋养层的一层柱状细胞，称**上胚层**（epiblast）；靠近胚泡腔一侧的一层立方形细胞，称**下胚层**（hypoblast）（图 25-3）。

继之，在上胚层细胞与滋养层之间出现一腔隙，称**羊膜腔**（amniotic cavity），上胚层构成了羊膜腔的底。下胚层周边的细胞向腹侧生长、延伸，形成**卵黄囊**（yolk sac），下胚层构成了卵黄囊的顶。上胚层和下胚层紧密相贴，逐渐形成一圆盘状结构，称**胚盘**（embryonic disc）（图 25-3），又称二胚层胚盘。胚盘是人体发生的原基。胚盘以外的结构，形成胚的附属结构，对胚盘起营养和保护作用。

卵黄囊及羊膜腔形成的同时，其与细胞滋养层之间出现一些疏松排列的细胞和细胞外基质，称**胚外中胚层**（extraembryonic mesoderm）（图 25-3）。第 2 周末，在胚外中胚层内也出现了一些小的腔隙，称**胚外体腔**（extraembryonic coelom），之后，这些小腔隙逐渐融合成一个大的胚外体腔（图 25-3）。随着胚外体腔的扩大，仅有少部分胚外中胚层连于胚盘尾端与滋养层之间，该部分胚外中胚层，称**体蒂**（body stalk）（图 25-3），将来发育为脐带的主要部分。

二、三胚层胚盘的形成

第3周初，上胚层部分细胞迅速增生，在胚盘一端中轴汇聚，形成一条细胞索，称**原条**（primitive streak）。原条出现的一端为胚盘尾端，原条向前生长的一端为胚盘头端。原条头端略膨大，称**原结**（primitive node）（图25-5A）。原条的细胞继续增殖，并向深部迁移，出现沟状凹陷，称**原沟**（primary groove）（图25-5B）。原沟底的细胞在上、下胚层间呈翼状扩展迁移，一部分细胞在上、下胚层间形成一新的细胞层，称**中胚层**（mesoderm）（图25-5C），在胚盘边缘与胚外中胚层衔接；一部分细胞迁入下胚层，并逐渐全部替换了下胚层细胞，形成一新的细胞层，称**内胚层**（endoderm）；当内胚层和中胚层形成之后，上胚层改称**外胚层**（ectoderm）。第3周末，三胚层胚盘已形成，胚盘呈椭圆型，头端大，尾端小。三个胚层均来源于上胚层。

原结细胞增殖、下陷形成**原凹**（primitive pit）（图25-5B）。原凹的上胚层细胞向头端迁移，在内、外胚层之间形成一条单独的细胞索，称**脊索**（notochord）（图25-7）。原条和脊索构成了胚盘的中轴，对早期胚胎起支持作用。以后脊索逐渐退化，残留部分形成椎间盘的髓核。

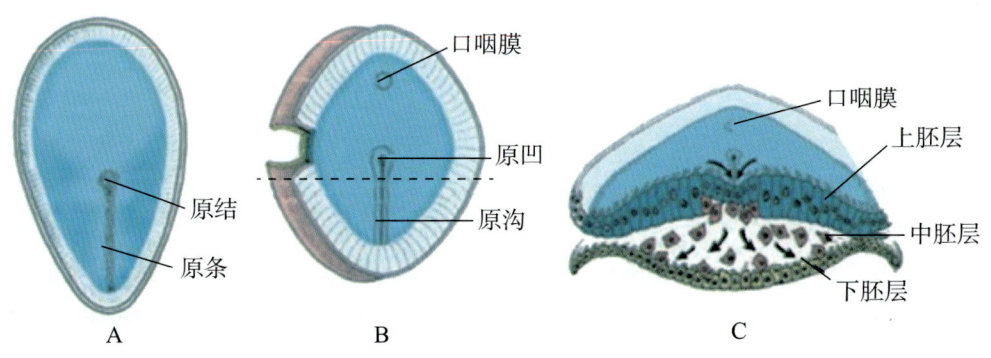

图 25-5 胚盘，示原条、中胚层的形成图
A. 14天；B. 16天；C. 16天胚盘横断面

在脊索的头端和原条尾端各有一个内、外胚层直接相贴的区域，分别称**口咽膜**（oropharygeal membrane）（图25-5，8）和**泄殖腔膜**（cloacal membrane）（图25-8A）。

随着胚体发育，脊索向胚盘头端增长迅速，原条生长缓慢，相对缩短，最终消失。若原条细胞残留，胎儿出生后于骶尾部形成源于三个胚层组织的肿瘤，称畸胎瘤。

三、三胚层的分化

（一）外胚层的分化

脊索形成后，诱导其背侧中线的外胚层增厚呈板状，称**神经板**（neural plate）（图25-7A）。神经板随脊索的生长而增长，且头侧宽于尾侧。继而神经板中央沿长轴下陷形成**神经沟**（neural groove），沟两侧边缘隆起称**神经褶**（neural fold），两侧神经褶在神经沟中段靠拢并愈合，愈合向两端延伸，使神经沟封闭为**神经管**（neural tube）（图25-6，图25-7）。神经管两侧的表面外胚层在管的背侧靠拢并愈合，使神经管位居于表面外胚层的深面（图25-7D）。

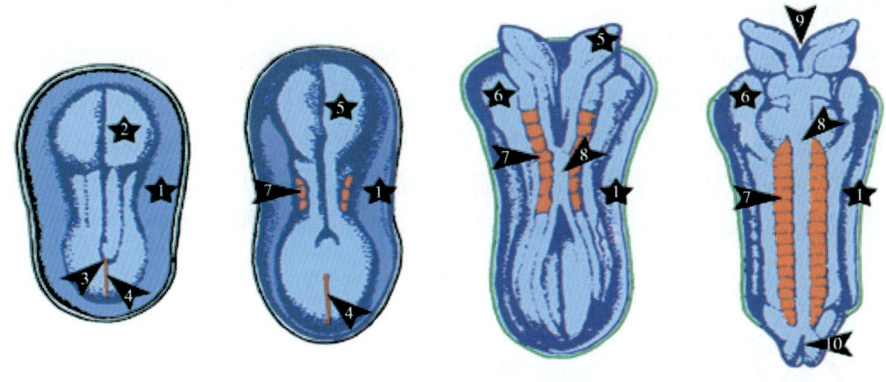

图 25-6　神经管的形成与分化
1. 羊膜；2. 神经板；3. 原结；4. 原条；5. 神经褶；6. 体腔管；
7. 体节；8. 神经管；9. 神经经孔；10. 后神经孔

神经管将分化为中枢神经系统以及松果体、神经垂体和视网膜等。在神经褶愈合过程中，它的一些细胞迁移到神经管背侧成一条纵行细胞索，继而分裂为两条分别位于神经管的背外侧，称**神经嵴**（neural crest）（图 25-7），它将分化为周围神经系统及肾上腺髓质等结构。

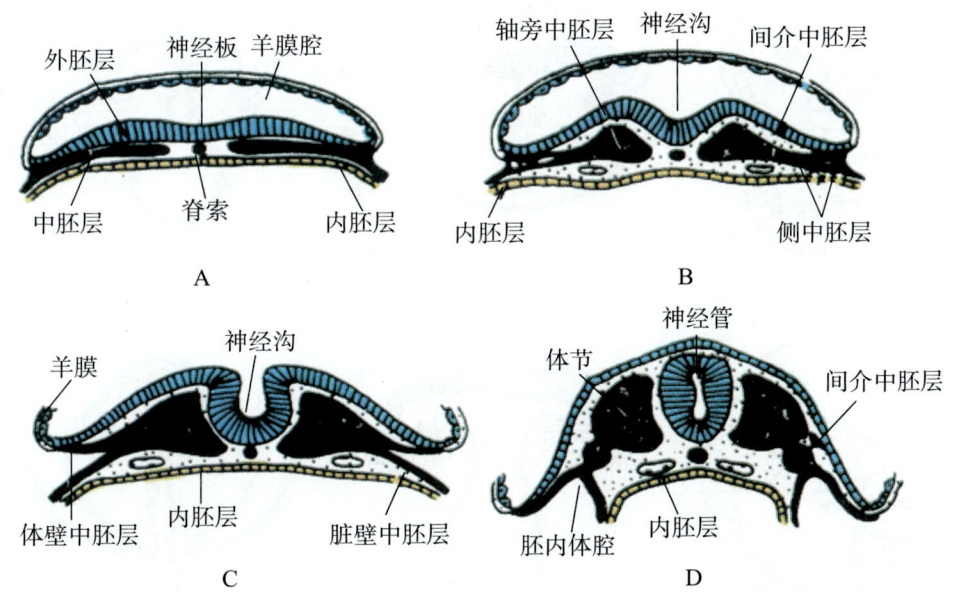

图 25-7　中胚层的早期分化及神经管、神经嵴的形成示意图
A.17 天；B.19 天；C.20 天；D.21 天

（二）中胚层的分化

中胚层在脊索两旁从内侧向外侧依次分化为轴旁中胚层、间介中胚层和侧中胚层。分散存在的中胚层细胞，称间充质，分化为结缔组织以及血管、肌组织等。

1. 轴旁中胚层（paraxial mesoderm）　紧邻脊索两侧的中胚层细胞迅速增殖，形成一对纵行的细胞索，即轴旁中胚层。它随即裂为块状细胞团，称**体节**（somite）。体节将分化为皮肤的真皮、大部分中轴骨骼（如脊柱、肋骨）及骨骼肌。

2. 间介中胚层（intermediate mesoderm）　位于轴旁中胚层与侧中胚层之间，分化为泌尿生殖系统的主要器官。

3. **侧中胚层**（lateral mesoderm）是中胚层最外侧的部分，侧中胚层迅速裂为两层。与外胚层邻近的一层，称**体壁中胚层**（somatic mesoderm），将分化为体壁（包括肢体）的骨骼、肌肉、血管和结缔组织；与内胚层邻近的一层，称**脏壁中胚层**（visceral mesoderm），覆盖于原始消化管外面，将分化为消化和呼吸系统的肌组织、血管和结缔组织等。两层之间的腔为原始体腔，最初呈马蹄铁形，继而从头端到尾端分化为心包腔、胸膜腔和腹膜腔（图 25-7B）。

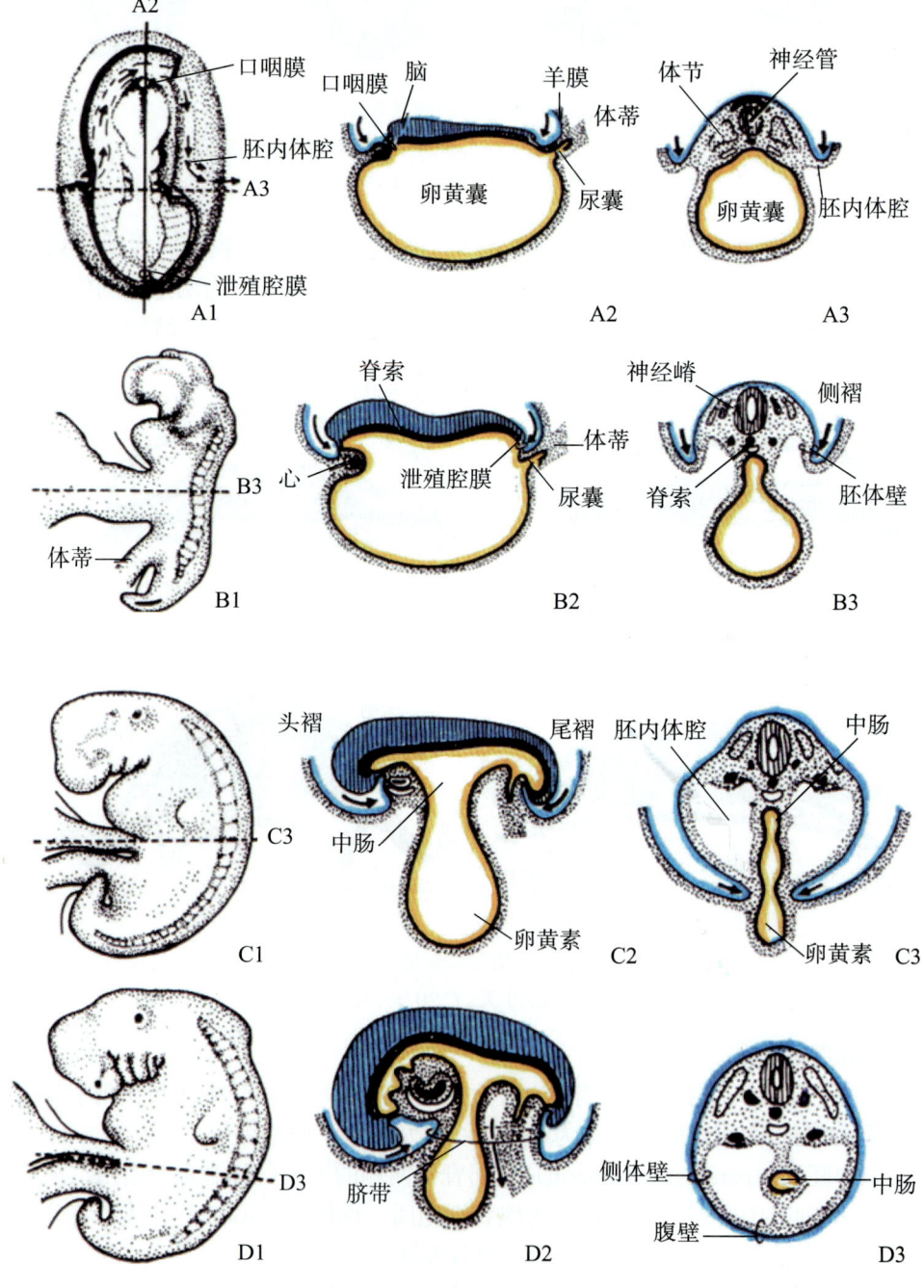

图 25-8　人胚体形成与三胚层分化示意图

（三）内胚层的分化

在胚体形成的同时，内胚层卷折形成原始消化管。原始消化管将分化为消化管、消化腺、呼吸道和肺的上皮组织，以及中耳、甲状腺、甲状旁腺、胸腺、膀胱和阴道等的上皮组织（见上页图25-8）。

四、胚体的形成

早期胚盘为扁平的盘状结构。第4周初，由于体节及神经管生长迅速，胚盘中央部的生长速度远较胚盘边缘快，致使扁平的胚盘向羊膜腔内隆起。在胚盘的周缘出现了明显的卷折，头、尾端的卷折，分别称**头褶**（head fold）和**尾褶**（tail fold），两侧缘的卷折，称**侧褶**（lateral fold）。随着胚的生长，头、尾褶及侧褶逐渐加深，随之，胚盘由圆盘状变为圆柱状的胚体。第4周末胚体从头至尾高度屈曲，呈"C"字形（见上页图25-8）。

第四节 胎膜和胎盘

胎膜和胎盘是对胚胎起保护、营养、呼吸和排泄等作用的附属结构，有的还有一定的内分泌功能。

一、胎膜

胎膜（fetal membrane）包括绒毛膜、羊膜、卵黄囊、尿囊和脐带（图25-9）。

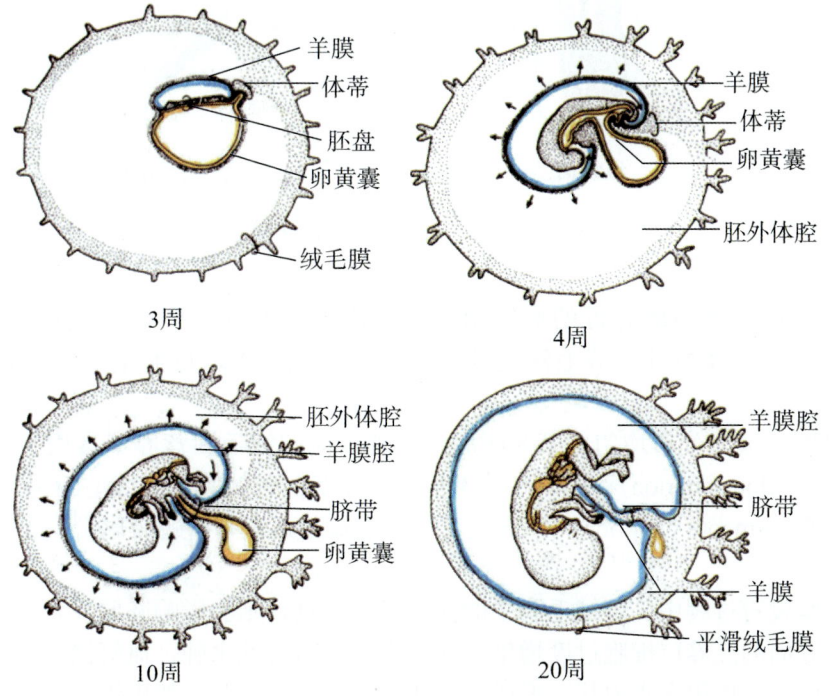

图25-9 胎膜的演变示意图

（一）绒毛膜

胚泡植入子宫内膜后，以细胞滋养层为中轴，外裹合体滋养层，在胚泡表面形成许多绒毛样的突起，称**绒毛**（villus）。胚外中胚层形成后，胚外中胚层与滋养层紧密相贴形成**绒毛膜板**（chorionic plate）。绒毛膜板及由此发出的绒毛，统称**绒毛膜**（chorion）（图25-9）。继之，胚外中胚层伸入绒毛内分化为结缔组织和血管，与胚体内的血管相通（图25-10）。绒毛末端的细胞滋养层细胞增殖，穿越合体滋养层插入蜕膜内，形成细胞滋养层壳，使绒毛膜与蜕膜牢固连接（图25-13）。

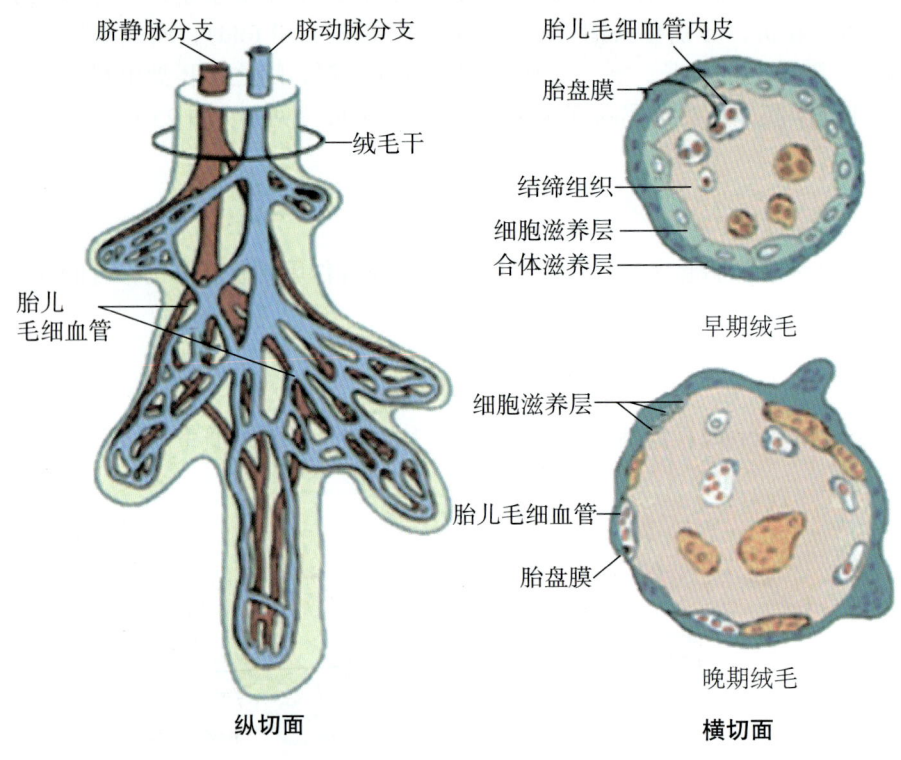

图25-10　绒毛膜结构模式图

合体滋养层细胞溶解邻近的蜕膜组织与其内的小血管，形成绒毛间隙（图25-11），绒毛间隙内充满母体血液。绒毛浸浴其中，胚胎借绒毛汲取母血中的营养物质并排出代谢产物。

胚胎早期，绒毛分布均匀。第8周后，基蜕膜侧的绒毛因营养丰富而生长旺盛，形成**丛密绒毛膜**（villous chorion），与基蜕膜共同构成胎盘。包蜕膜侧的绒毛因营养不良而退化，称**平滑绒毛膜**（smooth chorion），平滑绒毛膜和包蜕膜逐渐与壁蜕膜融合，参与衣胞的构成（图25-11）。

在绒毛膜发育过程中，若绒毛膜中的血管发育不良，则会影响胚胎发育甚至导致胚胎死亡。如绒毛表面的滋养层细胞过度增生，绒毛中轴间质变性水肿，血管消失，胚胎被吸收而消失，整个胎块变成很多水泡状，形成葡萄状结构，称葡萄胎。如果滋养层细胞恶变则为绒毛膜上皮癌。

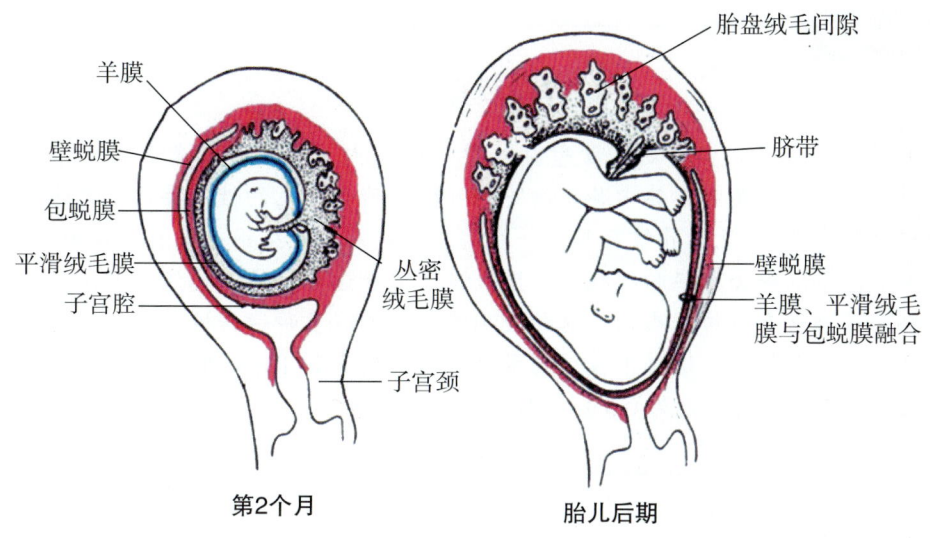

图 25-11　胎膜、蜕膜及胎盘的形成与变化示意图

> **知识链接**
>
> ### 绒毛膜上皮癌
>
> 　　绒毛膜上皮癌简称绒癌，是一种高度恶性的子宫肿瘤。绝大部分绒癌与妊娠有关，特别是与葡萄胎有密切关系。绒癌是起源于绒毛膜的高度恶性的肿瘤，镜下特点是滋养层细胞推动原来的绒毛结构而成片高度增生，并广泛侵入子宫肌层。不仅造成严重的局部破坏（即出血坏死），而且可转移至其他脏器或组织。绒癌可发生在各年龄的生育妇女。绒癌是目前用化学药物治疗恶性性肿瘤的典范，据国内外报道，其死亡率已降至 20%～30%，早期 90% 以上可以治愈。

（二）羊膜

　　羊膜为半透明薄膜。羊膜最初附着于胚盘边缘，随着胚体凸入羊膜腔，羊膜腔迅速扩大，逐渐使羊膜与平滑绒毛膜相贴，胚外体腔消失。随着圆柱状胚体的形成，羊膜逐渐在胚体的腹侧汇聚并包裹于体蒂表面，将胎儿封闭于羊膜腔内（图 25-9，11）。羊膜腔内的液体，称**羊水**（amniotic fluid）。妊娠早期的羊水无色透明，由羊膜上皮细胞不断分泌和吸收。妊娠中期以后，胎儿开始吞咽羊水，其消化、泌尿系统的排泄物及脱落的上皮细胞也进入羊水，羊水变浑浊。羊水可防止胎儿肢体粘连，缓冲外力对胎儿的振动和压迫，分娩时扩张宫颈和冲洗产道。羊膜腔穿刺吸取羊水进行羊水细胞染色体检查或测定羊水中某些生化指标，能早期诊断某些遗传性疾病。足月胎儿的羊水约 1000ml，少于 500ml 为羊水过少，常见于胎儿无肾或尿道闭锁等；多于 2000ml 为羊水过多，常见于消化管闭锁、无脑儿等。

> **知识链接**
>
> ### 羊膜穿刺术
>
> 羊膜穿刺术是用空心针经腹壁插入孕妇子宫内，吸出羊膜囊中的液体以供研究的外科手术。检查羊水及其中胎儿细胞，可解释诸如胎儿的性别异常（性连锁遗传疾病的重要因素）、染色体异常及其他一些潜在的疾病。医生用一根长针穿刺子宫羊膜，抽取羊水，羊水中含有胚胎细胞，在显微镜下检查这些细胞，就能反现正在发育过程中的胚胎是否患有遗传性疾病；这种检测能查出 200 多种遗传性疾病，但是这种检查方法也有一定危险性。这种羊膜穿刺术要等胎儿发育到 16～20 周才能实施，对母亲或胎儿造成风险的可能性为 0.5%～1.5%。

（三）卵黄囊

人胚卵黄囊不发达，退化早。卵黄囊顶壁的内胚层随胚盘向腹侧包卷，形成原始消化管；留在胚外的部分被包入脐带后成为卵黄蒂，卵黄蒂于第 5 周闭锁、退化（图 25-8，9）。卵黄囊壁外的胚外中胚层密集排列形成的细胞团，称血岛，是人体造血干细胞的原基。卵黄囊尾侧的部分内胚层细胞，分化为原始生殖细胞，由此迁移至生殖腺嵴。

（四）尿囊

尿囊（allantois）是从卵黄囊尾侧向体蒂内伸出的一个盲管（图 25-8，9），随着胚体的形成而开口于原始消化管尾段的腹侧，即与后来的膀胱通连。尿囊闭锁后形成膀胱至脐的脐正中韧带。尿囊壁的胚外中胚层形成脐血管。

（五）脐带

脐带（umbilical cord）系胚体与胎盘间相连接的条索状结构，是胎儿与胎盘间物质运输的通道。早期脐带由羊膜包绕体蒂、脐尿管及卵黄蒂等构成（图 25-9，11），以后上述结构相继闭锁，其内仅有 2 条脐动脉和 1 条脐静脉以及黏液组织。

胎儿出生时，脐带长约 55cm。脐带过短可影响胎儿娩出或分娩时引起胎盘早期剥离而出血过多。脐带过长可能缠绕胎儿颈部或其他部位，影响胎儿发育甚至导致胎儿死亡。

二、胎盘

（一）胎盘的结构

胎盘（placenta）是由胎儿的丛密绒毛膜与母体的基蜕膜共同组成的圆盘形结构。足月胎儿的胎盘重约 500g，直径 15～20cm，中央厚，周边薄，平均厚约 2.5cm。胎盘的胎儿面光滑，表面覆有羊膜，脐带附于中央或稍偏，透过羊膜可见呈放射状走行的脐血管分支。胎盘的母体面粗糙，为剥离后的基蜕膜，可见 15～30 个由浅沟分隔的**胎盘小叶**（placental cytoledon）（图 25-12）。

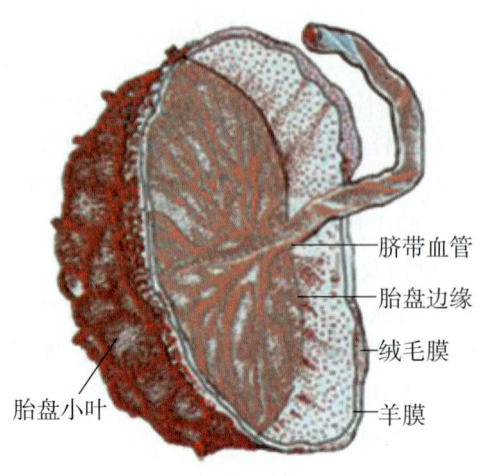

图 25-12　胎盘大体结构模式图

在胎盘垂直切面上,可见羊膜下方为绒毛膜的结缔组织,脐血管的分支行于其中。绒毛膜发出约 40～60 根绒毛干。绒毛干又发出许多细小绒毛,干的末端以细胞滋养层壳固着于基蜕膜上。脐血管的分支沿绒毛干进入绒毛内,形成毛细血管。绒毛干之间为绒毛间隙,由基蜕膜构成的短隔伸入间隙内,称**胎盘隔**(placental septum)。胎盘隔将绒毛干分隔到胎盘小叶内,每个小叶含 1～4 根绒毛干。子宫螺旋动脉与子宫静脉开口于绒毛间隙,故绒毛间隙内充以母体血液,绒毛浸在母血中。

(二)胎盘的血液循环和胎盘屏障

胎盘内有母体和胎儿两套血液循环,两者的血液在各自的封闭管道内循环,互不相混,但可进行物质交换。母体动脉血从子宫螺旋动脉流入绒毛间隙,在此与绒毛内毛细血管的胎儿血进行物质交换后,由子宫静脉回流入母体。胎儿的静脉血经脐动脉及其分支流入绒毛毛细血管,与绒毛间隙内的母体血进行物质交换后,成为动脉血,又经脐静脉回流到胎儿(图25-13)。

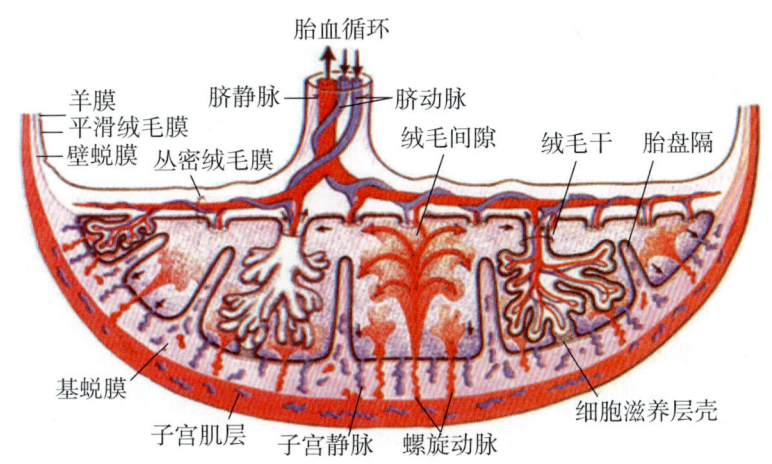

图 25-13　胎盘的结构与血循环模式图

胎儿血与母体血在胎盘内进行物质交换所通过的结构,称**胎盘膜**(placental membrane)或**胎盘屏障**(placental barrier)。早期胎盘膜由合体滋养层、细胞滋养层和基膜、薄层绒毛结缔组织及毛细血管内皮和基膜组成。发育后期,由于细胞滋养层在许多部位消失以及合体滋养层在一些部位仅为一薄层胞质,故胎盘膜变薄,胎儿血与母血间仅隔以绒毛毛细血管内皮和薄层合体滋养层及两者的基膜,更有利于胎儿血与母血间的物质交换。

(三)胎盘的功能:

1)物质交换:进行物质交换是胎盘的主要功能,胎儿通过胎盘从母血中获得营养和 O_2,排出代谢产物和 CO_2。

2)内分泌功能:胎盘的合体滋养层能分泌数种激素,对维持妊娠起重要作用。主要为**人绒毛膜促性腺激素**(human chorionic gonadotropin,HCG)、**绒毛膜促乳腺生长激素**(human chorionic somatomammotropin,HCS)、孕激素和雌激素。

第五节　胚胎各期外形特征和胚胎龄的推算

临床常以月经龄推算胚胎龄，即从孕妇末次月经的第一天算起，至胎儿娩出共约 40 周。胚胎学者则常用受精龄，即从受精之日为起点推算胚胎龄，受精一般发生在末次月经第一天之后的 2 周左右，故从受精到胎儿娩出约经 38 周。但由于妇女的月经周期常受环境变化的影响，故胚胎龄的推算难免有误差。

胚胎学研究工作者所获得的人胚胎标本，大多缺乏产妇月经时间的准确记录。胚胎学家根据大量胚胎标本的观察研究，总结归纳出各期胚胎的外形特征和长度，以作为推算胚胎龄的依据。如第 1～3 周，主要根据胚的发育状况和胚盘的结构；第 4～5 周，常利用体节数及鳃弓与眼耳鼻等始基的出现情况；第 6～8 周，则依据四肢与颜面的发育特征（表 25-1）。胎龄的推算，主要根据颜面、皮肤、毛发、四肢、外生殖器等的发育状况，并参照身长、足长和体重等。

表 25-1　人体胚胎的外形特征与长度

胚龄（周）	外形特征	长度（mm）
1	受精、卵裂、胚泡形成，开始植入	
2	两胚层圆形胚盘形成，植入完成，绒毛膜形成	0.1～0.4（GL）
3	三胚层梨形胚盘形成，神经板神经褶出现，体节开始出现	0.5～1.5（GL）
4	神经管形成，体节 3～29 对，鳃弓 1～2 对，眼鼻耳原基出现，脐带与胎盘形成，胚体渐成筒形	1.5～5.0（GL）
5	胚体屈向腹侧，鳃弓 5 对，肢牙出现，手板明显	4～8（CRL）
6	体节 30～40 对，肢芽分为两节，足板明显，视网膜出现色素，耳郭突出现	7～12（CRL）
7	手足板相继出现指（趾）初形，体节消失，颜面形成，眼睑突出	10～21（CRL）
8	手足趾明显，指（趾）出现分节，眼睑开放，尿殖膜、肛膜先后破裂，外阴可见，性别不分，脐疝明显	19～35（CRL）
12	眼睑闭合，颈明显，指甲开始发生，肠退回腹腔，外阴性别可见	87（CRL）
16	眼睑闭合，头伸直，耳竖起	140（CRL）
20	眼睑闭合，指甲开始发生，胎毛和胎脂出现	190（CRL）
24	眼睑闭合，眉毛出现，胎体瘦，指甲全部出现	230（CRL）
28	眼睑重新张开，头发出现，睫毛可见，皮肤渐平	270（CRL）
32	皮肤淡红光滑，皮下脂肪增多，睾丸开始下降，指甲长达指尖，趾甲全部出现	300（CRL）
38	面部皮肤丰满，胎毛消失，指甲超过指尖，趾甲平齐趾尖，胸部发育好，乳腺略突出，睾丸下降入阴囊	360（CRL）

胚胎长度的测量标准有三种：①**最长值**（greatest length, GL），多用于测量第 1～3 周的胚；②**顶臀长**（crown-rump length, CRL），又称坐高，用于测量第 4 周及以后的胚胎；③**顶跟长**（crown-heal length, CHL），又称立高，常用于测量胎儿。用 B 超测定孕妇体内胚

胎的顶臀长等与直接测量胚胎标本的数据很接近，故应用B超测量是目前常用的方法。

第六节 双胎、多胎和联体双胎

一、双胎

双胎（twins）又称孪生，双胎的发生率约占新生儿的1%。双胎有如下两种：

（一）双卵双胎

一次排出两个卵子分别受精后发育为**双卵孪生**（dizygotic twins），占双胎的大多数。它们有各自的胎膜与胎盘，性别相同或不同，相貌和生理特性的差异如同一般兄弟姐妹，仅是同龄而已。

（二）单卵双胎

单卵孪生（monozygotic twins）（图25-14）是由一个受精卵发育为两个胚胎，故此种双胎儿的遗传基因完全一样，它们的性别一致，相貌和生理特征也极相似。

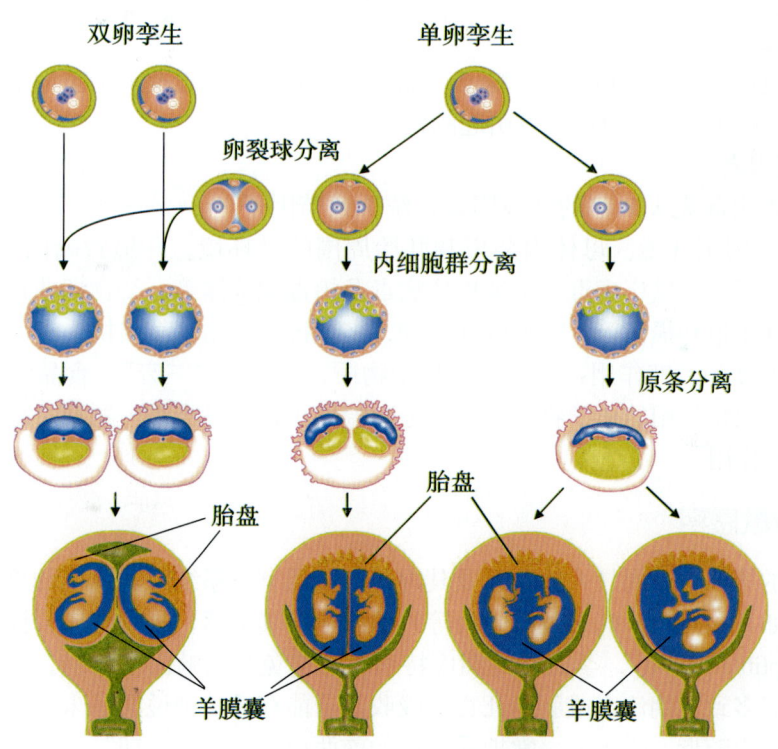

图25-14 单卵双胎的形成示意图

二、多胎

一次娩出两个以上新生儿为**多胎**（multiple birth）。多胎的原因可以是单卵性、多卵性或混合性，常为混合性多胎。多胎发生率低，三胎发生率约万分之一，四胎约百万分之一，四胎以上更为罕见，多不易存活。

三、联体双胎

在单卵孪生中，当一个胚盘出现两个原条并分别发育为两个胚胎时，若两原条靠得较近，胚体形成时发生局部联接，称**联体双胎**（conjoined twins）。联体双胎有对称型和不对称型两类。不对称型指两个胚胎一大一小，小者常发育不全，形成寄生胎或胎中胎。

第七节　先天性畸形

先天性畸形（congenital malformation）是由于胚胎发育紊乱所致的出生时即可见的形态结构异常。器官内部的结构异常或生化代谢异常，则在出生后一段时间或相当长时间内才显现。故将形态结构、功能、代谢和行为等方面的先天性异常，统称先天缺陷。

一、先天性畸形的发生原因

先天性畸形是胚胎发育紊乱的结果。在整个胚胎发育过程中，都有可能因为遗传因素调控或者环境因素刺激而导致发育异常。多数的先天性畸形是遗传因素和环境因素相互作用的结果。

（一）遗传因素

遗传因素包括基因突变和染色体畸变。如果这些遗传改变累及了生殖细胞，由此引起的畸形就会遗传给后代。以染色体畸变引起的较多。

（二）环境因素

环境因素能引起先天缺陷的环境因素，统称**致畸因子**（teratogen）。影响胚胎发育的环境因素包括母体周围环境、母体内环境和胚胎周围的微环境。环境致畸因子主要有5类：①生物性致畸因子，如风疹病毒、单纯疱疹病毒及梅毒螺旋体等；②物理性致畸因子，如各种射线、机械性压迫和损伤等；③致畸性药物，多数抗癌药物、某些抗生素、抗惊厥药物和激素均有不同程度的致畸作用；④致畸性化学物质，在工业"三废"、食品添加剂和防腐剂中，含有一些有致畸作用的化学物质；⑤其他致畸因子，大量吸烟、酗酒、缺氧和严重营养不良等均有致畸作用。

二、致畸敏感期

胚胎发育的第3~8周是人体外形及其内部许多器官、系统原基发生的重要时期，此期对致畸因子（如某些药物、病毒及微生物等）的影响极其敏感，易发生先天性畸形，称**致畸敏感期**（susceptible period），孕妇在此期应特别注意避免与致畸因子接触。胚2周以内，受致畸因素损伤后多致早期流产或胚胎死亡、吸收，若能存活，则说明胚未受损或已由未受损细胞代偿而不产生畸形，临床上，常把受精后的前两周，称"安全期"。如损伤发生在后期，则造成畸形较轻。各器官的发育时期不同，故致畸敏感期也不尽相同。

三、先天畸形的预防

遗传咨询是目前防止遗传性疾病和由遗传因素所致先天畸形发生的主要措施。在婚前及孕前应进行相应的咨询，对不适宜生育的夫妇可建议采取他精受精等生殖工程学措施；对有遗传性疾病家族史的夫妇进行检测和产前检查，尽早发现畸形胚胎，以便采取相应对策。

做好孕期保健是防止环境致畸的根本措施。妊娠期间要避免接触上述各种环境致畸因素，特别是在妊娠前 8 周，如要尽量预防感染，不滥用药物，戒烟戒酒，避免和减少射线的照射等。

四、先天畸形的宫内诊断

（一）羊膜腔穿刺

可在妊娠第 15 周以后进行羊膜穿刺，取羊水做羊水的细胞染色体组型检查和羊水的化学成分检测。如开放性的神经管畸形，其羊水中乙酰胆碱酯酶同工酶和甲胎蛋白的含量高于正常数十倍。染色体异常引起的先天畸形，如唐氏综合征和特纳综合征等，可通过染色体分析确定。

（二）绒毛膜活检

绒毛膜细胞与胚体细胞同源，有着相同的染色体组型，可在妊娠第 8 周进行绒毛膜活检，早期诊断胚胎的染色体异常。

（三）仪器检查

1. 胎儿镜检查可直接观察胎儿外部结构有无异常，并可采取血液、皮肤等样本作进一步检查，还可直接给胎儿注射药物或输血。

2. 超声检查一种简便易行且安全可靠的宫内诊断方法，不仅能诊断胎儿外部畸形，还可检查出某些内脏畸形。

3. X 线检查将造影剂注入羊膜腔进行 X 线检查，可观察胎儿的大小和外部畸形。

五、先天畸形的宫内治疗

近年来宫内诊断的研究进展很快，但能进行宫内治疗的畸形还很有限。非手术性治疗先天畸形开展较早，如甲状腺素治疗胎儿甲状腺功能低下引起的发育紊乱。进展较快并能迅速收效的宫内治疗方法是宫内手术，现已形成一个专门的胎儿外科学学科。用宫内胎儿输血法治疗胎儿水肿和用颅脑穿刺术治疗胎儿脑积水均已取得成功。近年来，用宫内胎儿胸腔穿刺治疗乳糜胸也取得了成功。动物实验研究显示，膈疝、脐疝、腹壁裂和轻度脊柱裂等畸形均可做宫内手术治疗。

> **知识链接**
>
> **胎儿畸形的预防**
>
> 胎儿畸形是胎儿在子宫内发生的结构或染色体异常。胎儿畸形约占活产儿的 3%。全世界每年大约有 500 万出生缺陷婴儿出生，平均每 5～6 分钟就出生一个，85% 以上发生在发展中国家。我国先天残疾儿童总数高达 80 万～120 万，占我国出生人口总数的 4%～6%。严重的畸形可导致胎儿（新生儿）死亡或严重残疾。目前，我国对重大胎儿畸形进行孕期筛查，主要包括 21-三体综合征、18-三体综合征、开放性神经管缺陷、无脑儿、重度脑积水、某些严重的先天性心脏病等。怀孕后定期产检：避免接触不良环境和药物，戒酒戒烟，做唐氏筛查、B 超检查等，必要时行产前诊断，都是及时发现和预防胎儿畸形的有效措施。

第二十五章　人体胚胎发生

孕妇，28岁，因节律性腹痛入院。经剖宫产手术产一足月男婴。婴儿面部发育不健全，同时伴有脑部缺损，有部分大脑膨出体外，产后不久即死亡。产妇及配偶家族均无家族性遗传病史。产妇曾于受孕40天左右全身起过白色团块状斑疹，同时伴有发热，因几天后好转，未曾给予重视。余无其他特殊情况。

诊断：胎儿畸形，前神经孔未闭。

请思考：
（1）请考虑胎儿畸形是由什么原因引起的？
（2）其他常见致畸原因还有哪些？

（马晓萍）

中英文专业词汇索引

Ⅰ型肺泡上皮细胞　type Ⅰ alveolar cell　140
Ⅱ型肺泡上皮细胞　type Ⅱ alveolar cell　141

B

巴宾斯基征　Babinski sign　290
靶器官　target organ　359
靶细胞　target cell　359
白髓　white pulp　248
白细胞　white blood cell，WBC　20
白线　linea alba　82
白质　white matter　284
包蜕膜　decidua capsularis　372
薄束　fasciculus gracilis　289
薄束结节　gracile tubercle　293
背侧丘脑　dorsal thalamus　298
背阔肌　latissimus dorsi　78
被覆上皮　covering epithelium　7
鼻　nose　126
鼻旁窦　paranasal sinuses　54, 128
鼻腔　nasal cavity　126
鼻中隔　nasal septum　127
闭孔神经　obturator nerve　315
闭锁卵泡　atretic follicle　185
壁蜕膜　decidua parietalis　372
壁细胞　parietal cell　116
臂丛　brachial plexus　311
边缘区　marginal zone　250
表面活性物质　surfactant　141
表皮　epidermis　275
髌骨　patella　64
玻璃体　vitreous body　263
不孕症　infertility　370

C

苍白球　globus pallidus　306
侧角　lateral horn　288
侧脑室　lateral ventricle　300, 306
侧褶　lateral fold　377
侧中胚层　lateral mesoderm　376
肠系膜上动脉　superior mesenteric artery　221
肠系膜上静脉　superior mesenteric vein　231
肠系膜下动脉　inferior mesenteric artery　222
肠系膜下静脉　inferior mesenteric vein　231
肠腺　intestinal gland　117
称神经嵴　neural crest　375
成骨细胞　osteoblast　25
成熟卵泡　mature follicle　185
成纤维细胞　fibroblast　16
尺动脉　ulnar artery　217
尺骨　ulna　60
尺神经　ulnar nerve　312
齿状线　dentate line　110
耻骨　pubis　63
耻骨联合　pubic symphysis　67
初级精母细胞　primary spermatocyte　165
初级卵泡　primary follicle　183
垂体　hypophysis　364
垂体门脉系统　hypophyseal portal system　366
垂体细胞　pituicyte　365
垂直轴　vertical axis　2
次级精母细胞　secondary spermatocyte　166
次级卵泡　secondary follicle　183
丛密绒毛膜　villous chorion　378
促甲状腺激素　thyroid stimulating hormone，TSH　365
促甲状腺激素细胞　thyrotroph　365
促肾上腺皮质激素　adrenocorticotropic hormone，ACTH　365
促肾上腺皮质激素细胞　corticotroph　365
促性腺激素细胞　gonadotroph　365
催产素　oxytocin　366
催乳激素　prolactin，PRL　365
催乳激素细胞　mammotroph　365

D

大肠　large intestine　109
大脑动脉环　cerebral arterial circle　355
大脑后动脉　posterior cerebral artery　355
大脑镰　cerebral falx　349
大脑皮质　cerebral cortex　300
大脑前动脉　anterior cerebral artery　352
大脑髓质　cerebral medulla　300
大脑中动脉　middlecerebral artery　353
大网膜　greater omentum　193
大隐静脉　great saphenous vein　229
单卵孪生　monozygotic twins　383
胆囊　gallbladder　113
胆囊静脉　cystic vein　232
胆总管　common bile duct　113
岛叶　insula　300
底丘脑　subthalamus　299
骶丛　sacral plexus　316
骶骨　sacrum　47
骶棘韧带　sacrospinous ligament　67
骶结节韧带　sacrotuberous ligament　67
骶髂关节　sacroiliac joint　66
骶神经　sacral nerve　308
第三脑室　third ventricle　298, 299
第四脑室　fourth ventricle　293
电子显微镜　electron microscope，EM　4
顶跟长　crown-heal length，CHL　382
顶泌汗腺　apocrine sweat gland　279
顶体反应　acrosome reaction　369
顶臀长　crown-rump length，CRL　382
顶叶　parietal lobe　300
动脉　artery　200
动脉周围淋巴鞘　periarterial lymphatic sheath　248
动眼神经　oculomotor nerve　320
豆状核　lentiform nucleus　306
窦房结　sinuatrial node　209
端脑　telencephalon　300
多胎　multiple birth　383

E

额上回　superior frontal gyrus　300
额下回　inferior frontal gyrus　300
额叶　frontal lobe　300
额中回　middle frontal gyrus　300
腭　palate　100
腭扁桃体　palatine tonsil　104
腭垂　uvula　100
耳郭　auricle　269
耳蜗　cochlea　272

F

反射　reflex　282
反射弧　reflex arc　282
房室结　atrioventricular node　210
房室束　atrioventricular bundle　210
房水　aqueous humor　262
放射冠　corona radiata　184
肥大细胞　mast cell　16
腓骨　fibula　65
腓浅神经　superficial peroneal nerve　316
腓深神经　deep peroneal nerve　317
腓总神经　common peroneal nerve　316
肺　lung　133
肺动脉瓣　pulmonary valve　206
肺动脉干　pulmonary　213
肺静脉　pulmonary vein　226
肺门　hilum of lung　133
肺泡　pulmonary alveoli　140
肺泡隔　alveolar septum　141
肺泡管　alveolar duct　140
肺泡孔　alveolar pore　141
肺泡囊　alveolar sac　140
肺小叶　pulmonary lobule　140
蜂窝组织　areolar tissue　15
缝匠肌　sartorius　89
缝隙连接　gap junction　13
跗骨　tarsal bones　65
附睾　epididymis　159
附睾管　epididymal duct　168
附脐静脉　paraumbilical vein　232
副皮质区　paracortex zone　246
副神经　accessory nerve　327
腹股沟管　inguinal canal　82
腹股沟管深（腹）环　deep inguinal ring　82
腹横肌　transverses abdominis　80
腹膜　peritoneum　191
腹膜腔　peritoneal cavity　191
腹内斜肌　obliquus internus abdominis　80
腹腔干　celiac trunk　218
腹外斜肌　obliquus externus abdominis　80

腹直肌　rectus abdominis　80
腹直肌鞘　sheath of rectus abdominis　82
腹主动脉　abdominal aorta　218

G

肝　liver　111
肝静脉　hepatic vein　231
肝门　porta hepatis　111
肝门静脉　hepatic portal vein　231
肝门静脉系　hepatic portal system　231
肝小叶　hepatic lobule　120
肝血窦　hepatic sinusoid　121
肝总动脉　common hepatic artery　218
感觉器　sensory organs　259
感觉神经末梢　sensory nerve ending　39
感受器　receptor　259
橄榄　olive　293
肛管　anal canal　110
睾丸　testis　157, 164
睾丸动脉　testicular artery　218
睾丸静脉　testicular vein　230
膈　diaphragm　80
膈神经　phrenic　309
肱动脉　brachial artery　216
肱二头肌　biceps brachii　84
肱骨　humerus　58
肱三头肌　triceps brachii　84
宫外孕　ectopic pregnancy　372
巩膜　sclera　260
股动脉　femoral artery　225
股二头肌　biceps femoris　91
股骨　femur　64
股神经　femoral nerve　315
股四头肌　quadriceps femoris　89
骨　bone　41
骨半规管　bony semicircular canals　271
骨单位　osteon　26
骨骼肌　skeletal muscle　29
骨迷路　bony labyrinth　271
骨密质　compact bone　26
骨盆　pelvis　67
骨盆腔　pelvic cavity　67
骨松质　spongy bone　25
骨细胞　osteocyte　25
骨组织　osseous tissue　25

骨祖细胞　osteogenic cell　25
鼓膜　tympanic membrane　269
固有口腔　oral cavity proper　99
关节　joint　43
关节唇　articular labrum　44
关节面　articular surface　43
关节囊　articular capsule　43
关节盘　articular disc　44
关节腔　articular cavity　44
冠状窦　coronary sinus　211
冠状沟　coronary sulcus　204
冠状面　coronal plane　2
冠状轴　coronal axis　2
光学显微镜　light microscope　3
贵要静脉　basilic vein　228
腘动脉　popliteal artery　225

H

哈弗斯管　Haversian canal　26
哈弗斯系统　Haversian system　26
海马旁回　parahippocampal gyrus　301
海绵窦　cavernous sinus　350
汗腺　sweat gland　279
合体滋养层　syncytiotrophoblast　372
赫令体　Herring body　366
黑素细胞　melanocyte　277
黑素细胞刺激素　melanocyte stimulating hormone，
　　MSH　365
黑质　substantia nigra　295
红核　red nucleus　295
红髓　red pulp　250
红细胞　erythrocyte，red blood cell　20
虹膜　iris　260
喉　larynx　129
喉返神经　recurrent laryngeal nerve　326
喉腔　laryngeal cavity　130
喉软骨　laryngeal cartilages　129
喉上神经　superior laryngeal nerve　326
后　posterior　2
后交通动脉　posterior communicating artery　353
后角　posterior horn　288
后丘脑　metathalamus　298
后索　posterior funiculus　289
呼吸系统　respiratory system　125
呼吸性细支气管　respiratory bronchiole　140

滑车神经　trochlear nerve　321
滑膜囊　synovial bursa　73
踝关节　ankle joint　69
环骨板　circumferential lamella　26
环甲关节　cricothyroid joint　130
环杓关节　cricoarytenoid joint　130
黄体　corpus luteum　185
黄体生成素　luteinizing hormone，LH　185, 365
灰质　gray matter　284
回肠　ileum　108
会厌　epiglottis　129

J

肌层　myometrium　186
肌皮神经　musculocuteneous nerve　313
肌组织　muscle tissue　29
奇静脉　azygos vein　229
基底层　stratum basale　276
基底核　basal nuclei　300，306
基膜　basement membrane　14
基蜕膜　decidua basalis　372
基质　ground substance　17
激素　hormone　359
吉姆萨染色　Giemsa staining　19
极垫细胞　polar cushion cell　155
棘层　stratum spinosum　276
脊神经　spinal nerves　308
脊髓　spinal cord　281, 285
脊髓后动脉　posterior spinal artery　355
脊髓前动脉　anterior spinal artery　355
脊髓丘脑束　spinothalamic tract　290
脊髓丘系　spinothalamic lemniscus　295
脊髓圆锥　conus medullaris　285
脊髓蛛网膜　spinal arachnoid mater　348
脊索　notochord　374
脊柱　vertebral column　45
颊　cheek　100
甲状旁腺　parathyroid glands　362
甲状旁腺激素　parathyroid hormone　362
甲状舌骨膜　thyrohyoid membrane　130
甲状腺　thyroid gland　360
甲状腺滤泡　thyroid follicle　360
甲状腺上动脉　superior thyroid artery　215
甲状腺素　thyroxin hormone　361
间骨板　interstitial lamella　26

间介中胚层　intermediate mesoderm　375
间脑　diencephalon　298
间皮　mesothelium　8
间质细胞刺激素　interstitial cell stimulating hormone，ICSH　365
肩关节　shoulder joint　61
肩锁关节　acromioclavicular joint　60
腱鞘　tendinous sheath　73
浆细胞　plasma cell　16
降钙素　calcitonin　362
降主动脉　descending aorta　214
胶原纤维　collagenous fiber　17
胶质　colloid　360
角回　angular gyrus　300
角膜　cornea　260
角质层　stratum corneum　277
结肠　colon　110
结缔组织　connective tissue　15
结节部　pars tuberalis　365
结膜　conjunctiva　264
睫状体　ciliary body　261
筋膜　fascia　72
紧密连接　tight junction　13
近侧　proximal　2
精囊腺　seminal vesicle　159
精索　spermatic cord　159
精原细胞　spermatogonium　165
精子　spermatozoon　166
精子发生　spermatogenesis　165
精子获能　capacitation　369
精子细胞　spermatid　166
精子形成　spermiogenesis　166
颈丛　cervical plexus　309
颈动脉窦　carotid sinus　214
颈阔肌　platysma　75
颈内动脉　internal carotid artery　216, 352
颈内静脉　internal jugular vein　227
颈黏液细胞　mucous neck cell　117
颈膨大　cervical enlargement　285
颈前淋巴结　anterior cervical lymph node　251
颈神经　cervical nerve　308
颈外侧淋巴结　lateral cervical lymph node　252
颈外侧浅淋巴结　superficial lateral cervical lymph node　252
颈外侧深淋巴结　deep lateral cervical lymph

node 252
颈外动脉 external carotid artery 215
颈外静脉 external jugular vein 228
颈椎 cervical vertebrae 45
颈总动脉 common carotid artery 214
胫骨 tibia 64
胫后动脉 posterior tibial artery 225
胫前动脉 anterior tibial artery 225
胫神经 tibial nerve 316
静脉 vein 201, 226
静脉瓣 venous valve 226
静脉角 venous angle 227
局部解剖学 topographic anatomy 1
局部淋巴结 regional lymph node 251
巨噬细胞 macrophage 16

K

康恩综合征 Conn syndrome 363
抗利尿激素 antidiuretic hormone, ADH 366
颏舌肌 genioglossus 101
颗粒层 stratum granulosum 277
空肠 jejunum 108
口唇 oral lips 100
口腔 oral cavity 99
口腔前庭 oral vestibule 99
口咽膜 oropharygeal membrane 374
扣带回 cingulate gyrus 301
库普否细胞 Kupffer 细胞 121
髋骨 hip bone 63
髋关节 hip joint 68
眶 orbit 54

L

阑尾 vermiform appendix 110
郎飞结 Ranvier node 38
肋 rib 49
肋骨 costal bone 49
肋间神经 intercostal nerve 313
肋下神经 subcostal nerve 313
泪道 lacrimal passage 264
泪腺 lacrimal gland 264
类骨质 osteoid 25
梨状肌 piriformis 88
联体双胎 conjoined twins 384
裂孔膜 slit membrane 152

淋巴导管 lymphatic duct 241
淋巴干 lymphatic trunk 241
淋巴管 lymphatic vessel 240
淋巴结 lymph node 245
淋巴器官 lymphoid organ 243
淋巴系统 lymphatic system 239
淋巴小结 lymphoid nodule 242
淋巴组织 lymphoid tissue 242
颅骨 cranial bones 51
卵巢 ovary 172, 181
卵巢动脉 ovarian artery 218
卵巢静脉 ovarian vein 231
卵黄囊 yolk sac 373
卵裂 cleavage 370
卵裂球 blastomere 370
卵泡 follicle 183
卵泡壁 wall folliculus 184
卵泡刺激素 follicle stimulating hormone, FSH 365
卵泡膜 follicular theca 183
卵泡腔 follicular cavity 184
卵丘 cumulus oophorus 184
滤过膜 filtration 153
滤过屏障 filtration barrier 153
滤泡旁细胞 parafollicular cell 360, 361
滤泡上皮细胞 follicular epithelial cell 360

M

麦氏点 McBurney point 98, 110
脉络膜 choroid 261
盲肠 caecum 109
毛 hair 278
毛细血管 capillary 201
弥散淋巴组织 diffuse lymphoid tissue 242
弥散神经内分泌系统 diffuse neuroendocrine system, DNES 367
迷走神经 vagus nerve 326
泌尿系统 urinary system 143
泌尿小管 uriniferous tubule 150
泌酸细胞 oxyntic cell 116
面动脉 facial artery 215
面静脉 facial vein 227
面神经 facial nerve 323
膜半规管 memdranous semicircular ducts 273
膜迷路 membranous labyrinth 272

N

男性尿道　male urethra　162
脑　brain　281
脑干网状结构　reticular formation　296
脑脊液　cerebral spinal fluid，CSF　356
脑脊液-脑屏障　CSF-brain barrier　357
脑膜中动脉　middle meningeal artery　215
脑屏障　brain barrier　357
脑桥　pons　293
脑蛛网膜　cerebral arachnoid mate　351
内　interior　2
内侧　medial　2
内侧丘系　medial lemniscus　295
内分泌系统　endocrine system　359
内膜　endometrium　187
内囊　internal capsule　304
内胚层　endoderm　374
内皮　endothelium　8
内细胞群　inner cell mass　371
内脏　viscera　95
内脏神经　visceral nerve　281
尼氏体　Nissl body　34
尿道　urethra　149
尿道球腺　bulbourethral gland　160
尿囊　allantois　380
尿生殖膈　urogenital diaphragm　180
颞横回　transverse temporal gyrus　301
颞肌　temporalis　75
颞浅动脉　superficial temporal artery　215
颞上回　superior temporal gyrus　301
颞下颌关节　temporomandibular joint　53
颞叶　temporal lobe　300

P

帕内特细胞　Paneth cell　119
排卵　ovulation　185
旁分泌　paracrine　359
膀胱　urinary bladder　148
膀胱三角　trigone of bladder　148
胚　embryo　368
胚盘　embryonic disc　373
胚泡　blastocyst　371
胚泡腔　blastocoele　371
胚期　embryonic period　368
胚胎学　embryology　1
胚胎学　embryology　368
胚外体腔　extraembryonic coelom　373
胚外中胚层　extraembryonic mesoderm　373
配子　gamete　369
盆膈　pelvic diaphragm　180
皮肤　skin　275
皮下组织　hypodermis　278
皮脂腺　sebaceous gland　278
皮质　cortex　284
皮质醇　cortisol　363
皮质醇增多症　hypercortisolism　364
皮质核束　corticonuclear tract　296, 345
皮质脊髓束　corticospinal tract　290, 345
皮质淋巴窦　cortical sinus　246
皮质酮　corticosterone　363
脾　spleen　248
脾动脉　splenic artery　221
脾静脉　splenic vein　231
脾索　splenic cord　250
脾血窦　splenic sinus　250
胼胝体　corpus callosum　301
平滑肌　smooth muscle　32
平滑绒毛膜　smooth chorion　378
破骨细胞　osteoclast　25
普肯野纤维　Purkinje fiber　234

Q

脐带　umbilical cord　380
气管　trachea　132
气-血屏障　blood-air barrier　141
器官　organ　2
髂骨　ilium　63
髂内动脉　internal iliac artery　223
髂内静脉　internal iliac vein　230
髂外动脉　external iliac artery　225
髂外静脉　external iliac vein　229
髂腰肌　iliopsoas　88
髂总动脉　common iliac artery　223
髂总静脉　common iliac vein　230
前　anterior　2
前角　anterior horn　288
前列腺　prostate　159
前索　anterior funiculus　289
前庭　vestibule　272
前庭神经　vestibular nerve　324

前庭蜗器　vestibulocochlear organ　268
前庭蜗神经　vestibulocochlear nerve　323
前置胎盘　placenta previa　372
浅　superficial　2
浅层皮质　superficial cortex　245
浅筋膜　superficial fascia　72
桥粒　desmosome　13
球囊　saccule　273
球旁细胞　juxtaglomerular cell　154
球外系膜细胞　extraglomerular mesangial cell　155
球状带　zona glomerulosa　363
躯体感觉区　somatic sensory area　302
躯体神经　somatic nerve　281
躯体运动区　somatic motor area　302
醛固酮　aldosterone　363
桡尺连结　radioulnar syndesmosis　61
桡动脉　radial artery　217
桡骨　radius　58
桡神经　radial　313

R

人绒毛膜促性腺激素　human chorionic gonadotrophin，HCG　185，381
人体解剖学　human anatomy　1
人体胚胎学　human embryology　368
人中　philtrum　100
韧带　ligament　44，195
绒毛　villus　378
绒毛膜　chorion　378
绒毛膜板　chorionic plate　378
绒毛膜促乳腺生长激素　human chorionic somatomammotropin，HCS　381
乳房　mamma　177
乳房悬韧带　suspensory ligaments of breast　179
乳糜池　cisterna chyli　242
乳头层　papillary layer　278
软骨　cartilage　23
软骨组织　cartilage tissue　23
软脊膜　spinal pia mater　349
软脑膜　cerebral pia mater　351
瑞特染色　Wright's staining　19

S

腮腺　parotid gland　103
三叉丘系　trigeminal lemniscus　295
三叉神经　trigeminal nerve　321
三碘甲状腺原氨酸　triiodothyronine，T3　361
三尖瓣　tricuspid valve　206
三角肌　deltoid　83
桑葚胚　morula　370
扫描电镜　scanning electron microscope，SEM　4
上　superior　2
上颌动脉　maxillary artery　215
上颌神经　maxillary nerve　321
上胚层　epiblast　373
上皮组织　epithelial tissue　7
上腔静脉　superior vena cava　227
上丘脑　epithalamus　299
上运动神经元　upper motor neuron　344
哨位淋巴结　sentinel lymph node　251
舌　tongue　100
舌动脉　lingual artery　215
舌下神经　hypoglossal nerve　328
舌下腺　sublingual gland　103
舌咽神经　glossopharyngeal nerve　325
射精管　ejaculatory duct　159
摄取胺前体脱羧细胞　amine precursor uptake and decarboxylation cell　367
深　profundal　2
深筋膜　deep fascia　73
神经　nerve　39，284
神经胶质细胞　neuroglial cell　34
神经节　ganglion　284
神经末梢　nerve ending　39
神经内分泌下丘脑-垂体系统　neuroendocrine hypothalamo-hypophyseal system，NHS　366
神经系统　nervous system，NS　281
神经细胞　nerve cell　34
神经纤维　nerve fiber　38
神经元　neuron　34
神经原纤维　neurofibril　284
神经褶　neural fold　374
神经组织　nerve tissue　34
肾　kidney　143
肾单位　nephron　151
肾静脉　renal vein　230
肾门　renal hilum　143
肾上腺　suprarenal gland　363
肾上腺静脉　suprarenal vein　230
肾上腺中动脉　middle suprarenal artery　218

肾盂　renal pelvis　145
升主动脉　ascending aorta　213
生精小管　seminiferous tubule　165
生长激素　growth hormone，GH　365
生长激素细胞　somatotroph　365
生殖系统　genital system　157
生殖细胞　germ cell　369
声韧带　vocal ligament　130
施万细胞　Schwann cell　37
十二指肠　duodenum　107
食管　esophagus　105
矢状面　sagittal plane　2
矢状轴　sagittal axis　2
视杆细胞　rod cell　261
视觉传导通路　visual pathway　343
视区　visual area　302
视神经　optic nerve　319
视神经盘　optic disc　261
视网膜　retina　261
视网膜中央动脉　central artery of retina　266
视锥细胞　cone cell　261
嗜铬细胞　chromaffin cell　363
嗜碱性细胞　basophilic cell　365
嗜染质　chromophil substance　34
嗜酸性细胞　acidophilic cell　362, 365
手关节　joints of hand　62
受精　fertilization　369
疏松结缔组织　loose connective tissue　15
输出小管　efferent duct　168
输精管　deferent duct　159
输卵管　uterine tube　173
束状带　zona fasciculata　363
树突　dendrite　35
竖脊肌　erector spinae　79
双卵孪生　dizygotic twins　383
双胎　twins　383
水平面　horizontal plane　2
四碘甲状腺原氨酸　tetraiodothyronine，T4　361
苏木素-伊红染色法　hematoxylin eosin staining　3
髓质　medulla　284, 363
锁骨　clavicle　57
锁骨下动脉　subclavian artery　215

T

弹性软骨　elastic cartilage　24
弹性纤维　elastic fiber　17
弹性圆锥　conus elasticus　130
胎儿　fetus　368
胎盘　placenta　380
胎盘隔　placental septum　381
胎盘小叶　placental cotyledon　380
胎期　fetal period　368
糖皮质激素　glucocorticoid　363
体壁中胚层　somatic mesoderm　376
体蒂　body stalk　373
体节　somite　375
听区　auditory area　302
瞳孔对光反射　pupillary light reflex　343
头臂静脉　brachiocephalic vein　227
头静脉　cephalic vein　228
头褶　head fold　377
透明层　stratum lucidum　277
透明带　zona pellucida　183
透明带反应　zona reaction　369
透明软骨　hyaline cartilage　24
透射电镜　transmission electron microscope，TEM　4
突触　synapse　36
蜕膜　decidua　372
臀大肌　gluteus maximus　88
椭圆囊　utricle　272

W

外　exterior　2
外鼻　external nose　126
外侧　lateral　2
外侧壳　putamen　306
外侧丘系　lateral lemniscus　296
外侧索　lateral funiculus　289
外耳道　external acoustic meatus　269
外泌汗腺　eccrine sweat gland　279
外膜　perimetrium　186
外胚层　ectoderm　374
腕骨　carpal bones　60
腕管综合征　carpal tunnel syndrome　312
网膜　omentum　193
网膜孔　omental foramen　194
网膜囊　omental bursa　194
网织层　reticular layer　278
网状带　zona reticularis　363

网状结构　reticular formation　284, 289
网状纤维　reticular fiber　17
网状组织　reticular tissue　18
微绒毛　microvillus　13
微循环　microcirculation　204, 238
尾神经　coccygeal nerve　308
尾褶　tail fold　377
尾状核　caudate nucleus　306
未分化的间充质细胞　undifferentiated mesenchymal cell　17
胃　stomach　105
胃右静脉　right gastric vein　232
胃左动脉　left gastric artery　218
胃左静脉　left gastric vein　232
纹状体　corpus striatum　306
蜗管　cochlear duct　273
蜗神经　cochlear nerve　324

X

吸收细胞　absorptive cell　118
膝关节　knee joint　68
系膜　mesentery　194
系统　system　2
系统解剖学　systematic anatomy　1
细胞　cell　2
细胞学　cytology　2
细胞滋养层　cytotrophoblast　372
下　inferior　2
下颌骨　mandible　52
下颌神经　mandibular nerve　322
下颌下腺　submandibular gland　103
下胚层　hypoblast　373
下腔静脉　inferior vena cava　229
下丘脑　hypothalamus　298
下丘脑垂体束　hypothalamohypophyseal tract　366
下运动神经元　lower motor neuron　345
先天性畸形　congenital malformation　384
纤毛　cilium　13
纤维软骨　fibrous cartilage　24
纤维束　fasciculus　284
嫌色细胞　chromophobe cell　365
腺　gland　11
腺垂体　adenohypophysis　365
腺上皮　glandular epithelium　11
消化系统　alimentary system　98

小肠　small intestine　107
小肠绒毛　intestinal villus　117
小脑　cerebellum　296
小脑半球　cerebellar hemisphere　296
小脑扁桃体　tonsil of cerebellum　296
小脑核　cerebellar nuclei　296
小脑幕　tentorium of cerebellum　349
小脑皮质　cerebellar cortex　296
小脑髓质　cerebellar medulla　296
小脑下脚　inferior cerebellar peduncle　293
小脑蚓　vermis　296
小脑中脚　middle cerebellar peduncle　293
小网膜　lesser omentum　193
小隐静脉　small saphenous vein　229
楔束　fasciculus cuneatus　289
楔束结节　cuneate tubercle　293
斜方肌　trapezius　78
斜角肌间隙　scalene fissure　77
泄殖腔膜　cloacal membrane　374
心　heart　200
心包　pericardium　211
心包腔　pericardial cavity　211
心底　cardiac base　204
心肌　cardiac muscle　32
心尖　cardiac apex　204
心切迹　cardiac notch　204
心外膜　epicardium　209
胸大肌　pectoralis major　79
胸导管　thoracic duct　241
胸骨　sternum　50
胸骨角　sternal angle　50
胸廓　thorax　49
胸膜　pleura　135
胸膜腔　pleural cavity　135
胸膜隐窝　pleural recesses　135
胸神经　thoracic nerve　308
胸锁关节　sternoclavicular joint　60
胸锁乳突肌　sternocleidomastoid　75
胸腺　thymus　243
胸腺上皮细胞　thymic epithelial cell　243
胸腺细胞　thymocyte　244
胸主动脉　thoracic aorta　218
胸椎　thoracic vertebrae　45
嗅神经　olfactory nerve　319
旋前肌综合征　pronator syndrome　312

血-睾屏障　blood-testis barrier　167
血管吻合　vascular anastomosis　203
血管系膜　mesangium　152
血红蛋白　hemoglobin，Hb　20
血浆　plasma　18
血-脑脊液屏障　blood-CSF barrier　357
血-脑屏障　blood-brain barrier，BBB　37，357
血清　serum　19
血细胞　blood cell　19
血小板　blood platelet　22
血-胸腺屏障　blood-thymus barrier　245
血液　blood　18

Y

牙　teeth　101
咽　pharynx　103
咽鼓管　auditory tube　271
咽峡　isthmus of fauces　100
延髓　medulla oblongata　291
盐皮质激素　mineralocorticoid　363
眼　eye　260
眼睑　eyelids　263
眼球　eyeball　260
眼球外肌　extraocular muscles　265
眼神经　ophthalmic nerve　321
羊膜腔　amniotic cavity　373
羊水　amniotic fluid　379
腰丛　lumbar plexus　313
腰骶膨大　lumbosacral enlargement　285
腰方肌　quadratus lumborum　82
腰淋巴结　lumbar lymph node　253
腰神经　lumbar nerve　308
腰椎　lumbar vertebrae　47
咬肌　masseter　75
腋动脉　axillary artery　216
腋淋巴结　axillary lymph node　252
腋神经　axillary　313
胰　pancreas　113
胰岛　pancreas islet　123
胰岛素　insulin　124
易出血区　Little area　127
翼内肌　medial pterygoid　75
翼外肌　lateral pterygoid　75
阴道　vagina　175
阴茎　penis　161

阴囊　scrotum　160
硬脊膜　spinal dura mater　348
硬膜外隙　epidural space　348
硬脑膜　cerebral dura mater　349
右冠状动脉　right coronary artery　210
右淋巴导管　right lymphatic duct　242
右心耳　right auricle　206
右心房　right atrium　206
右心室　right ventricle　206
右主支气管　right principal bronchus　132
原凹　primitive pit　374
原沟　primary groove　374
原结　primitive node　374
原始卵泡　primordial follicle　183
原条　primitive streak　374
远侧　distal　2
远侧部　pars distalis　365
月经周期　menstrual cycle　188
运动神经末梢　motor nerve ending　40
运动系统　locomotor system　41
运动终板　motor end plate　40

Z

脏壁中胚层　visceral mesoderm　376
造血干细胞　hemopoietic stem cell　23
展神经　abducent nerve　322
掌骨　metacarpal bones　60
掌浅弓　superficial palmar arch　218
着床　imbed　371
真皮　dermis　278
枕叶　occipital lobe　300
正中神经　median nerve　312
支持细胞　sustentacular cell　167
支气管树　bronchial tree　139
脂肪细胞　fat cell　17
脂肪组织　adipose tissue　17
脂细胞　lipocyte　123
直肠　rectum　110
直肠子宫陷凹　rectouterine pouch　196
植入　implantation　371
跖骨　metatarsal bones　65
指（趾）甲　nail　279
指骨　phalanges of fingers　60
趾骨　phalanges of toes，bones of toes　65
质膜内褶　plasma membrane infolding　14

致畸敏感期　susceptible period　384
致畸因子　teratogen　384
致密斑　macula densa　154
致密结缔组织　dense connective tissue　17
中间部　pars intermedia　365
中间连接　intermediate junction　13
中脑　midbrain　293
中胚层　mesoderm　374
中枢神经系统　central nervous system　281
中央后回　postcentral gyrus　300
中央旁小叶　paracentral lobule　301
中央前回　precentral gyrus　300
终池　terminal cistern　348
终丝　filum terminale　285
周围神经系统　peripheral nervous system　281, 308
轴旁中胚层　paraxial mesoderm　375
轴突　axon　35
肘关节　elbow joint　61
肘正中静脉　median cubital vein　229
蛛网膜下隙　subarachnoid space　348
主动脉　aorta　213
主动脉弓　aorta arch　213
主细胞　chief cell　117, 362
贮脂细胞　fat storing cell　121

贮脂细胞　fat-storing cells　123
椎动脉　vertebral artery　353
椎骨　vertebrae　45
椎间盘　intervertebral discs　48
锥体　pyramid　293
锥体交叉　decussation of pyramid　293
锥体束　pyramidal tract　296
锥体外系　extrapyramidal system　346
锥体系　pyramidal system　344
滋养层　trophoblast　371
子宫　uterus　174
纵隔　mediastinum　137
足弓　arch of foot　69
足骨　bones of foot　65
足细胞　podocyte　152
组织　tissue　2
组织化学技术　histochemistry technique　4
组织学　histology　1
组织液　tissue fluid　17
最长值　greatest length，GL　382
左冠状动脉　left coronary artery　210
左主支气管　left principal bronchus　132
坐骨　ischium　63
坐骨神经　sciatic nerve　316

主要参考文献

1. 柏树令，应大君．系统解剖学．第 8 版．北京：人民卫生出版社．2014
2. 成令忠，钟翠平，蔡文琴．现代组织学．上海：上海科学技术文献出版社，2003．
3. 崔慧光．系统解剖学．第 6 版．北京：人民卫生出版社．2006
4. 窦肇华，吴建清．人体解剖学与组织胚胎学．第 6 版．北京：人民卫生出版社，2009．
5. 高洪泉．正常人体结构．第 3 版．北京：人民卫生出版社．2014
6. 高英茂．组织学与胚胎学．北京：高等教育出版社，2004．
7. 刘斌，高英茂．人体胚胎学．北京：人民卫生出版社，1996．
8. 刘贤钊．组织学与胚胎学．第 3 版．北京：人民卫生出版社，1994．
9. 唐军民，高俊玲，白咸勇．组织学与胚胎学．第 3 版．北京：北京大学医学出版社，2008．
10. 于恩华，刘扬，张卫光．人体解剖学．第 4 版．北京：北京大学医学出版社．2014
11. 邹仲之．组织学与胚胎学．第 6 版．北京：人民卫生出版社，2004．